污泥资源化
处理技术及设备

廖传华　杨　丽　郭丹丹 —— 著

全国百佳图书出版单位

化学工业出版社

·北京·

内 容 简 介

全书分前处理篇、能源化利用篇、材料化利用篇、农业利用篇和土地利用篇五篇，共 18 章。第 1 章概述性地介绍了污泥的来源、分类、特性、危害及相应的处理处置方法和政策解读；第 2～第 7 章为前处理篇，分别介绍了调理、浓缩、机械脱水、石灰稳定、干化、输送等污泥前处理过程；第 8～第 13 章为污泥能源化利用篇，分别介绍了焚烧产热、水热氧化回收热能、热化学液化制液体燃料、热化学炭化制固体燃料、热化学气化制气体燃料和生物气化产沼气的工艺流程、机理和影响因素等内容；第 14 章和第 15 章为污泥材料化利用篇，分别介绍了污泥制建筑材料和吸附材料；第 16 章和第 17 章为污泥农业利用篇，分别介绍了污泥制肥料和污泥制蛋白质饲料；第 18 章为污泥土地利用篇，介绍了各种污泥土地利用的原则、方法及效果。

本书可供从事污泥处理处置的工程技术人员、设计人员、科研人员和相关企业管理人员参考，也可供高等学校环境工程、市政工程及相关专业师生参考。

图书在版编目（CIP）数据

污泥资源化处理技术及设备/廖传华，杨丽，郭丹丹著.
—北京：化学工业出版社，2021.10
ISBN 978-7-122-39563-4

Ⅰ.①污…　Ⅱ.①廖…②杨…③郭…　Ⅲ.①污泥处理②污泥利用　Ⅳ.①X703

中国版本图书馆 CIP 数据核字（2021）第 140327 号

责任编辑：卢萌萌　仇志刚　　　　　　　　文字编辑：王云霞　陈小滔
责任校对：刘　颖　　　　　　　　　　　　装帧设计：史利平

出版发行：化学工业出版社（北京市东城区青年湖南街 13 号　邮政编码 100011）
印　　装：天津盛通数码科技有限公司
787mm×1092mm　1/16　印张 26½　字数 653 千字　2022 年 1 月北京第 1 版第 1 次印刷

购书咨询：010-64518888　　　　　　　　售后服务：010-64518899
网　　址：http://www.cip.com.cn
凡购买本书，如有缺损质量问题，本社销售中心负责调换。

定　　价：158.00 元

版权所有　违者必究

随着国民经济的飞速发展和城市化进程的加快，城市工业废水与生活污水的排放量日益增多，其处理过程中必然产生大量含有害无机物质和有机物质的污泥，如果不经处理而直接排放和任意堆放，不但会对环境造成新的污染，而且还会浪费污泥中的有用资源。

早期，由于缺乏严格的污泥排放监管，我国污水处理厂建设存在严重的"重水轻泥"现象。近年来，飞速增长的污泥总量和巨大的潜在风险，使妥善处理处置污泥问题逐渐成为公众及业内人士共同关注的焦点。如何将产生的大量污泥进行因地制宜、因时制宜的处理处置与资源化利用是贯彻落实水资源保护和环境保护基本国策，推动战略性新兴产业的发展，进而实现可持续发展的最重要途径。对现代化的污水处理厂而言，污泥的处理与处置已成为污水处理系统运行中最复杂、成本最高的一部分。

一般地，根据污泥的泥质特性和应用领域，污泥资源化利用可分为污泥能源化利用、污泥材料化利用、污泥农业利用和污泥土地利用。污泥能源化利用是指在一定的温度条件下，将污泥中的有机组分转化为能源或能源物质而实现资源化利用，根据转化途径及产品，污泥能源化可分为污泥焚烧（产热或蒸汽或热电）、污泥水热氧化（产热或蒸汽）、污泥热化学液化（产生物油）、污泥热化学炭化（产生物炭）、污泥热化学气化（产可燃气）和污泥生物气化（产沼气）；污泥材料化利用是指在一定的温度条件下，以污泥中的无机质为原料制备具有某种使用价值的材料，根据制备产品的不同，污泥材料化利用可分为污泥制建筑材料和污泥制吸附材料；污泥农业利用是将污泥中所含的有机组分转化为能促进农业生产的产品，最常用的是污泥制肥料和污泥制蛋白质饲料；污泥土地利用是根据污泥中所含有机质和无机质的特性，将污泥施用于某些特定土壤促进作物生长或作为土地修复材料，根据污泥的泥质特性，污泥土地利用分为污泥农田利用、污泥林地利用、污泥土地修复利用和污泥用作填埋场覆土。

然而，我国污泥处理技术起步较晚，同发达国家相比，我国的污泥处理处置和资源化利用技术还存在一定的差距。为此，在结合目前国内外污泥处理处置技术现状的基础上，著写了这本《污泥资源化处理技术及设备》，对各种污泥资源化处理技术分别进行了系统的介绍，并对各种常用的前处理过程也进行了简要阐述，以期为从事污泥处理与资源化工程的技术人员、科研人员和管理人员提供一定的参考，进而推动我国污泥处理处置技术的发展与进步。

全书分五篇，共18章。第1章概述性地介绍了污泥的来源、分类、特性、危害及相应的处理处置方法和政策解读；第2～第7章为前处理篇，分别介绍了调理、浓缩、机械脱水、石灰稳定、干化、输送等污泥前处理过程；第8～第13章为污泥能源化利用篇，分别介绍了焚烧产热、水热氧化回收热能、热化学液化制液体燃料、热化学炭化制固体燃料、热化学气化制气体燃料和生物气化产沼气的工艺流程、机理和影响因素等内容；第14章和第15章为污泥材料化利用篇，分别介绍了污泥制建筑材料和吸附材料；第16章和第17章为污泥农业利用篇，分别介绍了污泥制肥料和污泥制蛋白质饲料；第18章为污泥土地利用篇，介绍了各种污泥土地利用的原则、方法及效果。

全书由南京工业大学廖传华、杨丽和郭丹丹著写，其中第1、第6、第7、第14、第15、第17、第18章由廖传华著写，第2、第3、第4、第5、第8、第12、第13章由杨丽著写，第9、第10、第11、第16章由郭丹丹著写。全书由廖传华统稿。

全书虽经多次审稿、修改，但污泥资源化处理过程涉及的知识面广，由于笔者水平有限，不妥及疏漏之处在所难免，恳请广大读者不吝赐教，笔者将不胜感激。

著者

目 录

139

材料化利用篇

299

第1章

绪论

随着世界各国工业生产的发展和城市人口的增加，城市工业废水与生活污水的排放量日益增多，在城市污水的处理过程中，必然产生大量的污泥。这些污泥中含有大量有害物质，如寄生虫卵、病原微生物、细菌、病毒、合成有机物及重金属离子等，也含有一些有用物质，如植物营养元素（氮、磷、钾）、有机物及水分等。目前，随着污泥海洋处置的禁止和严格填埋标准以及日益严格的农用标准的制定与实施，污泥的处理处置已成为一个世界性的社会和环境课题，主要表现为：侵占土地、易腐变质、易污染土壤和地下水，也可能污染河流、湖泊及海洋等地表水体，其中的重金属和毒性有机物容易通过生态系统中的食物链迁移富集，对生态环境和人类健康具有长期潜在的危害性，因此需要高度重视。如何将产量巨大、成分复杂的污泥，经过科学处理后使其减量化、稳定化、无害化、资源化，已成为我国乃至世界环境界广泛关注的课题之一。

1.1 ➲ 污泥的来源与分类

污泥是在污水处理过程中产生的，通常指主要由各种微生物以及有机、无机颗粒组成的絮状物，是城市污水处理和废水处理不可避免的副产品。据统计，我国每年的污水排放量已达 $5.11×10^{12}$ t，污水处理过程中产生的污泥量约占处理水量的 $0.3\%～0.5\%$（以含水率为 97% 计），如进行深度处理，污泥量还可能增加 $50\%～100\%$。

1.1.1 污泥的来源

污水未经处理不能排放有几方面的原因。首先，有机物的分解需要消耗氧，这样会减少水中生物新陈代谢所需氧量，而且有机物分解时会散发大量有臭味的气体。其次，未经处理的污水中含有大量对人体有害的微生物。最后，废水中含有有毒物质，尤其是重金属物质，会对植物和动物的生长造成破坏，而废水中的磷酸盐和含氮化合物则会导致植物的疯长。因此，废水必须经过处理，减少其中的有机物、含氮和含磷化合物、有毒物质及病原微生物后才能排放。现在各国对污染物的排放标准要求越来越严格，污水必须经过物理处理、化学处理和生物处理（包括脱氮、脱磷）三个处理阶段后才能达到排放标准要求。

物理处理也称机械处理，是对污水进行初步净化，未经处理的污水先流过格栅，粗颗粒被分离出来，然后进入沉淀池进行沉淀。在这一阶段，可沉物质和悬浮物质实现分离。同时，50％～70％的悬浮物、25％～40％的五日生化需氧量（BOD_5）被脱除，分离出来的物质形成初级污泥，其成分约为30％的无机物和70％的有机物。

化学处理是通过添加化学药剂，使废水中的有害物质发生化学反应而去除。常用的化学处理方法为中和法、絮凝法、氧化法和还原法。

生物处理过程是利用微生物的新陈代谢把污水中存在的各种溶解态或胶体态的有机污染物转化为稳定的无害化物质，这些转化的无害化物质密度大于水，可以通过沉淀作用形成污泥，这一阶段的污泥称为二级污泥。脱氮脱磷是生物处理过程中的重要组成部分，其目的是把污水中的氮和磷除去。脱氮经过两个阶段：硝化阶段和脱硝阶段。废水中的氮首先被氧化成硝酸盐，然后通过化学方法把硝酸盐转变成单质氮，在这一过程中，脱硝阶段是实现氮循环的关键性一步，通过脱硝阶段把氮化合物转变成氮气排放到大气中，就完成了废水的脱氮。废水的脱磷是通过在沉淀池添加化学添加剂或通过生物的生化作用把磷转变为能够沉淀的含磷化合物而脱除。在此阶段，产生了含氮、含磷的污水污泥。

上述每一处理阶段均会产生不同特性的污泥。污水处理过程中污泥来源如图1-1所示。

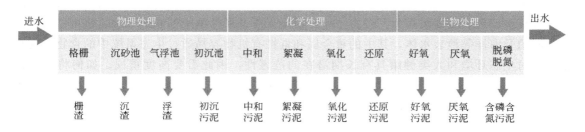

图1-1　污水处理过程中污泥来源

1.1.2　污泥的分类

城市污水处理厂污泥可按不同的标准分类，常见的分类方法有以下几种。

（1）按污水的来源分类

按污水的来源可将污泥分为生活污水污泥和工业废水污泥。

生活污水污泥是生活污水处理过程中产生的污泥，其有机物含量一般相对较高，重金属等污染物的浓度相对较低；工业废水污泥是工业废水处理过程中产生的污泥，其特性受工业废水性质的影响较大，所含有机物及各种污染物成分变化较大。

（2）按污泥的性质分类

根据污泥的性质，可分为以下4种：

① 有机污泥。主要含有机物，典型的有机污泥是剩余活性污泥，如废水经活性污泥法和生物膜法、厌氧消化处理后的消化污泥等，此外还有油泥及废水中固相有机污染物沉淀后形成的污泥。有机污泥的特点是污泥颗粒细小，往往呈絮凝体状态，密度小，持水能力强，含水率高，不易下沉，压密脱水困难。同时，有机污泥稳定性差，容易腐败和产生恶臭。但有机污泥常含有丰富的氮、磷等养分，流动性好，便于管道输送。

② 无机污泥。主要含无机物，如利用石灰中和酸性废水产生的沉渣、用混凝沉淀法

去除污水中的磷、用化学沉淀法去除污水中的重金属离子等产生的污泥，其主要成分是金属化合物（包括重金属化合物）。这种污泥密度大，固相颗粒大，易于沉淀、压密和脱水，颗粒持水能力差，含水率低，流动性差，污泥稳定不腐化，而且还可能出现重金属离子再溶出。

③ 亲水性污泥。主要由亲水性物质构成，这类污泥往往不易于浓缩和脱水。

④ 疏水性污泥。主要由疏水性物质构成，这类污泥的浓缩和脱水性能较好。

(3) 按污泥的来源分类

根据污泥的来源，可将污泥分成以下几类：

① 栅渣。污水中用筛网或格栅截留的悬浮物质、纤维织品、动植物残片、木屑、果壳、纸张、毛发等物质。

② 沉砂池沉渣。沉砂池沉渣是废水中含有的泥沙、煤屑炉渣等，它们以无机物质为主，但颗粒表面多黏附着有机物质，平均相对密度约为 2.0，容易沉淀，可用沉砂池沉淀去除。

③ 浮渣。浮渣是不能被格栅清除而漂浮于初次沉淀池表面的物质，其相对密度小于 1，如动植物油与矿物油、蜡、表面活性剂、泡沫、果壳、细小食物残渣和塑料制品等。

④ 初沉污泥。初沉污泥是初次沉淀池中沉淀的物质。初沉污泥是依靠重力沉降作用沉淀的物质，以有机物为主（约占总干重的 65%），含水率高（一般在 95%～97% 之间）、易腐烂发臭，极不稳定，呈灰黑色，胶状结构，亲水性，相对密度约为 1.02，需经稳定化处理。

⑤ 剩余活性污泥。污水经活性污泥法处理后沉淀在二次沉淀池中的物质称为活性污泥，其中排放的部分为剩余活性污泥。剩余活性污泥以有机物为主（占 60%～70%），相对密度在 1.004～1.008 之间，不易脱水。

⑥ 腐殖污泥。污水经生物膜法处理后沉淀在二次沉淀池中的物质称为腐殖污泥。腐殖污泥主要含有衰老的生物膜与残渣，有机成分占 60% 左右（占干固体质量），相对密度约为 1.025，呈褐色絮状，不稳定，易腐化。

初沉污泥、剩余活性污泥和腐殖污泥可统称为生污泥，生污泥经过消化池消化处理后为熟污泥或消化污泥。

⑦ 化学污泥。用化学沉淀法处理污水后产生的沉淀物称为化学污泥或化学沉渣，如用混凝沉淀法去除污水中的磷，投加硫化物去除污水中的重金属离子，投加石灰中和酸性污水产生的沉渣以及酸、碱污水中和处理产生的沉渣均称为化学污泥或化学沉渣。

(4) 按污泥处理的不同阶段分类

按污泥处理的不同阶段可分为以下几类：

① 生污泥或新鲜污泥。生污泥是指未经任何处理的污泥。

② 浓缩污泥。浓缩污泥是指经浓缩处理后的污泥。

③ 消化污泥。消化污泥是指经厌氧消化或好氧消化稳定处理的污泥。厌氧消化可使 45%～50% 的有机物被分解成 CO_2、CH_4 和 H_2O；好氧消化是利用微生物的新陈代谢而将有机物分解为 CO_2 和 H_2O，且消化污泥易脱水。

④ 脱水污泥。脱水污泥是指经脱水处理后的污泥。

⑤ 干化污泥。干化污泥是指经干化处理后的污泥。

1.2 ⊙ 污泥的性质

污泥的来源不同，其物理、化学和生化性质也各异，了解污泥的各种性质是选择合适处理处置方法的基础。

1.2.1 污泥的物理性质

表示污泥物理性质的指标主要有污泥含水率、污泥浓度、污泥体积、挥发性固体（或称灼烧减重）与灰分（或称灼烧残渣）、相对密度、污泥脱水性能与污泥比阻、污泥臭气、污泥传输性、污泥储存性和污泥热值等。

（1）污泥含水率

污泥含水率（P）指污泥中所含水分的质量与污泥总质量之比的百分数：

$$P = \frac{W}{W+S} \times 100\%$$ （1-1）

式中　P——污泥的含水率；

　　　W——污泥中水分质量，kg；

　　　S——污泥中总固体质量，kg。

污泥的含水率一般都较高。

（2）污泥浓度

污泥浓度也称污泥固体浓度，表示污泥中所含固体物质的质量与污泥总质量之比的百分数，即：

$$C = \frac{S}{W+S} \times 100\%$$ （1-2）

式中　C——污泥浓度。

（3）污泥体积

污泥的体积为污泥中水的体积与固体体积两者之和，即：

$$V = \frac{W}{\rho_w} + \frac{S}{\rho_s}$$ （1-3）

式中　V——污泥体积，m³；

　　　W——污泥中水分质量，kg；

　　　S——污泥中总固体质量，kg；

　　　ρ_w——污泥中水的密度，kg/m³；

　　　ρ_s——污泥中干固体密度，kg/m³。

污泥的体积、质量及所含固体物质浓度之间的关系，可用式（1-4）表示：

$$\frac{V_1}{V_2} = \frac{W_1}{W_2} = \frac{100-P_2}{100-P_1} = \frac{C_2}{C_1}$$ （1-4）

式中　V_1、W_1、C_1——污泥含水率为 P_1 时的污泥体积（m³）、质量（kg）及固体浓度；

　　　V_2、W_2、C_2——污泥含水率为 P_2 时的污泥体积（m³）、质量（kg）及固体浓度。

（4）挥发性固体（或称灼烧减重）与灰分（或称灼烧残渣）

挥发性固体近似等于有机物含量；灰分表示无机物含量。二者可通过"600℃高温减重法"试验测定。

（5）相对密度

湿污泥质量等于污泥所含水分质量与干固体质量之和。湿污泥相对密度等于湿污泥质量与同体积水的质量之比值。由于水的相对密度为 1，所以湿污泥的相对密度 γ 可用式（1-5）计算：

$$\gamma = \frac{P+(100-P)}{P+\dfrac{100-P}{\gamma_s}} = \frac{100\gamma_s}{P\gamma_s+(100-P)} \tag{1-5}$$

式中 γ——湿污泥相对密度；

P——湿污泥含水率，%；

γ_s——污泥中干固体平均相对密度。

干固体中有机物（即挥发性固体）所占百分比及其相对密度分别用 P_v、γ_v 表示，无机物（即灰分）的相对密度用 γ_a 表示，则干污泥的平均相对密度 γ_s 可计算为：

$$\frac{100}{\gamma_s} = \frac{P_v}{\gamma_v} + \frac{100-P_v}{\gamma_a} \tag{1-6}$$

由式（1-6）可得：

$$\gamma_s = \frac{100\gamma_a\gamma_v}{100\gamma_v+P_v(\gamma_a-\gamma_v)} \tag{1-7}$$

有机物的相对密度一般等于 1，无机物的相对密度一般约为 2.5～2.65，以 2.5 计，式（1-7）可简化为：

$$\gamma_s = \frac{250}{100+1.5P_v} \tag{1-8}$$

则湿污泥的相对密度 γ 为：

$$\gamma = \frac{25000}{250P+(100-P)(100+1.5P_v)} \tag{1-9}$$

确定湿污泥和干污泥的相对密度，对于浓缩池的设计、污泥运输及后续处理都有实际意义。

（6）污泥脱水性能与污泥比阻

污泥的含水率一般都很高，为了使污泥便于输送、处理和处置，必须对污泥进行脱水处理。但不同性质污泥的脱水性能差别很大，脱水的难易程度也不同。污泥比阻 r 常用来衡量污泥的脱水性能，它反映了水分通过污泥颗粒所形成的泥饼时所受阻力的大小，其物理意义是单位质量的污泥在一定压力下过滤时，单位过滤面积上的阻力，即单位过滤面积上滤饼单位干重所具有的阻力，即：

$$r = \frac{2FA^2b}{\mu\omega} \tag{1-10}$$

式中 r——污泥比阻，m/kg；

F——过滤压力，N/m^2；

A——过滤面积，m^2；

b——污泥性质系数，s/m^2；

μ——滤液动力黏度，$Pa \cdot s$；

ω——单位体积滤液产生的干滤饼质量，kg/m^3。

（7）污泥臭气

污泥本身是有气味的，如果处理不当可释放出难闻的臭气和其他有害污染物，因此，臭气的控制是污泥处理和管理中必须重视的问题之一。

微生物在分解污水中有机物质的过程中会利用一些元素（如碳、氮以及其他元素）形成新的有机化合物并释放出二氧化碳、水、硫化氢、氨、甲烷和相当数量的中间产物。这些有机化合物中的相当一部分都是严重的臭味污染物。因此，控制臭气的最有效方法是阻止或者控制有机物的分解循环。

臭味污染物的浓度低，分子结构复杂，在空气中的停留时间短，来源和存在条件多变。大体上可将它们分成两类：含硫有机化合物和含氮有机化合物。含硫有机化合物包括硫醇（通式为 C_xH_ySH）、有机硫（C_xH_yS）和硫化氢（H_2S）等；在含氮有机化合物中，各种复杂的胺（C_xH_yNH）、氨（NH_3）和其他含 N 和 NH_2 原子团的有机物都是臭味污染物。大多数臭味污染物（除胺和氨以外）的臭味阈值浓度都非常低。

（8）污泥传输性

液体污泥（大约 6% 的总固体）通常是牛顿流体，其物理性质与水极为相近，在层流状态下，压力的减小与速度和黏度成比例，可以很容易地通过离心泵、皮碗泵、谐振器、膜式泵、活塞泵和其他类型的传送方式实现输送。

浓缩污泥（特别是脱水污泥）是非牛顿流体，其随着固体含量的增加还会变成塑性流体。浓缩污泥特别是脱水污泥通常更难运输、计量和储存，因此，对污泥泵、运输工具和储存位置的选择要非常重视。

管道系统的设计也是非常关键的因素。污泥输送管线的管径一般都不小于 150mm。污泥在输送管内经常发生沉积，结果导致传输耗损增大，如果不安装管道清掏装置，污泥输送管最终会被堵死。

动力传送带、无轴螺杆传送带、特殊的容积式真空泵和活塞泵已开始用于输送脱水污泥。封闭式传送带和输送泵在含臭味污泥的输送过程中有非常明显的优越性。

（9）污泥储存性

污泥的储存需要适应污泥产生率的变化，并要充分考虑污泥处理设备不工作（周末或停产）时的堆放问题。污泥的储存对保证污泥均匀供给每一处理过程（如脱水、干化、焚烧等热化学处理等）非常重要。

短时间的液体污泥储存可以在沉淀和浓缩池内完成；长时间的污泥储存需要在好氧和厌氧消化池内完成，特别是要储存在隔离储存池或地下储存池内。

（10）污泥热值

废水污泥尤其是剩余污泥、油泥等，含有大量的有机物质，因此具有一定的热值。若有机成分单一，可通过有关资料直接查取该组分的氧化反应方程式及热值。污泥中可燃组分主要是由 C、H、S 等元素组成，如果已知有机组分各元素的含量，可根据下式来计算污泥的低位热值 Q_{dw}（kJ/kg）。

$$Q_{dw} = 337.4C + 603.3\left(H - \frac{O}{8}\right) + 95.13S - 25.08P \qquad (1-11)$$

式中 C、H、O、S——污泥中碳、氢、氧、硫的质量分数;

P——污泥的含水率。

然而,污泥组成很复杂,较难确定各组分的含量。比较便利和常用的分析方法是测量污泥的化学需氧量(COD)值,它可以间接表征有机物的含量,与污泥的热值存在着必然的联系。对大多数有机物而言,燃烧时每去除 1g COD 所放出的热量平均约为 14kJ。利用这一平均值计算污泥的低位热值所产生的最大相对误差约为 10%,在工程计算时是允许的。这样,有机污泥的低位热值 Q_{dw}(kJ/kg)可利用式(1-12)进行估算:

$$Q_{dw} = 14COD - 25.08P \qquad (1-12)$$

式中 COD——有机污泥的 COD 值,g/kg。

有机污泥与燃料的热值对比,见表 1-1。用焚烧法处理污泥时,辅助燃料的消耗量直接关系到处理成本的高低。对于有机污泥,因其热值较高(一般达 6300kJ/kg),如果选用适合燃用低热值污泥的流化床焚烧炉,可不加辅助燃料进行处理,从而大大降低运行费用。

表 1-1 有机污泥与燃料的热值对比

污泥类别	原污泥	活性污泥	纸浆污泥	酪朊	煤	燃料油
平均热值/(kJ/kg)	18180	14750	11870	24540	20900	45020

1.2.2 污泥的化学性质

污泥的化学性质包括污泥的基本理化特性、污泥的化学组成、污泥的肥分、重金属离子含量等。

1.2.2.1 污泥的基本理化特性

城市污水处理厂污泥的基本理化特性见表 1-2。可以看出,城市污水处理厂污泥以有机物为主,有一定的反应活性,理化特性随处理状况的变化而变化。挥发性是污泥最重要的化学性质,决定了污泥的热值及其可消化性。

表 1-2 城市污水处理厂污泥的基本理化特性

项目	初次沉淀污泥	剩余活性污泥	厌氧消化污泥
pH 值	5.0~8.0	5.0~8.0	6.5~7.5
干固体总量/%	3~8	0.5~1.0	5.0~10.0
挥发性固体总量(以干重计)/%	60~90	60~80	30~60
固体颗粒密度/(g/cm³)	1.3~1.5	1.2~1.4	1.3~1.6
容重	1.02~1.03	1.0~1.005	1.03~1.04
BOD₅/VS	0.5~1.1	—	—
COD/VS	1.2~1.6	2.0~3.0	—
碱度(以 CaCO₃ 计)/(mg/L)	500~1500	200~500	2500~3500

注:VS 指污泥中的挥发性固体。

1.2.2.2 污泥的化学组成

研究污泥的组成是选择污泥处理和利用技术的依据。污水的来源和处理方法在很大程度上决定着污泥的化学组成。污泥的化学组成一般包含植物营养元素、无机营养物质、有机物质和微量营养元素等。

（1）植物营养元素

污泥中含有植物生长所必需的常量营养元素和微量营养元素，其中氮、磷和钾在污泥的资源化利用方面起着非常重要的作用。

（2）无机营养物质

根据污染控制的要求，污泥的无机物组成主要包含植物养分组成、无机矿物组成和无机毒害性元素。

① 植物养分组成。主要是依据氮、磷、钾 3 种植物生长所需要的宏量元素含量对污泥组成进行描述，既是对污泥肥料利用价值的分析，也是对污泥进入水体的富营养化影响的分析。对污泥植物养分组成的分析，除了总量外还必须考虑其化合状态。因此，氮可分为氨氮（NH_3-N）、亚硝酸盐氮、硝酸盐氮和有机氮；磷一般分为颗粒磷和溶解性磷两类；钾则按速效和非速效分为两类。

② 无机矿物组成。主要是铁、铝、钙、硅元素的氧化物和氢氧化物。这些污泥中的无机矿物通常对环境是惰性的，但它们对污泥中重金属的存在形态有较大影响。

③ 无机毒害性元素。主要包括砷、镉、铬、汞、铅、铜、锌、镍 8 种元素。

（3）有机物质

污泥有机物的组成首先是元素组成，一般按碳、氢、氧、氮、硫、氯 6 种元素的构成关系来考察污泥的有机元素组成。另一种组成描述方式是化学组成。由于污泥有机物的分子结构十分复杂，按污染控制及利用的要求，污泥的有机组成主要包括：毒害性有机物组成、有机生物质组成、有机官能团化合物组成和微生物组成等。

① 毒害性有机物组成。所谓的毒害性有机物是按其在环境生态体系中的生物毒性达到一定的程度来定义的，各国均已公布的所谓环境优先控制物质目录中可以找到相应的特定物质。污泥中主要的毒害性有机物有多氯联苯（PCBs）、多环芳香烃（PAHs）等。

② 有机生物质组成。有机生物质组成是按有机物的生物活性及生物质结构类别对污泥有机物组成进行描述，前者可将污泥有机物划分为生物可降解性和生物难降解性两大类，后者则以可溶性糖性、纤维素、木质素、脂肪、蛋白质等生物质分子结构特征为分类依据。这两种生物质组成描述方式能有效地提供污泥有机质的生物可转化性依据。

③ 有机官能团化合物组成。有机官能团化合物组成是按官能团对污泥有机物组成进行描述的方法，一般包括醇、酸、酯、醚、芳香化合物、各种烃类等，其组成状况与污泥有机物的化学稳定性有关。

④ 微生物组成。为了表征污泥的卫生学安全性，一般采用指示物种的含量来描述污泥的微生物组成。我国一般采用大肠埃希菌、粪大肠埃希菌菌落数和蛔虫卵等生物指标。国外为了能间接检查病毒的无害化处理效果，多将生物生命特征与病毒相似的沙门菌列入组成分析范围。

污泥中的有机物组成见表 1-3。有机物质可以对土壤的物理性质产生很大的影响，如土壤的肥效、腐殖质的形成、容重、聚集作用、孔隙率和持水性等。污泥中含有的可生物利用有机成分包括纤维素、脂肪、树脂、有机氮、含硫含磷化合物、多糖等，这些物质有利于土壤腐殖质的形成。

表 1-3　污泥中的有机物组成

有机物种类	初次沉淀污泥	二次沉淀污泥	厌氧消化污泥
有机物含量/%	40～60	60～80	—
纤维素含量（占干重）/%	8～15	5～10	30～60
半纤维素含量（占干重）/%	2～4	—	—
木质素含量（占干重）/%	3～7	—	—
油脂和脂肪含量（占干重）/%	6～35	5～12	5～20
蛋白质含量（占干重）/%	20～30	32～41	15～20
碳氮比（C/N）	(9.4～10)∶1	(4.6～5.0)∶1	—

（4）微量营养元素

污泥中包括的微量营养元素，如铁、锌、铜、镁、硼、钼、钠、钡和氯等，都是植物生长所少量需要的，但它们对植物的生长非常重要。氯除了有助于植物根系的生长以外，其他方面的作用还不十分清楚。

土壤和污泥的 pH 值能影响微量元素的可利用性。

1.2.2.3　污泥的肥分

污泥中含有大量植物生长所必需的肥分，如氮、磷、钾、微量元素及土壤改良剂如有机腐殖质。我国城市污水处理厂各种污泥所含肥分含量见表 1-4。

表 1-4　我国城市污水处理厂各种污泥所含肥分含量

污泥类别	初次沉淀污泥	消化污泥		活性污泥
		初沉池污泥消化后	生物膜法污泥消化后	
总氮/%	2.0	1.6～3.44	2.8～3.14	3.51～7.15
磷/%（以 P_2O_5 计）	1.0～3.0	0.55～0.77	1.03～1.98	3.3～4.97
钾/%（以 K_2O 计）	0.1～0.3	0.24	0.11～0.79	0.22～0.44
有机质/%	50～60	25～30		60～70
灰分/%	40～50	70～75		
脂肪酸[H^+]/($\times 10^{-3}$mol/L)	16～20	4～5		

1.2.2.4　重金属离子含量

污泥中的重金属离子含量取决于城市污（废）水中工业废水所占比例及工业性质。污（废）水经二级处理后，所含的重金属离子约有 50% 以上转移到污泥中，因此污泥中的重金属离子含量一般都较高。当污泥作肥料使用时，需考虑重金属离子含量是否符合《农用污泥污染物控制标准》（GB 4284—2018）的相关规定，必要时需要进行处理。

1.2.3　污泥的生化性质

污泥的生化性质主要包括污泥的可消化程度和致病性两个方面。

（1）可消化程度

污泥中的有机物是消化处理的对象。有些有机物可被消化降解，或称可被气化、无机化，另一些有机物如脂肪和纤维素等不易被消化降解。可消化程度用来表示污泥中可被消化降解的有机物量，如式（1-13）所示：

$$R_d = \left(1 - \frac{P_{s1} P_{v2}}{P_{s2} P_{v1}}\right) \times 100\% \tag{1-13}$$

式中　　R_d——可消化程度；

P_{s1}、P_{s2}——生污泥及消化污泥的无机物含量；

P_{v1}、P_{v2}——生污泥及消化污泥的有机物含量。

因此，消化污泥量可用式（1-14）计算：

$$V_d = \frac{(100 - P_1) V_1}{100 - P_d} \left[\left(1 - \frac{P_{v1}}{100}\right) + \frac{P_{v1}}{100}\left(1 - \frac{R_d}{100}\right)\right] \tag{1-14}$$

式中　　V_d——消化污泥量，m^3/d；

P_d——消化污泥含水率，%，取周平均值；

V_1——生污泥量，m^3/d，取周平均值；

P_1——生污泥含水率，%，取周平均值；

P_{v1}——生污泥有机物含量，%；

R_d——可消化程度，%，取周平均值。

（2）致病性

大多数废水处理工艺是将污水中的致病微生物转移到污泥中而去除的，因此污泥中包含多种微生物群体。污泥中的微生物群可以分为细菌、放线菌、病毒、寄生虫、原生动物、轮虫和真菌，这些微生物中相当一部分是致病的（如它们可以导致多种人和动物疾病）。污泥处理的一个主要目的就是去除病原微生物，使其达到合格标准。

未处理的污泥施用到农田会将微生物和病毒的污染传播给庄稼作物以及地表和地下水。污水处理厂、污泥处理设施、污泥堆肥、污泥土地填埋和污泥土地利用等如果操作不当，都可能产生大气和工农业产品的致病体污染。污泥资源化利用和处置之前的有效处理对于防止致病体带来的疾病是十分重要的。

致病微生物可以通过物理加热法（高温）、化学法和生物法破坏。足够长的加热时间可以将细菌、病毒、原生动物胞囊和寄生虫卵降低到可以检测的水平以下（热处理对寄生虫卵的去除效率是最低的）；使用消毒剂（如氯、臭氧和石灰等）的化学处理方法同样可以减少细菌、病毒和带菌体的数量，例如高 pH 值可以完全破坏病毒和细菌，但对寄生虫卵却作用很小或几乎无作用，病毒对 γ 射线和高能电子束辐射处理的抗性最大。致病微生物的去除可由微生物直接检测或监测无致病性的指标生物来衡量。

1.3 ➡ 污泥的危害

污泥中有机物含量高，易腐烂，有强烈的臭味，并且含有寄生虫卵，致病微生物，铜、锌、铬、汞等重金属，以及盐类、多氯联苯、二噁英、放射性核素等难降解的有毒有害物质，如不加以妥善处理，任意排放，将会造成二次污染。

1.3.1 污泥对水环境的影响

目前，城市污水处理厂普遍采用活性污泥法及其各种变形工艺，进厂污水中的大部分污染物是通过生物转化为污泥去除的，污水成分及其处理工艺的不同直接影响污泥组成。随着污水处理要求的日益严格，污泥成分会更加复杂。在人们的日常生活中，大量废弃物随污水进入城市污水管网，据文献报道大约有 8.0×10^4 种化学物质进入污水中，在污水处理过程中，有些物质被分解，其余的大部分被直接转移到污泥中。根据文献记录，污水污泥中的有机物分为 15 类共 516 种，其中包含 90 种优先控制污染物和 101 种目标污染物，而且污泥中经常含有 PCBs、PAHs 等剧毒有机物，大量的重金属和致病微生物，以及一般的耗氧性有机物和植物养分（N、P、K）等。因此，城市污水厂污泥中含有覆盖面很广的各类污染物质，并且污水处理厂均有大量工业废水进入，经过污水处理，污水中重金属离子约有 50% 以上转移到污泥中。

污泥的处置方式不同，对水环境的污染情况也不相同。当污泥与城市垃圾一起填埋于垃圾场时，污泥中的病原物会随雨水下渗，污染地下水。土地利用被认为是最有前景的污泥处置方式，但施用与保护不当，病原物不仅会污染土壤环境，而且还会经由地表径流和渗滤液污染地表水和地下水。污泥的集中堆置不仅严重影响堆置地附近的环境卫生状况（臭气、有害昆虫、含致病生物密度大的空气等），也可能使污染物由表面径流向地下径流渗透，引起更大范围的水体污染。因此，选择合适的处置场所和方法，避免病原物引起的水环境二次污染是污泥土地安全处置中的重要环节。

1.3.2 污泥对土壤环境的影响

污泥中含有大量的 N、P、K、Ca 及有机质，这些有机养分和微量元素可以明显改变土壤的理化性质，增加 N、P、K 的含量，同时可以缓慢释放许多植物所必需的微量元素，具有长效性。因此，污泥是有用的生物资源，是很好的土壤改良剂和肥料。污泥用作肥料，可以减少化肥施用量，从而降低农业成本，减轻化肥对环境的污染。但是，由于污水种类繁多、性质各异，各污水处理厂的污泥在化学成分和性质上有很大的差异，由许多工厂排出的污水合流而成的城市污水处理厂的污泥成分就更加复杂。在污泥中，除含有对植物有益的成分外，还可能含有盐类、酚、氰、3，4-苯并芘、镉、铬、汞、镍、砷、硫化物等多种有害物质。当污泥施用量和有害物质含量超过土壤的净化能力时，就可能毒化土壤，危害作物生长，使农产品质量降低，甚至在农产品中的残留超过食用卫生标准，直接影响人体健康。因此，采用污泥施肥应当慎重。

造成土壤污染的有害物质主要是重金属元素。农田受重金属元素污染后，表现为土壤板结、含毒量过高、作物生长不良，严重的甚至没有收成。根据对农业环境的污染程度，可将污泥中的重金属元素分为两类：一类对植物的影响相对小些，也很少被植物吸收，如铁、铅、硒、铝等；另一类污染比较广泛，对植物的毒害作用重，在植物体内迁移性强，有些对人体的毒害大，如镉、铜、锌、汞、铬等。

① 锌。锌是植物正常生长不可缺少的重要微量元素，锌在植物体内的生理功能是多方面的。缺乏锌时，生长素和叶绿素的形成受到破坏，许多酶的活性降低，破坏光合作用及正常的氮和有机酸代谢，进而引起多种病害，如玉米的花白叶病、柑橘的缩叶病。过量的锌会使植株矮小、叶片褪绿、茎枯死，质量和产量下降。锌在土壤中的含量一般为 $20 \sim 95 \mu g/g$，最高允许含量为 $250 \mu g/g$。

② 镉。镉是一种毒性很强的污染物质，它对农业环境的污染已在日本引起了举世闻名的"骨痛病"。镉对植物的毒害主要表现在破坏正常的磷代谢，叶绿素严重缺乏，叶片褪绿，并引起各种病害，如大豆、小麦的黄萎病。试验证明，土壤含镉 5mg/kg 可使大豆受害，减产 25%。镉属于累积性元素，在植物体内迁移性强，生长在镉污染土壤上的农产品含镉量可达 0.4mg/kg 以上。在正常环境条件下，人平均日摄取的镉量超过 $300 \mu g$，就有得"骨痛病"的危险。土壤中镉含量通常在 0.5mg/kg 以下，最高含量不得超过 1mg/kg。

③ 铬。铬也是植物生长需要的微量元素。向缺乏铬的土壤中加入铬，能增强植物光合作用能力，提高抗坏血酸、多酚氧化酶等多种酶的活性，增加叶绿素、有机酸、葡萄糖和果糖含量。而当土壤中的铬过多时，则会严重影响植物生长，干扰养分和水分的吸收，使叶片枯黄、叶鞘烂、茎基部肿大、顶部枯萎。土壤中铬含量一般在 250mg/kg 以下，最高含量不得超过 500mg/kg。六价铬含量达 1000mg/kg 时，可造成土壤贫瘠，大多数植物不能生长。

④ 汞。汞是植物生长的有害元素，可使植物代谢失调，降低光合作用，影响根、茎、叶和果实的生长发育，过早落叶。汞也属于累积性元素，当土壤中含可溶性汞量达 0.1mg/kg 时，稻米中含汞量可达 0.3mg/kg。土壤中汞的含量一般在 0.2mg/kg 以下，最高含量不得超过 0.5mg/kg。

⑤ 铜。铜是植物生长的必需元素。土壤缺乏铜时，会破坏植物叶绿素的生成，降低多种氧化还原酶的活性，影响糖类和蛋白质的代谢，进而引起尖端黄化病、尖端萎缩病等症状。但过量铜会产生铜害，主要表现在根部，新根生长受到阻碍，缺乏根毛，植物根部呈珊瑚状。土壤的含铜量一般在 10～50mg/kg 之间，可溶性铜的最高允许含量为 125mg/kg。据报道，土壤含铜量达 200mg/kg 时，将使小麦枯死。

1.3.3 污泥对大气环境的影响

污泥中含有的病原微生物可通过以下种途径对大气环境产生危害：a. 在污水处理过程中，由于操作流程不规范，产生的污泥没有直接送入密闭装置，污泥颗粒会进入周围的大气环境；b. 施用液体污泥时，将污泥注射入土壤产生的强大压力使少量污泥溅出，形成细小颗粒进入大气；c. 污泥表层施用或混施进入土壤后，在耕作或收获作物和刮大风时会形成气溶胶或粉尘，病原物随这些气溶胶或粉尘进入大气。大气中的病原物既可通过呼吸作用直接进入人体内，也可吸附在皮肤或果蔬表面间接地进入人体内，危害人类健康。

污泥中含有部分带臭味的物质，如硫化氢、氨、腐胺类等，任意堆放会向周围散发臭气，对大气环境造成污染，不仅影响堆放区周边居民的生活质量，也会给工作人员的健康带来危害。同时，臭气中的硫化氢等腐蚀性气体会严重腐蚀设备，缩短其使用寿命。另外，污泥中的有机组分在缺氧储存、堆放过程中，在微生物作用下会发生降解生成有机酸、甲烷等。甲烷是温室气体，其产生和排放会加剧气候变暖。

为了减轻或降低污泥的危害，必须对产生的污泥进行合适的处理处置。

1.4 ➲ 污泥的处理处置方法

早期，由于缺乏严格的污泥排放监管，我国污水处理厂建设存在严重的"重水轻泥"现象。近年来，飞速增长的污泥总量和巨大的潜在风险，使如何妥善处理处置污泥问题逐渐成为公众及业内人士共同关注的焦点。

目前，我国对污泥的处理和处置没有太严格的区分，一般将对污泥进行减量化、稳定化和无害化处理的过程称为处理，而将无害化后污泥的最终消纳称为处置。对现代化的污水处理厂而言，污泥的处理与处置已成为污水处理系统中运行最复杂、花费最高的一部分。

1.4.1 污泥处理处置的原则

通常，在工程中，要求污泥的处理处置满足"减量化、稳定化、无害化、资源化"原则。

（1）减量化

从污水厂出来的污泥，由于含水量很高、体积很大且呈流动态，不利于储存、运输和消纳，减量化十分重要。污泥的体积随含水量的降低而大幅度减小，且污泥呈现的状态和性质也有很大变化，如含水率在 85% 以上的污泥呈流动性很好的液态；含水率为 70%～75% 的污泥呈柔软状；含水率为 60%～65% 的污泥几乎呈现为固体状态；含水率为 34%～40% 的污泥呈现为可离散状态；含水率为 10%～15% 的污泥则呈现为粉末状态。因此，可以根据不同的污泥处理工艺和装置要求，确定合适的减量化程度。

污泥减量通常分为质量减小、体积减小和过程减量。质量减小的方法主要是稳定和焚烧，但由于焚烧所需的费用很高且存在烟气污染问题，因此主要适用于难以资源化利用的部分污泥。污泥体积的减小主要是通过污泥浓缩、污泥脱水两个步骤来实现。污泥减量可通过超声波技术、臭氧法、膜生物反应器、生物捕食、微生物强化、代谢降解偶联及氯化法等方法实现。

（2）稳定化

污泥稳定化是降解污泥中的有机物质，进一步减少污泥含水量，杀灭污泥中的细菌、病原体，消除臭味，使污泥中的各种成分处于相对稳定状态的一种过程。污泥中有机物含量为 60%～70%，随着堆积时间的延长及外部环境的影响，污泥将发生厌氧降解，并极易腐败而产生恶臭，需要采用生物好氧或厌氧消化工艺，或添加化学药剂等方法，使污泥中的有机组分转化为稳定的最终产物，进一步消解污泥中的有机成分，避免在污泥的最终处置过程中造成二次污染。

（3）无害化

污泥无害化处理的目的是采用适当的工程技术去除、分解或者固定污泥中的有毒、有害物质（如有机有害物质、重金属）及消毒灭菌，使处理后的污泥在最终处置中更具有安全性和可持续性，不会对环境造成危害。污泥处理处置时应将各种因素结合起来，综合考虑。

（4）资源化

污泥是一种资源，含有丰富的氮、磷、钾等有机物及热量，其特点和性质决定了污泥的根本出路是资源化。污泥资源化是指在处理的同时回收其中的有用物质或回收能源，达到变害为宝、综合利用、保护环境的目的。污泥资源化的特征是环境效益高、生产成本低、生产效率高、能耗低。

1.4.2 污泥处理的方法

污泥处理的主要目的，一方面是为了降低污泥的含水率，使其由流变态变为固态，达到减量的目的，便于污泥的运输和最终处置；另一方面是为了稳定有机物，使其不易腐败，避免对环境造成二次污染。污泥处理的方法主要取决于污泥的含水率和最终的处置方式。处理方法主要包括调理、浓缩、脱水、石灰稳定、干化等减量化、稳定化、无害化的加工过程。

（1）污泥调理

污水处理产生的生化污泥是呈胶体状结构的亲水性物质，由于微粒的布朗运动、胶体颗粒间的静电斥力和胶体颗粒表面的水化膜作用，大部分污泥颗粒不易聚结而稳定分散悬浮于水中，由于污泥颗粒的特殊絮体结构及高度亲水性，使其比阻值较大，脱水性能较差。

为提高污泥厌氧消化、过滤和脱水处理的有效性，以及改善污泥的土力学特性，以便后续的运输与处置，对污泥进行调理就显得十分必要了。污泥调理，也称污泥调质，目的是克服水合作用和静电排斥作用而改变污泥特性，增大污泥颗粒，提高其脱水性和杀菌效果，并促进有机物水解，使其易于浓缩和过滤，从而减少操作上的困难，进而提高厌氧消化的有效性。

依据调理机制，污泥调理方法可分为物理调理、化学调理和生物调理。

（2）污泥浓缩

污泥浓缩的目的是降低污泥含水率，减小污泥体积，降低后续构筑物或处理单元的负荷，如减小消化池的容积及加热污泥所需的热量。

污泥浓缩主要去除污泥颗粒间的空隙水，由于污泥中空隙水所占的比例最大（一般占污泥含水量的 70% 左右），因此污泥浓缩是减小污泥体积最经济有效的方法。污泥经过浓缩后，含固率提高到 5%～10%，为污泥的进一步脱水创造了条件。目前常用的污泥浓缩方法主要是重力浓缩。

（3）污泥脱水

污泥脱水的目的是在污泥浓缩的基础上进一步减小污泥的体积，便于后续处理、处置和利用。污泥中的空隙水基本上可在污泥浓缩过程中被去除，而内部水一般难以分离，所以污泥脱水去除的主要是污泥颗粒间的毛细水和颗粒表面的吸附水。目前常用的污泥脱水方法主要是机械脱水。

（4）污泥石灰稳定

通过向原污泥或脱水污泥中投加一定比例的生石灰并均匀掺混，生石灰与脱水污泥中的水分发生反应，生成氢氧化钙和碳酸钙并释放热量，部分自由水结合于溶解后的生成物中，且部分自由水因反应放热而得以蒸发；此外，部分重金属离子在碱性条件下向无害化合物转变，病原体、病毒和细菌处于强碱性条件下而失去活动能力或被杀灭（寄生虫卵除外），从而免除了污泥的臭气。

石灰稳定可起到灭菌、抑制腐化、脱水、钝化重金属离子、改性、颗粒化等作用，可以作为建材利用、土地利用等资源化利用方式的处理措施。采用石灰稳定技术应考虑当地石灰来源的稳定性、经济性和质量方面的可靠性。

（5）污泥干化

污泥干化是利用热物理的原理，对污泥中的水分进行排除，从而达到干燥污泥的目的，经过干化处理后的污泥一般呈粉末状或颗粒状。应用自然热源的干化过程称为自然干化，使用人工热源的干化过程称为人工干化或污泥干燥。

污泥人工干化具有处理效率高、稳定性强、操作灵活等优点，因此在我国污泥处理行业中得到了广泛应用。但由于污泥干燥过程的能耗较高（去除 1kg 水的能耗为 3000～3500kJ），因此污泥干燥仅适用于脱水污泥的后续深度脱水。

1.4.3 污泥处置的方法

污泥处置是将处理后的污泥弃置于自然环境中（地面、地下、水中）或再利用，能够达到长期稳定并对生态环境无不良影响的最终消纳方式。无论采用何种处置方法，都必须遵循"减量化、稳定化、无害化、资源化"的处置原则，从"无害化"走向"资源化"，"资源化"是以"无害化"为前提的，"无害化"和"减量化"应以"资源化"为条件，将"无害化"作为污泥处置的重点，把"资源化"作为污泥处置的最终目标。为有效、彻底地解决污泥的环境污染问题，可以通过技术开发将大量的废物变为可用物质，对污泥进行资源化利用，取得良好的经济效益和环境效益。

目前，根据回收资源和应用途径的不同，污泥资源化利用可分为以下几类。

1.4.3.1 污泥能源利用

污泥能源利用是将污泥中的有机质成分转化为能源而加以利用的方法。根据转化能源的形式，污泥能源利用可分为两种方式：一种是转化为热能，一种是转化为能源物质。

（1）污泥热能利用

污泥热能利用是在一定条件下，通过使污泥中的有机质成分氧化而放出热量，在实现污泥无害化处理的同时实现其能源化利用。根据氧化方法的不同，污泥热能利用的形式可分为焚烧与水热氧化。

① 污泥焚烧。污泥焚烧是根据污泥的性状与组成，在特定的装置中使污泥中的有机质与空气中的氧气发生剧烈的氧化反应，同时放出热量。虽然污泥焚烧可实现污泥的热能利用，但焚烧过程中产生的有害废气和飞灰易形成二次污染，因此需要严格的后处理工序。

② 污泥水热氧化。污泥水热氧化是使含水率高、可直接泵送的污泥在一定的温度和压力条件下与氧化剂发生反应而放出热量。根据工艺条件的不同，污泥水热氧化可分为污泥湿式氧化和污泥超临界水氧化。

与焚烧相比，污泥水热氧化的反应条件相对温和，而且基本没有有害废气和飞灰产生，从而避免了二次污染。

（2）能源物质利用

能源物质利用是通过特定的手段使污泥中的有机质成分转化为某种能源物质而加以利用的方法。根据转化目标产物的不同，污泥能源物质利用方法可分为污泥液化（以液体燃油为目标产物）、污泥炭化（以固体燃料为目标产物）、污泥气化（以气体燃料为目标产物）和污泥生物气化。

① 污泥液化。污泥液化是采用一定的方法将污泥中所含的有机组分分解成小分子可燃液体的方法，也称污泥制油。根据液化过程的工艺条件，污泥液化可分为热解液化和水热液化。

② 污泥炭化。污泥炭化是采用一定的方法将污泥中所含的有机组分部分分解转化为固体燃料的方法。根据炭化过程的工艺条件，污泥炭化可分为热解炭化和水热炭化。

③ 污泥气化。污泥气化是采用一定的方法将污泥中所含的有机组分分解成小分子可燃气体的方法。根据气化过程的工艺条件，污泥气化可分为热解气化、气化剂气化和水热气化。

④ 污泥生物气化。上述污泥液化、污泥炭化和污泥气化的共同特点是采用热化学转化的方法将污泥中的有机组分转化为燃料。除热化学转化外，还可采用生物气化的方法将污泥中的有机组分通过厌氧发酵的方式转化为甲烷而实现能源化利用。

1.4.3.2 污泥材料利用

污泥材料利用是针对污泥组分的特点，将污泥制成各种材料而实现资源化利用。根据所制材料的应用情况，污泥材料利用可分为污泥制建筑材料和污泥制吸附材料。

（1）污泥制建筑材料

污泥制建筑材料是以污泥为原料制成各种建筑材料。根据最终产品的不同，污泥制建筑材料可分为污泥制砖、污泥制陶粒、污泥制水泥、污泥制生化纤维板、污泥制轻质填充料、污泥制轻质发泡混凝土、污泥熔融制石料、污泥制聚合物复合材料、污泥制木塑复合材料等。

（2）污泥制吸附材料

污泥制吸附材料是以污泥为原料制取活性炭。

1.4.3.3 污泥农业利用

污泥农业利用是以污泥为原料，通过一定的方法制取用于促进农业生产的产品。根据所制产品的特性，污泥农业利用可分为污泥堆肥、污泥制复混肥和污泥制蛋白质饲料。

（1）污泥堆肥

污泥堆肥是指通过细菌或微生物的作用，将污泥中的有机组分进行分解，从而获得能促进土壤肥力的利用方法。

（2）污泥制复混肥

污泥制复混肥是将污泥与其他肥料混合制取复混肥的利用方法。

（3）污泥制蛋白质饲料

污泥制蛋白质饲料是指通过从污泥中提取蛋白质，然后再制成动物饲料的利用方法。

1.4.3.4 污泥土地利用

污泥土地利用是将污泥直接施用于土地，同时将污泥中的有用成分（如 N、P、K、有机物等）在处理过程中加以利用。污泥土地利用不仅最终处置了污泥，而且将其转变为农业、林业、花卉、绿化、牧场修复与重建以及严重破坏土地修复等利用途径。

（1）污泥农田利用

污泥农田利用是将污泥直接施用于农田，充分利用其所含有的 N、P、K、有机物等作为农作物的养分。当污泥泥质满足 GB 4284—2018、CJ/T 309—2009 各项指标要求，并且拥有足够消纳用农田时，优先采用污泥农田处置方式。

（2）污泥园林绿化利用

当污泥泥质不能满足农用要求但满足 GB/T 23486—2009、CJ/T 362—2011 各项指标要求，并且拥有足够消纳用绿地（或林地）时，可采用污泥园林绿化处置方式。

（3）污泥土壤改良

当污泥泥质既不能满足农用要求也不能用于园林绿化，但满足 GB/T 24600—2009 各项指标要求，并且拥有足够消纳用盐碱地、沙化地和废弃矿场等待修复土地时，可采用污泥土壤改良处置方式。

（4）污泥用作垃圾填埋场覆土

在城市固体废弃物填埋场的运行过程中，需要大量的适用材料完成日覆盖；在填埋场封场时又需要适用材料完成最终覆盖，并能支撑覆盖层表面的植被覆盖。根据污泥的特点，可采用城市污泥替代传统覆盖土实现填埋场覆盖。

1.5 ➡ 污泥处理处置政策解读

参考国内外的经验和教训，我国污泥处理处置应符合"安全环保、循环利用、节能降耗、因地制宜、稳妥可靠"的原则。目前，针对污泥处理处置，我国已出台了一系列的政策和法规。

1.5.1 污泥处理政策解读

（1）恶臭污染物防治

《恶臭污染物排放标准》（GB 14554—1993）定义恶臭为：一切刺激嗅觉器官引起人们不愉快及损坏生活环境的气体物质。恶臭广泛产生于市政污水及污泥处理处置过程中。不同的处理设施及过程会产生各种不同的恶臭气体。污水处理厂的进水提升泵产生的主要臭气为硫化氢；初沉池污泥厌氧消化过程中产生的臭气以硫化氢及其他含硫气体为主；污泥稳定过程中会产生氨气和其他易挥发物质；堆肥过程中会产生氨气、胺、含硫化合物、脂肪酸、芳香族化合物和二甲基硫等臭气；好氧消化及污泥干化过程中可能产生很少量的硫化氢，但主要有硫醇和二甲基硫气体产生。

（2）稳定化处理

我国《城市污水处理及污染防治技术政策》（建成〔2000〕124 号）和《城镇污水处理

厂污染物排放标准》（GB 18918—2002）均规定要对城镇污水处理厂污泥进行稳定化处理。

厌氧污泥消化是一种使污泥达到稳定状态的非常有效的处理方法。污泥厌氧消化产生的消化气（沼气）一般由60%～70%的甲烷、25%～40%的二氧化碳、少量的氮硫化物和硫化氢组成，燃烧热值为18800～25000kJ/m³。大中型污水处理厂对消化产生的沼气进行回收利用，可达到节约能耗、降低运行成本的目的。但是空气中沼气含量达到一定浓度时会具有毒性；沼气与空气以1∶（8.6～20.8）（体积比）混合时，如遇明火会引起爆炸。因此，污水处理厂沼气利用系统如果设计或操作不当将会有很大的危险。厌氧消化污泥的稳定化程度可通过监测进泥量（V）、进泥浓度（C）、进泥中挥发性有机物含量（f）、沼气产生量和甲烷含量进行计量，也可通过监测厌氧消化池每次（天）的进、出泥量，测定进、出泥含水率和干污泥固体（含水率为0%）中挥发性有机物的含量百分比进行计量。由此获得了两种对厌氧消化污泥进行稳定化判定的公式：一种是基于沼气产生的计量公式；另一种是基于污泥物料平衡的计算公式。考虑到我国污泥中挥发性有机物含量较低、降解性较差，因此规定：污泥厌氧消化挥发性有机物降解率应大于40%。若经厌氧消化处理后，污泥中挥发性有机物的降解率达不到40%，则取部分消化后的污泥试样于实验室在温度为30～37℃的条件下继续消化40天，在第40天末，若污泥中挥发性有机物与取样相比，减量小于20%，则认为污泥已达到稳定化要求。采用各种生物稳定化工艺要达到的稳定化控制指标见表1-5。

表1-5　污泥稳定化控制指标

稳定化方法	控制项目	控制指标
厌氧消化	有机物降解率/%	＞40
好氧消化	有机物降解率/%	＞40
好氧堆肥	含水率/%	＜65
	有机物降解率/%	＞50
	蛔虫卵死亡率/%	＞95
	粪大肠菌群菌值	＜0.01

（3）污泥干化

污泥干化分为两种类型，即自然干化和热干化。污泥自然干化可以节约能源、降低运行成本，但要求降雨量少、蒸发量大、可使用的土地多、环境要求相对宽松等条件，因此受到一定的限制。

自然干化过程中会产生恶臭等污染物质，对厂区及周边环境造成危害，因此根据《建设项目环境影响评价技术导则　总纲》（HJ 2.1—2016）的要求，需要确定安全的卫生防护距离，《城市污水处理及污染防治技术政策》（建成〔2000〕124号）要求自然干化场的卫生防护距离应不小于1000m。

热干化是使用人工能源当热源，主要去除污泥中难以采用机械方式去除的间隙水和结合水，但污泥干化能耗相当高，设备投资和运行成本也非常高，去除1kg水的能耗为3000～3500kJ。污泥热干化厂在污泥储存、输送、处理过程中会产生恶臭污染物质，同时在干化过程中，由于部分挥发性有机物的挥发，使干化尾气中存在部分恶臭污染物；此外，干化污泥储存时也会有恶臭产生。为了防止恶臭污染厂区及周边环境，根据《大气污染物综合排放标准》（GB 16297—1996）和《恶臭污染物排放标准》（GB 14554—1993）的要求，必须采取恶臭防治措施。

1.5.2 污泥处置政策解读

2009—2011 年，在住房城乡建设部主导下，编制出台了一批城镇污水处理厂污泥处置方法及相对应标准，如表 1-6 所示。

表 1-6 城镇污水处理厂污泥处置方法及相对应标准

处置技术与方法			说明	对应泥质/排放标准
污泥能源利用	热能利用	焚烧	单独焚烧	专门污泥焚烧炉焚烧	GB/T 24602—2009
			热电厂掺煤混烧	在火力发电厂焚烧炉中作燃料利用	CJJ 131—2009
			与垃圾混合焚烧	与生活垃圾一同焚烧	尚无对应泥质标准
			污泥燃料利用	在工业焚烧炉中作燃料利用	尚无对应泥质标准
		水热氧化	湿式氧化	在湿式氧化反应器中反应并放出热量	尚无对应泥质标准
			超临界水氧化	在超临界水氧化反应器中反应并放出热量	尚无对应泥质标准
	能源物质利用	液化	热解液化	在缺氧条件下热化学转化制液体燃料	尚无对应泥质标准
			水热液化	在水热条件下热化学转化制液体燃料	尚无对应泥质标准
		炭化	热解炭化	在缺氧条件下热化学转化制固体燃料	尚无对应泥质标准
			水热炭化	在水热条件下热化学转化制固体燃料	尚无对应泥质标准
		气化	热解气化	在缺氧条件下热化学转化制气体燃料	尚无对应泥质标准
			气化剂气化	在气化剂作用下热化学转化制气体燃料	尚无对应泥质标准
			水热气化	在水热条件下热化学转化制气体燃料	尚无对应泥质标准
		生物气化	厌氧发酵制甲烷	在细菌或微生物作用下厌氧发酵制沼气	尚无对应泥质标准
污泥材料利用	制建筑材料		制砖	制砖的部分原料	GB/T 25031—2010
			制陶粒	以污泥为原料，掺加适量黏结材料和助熔材料，经过加工成球，烧结而成	尚无对应泥质标准
			制水泥	制水泥的部分原料或添加料	CJ/T 314—2009
			制生化纤维板	以污泥作为基质材料制取人工纤维板	尚无对应泥质标准
			制轻质填充料	以污泥焚烧灰为主要原料制取轻质骨料（陶粒等）	尚无对应泥质标准
			制轻质发泡混凝土	以污泥焚烧灰为主要原料制取发泡混凝土	尚无对应泥质标准
			熔融制石料	将污泥经高温焚烧处理而生成的结晶化石材	尚无对应泥质标准
			制聚合物复合材料	将污泥掺加至熔融的热塑性聚合物中	尚无对应泥质标准
			制木塑复合材料	将含一定量纤维的污泥与热塑性聚合物复合	尚无对应泥质标准
	制吸附材料		制活性炭	制污泥基活性炭的部分原料	尚无对应泥质标准
污泥农业利用	堆肥			利用微生物将污泥中有机物质分解、腐熟并转化成稳定腐殖土	尚无对应泥质标准
	制复混肥			将污泥堆肥产品与市售肥料混合制成复混肥	尚无对应泥质标准
	制蛋白质饲料			将污泥中的蛋白质提取出来并制成饲料	尚无对应泥质标准

处置技术与方法		说明	对应泥质/排放标准
污泥土地利用	农田利用	农田肥料或农田土壤改良材料	GB/T 4284—2018、CJ/T 309—2009
	园林绿化	城镇绿地系统或郊区林地建造和养护的基质材料或肥料原料	GB/T 23486—2009、CJ/T 362—2011
	土壤改良	盐碱地、沙化地和废弃矿场的土壤改良材料	GB/T 24600—2009
	垃圾填埋场覆土	垃圾填埋场的日覆土和终覆土	GB/T 23485—2009

（1）能源利用

① 焚烧。我国目前污泥焚烧所采用的工艺技术为干化焚烧、与生活垃圾混合焚烧、利用水泥窑掺烧、利用燃煤热电厂掺烧。干化焚烧厂通常建在城镇污水处理厂内，后三种焚烧方式通常需要将污泥输送到相应的处理厂与其他物料混合焚烧。以污泥在焚烧物料中所占质量比的多少来判定，将干化焚烧定义为单独焚烧，而将后三种焚烧方式定义为混合焚烧。

《生活垃圾焚烧处理工程技术规范》（CJJ 90—2009）中规定，进炉垃圾的月平均低位热值不得小于 5MJ/kg。因此，对于生活垃圾焚烧发电厂，掺混焚烧污泥时，同样也做此规定。

《城镇污水处理厂污泥处置 单独焚烧用泥质》（GB/T 24602—2009）规定了单独焚烧污泥时，最终排入大气的烟气中污染物最高排放浓度限值，见表1-7。

表 1-7　焚烧炉大气污染物排放标准

序号	控制项目	数值含义	限值[①]
1	烟尘/（mg/m³）	测定均值	80
2	烟气黑度（格林曼黑度）/级	测定值[②]	1
3	一氧化碳/（mg/m³）	小时均值	150
4	氮氧化物/（mg/m³）	小时均值	400
5	二氧化硫/（mg/m³）	小时均值	260
6	氯化氢/（mg/m³）	小时均值	75
7	汞/（mg/m³）	测定均值	0.2
8	镉/（mg/m³）	测定均值	0.1
9	铅/（mg/m³）	测定均值	1.6
10	二噁英类（TEQ[③]）/（ng/m³）	测定均值	1.0

① 本表规定的各项标准限值，均以标准状态下含11% O_2 的干烟气作为参考值换算。
② 烟气最高黑度时间，在任何 1h 内累计不超过 5min。
③ 国际毒性当量，指换算为 2，3，7，8-TCDD 的质量。

② 利用燃煤热电厂掺烧。《生活垃圾焚烧污染控制标准》（GB 18485—2014）中要求循环流化床燃煤锅炉直接掺烧脱水污泥时，应确保炉膛内烟气在 850℃ 以上的温度条件下停留时间大于 2s，必要时，可通过加大二次风量保持烟气温度。

（2）材料利用

① 建材利用。《城镇污水处理厂污泥处理技术规程》（CJJ 131—2009）规定：进厂污泥

含水率须小于 80％，臭度小于 2 级（最高 6 级臭度）。综合利用的污泥必须经脱水、除臭、去除重金属等无害化处理后方可综合利用。《城镇污水处理厂污泥处置　分类》（GB/T 23484—2009）相关限制建议值见表 1-8。

表 1-8　《城镇污水处理厂污泥处置　分类》（GB/T 23484—2009）相关限制建议值

元素	浸出液最高允许浓度/(μg/L)			灰渣中允许的最高含量/(mg/kg)	
	Z0	Z1	Z2	Z1	Z2
Hg	0.2	0.5	10	0.2	2.0
Cd	2.0	10	50	0.6	2.0
As	10	10	100	20	30
Cr	15	30	350	50	100
Pb	20	40	100	20	200
Cu	50	100	300	100	1000
Zn	50	100	300	300	1000
Ni	4	50	200	40	200
Be	0.5	1.0	20	—	—
F	50	100	300	—	—

注：Z0—建材应用于具有严格环境条件的场合，如地下水防护等；Z1—建材应用于特殊场合，如公园、工业区等；Z2—建材可用于一般无危险性影响的场合。

② 利用水泥生产线掺烧。国家环境保护标准《城镇污水处理厂污泥处理技术规范》（征求意见稿，2010 年）规定：利用水泥生产线掺烧污泥的，干化污泥可直接与生料粉混合后进料，也可通过设置在燃烧器、分解炉、窑头、窑尾的进料喷嘴进料，入窑干化污泥的粒径宜与入窑生料粉和煤粉的粒径相近。直接将脱水污泥与水泥生料混合后进料时，应设置专门的物料混合设施，入窑混合物料的含水率应控制在 35％以下，粒度应大于 75mm。我国脱水污泥的含水率大致在 80％左右，具有一定的黏性，但属于塑性流体。生料粉的含水率一般在 10％～30％之间。污泥在窑炉内的停留时间宜大于 30min，污泥焚烧残留物质量应小于水泥产量的 5％。排入大气的烟气中污染物最高排放浓度按照《水泥工业大气污染物排放标准》（GB 4915—2013）中相关限值要求。为保证水泥产品质量，要求对水泥产品进行浸出毒性试验，产品中重金属和其他有毒有害成分的含量不应超过相关水泥质量要求限值。

（3）农业利用

农业利用方式主要指堆肥。《城镇污水处理厂污泥处置　园林绿化用泥质》（GB/T 23486—2009）对城镇污水处理厂的污泥用于园林绿化等相关方面做了明确的规定，具体体现在：外观和嗅觉；稳定化要求；理化指标和养分指标；生物学指标和污染物指标；种子发芽指数要求；污泥使用量；污泥使用后的跟踪监测；污泥使用地点；取样方法；监测分析方法等方面。

建设集中污泥堆肥中心的城镇污水处理厂，其堆肥场选址时必须首先征得当地环境保护行政主管部门和交通运输管理部门的意见。在规划建设污泥堆肥场时，如果采用自然通风静态堆或强制通风静态堆工艺，必须要满足卫生防护距离大于 1000m 的要求。同时厂区应采取恶臭防治措施，尾气应收集统一进行处理。堆肥中的卫生指标和重金属指标满足《城镇污水处理厂污染物排放标准》（GB 18918—2002）和《农用污泥中污染物控制标准》（GB 4284—2018）。

（4）土地利用

美国、欧洲早在 20 世纪 70 年代就提出重金属的限量标准，以后不断予以修正。美国环保署（EPA）1993 年制定了 503 条例（USEPA 503），美国联邦政府对城市污泥土地利用有严格的规定，在《有机固体废弃物（污泥部分）处置规定》中，将污泥分为 A 和 B 两大类：经脱水、高温堆肥无菌化处理后，各项有毒有害物质指标达到环境允许标准的为 A 类污泥，可作为肥料、园林植土、生活垃圾填埋覆盖土等；经脱水或部分脱水简单处理的为 B 类污泥，只能作为林业用土，不直接用于改良粮食作物耕地。欧盟在 1996 年制定了欧盟污泥农用条件（EC 条例），对污泥中重金属含量进行了规定。

结合美国 EPA 标准和我国相关标准，统筹考虑，经稳定化处理后的污泥有机物降解率须小于 40%，肠道病毒小于 1MPN/4gTS，寄生虫卵小于 1 个/4gTS，蛔虫卵死亡率大于 95%。

▶▶ 参考文献

[1] 廖传华，米展，周玲，等.物理法水处理过程与设备 [M].北京：化学工业出版社，2016.

[2] 廖传华，朱廷风，代国俊，等.化学法水处理过程与设备 [M].北京：化学工业出版社，2016.

[3] 廖传华，韦策，赵清万，等.生物法水处理过程与设备 [M].北京：化学工业出版社，2016.

[4] 廖传华，李聃，王小军，等.污泥减量化与稳定化的物理处理方法 [M].北京：中国石化出版社，2019.

[5] 廖传华，王小军，高豪杰，等.污泥无害化与资源化的化学处理方法 [M].北京：中国石化出版社，2019.

[6] 廖传华，王万福，吕浩，等.污泥稳定化与资源化的生物处理方法 [M].北京：中国石化出版社，2019.

[7] 廖传华，王银峰，高豪杰，等.环境能源工程 [M].北京：化学工业出版社，2021.

[8] 姬爱民，崔岩，马劲红，等.污泥热处理 [M].北京：冶金工业出版社，2014.

[9] 张大群.污泥处理处置适用设备 [M].北京：化学工业出版社，2012.

[10] 李兵，张承龙，赵由才.污泥表征与预处理技术 [M].北京：冶金工业出版社，2010.

[11] 王罗春，李雄，赵由才.污泥干化与焚烧技术 [M].北京：冶金工业出版社，2010.

[12] 王星，赵天涛，赵由才.污泥生物处理技术 [M].北京：冶金工业出版社，2010.

[13] 李鸿江，顾莹莹，赵由才.污泥资源化利用技术 [M].北京：冶金工业出版社，2010.

[14] 曹伟华，孙晓杰，赵由才.污泥处理与资源化应用实例 [M].北京：冶金工业出版社，2010.

[15] 王郁，林逢凯.水污染控制工程 [M].北京：化学工业出版社，2008.

[16] 朱开金，马忠亮.污泥处理技术及资源化利用 [M].北京：化学工业出版社，2007.

[17] 王绍文，秦华.城市污泥资源利用与污水土地处理技术 [M].北京：中国建筑工业出版社，2007.

[18] 刘亮，张翠珍.污泥燃烧热解特性及其焚烧技术 [M].长沙：中南大学出版社，2006.

前处理篇

第**2**章

污泥调理

污水处理厂产生的生化污泥是呈胶体状结构的亲水性物质，组分复杂，变异性大，水分含量高（通常在99%以上）。如此高的含水率，不仅使污泥更易腐败发臭，而且体积巨大、热值降低，不利于后续的运输与处理，并可能对环境造成二次污染。但由于微粒的布朗运动、胶体颗粒间的静电斥力和胶体颗粒表面的水化膜作用，大部分的污泥颗粒不易聚结而稳定分散悬浮于水中，而污泥颗粒的特殊絮体结构及高度亲水性使其比阻值较大，脱水性能较差。

污泥调理（也称污泥调质）的目的是克服水合作用和静电排斥作用而改变污泥特性，增大污泥颗粒，提高其脱水性和杀菌效果，并促进有机物水解，使其易于浓缩和过滤，从而减少操作上的困难，进而提高厌氧消化的有效性。

污泥调理依据调理机制可分成三类：a. 物理法：泛指通过外加能量或应力以改变污泥性质的方法，如冻融调理及机械能、加热、超声波、微波、高压及辐射调理等；b. 化学法：以加入化学药剂的方式改变污泥的特性，如改变酸碱值、离子强度、添加无机金属盐类絮凝剂或有机高分子絮凝剂、臭氧曝气、芬顿试剂以及酶等添加剂；c. 生物法：主要指污泥的好氧或厌氧消化过程，在这些过程中，好氧或厌氧菌群利用污泥中的碳、氮、磷等成分作为生长基质，以达到污泥减量与破坏污泥高孔隙结构的目的。

2.1 ➲ 物理调理

物理调理是采用物理的方法破坏污泥中的微生物细胞，改变污泥的结构，减弱污泥与水的结合作用，从而释放出部分内部水的污泥调理方法。物理调理主要包括加热调理、冻融调理、淘洗调理、超声波调理、微波调理和加骨料调理等。

2.1.1 加热调理

加热调理是指通过加热，污泥中的细胞分解破坏，亲水性有机胶体物质水解，颗粒结构改变，从而使细胞膜中的内部结合水游离出来，以提高污泥的脱水性能。

污泥中的固体颗粒由亲水性胶体粒子组成，污泥内部含有大量水分，对污泥加热可加速粒子的热运动，提高胶体粒子的碰撞和结合频率，为胶体粒子间的相互凝聚提供条件。另外，污泥经过加热后，细胞体会因受热膨胀而破裂，形成细胞膜碎片，同时释放出胞内蛋白质、胶质和矿物质。胶体结构因加热破坏而失稳，释放出大量内部结合水，同时凝聚沉淀。

加热调理对脱水性能很差的活性污泥效果尤其显著。图 2-1 所示为高温法和低温法加热调理脱水工艺流程。污泥经加热调理后，可溶性化学需氧量（COD）显著增加，有利于消化过程的进行，脱水性能和沉降性能大为改善。

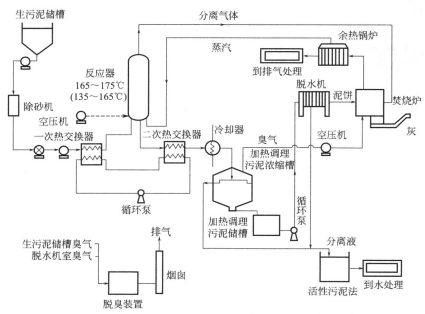

图 2-1　高温法和低温法加热调理脱水工艺流程

按加热温度的不同，加热调理可分为高温热调理和低温热调理两种工艺。

（1）高温热调理

高温热调理是将污泥在 160～200℃的高温条件下（压力 1.8～2.0MPa），加热 1～2h，使污泥固体凝结，破坏凝胶体结构，降低污泥颗粒与水的亲和力，使细胞内的水释放而达到改善污泥脱水性能的目的。经过高温调理后的污泥，经浓缩即可使含水率降低到 80％～87％，而且污泥也被消毒，臭味几乎消除。如果进一步进行机械脱水，滤饼的含水率可以降低到 45％～55％，泥饼体积是浓缩-机械脱水法泥饼的 1/4 以下，污泥中的致病微生物与寄生虫卵可以完全杀死。

污泥高温热调理的典型流程如图 2-2 所示。原污泥经磨细后由高压泵送入热交换器，温度升至 160℃，随后在高压反应釜内进行反应，使有机物分解，反应后，污泥经热交换器与

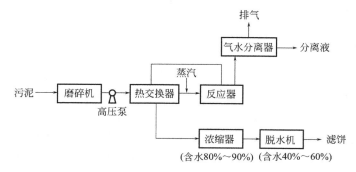

图 2-2　污泥高温热调理的典型流程

原污泥进行热交换。但反应温度超过 175℃时，设备容易结垢，从而降低热交换效率。因此一般将温度控制在 165～175℃。

高温热调理可用于各种混合有机废水污泥，包括难以处理的剩余活性污泥。但高温处理后，污泥中有机物的溶出导致分离液中的 COD、BOD_5 浓度较高，给后续的分离液处理增大了难度，增加了运行费用。另外，臭气问题的加剧也使尾气处理的复杂程度进一步提高。

高温热调理与湿式氧化并不相同，在湿式氧化中要通入空气以使污泥在高温下有比较深的氧化程度，而高温热调理并不要求氧化有机物。

（2）低温热调理

低温热调理的反应温度控制在 135～165℃以下，使有机物的水解受到控制。与高温热调理相比，低温热调理的能耗较低，且分离液的 BOD_5 浓度较低，一般较高温热调理法约低 40％～50％，臭味和色度也明显降低，因此得到了很大发展，其工艺流程大致与高温热调理相同。

目前，污泥加热调理被认为是一种钝化微生物最有效的方法之一。污泥经过加热调理后，不仅可溶解性物质显著增多，从而推进污泥的消化过程，同时可有效改善污泥的脱水性能，适用于初沉池污泥、消化污泥、活性污泥、腐殖污泥及它们的混合污泥。其主要缺点是：污泥分离液（澄清液和滤液）的 BOD_5 和 COD 浓度都很高，须回流到污水处理系统去处理。虽然流量很小，但回流处理将大大增加污水处理构筑物的负荷，有臭气，设备易腐蚀，需要增加高温高压设备、热交换设备及气味控制设备，费用很高，且过程能耗较高。这些条件通常限制了加热调理法优点的充分发挥，因此难以普及。

2.1.2　冻融调理

冻融调理是将污泥冷冻到凝固点以下，使污泥冻结，然后再进行融解以提高污泥沉淀性能和脱水性能的一种处理方式。其原理是随着冷冻层的发展，颗粒被向上压缩富集，水分被挤向冷冻界面，富集于污泥颗粒中的水分被挤出，使污泥易于浓缩脱水。由于冷冻时的脱水作用以及形成冷冻结构时对污泥颗粒施加了挤压力，导致污泥物理结构发生不可逆的改变，因而调理后的污泥颗粒可凝结成相当大的凝聚物，即使再用机械或水泵搅拌也不会重新成为胶体。

在冷冻过程中，污泥颗粒除受到挤压力外，还有一部分污泥颗粒被封闭在冷冻层中间，污泥粒子中的水受到毛细管的作用而被脱除，从而使泥水两相分离。这样，污泥胶体粒子的结构就被破坏，脱水性能得到大幅改善。污泥经冷冻、融化后，污泥絮体松散，沉降性能与过滤速率比冷冻前可提高几倍到几十倍，可以不用混凝剂处理而通过自然过滤脱水，从而节省可观的药剂费用。冻融调理后的污泥经真空过滤脱水，可得含水率为 50％～70％的泥饼，而采用化学调理-真空过滤脱水的泥饼含水率为 70％～85％。另外，冷冻过程也是病原微生物灭活的过程，冻融调理可使细胞机械脱水，丧失活性，有利于污泥的无害化处理，在去除气味的同时减少了生态风险。

对我国北方水面封冻期超过 3 个月、冻结深度大于 0.3m 的地区，可利用自然气候提供的冷冻资源来实现污泥的冻融调理。污水厂产生的污泥经浓缩后可放流至露天冻融池储存，经封冻期后再对融化的污泥进行脱水处理，或直接排出上层澄清水后，沉降污泥层作为农业利用。但这种处理方式占地面积较大，以日处理污水 100000m³ 的二级处理厂为例，冻融池深 0.3m，每 10000m³ 污水的污泥产量为 2.4t，浓缩污泥含水率为 95％，则冷冻融化池占地约 73hm²（1hm² ＝10000m²）。

污泥冻融调理除具有无须混凝剂，显著提高污泥脱水性能和沉降速度，比加热调理显著降低热能消耗等优点外，还有促进胞外多聚物集中从污泥中释放出来的特点，在某些情况下，还能有效杀灭污泥中的寄生虫卵、致病菌与病毒等。冻融调理的主要不足是难以适用于活性污泥，因为活性污泥凝聚作用强烈，其水分子的结合程度比脱水后残余分子结合得更加紧密。

2.1.3　淘洗调理

淘洗调理也称洗涤调理，是将污泥与某种液体（淘洗水）完全混合，使某些组分转移到液体中。淘洗调理主要用于消化污泥的调理，目的是降低污泥的碱度，节省药剂用量，降低机械脱水的运行费用。典型的例子是污泥经厌氧消化后，其挥发性固体大为减少，但常含有较高的重碳酸盐碱度（一般可在数百毫克/升到 2000～3000mg/L），在污泥加药剂调理前如不除掉重碳酸盐、铁盐和铝盐，混凝剂就会和其反应形成相应的铁盐和铝盐沉淀以及 CO_2，导致大量药剂的消耗。一般情况下，经淘洗调理后，调理剂的消耗量可减少 50％～80％。

淘洗调理不仅可洗去消化污泥中的重碳酸盐碱度，还能洗去部分颗粒很小、比表面积很大的胶体颗粒，既能节约混凝剂，又能有效提高污泥浓缩、脱水的效果。淘洗调理的过程一般包括用淘洗水稀释污泥、搅拌、沉淀分离、撇除上清液。淘洗水可使用初次沉淀池和二次沉淀池的出水或自来水、河水，用量为污泥量的 2～3 倍。洗涤后上清液中的 BOD、COD和固体悬浮物（SS）浓度都很高（可达 2000mg/L 以上），必须回流到污水处理系统去处理。表 2-1 给出了淘洗调理后污泥碱度、COD 浓度、NH_3-N 浓度、pH 值的大致变化情况。

表 2-1　淘洗调理后污泥碱度、COD 浓度、NH_3-N 浓度、pH 值的大致变化情况

项目	洗涤 1 次	洗涤 2 次	洗涤 3 次	洗涤后的水
碱度/(mmol/L)	17.6～27.6	9.3～14.3	6.25～7.65	1.67～6.5
COD 浓度/(mg/L)	1006～2707	593～1142	439～886	201～394
NH_3-N 浓度/(mg/L)	210～322	115.5～199.5	133	59.5～119
pH 值	7.3～8.1	7.3～8.1	7.5～8.1	7.1～8.0

淘洗调理可采用单级、多级串联或逆流淘洗等多种形式。通过吹入空气或机械搅拌，使污泥处于悬浮状态，与水充分接触。在使污泥与水均匀混合的同时，还必须注意保护污泥絮体，搅拌不能过于剧烈，污泥与水的接触次数不宜过多。两级串联逆流洗涤效果最好，淘洗池容积的最大表面负荷以 40～50kg/(m²·d)（以悬浮物质量计）为宜，水力负荷不超过 28m³/(m²·d)。

污泥淘洗可利用固体颗粒大小、相对密度和沉降速度不同的性质，将细颗粒和部分有机物微粒除去，降低污泥的黏度，提高污泥的浓缩和脱水效果。但也有其不足之处，主要表现在淘洗过程中，有机物微粒会被逐渐富集，污泥中的氮素被洗涤水带走，导致污泥肥效降低。当污泥用作土壤改良剂或肥料时，无须采用淘洗调理。

通常，污泥淘洗调理节省的调理剂的费用与洗涤水的处理费几乎相等，因此一般不提倡采用这种方法。尤其对于经浓缩的生污泥，淘洗调理的效果较差，可采用直接加药的方式进行调理。

2.1.4　超声波调理

超声波调理是利用超声波的能量，通过强力喷射形成的巨大水剪切力将微生物细胞壁击破，释放出胞内结合水，从而提高污泥的脱水效率。

超声波对污泥能够产生一种海绵效应，使水分更易从波面传播产生的通道通过，从而使污泥颗粒团聚、粒径增大；当其粒径增大到一定程度，就会做热运动相互碰撞、黏结，最终沉淀。超声波可使污泥局部发热、界面破稳、扰动和空化，能够使污泥中的生物细胞破壁，并且加速固液分离过程，改善污泥的脱水性能。另外，超声波对混凝有促进作用。当超声波通过有微小絮体颗粒的流体介质时，其中的颗粒开始与介质一起振动，由于大小不同的粒子具有不同的振动速度，颗粒将相互碰撞、黏结，体积和质量均增大；当粒子变大到不能随超声波振动时，只能做无规则运动，继续碰撞、黏结、变大，最终沉淀。

超声波调理污泥是一种高效、干净的方法，条件温和，污泥降解速率快，适用范围广，还可与其他技术结合使用。超声波和其他方法结合也可使污泥凝聚，改善生污泥的活性，降低超过 10% 的污泥含水量。有研究者认为，超声波和调理剂（如絮凝剂）联合作用使得污泥的 Zeta 电位有所改变，污泥比阻（SRF）与污泥毛细停留时间（CST）也得以降低，进而改善了污泥的脱水性能。

2.1.5　微波调理

微波调理在本质上是加热调理，但是微波并非从物质材料的表面开始加热，而是从各方向均衡地穿透材料均匀加热，微波辐射通过热效应和非热效应的共同作用能够明显提高污泥的脱水性能，同时还可以明显改善污泥的过滤性能。

相对于传统的加热调理，微波调理具有加热速率快、热效高、热量立体传递、设备体积小、易于控制和节省能量等特点，但微波穿透介质的深度有限，所以采用微波调理时要注意污泥量的控制。同时，微波对人体有害，调理时还要注意密封性。

2.1.6　加骨料调理

加骨料调理是向污泥中加入适量骨料（主要是煤灰）使污泥物理性状发生改变的调理方法，惰性骨料在污泥压滤脱水过程中还可以起到骨架作用，达到抵抗滤饼的压缩、维持其较大孔隙率和渗透性能的目的，从而为压滤脱水提供通道。助凝剂（如石灰、珠光体、水泥等）一般为无机惰性材料，本身不起混凝作用，因此也称为物理调理剂。这些物理调理剂加入污泥中起到骨架构建体的作用，在污泥中形成坚硬网格骨架，即使在高压作用下仍然保持多孔结构，有效解决了污泥中有机质可压缩性的问题，从而提高了污泥的脱水过滤性能。

大量研究证实，通过添加物理调理剂作为骨架构建体，能中和污泥电荷及吸附架桥，改善絮体的形成并提供水传递的通道，从而改善污泥的脱水性能。若仅将骨架构建体用于脱水环节，并无明显的技术优势，泥饼增容较大；但骨架构建体残留在泥饼中，可使其在后期固化中起到一定的增强作用，因此，若将基于骨架构建体的污泥脱水与固化结合起来，将具有明显的应用优势。

2.2 ➲ 化学调理

化学调理的基本原理就是通过向污泥中投加一定量的调理剂（絮凝剂、助凝剂），在污泥胶体颗粒表面发生化学反应，中和污泥颗粒的电荷，破坏污泥胶体颗粒的稳定性，增大凝聚力，使分散的小颗粒相互聚集成大颗粒，从而促使水从污泥颗粒表面分离出来的一种方法。调理效果的好坏与调理剂种类、投加量以及环境因素有关。化学调理效果可靠、设备简单、操作方便，被长期广泛采用。

2.2.1 化学调理的机理

污泥中的胶体微粒质量轻、直径小，在胶体微粒表面吸附着阴、阳离子层，称之为双电层。由于胶体微粒本身带电，同类胶体微粒因带有同类电荷，相互排斥，不能结合成较大的颗粒而下沉。另外，许多水分子被吸附在胶体微粒的周围形成水化膜，阻碍了胶体微粒与带相反电荷的粒子中和，妨碍了颗粒之间接触并下沉，这一特性称为胶体的稳定性。因此，高含水污泥中的细小悬浮物和胶体微粒不易下沉，总保持着分散和稳定的状态。要使胶体微粒下沉，就必须破坏胶体的稳定性，即脱稳作用，这就需要加入混凝剂促使其进行凝聚。凝聚是瞬间的，只需将化学药剂全部分散到水中即可。与凝聚作用不同，絮凝需要一定的时间去完成，但两者不好决然分开，因此一般将能起凝聚与絮凝作用的药剂统称为混凝剂。

目前从理论上解释混凝作用的机理，应用较多的有吸附架桥作用机理、吸附电中和作用机理和网捕或卷扫机理。化学调理是这三种作用综合的结果，只是不同的絮凝剂所起的作用不同。无机絮凝剂是以电中和及卷扫作用为主，非离子型和阴离子型有机高分子絮凝剂以架桥作用为主，阳离子型有机絮凝剂中的低分子絮凝剂以静电中和为主，高分子絮凝剂同时有中和与吸附架桥作用。由于污泥胶体颗粒带有负电荷，而阳离子型絮凝剂的絮凝作用是由吸附架桥作用和电中和作用两种机理产生的，可以中和污泥中更多的胶体，使得出水上清液的浊度更低。

2.2.2 化学调理剂

化学调理常用的调理剂分为无机调理剂和有机调理剂两大类。

2.2.2.1 无机调理剂

根据分子量的大小，无机调理剂可分为小分子无机调理剂和大分子无机调理剂。

小分子无机调理剂主要起电中和的作用，也称为混凝剂，常用的有石灰、铁盐、铝盐等。大分子无机调理剂主要起吸附架桥的作用，通常称为絮凝剂，常用的有聚铁、聚铝等，其形成的污泥絮体抗剪切性能强，不易打碎，尤其适合于后续采用带式压滤脱水和离心脱水时应用。

污泥化学调理过程中投加的助凝剂主要有硅藻土、珠光体、酸性白土、锯木屑、污泥焚烧灰、粉煤灰、石灰及贝壳粉等。助凝剂一般不起混凝作用，主要用于调节污泥的 pH 值，供给污泥以多孔网格状的骨架，改变污泥颗粒的结构，破坏胶体的稳定性，提高混凝剂的混凝效果，增大絮体强度等。

在相同脱水性能的前提下，使用无机调理剂可使污泥无机成分增加，提高污泥在建材利用中的添加量。但泥量的增加又会增大后续处理量和处理成本，因此需结合后续污泥利用的工艺过程选择合适的添加量，既能经济、有效地降低污泥含水率，又能改善泥饼的有机质含量。

2.2.2.2　有机调理剂

与无机调理剂结构、类型单一不同，有机调理剂可以分为许多不同类型的产品，如表面活性剂、天然高分子物质和有机合成高分子物质。

表面活性剂是应用十分广泛的一种有机调理剂，可以破坏污泥絮体的结构或改变絮体的表面性质，从而使污泥中更多的水分转化为易被脱除的自由水。

天然高分子调理剂多属于蛋白质或多糖类化合物，具备制取简单、使用方便、成本低等优点，同时存在有效成分含量不高、性能不够理想等不足，但可通过化学改性而提高其絮凝性能。工业应用较多的是壳聚糖、胺甲基淀粉（LMS）、羧甲基纤维素（CMC）和阳离子淀粉等。

有机合成高分子调理剂种类很多，按聚合度可分为低聚合度（分子量约为 1000 至数万）和高聚合度（分子量为数十万至数百万）。按官能团的带电与离解情况，高分子聚合物可分为以下四种：官能团离解后带正电的称为阳离子型；官能团离解后带负电的称为阴离子型；分子中既含正电基团又含负电基团的称为两性型；分子中不含离解基团的称为非离子型。污泥调理中常用的是阳离子型、阴离子型，两性型使用极少。

对同一种污泥在达到同一处理效果时，无机小分子调理剂的用量为有机高分子调理剂用量的 20～50 倍，而有机高分子调理剂的市场价格为无机小分子调理剂的 10～50 倍，两种调理剂的经济成本基本相当。但如果污泥最终处置方法采用焚烧法，使用有机调理剂不仅不会降低污泥泥饼的燃烧热值，还可得到更高的固体回收率。然而，有机调理剂对污泥的脱水效果不如无机调理剂，脱水后泥饼的含水率在 70% 左右，用于污泥干化时仍需消耗大量的热量。

化学调理的效果不仅取决于调理剂的物性特性，还与所处理对象和水质条件有关。总体来说，影响化学调理效果的因素主要有污泥组成及絮凝剂的种类、投加量、pH 值及温度、投加顺序等，需通过科学的试验，才能正确选择凝聚剂的种类、使用条件和方法。

2.3 ➡ 生物调理

生物调理是使用微生物絮凝剂进行污泥调理的技术。用微生物絮凝剂进行污泥调理有利于高含水污泥中胶体悬浮物相互凝聚沉淀，从而提升污泥脱水性能，具有絮凝性能好、无毒、可快速生物降解等优势。

2.3.1　微生物絮凝剂的种类

污泥生物调理所用微生物絮凝剂的主要成分为蛋白质、多糖等。根据组成的不同，微生物絮凝剂可分为三类：a. 直接利用微生物细胞作为絮凝剂，如某些细菌、真菌、放线菌和酵母，它们大量存在于土壤、活性污泥和沉积物中；b.利用微生物细胞提取物质作为絮凝剂，如酵母细胞壁的葡萄糖、甘露聚糖、蛋白质和 N-乙酰葡萄糖胺等成分均可作为絮凝剂；c.利用微生物细胞代谢产物作为絮凝剂，微生物细胞分泌到细胞外的代谢产物主要是细菌的夹膜和黏液质，除水分外，其余主要成分为多糖及少量的多肽、蛋白质、脂类及其复合物，其中多糖化酶在某种程度上可作为絮凝剂。

2.3.2 微生物絮凝剂的优缺点

微生物絮凝剂的特征与良好的处理效果使其具有广阔的发展前景，已取代传统的无机高分子和合成有机高分子絮凝剂得到越来越多的重视。目前，对微生物絮凝剂的研究主要集中于微生物絮凝剂的制备，复合型微生物絮凝剂、微生物絮凝剂与高分子有机和无机絮凝剂复配药剂也不断出现，并表现出良好的改善污泥脱水性能的效果。

尽管微生物絮凝剂具有无毒、无二次污染、可生物降解、污泥絮体密实、对环境和人类无害、适用范围广、高效、价格较低等优点，但因其存在絮凝剂用量大、制备成本较高、絮凝机理尚无明确解释、针对性不强等问题，使其在工业上的广泛应用受到很大限制。今后应在絮凝剂产酸菌的培养、絮凝剂的活性控制、应用范畴的拓广、进一步降低处理成本等方面进行更深入的研究。大量研究表明，将微生物絮凝剂与化学絮凝剂复合使用，不仅能获得更好的净化效果，而且可以大大降低絮凝剂的使用量。

2.4 ▶ 联合调理

基于单独的物理、化学和生物调理都有着一定的缺陷，联合调理技术成为研究的热点。联合调理就是不同调理方法或不同调理药剂的联合应用。

根据联用方式，联合调理可分药剂联用调理、物化联用调理和污泥混合调理三类。

2.4.1 药剂联用调理

各种调理剂有着不同的结构和作用方式，因此有着各自的优缺点：单独使用无机絮凝剂能加强絮体的结构，但形成的絮体较小，需较多的药剂；单独使用有机絮凝剂能形成较大的絮体，用药量小，但是絮体强度不够。鉴于各种絮凝剂均有明显的不足，单独使用已经越来越不能满足生产实践的需要。因此，除了进一步加大力度研发新型高效絮凝剂以外，将无机调理剂和有机调理剂进行合理的复合使用，不仅能形成大而坚固的絮体，而且用药量比单独使用一种絮凝剂时减少，从而可以降低污泥调理的综合费用，而且污泥的脱水效果更好。

复合使用调理剂时，各种调理剂的投加顺序会影响调理效果。无机絮凝剂由于其价格低廉，常作为配合絮凝剂使用，以降低处理成本。综合应用 2～3 种混凝剂，混合投配或依次投加，如先加无机絮凝剂再加有机絮凝剂，既能达到较好的调理效果，也能获得较高的经济效益。如石灰和三氯化铁同时使用，不但能调节 pH 值，而且由于石灰和污水中的重碳酸盐生成的碳酸钙能形成颗粒结构而增加了污泥的孔隙率。当投加比例或顺序不恰当时，效果会适得其反，同时可能会对环境造成二次污染。

目前，药剂联用调理常用的方式主要有阳离子型表面活性剂和阳离子型聚合物联用、阳离子型聚合物和非离子型聚合物联用、无机金属混凝剂和有机两性聚合物联用。

2.4.2　物化联用调理

传统物理调理主要包括加热调理和冻融调理。加热调理可以破坏污泥细胞的结构，使污泥间隙水游离，改善污泥脱水性能，提高污泥的可脱水程度；冻融调理也能充分破坏污泥絮体的结构，使污泥结合水含量大大降低。但由于加热调理受经济上的限制，冻融调理受气候条件的限制，这两种技术难以推广使用。超声波调理的机理至今还没有得到统一的解释；微波调理要注意污泥量的控制，同时微波对人体有害，调理时还要注意密封性。因此，各种单独的物理调理都有一定的缺陷性，近年来出现了物理调理和化学调理联用的调理技术，即物化联用调理。

物化联用调理，可取得比单独使用物理调理或化学调理更好的效果，既节约了物理调理所需要的能量，又节约了化学药剂，降低了化学药剂对环境的污染。目前应用较多的物化联用调理技术包括：超声波调理-化学调理联用、微波调理-化学调理联用、电化学调理-化学调理联用、冻融调理-化学调理联用等。

采用物化联用调理技术对污泥进行调理，可改变污泥颗粒的表面物理化学性质，破坏污泥颗粒部分胶体结构，降低与水的亲和力，从而实现提高污泥脱水性能的目的，具有良好的应用前景。但为了使调理效果最优化，需要通过试验找出合适的联用条件，且污泥脱水机理有待进一步研究；另外，还需针对不同的物化联用调理技术，开发新的污泥脱水技术与设备。

2.4.3　污泥混合调理

污泥混合调理是将不同来源的污泥按一定比例混合，充分利用各种污泥的特性而实现调理目的的一种技术。目前应用最多的是化学污泥与活性污泥的混合调理，即将化学污泥与活性污泥按一定比例混合，用化学污泥作为污泥的骨架，减弱了污泥的可压缩性，增强了污泥的脱水能力。

污泥混合调理可减少絮凝剂的添加量，但在过程中会使化学污泥中的无机物进入液相，容易破坏活性污泥的稳定性，从而限制了活性污泥的循环利用。

▶▶　参考文献

［1］　廖传华，米展，周玲，等.物理法水处理过程与设备 ［M］.北京：化学工业出版社，2016.

［2］　廖传华，朱廷风，代国俊，等.化学法水处理过程与设备 ［M］.北京：化学工业出版社，2016.

［3］　廖传华，韦策，赵清万，等.生物法水处理过程与设备 ［M］.北京：化学工业出版社，2016.

［4］　廖传华，李聘，王小军，等.污泥减量化与稳定化的物理处理方法 ［M］.北京：中国石化出版社，2019.

［5］　廖传华，王小军，高豪杰，等.污泥无害化与资源化的化学处理方法 ［M］.北京：中国石化出版社，2019.

［6］　廖传华，王万福，吕浩，等.污泥稳定化与资源化的生物处理方法 ［M］.北京：中国石化出版社，2019.

［7］　朱廷风，廖传华.物理法污泥调理技术研究进展 ［J］.中国化工装备，2018.

［8］　戴世宇，杨兰，王东田.超声波/絮凝剂联用于净水污泥脱水机理研究 ［J］.工业安全与环保，2017，43（7）：68-82.

［9］　罗宿星，伍远辉，徐禅，等.物理与化学联用技术调理改善污泥脱水性能研究进展 ［J］.遵义师范学院学报，2017，19（3）：101-105.

[10] 梁波，陈海琴，关杰.超声波预处理城市剩余污泥脱水性能研究进展 [J].工业用水与废水，2017，48 (4)：1-6.

[11] 伍远辉，罗宿星，翟飞，等.类芬顿试剂耦合超声对活性污泥脱水性能的影响 [J].环境工程学报，2016，10 (5)：2655-2659.

[12] 姜俊杰，梁美生，李伟，等.脉冲电场在污泥处理中的应用 [J].环境工程学报，2016，10 (1)：405-409.

[13] 谢敏，李好，刘小波，等.微波调质对剩余污泥结构及其脱水性能的影响 [J].北京：化学工业出版社，2016.

[14] 郭俊元，赵净，付琳.水稻秸秆制备微生物絮凝剂及改善污泥脱水性能的研究 [J].中国环境科学，2016，36 (11)：3360-3367.

[15] 李玉瑛，何文龙，邓斌，等.超声波联合高分子絮凝剂对污泥的调理研究 [J].工业水处理，2015，35 (2)：57-60.

[16] 王寒可.用于剩余污泥调理的复合凝聚剂研制及其性能研究 [D].上海：华东理工大学，2015.

[17] 黄显浪.阳离子表面活性剂与沸石对城市污泥的调理及机理研究 [D].长沙：湖南大学，2015.

[18] 严伟嘉，孙永军，冯丽颖，等.污泥调理技术研究进展 [J].土木建筑与环境工程，2015，37 (A1)：41-45.

[19] 周国强，欧阳亿欣，郭宏伟，等.污泥调理对其脱水性能的实验研究 [J].环境工程，2015，33 (A1)：570-573.

[20] 陈悦佳，赵庆良，柳成才.冷冻温度对冻融污泥有机物变化的影响 [J].哈尔滨工业大学学报，2015，47 (4)：1-8.

[21] 范宏英，王亭，祁丽，等.不同预处理方法对污泥脱水性能的影响 [J].环境工程学报，2015，9 (8)：4015-4020.

[22] 苏建文，郑浩，王彩冬，等.超声波或生石灰单独及联合作用对污泥脱水性能的影响 [J].净水技术，2014，33 (3)：48-51.

[23] 林颐，宁寻安，温炜彬，等.高铁酸钾-微波耦合对印染污泥脱水性能的影响研究 [J].环境科学学报，2014，34 (7)：1776-1780.

[24] 姚虹.污泥调理剂在造纸污泥脱水性能中的研究 [D].长沙：长沙理工大学，2014.

[25] 胡东东，俞志敏，易允燕.污泥调理技术发展与研究 [J].安徽农学通报，2014，20 (18)：90-92.

[26] 汪宝英.污水厂污泥调理深度脱水工艺研究 [J].有色冶金与研究，2014，35 (5)：81-83，85.

[27] 凌鹰.污泥调理技术及相应脱水特性的实验研究 [D].北京：北京工业大学，2014.

[28] 于俊杰，汪家权.絮凝剂对城市污水处理厂污泥的调理研究 [J].广州化工，2013，41 (10)：180-182，201.

[29] 程磊，于衍真，索宁，等.粉煤灰在污泥调理中的应用进展 [J].中国资源综合利用，2013，31 (4)：37-39.

[30] 张凯，陈云玲，吴朝军，等.生物酶结合 CTAB 对造纸活性污泥调理的影响 [J].中国造纸，2013，32 (10)：28-32.

[31] 徐鑫.过硫酸盐与烷基糖苷用于污泥调理及脱水机理研究 [D].武汉：华中科技大学，2013.

[32] 李玉瑛，李冰.冷融技术对剩余污泥的调理研究 [J].工业水处理，2012，32 (8)：56-58.

[33] 侯海攀，濮文虹，时亚飞，等.非离子表面活性剂对污泥调理脱水效果的影响 [J].环境科学，2012，33 (6)：1930-1935.

[34] 赵瑞娟.改性沸石对城市污泥的调理与机理分析 [D].长沙：湖南大学，2012.

[35] 张硕峰.城市剩余污泥调理工艺及其机理研究 [D].广州：广东工业大学，2012.

[36] 李海峰.污泥调理及深度脱水研究 [D].上海：华东理工大学，2012.

[37] 王睿韬，汪澜，马忠诚.市政污泥脱水技术进展 [J].中国水泥，2012，(4)：57-61.

[38] 王丽，李春梅，强亮生，等.电化学氧化活性污泥减量效能 [J].哈尔滨工业大学学报，2012，44 (2)：116-119.

[39] 陈彦中.石化业污泥调理与脱水研究 [D].台北：台湾科技大学，2011.

[40] 邓伟，林杰豪.城市污泥调理过程中调理剂的应用比较研究 [J].河南化工，2011，28 (4)：19-21.

[41] 郑立庆，崔红帅，黄瑞娟，等.新型改性聚丙烯酰胺的合成及对污泥调理效果的研究 [J].环境工程学报，2011，5 (5)：1166-1170.

[42] 肖凌鹏.基于生物淋滤的污泥调理和脱水研究 [D].北京：北京林业大学，2011.

[43] 周翠红，陈家庆，孔惠，等.市政污泥强化脱水实验研究 [J].环境工程学报，2011，5 (9)：2125-2128.

[44] 周贞英，袁海平，朱南文，等.电化学处理改善剩余污泥脱水性能 [J].环境科学学报，2011，31 (10)：2199-2203.

[45] 熊唯，刘鹏，刘欣，等.污泥调理剂的研究进展 [J].化工环保，2011，31 (6)：501-505.

[46] 时亚飞，杨家宽，李亚林，等.基于骨架构建的污泥脱水/固化研究进展 [J].环境科学与技术，2011，34 (11)：70-75.

[47] 李兵，张承龙，赵由才.污泥表征与预处理技术 [M].北京：冶金工业出版社，2010.

［48］　王磊，夏菲菲，陈依，等.城市污水厂生化污泥调理脱水的研究［J］.环境卫生工程，2010，18（3）：4-6.

［49］　渐明柱，李德生，薛敏涛，等.电化学预处理与 MBR 工艺联合处理制膜废水［J］.广州化工，2010，38（6）：175-180.

［50］　马军军，周迟俊.胞外多聚物对污泥的调理［J］.化工进展，2010，29（7）：1369-1372.

［51］　刘昌庆.基于生物淋滤的城市污泥调理技术［D］.长沙：湖南大学，2010.

［52］　李欣，蔡伟民.污泥调理剂与有机高分子絮凝剂联合作用对污泥脱水性能影响的研究［J］.净水技术，2009，28（3）：40-44.

［53］　陈畅亚.改性粉煤灰对城市污泥的调理作用及机理分析［D］.长沙：湖南大学，2009.

［54］　涂玉.污泥调理中混凝剂对污泥脱水性能的影响研究［D］.南昌：南昌大学，2008.

［55］　段宏伟.可生化污泥调理剂的研制与应用基础研究［D］.昆明：昆明理工大学，2007.

［56］　朱书卉，许红林，韩萍芳.超声波结合复合絮凝剂强化生物污泥脱水研究及其作用机理［J］.化工进展，2007，26（4）：537-541.

［57］　郦光梅，金宜英，李欢，等.无机调理剂对污泥建材化的影响研究［J］.中国给水排水，2006，22（13）：82-85.

［58］　何文远，杨海真，顾国维.酸处理对活性污泥脱水性能的影响及其作用机理［J］.环境污染与防治，2006，28（9）：680-682，706.

［59］　胡锋平.低浓度剩余活性污泥调理剂的优选［J］.江西农业大学学报，2005，27（1）：143-145.

［60］　张印堂，陈东辉，陈亮.壳聚糖絮凝剂在活性污泥调理中的应用［J］.上海环境科学，2002，21（1）：49-52.

第3章

污泥浓缩

污泥的处理处置应以"减量化、稳定化、无害化、资源化"为原则。污泥浓缩的目的是降低污泥含水率，减小污泥体积，降低后续构筑物或处理单元的负荷，如减小消化池的容积及加热污泥所需的热量。污泥经过浓缩后，含固率提高到 $5\% \sim 10\%$，为污泥的进一步脱水提供了基本的条件。浓缩池产生的污水通常返回到处理厂的进口处再次处理，产生的浓缩污泥甚至可用于土地回用。

污泥浓缩是减小污泥体积最经济有效的方法，污泥浓缩效果通常可用浓缩污泥的浓度、固体回收率和分离率三个指标来评价。

污泥浓缩可分为重力浓缩、气浮浓缩、机械浓缩，其中重力浓缩应用较为广泛。各种浓缩方法的特点见表 3-1。在选择浓缩工艺时，除考虑各种方法本身的特点外，还应考虑产生污泥的污水处理工艺、污泥的性质、整个污泥处理流程及最终处置方式等。

表 3-1　常用污泥浓缩方法及比较

浓缩方法	优点	缺点	适用范围
重力浓缩法	储泥能力强；动力消耗小；运行费用低；操作简便	占地面积较大；浓缩效果较差，浓缩后污泥含水率高；易发酵产生臭气	主要用于浓缩初沉污泥、初沉污泥和剩余活性污泥的混合污泥
气浮浓缩法	占地面积小；浓缩效果较好，浓缩后污泥含水率较低；能同时去除油脂，臭气较少	占地面积、运行费用小于重力浓缩法；污泥储存能力小于重力浓缩法；动力消耗、操作要求高于重力浓缩法	主要用于浓缩初沉污泥、初沉污泥和剩余活性污泥的混合污泥，特别适用于浓缩过程中易发生污泥膨胀、易发酵的剩余活性污泥和生物膜法污泥
机械浓缩法	占地面积很小；处理能力大；浓缩后污泥含水率低；全封闭，无臭气发生	专用设备价格高；电耗是气浮法的 10 倍；操作管理要求高	主要用于难浓缩的剩余活性污泥和场地小、卫生要求高、浓缩后污泥含水率很低的场合

3.1 ➡ 重力浓缩

重力浓缩是污泥在沉降过程中通过形成高浓度污泥层而达到浓缩污泥的目的。单独的重力浓缩在独立的重力浓缩池中完成，工艺简单有效，但停留时间较长时会产生臭味。重力浓缩法适用于初沉污泥、化学污泥和生物膜污泥，可使污泥的含固率提高到 $4\% \sim 5\%$。根据运行情况，重力浓缩可分为间歇式和连续式两种。

3.1.1　重力浓缩的基本原理

重力浓缩是污泥在重力场的作用下自然沉降的分离方式，是一个物理过程，不需要外加能量，是一种最节能的污泥浓缩方法。重力沉降可分为四种形态：自由沉降、干涉沉降、区域沉降和压缩沉降。

污泥重力浓缩最主要的是迪克（Dick）理论。迪克引入浓缩池横断面和固体通量这一概念，即单位时间内，通过单位面积的固体质量称为固体通量 $[kg/(m^2 \cdot h)]$。当浓缩池运行正常时，池中固体量处于动态平衡状态，如图 3-1 所示，图中固体浓度由上向下逐渐增大。

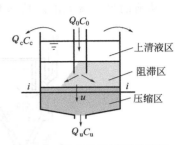

图 3-1　重力浓缩过程示意图

通过浓缩池任一断面的固体通量都由两部分组成：其一是浓缩池底部连续排泥造成的向下流固体通量；其二是污泥自重压密造成的固体通量。

设图 3-1 中任一断面 i-i 处的固体浓度为 C_i，通过该断面的向下流固体通量 G_u 为：

$$G_u = v_u C_i \tag{3-1}$$

式中　G_u——向下流固体通量，$kg/(m^2 \cdot h)$；

　　　C_i——断面 i-i 处的固体浓度，kg/m^3；

　　　v_u——向下流流速，即由于底部排泥导致产生的界面下降速度，m/h。

若底部排泥量为 $Q_u(m^3/h)$，浓缩池断面积为 $A(m^2)$，则有：

$$v_u = \frac{Q_u}{A} \tag{3-2}$$

运行资料表明，活性污泥浓缩池的 v_u 一般为 $0.25 \sim 0.51 m/h$。

由式（3-1）和式（3-2）可知，当 v_u 为定值时，G_u 和 C_i 为直线关系。

自重压密固体通量 G_i 可表示为：

$$G_i = v_i C_i \tag{3-3}$$

式中　G_i——自重压密固体通量，$kg/(m^2 \cdot h)$；

　　　C_i——断面 i-i 处的固体浓度，kg/m^3；

　　　v_i——污泥固体浓度为 C_i 时的界面沉速，m/h。

根据式（3-1）和式（3-3），可得浓缩池任一断面的总固体通量为：

$$G = G_u + G_i = C_i(v_u + v_i) \tag{3-4}$$

3.1.2　重力浓缩工艺与设备

重力浓缩设备称为重力浓缩池，按运行方式不同可分为连续式重力浓缩池和间歇式重力浓缩池两种。污泥量较多时，排泥池中的污泥连续排出，可采用连续进泥式浓缩池。当污泥量较少时，可采用间歇进泥式浓缩池，这种形式的浓缩池运行管理较容易。目前，连续式重力浓缩池主要用于大、中型污水处理厂，而间歇式重力浓缩池多用于小型污水处理厂或工业企业污水处理厂。

3.1.2.1 连续式重力浓缩池

根据池内污泥的流动方向，连续式重力浓缩池分为平流式、竖流式和辐流式三种。

（1）平流式浓缩池

平流式浓缩池为一矩形池，如图 3-2 所示，初始污泥从池的一端流入，在池内做水平流动，从池的另一端流出。其基本组成包括：进泥区、沉淀区、存泥区和出水区 4 部分。

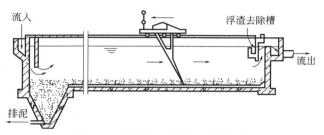

图 3-2　设刮泥车的平流式浓缩池

平流式沉淀池的优点是：沉淀效果好；对冲击负荷和温度变化的适应能力较强；施工简单；平面布置紧凑；排泥设备已定型化。但缺点是：布泥不易均匀；采用多斗排泥时，每个泥斗需要单独设排泥管各自排泥，操作量大；采用机械排泥时，设备较复杂，对施工质量要求高。平流式浓缩池主要适用于大、中、小型给水和污水处理厂。

① 进泥区。进泥区的作用是使待浓缩的污泥均匀分配在沉淀池的整个断面上，并尽量减少扰动。

在污泥浓缩工艺中可采用：溢流式进泥方式，并设置多孔整流墙 [穿孔墙，见图 3-3 (a)]；底孔式入流方式，底部设有挡流板 [大致在 1/2 池深处，见图 3-3(b)]；浸没孔与挡板的组合 [见图 3-3(c)]；浸没孔与有孔整流墙的组合 [见图 3-3(d)]。污泥流入沉淀池后应尽快地消能，防止在池内形成短流或股流。

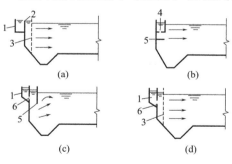

图 3-3　沉淀池进水方式
1—进水槽；2—溢流槽；3—有孔整流墙；
4—底孔；5—挡流板；6—淹没孔

② 沉淀区。为创造有利于颗粒沉降的条件，应降低沉淀池中污泥流动的雷诺数并提高其弗劳德数。采用导流墙将平流式沉淀池进行纵向分隔可减小水力半径，改善沉淀池内污泥的流动条件。

沉淀区的高度与前后相关的处理构筑物的高程布置有关，一般约为 3～4m。沉淀区的长度取决于污泥的水平流速和停留时间，一般认为沉淀区的长宽比不小于 4，长深比不小于 8。

③ 出水区。污泥经浓缩后析出的水应尽量地在出水区均匀流出，一般采用溢流出水堰，如自由堰 [图 3-4(a)] 和锯齿三角堰 [图 3-4(b)]，或采用淹没孔口 [图 3-4(c)]。其中锯齿三角堰应用最普遍，水面宜位于齿高的 1/2 处。为适应水流的变化或构筑物的不均匀沉降，在堰口处需设置能使堰板上下移动的调节装置，使出口堰口尽可能水平。堰前应设挡板，以阻拦漂浮物，或设置浮渣收集和排除装置。挡板应当高出水面 0.1～0.15m，浸没在水面下 0.3～0.4m，距出水口 0.25～0.5m。

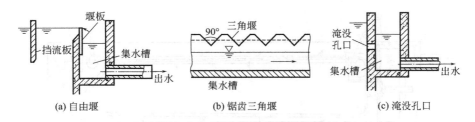

图 3-4　沉淀池出水堰形式

　　为控制平稳出水，溢流堰单位长度的出水负荷不宜太大。为了减小溢流堰的负荷，改善出水水质，溢流堰可采用多槽布置，如图 3-5 所示。

图 3-5　沉淀池集水槽形式

　　④　存泥区及排泥措施。沉积在浓缩池底部的污泥应及时收集并排出。污泥的收集和排出方法有很多，一般可采用泥斗，通过静水压力排出〔图 3-6(a)〕。泥斗设置在浓缩池的进口端时，应设置刮泥车（图 3-2）和刮泥机（图 3-7），将沉积在全池的污泥集中到泥斗处排出。链带式刮泥机装有刮板，当链带刮板沿池底缓慢移动时，把污泥缓慢推入到污泥斗中，当链带刮板转到池面时，又可将浮渣推向出水挡板处的排渣管槽。链带式刮泥机的缺点是机械长期浸没于泥水中，易被腐蚀，且难维修。桁车刮泥小车沿池壁顶的导轨往返行走，使刮板将污泥刮入污泥斗，浮渣刮入浮渣槽。由于整套刮泥车都在池面上，不易腐蚀，易于维修。

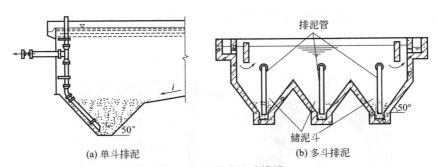

图 3-6　沉淀池泥斗排泥

　　如果浓缩池体积不大，可沿池长设置多个泥斗。此时无须设置刮泥装置，但每个泥斗应设单独的排泥管及排泥阀，如图 3-6(b) 所示。排泥所需的静水压力应视污泥的特性而定，如为有机污泥，一般采用 1.5～2.0m，排泥管直径不小于 200mm。

　　此外，也可以不设泥斗，采用机械装置直接排泥。如采用多口虹吸式吸泥机排泥

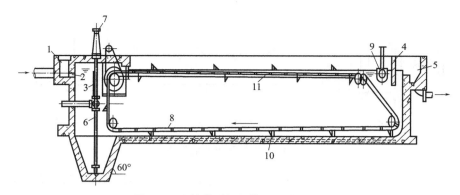

图 3-7　设链带刮泥机的平流式浓缩池

1—进泥槽；2—进泥孔；3—进泥挡板；4—出水挡板；5—出水槽；6—排泥管；
7—排泥阀门；8—链带；9—排渣管槽（能转动）；10—刮板；11—链带支撑

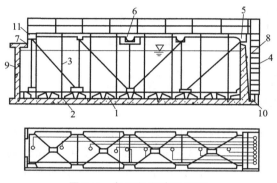

图 3-8　多口虹吸式吸泥机

1—刮泥板；2—吸口；3—吸泥管；4—排泥管；5—桁架；
6—电机和传动机构；7—轨道；8—梯子；
9—沉淀池壁；10—排泥沟；11—滚轮

（图 3-8）。吸泥动力是利用沉淀池水位所能形成的虹吸水头。刮泥板 1、吸口 2、吸泥管 3、排泥管 4 成排地安装在桁架 5 上，整个桁架利用电机和传动机械通过滚轮架设在沉淀池壁的轨道上行走。在行进过程中将池底积泥吸出并排入排泥沟 10。这种吸泥机适用于具有 3m 以上虹吸水头的浓缩池。由于吸泥动力较小，池底积泥中颗粒太粗时不易吸起。

除多口吸泥机外，还有一种单口扫描式吸泥机。其特点是无须成排的吸口和吸管装置，当吸泥机沿浓缩池纵向移动时，泥泵、吸泥管和吸口沿横向往复行走吸泥。

（2）竖流式浓缩池

竖流式浓缩池可设计成圆形、方形或多角形，但大部分为圆形。图 3-9 为圆形竖流式浓缩池。

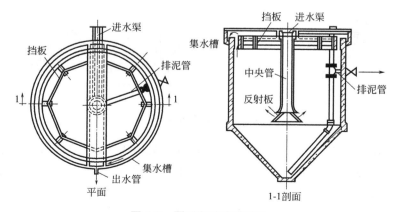

图 3-9　圆形竖流式浓缩池

待浓缩污泥由中心管下口流入池中，通过反射板的拦阻向四周分布于整个水平断面上，缓慢向上流动，与颗粒沉降方向相反。当颗粒发生自由沉淀时，只有沉降速度大于上升速度的颗粒才能沉到污泥斗中而被去除，因此浓缩效果一般比平流式浓缩池和辐流式浓缩池的差。但当颗粒具有絮凝性时，则上升的小颗粒和下沉的大颗粒之间相互接触、碰撞而絮凝，使粒径增大，沉速加快。沉速等于上升速度的颗粒将在池中形成一悬浮层，对上升的小颗粒起拦截和过滤作用，因而浓缩效率将有所提高。污泥经浓缩后析出的澄清水由沉淀池四周的堰口溢出池外。沉淀池储泥斗倾角为 45°～60°，污泥可借静水压力由排泥管排出。排泥管直径为 0.2m，排泥静水压力为 1.5～2.0m，排泥管下端距池底不大于 2.0m，管上端超出水面不少于 0.4m。可不必装设排泥机械。

竖流式浓缩池的直径与浓缩区的深度（中心管下口和堰口的间距）的比值不宜超过 3，以使污泥流动稳定并接近竖流。直径不宜超过 10m。浓缩池中心管内的流速不大于 30mm/s，反射板距中心管口采用 0.25～0.5m，如图 3-10 所示。

竖流式浓缩池的优点是：排泥方便，管理简单；占地面积较小。但缺点是：池深较大，施工困难；对冲击负荷和温度变化的适应能力较差；池径不宜过大，否则布泥不均匀，因此仅适用于中、小型污水处理厂。

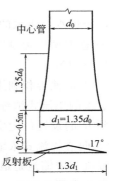

图 3-10　竖流式浓缩池中心管出水口

（3）辐流式浓缩池

辐流式浓缩池呈圆形或正方形。直径较大，一般为 20～30m，最大直径达 100m，中心深度为 2.5～5.0m，周边深度为 1.5～3.0m。池直径与有效泥深之比不小于 6，一般为 6～12。辐流式浓缩池内污泥的流态为辐射形，为达到辐射形的流态，污泥由中心或周边进入沉淀池。

中心进水周边出水辐流式浓缩池如图 3-11(a) 所示，在池中心处设有进水中心管。含水污泥从池底进入中心管，或用明渠自池的上部进入中心管，在中心管的周围常有穿孔挡板围

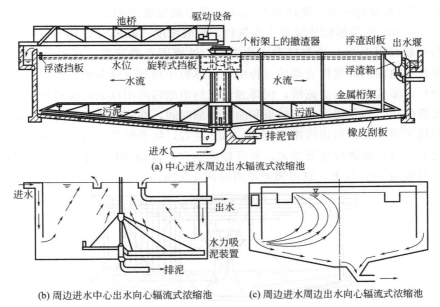

(a) 中心进水周边出水辐流式浓缩池

(b) 周边进水中心出水向心辐流式浓缩池　　(c) 周边进水周边出水向心辐流式浓缩池

图 3-11　辐流式浓缩池

成的流入区，使污泥能沿圆周方向均匀分布，向四周辐射流动。由于流动断面不断增大，因此流速逐渐变小，颗粒在池内的沉降轨迹是向下弯的曲线（图 3-12）。污泥经浓缩后析出的

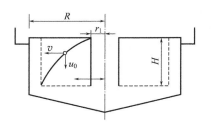

图 3-12　辐流式浓缩池中颗粒沉降轨迹

澄清水从设在池壁顶端的出水槽堰口溢出，通过出水槽流出池外。为了阻挡漂浮物质，出水槽堰口前端可加设挡板及浮渣收集与排出装置。

周边进水中心出水向心辐流式浓缩池的流入区设在池周边，出水槽设在沉淀池中心部位的 $R/4$、$R/3$、$R/2$ 或设在沉淀池的周边，俗称周边进水中心出水向心辐流式浓缩池［图 3-11(b)］或周边进水周边出水向心辐流式浓缩池［图 3-11(c)］。

由于进水、出水的改进，向心辐流式浓缩池与普通辐流式沉淀池相比，其主要特点有：

① 进泥槽周边设置，槽断面较大，槽底孔口较小，布泥时水力损失集中在孔口上，使布泥比较均匀。

② 沉淀池容积利用系数提高。根据实验资料，向心辐流式浓缩池的容积利用系数高于中心进水的辐流式浓缩池。随出水槽的设置位置变化，容积利用系数的提高程度不高，从 $R/4$ 到 R 的设置位置变化，容积利用系数分别为 $85.7\%\sim93.6\%$。

③ 向心辐流式浓缩池的表面负荷比中心进泥的辐流式浓缩池提高约 1 倍。

辐流式浓缩池是最常用的连续式重力浓缩池，可分为有刮泥机与污泥搅动装置、不带刮泥机以及多层浓缩池（带刮泥机）三种。

辐流式浓缩池大多采用机械刮泥。通过刮泥机将全池的沉积污泥收集到中心泥斗，可借静水压力或污泥泵排出。刮泥机一般是一种桁架结构，绕中心旋转，刮泥机安装在桁架上，可中心驱动或周边驱动。当池径小于 20m 时，用中心传动；当池径大于 20m 时，用周边传动。池底以 0.05 的坡度坡向中心泥斗，中心泥斗的坡度为 0.12~0.16。如果浓缩池的直径不大（小于 20m），也可在池底设多个泥斗，使污泥自动滑进泥斗，形成斗式排泥。

图 3-13 所示为带刮泥机及搅拌栅的连续式重力浓缩池的构造示意图。该类浓缩池一般都是直径为 5~20m 的圆形钢筋混凝土构筑物，坡底坡度一般采用 1/10~1/12，污泥在水下的自然坡角一般采用 1/20。进泥口设在池中心，池周围有溢流堰。污泥由中心进泥管连续进泥，污泥在向池的四周缓慢流动的过程中，固体粒子得到沉降分离，污泥经浓缩后析出的水（上清液）由溢流堰流入溢流槽，沉降到池底的浓缩污泥用刮泥机缓慢刮至池中心的污泥斗并从排泥管排出。为了提高浓缩效果和缩短浓缩时间，在刮泥机上装有垂直搅拌栅，搅拌栅随着刮泥机缓慢转动，周边线速度为 1m/min 左右，每条栅条后面可形成微小涡流，有助于颗粒之间的絮凝，使颗粒逐渐变大，并可造成空穴，促使污泥颗粒的空隙水与气泡溢出，浓缩效果约可提高 20% 以上，且可缩短浓缩时间 4~5h。

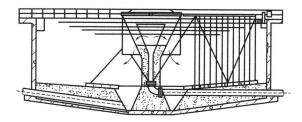

图 3-13　带刮泥机及搅拌栅的连续式重力浓缩池的构造示意图

当用地受到限制时，可考虑采用多层辐射式浓缩池，如图 3-14 所示；如不用刮泥机，可采用多斗连续式浓缩池，如图 3-15 所示，依靠重力排泥，斗的锥角应保持 55°以上，因此池深较大。

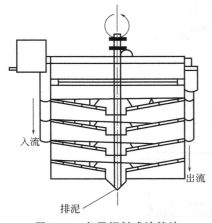

图 3-14　多层辐射式浓缩池

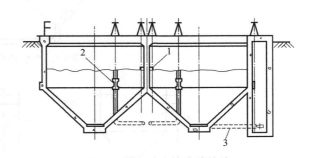

图 3-15　多斗连续式浓缩池

1—进口；2—可升降的上清液排除管；3—排泥管

小型连续式浓缩池可不用刮泥机，设一个泥斗即能满足要求。

辐流式浓缩池的主要优点是：机械排泥设备已定型化，运行可靠，管理较方便，但设备复杂，对施工质量要求高，适用于大、中型污水处理厂。

3.1.2.2　间歇式重力浓缩池

间歇式重力浓缩池的基本结构如图 3-16 所示。间歇式重力浓缩池的设计原理与连续式重力浓缩池相似，运行时，应先排出浓缩池中的上清液，腾出池容，再投入待浓缩的污泥。为此，应在浓缩池深度方向的不同高度上设上清液排出管。间歇式重力浓缩池的浓缩时间一般不宜少于 12h。

间歇式重力浓缩法工艺、构造和运行简单，但占地面积大，卫生条件差，不进行曝气搅拌时，在池内可能发生污泥的厌氧消化，污泥上浮影响浓缩效果，这种厌氧状态还会使污泥已吸收的磷释放，重新进入污水之中。

3.1.2.3　清泥设备

为保证重力浓缩池正常运行，必须连续或定期地将浓缩池中沉积的污泥清排。常用机械方式清泥。根据清除污泥的方式，清泥机械可分为刮泥机和吸泥机两种。

（1）刮泥机

刮泥机是将沉积于浓缩池底的污泥刮到一个集中部位的设备。常用的刮泥机有链条刮板式刮泥机、桁车式刮泥机和回转式刮泥机。

① 链条刮板式刮泥机。链条刮板式刮泥机是在两根主链上每隔一定距离装有一块刮板。两条节数相等的链条连成封闭的环状，由驱动装置带动主动链轮转动，链条在导向链轮及导轨的支承下缓慢转动，并带动刮板移动，刮板在池底将沉淀的污泥刮入池端的污泥斗，在池面回程的刮板则将浮渣导入渣槽。

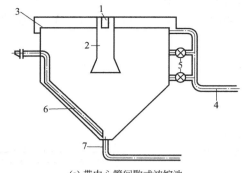

(a) 带中心管间歇式浓缩池

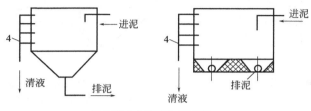

(b) 不带中心管间歇式浓缩池

图 3-16 间歇式重力浓缩池

1—污泥入流槽；2—中心筒；3—上清液溢流管；4—上清液排出管；5—闸门；6—污泥泵吸泥管；7—排泥管

链条式刮泥机的电控制装置很简单，包括一套开关及过载保护系统，以及可调节的定时开关系统。操作者可根据实际需要，控制每一天的间歇运行时间。

② 桁车式刮泥机。桁车式刮泥机安装在矩形平流浓缩池上，往复运动。每一个运行周期包括一个工作行程和一个不工作的返回行程。这种刮泥机的优点是在工作行程中，浸没于泥水中的只有刮泥板及浮渣刮板，而在返回行程中全机都提出水面，给维修保养带来了很大方便；由于刮泥与刮渣都是正面推动，因此污泥在池底停留时间短，刮泥机的工作效率高。缺点是运动较为复杂，故障率相对较高。

③ 回转式刮泥机。在辐流式浓缩池和圆形污泥浓缩池上使用回转式刮泥机，可起到刮泥及防止污泥板结的作用。

（2）吸泥机

吸泥机是将沉积于浓缩池底的污泥吸出的机械设备。大部分吸泥机在吸泥过程中有刮泥板辅助，因此也称为刮吸泥机。吸泥机的吸泥方式主要有静压式、虹吸式、泵吸式、静压式与虹吸式/泵吸式配合等。

常用的吸泥机有桁车式吸泥机与回转式吸泥机，前者用于平流式浓缩池，后者用于辐流式浓缩池。

① 桁车式吸泥机。桁车式吸泥机的吸泥方式有虹吸式和泵吸式两种。其结构与桁车式刮泥机相似，也包括桥架和使桥架往复行走的驱动系统，只是将可升降的刮泥板换成了固定于桥架上的污泥吸管。吸泥机往复行走，其来回两个行程的速度相同。桁车式吸泥机的运行速度应根据待浓缩污泥的流量和池子的深度等因素综合考虑确定，一般为 0.3～1.5m/min，速度过快会使流态产生扰动而影响污泥的浓缩效果。

② 回转式吸泥机。回转式吸泥机按驱动方式分中心驱动和周边驱动两种。中心驱动式

吸泥机由于其结构的限制，一般仅安装在直径 30m 以下的中、小型浓缩池上。周边驱动式比中心驱动式应用广泛，直径 30m 以上的大型吸泥机一般都采用这种驱动方式。它完全采用桥式结构，在桥架的一端或两端安装驱动电机及减速机，用以带动驱动钢轮或胶轮运转，从而使整个桥架转动。吸泥管、导泥槽、中心泥罐等一起随桥架转动。

3.1.3　重力浓缩效果的影响因素

影响污泥重力浓缩效果的因素主要有以下几点：

（1）入流污泥浓度

污泥重力浓缩是利用污泥颗粒与水的密度差异，在重力作用下使污泥颗粒与水分层而浓缩。入流污泥浓度越大，其表观黏度增大，流体力学条件发生变化，颗粒沉降而被置换出来的液体上升速度因空隙率减小而增大，阻碍了粒子的沉降，因此粒子沉降速度随入流污泥浓度的增大而减小。

（2）给泥量

当污泥种类和浓缩池确定后，给泥量存在一个最佳控制范围。当给泥量太大，超过了浓缩池的浓缩能力时，会导致上清液固体浓度太高，排泥浓度太低，起不到应有的浓缩效果；当给泥量太低时，不但降低处理量，浓缩池也得不到充分利用，还可能导致污泥上浮，使浓缩不能顺利进行下去。

浓缩池的给泥量可由式（3-5）计算：

$$Q_f = \frac{q_s A}{\rho_f} \tag{3-5}$$

式中　Q_f——给泥量，m^3/d；

　　ρ_f——进泥密度，kg/m^3；

　　A——浓缩池的表面积，m^2；

　　q_s——固体表面负荷，$kg/(m^2 \cdot d)$。

固体表面负荷大小与污泥种类、浓缩池结构和温度有关。初沉污泥的浓缩性能较好，其固体表面负荷 q_s 一般可控制在 $90 \sim 150 kg/(m^2 \cdot d)$ 之间。活性污泥的浓缩性能差，q_s 一般在 $10 \sim 30 kg/(m^2 \cdot d)$ 之间。通常是将初沉污泥与活性污泥混合后进行重力浓缩，其 q_s 取决于两种污泥的比例，国内常控制在 $60 \sim 70 kg/(m^2 \cdot d)$。

由污泥负荷确定的给泥量还应当用水力停留时间进行核算。水力停留时间可用式（3-6）计算：

$$t = \frac{V}{Q_f} = \frac{AH}{Q_f} \tag{3-6}$$

式中　t——水力停留时间，d；

　　A——浓缩池的表面积，m^2；

　　H——浓缩池的有效水深（通常指直墙的深度），m；

　　V——浓缩池体积，m^3；

　　Q_f——给泥量，m^3/d。

水力停留时间一般控制在 $12 \sim 30 h$ 范围内，温度低时，停留时间长一些，温度高时，停留时间短一些，以防止污泥上浮。

（3）温度

温度升高时，一方面，污泥容易水解酸化（腐败），可导致污泥上浮，使浓缩效果降低；另一方面，温度升高会使污泥的黏度降低，而粒子的沉降速度无论在定速期、减速期和压缩期都和黏度成反比，因此沉降速度增大，从而提高浓缩效果。在防止污泥水解酸化的前提下，浓缩效果随温度的升高而提高。另外，温度的变化也影响凝聚状态的变化，温度升高，能使污泥中的孔隙水容易分离出来，固体颗粒的沉降速度加快，也提高了浓缩效果。但温度升高，浓缩池四周冷壁导致的悬浮液内对流会影响粒子的沉降，需要引起注意。

（4）搅拌强度

外力作用能显著改变污泥的凝聚状态。搅拌强度太大，往往会破坏易凝固的固体或者是混凝沉淀法生成的沉淀物的凝聚状态，降低沉降速度。但合适的搅拌强度有利于促进凝聚，增大沉降速度。凝聚状态的变化也会改变压缩脱水的机制，所以搅拌对沉降浓缩全过程的影响是复杂的。

在重力浓缩过程中，从区域沉降状态至压缩沉降状态之间，往往在浓缩泥层中形成一些小通道，下方泥层中的液体经过这些小通道，直接到达泥层表面，在泥层表面可见到一个个小的突起，这种现象称为沟流。当污泥中粒子的容积百分率达到 40% 左右时，往往会产生这种现象。产生沟流后溶液直接通过这些小通道到达表面，界面的沉降速度急剧增大，沉降速度与浓度不成函数关系。沟流现象目前还缺乏定量的描述，成为重力浓缩理论的一个盲点。

（5）设备结构

重力浓缩设备的直径过小，沉降受池壁影响，往往容易形成架桥现象，或者设备倾斜时，沉降速度也与正常沉降速度不同。因此，在为取得设计参数而进行试验时，应选用直径大于 6cm 的容器。

此外，污泥的性质［污泥体积指数（SVI）、污泥龄等］对浓缩也有重要的影响。

3.1.4　重力浓缩池的设计计算

（1）设计要点

① 小型污水处理厂采用方形或圆形间歇式浓缩池或竖流式连续浓缩池；大、中型污水处理厂采用辐流式或平流式连续浓缩池。

② 间歇式浓缩池的主要设计参数是水力停留时间。停留时间最好通过试验决定，一般取 9~12h。如果停留时间太短，浓缩效果不好；而停留时间太长，不仅占地面积大，还可能造成有机物厌氧发酵，从而破坏浓缩过程。无试验数据时，可按 12~24h 设计。当以浓缩后的湿污泥作为肥料时，污泥浓缩和储存可采用方形或圆形湿污泥池，有效水深采用 1~1.5m，池底坡度为 0.01，坡向一端。

③ 连续式浓缩池的合理设计与运行取决于对污泥沉降特性的确切掌握。污泥的沉降特性与固体浓度、性质及来源有密切关系，所以在设计时，最好先进行污泥浓缩试验，掌握沉降性能，得出设计参数。主要设计参数包括：a. 浓缩池的固体通量，指单位时间内，通过浓缩池任一断面的干固体量，$kg/(m^2 \cdot h)$ 或 $kg(m^2 \cdot d)$；b. 水力负荷，指单位时间内，通过单位浓缩池表面积的上清液溢流量，$m^3/(m^2 \cdot h)$ 或 $m^3/(m^2 \cdot d)$；c. 水力停留时间，

h 或 d。

有效水深一般采用 4m，竖流式浓缩池的有效水深按沉淀部分的上升流速不大于 0.1mm/s 进行复核，池容积按浓缩 10~16h 核算。当采用定期排泥时，两次排泥间隔可取 8h。

④ 浓缩池的上清液应送回初沉池或调节池重新处理。

（2）设计内容

① 浓缩池断面积。在浓缩池的深度方向存在着一个固体通量最小（以 G_L 表示）的控制断面，其他断面的固体通量都大于 G_L，因此浓缩池的设计断面总面积 A 应为：

$$A \geqslant \frac{Q_0 C_0}{G_L} \tag{3-7}$$

式中　A——浓缩池设计断面总面积，m^2；

Q_0——入流污泥量，m^3/d；

C_0——入流污泥固体浓度，其与含水率 $P(\%)$ 的关系为 $C_0 = (100\% - P) \times 100$，$kg/m^3$；

G_L——极限固体通量，$kg/(m^2 \cdot d)$。

式（3-7）中 Q_0 与 C_0 为已知数，G_L 取值因污泥类型不同而异；对于剩余污泥，G_L 为 30~60kg/($m^2 \cdot d$)；对于初沉池污泥，G_L 为 80~120kg/($m^2 \cdot d$)。

② 浓缩池的高度。设浓缩池浓缩时间为 T（$T \geqslant 12h$，一般为 16h 左右），浓缩池工作部分高度 H_1(m) 为：

$$H_1 = \frac{TQ_0}{24A} \tag{3-8}$$

设浓缩池缓冲层高度为 H_2（H_2 一般为 0.3m），则浓缩池有效水深 H(m) 为：

$$H = H_1 + H_2 \tag{3-9}$$

浓缩池总高度 H_T(m) 为：

$$H_T = H_1 + H_2 + H_3 + H_4 + H_5 \tag{3-10}$$

式中　H_T——浓缩池总高度，m；

H_3——浓缩池超高，一般取 0.3m；

H_4——圆锥体高度，m；

H_5——污泥斗高度，m。

③ 计算有效池容。浓缩池的有效池容可按式（3-11）计算：

$$V = AH \tag{3-11}$$

式中　V——浓缩池的有效池容，m^3。

④ 复核停留时间 T'。复核停留时间 T' 可按式（3-12）计算：

$$T' = \frac{V}{Q} \tag{3-12}$$

若 $T' > 16h$，则应修订固体通量，重新计算上述各值，最终确定浓缩池设计断面面积 A、有效池容 V 和停留时间 T。

⑤ 浓缩后污泥体积 V_1。浓缩后污泥体积 V_1（m^3/d）为：

$$V_1 = \frac{Q_0(1-P_1)}{1-P_2} \tag{3-13}$$

式中　Q_0——需浓缩的污泥量，m^3/d；

P_1、P_2——分别为进泥和浓缩后污泥的含水率，对于剩余活性污泥 $P_1=99.5\%$，$P_2=97\%$。

污泥经浓缩后析出水（上清液）的量 $V_2(m^3/d)$ 为：

$$V_2=Q_0-V_1 \tag{3-14}$$

3.2 ➲ 气浮浓缩

气浮浓缩是依靠大量微小气泡附着在污泥颗粒的周围，减小颗粒的相对密度而强制上浮，因此气浮法对相对密度接近或小于 1 的污泥尤其适用。气浮浓缩一般可使污泥的含水率从 99% 以上降低到 95%～97%，澄清液的悬浮物浓度不超过 0.1%，可回流到废水处理厂的进水泵房。气浮浓缩法操作简便，运行中有一定臭味，动力费用高，对污泥的沉降性能敏感，适用于剩余污泥产量不大的活性污泥法处理系统。由于活性污泥难以沉降，气浮浓缩逐渐完善，大有取代重力浓缩之势，成为污泥浓缩的重要手段。

3.2.1　气浮浓缩的基本原理

气浮法是通过某种方法产生大量的微细气泡，使其与水中密度接近于水的固体或液体污染物微粒黏附，形成密度小于水的气浮体，在浮力的作用下，上浮至水面形成浮渣，进行固-液或液-液分离的一种技术。因此气浮浓缩过程适用于污泥颗粒相对密度接近于 1 的活性污泥。

一定温度下，空气在水中的溶解度与空气受到的压力成正比，即服从亨利定律。当压力恢复到常压后，所溶空气即变成微细气泡从水中释放出。大量微细气泡附着在污泥颗粒周围，可使污泥颗粒相对密度减小而被强制上浮，达到浓缩目的。因此，气浮的关键在于产生微细气泡，并使其稳定地附着在污泥絮体上而产生上浮作用。气体对污泥颗粒的附着力大小与污泥颗粒的形态、粒径、表面性质有关，也与气泡的大小有关，污泥颗粒和气泡的直径越小，附着的气泡越多，且较稳定。气泡也容易附着在疏水性固体颗粒的表面。活性污泥虽然是亲水性的，但由于能形成絮体，污泥颗粒在絮凝过程中能捕集气泡，絮体的捕集作用和吸附作用足以使污泥颗粒表面附着大量气泡，从而使絮体的密度减小而达到气浮的目的。

3.2.2　气浮浓缩工艺与设备

气浮可分为分散空气气浮和加压气浮两种。分散空气气浮是将空气直接吹入悬浮液中，形成的气泡直径较大，一般在 $1000\mu m$ 左右，这种方法一般在矿物、煤炭浮选中使用。加压气浮是在一定的压力下使空气溶解于水中，压力恢复到常压，溶解在水中的过饱和空气从水中释放出来，产生大量微细气泡，直径只有 $10～100\mu m$，固液分离效率高。目前污泥浓缩一般采用这种方法，如图 3-17 所示。

进气室的作用是使减压后的溶气水大量释

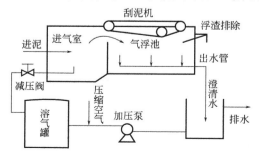

图 3-17　气浮浓缩工艺流程示意图

放出微细气泡，并迅速附着在污泥颗粒上。气浮池的作用是上浮浓缩，在池表面形成浓缩污泥层并由刮泥机刮出池外。不能上浮的颗粒沉降到池底，随设在池底的清液排水管一起排出。部分清液回流加压，并在溶气罐中压入压缩空气，使空气大量地溶解在水中。减压阀的作用是使加压溶气水减压至常压，进入气浮室起气浮作用。

3.2.2.1　加压溶气气浮流程

加压溶气气浮浓缩可分为全溶气（全部污泥溶气）流程、部分溶气（部分污泥溶气）流程和回流加压溶气（部分回流水溶气）流程。

（1）全溶气流程

全溶气气浮法工艺流程如图 3-18 所示。在该流程中将全部入流污泥用加压泵加压至 0.3～0.5MPa 后，送入压力溶气罐。在溶气罐内，空气溶于污泥中，再经减压释放装置进入气浮池进行固液分离。

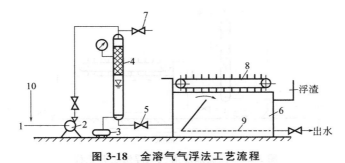

图 3-18　全溶气气浮法工艺流程

1—污泥进入；2—加压泵；3—空压机；4—压力溶气罐；5—减压释放阀；
6—气浮池；7—放气阀；8—刮渣机；9—出水系统；10—混凝剂

全溶气流程的优点是溶气量大，增加了污泥颗粒与气泡的接触机会。在处理量相同时，所用的气浮池较部分溶气气浮法小，可以节约基建费用，减少占地。缺点是所需的压力泵和溶气泵比另两种流程大，增加了投资；由于对全部污泥进行加压溶气，其动力消耗也较高。

（2）部分溶气流程

部分溶气气浮法是取部分污泥（一般为待浓缩污泥量的 30%～35%）加压和溶气，剩余部分直接进入气浮池与溶气污泥混合，其工艺流程如图 3-19 所示。这种流程的特点是由

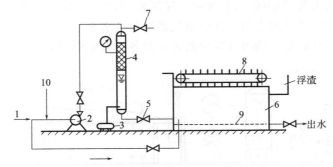

图 3-19　部分溶气气浮法工艺流程

1—污泥进入；2—加压泵；3—空压机；4—压力溶气罐；5—减压释放阀；6—气浮池；
7—放气阀；8—刮渣机；9—出水系统；10—混凝剂

于只有部分污泥进入压力溶气罐，加压泵所需加压的污泥量和溶气罐的容积比全溶气流程的小，因此可节省部分设备费用和动力消耗。但由于仅部分污泥进行加压溶气，所能提供的空气量较少，因此如需提供与全溶气方式同样的空气量，必须加大溶气罐的压力。

（3）回流加压溶气流程

回流加压溶气气浮法工艺流程如图 3-20 所示。部分处理后的回流水被加压泵送往压力溶气罐。空压机将空气送入压力溶气罐，使空气充分溶于水中。溶气水经释放器进入气浮池，并与入流污泥混合。由于突然减到常压，溶解于水中的过饱和空气从水中逸出，形成许多微细的气泡，从而产生气浮作用。气浮池形成的浮渣由刮渣机刮到浮渣槽内排出池外。污泥经浓缩后的析出水从气浮池的中下部排出。回流量取入流污泥的 $25\%\sim50\%$，一般取 30%。这种流程的优点是加压泥量少，动力消耗少，但气浮池的容积较大。该方式适用于浓度较高的污泥，但由于回流水的影响，气浮池所需的容积比其他方式的要大。

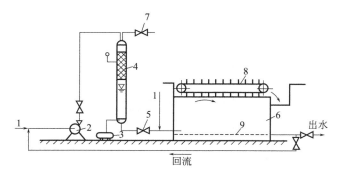

图 3-20　回流加压溶气气浮法工艺流程
1—污泥进入；2—加压泵；3—空压机；4—压力溶气罐；5—减压释放阀；
6—气浮池；7—放气阀；8—刮渣机；9—出水系统

无论哪种气浮浓缩流程，与重力浓缩工艺相比，浓缩污泥的含固率都较高，固体负荷和水力负荷较高，水力停留时间短，构筑物体积小；对水力冲击负荷缓冲能力强，能获得稳定的浮泥浓度及澄清水质，能有效浓缩膨胀的活性污泥；能防止污泥在浓缩过程中腐败，避免气味问题。但其电耗也相对较高。

3.2.2.2　加压溶气气浮浓缩装置

加压溶气气浮浓缩装置如图 3-21 所示。气浮浓缩装置一般由三部分组成：加压溶气系统、溶气释放系统和气浮分离系统。加压溶气系统包括水泵、空压机、压力溶气罐及其他附属设备，其中压力溶气罐是影响溶气效果的关键设备；水泵用来提升污泥，将污泥、空气以

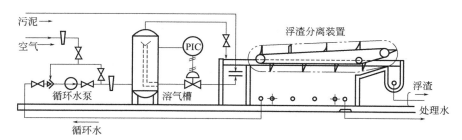

图 3-21　加压溶气气浮浓缩装置

一定压力送入溶气罐。溶气罐是促进空气溶解，使污泥与空气充分接触的场所。溶气罐类型很多，常用的是罐内填充填料的溶气罐。溶气方式有水泵吸气式、水泵压水管射流器挟气式和空压机供气式。溶气释放系统主要由溶气释放装置和溶气水管路组成，溶气释放装置的功能是将压力溶气污泥通过消能、减压，使溶入污泥中的气体以微气泡的形式释放出来，并能迅速且均匀地附着到污泥絮体上，常用的溶气释放装置有减压阀、溶气释放喷嘴、释放器等。气浮分离系统，常用的有平流式和竖流式两种。

平流式加压气浮浓缩装置如图 3-22 所示。在气浮浓缩池的一端设置进泥室，污泥和加压溶气水在这里混合，释放出来的微细气泡附着在污泥絮体上，上浮后从上方以平流方式流入分离池，在分离池中，固体与澄清液分离。用刮泥机将上浮到表面的浮渣送到浮渣室。澄清液则通过设置在池底部的集水管汇集，越过溢流堰，经处理后由水管排出。在分离池中沉淀下来的污泥将被集中到污泥斗之后排出。

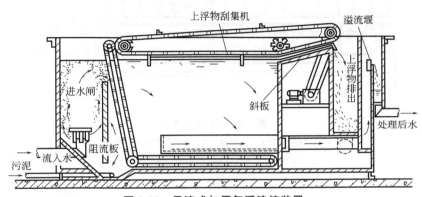

图 3-22　平流式加压气浮浓缩装置

平流式气浮浓缩池的优点是池身浅、造价低、结构简单、管理方便。缺点是分离部分的容积利用率不高，与后续处理构筑物在高程上配合较困难。

竖流式加压气浮浓缩装置如图 3-23 所示。在浓缩装置的中间设置圆形进泥室，在对流入污泥所具有的能量进行衰减的同时起到均化作用。加压溶气水与污泥一同进入进泥室，释放出的微细气泡附着在污泥絮体上后，污泥絮体上浮，然后借助刮泥板把浮渣收集排出。未上浮而沉淀下来的污泥，依靠旋转耙收集起来，从排泥管排出。澄清液则从底部收集后排出。刮泥板、进泥室和旋转耙等都安装在中心旋转轴上，从结构上使整个装置变成一体，依靠中心轴的旋转，使这些部件以同样的速度旋转。

竖流式加压气浮浓缩装置的优点是接触室在池中央，待浓缩污泥由接触室向四周扩散，水力条件比平流式好，便于与后续处理构筑物在高程上配合；缺点是与反

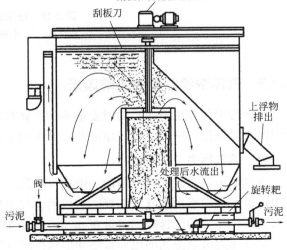

图 3-23　竖流式加压气浮浓缩装置

应较难衔接，构造比较复杂，容积利用率较低。

3.2.2.3 除渣机

气浮池中浮渣排出通常采用刮渣机来完成。刮渣机主要由驱动装置、主动轮组、导轨及拖架、刮板组、从动轮组、链条张紧机构、集渣管等部件组成。刮渣机运行时，由链条带动刮板在池中做连续的回转运动，将池面的浮油或浮渣刮至集渣槽内排出。刮渣板上带有刮板，刮板深入水面下不宜太深，否则会扰动水流，影响除渣效果。

矩形气浮池采用桥式刮渣机（图 3-24），圆形气浮池推荐采用行星式刮渣机（图 3-25）。

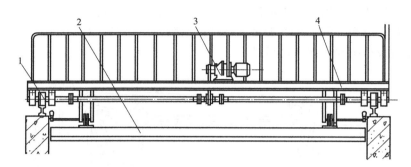

图 3-24　桥式刮渣机

1—行走部分；2—刮板；3—驱动机构；4—桁架

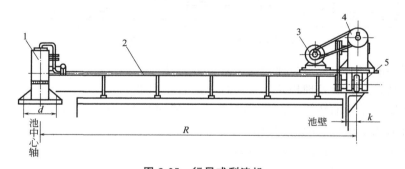

图 3-25　行星式刮渣机

1—中心管柱；2—行星臂；3—电机；4—传动部分；5—行走轮

3.2.3　气浮浓缩效果的影响因素

影响污泥气浮浓缩效果的因素很多，主要有溶气压力，微细气泡直径，溶气水和污泥接触时间，浮泥停留时间、浮泥厚度和浮泥含固率，气固比，固体负荷，循环比等。

（1）溶气压力

溶气压力是污泥气浮浓缩的一个重要参数。研究发现，压力过高，单位水量形成的微细气泡过多，会发生微细气泡并聚，生成的大气泡与污泥附着力降低，从而引起浮泥上升速度降低。溶气压力的选择范围通常在 0.20～0.30MPa 之间。

空气压力决定空气的饱和状态和形成微细气泡的大小，也是影响浮渣浓度和分离液水质的重要因素。

（2）微细气泡直径

在气固比一定的情况下，气泡直径越小，气泡总表面积越大，与污泥的碰撞黏附机会也就越多，出水越澄清。气泡直径小于 $70\mu m$ 时，出水固体颗粒物浓度可小于 $20mg/L$；加压溶气气泡直径在 $30\sim120\mu m$ 之间，适宜于浓缩活性污泥。当然，微细气泡的直径与减压方法有关。

（3）溶气水和污泥接触时间

通常用于泥水分离的气浮池都设有接触反应区。然而，许多研究表明，溶气水与污泥混合后，在极短的接触时间内，污泥上的气泡附着量就达最大值。延长接触时间，附着量反而减少，对污泥-气泡体的上升速度不产生明显影响。研究表明，接触时间仅需 5s 即能满足工程要求。

（4）浮泥停留时间、浮泥厚度和浮泥含固率

气浮池表面泥层中顶层含固率最大，随着深度的增加，含固率逐渐减少，当浮泥层很薄时，浮泥浓度随着深度的增加下降很快，而当浮泥层达到一定值时，浓度下降趋于平缓。即使在完全相同的条件下运行，如果保持的泥厚相差很大，或者因刮泥板设置深度、刮泥周期的不同，所得到的浮泥平均浓度也不相同。因此应注意保持浮泥层厚度适宜，如浮泥层过厚，浮泥不易取出来，而且减小了澄清区的高度，浮泥底部易受到冲刷，影响出水水质。

（5）气固比

气固比是指气浮池中析出的空气量 A_a 与流入的固体量 S 之比，气固比是主要控制参数，直接影响运行费用。气固比的大小主要根据污泥的性质确定，活性污泥浓缩时 A_a/S 的适宜范围为 $0.01\sim0.05$，一般为 0.02。

（6）固体负荷

据报道，溶气压力 $p=0.4MPa$，曝气系数 $\alpha_s=0.015\sim0.02$，固体负荷 $N_v=192kg/(m^2\cdot d)$，$SVI=120\sim250$ 时，澄清水的 SS 浓度为 $20mg/L$。在气浮浓缩池中，即使水力负荷 q 高达 $9m^3/(m^2\cdot h)$〔固体负荷 $N_v=200kg/(m^2\cdot d)$，曝气系数 $\alpha_s=0.03$〕，也能获得令人满意的浓缩效果。另外，据资料介绍，美国洛杉矶市污水厂所采用的固体负荷 N_v 高达 $840kg/(m^2\cdot d)$。有研究报道，若以固体负荷 $N_v=300kg/(m^2\cdot d)$，水力负荷 $q=10\sim12m^3/(m^2\cdot h)$ 的参数连续运行，也获得了含固率为 5.5% 的浮泥。当固体负荷 N_v 小于 $800kg/(m^2\cdot d)$ 时，较大的固体负荷 N_v 对于浓缩效果没有很大的影响；但固体负荷 N_v 较大时，出水的 SS 浓度较高。

（7）循环比

循环水量应控制在合适的范围内，水量太小，释放出的空气量太少，不能达到气浮效果；水量增加，释放的空气量多，可以将流入的污泥稀释，减弱固体颗粒对分离速度的干涉效应，对浓缩有利。但是水量过大，不仅能耗升高，还可能影响微细气泡的形成。

溶气压力、循环比、气固比和固体负荷确定后，还应调节水力负荷。水力负荷太高，易使上清液中固体浓度升高。对于活性污泥，水力负荷一般应控制在 $120m^3/(m^2\cdot d)$ 以内。

3.2.4 气浮浓缩池的设计计算

3.2.4.1 设计要点

气浮浓缩池的设计要点可概括为以下几点：

① 处理能力与池形、池数。处理能力 $Q_0 < 100 \mathrm{m}^3/\mathrm{h}$ 时，多采用矩形钢筋混凝土浓缩池，长宽比 $L:B=(3\sim4):1$，$B \geqslant 0.3\mathrm{m}$ 时，有效水深为 $3\sim4\mathrm{m}$，水平流速一般为 $4\sim10\mathrm{mm/s}$。处理能力 $100\mathrm{m}^3/\mathrm{h} \leqslant Q_0 \leqslant 1000\mathrm{m}^3/\mathrm{h}$ 时，多采用辐流式钢筋混凝土浓缩池。单池处理能力不应大于 $1000\mathrm{m}^3/\mathrm{h}$。

② 系统的进泥量须能调节，当用活性污泥时，其进泥浓度不应超过 $5\mathrm{g/L}$，即含水率为 99.5%。

③ 投加混凝剂时，其投加量一般为污泥干重的 $2\%\sim3\%$，混凝反应时间一般不小于 $5\sim10\mathrm{min}$，投加点一般在回流与进泥的混合点处。池容应按停留时间 $2\mathrm{h}$ 校核。

④ 浮渣层厚度一般应控制在 $0.15\sim0.3\mathrm{m}$，利用出水堰板进行调节。刮渣机运行速度一般采用 $0.5\mathrm{m/min}$，并应可调。刮出的泥渣因含有空气，其起始密度一般为 $700\mathrm{kg/m}^3$，需储存几小时后才恢复正常，若立即抽送，则应选用不会产生气堵的柱塞泵或离心泵。沉泥一般按进泥量的 $1/3$ 计算。

⑤ 设计参数。设计前进行必要的试验，无试验资料时可采用下列参数：加压溶气的气固比 (A_a/S) 一般采用 $0.01\sim0.04\mathrm{kg/kg}$；水力负荷 q 一般采用 $40\sim80\mathrm{m}^3/(\mathrm{m}^2\cdot\mathrm{d})$；溶气压力一般为 $0.3\sim0.5\mathrm{MPa}$，浓缩效率一般取 $50\%\sim90\%$；溶气罐高径比常用 $(2\sim4):1$。

3.2.4.2 设计内容

气浮浓缩池的设计内容主要包括气浮浓缩池所需气浮面积、深度、空气量、溶气罐压力等。

（1）溶气比的确定

气浮时有效空气质量与污泥中固体物质质量之比称为溶气比或气固比，用 A_a/S 表示。

无回流时，用全部污泥加压：

$$\frac{A_a}{S}=\frac{S_a(fP-1)}{C_0} \tag{3-15}$$

有回流时，用回流水加压：

$$\frac{A_a}{S}=\frac{S_a R(fP-1)}{C_0} \tag{3-16}$$

式中 A_a——在 $0.1\mathrm{MPa}$ 下释放的空气量，$\mathrm{kg/d}$；

S——气浮的干污泥量，$S=Q_0 C_0$，$\mathrm{mg/h}$；

Q_0——需浓缩的污泥量，m^3/d；

C_0——入流污泥中固体物质浓度，$\mathrm{mg/L}$；

$\dfrac{A_a}{S}$——溶气比，即气浮时有效空气总质量与入流污泥中固体物质总质量之比，一般取 $0.005\sim0.060$；

S_a——在 $0.1\mathrm{MPa}$ 下，空气在水中的饱和溶解度（$\mathrm{mg/L}$），其值等于 $0.1\mathrm{MPa}$ 下，

空气在水中的溶解度（以容积计，单位为 L/L）与空气容重（mg/L）的乘积；

P——溶气罐压力，一般为 0.2～0.4MPa；

R——回流比，等于加压溶气水的流量与入流污泥流量 Q_0 之比，一般为 1.0～3.0；

f——回流加压溶气水的空气饱和度，一般为 50%～80%。

不同温度时，空气的溶解度及容重见表 3-2。

表 3-2　0.1MPa 下不同气温下的空气溶解度及容重

气温/℃	溶解度/(L/L)	空气容重/(mg/L)	气温/℃	溶解度/(L/L)	空气容重/(mg/L)
0	0.0292	1252	30	0.0157	1127
10	0.0228	1206	40	0.0142	1092
20	0.0187	1164			

（2）气浮浓缩池表面水力负荷

气浮浓缩池的表面水力负荷 q 可参考表 3-3 选定。

表 3-3　气浮浓缩池的表面水力负荷和表面固体负荷

污泥种类	入流污泥浓度/%	表面水力负荷 q/[m³/(m²·h)]		表面固体负荷/[kg/(m²·h)]	气浮污泥固体质量分数/%
		有回流	无回流		
活性污泥混合液	<0.5	1.0～3.6（一般用 1.8）	0.5～1.8	1.04～3.12	3～6
剩余活性污泥	<0.5			2.08～4.17	
纯氧曝气剩余活性污泥	<0.5			2.50～6.25	
初沉污泥与剩余活性污泥的混合污泥	1～3			4.17～8.34	
初次沉淀池污泥	2～4			<10.8	

（3）回流比 R 的确定

溶气比 A_a/S 确定以后，即可根据式(3-16)计算出回流比 R 值。无回流时，不必计算。

（4）气浮浓缩池的表面积 A

气浮浓缩池的表面积 A 可根据下式计算：

无回流时，

$$A=\frac{Q_0}{q} \tag{3-17}$$

有回流时，

$$A=\frac{Q_0(R+1)}{q} \tag{3-18}$$

式中　A——气浮浓缩池的表面积，m²；

Q_0——需浓缩的污泥量，m³/d 或 m³/h；

R——回流比，等于加压溶气水流量与入流污泥流量之比；

q——气浮浓缩池的表面水力负荷，m³/(m²·h) 或 m³/(m²·d)，参考表 3-3 取值。

求出表面积 A 后，需用表 3-3 中的固体负荷进行校核。如不能满足，则应采用固体负荷求得的面积。

气浮浓缩池的表面积 A 也可按固体通量计算，根据式（3-7）即 $A \geqslant \dfrac{Q_0 C_0}{G_L}$ 计算。当不加混凝剂时，式中 G_L 值常取 $100 \text{kg}/(\text{m}^2 \cdot \text{d})$；当投加混凝剂时，$G_L$ 值可提高 1 倍。

矩形气浮池长宽比 $L : B = (3 \sim 4) : 1$，则有：

$$B = \sqrt{\frac{A}{3 \sim 4}} \tag{3-19}$$

$$L = (3 \sim 4)B \tag{3-20}$$

（5）气浮浓缩池的过水断面面积 w

气浮浓缩池的过水断面面积可根据下式计算：

$$w = \frac{Q_0(1+R)}{\upsilon} \tag{3-21}$$

式中　w——气浮浓缩池的过水断面面积，m^2；

　　Q_0——需浓缩的污泥量，m^3/d；

　　R——回流比，等于加压溶气水流量与入流污泥流量之比，一般为 $1.0 \sim 3.0$；

　　υ——气浮浓缩池的水平流速，一般取 $4 \sim 10 \text{mm/s}$。

（6）气浮浓缩池高度 H

气浮浓缩池的高度按下式计算：

$$H = H_1 + H_2 + H_3 \tag{3-22}$$

式中　H——气浮浓缩池的高度，m；

　　H_1——气浮浓缩池分离区的高度，$H_1 = \dfrac{w}{B}$，m；

　　H_2——气浮浓缩池浓缩区的高度，m，一般为 $1.2 \sim 1.8 \text{m}$；

　　H_3——气浮浓缩池死水区高度，m，一般为 0.1m。

单座矩形气浮浓缩池的高宽比 $H : B > 0.3$，有效水深一般为 $3 \sim 4 \text{m}$；圆形升流式气浮浓缩池高度 $H \geqslant 3 \text{m}$。

（7）校核计算

① 校核水力负荷 q。水力负荷应按式（3-23）校核，其值应在 $1 \sim 3.6 \text{m}^3/(\text{m}^2 \cdot \text{h})$ 之间。

$$q = \frac{Q_0(1+R)}{A} \tag{3-23}$$

② 校核停留时间 t。停留时间应按式（3-24）校核，其值应在 2h 之内。

$$t = \frac{AH}{Q_0(1+R)} \tag{3-24}$$

（8）溶气罐计算

溶气罐的计算包括溶气罐的容积计算和溶气罐的高径确定。

溶气罐的容积可按下式计算：

$$V = \frac{Q_0 R t'}{60} \tag{3-25}$$

式中　V——溶气罐的容积，m^3；

　　Q_0——需浓缩的污泥量，m^3/d；

　　R——回流比，等于加压溶气水流量与入流污泥流量之比，一般为 $1.0\sim3.0$；

　　t'——回流水在罐中的停留时间，min，一般取 $3min$。

溶气罐的高度可按下式计算：

$$H=\frac{4V}{\pi D^2} \tag{3-26}$$

式中　H——溶气罐的高度，m；

　　V——溶气罐的容积，m^3；

　　D——溶气罐的直径。

一般而言，溶气罐罐体高度和直径之比常用 $(2\sim4):1$。

3.3 ⊃ 机械浓缩

机械浓缩是采用机械的作用使污泥颗粒受到外加的物理作用（如离心力和挤压力等）而实现浓缩的。机械浓缩设备包括离心浓缩机、带式浓缩机、螺压浓缩机和转筒浓缩机等。

3.3.1　离心浓缩机

高含水污泥做高速旋转时，由于污泥颗粒和水的密度不同，所受的离心力也不同，密度大的污泥颗粒被抛向外侧，密度小的水被推向内侧。离心浓缩法就是利用污泥中固体和液体的相对密度及惯性不同，在离心力场受到的离心力不同而被分离，污泥颗粒和水从各自出口排出，从而使污泥得到浓缩。由于离心力远远大于重力或浮力，因此离心浓缩过程分离速度快，浓缩效果好。

离心浓缩的主要参数有入流污泥浓度、排出污泥含固量、固体回收率、高分子聚合物的投加量等。离心浓缩的设计工作很困难，通常以参考相似工程实例更可靠。表 3-4 列出了离心机用于污泥浓缩的运行参数，可供参考。

表 3-4　离心机用于污泥浓缩的运行参数

污泥种类	入流污泥浓度/%	排泥浓度/%	高分子聚合物投加量/(g/kg 干污泥)	固体物质回收率/%	离心机类型
剩余活性污泥	0.5~1.5	8~10	0；0.5~1.5	85~90；90~95	轴筒式
厌氧消化污泥	1~3	8~10	0；0.5~1.5	80~90；90~95	
普通生物滤池污泥	2~3	8~9；9~10	0；0.75~1.5	90~95；95~97	
厌氧消化的初沉污泥	—	8~9	0	95~97	
与生物滤池的混合污泥	2~3	7~9	0.75~1.5	94~97	
剩余活性污泥	0.75~1.0	5.0~5.5	0	90	转盘式
剩余活性污泥	—	4.0	0	80	
剩余活性污泥 1（经粗滤后）	0.7	5.0~7.0	0	93~87	
剩余活性污泥 2（经粗滤后）	0.7	6.1	0	97~80	
剩余活性污泥	0.7	9~10	0	90~70	篮式

与离心脱水的区别在于，离心浓缩用于浓缩活性污泥时，一般不需加入絮凝剂调质，只

有当需要浓缩污泥含固率大于6％时，才加入少量絮凝剂，而离心脱水要求必须加絮凝剂进行调质。

离心浓缩的特点是自成系统，浓缩效果好，浓缩设备占地面积小、造价低，操作简便，不会产生恶臭，对于富磷污泥可以避免磷的二次释放，提高污泥处理系统总的除磷率，但设备运行费用较高，且需要高的机械维护水平，因此经济性差，一般很少用于污泥浓缩，但对于难浓缩的剩余活性污泥可以考虑使用。离心浓缩主要用于浓缩大中型污水厂的生物和化学污泥、剩余活性污泥等难脱水污泥或场地狭小的场合。

最早的离心浓缩采用最原始的框式离心浓缩机，目前常用的有卧式螺旋离心浓缩机和立式笼形离心浓缩机两种。

（1）卧式螺旋离心浓缩机

图3-26为卧式螺旋离心浓缩机的一种，主要由转鼓、带空心转轴的螺旋输送器、差速器等组成。

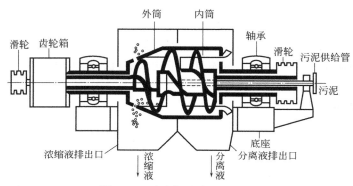

图3-26　卧式螺旋离心浓缩机

以污泥供给管为中心，外筒和内筒保持一定的转速差而旋转。污泥通过空心转轴输入卧式螺旋离心浓缩机转鼓内，在离心力的作用下，污泥中相对密度大的固相颗粒，离心力也大，得到浓缩，污泥絮体在外筒内壁沉降堆积。而相对密度小的水分，离心力也小，在内圈形成液体层。内筒中设置有螺杆，内筒的转速比外筒低，产生螺旋输送作用，螺杆把外筒内壁堆积的污泥输送到转鼓的锥端，作为浓缩污泥经出口连续排出。上清液从外筒侧面的排出口溢流出来，排至转鼓外。这类离心浓缩机的分离因数 α 为1000～3000。

（2）立式笼形离心浓缩机

立式笼形离心浓缩机的结构示意如图3-27所示。圆锥形笼框内侧铺上滤布，驱动电机通过旋转轴带动笼框旋转。污泥从笼框顶部流入，其中的水分通过滤布进入滤液室，然后排出。污泥中的悬浮固体被滤布截留，从而实现固液分离，污泥被浓缩。浓缩的污泥沿笼框壁徐徐

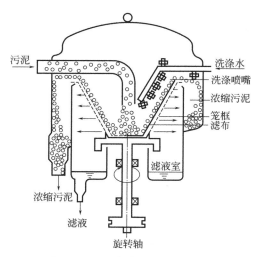

图3-27　立式笼形离心浓缩机

向上，从上端进入浓缩室再排出。由于离心和过滤的双重作用，该种离心浓缩机大大提高了过滤效率，实现了浓缩装置小型化，大大减少占地面积。

3.3.2 带式浓缩机

带式浓缩机是根据带式压滤机的前半段即重力脱水段的原理并结合沉淀池排出污泥含水率高的特点而设计的一种新型污泥浓缩设备，可代替混凝土浓缩池及大型带浓缩栅耙构成的浓缩池，因而可减少占地面积，节省土建投资。

带式浓缩机是连续运转的污泥浓缩设备，进泥含水率为 99.2%，污泥经絮凝并进行重力脱水后含水率可降至 95%～97%，达到下一步污泥脱水的要求。一般将带式浓缩机与带式脱水机联合使用，污泥经浓缩后直接进入带式压滤机进行脱水处理。

带式浓缩机的总体结构如图 3-28 所示，主要由框架、进泥配料装置、脱水滤布、可调泥耙和泥坝组成。工作时污泥进入浓缩段，被均匀摊铺在滤布上，好似一层薄薄的泥层，在重力作用下泥层中污泥的表面水大量分离并通过滤布空隙迅速排走，而污泥固体颗粒则被截留在滤布上。由于污泥层具有一定的厚度，而且含水率高，但其透水性不好，为此设置了很多犁耙，将均铺的污泥耙起很多垄沟，垄背上的污泥脱出的水分通过垄沟能顺利地透过滤带而分离。

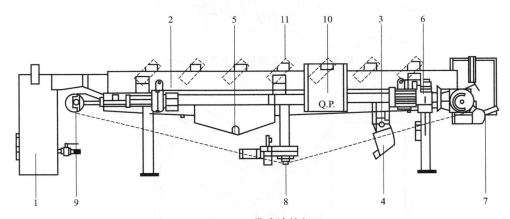

图 3-28 带式浓缩机

1—絮凝反应器；2—重力脱水段；3—冲洗水进口；4—冲洗水箱；5—过滤水排出口；
6—电机传动装置；7—卸料口；8—调整辊；9—张紧辊；10—气动控制箱；11—犁耙

带式浓缩机通常具备很强的可调节性，其进泥量、滤布走速、泥耙夹角和高度均可进行有效的调节以达到预期的浓缩效果，主要用于污泥浓缩脱水一体化设备的浓缩段。

带式浓缩机的常见故障有滤带跑偏、污泥外溢及滤带起拱等，影响带式浓缩机的运行和环境。对有机物含量高、含水率高、不易脱水的好氧活性污泥，一般采用离心浓缩机，而不宜采用带式浓缩机；对低负荷下运行的已完成（有机质）消化的活性污泥，其脱水性能较好，浓缩时既可用带式机，也可用离心机。

3.3.3 螺压浓缩机

螺压浓缩机是将经化学混凝的污泥进行螺旋推进脱水和挤压脱水，使污泥含水率降低的一种简便高效的机械设备，适用于给水排水等行业的污泥浓缩。

与传统浓缩池处理方法相比，螺压浓缩机可实现机械化、连续化、全封闭方式运行。当固含量为 0.5% 左右的稀浆液进入螺压浓缩机时，先进入圆形搅拌槽内，对稀浆液进行缓慢搅拌，使其浓度均质稳定。对于需要投加絮凝剂的稀浆液在进入搅拌槽前可投加干粉状或液体状絮凝剂，使溶药后的浆液在搅拌槽内进行反应，再通过溢水堰进入螺压浓缩机主装置。主装置的絮凝浆液经压榨转动作用被缓慢提升、压榨，直到含固量达到 6%～12%，过滤液则穿过筛网排出。筛网通过转动自动清洗保证设备边运行边清洗。浓缩后的污泥卸入集泥斗，进入后续处理工序。螺压浓缩机体积小、占地少、能耗低、效率高，整机在小于 12r/min 的低速下运行，无振动和噪声，使用寿命长。

螺压浓缩机的工作流程示意如图 3-29 所示，其结构示意如图 3-30 所示。

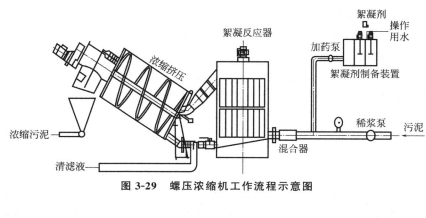

图 3-29　螺压浓缩机工作流程示意图

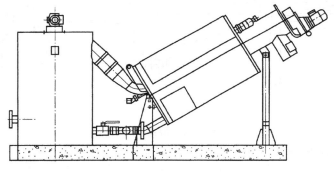

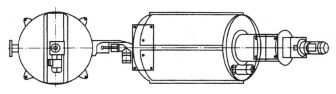

图 3-30　螺压浓缩机的结构示意图

3.3.4　转筒浓缩机

转筒浓缩机的特点是：分离浓缩效率高，运行费用低；系统可连续自动运行；全封闭运行，生产环境良好；可替代污泥浓缩池，提高脱水机的产率，减少脱水机的台数，设备投资低。WZN 型污泥转筒浓缩机结构如图 3-31 所示。

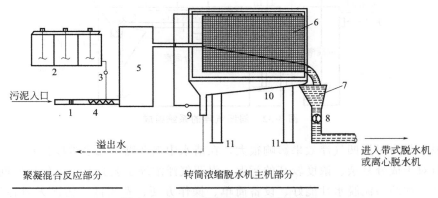

图 3-31　WZN 型污泥转筒浓缩机结构

1,8—污泥阀；2—絮凝剂投加装置；3—加药计量泵；4—管道混合器；5—旋流混合反应罐；
6—筛滤器；7—污泥斗；9—冲洗水泵；10—集水槽；11—浓缩机支座

3.4 ☞ 其他浓缩方法

除前述的重力浓缩、气浮浓缩与机械浓缩外，适用于污泥浓缩的工艺还有生物气浮浓缩、涡凹气浮浓缩、离心筛网浓缩、微孔滤机浓缩等。

3.4.1　生物气浮浓缩

1983 年，瑞典 Simona Cizinska 开发了生物气浮污泥浓缩工艺。该工艺是加入硝酸盐，利用污泥的自身反硝化能力，在污泥进行反硝化作用时产生气体，使污泥上浮而进行浓缩。硝酸盐浓度、温度、碳源、初始污泥浓度、泥龄和运行时间对污泥的浓缩效果有较大影响。生物气浮浓缩污泥的浓度是重力浓缩的 1.3～3 倍，对膨胀污泥也有较好的浓缩效果，气浮浓缩污泥中所含气体少，对污泥后续处理有利。

生物气浮浓缩工艺的日常运行费用比压力溶气气浮浓缩工艺低，能耗小，设备简单，操作管理方便，但污泥停留时间比压力溶气气浮浓缩工艺长，而且需投加硝酸盐。

3.4.2　涡凹气浮浓缩

涡凹气浮产生气泡的原理是通过引入机械力的切割作用，并利用水和空气的表面张力，形成微细气泡并维持其在水中稳定存在。主要设备有池体、涡凹曝气机、刮渣装置、排渣装置及配套的混凝池。涡凹曝气机是产生微细气泡的核心设备，其工作原理是靠高速旋转叶轮的离心力所造成的真空负压将空气吸入水底，然后依靠叶轮的高速旋转切割将空气打散成为微细气泡而扩散于水中。涡凹气浮的系统组成如图 3-32 所示。

涡凹气浮依靠机械力破碎被吸入污泥中的空气形成气泡，气泡直径较大（约 700～1500μm），尺寸分布较广，气泡较不稳定，容易合并，气泡的量及直径与污泥特性密切相

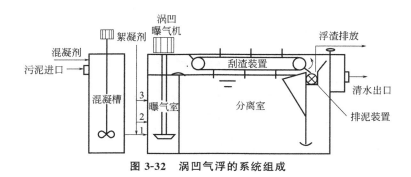

图 3-32　涡凹气浮的系统组成

关。水的表面张力对涡凹气浮效果影响很大，在清水中涡凹曝气几乎难以得到令人满意的微细气泡，但对于成分复杂、浓度较高的污泥，涡凹气浮浓缩工艺具有污泥停留时间短、污泥浓缩效果好、浓缩污泥脱水性能好、设备简单、操作方便、费用低、污泥无磷释放等特点，能够得到不错的曝气效果。

涡凹气浮在进泥端通过涡凹曝气机的高速剪切作用破碎空气成为微细气泡，但也带来了一个问题，即污泥中已形成的絮体在该剪切力的作用下会被打碎，影响气浮效果。为解决这一问题，涡凹气浮系统取消了絮凝装置，只保留混凝槽。絮凝剂的投加点一般设在气浮池进泥管上紧邻出水口处（如图 3-32 中的 1 号加药点），这样在污泥流经剧烈湍流的曝气头时，絮凝剂与污泥充分混合，絮体才逐渐形成。在絮体形成过程中，还可逐渐包裹进更多的气泡，形成较为密实稳定的气固混合体。

与溶气气浮工艺相比，涡凹气浮由于絮体内部也包裹了大量气泡，上升速度更快，且浮渣含水率更低。但涡凹气浮独特的絮凝剂加药方式并非对所有的污泥都有效，毕竟涡凹气浮曝气室内的湍流程度要高于溶气气浮的接触室，因此对某些絮体不易形成，或形成之后密实度较差、易破碎的污泥，涡凹气浮都较难得到理想的效果。改进的方法有：a.改变加药点的位置，尽量避开剧烈湍流区域，如把加药点调整到备用加药点（如图 3-32 中的 2 号、3 号加药点）；b.曝气机采用变频调速，稍稍调低转速减轻湍流；c.优化混凝剂和絮凝剂的种类和投加量，改善絮体形成速度、密实度及稳定性。实际应用中方法 c 往往是调试的关键因素，但对药剂选择的更多依赖也限制了涡凹气浮的广泛应用。

3.4.3　离心筛网浓缩

离心筛网浓缩器一般由中心分配器、进泥分布器、旋转筛网笼、出水集水室、排出器、调节流量转向器、反冲洗系统、电动机等构成。离心筛网浓缩过程中，污泥从中心管压入旋转筛网笼，压力仅需 0.03MPa，筛网笼低速旋转，使清液通过筛网从出水集水室排出，浓缩污泥从底部排出。筛网定期用反冲洗系统反冲。

离心筛网浓缩器可用于曝气池混合液的浓缩，以减小二沉池的负荷和曝气池的体积，浓缩后的污泥可直接回流到曝气池。清液中悬浮物含量较高，应流入二沉池进行沉淀处理。但离心筛网浓缩器因回收率较低，且出水浑浊，不能作为单独的浓缩设备使用。

离心筛网浓缩器的性能可用三个指标来表示：

① 浓缩系数。是指浓缩污泥浓度与入流污泥固体浓度的比值。

② 分流率。是指清液流量与入流污泥流量的比值。

③ 固体回收率。是指浓缩污泥中固体物总量与入流污泥中固体物总量的比值。

离心筛网浓缩器占地少，处理能力高，没有或基本没有臭气问题，但其电耗大，对操作人员要求高。在使用过程中应注意以下问题：a.浓缩后的污泥回到曝气池，分离液因为固体浓度较高，应流入二沉池作沉淀处理；b.筛网应定期用反冲洗系统反冲；c.因回收率较低，出水浑浊，不能作为单独的浓缩设备使用。

3.4.4　微孔滤机浓缩

微孔滤机主要由滤布、剥离带、转鼓、刮板和压液辊等组成，如图 3-33 所示。泥槽内的污泥一进到滤布上，其水分被吸收在滤布的内部，而污泥浓集在滤布的表面。随着转鼓和剥离带的旋转，浓集的污泥在转鼓与剥离带之间受到挤压（压力可以调节），含水率进一步降低。同时，由于附着力差，泥饼便转粘到剥离带上，然后被刮板刮掉。为防止孔眼堵塞，滤布用洗涤水管来的洗涤水洗净，再由压液辊榨出其内部水分后回到原泥槽位置。

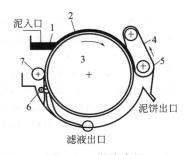

图 3-33　微孔滤机

1—泥槽；2—滤布；3—转鼓；4—剥离带；
5—刮板；6—洗涤水管；7—压液辊

微孔滤机浓缩过程中，污泥应先进行混凝调节，可使污泥含水率从 99％以上浓缩到 95％。微孔滤机的滤网可用金属丝网、涤纶织物或聚酯纤维品等亲水性强的物料制成，由于微气孔构成毛细管现象，因此吸水性好。滤布孔眼堵塞后，可用 3％～4％的草酸溶液洗涤再生。

▶▶　参考文献

[1]　廖传华，米展，周玲，等.物理法水处理过程与设备［M］.北京：化学工业出版社，2016.

[2]　廖传华，朱廷风，代国俊，等.化学法水处理过程与设备［M］.北京：化学工业出版社，2016.

[3]　廖传华，韦策，赵清万，等.生物法水处理过程与设备［M］.北京：化学工业出版社，2016.

[4]　廖传华，李聃，王小军，等.污泥减量化与稳定化的物理处理方法［M］.北京：中国石化出版社，2019.

[5]　廖传华，王小军，高豪杰，等.污泥无害化与资源化的化学处理方法［M］.北京：中国石化出版社，2019.

[6]　廖传华，王万福，吕浩，等.污泥稳定化与资源化的生物处理方法［M］.北京：中国石化出版社，2019.

[7]　董进波，张磊，陈恒宝，等.城镇污水厂污泥浓缩脱水的优化控制研究［J］.环境科学与管理，2015，40（8）：106-109.

[8]　曹群科.溶气气浮和涡凹气浮的比较及适用场合［J］.广州化工，2015，43（2）：105-107.

[9]　李淑晶.叠螺式含油污泥浓缩脱水工艺应用分析［J］.石油石化节能，2014，4（11）：49-50.

[10]　周玉红，杨威，任重远.A²/O 和 MBR 工艺剩余污泥浓缩过程中磷释放对比［J］.广东化工，2014，41（5）：225，216.

[11]　许世伟，付强，张伟军，等.气浮技术在膜生物反应器剩余污泥浓缩过程中的应用［J］.环境工程学报，2014，8（12）：5161-5166.

[12]　管新亮.卧式螺旋离心机在焦化废水污泥浓缩处理中的应用［J］.燃料与化工，2014，45（6）：56-58.

[13]　张玉鑫.污泥处理站含油污泥浓缩处理工艺［J］.油气田地面工程，2013，32（9）：92-93.

[14]　张大群.污泥处理处置适用设备［M］.北京：化学工业出版社，2012.

[15]　李振华.浓缩时间对污泥浓缩效果、磷释放及去除的影响［J］.给水排水，2012，28（3）：64-66.

[16]　李江.城市污水厂污泥浓缩消化一体化处理生产性试验研究［D］.重庆：重庆大学，2012.

[17] 王峰，陈宏儒，赵荣.搅拌对给水厂污泥浓缩的影响 [J].山西建筑，2012，38（1）：132-133.

[18] 王睿韬，汪澜，马忠诚.市政污泥脱水技术进展 [J].中国水泥，2012，（4）：57-61.

[19] 何强，唐川东，胡学斌，等.污泥浓缩消化一体化中试试验研究 [J].土木建筑与环境工程，2011，33（A1）：6-8，30.

[20] 王新华，吴志超，李秀芬.平板膜在污泥浓缩消化处理中的应用研究 [J].中国环境科学，2011，31（1）：62-67.

[21] 王哲刚，蔡晓健，韦艳.PTA废水污泥浓缩工艺的改造及试验 [J].常州大学学报（自然科学版），2011，23（1）：36-38.

[22] 濮军文.涡凹气浮技术在污泥浓缩中的应用 [J].化学工业与工程技术，2011，32（5）：57-60.

[23] 王新华，李秀芬，吴志超，等.城市污泥浓缩工艺在我国的研究和应用进展 [J].江南大学学报（自然科学版），2011，10（3）：373-378.

[24] 李兵，张承龙，赵由才.污泥表征与预处理技术 [M].北京：冶金工业出版社，2010.

[25] 李昱辰.高效水力混凝澄清与机械污泥浓缩组合工艺试验研究 [D].北京：中国地质大学，2010.

[26] 周立杰.油田含油污泥的浓缩试验研究 [J].石油矿场机械，2010，39（8）：45-48.

[27] 何强，杨巍，刘鸿霞，等.两相一体式污泥浓缩消化反应器的性能研究 [J].中国给水排水，2009，25（11）：15-17，21.

[28] 刘鸿霞，何强，李进丰，等.改良型污泥浓缩消化反应器的试验研究 [J].中国给水排水，2009，25（11）：63-65.

[29] 刘鸿霞.污泥浓缩消化一体化反应器试验研究 [D].重庆：重庆大学，2009.

[30] 杨巍.两相一体式污泥浓缩消化反应器性能的研究 [D].重庆：重庆大学，2009.

[31] 胡学斌.污泥浓缩消化一体化反应器的优化设计与中试研究 [D].重庆：重庆大学，2009.

[32] 杨公平.滤带式污泥浓缩脱水机的结构型式探讨 [J].给水排水，2008，34（2）：107-110.

[33] 王新华，吴志超，华娟，等.平板膜污泥浓缩工艺操作条件的优化研究 [J].环境污染与防治，2008，30（6）：54-57.

[34] 胡祝英，康泽龙.污泥浓缩工艺的应用现状和发展对策 [J].榆林学院学报，2008，18（4）：73-75.

[35] 王涛.污泥浓缩脱水及相关技术研究进展 [J].中国环保产业，2008，2：32-35.

[36] 马永强.气浮工艺应用于给水污泥浓缩的试验探索 [J].山西建筑，2008，34（3）：190-191.

[37] 朱开金，马忠亮.污泥处理技术及资源化利用 [M].北京：化学工业出版社，2007.

[38] 罗立新.油田含油污泥浓缩工艺研究 [J].石油与天然气化工，2007，36（4）：344-346.

[39] 李键光.涡凹气浮在石化污水预处理中的应用 [J].石油化工安全环保技术，2007，23（3）：38-39，51.

[40] 张玉华，高新红，赵崇山.水解酸化—涡凹气浮—序批式活性污泥法处理屠宰废水工程 [J].环保与节能，2007，（2）：40-42.

[41] 华娟.平板膜运用于剩余活性污泥的浓缩及同步浓缩消化研究 [D].上海：同济大学，2007.

[42] 刘玉玲，杨国丽.污泥浓缩试验研究 [J].西北水力发电，2007，23（1）：101.

[43] 管晓涛，胡锋平，徐烈猛，等.调理对CAF污泥浓缩工艺影响的试验研究 [J].环境污染治理技术与设备，2006，7（11）：89-91.

[44] 何强，王祥勇，方俊华，等.新型内循环污泥浓缩消化反应器的研究 [J].中国给水排水，2005，21（4）：5-8.

[45] 仲伟刚，胡苏明.完全一体化结构的带式污泥浓缩压滤机 [J].环境污染治理技术与设备，2005，6（6）：83-86.

[46] 党永光，陈昌军，汪诚文，等.污泥浓缩脱水投药量优化控制的研究 [J].给水排水，2005，31（1）：15-18.

[47] 陈静.自来水厂污泥浓缩和聚丙烯酰胺预处理研究 [D].上海：同济大学，2005.

[48] 丁大勇，陈玉叶.污泥浓缩脱水滤液除磷试验研究 [J].工业水处理，2004，24（3）：44-46.

[49] 陈长顺.涡凹气浮机在炼油污水处理中的应用 [J].石油化工环境保护，2004，27（4）：21-22，49.

[50] 刘明明.平板膜在剩余活性污泥浓缩与减量化处理中的应用基础研究 [D].上海：同济大学，2004.

[51] 张鹏.膜分离在剩余活性污泥浓缩中应用的研究 [D].上海：同济大学，2003.

[52] 张涛.高效含油污泥浓缩剂的研制与应用 [J].石油炼制与化工，2002，33（10）：55-59.

第**4**章

污泥机械脱水

污泥脱水的目的是在浓缩的基础上进一步减小污泥的体积，便于后续处理、处置和利用。污泥中的自由水分基本上可在污泥浓缩过程中被去除，而内部水一般难以分离，所以污泥脱水去除的主要是污泥颗粒间的毛细水和颗粒表面的吸附水。

污泥脱水的方法主要有自然干化、机械脱水和热处理法。自然干化占地面积大，卫生条件相对较差，易受天气状况的影响。热处理法脱水也称人工干化或污泥干燥。与加热脱水相比，机械脱水的能量消耗相对较低，20MPa 的能量相当于 70kJ/kg，汽化热为 2200kJ/kg，因此，机械脱水被广泛应用于污泥脱水中。

然而，受污泥水分形态及液压传导机理的限制，污泥机械脱水无法脱除污泥中的毛细水和结合水，因此很难实现高干脱水。对于需实现高干脱水的污泥，可将机械脱水作为预处理手段，脱水后的污泥再进行干化。脱水越彻底，则总能量消耗就越少。

4.1 ➲ 基本原理与方式

污泥机械脱水是以过滤介质两侧的压力差作为推动力，使污泥中的水分强制通过过滤介质，形成滤液，而固体颗粒被截留在介质上，形成滤饼，从而达到脱水的目的。

4.1.1 污泥机械脱水的原理

Ruth 提出了常规滤饼过滤理论来描述恒压条件下的过滤状态：

$$\frac{\mu \bar{a} \, \bar{c}}{2A^2 \Delta P} V^2 + \frac{\mu R_M}{A} V - t = 0 \tag{4-1}$$

式中：μ——滤液的动力黏度，Pa·s；

$\bar{a}$——平均比阻，m/kg；

$\bar{c}$——单位体积滤液中固体物质的干重，kg/m³；

R_M——过滤介质的阻抗，m⁻²；

A——过滤面积，m²；

V——过滤体积，m³；

t——过滤时间，s；

ΔP——过滤压力，Pa。

平均比阻和以体积分数表示的平均滤饼浓度可用滤饼承压的幂函数表示：

$$\overline{a} = a_0 (1-n) \Delta P_g^n \tag{4-2}$$

$$\overline{c} = c_0 (1-m) \Delta P_g^m \tag{4-3}$$

式中，a_0、n、c_0 和 m 都是实验常数。

单位体积滤液中固体物质干重的平均值可以从滤饼平均浓度和滤浆中固体物质的质量分数中获得：

$$\overline{c} = \frac{1}{\dfrac{1-s}{s\rho_1} - \dfrac{1-c}{c\rho_s}} \tag{4-4}$$

式中，ρ_1 和 ρ_s 分别为液体和固体的密度。

瞬时过滤效率可用式（4-5）表示：

$$Q = \frac{\mathrm{d}V}{\mathrm{d}t} = \left(\frac{\mu \overline{a} \, \overline{c}}{A^2 \Delta P} V + \frac{\mu R_M}{A} \right)^{-1} \tag{4-5}$$

$$\Delta P_g = \Delta P - \frac{\mu R_M}{A} Q \tag{4-6}$$

式（4-6）表示可以通过总压减去滤液中的压降来计算滤饼中的压降。

滤饼的瞬时厚度可从如下关系中计算得出：

$$L = \frac{\Delta P_g^{l-m-n}}{\mu a_0 c_0 \rho_s (l-m-n)} \times \frac{A}{Q} \tag{4-7}$$

滤饼内部高度为 y 处的体积浓度为：

$$c_y = c_0 \Delta P_g^m \left(\frac{y}{L} \right)^{m/(l-m-n)} \tag{4-8}$$

机械脱水的速率不仅受污泥粒子粒径和其分布的影响，还受泥饼层内的有效孔隙率、深度、粒子的比表面积和形状的影响，并且这些因素都会随着污泥分散凝聚程度的不同而不同。

过滤过程中粒子的捕捉机理如图 4-1 所示。

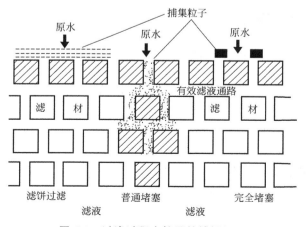

图 4-1 过滤过程中粒子的捕捉机理

在间歇过滤过程中，滤液通路内为层流状态，忽略流速分布和粒子移动，过滤速度可以表示为：

$$\frac{1}{A}\frac{dV}{dt}=\frac{A\Delta P_g c(1-mw)}{\mu(V+V_M)\rho w\bar{a}} \tag{4-9}$$

$$\Delta P = \Delta P_m + \Delta P_c$$

式中，m 是湿污泥对干燥泥饼的质量比，即

$$m=\frac{1}{w}-\frac{\rho V}{W_m}$$

式中，w 为干燥泥饼的质量，kg；W_m 是与滤材阻力相当的泥饼质量，kg；$\bar{a}$ 是干燥泥饼单位质量的过滤阻力，即平均比阻，m/kg 或 mm/g。

根据式(4-9)可知，过滤介质两侧的压力差越大，单位时间内的过滤体积也越大。因为，为了提高过滤过程的处理能力，应尽可能提高两侧的压力差。

4.1.2　污泥机械脱水的方式

形成压力差的方法有四种：依靠污泥本身厚度的静压力，如自然干化脱水；在过滤介质的一侧造成负压，如真空过滤脱水；对污泥加压把水分压过介质，如压滤脱水；造成离心力，如离心脱水。在这四种方法中，除自然干化脱水外，其他三种均属于机械脱水。

污泥脱水的机械主要分过滤式和产生人工力场式两类。过滤式分负压过滤（如真空过滤）和正压过滤（如板框压滤机和带式压滤机）。产生人工力场式是在人工力场的作用下，借助固体和液体的密度差来使固液分离，如离心脱水。

真空过滤机由于出泥含水率高、占地面积大而被淘汰。板框压滤机虽然脱水效率较高，但设备价格和土建费用比带式压滤机和离心机高，且间歇运行，工人操作强度大，其使用也受到一些限制。带式压滤机可连续生产，机械制造容易，操作简单，在国内外污泥脱水中得到了广泛应用，在国内发展尤为迅速，新建污水处理厂的脱水设备几乎都是带式压滤机，但必须与有机聚合物配合使用，而我国目前合成有机物价格较贵，致使带式压滤机运行费用较高。离心脱水机械是世界各国污泥处理应用较多的脱水机械，其处理量大，基建费用少，工作环境卫生，操作简单，自动化程度高，缺点是离心后泥饼含水率较高。

在选择机械脱水方式时，应考虑污泥的调理方式及脱水污泥的干燥、焚烧等最终处置方式。只有含固率大于 20％～25％的污泥才能被直接用于农业；如果选择污泥卫生填埋，则必须同时考虑含水率和承载力两方面的要求。国外经验证明，要达到填埋场的要求，需使用无机药剂的化学调理和板框压滤机相结合才能达到要求。此外，还应结合当地情况，考虑污泥调理剂的种类、价格和投资及运行成本等因素。污泥生物稳定的时间、方式、程度对污泥的脱水性能有着明显的影响，污泥稳定时间越长，稳定程度越高，脱水效果越好。就污泥的生物稳定方式来说，厌氧消化稳定的污泥比好氧消化稳定的污泥效果要好。对于稳定时间不长和稳定程度不高的污泥来说，要想达到与正常稳定污泥同样的脱水效果，所需要的化学调理剂更多，脱水时间更长。即使是使用同一种脱水机械，由于污泥理化性质不同，也可能产生不同的脱水效果，在选择脱水方式时应慎重考虑，已有污水处理厂的经验只能作为参考。

4.2 ⟳ 真空过滤脱水

真空过滤脱水是利用抽真空的方法造成过滤介质两侧的压力差，进而形成推动力来脱水。其优点是运行平稳、能自动连续生产、可自动控制，但因维持真空需要较大功率的真空泵等辅助设备，因此存在工艺复杂、能耗高、辅助设备噪声大、占地面积大、相对出泥含固率低、效率低等缺点。

4.2.1 真空过滤脱水的工艺流程

进入真空过滤机的污泥，含水率一般应不大于95%，最大不应大于98%，固体回收率为85%～99.5%。

真空过滤脱水的性能一般可根据过滤速度、固体回收率、泥饼质量和滤液性状等指标来判断。最需经常测定的指标为过滤速度，用过滤机出口处单位时间单位过滤面积上的滤饼的干重来表示。

真空过滤脱水适用于污泥比阻较小的场合，可用于初沉污泥和消化污泥的脱水，也可用于处理来自石灰软化水过程的石灰污泥。脱水泥饼的含水率一般为70%～80%，应根据最终处理处置方法加以调整。排出液中固体的浓度一般为500～1000mg/L，需进行循环过滤，长此以往会导致循环固体累积，影响处理设备和过滤性能。所以，排出液中的固体浓度应尽量控制在较低的范围内。

真空过滤脱水的泥饼产率如表4-1所示。

表 4-1　真空过滤脱水的泥饼产率

污泥种类		泥饼产率/[kg/(m² · h)]
原污泥	初沉污泥	30～40
	初沉污泥＋生物滤池污泥	30～40
	初沉污泥＋活性污泥	15～25
	活性污泥	7～12
消化污泥（中温）	初沉污泥	25～35
	初沉污泥＋生物滤池污泥	20～35
	初沉污泥＋活性污泥	15～25

4.2.2 真空过滤脱水设备

真空过滤脱水可以与有机药剂调理、无机药剂调理及加热调理一起使用。各种真空过滤脱水机的不同之处在于泥饼的剥离方式，目前常用的是转筒真空过滤机和带式真空过滤机。

4.2.2.1 转筒真空过滤机

转筒真空过滤机是一种广泛应用的连续操作过滤机械，如图4-2所示，设备主体是一个能转动的水平圆筒，其表面有一层金属网，网上覆盖滤布，筒的下部浸入污泥中。圆筒沿周向分隔成若干扇形格，每格都有单独的孔道通至分配头上。圆筒转动时，凭借分配头的作用使这些孔道依次分别与真空管和压缩空气管相通，因而在回转一周的过程中每个扇形格表面即可顺序进行过滤、洗涤、吸干、吹松、卸饼等各项操作。

分配头由紧密贴合着的转动盘与固定盘构成，转动盘随着筒体一起旋转，固定盘内侧各凹槽分别与各种不同作用的管道相通，如图 4-3 所示，当扇形格 1 开始浸入污泥内时，转动盘上相应的小孔便与固定盘上的凹槽 f 相对，从而与真空管道连通，吸走滤液。图上扇形格 1～7 所处的位置称为过滤区。扇形格转出污泥槽后，仍与凹槽 f 相通，继续吸干残留在滤饼中的滤液。扇形格 8～10 所处的位置称为吸干区。扇形格转至

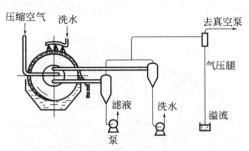

图 4-2　转筒真空过滤机装置示意图

12 的位置时，洗涤水喷洒于滤饼上，此时扇形格与固定盘上的凹槽 g 相通，以另一真空管道吸走洗水。扇形格 12、13 所处的位置称为洗涤区。扇形格 11 对应于固定盘上凹槽 f 与 g 之间，不与任何管道相连通，该位置称为不工作区。当扇形格由一区转入另一区时，因有不工作区的存在，使各操作区不致相互串通。扇形格 14 的位置为吸干区，15 为不工作区。扇形格 16、17 与固定凹槽 h 相通，再与压缩空气管道相连，压缩空气从内向外穿过滤布而将滤饼吹松，随后由刮刀将滤饼卸除。扇形格 16、17 的位置称为吹松区及卸料区，18 为不工作区。如此连续运转，整个转筒表面构成连续的过滤操作。转筒过滤机的操作关键在于分配头，它使每个扇形格通过不同部位时依次进行过滤、吸干、洗涤、再吸干、吹松、卸料等几个步骤。

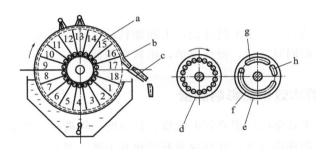

图 4-3　转筒及分配头的结构

a—转筒；b—滤饼；c—割刀；d—转动盘；e—固定盘；f—吸走滤液的真空凹槽；
g—吸走洗水的真空凹槽；h—通入压缩空气的凹槽

转筒的过滤面积一般为 5～40m²，浸没部分占总面积的 30%～40%。转速可在一定范围内调整，通常为 0.1～3r/min。滤饼厚度一般保持在 40mm 以内，对于难以过滤的胶质物料，厚度可在 10mm 以下。转筒过滤机所得滤饼中的液体含量很少低于 10%，常可达 30% 左右。

转筒真空过滤机能连续地自动操作，节省人力，生产能力强，特别适宜于处理量大而容易过滤的污泥，但附属设备较多，投资费用高，过滤面积不大。此外，由于它是真空操作，因而过滤推动力有限。

4.2.2.2　带式真空过滤机

带式真空过滤机由一个较大的转鼓组成，以循环移动的环形滤带作为过滤介质，转鼓的

底部浸没在污泥池中，转鼓转动时，污泥在真空吸力作用下被带到滤带上，在负压和重力作用下使液固快速分离，如图4-4所示。转鼓分成几个部分，通过选轮阀产生真空吸力，过滤操作在泥饼形成区、泥饼脱水区和泥饼排除区三个区内进行。

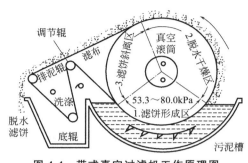

图 4-4　带式真空过滤机工作原理图

带式真空过滤机的滤布大部分没有紧贴在转鼓上而呈环形，随着旋转滤布离开转鼓被卷到直径小的滚筒上。由于曲率发生急剧变化，运动角速度剧增，滤饼从滤布上被剥离下来。相对于转筒真空过滤机来说，由于滤布堵塞得到了改善，因而扩大了适用范围，提高了脱水性能，泥饼含水率为70%～75%。

带式真空过滤机按其结构原理分为移动室型、固定室型、间歇运动型和连续移动盘型。移动室型带式真空过滤机是真空盒随滤带一起移动，并且过滤、洗涤、下料、卸料等操作同时进行。固定室型带式真空过滤机采用一条橡胶脱液带作为支承带，滤布放在脱液带上，脱液带上开有相当密的、成对设置的沟槽，沟槽中开有贯穿孔。脱液带本身的强度足以支承真空吸力，因此滤布本身不受力，滤布的寿命较长。间歇运动型带式过滤机是靠一个连续的循环运行的过滤带，在过滤带上连续或批量加入料浆，在真空吸力的作用下，在过滤带的下部抽走滤液，在过滤带上形成滤饼，然后对滤饼进行洗涤、挤压或空气干燥。连续移动盘型带式真空过滤机是将整体式真空滤盘改为由很多可以分合的小滤盘，小滤盘连接成一个环形带，滤盘可以和滤布一起向前移动。

带式真空过滤机的特点是水平过滤面，上面加料，过滤效率高，洗涤效果好，滤饼厚度可调，滤布可正反两面同时洗涤，操作灵活，维修费用低。

4.2.3　真空过滤脱水效果的影响因素

影响真空过滤脱水效果的因素有污泥性质、真空度、转鼓浸没程度、转鼓转速、搅拌强度、滤布种类、污泥调理情况等，这些因素有时相互关联，必须引起注意。

大小和形状不同的固体颗粒通过其压缩性和絮凝性影响过滤脱水性能。形状大小均匀、粒径较大的污泥颗粒孔隙率大，过滤性能好，不易板结。实际中，为改善大小不均、颗粒较细的污泥的过滤性能，通常加入较多的调理药剂。

污泥的腐败变质也会影响其脱水性能。消化污泥中的纤维组织和颗粒物质被分解为类胶体、胶体和溶解性物质填在小颗粒物质的孔隙中，影响其过滤性能。如果污泥放置24h而未曝气，就会发生腐败变质。如想获得与未变质污泥同样的过滤脱水效果，则需加入2倍的调理药剂量。

污泥浓度是影响脱水性能的因素之一。随着脱水的进行，污泥的浓度增大，泥饼的产生量增大，产生单位质量泥饼的滤液量减少，需要对真空过滤机的运行参数进行调整。对于浓度过低的污泥，增大转鼓的浸入深度，延长污泥的抽吸时间，泥饼的厚度增加，同时含水率也增加，可以通过延长过滤周期，留有足够的水分干燥时间，降低泥饼的含水率，这种方式降低了真空过滤机的效率。通常，浸入率是转鼓总面积的15%～25%。

污泥的可压缩性能也会影响脱水性能。由于污泥的压缩性好，泥饼阻力随着真空度的增加而增大，因此要保持一定的真空度，通常为 50.66kPa。实际操作中可采用向污泥中投加炭粉、硅藻土、木屑等来增大孔隙率，提高过滤速度，克服因污泥的可压缩性导致的不利因素。

滤液和悬浮液的黏度、固体颗粒在液体中的分散度也影响污泥的脱水性能。因此，过滤槽中搅拌装置的速度应可调，以防止浓度不均或者发生沉淀。

真空过滤机的设计主要是根据原污泥量、每天转鼓的工作时间及场地的大小来决定所需的过滤面积，然后根据真空转鼓的产品系列选择一个或几个真空转鼓，使总过滤面积满足要求。

真空过滤机的滤布种类很多，多采用合成纤维，如腈纶、涤纶、尼龙等不易堵塞而又耐久的材料。在选择滤布时必须对污泥的性质和调理药剂充分考虑，最好先进行滤布试验，但滤布应先洗涤 3～5 次，以便于发现问题。

4.3 ➲ 加压过滤脱水

加压过滤脱水是利用液压泵或空压机形成 4～8MPa 的压力增加过滤推动力的污泥脱水方式。

4.3.1 加压过滤脱水的工艺流程

加压过滤脱水的工艺流程及其基本原理与真空过滤相同，区别在于加压过滤使用正压，真空过滤使用负压。其优点是过滤效率高，滤饼的固体含量高，滤液中固体含量低，前处理时可不加或加少量的调理剂，滤饼的剥离方式简单。因此，加压过滤方式被广泛使用。

4.3.2 加压过滤脱水设备

加压过滤设备经历了由间歇操作到连续操作的发展，目前广泛使用的是板框压滤机和带式压滤机。

4.3.2.1 板框压滤机

板框压滤机属于间歇式加压过滤机，由压紧装置、滤板和滤框及其他附属装置等部件组成，滤板和滤框交替叠合架在两根平行的支撑梁上，所有滤板两侧都具有和滤框形状相同的密封面，滤布夹在滤板和滤框密封面之间，成为密封的垫片。其结构如图 4-5 所示。板和框都用支耳架在一对横梁上，可用压紧装置压紧或拉开。

板和框多做成正方形，其构造如图 4-6 所示。板、框的角端均开有小孔，装合并压紧后即构成供滤浆或洗水流通的孔道。框的两侧覆以滤布，空框与滤布围成了容纳滤浆及滤饼的空间。滤板的作用有两个：一是支撑滤布，二是提供滤液流出的通道。为此，板面上制成各种凹凸纹路，凸者起支撑滤布的作用，凹者形成滤液流道。滤板又分为洗涤板与非洗涤板两种，其结构与作用有所不同。为了组装时易于辨别，常在板、框外侧铸出小钮或其他标志，如图 4-6 所示，故有时洗涤板又称三钮板，非洗涤板又称一钮板，而滤框则带二钮。装合时

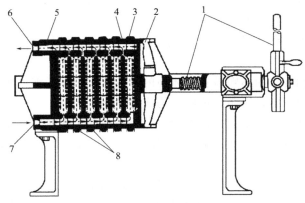

图 4-5　板框压滤机

1—压紧装置；2—可动头；3—滤框；4—滤板；5—固定头；6—滤液出口；7—滤浆进口；8—滤布

即按钮数以 1—2—3—2—1—2—…的顺序排列板与框。所需框数由生产能力及滤浆浓度等因素决定。每台板框压滤机有一定的总框数，最多的可达 60 个，当所需框数不多时，可取一盲板插入，以切断滤浆流通的孔道，后面的板和框即失去作用。

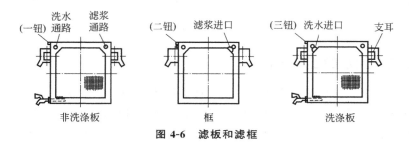

图 4-6　滤板和滤框

过滤时，悬浮液在指定的压强下经滤浆通道由滤框角端的暗孔进入框内，如图 4-7(a)所示，滤液分别穿过两侧滤布，再沿邻板板面流至滤液出口排出，固体则被截留于框内。待滤饼充满全框后，即停止过滤。

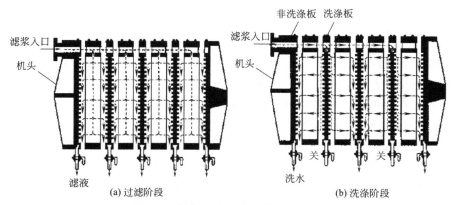

图 4-7　板框压滤机内液体流动路径

若滤饼需要洗涤时，则将洗水压入洗水通道，并经由洗涤板角端的暗孔进入板面与滤布之间。此时应关闭洗涤板下部的滤液出口，洗水便在压强差推动下横穿一层滤布及整个滤框厚度的滤饼，然后再横穿另一层滤布，最后由非洗涤板下部的滤液出口排出，如图 4-7（b）所示。这样安排的目的在于提高洗涤效果，减少洗水将滤饼冲出裂缝而造成短路的可能。

洗涤结束后，旋开压紧装置并将板框拉开，卸出滤饼，清洗滤布，整理板、框，重新装合，进行另一个操作循环。

板框压滤机的操作表压一般不超过 0.8MPa，有个别达到 1.5MPa。滤板和滤框可用多种金属材料或木材制成，并可使用塑料涂层，以适应滤浆性质及机械强度等方面的要求。滤液的排出方式有明流和暗流之分。若滤液经由每块滤板底部小直管直接排出，则称为明流。明流便于观察各块滤板工作是否正常，如见到某板出口滤液浑浊，即可关闭该处旋塞，以免影响全部滤液的质量。若滤液不宜暴露于空气之中，则需将各板流出的滤液汇集于总管后送走，称为暗流。暗流在构造上比较简单，因为省去了许多排出阀。压紧装置的驱动有手动与机动两种。

板框压滤机的优点是滤材使用寿命长，滤饼的厚度可通过改变滤框的厚度来改变，且滤饼厚度均一，结构较简单，附属设备少，制造方便，操作容易，运行稳定，故障少，过滤面积选择范围灵活，且单位过滤面积占地较小，过滤面积较大，操作压强高，过滤推动力大，所得滤饼含水率低，对各种物料性质的适应能力强，适用于各种污泥。其不足之处在于，滤框给料口容易堵塞，滤饼不易取出；由于间歇操作，处理量小，生产效率低，劳动强度大；滤饼密实而且变形，洗涤不完全；由于排渣和洗涤易发生对滤布的磨损，滤布的使用寿命短。因此，它适合于中小型污泥脱水处理的场合。通常情况下，板框压滤机的滤饼含水率为 45%～80%，初沉池污泥为 45%～65%，活性污泥为 75%～80%，混合污泥为 55%～65%，滤液悬浊液浓度为 400mg/L，BOD_5 为 1500～2500mg/L。

为了克服间歇式板框压滤机的缺点，提高其生产效率，发展了一种自动板框压滤机，如图 4-8 所示。自动板框压滤机由主梁、滤布、固定压板、滤框、滤板、活动压板、压紧机组成。两根主梁把固定压板与压紧机连在一起构成机架。在固定压板和活动压板之间依次交替排列着滤板和滤框。压紧机驱使活动板带动滤板和滤框在主梁上行走，用以压紧和拉开板框。在滤板和滤框四周均有耳孔，板框压紧后形成暗通道，分别为进泥口、高压水进口、滤液出口，以及压干、正吹、反吹和压缩空气通道。滤布在驱动装置下行走，通过洗刷槽进行清洗，使滤布得以再用。

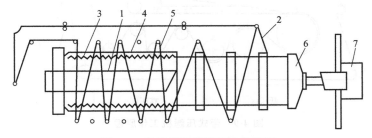

图 4-8 自动板框压滤机构造示意

1—主梁；2—滤布；3—固定压板；4—滤板；5—滤框；6—活动压板；7—压紧机

板框压滤脱水的设计，主要是根据污泥处理量、脱水泥饼浓度、压滤机的过滤能力来确定所需过滤面积、过滤机的台数和设备布置方式。

板框压滤机的脱水能力可按式（4-10）进行计算：

$$L = \frac{S}{(1+n)At} \qquad (4-10)$$

式中　L——对污泥的过滤能力（不计调理剂带来的效果），$kg/(m^2 \cdot h)$；

　　　S——滤饼干重，kg；

　　　n——絮凝剂对干污泥的质量比；

　　　A——有效过滤面积，m^2；

　　　t——总过滤时间，t＝进泥时间＋压滤时间＋出泥时间，h。

滤饼取出时间越短，过滤能力越强。原污泥含水率越低，过滤时间越短，过滤能耗越低。絮凝剂的用量一般为污泥固体含量的5%～10%。

4.3.2.2　带式压滤机

带式压滤机是连续运转的污泥脱水设备，具有结构简单、生产连续、处理能力高、耗电量在多种形式的脱水机中为最低、负荷允许波动范围大、脱水效果好、出泥含水率低且稳定、管理控制不复杂等特点，所以被广泛采用。进泥含水率一般为96%～97%，污泥经絮凝、重力脱水、压榨脱水后滤饼的含水率可达75%～80%，适用于城市给排水及化工、造纸、冶金、矿业加工等各类污泥的脱水处理。

带式压滤机的处理能力主要由进泥量及进泥固体负荷确定。一般情况下，进泥量可达到4～7m³/(m·h)，进泥固体负荷可达到150～250kg/(m·h)。不同型号带式压滤机的滤带宽度不同，一般不超过3m。

带式压滤机的工作原理如图4-9和图4-10所示。污泥流入在滚压筒之间连续转动的上、下两块带状滤布后，利用滤布的张力和滚压筒的压力及剪切力对两块滤布之间的污泥进行加压脱水。

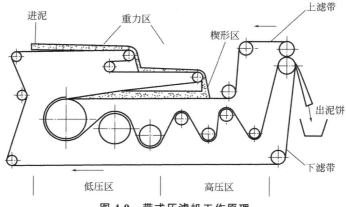

图 4-9　带式压滤机工作原理

带式压滤机的工作过程是：污泥絮凝→重力脱水→楔形脱水→低压脱水→高压脱水。重力脱水是必不可少的一步，能使自由水排出。脱水泥饼由刮泥板剥离，剥离泥饼后的滤布用喷射水洗刷，防止滤布孔堵塞，影响过滤速度。冲洗水可以是自来水或污水处理厂的出水，如果使用污水处理厂的出水，它必须不含悬浮物以防止喷射口堵塞。

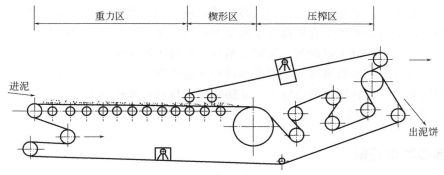

图 4-10　DYL 型带式压滤机工作原理

4.4 ⊃ 离心脱水

污泥离心脱水是利用离心作用原理，将污泥通过中心进料管引入转子，在离心力的作用下很快分为两层，较重的固相沉积在转鼓内壁上形成沉渣层，而较轻的液相则形成外环分离液层，沉渣脱水后由出渣口甩出，分离液从溢流口排出，从而完成污泥脱水的过程。一般地，离心脱水装置自成系统，运行时不需要过多监视，干度较好，但需要特别维护，一般适用于连续运行的大、中型污水处理厂大量污泥的处理。

4.4.1　离心脱水的工艺流程

常用污泥离心脱水处理流程如图 4-11 所示。污泥经污泥浓度计测得相应信号，启动螺杆泵，将污泥泵送至离心机。在螺杆泵的吸入管路上，视污泥情况设置污泥切割机，以便切碎污泥中携带的固体杂物。螺杆泵的压送管路上设有流量计，从而在污泥输入离心机前按浓度计和流量计的信号输入计算机后，由计算机指令投加高分子絮凝剂——聚丙烯酰胺溶液（投加浓度预先设定），使污泥能结成粗大的絮凝团，促进泥水的分离。分离后的污泥堆集外运，分离水外排应监测，必须符合相关排放标准。

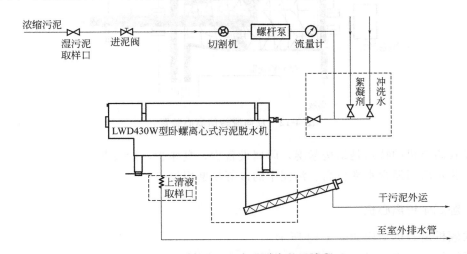

图 4-11　常用污泥离心脱水处理流程

采用离心脱水时，事先应对污泥采用高分子混凝剂进行调理。当污泥有机物含量高时，一般选用离子度低的阳离子型有机高分子混凝剂；当污泥中无机物含量高时，一般选用离子度高的阴离子型有机高分子混凝剂。混凝剂的投加量与污泥性质有关，应根据试验来确定。

离心脱水过程中，经有机高分子絮凝剂调理等前处理的污泥在离心力的作用下，密度较大的固体颗粒黏附在旋转圆筒的内壁上，并随螺旋状导流叶片移到出口处排出。脱水后泥饼含固率可达到 $65\%\sim75\%$。

4.4.2 离心脱水设备

离心脱水适用于软化污泥和混凝沉淀污泥的处理。处理混凝沉淀污泥时，原水浊度升高，聚丙烯酰胺耗量将大幅增加，离心脱水后泥饼呈糊状；处理软化污泥时，污泥含水率可降到 $30\%\sim40\%$。

污泥颗粒的沉降速度与离心力大小成正比，离心力越大，固态物质回收率就越高，但同时存在污泥打滑、凝聚物破裂、脱水效率下降等问题，还会导致机械磨损，动力消耗大，形成噪声。通常选择分离因数 α 小于 2000 的离心机。实际应用的污泥离心脱水设备有转筒式离心机、卧式倾析离心机（卧式圆筒倾析离心机）、碟片式离心机（分离板型离心机）、卧式螺旋卸料沉降离心机和叠螺脱水机。

4.4.2.1 转筒式离心机

转筒式离心机由转筒（通常一端渐细）、螺旋输送器、覆盖在转筒和输送器上的罩盖、重型锌铁基础、主驱动器和后驱动器等组成。主驱动器驱动转筒，后驱动器则控制传输器速度。转筒离心装置有同向流和反向流两种形式。在同向流结构中，固体和液体向同一方向流动，液体被安装在转筒上的内部滗除设备或排放口去除；在反向流结构中，液体和固体运动方向相反，液体溢流出堰盘。图 4-12 是反向流转筒离心装置。

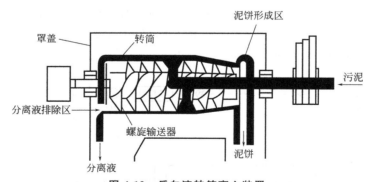

图 4-12 反向流转筒离心装置

转筒式离心机的特点是结构紧凑，附属设备少，臭味少，能长期自动连续运行。缺点是噪声大、脱水后污泥含水率较高、污泥中的沙砾易磨损设备。

4.4.2.2 卧式倾析离心机

卧式倾析离心机结构如图 4-13 所示。

卧式倾析离心机可以实现污泥连续供给，连续脱水，泥饼和分离液连续排出。离心机工

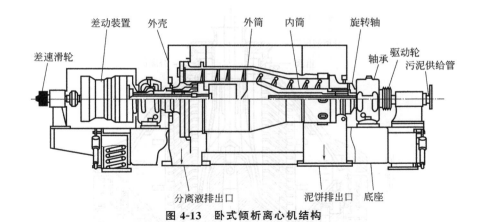

图 4-13　卧式倾析离心机结构

作时，污泥从供给管流到内筒，由分散装置分散均匀，到达外筒，污泥随内筒和外筒同时高速旋转，在离心力的作用下，在外筒的内层，沿转轴形成一定厚度的污泥层，液面为外筒圆锥形斜面高度的一半。污泥在外筒的溢流孔处固液分离，泥饼留在外筒壁上，液体从溢流孔流出。积聚在外筒壁上的污泥在离心力的作用下不断被浓缩压实。由于内筒和外筒的转速不同，一般相差 0.2%～3%，浓缩压实的污泥由内筒上的螺旋慢慢排到外筒的圆锥部分，形成泥饼，由排出口排出。此时的污泥在离心力的作用下飞散排出，需要收集罩收集起来。

卧式倾析离心机的脱水效果如表 4-2 所示。

表 4-2　卧式倾析离心机的脱水效果

污泥种类	泥饼含水率/%	SS 回收率/%	絮凝剂投加量/%
初沉污泥	65～70	＞98	0.4～1.0
活性污泥	78～83	＞98	0.6～1.2
混合污泥	70～80	＞98	0.4～1.2
厌氧消化污泥	70～82	＞98	0.4～1.2
好氧消化污泥	75～83	＞98	0.6～1.2

4.4.2.3　碟片式离心机

碟片式离心机结构如图 4-14 所示，主要用于一般离心机难以脱水的污泥，但其脱水能力不是很强。

碟片式离心机的分离因数 α 一般大于 3500，甚至达到 10000，主要用于分离密度非常接近的液体、细微粒径的乳浊液或悬浊液等高度分散的液体。这些液体中的颗粒组成相近，粒径小，沉降速度慢，需分离因数高的离心机才能将其分开。碟片式离心机的处理能力一般为 120～10000L/h，沉降距离较短的悬浮颗粒容易被捕捉，通过转筒上的细孔连续排出，其密度变为初始的 1/20～1/5。由于转筒上细孔的直径为 1.27～2.54mm，该离心机对污泥的浓度和粒径有一定的要求，通常的方法是对污泥进行筛分。

4.4.2.4　卧式螺旋卸料沉降离心机

卧式螺旋卸料沉降离心机主要由转鼓、带空心转轴的螺旋推料器、差速器等组成。污泥

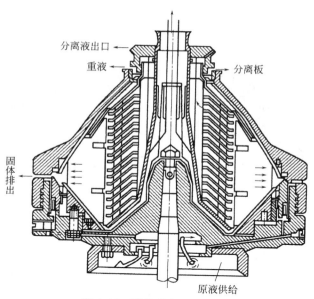

图 4-14　碟片式离心机结构

由空心转轴输入转鼓内，在高速旋转产生的离心力作用下，污泥中相对密度大的固相颗粒，离心力也大，迅速沉降在转鼓的内壁上，形成固相层（因呈环状，称为固环层），而相对密度小的水分，离心力也小，只能在固环层内圈形成液体层（称为液环层）。固环层的污泥在螺旋推料器的推移下，被输送到转鼓的锥端，经出口连续排出；液环层的分离液由圆柱端堰门溢流，排至转鼓外，达到分离的目的。

在实际应用中，螺旋卸料沉降离心机发展了很多系列，适用于城镇市政污水及各种工业废水处理中污泥的脱水、造纸、化工、石油、矿山、化纤、纺织印染、酒精等行业的固液分离。

卧式螺旋卸料沉降离心机按照物料在转鼓内的流动方式可分为逆流式和并流式两种。图 4-15 所示为 LW(D) 系列卧式螺旋卸料沉降离心机的外形及结构示意图。该机可自动显示主要技术参数，实现一机多用（并流式和逆流式复合一体），对物料可进行一种或多种液相的澄清、悬浮液的固液分离及固相脱水和粒度分级等。具有分离性能高、可靠性高、结构紧凑等优点，能较好地满足污泥浓缩脱水的需要。

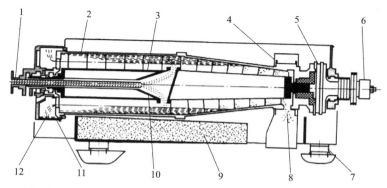

图 4-15　LW(D) 系列卧式螺旋卸料沉降离心机的外形及结构示意图

1—进料口；2—转鼓；3—螺旋推料器；4—挡料板；5—差速器；6—扭矩调节；
7—减震垫；8—沉渣；9—机座；10—布料器；11—积液槽；12—分离液

4.4.2.5　叠螺脱水机

叠螺脱水机结构如图 4-16 所示。其螺旋主体由固定环和游动环相互层叠而成，螺旋轴贯穿其中。前段为浓缩部，后段为脱水部。固定环和游动环之间形成的滤缝以及螺旋轴的螺距从浓缩部到脱水部逐渐变小。螺旋轴的旋转在推动污泥从浓缩部输送到脱水部的同时，也不断带动游动环清扫滤缝，防止堵塞。

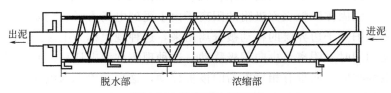

图 4-16　叠螺脱水机结构

叠螺脱水机工作时，污泥在浓缩部经重力浓缩后，被运输到脱水部，在前进过程中随着滤缝及螺距的逐渐变小，以及在背压板的阻挡作用下，产生极大的内压，容积不断缩小，达到充分脱水的目的。

离心脱水的设计，主要是根据污泥量、离心机的水力负荷、固体负荷及脱水泥饼的含水率和固体回收率来选择离心机并确定运行参数（如污泥投配率、离心机转速等）。表 4-3 为各种脱水机械的比较。

表 4-3　各种脱水机械的比较

项目	叠螺脱水机	带式脱水机	板框式脱水机	离心式脱水机
脱水方式	游动环螺旋形层叠脱水	重力＋剪切脱水	加压脱水	离心脱水
低浓度污泥脱水	可以	不可以	不可以	不可以
污泥浓缩池	不需要	需要	需要	需要
污泥储存槽	不需要	需要	需要	需要
用电量	非常少	大	中	最大
清洗冲淋水用量	非常少	非常大	少	少
运转噪声、振动	小	大	大	极大
维修管理	操作时间短	操作时间长	操作时间长	操作时间长
污泥黏性要求	低(更适合含油污泥)	高	低	中
絮凝剂	使用	使用	使用	使用
泥饼含水率/%	约80	＞80	＜80	约80
污泥处理率/%	＞95	90～95	85～95	90～95
24h 无人连续运行	可以	可以	可以	不可以

4.5 ⊝ 电渗透脱水

污泥是由亲水性胶体和大颗粒凝聚体组成的非均相体系，具有胶体性质，机械方法只能把表面吸附水和空隙水除去，很难将结合水和毛细水除去。电渗透脱水是利用外加直流电场增强物料脱水性能的方法，它可脱除毛细水，因此脱水性能优于机械方法，逐渐得到了应用。

4.5.1 电渗透脱水的工作机理

大部分污泥相对水来说都带有少量的负电荷。为了平衡这些电荷，在污泥固体颗粒表面会吸附带有相反电荷的阳离子，因而固体颗粒表面和溶液中被吸附的反离子构成了双电层。在电场作用下，污泥固体颗粒表面吸附的阳离子由于受到电场力吸引向阴极移动，因而污泥中大量的水分随着阳离子边界层的移动被分离出来，这种现象称为电渗透。污泥中存在的阳离子向阴极移动的同时，阴离子也向阳极移动，这种现象称为电迁移。其中带有电荷的固体颗粒和胶体在电势梯度下向带有相反电荷的极板移动，这种现象称为电泳。

Casagrande 阐释了水在毛细管中的电渗透机理，在固液接触面上，反离子由于受到强烈的吸引会吸附在毛细管壁，其余反离子分布在溶液中，构成邻近平行的内层。当对毛细管两端施加电压时，液相内层中的离子携带着水分向带有相反电荷的电极移动。

电渗透脱水技术虽然效率高、能耗低，但在实际应用中还存在许多问题。当对脱水物料施加电场时，水分在电场作用下从上向下运动，上部水分快速下降，形成不饱和脱水层，污泥发生破裂、结壳，该部分电阻迅速增大，电压梯度上升，而下部物料层的脱水驱动力减小，这将严重影响电渗透脱水过程的进行。另外，在物料上施加直流电场，电流通过物料层，在电极与物料接触处发生电化学反应，反应中产生的气体会加大阳极附近污泥脱水层的电阻；而且与电极接触处物料的 pH 值将发生变化，这也将影响电渗透脱水的进行。再者，电渗透脱水从原理上不能去除污泥中所有的水分，因为当污泥中液相变得不连续时，电流就不再通过污泥床层，电渗透脱水即停止。

4.5.2 电渗透脱水效果的影响因素

影响电渗透脱水效果的因素有如下几点：

(1) 电渗透脱水和机械脱水相结合

为减小电渗透脱水过程中阳极附近污泥层的电阻，Yoshida 把电渗透脱水与真空抽滤脱水相结合来改变整个物料层的水分、电压梯度分布。结果显示，恒电压状态下，脱水相同时间，电渗透脱水与真空抽滤相结合的阳极附近污泥层产生的电压降比单独电渗透脱水后的小。

(2) 改变电场方向

为减小阳极和脱水物料层的电阻，Yoshida 试图周期性反转电极板，即用交流电来解决这个问题，但效果不是很明显。Zhou 等提出使用水平方向的电场来减小阳极附近污泥的电阻，虽然取得了一定的效果，而且污泥脱水率提高，但是对水平电场脱水装置的放大及连续操作有待进一步研究。陈国华等提出使用旋转的阳极来防止阳极附近干污泥层的快速形成，从而达到提高电渗透脱水效率的目的。结果显示，污泥的脱水率随阳极转速的增大而增大，当转速增加到 240r/min 时，水的去除率达到最大，与阳极不动时相比，多脱去 70.8% 的水分；同时脱水能耗不到水分蒸发潜热的 20%。但是，出于安全考虑，保持阳极不动比较适宜，这样可以简化设备的操作及减小设备的损坏。

(3) 极板电化学反应

电渗透脱水过程必定伴随着电化学反应。极板附近污泥层中的电解液发生电化学反应形成的气体也是污泥电阻增大的一部分原因，因而如果生成的气体能及时释放到电渗透脱水周围的空间将有助于脱水的进行。Larue 等设计了一种专门的活塞用以排出电渗透脱水过程中产生的气体。结果显示，当不受电解气体干扰时，在电压为 15V、电流强度 100mA 的操作条件下，污泥含水率从 91％下降到 60％，每千克水的平均能耗为 0.7kW·h。

通过在高电压梯度下使用强极性、非催化的电极材料可以减小电极反应速率，从而延迟阳极附近 Zeta 电位的减小和电渗透脱水过程的停止。对于阴极，如 Zn、Sn、Pb、In、Cd、Hg 等金属，对于减少产生氢气的反应比较适宜；对于阳极，如非贵金属、合金、碳化物和硅化物等，可以减少产生氧气的反应。过去，电极材料的绝大部分是不锈钢，但由于电化学反应，不锈钢电极的腐蚀非常严重。近年来，基于电导性人工合成材料的开发已引起了人们的广泛重视，这些新型电极材料不仅导电性能好，而且耐腐蚀。

(4) 电池效应

当外加电源断开电极发生短路时，整个电路形成原电池，系统放电产生瞬时电流，这时电流从负极流向正极。电流方向的改变可以消除 Zeta 电位梯度，并且使阳极附近的 Zeta 电位恢复到电解前的初始值。Gopalakrishnan 等考察了断开外加电源对电渗透脱水效率的影响。结果显示，周期性断开外加电源同时电极短接时，电渗透脱水效率提高，且断开外加电源的时间存在一个最佳值；与连续通电相比，当电渗透脱水 30s 后断开电源 0.1s 周期性操作时，泥土的电渗透脱水效果较好且耗能较低。

(5) 添加电解质溶液

学者们发现通过使用化学添加剂、聚电解质和表面活性剂改变煤炭的 Zeta 电位可以改善电渗透脱水性能、提高电渗透脱水的效率。然而，阳离子聚合电解质的特性和投加量对污泥机械脱水有显著影响，但对电渗透脱水过程中水分的运动没有影响。

另外，采用多阶段电极可使电渗透脱水效果成倍增加，但多阶段电极的装卸不方便。

▶▶ 参考文献

[1]　廖传华，米展，周玲，等.物理法水处理过程与设备 [M].北京：化学工业出版社，2016.

[2]　廖传华，朱廷风，代国俊，等.化学法水处理过程与设备 [M].北京：化学工业出版社，2016.

[3]　廖传华，韦策，赵清万，等.生物法水处理过程与设备 [M].北京：化学工业出版社，2016.

[4]　廖传华，李聘，王小军，等.污泥减量化与稳定化的物理处理方法 [M].北京：中国石化出版社，2019.

[5]　廖传华，王小军，高豪杰，等.污泥无害化与资源化的化学处理方法 [M].北京：中国石化出版社，2019.

[6]　廖传华，王万福，吕浩，等.污泥稳定化与资源化的生物处理方法 [M].北京：中国石化出版社，2019.

[7]　刘力荣.污泥脱水药剂及工艺研究 [D].广州：中国科学院研究生院，2015.

[8]　范宏英，王亭，祁丽，等.不同预处理方法对污泥脱水性能的影响 [J].环境工程学报，2015，9 (8)：4015-4020.

[9]　严子春，杨永超，何前伟.阴离子有机絮凝剂对污泥脱水效果的研究 [J].环境工程，2015，33 (8)：110-113.

[10]　宋秀兰，石杰，吴丽雅.过硫酸盐氧化法对污泥脱水的影响 [J].环境工程学报，2015，9 (1)：5585-5590.

[11]　谢敏，邓玉梅，刘小波，等.磁化调质对活性污泥脱水性能的影响 [J].工业水处理，2015，35 (4)：25-27，40.

[12]　黄殿男，李薇，王冬，等.碱-电法对污泥脱水性能的试验 [J].沈阳建筑大学学报（自然科学版），2015，31 (5)：936-943.

[13]　陈巍，陈月，邢奕，等.脱硫灰-$FeCl_3$ 联合作用改善污泥的脱水性能 [J].工程科学学报，2015，37 (9)：

1239-1245.

[14] 林霞亮，周兴求，伍健东，等.无机混凝剂与壳聚糖联合调理对污泥脱水的影响 [J].工业水处理，2015，35 （10）：38-41.

[15] 谭洋，冯丽颖，严伟嘉，等.有机高分子污泥脱水絮凝剂研究 [J].土木建筑与环境工程，2015，37 （A1）：46-50.

[16] 王寒可，林逢凯，王淑影，等.阳离子聚丙烯酸酯对污泥脱水性能的影响 [J].环境工程学报，2015，9 （1）：441-447.

[17] 黄志超.给水厂污泥脱水工艺的设计研究 [D].天津：天津大学，2015.

[18] 倪金.水热法污泥脱水的中试研究 [D].鞍山：辽宁科技大学，2015.

[19] 孟令鑫.污泥脱水性能的中试试验研究 [D].合肥：合肥工业大学，2015.

[20] 董林沛.厌氧消化污泥脱水性能的研究 [D].哈尔滨：哈尔滨工业大学，2015.

[21] 郭皓.含油污泥的脱水处理及综合利用初步探索 [D].济南：山东大学，2015.

[22] 路建萍，孙根行，孙绪博，等.炼油废水污泥脱水工艺条件的优化 [J].化工环保，2014，34 （1）：55-59.

[23] 黄朋，叶林.壳聚糖/蒙脱土复合絮凝剂的结构及污泥脱水性能 [J].高分子材料科学与工程，2014，30 （4）：119-122，126.

[24] 洪晨，邢奕，司艳晓，等.芬顿试剂氧化对污泥脱水性能的影响 [J].环境科学研究，2014，27 （6）：615-622.

[25] 陶园园.剩余污泥脱水预处理方法的比较研究 [D].湘潭：湘潭大学，2014.

[26] 张尧.化工企业污水处理污泥脱水技术研究 [D].天津：天津大学，2014.

[27] 杨麒，邓晓，罗琨，等.生物表面活性剂对污泥脱水性能的影响 [J].湖南大学学报（自然科学版），2014，41 （7）：64-69.

[28] 裴晋，于晓华，姚宏，等.PAM 对制药污泥脱水性能改善及毒性削减 [J].环境工程学报，2014，8 （9）：3939-3945.

[29] 洪晨，邢奕，王志强，等.不同 pH 下表面活性剂对污泥脱水性能的影响 [J].浙江大学学报（工学版），2014，48 （5）：860-867.

[30] 洪晨，邢奕，王志强，等.无机调理剂与表面活性剂联合调理对污泥脱水性能的影响 [J].化工学报，2014，65 （3）：1068-1075.

[31] 陈泓，宁寻安，罗海健，等.生物淋滤-Fenton 对印染污泥脱水性能的影响 [J].环境工程学报，2014，8 （4）：1641-1646.

[32] 谢经良，李常芳，刘亮，等.超声波与氧化铁联用改善污泥脱水性能的研究 [J].科技通报，2014，30 （7）：203-206.

[33] 张砾文，罗建中，邓俊强，等.混凝调理印染污泥脱水的研究 [J].环境工程，2014，32 （7）：6-9.

[34] 刘吉宝，魏源送，王亚炜，等.基于预处理的强化污泥脱水研究进展 [J].中国给水排水，2014，30 （4）：1-6.

[35] 吴坚荣，宁寻安，张坚濠，等.电解-PAM 联用对印染污泥脱水性能的影响 [J].环境工程学报，2014，8 （11）：4943-4948.

[36] 邢珊珊，朱洪涛.正渗透污泥脱水工艺的影响因素研究 [J].中国科技论文，2014，9 （16）：707-712.

[37] 邢奕，洪晨，赵凡.脱硫灰调理对污泥脱水性能的影响 [J].化工学报，2013，64 （5）：1810-1818.

[38] 王睿韬.市政污泥脱水效果及脱水机理的研究 [D].北京：中国建筑材料科学研究总院，2013.

[39] 朱建平，彭永臻，李晓玲，等.碱性发酵污泥脱水性能的变化及其原因分析 [J].化工学报，2013，64 （11）：4210-4215.

[40] 周翠红，凌鹰，曹洪月.市政污泥脱水性能实验研究与形态学分析 [J].中国环境科学，2013，33 （5）：898-903.

[41] 谢从波，钱觉时，张志伟，等.掺加页岩与粉煤灰对污泥脱水性能的影响 [J].功能材料，2013，44 （10）：1437-1441.

[42] 刘轶，周健，刘杰，等.污泥脱水性能的关键影响因素研究 [J].环境工程学报，2013，7 （7）：2689-2693.

[43] 梁秀娟，宁寻安，刘敬勇，等.Fenton 氧化对印染污泥脱水性能的影响 [J].环境化学，2013，32 （2）：253-258.

[44] 韩洪军，牟胥铭.微波联合 PAM 对污泥脱水性能的影响 [J].哈尔滨工业大学学报，2012，44 （10）：28-32.

[45] 王鑫，易龙生，王浩.污泥脱水絮凝剂研究与发展趋势 [J].给水排水，2012，38 （A1）：155-159.

[46] 张大群.污泥处理处置适用设备 [M].北京：化学工业出版社，2012.

[47] 李兵，张承龙，赵由才.污泥表征与预处理技术 [M].北京：冶金工业出版社，2010.

[48] 朱开金，马忠亮.污泥处理技术及资源化利用 [M].北京：化学工业出版社，2007.

第5章

污泥石灰稳定

污水处理厂污泥中的有机质一般可占到60%以上，稳定性非常差，容易造成腐化及恶臭，使运输和处置过程的难度增大，对环境造成严重危害。污泥稳定是指通过种种方法，使污泥中的有机物在一定条件下，经生物化学或物理化学的一系列反应，逐渐转化变成矿化程度较高的无机化合物或发生分解，从而达到污泥停止降解、细菌和病原体失活、消除臭味等目的，并将污泥变废为宝。

广义的污泥稳定主要包括流态稳定和组分稳定。流态稳定即污泥的脱水过程，由高含水率的流态污泥变为较低含水率的可塑态污泥；组分稳定是进一步去除污泥中的有机质或将污泥中的不稳定物质转化为较稳定物质，使其在较长时间堆置后成分也不再发生明显的变化。通常所说的稳定是指后者，主要是将有毒有害污染物转变为低溶解性、低迁移性及低毒性物质的过程，从而使污泥中的挥发性固体物质与有机质含量减少、杀死病原菌、污泥体积减量，使得污泥在处置过程中发生二次污染的风险降低，保证污泥更好的安全处置。

污泥稳定是污泥处理处置的一个重要过程，主要方法可分为物理稳定、化学稳定和生物稳定。物理稳定是将污泥与一种疏松物料（如粉煤灰）混合生成一种粗颗粒的固体；化学稳定是通过化学反应使有毒物质变成不溶性化合物，使其在稳定的晶格内固定不动；生物稳定是指利用生物的代谢作用使污泥中的有机物发生降解，包括好氧消化稳定、厌氧消化稳定及好氧＋厌氧组合法等。目前应用最广泛的是石灰稳定，稳定后的污泥可以进行多种资源化利用与循环再生，如生产建筑材料、制炭和作为土壤改良剂等。

5.1 ● 石灰稳定的机理

污泥石灰稳定是在原污泥或消化污泥的基础上加入石灰，污泥pH值因石灰溶解而升高（超过12），污泥温度随反应放热而升高，部分自由水结合于溶解后的生成物中，部分自由水因反应放热而得以蒸发；部分重金属离子在碱性条件下向无害化合物转变，病原体、病毒和细菌处于强碱性条件下而失去活动能力或被杀灭（寄生虫卵除外），从而消除了污泥的臭气。因此，污泥经石灰稳定处理能使污泥含水率降低、重金属钝化、病原体杀灭，可有效地稳定污泥，以便加以利用。

在石灰稳定过程中，污泥遇到石灰后会发生下列反应：

① 水化反应。以生石灰（CaO）为主要成分的石灰与污泥中的水分发生水化反应，结合水分并产生热量（温度升至60～80℃），致使污泥中的部分水分蒸发，反应如下：

$$CaO + H_2O \longrightarrow Ca(OH)_2$$

1kg   0.32kg   1.32kg   1177kJ

生石灰和水反应生成的氢氧化钙可继续与污泥中的其他物质发生进一步的反应。

② 离子交换反应。带负电荷的污泥颗粒与石灰中的钙离子（正离子）发生结合，使悬浮的污泥颗粒发生沉淀凝聚。

③ 普查兰（灰结）反应。污泥颗粒与钙离子反应形成结晶而硬化。石灰中的钙离子与污泥中的硅铝酸根离子会发生普查兰反应产生硅酸钙、铝酸钙的水化物或者硅铝酸钙。为使处理后的污泥更稳定，可以同时投加少量的添加剂。

④ 炭化反应。石灰与污泥中的碳酸和空气中的二氧化碳发生反应生成固体碳酸钙。反应如下：

$$CaO + CO_2 \longrightarrow CaCO_3$$

1kg   0.78kg   1.78kg   2212kJ

由于碳酸钙基本不溶于水，一旦产生碳酸钙，则污泥不再泥化。

污泥稳定机理可以由以下两点来解释：a.污泥经过稳定后，一般具有较高的 pH 值，在碱性条件下，污泥中的重金属离子能够生成难溶于水的碳酸盐和氢氧化物等；b.由于水化反应生成了很稳定的晶格，重金属离子被封存在晶格中难以浸出。

在石灰稳定工艺中，石灰的加入可以起到如下作用：

① 污泥中臭味物质的分解。臭味物质通常是含氮或含硫的有机化合物、无机化合物和某些挥发性烃类化合物。污泥中的含氮化合物包括溶解性的氨（NH_4^+）、有机氮、亚硝态氮和硝态氮。在碱性条件下，NH_4^+ 被转化为氨气，pH 值越高，污泥碱稳定处理过程中释放出的氨气（NH_3）就越多。

② 中和酸性土壤。经碱稳定处理后的污泥可用作农用石灰的替代品调节土壤的 pH 值，使之接近中性，从而提高土壤的生产能力。

③ 同化重金属。掺入石灰后，污泥中会发生一系列的化学反应，生成硅酸钙、氢氧化钙等一些次生矿物，这些化学反应的产物能够填充污泥中的大孔隙，使结构更加紧凑，强度得到提高。石灰的水化产物（氢氧化钙、水化硅酸钙及铝酸钙等）能够吸附、包裹和沉淀污泥中的重金属离子，而且稳定后的高 pH 值可导致水溶性的金属离子转化为不溶性的金属氢氧化物。但如果污泥中的有机质以及重金属含量较高，会阻止一部分反应，使污泥得不到充分的稳定。

石灰稳定技术适用于稳定石油炼制污泥、重金属污泥、氧化物、废酸等无机污染物。总的来说，石灰稳定方法简单，物料来源方便，操作不需特殊设备及技术，并在适当的处置环境可维持普查兰反应的持续进行。

5.2 ⟩ 石灰稳定的工艺流程

石灰稳定以液态污泥为处理对象，也可视为一种污泥调理方法，但与污泥调理又有所不同。石灰稳定的目的以杀灭和抑制污泥中的微生物为主，控制参数是污泥的 pH 值及其保持时间；污泥调理则是以改善污泥的可脱水性为目的，控制参数主要是污泥的比阻。

常用的石灰稳定工艺有 BIO * FIX 工艺、N-Viro Soil 工艺、RDP En-Vessel 巴氏杀菌工

艺、Chenfix 工艺。

(1) BIO * FIX 工艺

BIO * FIX 工艺是由 Wheelabrator 净水公司 BIO GRO 分公司推向市场的专利碱稳定工艺。该工艺将生石灰（以及其他物料）以合适的比率与污泥混合在一起，生产符合 A 类（PFAP）或 B 类（PSAP）标准的污泥产品。该工艺一般每天可处理 40t 干污泥（20％～24％TS），能保证每天 235t 的 A 类产品资源化使用，可大部分用作垃圾填埋场的覆盖物。

该工艺的优点是：在同一装置中可生产多用途产品；能有效控制空气挥发物和臭味；固定重金属并降低其浓度；可自动控制；占地面积小；成本低。其缺点是：增加了质量/体积比，相对于进入的脱水污泥，质量提高了 15％～30％。当满足 A 类标准时，费用相对较高。

(2) N-Viro Soil 工艺

N-Viro Soil 工艺是 20 世纪 80 年代后期由美国的 N-Viro 能源公司开发并申请专利的使用石灰和窑灰的后石灰稳定工艺，采用相对低温、高 pH 值和干燥联合处理以达到满足美国环境保护署（EPA）A 类标准要求，终产品为干燥的颗粒状固体，使用时无臭味。该工艺生产产品的资源化应用途径是用作石灰化药剂、垃圾填埋覆盖物和土壤补充剂。

该工艺的优点是：质量稳定；可固定重金属；运行费用较低。缺点是：增大了质量/体积比，与入流污泥相比，质量提高了 50％～70％；干化需要较大的空间；臭味控制费用较高；温度控制需手工操作，常采用碱调整需要的碱度；成本较高。

(3) RDP En-Vessel 巴氏杀菌工艺

RDP En-Vessel 巴氏杀菌工艺由美国 RDP 公司开发研制，包括生石灰与脱水污泥的混合和辅助加热混合物（通常是电加热）两部分。该系统有脱水污泥进料器、双轴热混合器、带有变速石灰进料器的石灰储存箱和巴氏低温杀菌容器。热混合器把石灰与污泥混合起来，用电加热污泥进料器和混合器，并绝缘隔离巴氏低温杀菌容器，加热的混合物在 70℃ 以下可保存 30min 以上。

(4) Chenfix 工艺

Chenfix 工艺是 20 世纪 70 开发出来的一种污泥稳定工艺，使用石灰、波特兰（Portland）水泥和溶解性硅酸钠凝硬性化合物作为稳定剂。20 世纪 90 年代早期，在 Chenfix 工艺的基础上，出现了改进的工艺，称为 Chenpost 工艺。

无论采用哪种稳定工艺，在设计中，有三个参数必须要重点考虑，即 pH 值、接触时间和石灰用量，具体数值应根据不同的污泥进行试验后确定。尤其石灰用量是整个设计的关键，它取决于污泥的种类。为了杀死病原菌，保证足够的碱度，即使不立即对污泥进行最终处置和利用，也不至于再次发生腐败现象，必须保持 pH 值 12 以上 2h，在 pH 值 11 水平上维持几天。

为了达到上述目的，对石灰剂量的控制非常关键。石灰剂量取决于污泥的种类。对含固率为 3％～6％ 的初沉污泥，其初始 pH 值约为 6.7，为使 pH 值达到 12.7 左右，平均 $Ca(OH)_2$ 添加量应为干固体量的 12％；对于剩余污泥，固体的含量在 1％～1.5％ 之间，初始 pH 值约为 7.1，投加 $Ca(OH)_2$ 量应为干固体量的 30％，可使 pH 值达到 12.6；对于经厌氧消化的混合污泥，含固率为 6％～7％，初始 pH 值为 7.2，投加 $Ca(OH)_2$ 量为干固体量的 19％，可使 pH 值达到 12.4。在以上的投加量条件下，可使所达的 pH 值保持 30min。

5.3 ➡ 石灰稳定技术的应用

石灰稳定技术能实现污泥的无害化和稳定化，可以作为材料利用、土地利用等污泥处置方式的处理措施。但采用石灰稳定技术应考虑当地石灰来源的稳定性、经济性和质量方面的可靠性。

（1）污泥填埋

由于污泥的含水量很高，含有较多的有机质、重金属和病原菌，土力学性能比较差，一般达不到填埋的要求（填埋一般要求含水量小于 40% 和有机质含量小于 30%）。污泥如果不加处理直接填埋的话，会对周边土壤环境和水环境造成污染。因此，在填埋前对污泥进行石灰稳定，可以有效减少毒性渗滤液和改善其填埋特性。

（2）填埋场覆土材料

在城市固体废弃物填埋场的运行过程中，需要大量的适用材料完成日覆盖；在填埋场封场时又需要适用材料完成最终覆盖，并能支撑覆盖层表面的植被覆盖。

通常，填埋是以农业土地上的耕作土或专用取土场采集的黏土作为填埋场覆盖层材料。根据美国的应用实践与理论分析表明，以污泥替代黏土作日覆盖材料，其有利性为：

① 减少有害生物滋生。含固率达到或大于 50% 的城市污水厂污泥，在外观和功能作用方面与耕作土和黏土均十分相似。污泥中的挥发性组分（有机质）已于前置生物稳定过程中被有效降低和稳定后，污泥可作为防止有害生物进入填埋废弃物层的有效物理屏障。达到含固率水平的污泥具有很高的持水容量和吸水潜力，用作日覆盖材料时可有效降低废弃物层的含水率，这样有助于进一步控制易在潮湿环境下栖息和繁殖的苍蝇、蚊子和鼠类的滋生。

② 减少臭味散发。类似于土壤，含固率达到或高于 50% 的污水厂污泥具有很大的臭气吸附容量，这已被有关的试验研究所证实，而达到此含固率水平的污泥也具有作为物理屏障封闭填埋层内臭气散发途径的作用，污泥日覆盖层因减小了废弃物的暴露面积而对限制其中的臭气散发有利。

③ 控制垃圾的吹散，改善填埋场观瞻。含固率达到或高于 50% 的污泥，在作为物理屏障控制废弃物填埋层内垃圾被风吹散方面具有与黏土相同的功用。达到这样含水率的污泥在外观上与泥土相近，因此作为覆盖层时，在改善填埋场观瞻方面，也有与泥土覆盖层类似的功用。

④ 减小失火传播面积。火灾（失火）是城市固体废弃物填埋场常见事故之一，当以有机质含量较低（经前置消化稳定处理）、可燃性低的污泥作为覆盖层时，可起到控制火灾对填埋场危害的作用。实验室测试表明，含挥发性固体（VS）约 50%～55%、含水率约 50% 的污泥闪点为 250℃，其所构成的日覆盖层应具有令人满意的阻火作用。

⑤ 减少对地下水和地表水的污染危险。污水厂污泥是含多种污染物的废弃物，利用其作为日覆盖材料，很自然地会引起人们关于这种覆盖方式是否会对填埋场渗滤液的水质有不利影响的疑问，但有关的试验研究却得出了乐观的结论：以污水厂污泥作为填埋场的日覆盖层有减少填埋场运行对地表水、地下水污染危险的潜力，并且可以确实改善渗滤液的水质。

污泥经过稳定处理后可以作为垃圾填埋场日覆盖材料，由于其最后将作为填埋场的一部分，所以应满足一般填埋物的要求。另外，由于其是废物和污染物，所以还应满足环境标准。目前国内尚无统一标准，根据《上海市污水污泥处置技术指南与管理政策》规定，污泥作为垃圾填埋场日覆盖材料时需满足：含固率大于 60%，有机质含量小于 50%，渗透系数不大于 10^{-4} cm/s。同时考虑到垃圾填埋场渗滤液难以处理，要求污泥日覆盖层所产渗滤液的污染物浓度低于普通填埋场，应满足 COD 值不超过 4500mg/L，氨氮浓度不超过 80mg/L，pH 值不得超过 5.3～8.5 的范围。

（3）酸性土壤改良和农用

由于污泥中的有机质成分多，高营养化，因而可以作为一种良好的化肥或者土壤调节剂。一般来说，采用石灰对污泥进行改性后，混合物稍显碱性，对于修复酸性土壤，提高土地的肥力有较为显著的作用。

（4）建材利用

污泥稳定后的产物如果强度满足相应的力学要求，渗滤满足环境要求，则可作为建材使用。要提高强度，一般需多加水泥，因此，在这方面多以水泥为主剂进行固化。Marcos 等提出，先用黏土和石灰对电镀污泥进行调理，后用水泥和砂进行固化，生产建筑混凝土砌块。据巴西的相关规定，铺路材料无侧限抗压强度要达到 35MPa 以上，而采用这种方法固化生产出来的砌块满足要求，可以用作人行道路、路基或停车场材料。Fong-Satitkul 等用电厂的炉灰和飞灰作为凝结剂去除污泥中的重金属，并用水泥固化/稳定化，从而使污泥处理后能够满足建材使用的要求，在固化完成后，检测结果发现重金属渗滤满足泰国相关方面的要求。Maenami 等通过水热试验研究废物的固化，其试验所用的废物包括粉煤灰、污水污泥渣和垃圾渣，这些废物作为 SiO_2 和 Al_2O_3 的来源。在试验过程中添加 CaO 和 Na_2CO_3 作为钙离子和钠离子的来源，将温度调到 200℃ 进行氢化热解。试验研究发现，在氢化热解过程中可以形成沸石，沸石的形成可以固定各种离子，并使固化体的强度提高。在粉煤灰所形成的系统中，固化体的强度可达到 17MPa，对于添加垃圾渣所形成的固化体，重金属的溶解基本上看不到。试验研究表明，沸石的形成有助于废物（包括污泥）的固化/稳定化。

▶▶　参考文献

[1]　廖传华，米展，周玲，等.物理法水处理过程与设备 [M].北京：化学工业出版社，2016.

[2]　廖传华，朱廷风，代国俊，等.化学法水处理过程与设备 [M].北京：化学工业出版社，2016.

[3]　廖传华，韦策，赵清万，等.生物法水处理过程与设备 [M].北京：化学工业出版社，2016.

[4]　廖传华，李聘，王小军，等.污泥减量化与稳定化的物理处理方法 [M].北京：中国石化出版社，2019.

[5]　廖传华，王小军，高豪杰，等.污泥无害化与资源化的化学处理方法 [M].北京：中国石化出版社，2019.

[6]　廖传华，王万福，吕浩，等.污泥稳定化与资源化的生物处理方法 [M].北京：中国石化出版社，2019.

[7]　于坤，木合塔尔·艾买提，韦良焕，等.城市污水厂污泥稳定化评价指标的研究 [J].中国给水排水，2016，32（5）：93-97.

[8]　王鹏，唐朝生，孙凯强，等.污泥处理的固化/稳定化技术研究进展 [J].工程地质学报，2016，24（4）：649-660.

[9]　刘阳，程洁红，戴雅.高温微好氧与厌氧结合工艺的污泥稳定化及产气效果 [J].中国给水排水，2016，32（9）：1-7.

[10]　陈学民，雷旭阳，伏小勇，等.温度对蚯蚓处理城镇污泥稳定化过程的影响 [J].环境科学学报，2016，36（6）：2078-2084.

[11]　周乃然，温超，程刚.城市污水厂污泥稳定化技术研究进展 [J].应用化工，2016，45（3）：547-549，560.

[12] 张莹琦.脱除重金属污泥的稳定化及制肥工艺研究 [D].西安：西安工程大学，2016.

[13] 王厚成，曾正中，张贺飞，等.污泥堆肥对重金属稳定化过程的影响研究 [J].环境工程，2015，33（10）：81-84，112.

[14] 汪翠萍，左东升，杨永凯，等.城镇污泥加钙稳定化/资源化利用技术中试研究 [J].中国给水排水，2015，31（7）：109-113.

[15] 侯霜，李子富，张扬.不同生态床对剩余污泥脱水和稳定化的影响 [J].环境科学研究，2015，28（4）：589-605.

[16] 李辕成.铜冶炼污泥固化/稳定化研究 [D].昆明：昆明理工大学，2014.

[17] 周灵君，屈阳，李磊，等.固化/稳定化污泥填埋气产生规律研究 [J].科学技术与工程，2014，14（14）：294-297.

[18] 张会文，朱伟，包建平，等.污泥原位固化、稳定化处理中试研究 [J].环境工程，2014，32（8）：101-104.

[19] 蒋建国，殷闽，李春萍.添加不同比例的石灰对污泥稳定化的模糊评价 [J].环境工程学报，2012，6（2）：605-609.

[20] 田事，邓忠良，宁寻安，等.制革污泥固化稳定化处理 [J].环境工程学，2012，31（1）：94-99.

[21] 黄浩华.碱法稳定法在污泥稳定化中的应用 [J].给水排水，2012，38（A2）：51-52.

[22] 花发奇，刘明浩.污泥固化技术研究 [J].科技创新与应用，2012，（5）：34-35.

[23] 崔玉波，郭智倩，刘颖慧，等.剩余污泥生态稳定化研究 [J].土木建筑与环境工程，2011，33（4）：151-156.

[24] 于锋，张文标.ESP污泥稳定化处理处置工艺 [C].2011全国污泥处理与综合利用新技术、新设备交流研讨会，杭州，2011.

[25] 金艳，宋繁永，朱南文，等.不同固化剂对城市污水处理厂污泥固化效果的研究 [J].环境污染与防治，2011，33（2）：74-78.

[26] 时亚飞，杨家宽，李亚林，等.基于骨架构建的污泥脱水/固化研究进展 [J].环境科学与技术，2011，34（11）：70-75.

[27] 王月香.污泥的固化稳定化技术综述 [J].四川建筑科学研究，2011，37（5）：206-210.

[28] 丁瑾.电化学-生物法结合的污泥稳定化新型技术的研究 [D].上海：上海交通大学，2010.

[29] 曹楠楠.改性污泥稳定化过程及其卫生填埋技术研究 [D].太原：太原理工大学，2010.

[30] 季民，王芬，杨洁，等.污泥稳定化、减量化、资源化新技术：污泥超声破解技术的研究 [C].2008年全国污水处理节能减排新技术新工艺新设施高级研讨会，桂林，2008.

[31] 车承丹，朱南文，李艳林，等.城市污水处理厂污泥固化处理技术研究 [J].安全与环境学报，2008，8（3）：56-59.

[32] 朱开金，马忠亮.污泥处理技术及资源化利用 [M].北京：化学工业出版社，2007.

[33] 朱英，赵由才，李鸿江，等.厌氧消化污泥稳定化评价指标综述 [J].有色冶金计算与研究，2007，28（2）：233-236.

[34] 邹凯旋，刘辉利，朱义年.工业重金属污泥的稳定化试验 [J].桂林工学院学报，2007，27（2）：231-235.

[35] 刘辉利，邹凯旋，朱义年.pH对重金属污泥稳定化/固化处理工艺的影响特性 [C].建设资源节约型、环境友好型社会国际研讨会暨中国环境科学学会2010年学术年会，苏州，2006.

[36] 吴春忠，尹炳奎，侯文胜，等.三维电极氧化法在城市污泥稳定化中的实验研究 [J].环境工程，2006，25（2）：203-206.

[37] 程洁红，张善发，陈华，等.自热式高温好氧污泥稳定化系统 [J].中国给水排水，2005，21（7）：9-13.

[38] 程洁红，张善发，陈华，等.自热式高温好氧消化的污泥稳定化中试 [J].中国给水排水，2005，21（11）：18-22.

[39] 陈晓飞.冶金污泥稳定化/固定处理工艺研究 [J].北方环境，2005，30（1）：67-69，74.

[40] 陈晓飞.有色冶金污泥的稳定化/固化处理研究 [D].武汉：武汉理工大学，2005.

[41] 王凯军，Vander A R M，Lettinga G L.厌氧处理的污泥稳定化研究 [J].中国给水排水，2001，17（12）：69-73.

[42] 王晓.活性污泥的稳定化处理技术及其发展 [J].青海大学学报（自然科学版），2001，19（1）：35-37.

第6章

污泥干化

污泥干化是利用热物理的原理，对污泥中的水分进行排除，从而达到干燥污泥的目的，经过干化处理后的污泥一般呈粉末状或颗粒状。污泥干化技术具有处理效率高、稳定性强、操作灵活等优点，因此污泥干化技术在我国污水处理行业中得到了广泛应用。但由于污泥干燥过程的能耗较高（去除每千克水的能耗为 3000～3500kJ），因此污泥干燥仅适用于脱水污泥的后续深度脱水。

污泥干化所用的能量主要是热能，应用自然热源的干化过程称为自然干化，使用人工热源的干化过程称为人工干化或污泥干燥。通常所讲的污泥干化就是指采用人工热源的干化过程。

污泥干化是能量净支出的过程，能量消耗的多少是评价干化技术优劣的关键指标之一。

6.1 ⊃ 自然干化

自然干化是利用自然力量将污泥脱水干化的一种常用方式。根据所用力量的不同，自然干化可分为太阳能干化和生物干化等。

6.1.1 太阳能干化

太阳能干化是利用太阳辐射的热量实现污泥的干化。太阳能干化的主要构筑物传统上常用的是干化场，现在使用的主要是污泥干化床。干化床适用于小型污水处理厂，主要适用于气候比较干燥、占地不紧张，而且蒸发率相对较高、环境卫生条件允许的地区。

6.1.1.1 干化场

污泥干化场又称晒泥场，是利用天然的蒸发、渗滤、重力分离等作用，使泥水分离，达到脱水的目的，是污泥脱水中最经济的一种方法。排入干化场污泥的含水率通常为：来自初沉池的初沉污泥为 95%～97%，生物滤池后二沉池的二沉污泥为 97%，曝气池后二沉池的活性污泥为 99.2%～99.6%，消化池的消化污泥为 97%。通过自然干化，污泥含水率可降低到 75% 左右，污泥体积大大缩小，干化后的污泥压成饼状，可以直接运输。

（1）干化场的分类和构造

干分场有许多形式，如空地砂床、空地路床（可带有排水渠）、覆盖砂路床、真空干化床、冷冻融化池＋干化床等。干化场可分为自然滤层干化场和人工滤层干化场。自然滤层干化场适用于自然土质渗透性能好、地下水位低、渗透下去的污水不会污染地下水的地区；人工滤层干化场的滤层是人工铺设的，渗下的污水由埋设在人工不透水层上的排水管截留，送到处理厂重复处理。人工滤层干化场可分为敞开式干化场和有盖式干化场两种。

（2）干化场脱水的影响因素

干化场的脱水机理主要是渗透、溢流和蒸发。污泥进入干化床后，自由水在重力作用下脱离泥层，一部分从底部渗入砂层，然后由集水系统排走。自由水排干需要耗时若干天；另一部分形成上清液上层，通过溢流去除，雨水也从溢流管排出。渗透过程约在污泥排入干化场最初的2～3天内完成，可使污泥含水率降低至85％左右。此后水分不能再被渗透，只能依靠蒸发去除。要达到最终的目标含固率，必须经过一段时间的蒸发。如污泥太干燥，就会产生灰尘问题。

影响干化场污泥脱水的因素主要是气候条件和污泥的性质。自然干化通常需要在日照强烈的干旱地区进行，干化污泥的浓度取决于污泥的初始浓度、所加入的混凝剂或其他物质的调理情况、干化床厚度。

（3）干化场的设计

干化场设计的主要内容是确定总面积和分块数。

干化场的总面积取决于污泥面积负荷——单位干化场面积每年可接纳的污泥量，$m^3/(m^2 \cdot a)$ 或 m/a。面积负荷的数值与当地气候及污泥性质有关。污泥面积负荷可按下式计算：

$$q = nH \tag{6-1}$$

$$n = \frac{\eta_1 h_1 - \eta_2 h_2}{\left(\dfrac{C_1}{C_2} - \dfrac{C_1}{C_3}\right) H} \tag{6-2}$$

式中　q——污泥面积负荷，mm/a；

$\quad n$——每年铲除污泥的次数，a^{-1}（年$^{-1}$）；

$\quad h_1$——年蒸发量，mm/a；

$\quad \eta_1$——污泥水分年蒸发系数，一般取 $\eta_1 = 0.75$；

$\quad h_2$——年降雨量，mm/a；

$\quad \eta_2$——污泥吸收雨量系数，经验值，取 $\eta_2 = 0.57$；

$\quad C_1$——进入干化床的污泥固体浓度，取 $C_1 = 0.06$；

$\quad C_2$——渗透脱水污泥固体提高浓度，取 $C_2 = 0.15$；

$\quad C_3$——干化脱水后污泥固体浓度，取 $C_3 = 0.30$；

$\quad H$——每次排入干化场的污泥厚度，mm，取 $H = 250mm$。

干化场的总面积可按下式计算：

$$A = \frac{1.2Q}{q} \tag{6-3}$$

式中　A——干化场的总面积，m^2；

$\quad 1.2$——安全系数；

$\quad Q$——年产污泥量，m^3/a。

太阳能干化场最大的特点是维护和清理费用低、设备制造工艺相对成熟、技术要求相对较低、便于大规模推广使用、易于建设。但太阳能干化场主要依靠蒸发，效率低，干化时间长，从而导致占地面积大，同时易造成污泥内部的厌氧消化，产生恶臭气体。另外，太阳能干化场易受天气条件（如当地的降雨量、蒸发量、相对湿度、风速和年冰冻期）的影响，从而导致系统运行不稳定，因此大部分太阳能干化场都建在蒸发比较旺盛的南部或东南部地区。

6.1.1.2　太阳能干化床

为了解决敞口型太阳能干化场的臭味问题，并减少天气条件对太阳能干化场的影响，近年来建设了污泥太阳能干化床。根据阳光是否直接照射在物料上可分为温室型太阳能干化系统和集热式太阳能干化系统两类。

（1）温室型太阳能干化系统

在敞口型太阳能干化场的基础上增设温室大棚与通风除臭装置，就构成了温室型太阳能干化系统。温室大棚一般采用透光性材料制成，太阳辐射透射进入大棚，使其内温度升高，增强蒸发效果，从而提高污泥干化效率。在阴雨天气可避免雨水淋在污泥上而增大其含水率，从而减弱天气条件对干化过程的影响；另外，采用温室大棚后，可将干化过程产生的臭气隔离在大棚内，避免臭气四逸而污染周边环境。

（2）集热式太阳能干化系统

为了提高太阳能干化系统的稳定性，可在温室型太阳能干化系统上安装太阳能集热器，从而形成集热式太阳能干化系统。首先利用太阳能集热器将太阳能转变为恒定水温的热水，通过地板辐射对污泥进行热干化。为了弥补太阳能非稳定供应的不足，还可通过辅助热源来提高系统的干化效率，例如增加红外灯照射、加热地板、加热空气等，从而适应太阳辐照强度随季节波动的特点。

6.1.2　生物干化

污泥生物干化是利用微生物好氧发酵产生的热量增强水分的蒸发，同时加以人工强制通风将污泥中水分含量降低的干化技术。

（1）生物干化机理

生物干化过程是利用生物降解固体废物中的有机成分，主要利用生物活动产生的热量，结合适宜的通风形成好氧条件并将堆体中的水分快速带走，以降低含水率的干化过程。与强调对有机物彻底降解并达到稳定化的好氧堆肥不同，生物干化过程更注重快速去除水分，并且使产物保留一定的热值，便于后续焚烧或作为肥料等利用。

生物干化过程中不需要外加热源，干化所需能量全部来源于微生物降解污泥中有机质所产生的热量，堆体温度可达 $30 \sim 70\,^{\circ}\mathrm{C}$。同时，微生物活动还能将污泥内部水分活化，使其转变为更易蒸发的水分，通过强制通风带出，从而实现污泥含水率的降低。生物干化周期比好氧堆肥减少 $1/2 \sim 2/3$，因此是一种经济实用的干化技术，显现了良好的技术和应用优势。

（2）生物干化的影响因素

影响生物干化的主要因素有：物料性质、温度、湿度、外源接种菌剂、调理剂、通风策略、机械翻堆，通过过程调控手段对这些因素加以合理控制，可使其达到适宜的环境，最大限度地提高干化效率。

① 物料性质。生物干化需要一个合适的有机质含量范围。大量研究表明，物料的碳氮比一般为 20：1～40：1，通常污泥的碳氮比较低，需添加一些纤维、木质素、果胶较多的秸秆、杂草和枯枝等提高物料的碳氮比。

一般认为适于堆肥的 pH 值为 5.2～8.8，最佳 pH 值为 7.6～8.7。通常城市污水厂脱水污泥的 pH 值不需要调节，且微生物可在较大的 pH 值范围内生长繁殖。

② 温度。生物干化是一个水分受热蒸发的过程，理论上温度越高则其水分蒸发越快。但温度并非越高越好，超过一定的温度会杀死微生物，而过低的温度则会降低微生物的活性。温度同时影响微生物的生长和繁殖，从而引起生物干化过程中微生物数量和优势种群的交替变化，并直接影响有机物的降解。微生物好氧发酵分为升温阶段、高温阶段和降温阶段，由于在高温阶段（50～60℃）对有机质有很好的降解效果，水分蒸发快，因此应在保证微生物较高活性的前提下，尽可能维持较高的温度以获得更高的脱水效率。

③ 湿度。水分是好氧堆肥时微生物生命活动的基础，也是生物干化中重要的工艺控制参数。湿度过高会导致厌氧发酵，产生臭气和植物毒性物质，甚至会使微生物活动停止。湿度太低会使堆肥过早干化，抑制微生物的新陈代谢，产生物理稳定而生物活性不稳定的产品。

④ 外源接种菌剂。生物干化中，好氧微生物数量不足或降解能力差的土著菌群可能导致干化效果差、产品质量不稳定。人工加入一些高效微生物菌剂或干化熟料可以调节菌群结构、提高微生物活性，从而提高干化效率，缩短干化周期，提高干化后污泥的质量。

⑤ 调理剂。在生物干化过程中可以向堆体中加入调理剂增加基质的蓬松程度，增加堆体的自由空域，以利于形成好氧发酵环境；并且加入适当的调理剂可以提高堆体的碳氮比，防止因污泥有机质含量过低而使生物活动受到抑制。

⑥ 通风策略。通风速率和通风方式是影响堆体温度和水分的重要因素，污泥生物干化过程中通风起到提供氧气、调节温度和带走水分的作用。目前主要的通风策略有：连续通风、间歇通风、温度控制通风、氧含量控制通风等。与连续通风相比，间歇通风有利于生物堆体温度升高和干化效果，温度控制通风与氧含量控制通风等方式对于通风的控制更为精确，能够通过反馈调节提高干化效率，反馈控制方式更适合于大规模的生产调控。为了实现更短时间内去除更多水分的目的，需要在不同阶段采取不同的通风策略，对生物干化过程进行实时在线监测和反馈控制，这样更有利于提高生物干化效率。

⑦ 机械翻堆。翻堆是通过翻倒、搅拌、混合等方式使物料、氧气、温度和水分等均匀化，起到混合物料、供给空气、增加空隙率、散失水分等作用，从而提高生物干化的脱水效率。

6.1.3 芦苇床干化

利用芦苇床对污泥进行干化，实际上就是利用人工湿地和传统污泥干化床的有机结合，从而形成一种新型的污泥处理技术。将芦苇种植于人工湿地填料层中，形成芦苇床。将剩余污泥间歇性排入，其中水分经填料层以及后形成的污泥层下渗，最后经排水管排出后，或进行下一步处理，或回流到污水处理系统；而固体物质被截留在填料层表面，再通过蒸发作用和植物蒸腾作用进行脱水并达到减容的目的。

在利用芦苇床干化污泥过程中，污泥脱水由蒸发、渗透和矿化作用完成。芦苇生长在剩余污泥中可提高污泥的含固率，提高有机质的分解和改善渗滤液水质。芦苇对污泥水分渗滤具有积极作用归因于污泥胶体结构的变化，靠近植物根系的区域产生腐殖酸溶胶，水很容易透过。同时，芦苇根茎在污泥中生长以及根系新陈代谢产生的腐根增加了污泥的空隙度，连同风对芦苇的摇动作用，在其周围形成细微通道，可以促进水向下渗透。

污泥芦苇床干化中污泥的干化速率较传统干化床快，其原理为：地上茎、地下茎和根系向深处提供排水通道，强化了排水作用；由于风的摇摆作用，使得污泥层中在茎的周围产生孔隙；植物蒸腾作用，促进污泥水分减少；矿化作用。

6.2 ⊙ 人工干化

污泥经过机械脱水或自然干化后，仍有 45%～85% 的含水率，体积与质量仍然很大，可进一步采用人工干化（或称污泥干燥）的方法去除毛细水、吸附水和颗粒空隙水，使污泥的含水率降低至 10% 左右，以利于后续的处理与处置。

污泥人工干化是利用人工热源对污泥进行深度脱水处理的方法。操作温度通常大于 100℃，干燥对污泥的处理效应不仅是深度脱水，而且还具有热处理效应，即可以杀灭污泥中所含的寄生虫卵、致病菌、病毒等病原生物，并对最终产物消毒，减少其他非病源生物。因此污泥干燥处理可同时改变污泥的物理特性、化学特性和生物特性，使其完全符合污泥处理与利用的相关标准，广泛用作污泥焚烧和热化学转化等工艺的预处理单元；大幅度减小污泥的体积与质量；能保持污泥的营养物质，有利于将处理后的污泥加工成某种有价值的物质，如生物肥料、土壤修复剂及燃料等，从中获得一定的经济效益；可改善污泥产品的运输、储存性能，使其更易被社会接纳，是处理城市污水污泥的一个可靠有效的方法，特别对人口稠密、土地有限的地区来说，意义更为重大。

6.2.1　污泥干燥原理

干燥是通过加热或通风使污泥中的水分蒸发，此过程伴随较复杂的传热及传质。水分在污泥中有四种存在形式：自由水、空隙水、表面吸附水及结合水。由于四种水分与固体颗粒的结合情况不同，干燥过程中首先脱除的是自由水分，而后是空隙水分，第三是表面吸附水分。污泥中的结合水分是不能通过干化脱除的，只有加热到一定程度后，污泥发生裂解才能除去。污泥干燥曲线如图 6-1 所示。

污泥干燥速率曲线如图 6-2 所示，可分为三个阶段：第Ⅰ阶段为污泥预热阶段，第Ⅱ阶段是恒速干燥阶段，第Ⅲ阶段是降速干燥阶段，也称污泥加热阶段。

在预热阶段，主要进行湿污泥预热，并汽化少量水分。污泥温度（假定其初始温度比空气温度低）很快升到某一值，并近似等于湿球温度，此时干燥速率也达到某一定值。在恒速干燥阶段，空气传给污泥的热量全部用来汽化水分，即空气所提供的显热全部消耗在水分汽化所需的潜热，污泥表面温度一直保持不变，水分则按一定速率汽化。在降速干燥阶段，空气所提供热量的一小部分用来汽化水分，大部分用于加热污泥，使污泥表面温度升高。干燥速率降低，污泥含水量减少得很缓慢，直到平衡含水量为止。

由图 6-2 可知，第Ⅱ阶段为表面汽化控制阶段，第Ⅲ阶段为内部扩散控制阶段。

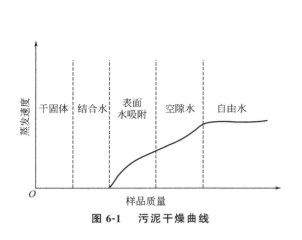

图 6-1　污泥干燥曲线

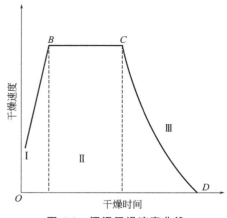

图 6-2　污泥干燥速率曲线

干燥是一个耗能巨大的过程，因此在污泥干燥之前，通常采用机械方法脱水。机械脱水是一个重要的预处理过程，能减少干燥过程中必须要去除的水量。脱水污泥中的水在干燥器中蒸发，但是污泥中的有机物不能被破坏，干化过程中固体温度需保持在 60～93℃。污泥干燥技术有两个方向，半干燥工艺（干燥至湿区的底部）和完全干燥工艺。完全干燥有两个阶段，应用再循环混合技术，将未经干燥的污泥与已经干燥的再循环污泥以一定比例混合成能越过黏滞区的固态污泥（干燥率大约为 65%），再循环污泥的量取决于脱水机械的脱水率和要求越过黏滞区的固态污泥的要求，要达到此要求，一般再循环污泥的量要大于进入混合器湿污泥的量。同时，再循环污泥和未处理的脱水污泥混合在一起进入干燥器，能减少结块，增大污泥与干燥介质的接触面积，使得干燥操作更有效率。

6.2.2　干燥速率的影响因素

污泥干燥所需时间的长短首先取决于干燥速率，即单位时间内从单位面积污泥中除去（汽化）的水分量。

经验表明，干燥速率是一个很复杂的量，到目前为止还不能用数学函数关系来表征干燥速率与有关因素的关系，通常要做一些小型试验以确定物料的干燥特性曲线。干燥速率通常考虑的因素有：

① 物料的性质和形状。包括物料的化学组成、物料结构、形状、大小和物料层堆积方式以及水分的结合形式等。

② 物料的湿度和温度。物料的初始含湿量、终了含湿量及临界含湿量等都影响干燥速率。物料本身的温度也对干燥速率有影响，物料温度越高，干燥速率越大。

③ 干燥介质的温度和湿度。干燥介质的温度越高，干燥速率越大。但干燥介质的温度究竟多少为宜，则与被干燥物料的质量要求有关。干燥介质的相对湿度对干燥速率也有很大的影响，相对湿度越小，干燥速率则越大。

④ 干燥介质的流动情况。干燥介质的流动速度越大，介质与物料间的传热就越强，物料的干燥速率就越高。

⑤ 干燥介质与物料的接触方式。物料在介质中分布得越均匀，物料与介质的接触面积就越大，从而强化了干燥过程的传热和传质，提高了干燥速率。固体流态化技术在干燥操作

中的应用就是一个明显的例子。物料与干燥介质相互之间的运动方向也对干燥速率有较大影响。

⑥ 干燥器的结构形式。干燥器的结构形式是多种多样的，但都必须要考虑以上各种因素的影响，以便设计出较为有效的干燥装置。

6.2.3　污泥干燥技术

按污泥与热源介质的接触方式不同，污泥加热干燥可分为直接加热干燥技术、间接加热干燥技术和辐射加热干燥技术，或是这些技术的整合。

（1）直接加热干燥技术

直接加热干燥技术又称对流热干燥技术，加热介质（热空气、燃气或蒸汽等）与湿污泥直接接触，加热介质低速通过污泥层，热量以对流的方式由热气体传递至直接接触的湿污泥，在此过程中吸收污泥中的水分，处理后的干污泥需与热介质进行分离。排出的废气一部分通过热量回收系统回到原系统中再用，剩余的部分经无害化处理后排放。直接加热干燥工艺需要更大量的加热介质。

在直接加热干燥器中，水和固体的温度均不能超过沸点，较高的蒸汽温度可使得物料中的水分蒸发为气体。当干燥物料表面水分的蒸气压远远大于空气中的蒸汽分压时，干燥容易进行。随着时间的延长，空气中的蒸汽分压逐渐增大，当两相互成平衡时，物料与干燥介质之间的水分交换过程达到动态平衡，干燥过程就会停止。

直接干燥工艺系统是一个固-液-蒸汽-加热气体混合系统，这一过程是绝热的，在理想状态下没有热量损失。进气的热量提供了污泥中液体蒸发需要的潜热。蒸发的液体被热气体所携带。在一定流速的干燥平衡条件下，物质传递与以下因素有关：a.暴露的湿固体表面积；b.干空气的水分含量和污泥空气接触温度下饱和湿度的差值；c.其他因素，如速度和干空气的湍流度。

（2）间接加热干燥技术

间接加热干燥技术又称传导热干燥技术，热介质并不直接与污泥接触，而是通过热交换器将热量以传导的方式由热表面传递至与其接触的湿污泥，使污泥中的水分得以蒸发，因此在间接加热干燥工艺中热传导介质可以是可压缩的（如蒸汽），也可以是不可压缩的（如液态的热水、热油等）。同时加热介质不会受到污泥的污染，省却了后续热介质与干污泥分离的过程。干燥过程中蒸发的水分在冷凝器中冷凝，一部分热介质回流到原系统中再利用，以节约能源。

蒸汽、热油、热气体等热传导介质加热金属表面，同时在金属表面上传输湿物料，热量从温度较高的金属表面传递到温度较低的物料颗粒上，颗粒之间也有热量传递，这是在间接加热干燥工艺中最基本的热传递方式。间接干燥系统是一个液-固-气三相系统，整个过程是非绝热的，热量可以从外部不断地加入干燥系统内。在间接干燥系统内，固体和水分都可以被加热到100℃以上。搅动可以使温度较低的湿颗粒与热表面均匀接触，因而间接加热干燥可获得较高的加热效率，加热均匀。

间接干燥工艺的优势是：可利用大部分低压蒸汽凝结后释放出来的潜热，其热利用效率较高；不易产生二次污染；气体导入少，较易控制、净化气体和臭味；在有爆炸性蒸气存在时，可免除其着火或爆炸的危险；由干燥而来的粉尘回收处理均较为容易；可以使用适当的搅拌作用，提高干燥效率。

（3）辐射加热干燥技术

在辐射加热干燥中，热量以辐射的方式由电阻元件（如燃气的耐火白炽灯或者红外灯）传递给湿污泥。目前这类干燥技术在污泥干化领域的应用还较少。

6.2.4　污泥干燥设备

根据所采用的干燥技术，污泥干燥设备也分为直接加热干燥设备、间接加热干燥设备和辐射加热干燥设备。以下仅介绍直接加热干燥设备和间接加热干燥设备。

6.2.4.1　直接加热干燥设备

直接加热干燥是污泥加热干燥最常用的类型，直接加热干燥设备有转鼓干燥器、离心干燥器、流化床干燥器、闪蒸干燥器、喷射干燥器、螺环式干燥器、带式干燥器、喷雾干燥器等类型，在众多的干燥器中，转鼓干燥器应用最为广泛，其费用较低，单位效率较高。

（1）转鼓干燥器

直接加热转鼓干燥系统主要由输送设备、物料混合设备、转鼓干燥器、分离设备、压碎设备、筛分设备、热能回收设备及废气处理装置等构成。脱水后的污泥从污泥斗进入混合器，按比例与部分颗粒过大或过细的干化污泥充分混合，使混合后污泥的含固率达50％～60％，然后经螺旋输送机运到三通道转鼓式干燥器中。在转鼓内与同一端进入的流速为1.2～1.3m/s、温度为700℃左右的热气流接触混合集中加热，经25min左右的处理，烘干后的污泥被带计量装置的螺旋输送机送到分离器，在分离器中干燥器排出的湿热气体被收集进行热力回收，带污染的恶臭气体被送到生物过滤器处理以达到符合环保要求的排放标准，从分离器中排出的干污泥，其颗粒度可控制在1～4mm，再经筛分器将满足要求的污泥颗粒筛分后送到储存仓待处理。干燥后的污泥干度可达85％～95％。用于加热转鼓干燥器的燃烧器可使用沼气、天然气或热油等为燃料。分离器将干燥的污泥和水汽进行分离，水汽几乎携带了污泥干燥时所耗用的全部热量，这部分热量一般可通过冷凝器回收利用。冷凝器冷却水入口温度为20℃，出水温度为55℃，被冷却的气体送到生物过滤器处理，完全达到排放标准后排放。图6-3所示是直接加热转鼓干燥系统工艺流程图，干燥后的产品可用作农田肥料或用于园林绿化等。

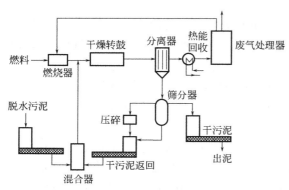

图6-3　直接加热转鼓干燥系统工艺流程图

转鼓干燥器也称回转圆筒干燥机，其结构示意图如图6-4所示。干燥机主要由筒体、扬料板（或称抄板）、传动装置、支撑装置及密封圈等部件组成。外壳圆筒由两对导轮支承，电动机经无级减速后带动圆筒转动。干燥机是一个与水平线呈3°～4°倾角倾斜的旋转圆筒，混合污泥（湿污泥与干污泥混合物）从转筒的上端输入，流速为1.2～1.3m/s、温度约为650℃的高温热空气与物料并流进入筒体，两者在筒体内接触混合，随着筒体的转动（转速为5～8r/min），物料由于重力的作用运行到较低的一端。在圆筒内壁上装有抄板，把物料抄起又洒下，使物料与气流的接触面积增大，以提高干燥速率并促进物料前行。经 20～60min 的处理，干污泥从下端徐徐输出，最终可得到含水率低于 10% 的干污泥产品。

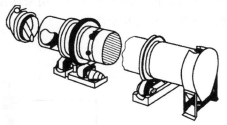

图 6-4　直接加热转鼓干燥器结构示意图

（2）离心干燥器

稀污泥自浓缩池或消化池进入离心干燥器，干燥器内的离心机对污泥进行脱水，脱水后的污泥呈细粉状从离心机卸料口高速排出，高温热空气以适当的方式引入到离心干燥器的内部，遇到细粉状的污泥并以最短的时间将其干燥到含固率为 80% 左右。干燥后的污泥颗粒经气动方式以 70℃ 的温度从干燥器排出，并与一部分湿废气一起进入旋流分离器进行分离；另一部分湿废气进入洗涤塔，在洗涤塔中，湿废气中的大部分水分被冷凝析出，净化后的废气以 40℃ 的温度离开洗涤塔。

离心干燥器系统主要由加药装置、热气发生器、离心干燥器、旋流分离器及螺旋输送机等组成，流程简单，省去了污泥脱水机及从脱水机至干燥机的存储、输送、运输装置。其工艺流程图如图 6-5 所示。

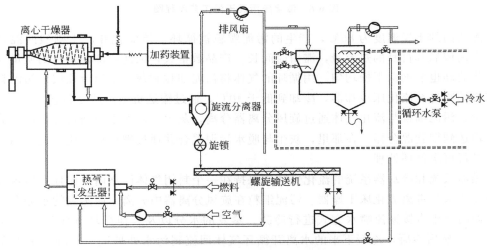

图 6-5　离心干燥器系统工艺流程图

—— 污泥；== 气；=== 水

（3）流化床干燥器

图 6-6 所示为流化床污泥干燥工艺流程图。整个系统主要由物料混合设备、流化床干燥器、流化床冷却器、旋风分离器及尾气处理装置等组成。脱水污泥送至污泥计量储存仓后，直接用污泥泵送至流化床干燥器的进料口。在进料前由专门的污泥切割机将污泥切成小颗粒，与流化气体一同进入流化床中。

流化床干燥器从底部到顶部基本由三部分组成：最下面是风箱，用于将循环气体分送到流化床装置的不同区域，其底部装有一块特殊的气体分布板，用来分送惰性流化气体，保持干颗粒均匀浮动；中间段是内置热交换器，用于蒸发水的热量由水蒸气或热油送入热交换器循环使用；最上部为抽吸罩，用来使流化的干颗粒脱离循环气体，而循环气体携带污泥细粒和蒸发的水分离开干燥器。

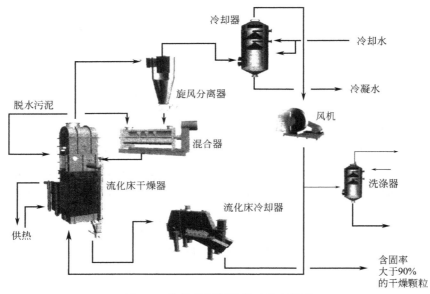

图 6-6　流化床污泥干燥工艺流程图

干燥器内的干燥温度为 85℃，产生的污泥颗粒被循环气流流化并产生剧烈的混合。由于流化床内依靠其自身的热容量，滞留时间长，产品数量大，因此，即使供料的质量或水分含量有些波动也能确保干燥均匀。用循环的气体将污泥细粒和灰尘带出流化层，污泥颗粒通过旋转气锁阀送至流化床冷却器，冷却到低于 40℃，通过输送机送至产品料仓。

灰尘、污泥细粒与流化气体通过旋风分离器分离，灰尘、污泥细粒通过计量螺旋输送机从灰仓输送到螺旋混合器。在那里，灰尘与脱水污泥混合并通过螺旋输送机再返回到流化床干燥器进行再次循环处理。

干燥器系统和冷却器系统的流化气体均保持在一个封闭气体回路内。循环气体将污泥细粒和蒸发的水分带离流化床干燥器。污泥细粒在旋风分离器内分离，而蒸发的水分在一个冷凝洗涤器内采用直接逆流喷水方式进行冷凝。蒸发的水分以及其他循环气体从 85℃ 左右冷却到 60℃，然后冷凝，冷凝下来的水离开循环气体回流到污水处理区，冷凝器中干净而冷却的流化气体又回到干燥器。

流化床干燥系统的特点是：将流化床内置热交换器表面的接触干燥和循环气体的对流干燥结合，干燥效果好，处理量大，无返料系统（仅有少量流化气体中分离出的灰分返回），干燥器本身无活动部件，几乎无须维修。但干燥颗粒的粒径无法控制。流化床内颗粒需要呈"流化状态"，气体流量较大，除尘、冷却等处理设施复杂、规模大。

流化床干燥系统内污泥流向示意图如图 6-7 所示。脱水污泥通过进料器从污泥斗进入圆筒形干燥器。空气和炉内气体在高压通风设备形成的压力下，通过烟气分布炉，形成干污泥和惰性材料的流化床。干污泥以微粒的形式排放，从一个可调高度的挡板上面进入干污泥斗。废气中的小部分粉尘经旋风分离器回收进入污泥斗。气体通过湿式洗涤器净化并部分冷却，最后由烟囱排出。

流化床干燥器的主要优点是污泥干燥时间的可控制性和高强度的热传递，流化床干燥器没有不固定的部件，设计简单。其缺点是废气中的粉尘含量高，大致为 $0.6\sim0.7g/m^3$。

（4）闪蒸干燥器

图 6-8 是闪蒸干燥器的工艺流程图。将湿污泥与干燥后回流的部分干污泥形成的混合物（含固率达 $50\%\sim60\%$）与受热气体（来自燃烧炉，温度高达 $704℃$）同时输入闪蒸式干燥器，污泥在干燥器中高速转动的笼式研磨机搅动下与流速为 $20\sim30m/s$ 的高热气体进行数秒钟的接触传热，污泥中的水分迅速得到蒸发，使其含水率降至 $8\%\sim10\%$。然后再经旋风分离器将气固分离开来，得到温度约为 $71℃$ 的干污泥和 $104\sim149℃$ 的气体。干污泥一部分返回闪蒸干燥器与湿污泥混合，其余部分则输出进行后续处理和处置。

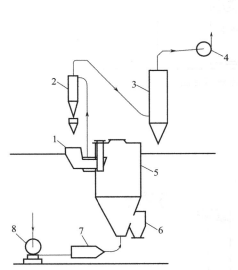

图 6-7　流化床干燥系统内污泥流向示意图

1—脱水污泥斗；2—旋风分离器；3—湿式洗涤器；
4—排气（废气）设备；5—圆筒形干燥器；6—干污泥
排出斗；7—燃烧炉；8—高压通风设备（鼓风机）

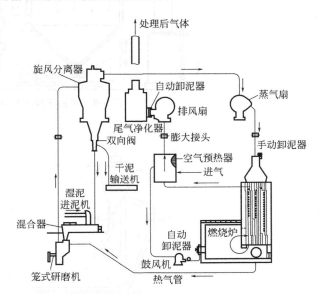

图 6-8　闪蒸干燥器的工艺流程图

（5）喷射干燥器

喷射干燥器可分为喷射干燥器和反向喷射干燥器。

① 喷射干燥器。喷射干燥器利用一个高速离心转钵进料，进料污泥通过离心力雾化成为细颗粒，并被喷洒在干燥室的顶部，污泥中的水分在干燥室内转化为热气体，其工作流程示意图如图 6-9 所示。

② 反向喷射干燥器。反向喷射干燥器可分为两段（图 6-10），下段是有反向喷射单元的污泥干燥室，上段则是产物/气体处理设备。脱水污泥滤饼由皮带运输机传送，通过双轴转动给料器进入反向喷射单元。这部分设计成两个水平喷射管同轴地嵌入一根竖管中。干燥过程包括细颗粒干污泥的再循环、进料湿污泥的返回和空气喷射装置中干污泥的排放。污泥滤饼在双轴螺旋给料器中与一部分干污泥混合，使得干燥器进料在组成和水分含量上均匀，强化干燥过程。第二段的气流分离器延长了干燥介质与污泥的接触时间。

在干燥过程中，污泥颗粒在热气流中形成气态悬浮物。喷射碰撞产生振动，增大了干燥区的污泥浓度。干燥介质以足够高的速度将污泥磨成粉，总的传热传质表面积增大。

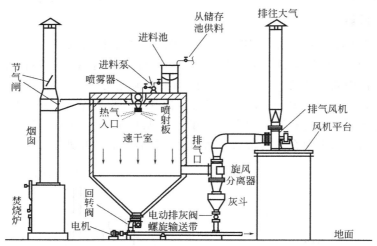

图 6-9　喷射干燥器的工作流程示意图

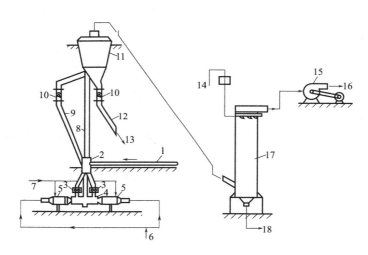

图 6-10　反向喷射干燥器示意图

1—污泥进料皮带运输机；2—接收室；3—双轴转动给料器；4—带喷射管的干燥室；5—燃烧室；6—进气；
7—燃料（气）；8—储水塔；9—回水管；10—旋转门；11—气流分离器；12—干污泥管；13—干污泥产品
出料斗；14—给水；15—通风设备；16—净化气体排向大气；17—水洗塔；18—污泥排出

(6) 螺环式干燥器

螺环式干燥器是一个三歧管内部绕转式圆形装置，如图 6-11 所示。它是采用喷射粉碎原理，利用高速热气流驱动污泥输送、干燥及碰撞粉碎而完成污泥干燥处理的技术。

其工作过程是：含水率为 50%～60% 的干湿混合污泥在温度为 260～760℃、流速为 30m/s 的高速热气流的冲击下进入污泥干燥区，再在另一管道引入的高速热气流的强力冲击搅动下，迫使污泥在机器内产生螺环式绕转。当污泥干燥到一定程度时，污泥颗粒间相互冲撞，污泥颗粒变小，质量变轻，干污泥即由高速风力从气流出管带出，经旋风分离器分离得到干污泥产品。

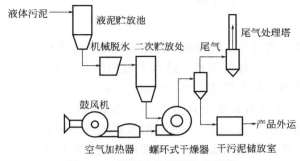

图 6-11　螺环式干燥器工艺流程

（7）带式干燥器

带式干燥器有直接干燥式和直接-间接联合干燥式两种。直接干燥式带式干燥器的工作原理如图 6-12 所示，干燥过程是在不锈钢丝网运载污泥缓缓转运的过程中，热空气从钢丝网下方经网眼向上通过，使污泥与热气发生接触传热，从而将污泥中的水汽蒸发带出；在具体操作中，污泥往往由污泥挤压机挤压成条状（蠕虫状），这样有利于扩大热空气与污泥的接触面积，以提高污泥水分的蒸发效率。联合干燥式带式干燥器的设计特点则是：不锈钢带在一不锈钢盘上走动，一方面，热空气从污泥表面流过并在封闭的炉膛内回转对流传热（污泥进口和出口端在同一方向）；另一方面，通过加热不锈钢盘传导热量到不锈钢带上的污泥，使污泥受热，水分蒸发，经 $15\sim30\mathrm{min}$ 环形转动后，在出口处输出干污泥。

（8）喷雾干燥器

如图 6-13 所示是以喷雾干燥器为主体的污泥喷雾干燥系统工艺流程。

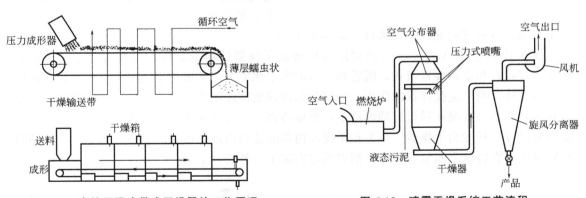

图 6-12　直接干燥式带式干燥器的工作原理　　　　**图 6-13　喷雾干燥系统工艺流程**

喷雾干燥器是将污泥雾化成雾状细滴分散于热气流中，使水分迅速汽化而达到干燥的污泥干燥装置。该装置所采用的雾化器通常是一个高压力的喷头或高速离心转盘（或转筒），雾化的液滴从塔顶喷下，而温度高达 700℃ 的热气流从塔底往上，与污泥液滴逆流接触传热，污泥液滴中的水分仅经数秒钟就被汽化带出，干污泥从塔底引出，尾气则经旋风分离器分离后，或回收热量，或直接送出进行脱臭处理。

6.2.4.2　间接加热干燥设备

典型的间接加热干燥设备有转盘干燥器、多盘干燥器、空心桨叶干燥器、薄膜干燥器、双向剪切楔形扇面叶片式污泥专用干燥器等。

（1）转盘干燥器

脱水后的污泥输送至进料斗，经过螺旋输送器送至干燥器内，螺旋输送器可变频控制定量输送。干燥器由转盘和翼片螺杆组成，转盘通过燃烧炉加热，最大转速为 1.5r/min。翼片螺杆通过循环热油传热，最大转速为 0.5r/min。转盘和翼片螺杆同向或反向旋转，污泥可连续前移进行干燥，转盘沿长度方向分为三个燃烧温度区域，分别为 370℃、340℃ 和 85℃。翼片螺杆内的热油温度为 315℃（也可用水蒸气或热水作传热介质）。转盘经抽风控制，其内部为负压，水汽和尘埃无法外逸。污泥经转盘及翼片螺杆推移和加热被逐步烘干并磨成粒状，在转盘后端低温区经过 S 形空气止回阀由干泥螺杆输送器送至储存仓。污泥蒸发出的水汽通过系统抽风机送至冷凝和洗涤吸附系统。直接进料、间接加热转盘干燥系统工艺流程图如图 6-14。

间接加热转盘干燥系统主要由输送设备、转盘干燥器、油泵、冷凝设备及鼓风设备等构成。该干燥工艺的特点是：流程简单，污泥的干度可控，干燥器终端产物为粉末状，所需辅助空气少，尾气处理量小。但设备占地面积较大，转动部件需要定期维护，需要单独的热媒加热系统，能耗较高；进泥含水率高时容易黏附在壁上，如果外鼓不转，容易在底部有沉积而发生燃烧。该系统的处理蒸发水量一般小于 3t/h。

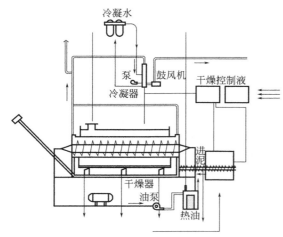

图 6-14　直接进料、间接加热转盘干燥系统工艺流程

图 6-15 所示是 Atlas-Stord 公司的间接转盘干燥器结构示意图，主要由定子（外壳）、转子（转盘）和驱动装置组成，既适用于污泥半干化工艺，又适用于污泥全干化工艺。通过位于转盘边缘的推进搅拌器的作用，污泥均匀缓慢地通过整个干燥器，从而被干化。在干化过程中，热蒸汽冷凝在转盘腔的内壁上，形成冷凝水。冷凝水通过一根管子被导入中心管，最终通过导出槽导出干燥器。污泥在干燥器内部的输送由推进搅拌器实现，为防止污泥黏附在转盘上，在转盘之间装有刮刀，刮刀固定在定子（外壳）上。

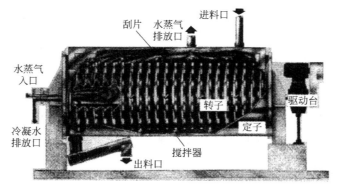

图 6-15　Atlas-Stord 公司的间接转盘干燥器结构示意图

热源可为导热油，也可为蒸汽或高温烟气，有余热可用时，还可以用热水作为热源。以蒸汽作为传热介质时，一般用 $(4\sim11)\times10^2$ kPa 的饱和蒸汽；采用导热油作为传热介质时，进油温度介于 $180\sim220℃$，出油温度要低 $40℃$ 左右。

半干化（干化后干固体含量小于 50%）时，干污泥无须回流。半干化干燥器一般都与焚烧炉结合，可达到能量自平衡而无须辅助热源，这样可大大降低运行费用。干燥器内污泥载荷大，便于控制。

干燥器负压（$-400\sim-200$ Pa）运行，避免了尾气泄漏。设备设计紧凑，传热面积大，设备占地面积与厂房空间和其他干燥机相比为最小；维修少，持续运行性好，可昼夜连续运转，保证每年运行 8000h。

荷兰的 SNB 污泥干化焚烧厂是目前世界上最大的污泥处理站，采用转盘干燥机＋流化床焚烧炉，卡车从各污水处理厂运来污泥，送入转盘式干燥器干化，然后进入流化床焚烧炉内焚烧，烟气通过废热锅炉产生蒸汽，最后是烟气处理。整个系统能量自平衡，无须添加辅助燃料。在尾气处理过程中产生的蒸汽满足了干燥机所需热能，需要额外追加的能量（用于启动点火、烟气处理）只占整个装置总消耗能量的 3%。

（2）多盘干燥器

间接加热多盘干燥器的工作原理是：机械脱水后的污泥（含固率为 $25\%\sim30\%$）送入污泥缓冲料仓，然后通过污泥泵输送至涂层机，在涂层机中再循环的干污泥颗粒与输入的脱水污泥混合，以干污泥颗料作为中心，在其外层涂上一层湿污泥后形成颗粒。此涂覆过程非常重要，内核是干的（含固率大于 90%），外层是一层湿污泥，涂覆了湿污泥的颗粒被送入硬颗粒造粒机（多盘干燥器），然后倒入造粒机上部，均匀分散在顶层圆盘上。造粒机呈立式布置多级分布，通过与中央旋转主轴相连的耙臂上的耙子的作用，污泥颗粒在圆盘上运动时直接和加热表面接触干燥。污泥颗粒逐盘增大，类似于蚌中珍珠的形成过程，最终形成坚实的颗粒，故也叫珍珠工艺。干燥后的颗粒温度为 $90℃$，粒径为 $1\sim4$ mm，离开干燥机后由斗式提升机向上送至分离料斗，一部分颗粒被分离后再循环回到涂层机，剩余的颗粒进入冷却器冷却至 $40℃$ 后再送入颗粒储料仓。污泥干燥过程所需的能量由热油传递，温度介于 $230\sim260℃$ 之间的热油在干燥机内中空的圆盘内循环，导热油采用以天然气和污泥消化过程产生的沼气作为燃料的燃烧炉加热。从干燥器排出的接近 $115℃$ 的蒸汽冷凝，经热交换器冷凝后的热水温度为 $50\sim60℃$，可用于消化池污泥加热。

间接加热多盘干燥器也叫造粒机，立式布置多级分布，间接加热，工艺流程如图 6-16 所示。该干燥系统的特点是：在干燥和造粒过程中，氧气浓度小于 2%，避免了着火和爆炸的危险性。颗粒呈圆形，坚实、无灰尘且颗粒均匀，具有较高的热值，可作为燃料；油热系统较为复杂，盘片表面需要定期清洗；由风机抽排保证干燥器内的负压，尾气经冷凝、水洗后送回燃烧炉，将产生臭味的化合物彻底分解，所以其尾气能满足很严格的排放标准，液态冷凝物需返回污水处理厂处理。

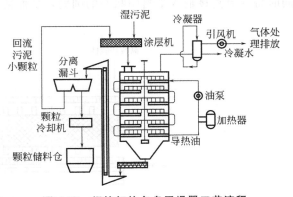

图 6-16　间接加热多盘干燥器工艺流程

（3）空心桨叶干燥器

空心桨叶干燥器又称叶片干燥器，主要由带有夹套的 W 形壳体和两根空心桨叶轴及传动装置组成。轴上排列着中空叶片，轴端装有热介质导入的旋转接头。干燥水分所需的热量由带有夹套的 W 形槽的内壁和中空叶片壁传导给物料。物料在干燥过程中，带有中空叶片的空心轴在给物料加热的同时又对物料进行搅拌，从而进行加热面的更新，是一种连续传导加热干燥设备。图 6-17 所示为其结构及外形与安装尺寸。

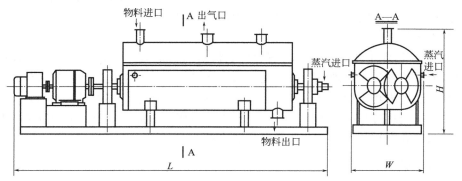

图 6-17　空心桨叶干燥器的结构及外形与安装尺寸

加热介质为蒸汽、热水或导热油。加热介质通入壳体夹套内和两根空心桨叶轴中，以传导加热的方式对物料进行加热干燥，不同物料的空心桨叶轴结构有所不同。

物料由加料口加入，在两根空心桨叶轴的搅拌作用下，不断更新干燥界面，同时推动物料至出料口，被干燥的物料由出料口排出。

空心桨叶干燥器适用于环保行业、化工行业、饲料行业、石化行业、食品行业，可处理污水处理厂污泥及各种膏糊状、粒状、粉状等稳定性较好的物料。

（4）薄膜干燥器

薄膜干燥器有间接干燥式和直接-间接联合干燥式两种形式。间接干燥式薄膜干燥器的工作原理如图 6-18 所示。它是利用中间高速转动的螺杆向前运动并在壁上形成薄层，污泥薄层与受热壁接触，水分得以蒸发去除。在实际运用中，薄膜干燥器往往作为两阶段干燥处理的第一级（后接转筒式或其他形式的干燥器），而较少作为唯一处理器来运用（此时需干污泥返混）。联合式薄膜干燥器实质上是间接式薄膜干燥器的改进类型，它是在器壁传热的同时将气流直接输入半封闭状态的圆筒，从而使污泥得以迅速干燥。

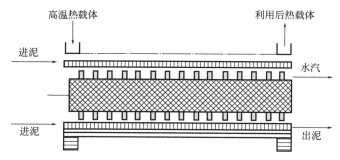

图 6-18　间接干燥式薄膜干燥器的工作原理

（5）双向剪切楔形扇面叶片式污泥专用干燥器

双向剪切楔形扇面叶片式污泥专用干燥器是一种间接加热低速搅拌型干燥器，如图 6-19 所示。设备内部有两根或者四根空心转轴，空心轴上密集并联排列着扇面楔形中空叶片，设备结构设计合理。轴体相对转动，利用角速度相同而线速度不同的原理和独特的结构达到了轴体上污泥的自清理作用，有效防止了污泥干化过程中的"抱轴"现象，污泥在干化过程中达到了双向剪切的状态。采用夹套式壳体结构，使得污泥在设备内部各个界面均匀受热，轴体转动，污泥在设备内不断翻腾，受热面不断更新，从而大大提高了设备的蒸发效率，达到了污泥干化的目的。

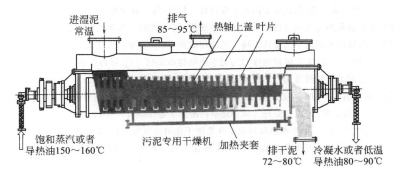

图 6-19　双向剪切楔形扇面叶片式污泥专用干燥器

▶▶　**参考文献**

[1]　廖传华，江晖，黄诚，等.分离技术、设备与工业应用［M］.北京：化学工业出版社，2018.
[2]　廖传华，米展，周玲，等.物理法水处理过程与设备［M］.北京：化学工业出版社，2016.
[3]　虞向峰，王庆海，曾贤平.污泥干化技术的现状及发展方向［J］.轻工科技，2016，（5）：106-107.
[4]　陈成，司丹丹，陈清武，等.集热式太阳能污泥干化系统能效评估与适应性分析［J］.广东化工，2016，43（22）：60-62.
[5]　彭闻，张勇，赵卫兵，等.污泥生物干化技术及应用前景展望［J］.中国环保产业，2016（5）：37-40.
[6]　刘念汝，王光华，李文兵，等.城市污泥微波干化及污染物析出特性研究［J］.工业安全和环保，2016，42（7）：80-83.
[7]　郝丹.污泥干化技术的研究与应用［D］.大庆：东北石油大学，2015.
[8]　陈彤，詹明秀，林晓青，等.特定污泥干化过程中二噁英抑制气体排放特性［J］.浙江大学学报（工学版），2015，49（2）：86-89.
[9]　靖丹枫，耿震.石化污泥干化焚烧工程设计［J］.中国给水排水，2015，31（18）：61-63.
[10]　侯霜，李子富，张扬.不同生态床对剩余污泥脱水和稳定化的影响［J］.环境科学研究，2015，18（4）：589-595.
[11]　吴智勇.城市污泥脱水焚烧新工艺研究［D］.大连：大连理工大学，2015.
[12]　王永川，郑皎，方静雨，等.污泥干化过程中导热系数的试验研究［J］.太阳能学报，2015，36（3）：703-707.
[13]　兰伟，曾国杰.制浆造纸企业污泥干化技术介绍［J］.中国造纸，2015，34（5）：47-51.
[14]　周杰，吴敏，牛明星，等.污泥干化过程中恶臭气体释放的研究进展［J］.中国给水排水，2015，31（4）：25-27.
[15]　孟令鑫，汪家权，张辉.改性污泥脱水性能的中试研究［J］.环境工程学报，2015，9（10）：5078-5082.
[16]　耿震，许敏.一种圆盘式污泥干化系统工艺设计实例［J］.给水排水，2015，41（10）：55-57.
[17]　田甲蕊.改性印染污泥干化和掺烧特性研究［D］.南京：东南大学，2015.
[18]　刘志超.工业污泥干化与煤粉掺烧协同利用生命周期评价［D］.广州：华南理工大学，2015.
[19]　李黎杰，田辉，颜廷山，等.污泥干化焚烧技术的应用［J］.环境卫生工程，2015，33（2）：60-62.

[20] 范海宏，武亚磊，李斌斌，等.市政污泥干化动力学研究［J］.环境工程学报，2015，9（9）：4488-4494.

[21] 吴静仪，叶志平，随文琪.污泥的生物干化及其热值变化［J］.华南师范大学学报（自然科学版），2015，47（3）：80-85.

[22] 罗俊.污泥过热蒸汽干燥工艺参数优化研究［D］.南昌：南昌航空大学，2015.

[23] 王慧玲，杨朝晖，黄兢，等.泡沫化预处理对污泥干燥特性的影响［J］.环境工程学报，2015，9（2）：907-912.

[24] 严加才.化工废水处理中生化污泥的干燥及无害化利用［J］.现代化工，2015，35（1）：133-135.

[25] 金澎，朱秀伟，亓永亮，等.市政污泥干燥过程中粘性的研究［J］.干燥技术与设备，2015，13（5）：35-42.

[26] 苏志伟，张绪坤，王学成，等.污泥干燥工艺设备研究进展［J］.工业安全与环保，2014，40（3）：8-10，83.

[27] 马德刚，朱红敏，翟君，等.电渗透脱水污泥干燥特性曲线及干燥模型［J］.环境工程学报，2014，8（2）：740-744.

[28] 邵志伟，黄亚继，严玉朋，等.流化床中污泥干燥特性［J］.环境工程学报，2014，8（9）：3965-3970.

[29] 周宏伟.一种节能低温余热带式振动污泥干燥技术的研究［D］.苏州：苏州大学，2014.

[30] 汪泳.市政污泥干燥特征及污泥中温带式干燥工艺应用研究［D］.天津：天津大学，2014.

[31] 向轶，刘建忠，许佩佩，等.太阳辐射强度对污泥干燥特性的影响［J］.可再生能源，2014，32（5）：715-722.

[32] 魏瑞军，余权恒.污泥干燥特性及动力学模型分析［J］.山东化工，2014，43（9）：1-4.

[33] 李辉，吴晓英，蒋龙波，等.城市污泥脱水干化技术进展［J］.环境工程，2014，32（11）：102-107，101.

[34] 姬爱民，崔岩，马劲红，等.污泥热处理［M］.北京：冶金工业出版社，2014.

[35] 田顺，陈文娟，魏垒垒.太阳能-中水热泵污泥干化系统干化机理研究［J］.给水排水，2014，40（C1）：182-185.

[36] 李博，王飞，朱小玲，等.污泥干化焚烧联用系统最佳运行工况研究［J］.环境污染与防治，2014，36（8）：29-33，42.

[37] 钱炜.污泥干化特性及焚烧处理研究［D］.广州：华南理工大学，2014.

[38] 刘永付.污泥干化与电站燃煤锅炉协同焚烧处置的试验研究［D］.杭州：浙江大学，2014.

[39] 邱锐.深圳市污泥干化焚烧工艺运行成本分析［J］.给水排水，2014，40（8）：30-32.

[40] 谢小青，陈向强，刘美龄，等.免翻堆快速生物干化技术在污泥处理中的应用［J］.中国给水排水，2014，30（9）：142-146.

[41] 刘麒，张克峰，张可贵，等.污泥生物干化研究进展及应用前景展望［J］.环境科技，2013，26（6）：67-70.

[42] 李波.城市生活污泥干化处理及煤掺烧实验研究［D］.合肥：合肥工业大学，2013.

[43] 刘永付，王飞，池涌，等.太阳能蒸汽辅助污泥干化的试验研究［J］.中国给水排水，2013，29（17）：35-39.

[44] 孙红杰，崔玉波，杨少华，等.污泥干化芦苇床技术述评［J］.环境工程，2013，31（6）：117-121.

[45] 张栋，王三反.新型污泥干化技术综述［J］.江苏农业科学，2013，41（7）：337-339.

[46] 宋国华，张振涛，杨鲁伟，等.温室太阳能污泥干化系统的设计及试验研究［J］.中国农业大学学报，2013，18（5）：141-145.

[47] 李斌斌，范海宏，杨爱武，等.污泥干燥及气体释放特性研究［J］.硅酸盐通报，2013，2：205-209.

[48] 程诚，黄亚继，袁琦，等.污泥干燥特性及其模型求解［J］.环境工程，2013，31（A1）：585-589，680.

[49] 黄瑞敏，杨署军，刘欣.印染污泥干燥过程中气体污染物的释放研究［J］.中国给水排水，2013，29（15）：94-97.

[50] 邹永忠，孙广官.污泥干燥焚烧应用总结［J］.小氮肥，2013，41（1）：1-2.

[51] 漆雅庆.污泥干燥焚烧发电的生命周期评价［J］.能源与节能，2013，2：47-48，79.

[52] 李博，王飞，严建华，等.污水处理厂污泥干化焚烧处理可行性分析［J］.环境工程学报，2012，6（10）：3399-3404.

[53] 颜晓斐，李博，王飞.污泥干化焚烧系统安全评价［J］.工业安全与环保，2012，38（12）：37-39.

[54] 饶宾期，曹黎.太阳能热泵污泥干燥技术［J］.农业工程学报，2012，28（5）：184-188.

[55] 王锐思，李根，叶世超，等.酒精污泥干燥特性及数学模型［J］.环境工程学报，2012，6（9）：3334-3338.

[56] 黄黎明，黄瑞敏，周海滨，等.印染污泥干燥过程中挥发分冷凝液的研究［J］.环境工程，2012，30（1）：79-82.

[57] 凌莹.电渗透脱水污泥干燥特性研究［D］.天津：天津大学，2012.

[58] 王灵军.节能型盘式污泥干燥设备控制系统的开发［D］.杭州：杭州电子科技大学，2012.

[59] 王传奇.温室型污泥干燥系统的理论分析与实验研究［D］.北京：中国科学院研究生院，2012.

[60] 毛文龙.太阳能污泥干燥系统流动传热特性的研究［D］.镇江：江苏大学，2012.

［61］　张大群.污泥处理处置适用设备［M］.北京：化学工业出版社，2012.

［62］　金浩，彭发修，江波，等.不同加热功率下含油污泥的干燥［J］.化学工程，2012，40（7）：26-29.

［63］　翁焕新，章金骏，刘瓒，等.污泥干化过程氨的释放与控制［J］.中国环境科学，2011，31（7）：1171-1177.

［64］　周登健，林超.污泥自然干化过程中的影响因素［J］.科技创新导报，2011，（34）：79-80.

［65］　金浩，石丰，刘鹏，等.含油污泥的干燥研究［J］.石油与天然气化工，2011，40（5）：522-526，431.

［66］　马学文，翁焕新，章金骏.颗粒状污泥的干燥特性及表观变化［J］.环境科学，2011，32（8）：2358-2364.

［67］　马学文，翁焕新，章金骏.不同形状污泥干燥特性的差异性及其成因分析［J］.中国环境科学，2011，31（5）：803-809.

［68］　方静雨.污泥干燥机理试验研究［D］.杭州：浙江大学，2011.

［69］　余方.水处理污泥干燥特性及过程研究［D］.武汉：武汉大学，2011.

［70］　刘凯.污泥干燥和热重实验及动力学模型分析［D］.广州：华南理工大学，2011.

［71］　李洋洋，金宜英，李欢，等.碱热联合处理对剩余污泥干燥特性的影响［J］.高校化学工程学报，2011，25（5）：877-881.

［72］　吴龙，吴中华，李占勇，等.城市污泥热风与微波干化特性研究［J］.干燥技术与设备，2011，9（5）：259-267.

［73］　王罗春，李雄，赵由才.污泥干化与焚烧技术［M］.北京：冶金工业出版社，2010.

［74］　郭松林，陈同斌，高定，等.城市污泥生物干化的研究进展与展望［J］.中国给水排水，2010，26（15）：102-105.

［75］　王传奇，张振涛，吕君，等.温室型太阳能污泥干燥研究［J］.科技导报，2010，28（22）：33-38.

［76］　刘煜，李伟东，刘海峰.污泥干燥预处理后与神府煤共成浆性的研究［J］.燃料化学学报，2010，38（6）：656-659.

［77］　武德智，楼波，钟世清.污水污泥和造纸污泥干燥特性的对比研究［J］.生态科学，2010，29（2）：156-160.

［78］　王伟云，李爱民，张晓敏.脱水污泥干燥气化焚烧综合处理工艺［J］.化工进展，2010，29（A1）：244-247.

［79］　王传奇，张振涛，吕君，等.温室型太阳能污泥干燥研究［J］.科技导报，2010，28（22）：33-38.

［80］　马学文，翁焕新.温度与颗粒大小对污泥干燥特性的影响［J］.浙江大学学报（工学版），2009，43（9）：1661-1667.

［81］　刘志强，彭望明，徐爱祥.市政污泥干燥技术现状及研究进展［J］.给水排水，2009，35（A1）：266-269.

［82］　袁军.城市污水污泥转筒式直接干化研究［D］.上海：上海交通大学，2009.

［83］　杜涛，蔡九菊，董辉，等.油田采油污水污泥干燥特性实验研究［J］.东北大学学报（自然科学版），2008，29（4）：553-556.

［84］　朱开金，马忠亮.污泥处理技术及资源化利用［M］.北京：化学工业出版社，2007.

［85］　丘锦荣，吴启堂，卫泽斌，等.城市污泥干燥研究进展［J］.生态环境，2007，16（2）：667-671.

［86］　马德刚，张书廷，柴立和.污泥干燥速率曲线的分形维数分析［J］.天津大学学报，2007，40（10）：1199-1204.

［87］　曲艳丽，李爱民，李润东，等.饼状污泥干燥特性的研究［J］.燃烧科学与技术，2005，11（1）：96-99.

第7章

污泥输送

无论是刚从水处理工艺中产生的高含水污泥，还是经过浓缩、脱水和干化处理后的污泥，为满足后续处理设备的要求，必须实现输送。污泥输送就是根据预处理后污泥的性状，采用合适的手段将其输送到后续处理处置的地点或设备。

7.1 ➲ 污泥的状态与输送量

污泥的存在状态决定采用何种输送方式，而输送量的大小则决定了所用输送设备的能力。

7.1.1 污泥中水分的存在形式

污泥中所含水分按其存在形式可大致分为空隙水、毛细水、吸附水和内部水四类，如图 7-1 所示。这四种形式分别反映了水分与污泥固体颗粒结合的情况。

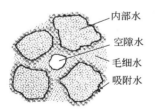

图 7-1 污泥水分分布图

① 空隙水。空隙水是指被大小污泥颗粒包围的水分。由于空隙水不与固体直接结合，作用力弱，很容易被分离。这部分水在调节池停留数小时后即可显著减少，是污泥浓缩的主要对象，占污泥水分含量的 70%。

② 毛细水。毛细水是指在固体颗粒接触面上由毛细压力结合或充满于固体与固体颗粒之间或充满于固体本身裂隙中的水分。毛细水由于受到液体凝聚力和液固表面附着力的作用，需要较高的机械作用力和能量才能将其分离出来。分离方法可以采用与毛细水表面张力相反的作用力，如离心力、负压抽真空、电渗力或热渗力等。实际中常用离心机、真空过滤机或高压压滤机来去除这部分水。污泥中各类毛细管结合水约占污泥中水分总量的 20%。

③ 吸附水。吸附水是吸附在污泥小颗粒表面的水分。由于污泥常处于胶体状态，而胶体的特征为颗粒小、比表面积大，所以表面吸附水分较多。表面张力较强导致表面吸附水的去除较难，不能用普通的浓缩或脱水方法去除。通常要在污泥中加入电解质混凝剂，利用凝结作用使污泥固体与水分分离或采用加热法脱除。吸附水占污泥中水分的 7%。

④ 内部水。内部水是指微生物细胞包围在细胞内部的液体。由于内部水与微生物结合得很紧，去除内部水必须破坏细胞膜。可采用高温加热或冷冻等措施将其转变成外部水，也

可通过生物分解手段（好氧堆肥化、厌氧堆肥化等）将细胞分解，或采用其他方法使细胞膜破裂，使内部水扩散出来再进一步去除。内部水约占污泥中水分的 3％。

7.1.2 污泥的形态与输送方式

污泥的含水率直接影响其存在形态及输送方式。图 7-2 所示为污泥含水率与污泥形态的关系。可以看出，对于相同固体含量的污泥，随着含水率降低，其体积将大幅减小。当污泥含水率超过 85％时，其体积相对较大，但流动性很好，通常是牛顿型流体，物理性质与水极为近似，在层流状态下压力的减小与速度和黏度成比例，此时可采用泵＋管道相结合的有压输送方式。经过浓缩脱水后，含水率在 70％~80％时，污泥失去流态，呈塑性，此时可采用无压输送。

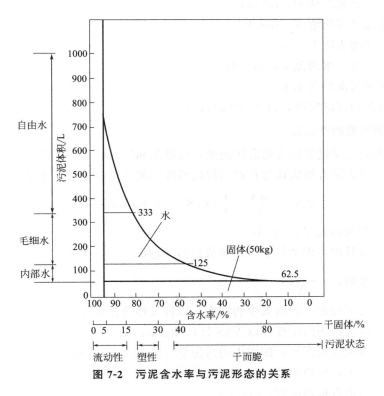

图 7-2 污泥含水率与污泥形态的关系

有压输送通常采用离心泵、螺杆泵或柱塞泵等在封闭式的管道内进行输送。其主要优点有：a.输送距离长，可达 12000m；b.采用弯头实现多转角多曲度输送；c.系统密闭性好，不会对周围环境造成二次污染；d.输送量可调，但是由于脱水污泥流动性差，沿程水头损失较大，所以输送系统能耗高。同时污泥泵造价高，该方式常用于将脱水污泥一级提升至料仓，以及二级提升至后续处理单元的场合。

无压输送主要有皮带输送机、螺旋输送机或汽车槽车输送。输送机适合于短距离直线输送，临界距离为 20m；由于输送量、距离和高度有限，所以能耗较小。输送机输送的缺点是：a.水平方向转角处必须增设传送设施，分两级或多级传送；b.输送机倾斜角度一般不宜大于 25°，将污泥输送至高处时需要较长的水平距离；c.系统的密闭性不好，会对周边环境造成二次污染；d.输送量固定，不可随意调整。这种输送方式常用于将脱水机排出的污泥输送至料斗进口处。汽车槽车适用于远距离输送，但其运输成本较高。

7.1.3 污泥的输送量

污泥的来源不同，其产生量不同，因此污泥的输送量应根据污泥的来源与性状而确定。

（1）初沉池污泥的产生量

初次沉淀池沉淀污泥的体积 V 可根据污（废）水中悬浮物浓度、污（废）水流量、去除率及污泥含水率按下式计算：

$$V = \frac{100 C_0 \eta Q}{10^3 (100 - P)\rho} \tag{7-1}$$

式中　V——沉淀污泥的体积，m^3/d；

　　　C_0——进水悬浮物浓度，mg/L；

　　　η——悬浮物去除率，$\%$；

　　　Q——污（废）水的流量，m^3/d；

　　　P——沉淀污泥的含水率，$\%$；

　　　ρ——沉淀污泥的密度，以 $1000 kg/m^3$ 计。

（2）二沉池污泥的产生量

二次沉淀池的污泥量也称为剩余污泥量，可近似利用式(7-1) 计算，此时悬浮物去除率 η 取 80%；对于以去除有机底物为目的的传统活性污泥工艺，也可根据式(7-2) 计算：

$$\Delta X_T = \frac{\Delta X}{f} = \frac{1}{f}\left[Y(S_0 - S_e)Q - K_d V X \right] \tag{7-2}$$

式中　ΔX_T——剩余污泥量，kg/d；

　　　ΔX——每日的污泥增长量（即排放量），kg/d；

　　　f——系数，$f = \dfrac{X}{X_T}$；

　　　X——污泥处理系统内微生物浓度［以挥发性悬浮固体（VSS）计］，kg/L；

　　　X_T——活性污泥的浓度（以 VSS 计），kg/L；

　　　Y——污泥理论产率，即产生的污泥量（kg/L）与 BOD_5（kg/L）的比值；

　　　S_0——进水有机物浓度，mg/L；

　　　S_e——出水有机物浓度，mg/L；

　　　Q——二次沉淀池的设计流量，m^3/d；

　　　K_d——活性污泥内源呼吸率，d^{-1}；

　　　V——二次沉淀池的体积，m^3。

对于其他可去除有机底物、硝化、反硝化或除磷的活性污泥工艺，如 AB、AO、AnO、AAnO 或 AnAO、BARDENPHO 组合工艺等，需要根据处理效能的不同分别对待。

（3）消化污泥的产生量

消化污泥量根据可消化程度用式(7-2) 计算。如考虑到污（废）水处理厂固体物质的平衡，则可采用图 7-3 所示的污（废）水处理厂固体物质物料衡算示意图，计算污泥量。

设原水悬浮物（SS）浓度为 X_0，初沉池对 SS 的去除率为 r_4（一般取 50%），二沉池

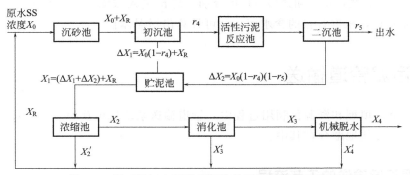

图 7-3　污（废）水处理厂固体物质物料衡算示意图

对 SS 的去除率为 r_5（一般取 80%），则污（废）水在此活性污泥处理系统中 SS 总去除率为 $1-(1-r_4)(1-r_5)$。各处理构筑物的固体回收率为：浓缩池为 r_1（一般为 90%）；消化池为 r_2（一般为 80%，SS 减量为 r_g 可达 30%）；机械脱水率为 r_3（一般为 95%，其中预处理所加混凝剂的固体量略去不计）。因此，可写出平衡式如式(7-3) 或式(7-4)：

$$X_1=(\Delta X_1+\Delta X_2)+X_R \tag{7-3}$$

$$\frac{(\Delta X_1+\Delta X_2)}{X_1}=1-\frac{X_R}{X_1} \tag{7-4}$$

式中　X_1——进入浓缩池的总固体物（TS）的量；

　　　ΔX_1——初沉池排泥的 SS 量；

　　　ΔX_2——二沉池排泥的 SS 量；

　　　X_R——等于浓缩池上清液 SS 量 X_2'、消化池上清液 SS 量 X_3'、机械脱水上清液 SS 量 X_4' 的总和。

进入消化池的 SS 量为：

$$X_2=X_1 r_1 \tag{7-5}$$

浓缩池上清液的 SS 量为：

$$X_2'=X_1(1-r_1)=X_1-X_1 r_1 \tag{7-6}$$

消化池中 SS 减量为：

$$G=X_2 r_g=X_1 r_1 r_g \tag{7-7}$$

进入机械脱水设备的 SS 量为：

$$X_3=(X_2-G)r_2=X_1 r_1 r_2-X_1 r_1 r_2 r_g \tag{7-8}$$

脱水泥饼总固体物（TS）的量为：

$$X_4=X_3 r_3=X_1 r_1 r_2 r_3-X_1 r_1 r_2 r_3 r_g \tag{7-9}$$

机械脱水上清液的 SS 量为：

$$X_4'=X_3(1-r_3)=(X_1 r_1 r_2-X_1 r_1 r_2 r_g)(1-r_3) \tag{7-10}$$

则回流到沉砂池前的清液中所含的 SS 总量为：

$$X_R=X_2'+X_3'+X_4'=X_1(1-r_1 r_g-r_1 r_2 r_3+r_1 r_2 r_3 r_g) \tag{7-11}$$

由式(7-11)，可得进入浓缩池的总固体物（TS）的量为：

$$X_1=\frac{\Delta X_1+\Delta X_2}{r_1\left[r_g+r_2 r_3(1-r_g)\right]} \tag{7-12}$$

利用式(7-12)、式(7-8)和式(7-5)可分别计算出进入浓缩池、消化池及机械脱水设备的悬浮物（SS）量，根据各自的含水率，又可计算出污泥体积。

7.2 ⊃ 污泥管道输送

在污泥焚烧、填埋和资源化利用过程中，管道输送系统均可获得应用，且一些必不可少的工艺环节可以方便地融合在其中。

7.2.1 污泥管道输送的工艺流程

图 7-4～图 7-7 为基于管道输送的城市污泥三种主要处理方式以及污泥储存、转载装车系统的工艺流程图。

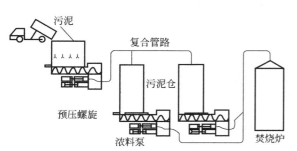

图 7-4 城市污泥焚烧管道输送工艺流程图

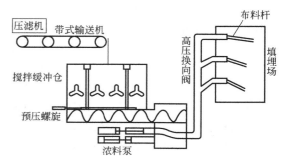

图 7-5 城市污泥填埋管道输送工艺流程图

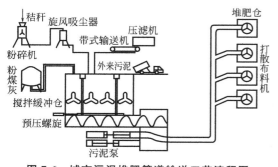

图 7-6 城市污泥堆肥管道输送工艺流程图

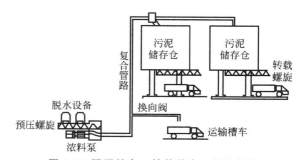

图 7-7 污泥储存、转载装车工艺流程图

上述以管道输送设备为核心的污泥处理系统具有以下优点：

① 输送过程全封闭，无污染，完全消除了敞开输送方式严重污染环境的问题。

② 污泥浓度高，输送距离远，输送系统出口压力为 0～25MPa，输送流量为 0～60m³/h，输送距离为 0～3000m。

③ 全自动控制，无级调控输送量，可实现远程调控、实时监控等。

④ 系统结构紧凑，管道可架空或地埋、垂直上升及以任意角度转弯，占地面积小，布置灵活。

⑤ 物料分配、分流自动可调。专门设计的管路分配器、分流器及多功能给料器解决了

污泥的分配、分流难题，能将污泥按工艺需要送至各卸料点。

⑥ 专门为堆肥发酵设计的打散布料器具有布料均匀、打散效率高等特点；专门为填埋设计的布料杆可以将污泥均匀送至填埋场的各点；专门为黏稠物料设计的多功能给料器适应污泥的入炉焚烧。

7.2.2　污泥管道输送系统

污泥管道输送系统主要由污泥缓冲仓、闸板阀、预压螺旋、浓料泵、高压低摩阻复合管、高压浓料换向器、多功能给料器、泵房综合液压站、布料杆、折叠管等组成。该系统的管道输送压力可达 24MPa，具有投资少、全密封无污染、安全可靠、运行成本低等突出优点。

(1) 污泥缓冲仓

污泥缓冲仓为方形碳钢结构，由仓体、布料滑架、液压站、液压缸等部件组成，矩形大口径出料口位于底部。其特点是：

① 实现污泥洁净储存。现场无异味、无污染，占地面积小，布置灵活。

② 具有破拱功能。移动滑架可防止污泥起拱、板结等现象的发生。

③ 具有防爆功能。在仓顶设置甲烷浓度检测器，可实现自动报警、智能通风。

④ 具有料位检测功能。在仓顶设有料位检测仪，可自动检测、报警并实时显示料位。

⑤ 就地控制。卸料过程中现场操作，并有事故报警和系统紧急停车的功能。

⑥ 搅拌功能。采用卧式锤形搅拌轴，搅拌效果好。

(2) 闸板阀

闸板阀用于设备检修时切断污泥缓冲仓与预压螺旋的通道，便于系统的维护，为矩形结构，采用液压传动方式，聚氨酯密封材料，闸板刚度高，耐压高，密封可靠，操作方便、灵活。

(3) 预压螺旋

预压螺旋为污泥泵的辅助喂料设备，采用变频调速，双轴变螺距齿形结构，可以根据设定给料压力自动调整输送量。其特点为：实现浓料泵正压入料，输送量无级可调并与浓料泵形成闭环控制。

(4) 浓料泵

由于黏稠物料黏度大、流动性差，为满足输送要求，需设置浓料泵。对浓料泵的要求是：出口压力大，输送距离远；吸、排料无阻碍，便于高含固量黏稠物料吸入；采用闭式液压系统，压力冲击小，管路压力损失小；无级调节物料输出量，出料压力稳定；对关键部件的表面要采取特殊强化处理，使用寿命长。

(5) 高压低摩阻复合管

高压低摩阻复合管的特点是：摩擦系数极小，使用寿命长，耐磨损、耐腐蚀、耐冲击；采用高压密封减振法兰和专用管路固定附件可有效吸收振动，且密封可靠；管道设置简单，可架空、地埋或以任意角度拐弯等。

(6) 高压浓料换向器

由于黏稠物料的内摩擦阻力极大，常规方法无法进行流向切换，为此需采用高压浓料换向器。北京某研究所开发的高压浓料换向器采用滑阀结构，由液压驱动，性能可靠、动作准确。其一端为进料口，另两端分别与正常系统和备用系统管路相连，保证了两套管路切换自如。

（7）多功能给料器

多功能给料器是专门研发的锅炉炉顶给料装置，采用滑阀式结构，以液压油缸为动力，入料端与输送管相连，出料端通过锅炉接口器与锅炉相连，可在总控室进行远程操作。同时，多功能给料器另一端连接清洗回流管，与污水排放系统相连。多功能给料器有送料、清洗 2 个工位，具有送料、清洗、疏通干结的功能。

（8）泵房综合液压站

除浓料泵以外，该管道输送系统中其他所有需液压驱动的设备（如搅拌污泥仓滑架、闸板阀、高压浓料换向器和多功能给料器等）均由综合液压站驱动，通过调节溢流阀可以改变系统的工作压力，调节截流阀可以改变系统的输出油量，从而调节各液压缸的运动速度。

（9）布料杆

布料杆采用液压驱动调节臂展长度和角度，采用先进的旋转折叠式臂架，每节臂的相对旋转都具有优化的转角区域，能够实现大范围布料；采用高强度合金钢材料焊接的臂架轻巧坚固；通过对回转减速器、支腿等部件采用比例控制和缓冲技术优化设计，保证了臂架回转动作平稳可靠；整套系统操作方便，可实现远程控制和系统调控。

（10）折叠管

折叠管由高压低摩阻复合管及活接头构成，伸缩自如，坚固耐用。其内衬复合材料输送阻力小、耐腐蚀；连接法兰采用耐振快装法兰，密封性能可靠，回转阻力小，动作灵活。

污泥管道输送系统的设计包括已知污泥输送量条件下污泥管线的设计和输送方式的选择。

7.2.3　污泥输送管道

脱水污泥输送管道的管材主要有两种形式：高压无缝钢管和超低摩阻耐磨复合管。

高压无缝钢管采用焊接连接，管件数量少，发生问题时切断故障管段，维修好后重新焊接。管件连接为内扣式法兰连接。高压无缝钢管输送污泥时，还可选用管道润滑系统向管道内注入润滑剂，可减少约 30%～50% 的水头损失。润滑剂可采用水、废油或高分子聚合物溶液。管道润滑系统由高压隔膜计量泵和润滑环组成。在污泥输送系统中，润滑剂常采用中水。中水经润滑环注入，均匀分布在管内壁和污泥之间形成润滑膜，有效降低管路的水头损失，润滑膜的厚度约为 0.20～0.25mm，由于注入的水量有限，一般仅 2% 污泥的含水率会升高，其余污泥的含水率基本不受影响。

超低摩阻耐磨复合管是一种具有特殊内涂层，黏稠物料在管道内进行高压低摩阻输送的管道。它的摩擦系数小，是普通钢管的 1/7，具有耐磨损、耐腐蚀、耐冲击的特点。管道和管件采用耐振快装法兰连接。因管道是法兰连接，管件数量多，发生故障时便于检修。

污泥输送管道的设计应注意以下几点：a. 应本着最短距离最少弯头的原则布线，管道尽量平直；b. 转弯时应优先采用 135° 弯头；c. 转弯半径不低于 5D（直径）；d. 在管段适当位置应考虑清通、清洗、排气设施；e. 与污泥泵连接段应预留设备的检修空间，必要时设置高压伸缩节连接阀件。

输送管道的设计流速应根据输送泵形式及型号（流量-扬程）、管道长度、管道布置、介质特性等因素综合考虑。流速过高时，管路系统磨损大，系统能耗高且易发生故障；流速过低时，污泥在管道内停留时间长易产生气体造成不良影响，同时存泥多，停机放空清洗不便，且管径大造价高。重力输泥管线一般采用 0.01～0.02 的管坡，污泥流动的下临界流速约为 1.1m/s，上临界流速约为 1.4m/s，污泥压力输送管道一般满足表 7-1 所列举的最小设计流速。

表 7-1　压力输泥管道的最小设计流速

污泥含水率/%	最小设计流速/(m/s)		污泥含水率/%	最小设计流速/(m/s)	
	管径 150～250mm	管径 300～400mm		管径 150～250mm	管径 300～400mm
90	1.5	1.6	95	1.0	1.1
91	1.4	1.5	96	0.9	1.0
92	1.3	1.4	97	0.8	0.9
93	1.2	1.3	98	0.7	0.8
94	1.1	1.2	—	—	—

如为长距离输泥管（如输送到处理厂外利用等），输泥管线的沿程水力损失可采用式(7-13) 计算：

$$h_f = 2.49 \left(\frac{L}{D^{1.7}} \right) \left(\frac{\upsilon}{C_H} \right)^{1.85} \tag{7-13}$$

式中　h_f——输泥管线沿程水力损失，m；

　　　L——输泥管长度，m；

　　　D——输泥管直径，m；

　　　υ——管内污泥流速，m/s；

　　　C_H——哈森-威廉（Haren-Williams）系数，其值取决于污泥浓度，可参见表 7-2。

表 7-2　污泥浓度与 C_H 值表

污泥含量/%	0.0	2.0	4.0	6.0	8.5	10.0
C_H 值	100	81	61	45	32	25

为了便于维修管理，污泥管线最小直径不小于 150mm。为了处于紊流状态，污泥管线内流速宜采用 1.5～2.5m/s。污泥管线应设有水或压缩空气冲洗设备，以防止管道堵塞。在利用沼气的地方，不能用压缩空气清洗，以免混入空气，引起爆炸。

污泥管线中的局部阻力可按式(7-14) 进行计算：

$$h_i = \xi \frac{\upsilon^2}{2g} \tag{7-14}$$

式中　h_i——局部阻力损失，m；

　　　ξ——局部阻力系数，见表 7-3；

　　　υ——管内污泥流速，m/s；

　　　g——重力加速度，9.81m/s^2。

表 7-3　污泥管线局部阻力系数 ξ 值

配件名称		ξ 值	污泥含水率/%	
承托接头		0.4	0.27	0.43
三通		0.8	0.60	0.73
90°弯头		1.46($r/R=0.9$)	0.85($r/R=0.7$)	1.14($r/R=0.8$)
四通			2.50	—
闸门	$h/d=0.9$	0.03	—	0.04
	$h/d=0.8$	0.05	—	0.12
	$h/d=0.7$	0.20	—	0.32
	$h/d=0.6$	0.70	—	0.90
	$h/d=0.5$	2.03	—	2.57
	$h/d=0.4$	5.27	—	6.30
	$h/d=0.3$	11.42	—	13.00
	$h/d=0.2$	28.70	—	29.70

7.2.4　污泥输送用泵

当污泥采用管道输送时，需要污泥输送泵。污泥输送泵在构造上必须满足不易堵塞、不易腐蚀和耐磨损等基本条件。常用的有离心泵、隔膜泵、螺杆泵、齿轮泵、旋涡泵和磁力泵。

（1）离心泵

离心泵的特点是结构简单，流量均匀，可用耐腐蚀材料制造，且易于调节和自控。

离心泵开泵之前，打开出入管道阀，泵体内应充满流体，当泵叶轮转动时，叶轮的叶片驱使流体一起转动，使流体产生了离心力。在此离心力的作用下，流体沿叶片流道被甩向叶轮出口，经扩压器、蜗壳送入排出管。流体从叶轮获得能量，使压力能和动能增加，当一个叶轮不能满足流体足够能量时，可用多级叶轮串联，获取较高能量。

在流体被甩向叶轮出口的同时，叶轮中心入口处的压力显著下降，瞬时形成了真空，入口管的流体经泵吸入室进入叶轮中心，当叶轮不停地旋转时，流体就不断地被吸入和排出，将流体送到管道和容器中。

离心泵的工作过程，就是在叶轮转动时将机械能传给叶轮内的流体，使它转换为流体的动能，当流体经过扩压器时，由于流道截面变大，流速减慢，使一部分动能转换成压力能，流体的压力就升高了。所以流体在泵内经过两次能量转换，即从机械能转换成流体动能，该动能又部分地转换为压力能，从而泵就完成了输送液体的任务。

（2）隔膜泵

输送具有腐蚀性的污泥时，可使用隔膜泵。其泵头采用弹性薄膜将柱塞与被输送的液体隔开，如图7-8所示。此弹性薄膜用耐腐蚀、耐磨的橡皮或特制的金属制成。隔膜右边所有部分均由耐蚀材料制成或涂有耐蚀物质，隔膜左边则盛有油或水。隔膜泵工作是借助柱塞在隔膜缸内做往复运动，迫使隔膜交替地向两边弯曲，使其完成吸入和排出的工作过程，并且被输送介质不与柱塞接触。为了保证隔膜正常工作，在缸头上装有安全补油阀组，根据压力的变化及时排油或补油。

（3）螺杆泵

螺杆泵是一种容积式旋转型水力机械，利用相互啮合的螺杆与衬套间容积的变化为流体增加能量。

螺杆泵的种类繁多，按其螺杆数目的不同，可分为单螺杆、双螺杆、三螺杆和五螺杆等；按其螺杆螺距可分为长、中、短螺距三种；按其结构形式可分为卧式、立式、法兰式和侧挂式等。

① 单螺杆泵。单螺杆泵是一种内啮合的密封式螺杆泵。普通的单螺杆泵，其转子为圆形断面的螺杆，定子为具有双头的内螺纹，转子的螺距为内螺纹螺距的一半，转子作行星运动的同时，沿着螺纹将液体向前推进，从而产生抽送液体的作用。

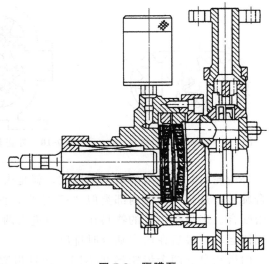

图 7-8　隔膜泵

单螺杆泵具有下列特点：a. 能够连续均匀地输送，无脉冲现象；b. 易损零件少，且零件容易更换；c. 排出能力强，自吸性能好，吸入可靠；d. 对高黏度流体排出可靠，并且适用于含固体颗粒的浆料；e. 吸入管和排出管调换一下，可以反向运转；f. 对于高温度液体，需要采用金属衬套。

螺杆可以用各种钢材制造，只有在特殊条件下才用塑料、玻璃或铸石制成。因为螺杆精度要求相当高（螺距、直径和偏心距的偏差不大于 0.05mm），所以螺杆制造时至少要在切削机床上精磨。为了提高摩擦副中螺杆表面的耐磨性，螺杆可放在电解槽中镀铬，镀铬层厚度推荐在 0.01～0.03mm 范围内，然而在工作螺杆上其值应在 0.06～0.08mm。

衬套材料通常采用橡胶。采用塑料或橡胶的衬套表面在压铸或压制过程中，在压模中放入型芯和钢管（衬套外壳），钢管内表面的细螺纹用来增大橡胶固定的表面积。

由于螺杆泵是一种容积泵，它的压力取决于与它连接的管道系统的总阻力。一般来说，为防止管道阻力增大，必须在泵的出口设置安全阀，在泵的入口设置过滤器，以保证泵的安全。

② 双螺杆泵。双螺杆泵是泵内有两个螺杆，一个是主动螺杆，一个是从动螺杆。

③ 奈莫泵。奈莫泵的工作原理和螺杆泵一样，定子与转子接触形成的螺旋密封线将吸入腔与排出腔（压力腔）完全分开，使泵具有阀门的隔断作用。

（4）齿轮泵

齿轮泵是依靠泵缸和啮合齿轮间所形成的工作容积变化和移动来输送污泥或使之增压的回转泵，工作容积由泵体、侧盖和齿轮的各齿间槽构成，啮合部分的齿如图 7-9 中的 A、B、C，它们把空间分隔为吸入腔和排出腔。当一对齿轮按一定方向转动时，位于吸入腔的齿 C 逐渐退出啮合，使吸入腔的容积逐渐增大，压力降低，污泥沿吸入管进入吸入腔，直至充满齿间，随着齿轮的转动，污泥被带到排出腔强行送到泵的出口进入管道。

齿轮泵主要由两个旋转的齿轮和泵壳组成。根据两个旋转齿轮的相互位置，齿轮泵可以分为外齿轮泵和内齿轮泵两种，其结构示意图分别如图 7-10 和图 7-11 所示。

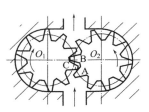

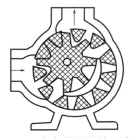

图 7-9 齿轮泵齿的啮合　　　图 7-10　外齿轮泵结构示意图　　　图 7-11　内齿轮泵结构示意图

外齿轮泵是齿轮泵的最基本形式，就是由两个相同的齿轮在一个紧密配合的壳体内相互啮合旋转，这个壳体的内部类似"8"字形，两个齿轮装在里面，齿轮的外形及两侧与壳体紧密配合。来自挤出机的物料在吸入口进入两个齿轮中间，并充满这一空间，随着齿的旋转沿壳体运动，最后在两齿啮合时排出。

内齿轮泵的两个齿轮形状不同，而且齿数也不同，其中一个为环状齿轮，能在泵内浮动，另一个是主动齿轮，与泵体成偏心位置。环状齿轮比主动齿轮多一齿，主动齿轮带动环状齿轮一起运动，利用两齿之间的间隙变化输送污泥。另有一种内齿轮泵的环状齿轮比主动齿轮多两齿，在两齿之间装有一块月牙形的隔板，把吸、排空间明显隔开了。

（5）旋涡泵

旋涡泵，也叫涡流泵，主要由叶轮、泵壳和泵盖构成，靠旋转叶轮对液体的作用力在液体运动方向上给液体以冲量来传递动能以实现输送液体。它不同于离心泵的地方主要体现在叶轮和流道的结构以及流体获得能量的方式上。旋涡泵的叶轮为在圆盘周缘两侧铣出许多凹槽而形成许多径向直叶片的盘型叶轮，其结构如图 7-12 所示。

图 7-13 是旋涡泵的工作原理图，旋涡泵主要由叶轮 6、泵体 5、泵盖 4 等组成。在泵体和泵盖的侧面和外边缘组成一个与叶轮同轴的等截面的环形流道，流道一端与吸入口 3 相连，另一端与排出口 1 相连，吸入口 3 和排出口 1 之间有隔舌 2，隔开吸入口 3 和排出口 1。

图 7-12　旋涡泵叶轮结构
1—圆盘；2—叶片凹槽

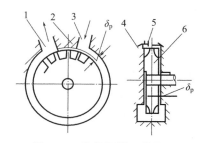

图 7-13　旋涡泵的工作原理
1—排出口；2—隔舌；3—吸入口；4—泵盖；5—泵体；6—叶轮

叶轮高速旋转时，泵内流道中的液体亦随之转动。由于叶轮中液体由于圆周运动产生的离心力大于流道中液体的离心力，液体就会从叶间甩出进入流道，同时，在叶片根部产生局部低压，迫使流道中的液体产生向心流动，从叶片根部进入叶间。泵内这种环行旋涡运动，称为纵向旋涡。在纵向旋涡的作用下，液体从吸入至排出的整个过程中，会多次进出叶轮。液体每流入叶轮一次，就获得一次能量。每次从叶轮流至流道时，由于流速不同，叶间流出液体质点就会与流道中的液体发生撞击，产生动量交换，使流道中的液体能量增加。旋涡泵主要依靠纵向旋涡的作用来传递能量。

液体质点在泵中的运动轨迹就是圆周运动和纵向旋涡叠加形成的复合运动。相对固定的泵壳而言，质点的运动轨迹是前进的螺旋线，而相对转动的叶轮而言则是后退的螺旋线（图 7-14）。

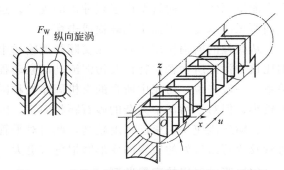

（6）磁力泵

磁力泵又叫做无泄漏磁力驱动泵，其工作原理比较简单，磁体被排列安装在一个静止的密封套或隔离套的两侧，两磁体与装在泵轴上的叶轮连在一起，整个旋转组件用轴

图 7-14　液体在旋涡泵（流道展开图）中的运动

承支承，轴承靠流体润滑并用于轴承座定位。外磁环被固定在电机上。驱动内磁体组件的动力来自电动机驱动外磁环并透过隔离套传送的强磁体之间的吸引力。

简单地说，磁力泵是用一个强大的磁力联轴器来驱动叶轮，磁力联轴器使叶轮在不与电机直接接触的情况下被带动，浸没于液体之中的泵轴与转子被密封在一无磁性的隔离套之间，磁动能通过隔离套传送给泵轴。

7.2.5　污泥管道输送的问题及对策

（1）防止停运时堵管

污泥管道输送过程中，如停电等使污泥停止流动时，管内的污泥在重力作用下会发生沉降分层，进而会引起堵管。对于水平或缓斜上管道，即使停止流动，污泥也不能沿管的轴向全部排出，若短时停电，可以启动泵再输送。但对于急倾斜或垂直管道，若污泥停止流送，所含的固体物沉淀到管线下部，可引起堵管。这种情况需在管道下端设置特别排放阀，在停止输送时自动开启此阀，排出管内的污泥，并要以一定量的水冲洗管道。另外，根据具体情况，必须考虑停电时用柴油机驱动清水泵，以便冲洗管道。

（2）输送管道的磨损

造成输送管道磨损的原因有物理磨损和化学腐蚀。输送高含水率污泥时，由于其流动性好，且污泥中所含的固体物少，对输送管道的物理磨损不大，但对于高含固量的污泥，尤其是其中混有细砂时，对输送管道的物理磨损就非常大。另外，对于某些工业废水污泥，由于其中含有化学成分，可能对输送管道造成腐蚀而磨损。

造成输送管道磨损的主要原因首先是输送污泥内固体颗粒与管壁之间的相互碰撞与摩擦；其次是滚动碰撞；最后是颗粒以一定的角度撞击管壁，即刮削效应。上述三个原因的界限并不很清楚，因为紊流会导致其中任何现象出现。影响管道磨损的因素很多，诸如颗粒的密度、硬度、粒径、级配、数量，污泥的浓度、pH 值、流速，以及输送管道的材质、管径等，均与磨损相关。

（3）管道磨损机理分析

磨损机理是随机过程。在用随机分析来解释这种现象时，首先必须研究管道内壁附近的流动情况，而后建立撞击模型。研究表明，在浆体流动过程中，由于紊流的作用，浆体内固体颗粒处于无规律的窜动状态，因此，浆体颗粒与管壁之间不只出现水平的摩擦，而且还存在高能量固体颗粒向管壁面强烈冲击的现象。这种高能量颗粒的冲击往往为强度较低的管道壁面所无法承受，因而出现破损或击穿。

从颗粒的磨损作用来看，在实际管道输送中，变形磨损与切割磨损往往是并存的，各占的比重与污泥所含颗粒特性及污泥流动的紊动程度有关。紊动程度的高低与污泥流速有直接关系。一般来说，污泥中所含的有机固体颗粒圆滑、细小、紊动程度较低时，切割磨损的危害较小；但对于污泥中夹杂的砂石颗粒而言，因其为多棱形、块状、多面体大颗粒，且硬度较大、输送流速快，紊动程度较高，此时对平管、直管、倾斜管的切割磨损危害较大，而对弯管及弯管出口处的短管的变形磨损危害更大。

（4）管道磨损的定量监测

污泥输送管道的磨损程度可通过对输送管道各方向上的磨损进行监测而获知。用监测所得结果进行管道管理，防止由于管道磨损而造成输送中止，从而保证生产正常进行。

实际运行中，可采用高灵敏度超声波测厚仪对管道顶、底、两侧四个不同部位的壁厚进行定点监测，以确定输送管道的磨损率，及时发现管壁厚度的变化，以控制管壁的安全厚度，保证输送系统的安全可靠。

（5）磨损控制

① 鉴于管道磨损与固体颗粒有关，所以应尽量清除污泥中夹杂的砂石，如无法完全清除，则应严格控制输送污泥中夹杂砂石的粒度。

② 控制污泥的流速是减少磨损的有效措施。试验表明，加大污泥输送流速，管道内的水头损失、所需动力、磨损量均有明显增加。在输送量相同时，流速每增加2倍，则所需动力要增加4倍；而管壁磨损量与流速的2.6次方成正比，即每当流速提高2倍，则磨损量将增加6倍。但流速也不可能无限制缩小，起码需保证污泥的正常流动与固体颗粒不出现沉积。

③ 预留磨损壁厚。根据试验测定的每年管道磨损厚度乘以服务年限作为需要预留的管壁厚度，再与正常壁厚相加，两者之和作为管道实际需要的壁厚。为了确保生产正常进行，除了对管道磨损严重部位进行加厚处理外，还需定时监测管壁的磨损情况，及时翻管后使用。

④ 由于切割磨损的作用，管子底部磨损严重，要求定时监测管壁的安全厚度，有计划地转动管子，每次转动角度为60°～120°。

⑤ 提高管子自身的耐磨性。提高管子自身耐磨性的常用办法是在金属管内加耐磨层（或衬管），或选用耐磨性能好的管材。

7.3 ⊃ 胶带输送机

胶带输送机主要用于输送栅渣、脱水后的泥饼和泥沙等，可用于水平方向和坡度不大倾斜方向的输送。

胶带输送机按机架结构形式不同可分为固定式、可搬式、运行式三种。三者的工作部分都是相同的，不同的只是机架部分。

带式输送机的构造如图 7-15 所示。一条无端的胶带 1 绕在改向滚筒 14 和传动滚筒 6 上，并由固定在机架上的上托辊 2 和下托辊 10 支承。驱动装置带动传动滚筒回转时，由于胶带通过拉紧装置 7 张紧在两滚筒之间，因此便通过传动滚筒与胶带间的摩擦力带动胶带运行。物料由漏斗 4 加至胶带上，由传动滚筒处卸出。加料点和卸料点可根据工艺过程要求设在相应的位置。

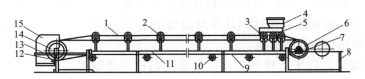

图 7-15　带式输送机的构造

1—胶带；2—上托辊；3—缓冲托辊；4—漏斗；5—导料槽；6—传动滚筒；7—螺旋拉紧装置；8—尾架；
9—空段清扫器；10—下托辊；11—中间架；12—弹簧清扫器；13—头架；14—改向滚筒；15—头罩

7.3.1　输送带

输送带起曳引和承载作用，主要有织物芯胶带和钢绳芯胶带两大类。目前使用的输送带有橡胶带和聚氯乙烯塑料带两种，其中橡胶带应用广泛，而塑料带由于除了具有橡胶带的耐磨、弹性等特点外，还具有优良的化学稳定性、耐酸性、耐碱性及一定的耐油性等，也具有较好的应用前景。

橡胶带由若干层帆布组成，帆布层之间用硫化方法浇上一层薄的橡胶，带的上面及左右两侧都覆以橡胶保护层，其断面图如图 7-16 所示。

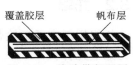

图 7-16　橡胶带断面图

帆布层的作用是承受拉力。显然，胶带越宽，帆布层亦越宽，能承受的拉力亦越大；帆布层越多，能承受的拉力亦越大，但带的横向柔韧性越小，胶带就越不能与支承它的托辊平服地接触，这样就有使胶带走偏而把物料倾斜卸出机外的可能。帆布的层数可根据带的最大张力计算：

$$Z = \frac{S_{\max} m}{B\sigma} \qquad (7-15)$$

式中　Z——帆布层数；

　　$S_{\max}$——输送带的最大张力，N；

　　m——安全系数，硫化接头取 8～10，机械接头取 10～12；

　　B——带宽，cm；

　　σ——输送带的径向扯断张力，每层普通型橡胶带 $\sigma = 560\text{N/cm}$，每层强力型橡胶带 $\sigma = 960\text{N/cm}$。

橡胶层的作用，一方面是保护帆布不致受潮腐烂，另一方面是防止物料对帆布的摩擦作用。因此，橡胶层对于工作面（即与物料相接触的面）和非工作面（即不与物料相接触的面）是有所不同的。工作面橡胶层的厚度有 1.5mm、2.0mm、3.0mm、4.5mm、6.0mm 五种，非工作面橡胶层的厚度有 1.0mm、1.5mm、3.0mm 三种。橡胶层的厚度根据物品的尺寸及物理性质而定，通常情况下多选用 1.5～3.0mm 的橡胶层。

橡胶带的连接方法可分为两类，即硫化胶结和机械连接。硫化胶结法是将胶带接头部位的帆布和胶层按一定形式和角度割成对称差级，涂以胶浆使其黏着，然后在一定的压力、温度条件下加热一定时间，经过硫化反应，使生橡胶变成硫化橡胶，以使接头部位获得黏着强度。

塑料输送带有多层芯和整芯两种。多层芯塑料带和普通橡胶带相似，其每层径向扯断张力为560N/cm。整芯塑料带的生产工艺简单，生产率高，成本低，质量好。整芯塑料带厚度有4mm、5mm和6mm三种。塑料带的接头方法有机械法和塑化两种。机械接头的安全系数与橡胶带相似，塑化接头能达到其本身强度的70%～80%，安全系数取$m=9$，因此，整芯塑料带采用塑化接头很有必要。

夹钢绳芯橡胶带是以平行排列在同一平面上的许多条钢绳芯代替多层织物芯层的输送带。钢绳以很细的钢丝捻成，钢丝经淬火后表面镀铜，以提高橡胶与钢绳的黏着力。经处理后的钢丝再冷拉至直径为0.25mm的细丝。夹钢丝芯橡胶输送带的主要优点是抗拉强度高，适用于长距离和陡坡输送；伸长率小（约为普通胶带的1/10～1/5），可缩短拉紧行程；带芯较薄，纵向挠曲性能好，易于成槽（槽角为35°），不仅能增大输送量，也可防止皮带跑偏；横向挠曲性能好，滚筒直径可以较小；动态性能好，耐冲击、耐弯曲疲劳，破损后易修补，因而可提高作业速度；接头强度高，安全性较高；使用寿命长，是普通胶带使用寿命的2～3倍。其缺点是，当覆盖层损坏后，钢丝易腐蚀，使用时要防止物料卡入滚筒与胶带之间，因其延伸率小而容易使钢绳拉断。带式输送机已向长距离、大输送量、高速度方向发展。目前各国使用的长距离、大输送量的输送机上多数采用夹钢绳芯橡胶带。

7.3.2 托辊

托辊用于支承运输带和带上物料的质量，减小输送带的下垂度，保证稳定运行。托辊可分为如下几种：

① 平形托辊。如图7-17(a) 所示，一般用于输送成件物品和无载区，以及固定形式卸料器处。

② 槽形托辊。如图7-17(b) 所示，一般用于输送散状物料，其输送能力要比平形托辊提高20%以上。旧系列的槽角一般采用20°、30°，目前都采用35°、45°。国外已有采用60°槽角的。

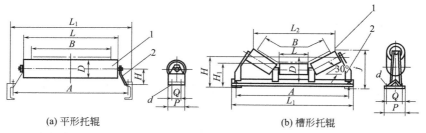

(a) 平形托辊 (b) 槽形托辊

图7-17 平形托辊和槽形托辊的结构

1—滚柱；2—支架

③ 调心托辊。由于运输带的不均质性致使带的延伸率不同，以及托辊安装不准确和载荷在带的宽度上分布不均等原因，都会使运动着的输送带产生跑偏现象。为了避免跑偏，承载段每隔10组托辊设置一组槽形调心托辊或平形调心托辊；无载段每隔6～10组设置一组

平形调心托辊。

槽形调心托辊的结构如图 7-18 所示。托辊支架 2 装在一有滚动止推轴承的主轴 3 上，使整个托辊能绕垂直轴旋转。当输送带跑偏而碰到导向滚柱体 8 时，由于阻力增加而产生的力矩使整个托辊支架旋转。这样托辊的几何中心与带的运动中心线就不相互垂直，带和托辊之间产生一滑动摩擦力，此力可使输送带和托辊恢复正常运行位置。

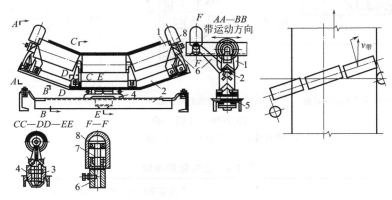

图 7-18　槽形调心托辊的结构

1—托辊；2—托辊支架；3—主轴；4—轴承座；5—槽钢；6—杠杆；7—立辊轴；8—导向滚柱体

④ 缓冲托辊。如图 7-19 所示，在受料处，为了减少物料对输送带的冲击，可以设置缓冲托辊，它的滚柱是采用管形断面的特制橡胶制成的。

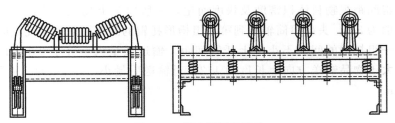

图 7-19　缓冲托辊的结构

⑤ 回程托辊。用于下分支支承输送带，有平形、V 形、反 V 形几种。V 形和反 V 形能降低输送带跑偏的可能性。当 V 形和反 V 形两种形式配套使用时，形成菱形断面，能更有效地防止输送带跑偏。

⑥ 过渡托辊。安装在滚筒与第一组托辊之间，可使输送带逐步变成槽形，以降低输送带边缘因成槽延伸而产生的附加应力。

托辊由滚柱和支架两部分组成。滚柱是一个组合体，如图 7-20 所示，它由滚柱体、轴、轴承、密封装置等组成。滚柱体用钢管截成，两端具有钢板冲压或铸铁制成的壳作为轴承座，通过滚动轴承支承在心轴上（少数情况也有采用滑动轴承的）。为了防止灰尘进入轴承，也为了防止润滑油漏出，装有密封装置。其中迷宫式密封效果最佳，但防水性能差。

胶带输送机上托辊的间距应根据带宽和物料的物理性质选定，建议参照表 7-4 所列范围选用。

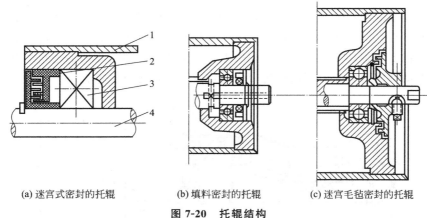

(a) 迷宫式密封的托辊　　　　　(b) 填料密封的托辊　　　　　(c) 迷宫毛毡密封的托辊

图 7-20　托辊结构

1—滚柱体；2—密封装置；3—轴承；4—轴

表 7-4　上托辊的间距

物料容积密度 ρ/(t/m³)	不同带宽对应的托辊间距/mm			
	500mm	650mm	800mm	1000mm
≤1.6	1200		1200	
>1.6	1200		1100	

　　受料处托辊间距视物料体积密度及块度而定，一般取为上托辊间距的 1/3～1/2。下托辊间距一般可取为 3m。头部滚筒轴线到第一组槽形托辊的间距可取为上托辊间距的 1.3 倍，尾部滚筒到第一组托辊的间距不小于上托辊间距。输送质量大于等于 20kg 的成件物品时，托辊间距不应大于物品输送方向上长度的 1/2。对输送质量小于 20kg 的成件物品时，托辊间距可取为 1m。

7.3.3　驱动装置

　　驱动装置的作用是通过传动滚筒和输送带的摩擦传动，将牵引力传给输送带，以牵引输送带运动。胶带输送机的驱动装置典型结构如图 7-21 所示。传动滚筒由电动机经减速装置而驱动。对于倾斜布置的胶带输送机，驱动装置中还设有制动装置，以防止突然停电时由于物料的作用而产生胶带的下滑。

　　最常用的减速器是圆柱齿轮减速器和圆锥齿轮减速器。圆柱-圆锥齿轮减速器和蜗轮减速器也有采用。

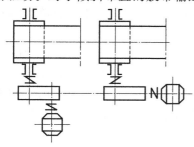

(a) 圆柱齿轮　　(b) 圆柱-圆锥齿轮
减速驱动装置　　减速器和蜗轮减速
　　　　　　　器驱动装置

图 7-21　驱动装置典型结构

7.3.4　拉紧装置

　　拉紧装置的作用是拉紧胶带输送机的胶带，限制在各支承托辊间的垂度和保证带中有必要的张力，使带与传动滚筒之间产生足够的摩擦牵引力，以保证正常工作。

　　拉紧装置分螺旋式、车式、垂直式三种。

（1）螺旋式拉紧装置

螺旋式拉紧装置如图 7-22 所示，由调节螺旋和导架等组成。回转螺旋可移动轴承座沿导向架滑动，以调节带的张力。但螺旋应能自锁，以防松动。这种拉紧装置紧凑、轻巧，但不能自动调节，适用于输送距离短（一般＜100m）、功率小的输送机上。螺旋拉紧行程有 500mm、800mm、1000mm 三种。

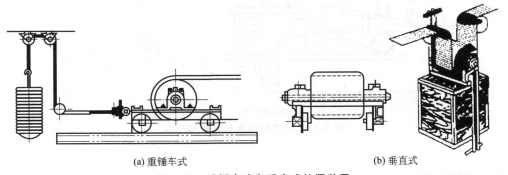

图 7-22　螺旋式拉紧装置

（2）车式拉紧装置

车式拉紧装置又分为重锤式拉紧装置和固定绞车式拉紧装置。如图 7-23（a）所示是一种重锤车式拉紧装置，适用于输送距离较长、功率较大的输送机。其拉紧行程有 2m、3m、4m 三档。

固定绞车式拉紧装置用于大行程、大拉紧力（30～150kN）、长距离、大运输量的带式输送机，最大拉紧行程可达 17m。

（3）垂直式拉紧装置

垂直式拉紧装置如图 7-23（b）所示，其拉紧原理与车式相同，用于采用车式拉紧装置布置较困难的场合，可利用输送机走廊的空间位置进行布置。可随着张力的变化靠重力自动补偿输送带的伸长，重锤箱内装入每块 15kg 重的铸铁块调节拉紧张力。该拉紧装置的缺点是改向滚筒多，且物料易掉入输送带与拉紧滚筒之间而损坏输送带，特别是输送潮湿或黏性物料时，由于清扫不干净，这种现象更严重。

(a) 重锤车式　　　　　　　　　　　(b) 垂直式

图 7-23　重锤车式和垂直式拉紧装置

7.3.5　装料及卸料装置

装料装置的形式取决于被输送物料的特性。成件物品通常用倾斜槽、滑板来装载或直接装到输送机上；粒状物料则用装料漏斗来装载。

装料装置除了要保证均匀地供给输送机定量的被输送物料外，还要保证这些物品在输送带上分布均匀，减小或消除装载时物料对带的冲击。因此，装料装置的倾斜度最好能使物料在离开装料装置时的速度能接近带的运动速度。

卸料装置的形式取决于卸料的位置。最简单的卸料方式是在输送机的末端卸料，这时除了导向卸料槽之外，不需要任何其他装置。如需要从输送机上任意一处卸料，则需要采用犁式（固定单侧式和固定两侧式）卸料器和电动卸料车，如图 7-24 所示。

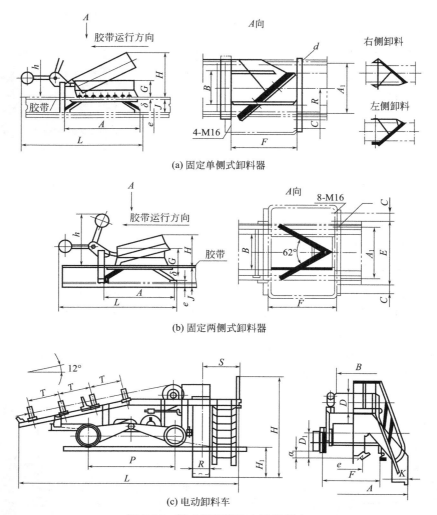

(a) 固定单侧式卸料器

(b) 固定两侧式卸料器

(c) 电动卸料车

图 7-24　犁式卸料器和电动卸料车

7.3.6　清扫装置

清扫器的作用是清扫输送带上黏附的物料，以保证有效输送物料，同时也为了保护输送带。尤其是输送黏湿性物料时，清扫器的作用就显得更为重要。

清扫器分头部清扫器和空段清扫器两种。头部清扫器又分重锤刮板式清扫器和弹簧清扫器，装于卸料滚筒处，清扫输送带工作面的黏料。弹簧清扫器的结构如图 7-25(a) 所示。空段清扫器装在尾部滚筒前，用以清扫黏附于输送带非工作面的物料，其结构如图 7-25(b) 所示。

7.3.7　制动装置

倾斜布置的胶带输送机在运行过程中如遇到突然停电或其他事故而引起突然停机时，会由于输送带上物料的自重作用而引起输送机的反向运转，这在胶带输送机的运行中是不允许

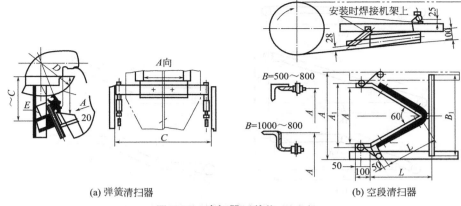

(a) 弹簧清扫器　　　　　　　　　　　(b) 空段清扫器

图 7-25　清扫器（单位：mm）

的。为了避免这一现象的发生，可设置制动装置。常见的制动装置有三种：带式逆止器、滚柱逆止器和电磁闸瓦式制动器。

带式逆止器的结构如图 7-26 所示。输送带正常运行时，制动带 1 被卷缩，因此不影响输送带的运行。若输送带突然反向运行时，则制动带的自由端被卷夹在传动滚筒与输送带之间，就阻止了胶带的反向运动。带式逆止器的优点是结构简单，造价低廉，在倾斜角小于18°时制动可靠；缺点是制动时必须有一段倒转，造成尾部装料处堵塞溢料。头部滚筒直径越大，倒转距离越长，因此，对功率较大的带式输送机不宜采用这种逆止器。

滚柱式逆止器的结构如图 7-27 所示，它是由棘轮 1、滚柱 2 和底座 3 组成。滚柱式逆止器安装在减速器低速轴的另一端，其底座固定在机架上。当棘轮顺时针方向旋转时，滚柱处于较大的间隙内，不影响正常运转。但当输送带反向运动时，滚柱被楔入棘轮与底座之间的狭小间隙内，从而阻止棘轮反转。滚柱式逆止器制动平衡可靠，在向上输送的输送机中都可采用。

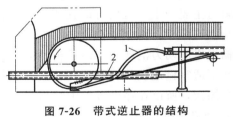

图 7-26　带式逆止器的结构

1—制动带；2—小链条

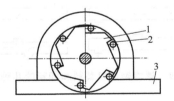

图 7-27　滚柱式逆止器的结构

1—棘轮；2—滚柱；3—底座

电磁闸瓦式制动器因消耗大量电力，且经常因发热而失灵，所以一般情况下尽量不用，只是在向下输送时才采用。

带式输送机的布置形式有多种，应用时可根据工艺过程的要求布置，典型布置如图 7-28 所示。在设计时一般应注意在曲线段内不要设置装料和卸料装置。装料点最好设在水平段内，也可设在倾斜段。但倾角越大时，装料点设在倾斜段内越容易掉料，因此在设计大倾角输送机时，最好将装料区段设计成水平，或将该区段的倾角适当减小。各种卸料装置一般设在水平段内。

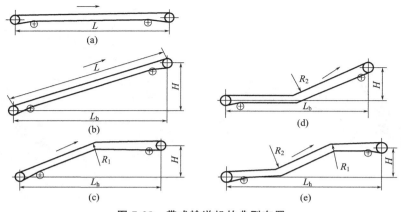

图 7-28　带式输送机的典型布置

7.4 ➲ 螺旋输送机

螺旋输送机是一种最常用的连续输送设备，用于传输工业生产中产生的各种废物及滤渣，城市给排水中格栅输出栅渣，污泥脱水中输送泥饼等物料。

螺旋输送机一般分为有轴、无轴两种。

7.4.1　有轴螺旋输送机

有轴螺旋输送机由螺杆、U 形槽盖板、进出料口和驱动装置组成，其优点是构造简单，在机槽外部除了传动装置外，无须其他转动部件；占地面积小；容易密封；管理、维护、操作简单；便于多点装料和多点卸料。其装料和卸料的几种布置形式如图 7-29 所示。

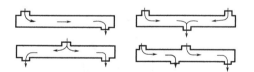

图 7-29　螺旋输送机装料和卸料的几种布置形式

螺旋输送机的缺点是：运行阻力大，这些阻力主要产生于机械与螺旋叶片之间、螺旋面与物料之间、机槽与物料之间等。一般比其他输送机的动力消耗大，而且机件磨损较快，因此不适宜输送块状、磨琢性较大的物料；由于摩擦大，所以在输送过程中对物料有较大的粉碎作用，因此需要保持粒度一定的物料不宜用这种输送机；由于各部件有较大的磨损，所以这种输送设备只用于较低或中等生产率（100m³/h）的生产中，且输送距离不宜太长。

螺旋输送机的结构如图 7-30 所示，内部结构如图 7-31 所示。它主要由螺旋轴、料槽、轴承和驱动装置所组成。料槽的下半部是半圆形，螺旋轴沿纵向放在槽内。当螺旋轴转动时，物料由于其质量及它与槽壁之间摩擦力的作用，不随螺旋轴一起转动，这样由螺旋轴旋转而产生的轴向推力就直接作用到物料上而成为物料运动的推动力，使物料沿轴向滑动。物料沿轴向的滑动，就像螺杆上的螺母，当螺母沿轴向被持住而不能旋转时，螺杆的旋转就使螺母沿螺杆作平移。物料就是在螺旋轴的旋转过程中朝着一个方向推进到卸料口处卸出的。

（1）螺旋

螺旋由转轴和装在上边的叶片组成。转轴有实心和空心管两种，在强度相同的情况下，

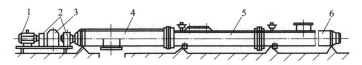

图 7-30　螺旋输送机的结构

1—电动机；2—联轴器；3—减速器；4—头节；5—中间节；6—尾节

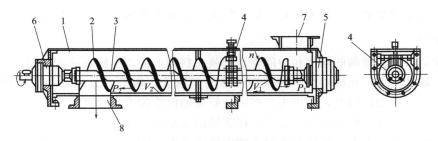

图 7-31　螺旋输送机内部结构

1—料槽；2—叶片；3—螺旋轴；4—悬挂轴承；5、6—端部轴承；7—进料口；8—出料口

空心管轴较实心轴质量轻，连接方便，所以比较常用。管轴用特厚无缝钢管制成，轴径一般在 50～100mm 之间，每根轴的长度一般在 3m 以下，以便逐段安装。

　　螺旋叶片有左旋和右旋之分，确定螺旋旋向的方法如图 7-32 所示。物料被推送方向由叶片的方向和螺旋的旋向所决定。图 7-31 为右旋螺旋，当螺旋按 n 方向旋转时，物料沿 V_1 的方向推送到卸料口处；当螺旋按反向旋转时，物料沿 V_2 的方向被推送。若采用左旋螺旋，物料被推送的方向则相反。

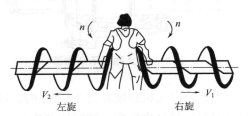

图 7-32　确定螺旋旋向的方法

　　根据被输送物料的性质不同，螺旋有各种形式，如图 7-33 所示。在输送干燥的小颗粒物料时，可采用全叶式 [图 7-33（a）]；当输送块状或黏湿性物料时，可采用桨式 [图 7-33（b）]、带式 [图 7-33（c）] 或型叶式 [图 7-33（d）]。采用桨式或型叶式螺旋除了输送物料外，还兼有搅拌、混合及分散物料等作用。

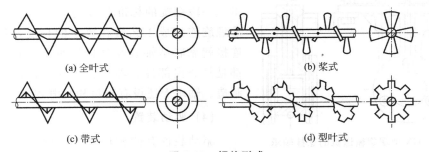

(a) 全叶式　　　　　　　　　　(b) 桨式

(c) 带式　　　　　　　　　　(d) 型叶式

图 7-33　螺旋形式

　　叶片一般采用 3～8mm 厚的钢板冲压而成，焊接在转轴上。对于输送磨蚀性大的物料和黏性大的物料，叶片用扁钢轧成或用铸铁铸成。

（2）料槽

料槽由头节、中间节和尾节组成，各节之间用螺栓连接。每节料槽的标准长度为1～3m，常用3～6mm厚的钢板制成。料槽上部用可拆盖板封闭，进料口设在盖板上，出料口设在料槽的底部，有时沿长度方向开数个卸料口，以便在中间卸料。在进出料口处配有闸门。料槽的上盖还设有观察孔，以观察物料的输送情况。料槽安装在用铸铁制成或用钢板焊接成的支架上，然后紧固在地面上。螺旋与料槽之间的间隙为5～15mm。间隙太大会降低输送效率，太小则增加运行阻力，甚至会使螺旋叶片及轴等机件扭坏或折断。

（3）轴承

螺旋是通过头、尾端的轴承和中间轴承安装在料槽上的。螺旋轴的头、尾端分别由止推轴承和径向轴承支承。止推轴承一般采用圆锥滚子轴承，如图7-34所示。止推轴承可承受螺旋轴输送物料时的轴向力，设于头节端可使螺旋轴仅受拉力，这种受力状态比较有利。止推轴承安装在头节料槽的端板上，它又是螺旋轴的支承架。尾节装置与头节装置的主要区别在于尾节料槽的端板上安装的是双列向心球面轴承或滑动轴承，如图7-35所示。

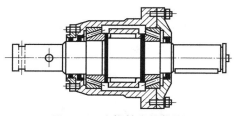

图 7-34 止推轴承结构图

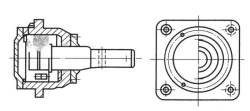

图 7-35 双列向心球面轴承

当螺旋输送机长度超过3～4m时，除在槽端设置轴承外，还要安装中间轴承，以承受螺旋轴的一部分质量和运转时所产生的力。中间轴承上部悬挂在横向板条上，板条则固定在料槽的凸缘或它的加固角钢上，因此称为悬挂轴承，又称为吊轴承。悬挂轴承的种类很多，图7-36所示是GX型螺旋输送机的悬挂轴承。

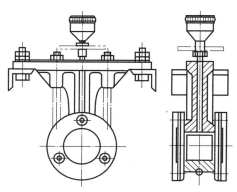

图 7-36 GX型螺旋输送机的悬挂轴承

由于悬挂轴承处螺旋叶片中断，物料容易在此处堆积，因此悬挂轴承的尺寸应尽量紧凑，而且不能装太密，一般每隔2～3m安装一个悬挂轴承。一段螺旋的标准长度为2～3m，要将数段标准螺旋连接成工艺过程要求的长度，各段之间的连接就靠联结轴装在悬挂轴承上。联结轴和轴瓦都是易磨损部件。轴瓦多用耐磨铸铁或巴氏合金制造。轴承上还设有密封和润滑装置。

（4）驱动装置

驱动装置有两种形式，一种是电动机和减速器，两者之间用弹性联轴器连接，而减速器与螺旋轴之间常用浮动联轴器连接；另一种是直接用减速电动机，而不用减速器。在布置螺旋输送机时，最好将驱动装置和出料口同时装在头节，这样使螺旋轴受力较合理。

7.4.2　无轴螺旋输送机

无轴螺旋输送机是利用无轴螺旋实现物料连续输送的螺旋输送机。

（1）XLS 型螺旋输送机

XLS 型螺旋输送机是把有轴螺旋输送机的螺杆改为无轴螺旋，并在 U 形槽内装有可换衬体，结构简单，物料由进口输入，经螺旋推动后由出口输出，整个传输过程可在一个密封的槽中进行，降低了噪声，减少了异味的传播。

由于设备中没有高速运转零件，因此螺旋磨损低，设备耗能低，几乎不需要维修。其结构如图 7-37 所示。

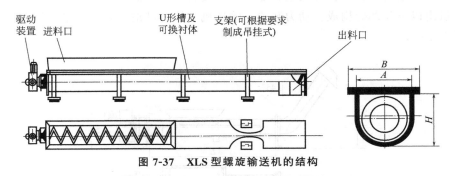

图 7-37　XLS 型螺旋输送机的结构

（2）LS 型螺旋输送机

LS 型螺旋输送机为 U 形槽，其螺旋直径为 100～1250mm，分为单端驱动和双端驱动两种形式。单端驱动螺旋输送机的最大长度可达 35m，输送机长度超过 35m 时，需采用双端驱动。螺旋输送机中间的吊轴承采用滚动、滑动可互换的两种结构，阻力小，密封性能强，耐磨性好。

滚动轴承采用 80000 型密封轴承，轴盖上另有防尘密封结构，常用在不宜加油、不加油或油对物料有污染的地方，密封效果好，吊轴承寿命长，适用于输送温度低于 80℃的物料；滑动吊轴承设有防尘密封装置，轴瓦常采用铸铜瓦、MC 耐磨尼龙瓦和铜基石墨少油润滑瓦。

按螺旋输送机使用场合的不同，LS 型螺旋输送机可分三种：采用实体螺旋叶片的 S 制法、采用带式螺旋叶片的 D 制法和采用桨叶式螺旋叶片的 J 制法。

（3）GX 型螺旋输送机

GX 型螺旋输送机的结构形式与 LS 型螺旋输送机基本相同。

GX 型螺旋输送机的螺旋直径有 150mm、200mm、250mm、300mm、400mm、500mm、600mm 七种，机长 3～70m，可在环境温度为 −20～50℃的条件下，以小于 20°的倾角单向输送温度低于 200℃的物料。

按螺旋输送机使用场合要求的不同，GX 型螺旋输送机可分为两类：

① S 制法。带有实体螺旋面的螺旋，其螺距等于直径的 8/10；

② D 制法。带有带式螺旋面的螺旋，其螺距等于直径。

GX 型螺旋输送机的结构如图 7-38 所示。

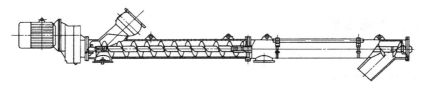

图 7-38　GX 型螺旋输送机的结构

（4）XLY 型螺旋输送机

XLY 型螺旋输送机适用于城镇污水处理厂、自来水厂和市政雨水和污水泵站的栅渣处理。其工作过程是：由格栅清污机捞出的水中漂浮物由螺杆带入输送机主体，在传送过程中被压榨、脱水，最后压榨渣被卸入收集器中，使废料易于运输、填埋及焚烧。

输送机由以下几部分构成：动力装置、输送机主体、进出料装置、电气控制箱等，其结构如图 7-39 所示。

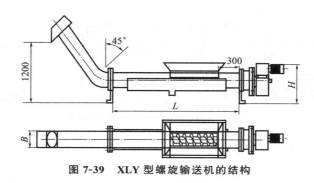

图 7-39　XLY 型螺旋输送机的结构

7.5 🔄 链板输送机

链板输送机的主要特点是以链条作为牵引构件，另以板片作为承载构件，板片安装在链条上，借助链条的牵引，达到输送物料的目的。根据输送物料种类和承载构件的不同，链板输送机主要有板式输送机、刮板输送机和埋刮板输送机三种。

7.5.1　板式输送机

板式输送机的构造如图 7-40 所示，它用两条平行的闭合链条作牵引构件，链条上连接有横向的平板 2 或槽形板 3，板片组成鳞片状的连续输送带，以便装载物料。牵引链紧套在驱动链轮 4 和改向链轮 5 上，用电动机经减速器、驱动链轮带动。在另一端链条绕过改向链轮，改向链轮装有拉紧装置。因为链轮传动速度不均匀，坠重式的拉紧装置容易引起摆动，所以，拉紧装置都采用螺旋式。重型板式输送机的牵引链大多数采用板片关节链，如图 7-40（c）所示，在关节销轴上装有滚轮 6，输送的物料以及输送机的运动构件等的质量都由滚轮支承，沿着机架 7 上的导向轨道滚动运行。

板式输送机有以下几种类型：板片上装有随同板片一起运行的活动拦板 8 的输送机［如图 7-40（d）］；在机架上装有固定拦板的输送机［如图 7-40（a）］；无拦板的输送机［如

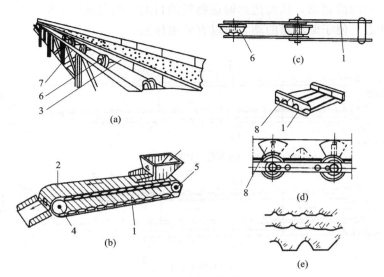

图 7-40　板式输送机的构造

1—牵引链；2—平板；3—槽形板；4—驱动链轮；5—改向链轮；6—滚轮；7—机架；8—拦板

图 7-40(b)]。前两种多用来输送散状物料。板片的形状有平板片［如图 7-40(b)］、槽形板片［如图 7-40(d)］和波浪形板片［如图 7-40(e)］。为了提高输送机的生产能力，特别是在较大倾斜角时，波浪形板片具有明显的优越性。

输送散粒状物料时，板式输送机的输送能力为：

$$Q = 3600Fv\phi\rho_s$$

式中　F——承载板上物料的横截面积，m^2；

v——板的速度，m/s；

ϕ——填充系数；

ρ_s——物料的堆积密度，t/m^3。

对于有拦板的输送机，承载板上的横截面积取等于承载板料槽的截面积。考虑到物料有填充不够之处，在计算中引入填充系数修正。在计算承载板的宽度时，不仅考虑到输送能力，同时还要考虑料块的大小。料块的尺寸不应大于板宽的 1/3。拦板的高度一般取 120～180mm。

板式输送机的特点是：输送能力大；能水平输送物料，也能倾斜输送物料，一般允许最大输送倾角为 25°～30°。如果采用波浪形板片，倾角可达 35°或更大；由于它的牵引件和承载件强度高，输送距离可以较长，最大输送距离为 70m；特别适合输送沉重、大块、易磨和炽热的物料，一般物料温度应低于 200℃；但其结构笨重，制造复杂，成本高，维护工作繁重，所以一般只在输送灼热、沉重的物料时才选用。

7.5.2　刮板输送机

刮板输送机是借助链条牵引刮板在料槽内的运动来达到输送物料的目的。如图 7-41 所示，料槽 1 固定在机座 2 中，牵引链条 3 上安装刮板 4，绕过两端的驱动链轮 5 和改向链轮 6，形成一条闭合的链条。链条的运动由驱动链轮带动，料槽中的物料就在链条的运动中由链条上的刮板推动向前运动，从而达到输送物料的目的。改向链轮上也装有张紧装置，以使链条处于张紧状态，便于驱动轮的动力得以有效地传递。

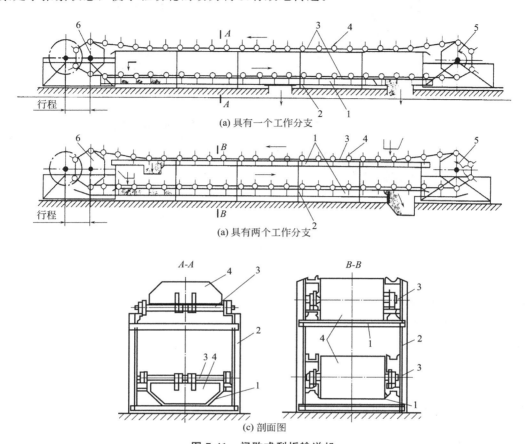

(a) 具有一个工作分支

(a) 具有两个工作分支

(c) 剖面图

图 7-41　间歇式刮板输送机

1—料槽；2—机座；3—牵引链条；4—刮板；5—驱动链轮；6—改向链轮

链条带上的刮板要高出物料，物料不连续地堆积在刮板的前面，物料的截面呈梯形，如图 7-42 所示。由于物料在料槽内是不连续的，所以又称为间歇式刮板输送机。这种输送机利用相隔一定间距固装在牵引链条上的刮板沿着料槽刮运物料。闭合的链条刮板分上、下两支，可在上分支或下分支输送物料，也可在上、下两分支同时输送物料，如图 7-41 所示。牵引链条最常用的

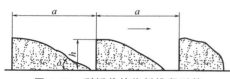

图 7-42　刮板前的物料堆积形状

是圆环链，可以采用一根链条与刮板中部连接，也可用两根链条与刮板两端相连。刮板的形状有梯形和矩形等，料槽断面与刮板相适应。物料由上面或侧面装载，由末端自由卸载；也可以通过槽底部的孔口进行中途卸载，卸载工作能同时在几处进行。

这种输送机适用在水平或小倾角方向输送散粒状物料，不适宜输送易碎的、有黏性的或会挤压成块的物料。该输送机的优点是结构简单，可在任意位置装载和卸载；缺点是料槽和刮板磨损快，功率消耗大，因此输送长度不宜超过 60m，输送能力不大于 200t/h，输送速度一般在 $0.25 \sim 0.75$m/s。

7.5.3　埋刮板输送机

埋刮板输送机在水平和垂直方向都能很好地输送粉体和散粒状物料,因此近年来得到了较多的应用。

埋刮板输送机有两个部分的封闭料槽:一部分用于工作分支;另一部分用于刮分支。固定有刮板的无端链条分别绕在头部的驱动链轮和尾部的张紧链轮上,如图 7-43 所示。物料在输送时并不由各个刮板一份一份地带动,而是以充满料槽整个工作断面或大部分断面的连续流的形式运动。

水平输送时,埋刮板输送机槽道中的物料受到刮板在运动方向的压力及物料本身重力的作用,在散体内部产生了摩擦力,这种内摩擦力保证了散体层之间的稳定状态,并大于物料在槽道中滑动而产生的外摩擦阻力,使物料形成了连续整体的料流而被输送。

在垂直输送时,埋刮板输送机槽道中的物料受到板在运动方向的压力时,在散体中产生横向的侧压力,形成了物料的内摩擦力。同时由于板在水平段不断给料,下部物料相继对上部物料产生推移力。这种内摩擦力和推移力的作用大于物料在槽道中的滑动而产生的外摩擦力和物料本身的重力,使物料形成了连续整体的料流而被提升。

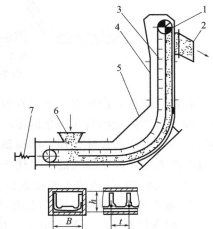

图 7-43　埋刮板输送机
1—头部;2—卸料口;3—刮板链条;
4—中间机壳;5—弯道;6—加料段;
7—尾部拉紧装置

由于在输送物料过程中刮板始终被埋于物料之中,所以称为埋刮板输送机。埋刮板输送机主要用于输送粒状、小块状或粉状物料。对于块状物料一般要求最大粒度不大于 3.0mm;对于硬质物料要求最大粒度不大于 1.5mm;不适用于输送磨琢性大、硬度大的块状物料;也不适用于输送黏性大的物料。对于流动性特强的物料,由于物料的内摩擦系数小,难以形成足够的内摩擦力来克服外部阻力和自重,因而输送困难。

埋刮板输送机的主要特点是:物料在机壳内封闭运输,扬尘少,布置灵活,可多点装料和卸料;设备结构简单,运行平稳,电耗低。水平运输长度可达 80~100m,垂直提升高度为 20~30m。

通用型埋刮板输送机主要有三种,如图 7-44 所示:MS 型为水平输送,最大倾角可达30°;MC 型为垂直输送,但进料端仍为水平段;MZ 型为"水平-垂直-水平"的混合型,形似 Z 字,所以有 Z 型埋刮板输送机之称。

选用时,首先对物料要有一定的要求,物料密度 $\gamma=0.5\sim1.8\text{t/m}^3$,其中 Z 型要求物料密度 $\gamma\leqslant1.0\text{t/m}^3$;物料温度 $\leqslant100℃$;物料粒度一般要 $<3.0\text{mm}$;其他物性如含水率要低,在输送过程中物料不会黏结,不会压实变形,硬度和磨琢性不宜过大。

7.5.4　FU 链式输送机

FU 型链式输送机(简称"链运机")是吸收日本和德国先进技术设计制造而成的一种用于水平(或倾角小于 15°)输送粉体、粒状物料的粉体输送设备。

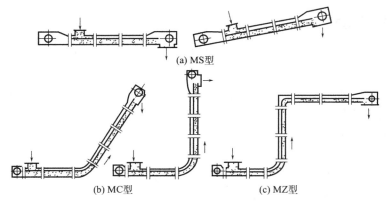

(a) MS型

(b) MC型　　　　(c) MZ型

图 7-44　埋刮板输送机的形式

在密封的机壳内装有一条配有附件装置的链条，该链条在传动装置的带动下在机壳内运动，加入机壳内的物料在链条的带动下靠物料的内摩擦力与链条一起运动，从而实现输送物料的目的。本产品设计合理，结构新颖，使用寿命长，运转可靠性高，节能高效，密封、安全且维修方便。其使用性能明显优于螺旋输送机、埋刮板输送机及其他粉体输送设备。

FU 型链式输送机的主要特点如下：

① 输送能力范围宽。目前已有产品的输送能力在 $6 \sim 500 m^3/h$ 之间。

② 输送能耗低。与螺旋输送机相比，节电 $40\% \sim 60\%$。

③ 密封、安全。全密封的机壳，输送过程无扬尘，操作安全，运行可靠。

④ 使用寿命长。用合金钢材经先进的热处理工艺加工而成的输送链，正常寿命大于 5 年。

⑤ 工艺布置灵活。可多点进料或出料，可单向或双向输送，可水平或爬坡 15°布置。

⑥ 维修费用低。维修率极低，能确保主机的正常运行。

⑦ 适用范围广。可适用于水泥、生料、煤粉等粉状、小块状、易碎物料。

FU 型链式输送机对物料的水分含量也有一定的要求。在选用时，可采用下列办法测定物料湿度是否适合于该输送机，一般可将物料抓捏成团，撒手后物料仍能松散，即表明可以采用该输送机。当被输送物料的湿度超过一定值时，是否可以采用应与该输送机生产厂家技术部门取得联系进行咨询。当用于其他行业输送磨琢性小且温度低于 60℃的物料时，链速还可以加快，最快可达 40m/min。

▶▶　参考文献

[1]　廖传华，周玲，朱美红，等.输送技术、设备与工业应用 [M].北京：化学工业出版社，2018.

[2]　蔡振旭，冯敏，周坤龙，等.自动控制在污水处理厂污泥输送系统中的应用 [J].中国给水排水，2016，32（9）：80-82.

[3]　李善宁，张良桥.生化污泥输送系统自动控制应用 [J].冶金动力，2016，2：51-53.

[4]　郑赟嘉，王精宝，邵立军，等.悬挂式 Silo 泵对高固含量脱水污泥的输送 [J].通用机械，2016，9：66-69.

[5]　陈志平，谢准明，宋旭，等.脱水污泥管道输送阻力计算模型对比研究 [J].中国给水排水，2016，32（3）：101-103.

[6]　闫利刚，杜志鹏.脱水污泥储存及输送系统设计探讨与分析 [J].中国给水排水，2016，32（12）：41-43.

[7]　曹秀芹，崔伟莎，杨平，等.污水厂污泥流变特性变化规律 [J].环境工程学报，2015，9 (4)：1956-1962.

[8]　徐兴华，沙雪华.市政污泥螺杆泵输送计算的工程化应用研究 [J].中国给水排水，2015，31 (23)：90-92.

[9]　陆海，尹军，袁一星，等.应用 GA-DE 组合算法的污泥输送管道设计参数优化 [J].哈尔滨工业大学学报，2015，47 (6)：27-32.

[10]　宣建岚，杨明远，欧如清，等.污泥干化焚烧输送系统的优化改造研究 [J].环境科学管理，2015，40 (4)：20-22.

[11]　张丽.城市污泥管道输送减阻可行性试验研究 [J].山西水利，2015，2：28-29.

[12]　陆海.污泥管道输送非均质流动阻力预测及费用模拟研究 [D].哈尔滨：哈尔滨工业大学，2014.

[13]　潘绮，邵任斌，谢建萍.污泥管道输送阻力特性的研究与应用 [J].给水排水，2014，40 (10)：100-102.

[14]　汤传彬，樊学勇，张承信，等.污泥输送用螺旋输送机设计参数选取 [J].建筑机械，2014，4：84-87.

[15]　徐黎黎，孙爱国，代成杨.污水处理厂污泥脱水系统工艺改造设计 [J].广东化工，2014，41 (22)：126-127，118.

[16]　饶宾期，施阁，曹黎.脱水污泥储存输送系统的优化设计 [J].化工自动化及仪表，2013，40 (9)：1137-1139.

[17]　陈升辉，饶宾期，胡青海，等.基于 HML 的污泥存储输送系统设计 [J].微型机与应用，2013，32 (24)：94-97.

[18]　廉兴华.城市污泥的特性与输送 [D].杭州：浙江工业大学，2013.

[19]　裴玉良，殷江平，王磊.城市污泥掺烧自动化搅拌输送系统的应用 [J].环境工程，2013，31 (A1)：478-479.

[20]　李晖.脱水污泥输送系统技术特点及设计探讨 [J].市政技术，2013，31 (5)：120-122.

[21]　马修元，段钰锋，刘猛.污泥水焦浆管道输送的壁面滑移和减阻特性 [J].中国电机工程学报，2013，33 (2)：46-51，10.

[22]　余召辉，兰思杰，赵由才.文丘里泵提高剩余污泥重力浓缩效率的研究 [J].安徽农业科学，2013，41 (24)：10089-10091.

[23]　金中国.用单螺杆泵输送脱水干污泥 [C].中国土木工程学会全国排水委员会 2013 年年会，厦门，2013.

[24]　朱敏.污水处理厂污泥管道输送系统设计与研究 [J].给水排水，2012，38 (A2)：22-25.

[25]　李再澄.用单螺杆泵输送脱水污泥 [C].全国城镇污水处理厂污泥处理处置技术研讨会，山东德州，2012.

[26]　何成柱.供水系统污泥泵的故障分析及改进措施 [J].安全、健康和环境，2012，12 (3)：27-29.

[27]　张大群.污泥处理处置适用设备 [M].北京：化学工业出版社，2012.

[28]　于东，张良.脱水污泥的泵送、存储和石灰稳定 [C].第七届全国膜与膜过程学术报告会，杭州，2011.

[29]　陈明，杨健，奚圣美，等.CAST 池回流污泥泵断轴原因分析与解决措施 [J].水务世界，2011，6：45-47.

[30]　蔡芝斌，李再澄，杨平昌，等.单螺杆泵输送脱水污泥的应用探讨 [J].给水排水，2011，37 (1)：93-96.

[31]　杨茂东，林海燕，王超.净水厂污泥泵选择及设计应用探讨 [J].给水排水，2010，36 (10)：108-110.

[32]　黄居森，卢映莲.远距离大运量污泥泵送系统技术改进探讨 [J].给水排水，2010，36 (7)：105-106.

[33]　马庆勇.污泥压干螺旋泵的理论设计及 CFD 分析 [J].水泵技术，2010，4：31-33.

[34]　许乃炎.PLC 变频器及上位机的通信在污泥泵检修的应用 [J].自动化与信息工程，2010，31 (4)：44-48.

[35]　毛凤，魏洪矾，刘庆超.新型过滤器结构分析及改进 [J].石油与化工设备，2010，13 (3)：56-59.

[36]　相春根，蒋宏林，杨平昌.祥符水厂脱水污泥实现泵-管道输送 [J].中国给水排水，2009，25 (16)：72.

[37]　郭光明，马星民，赵巧芝，等.活塞泵对造纸污泥吸入特性实验研究 [J].中国造纸，2009，28 (4)：56-60.

[38]　吴森，赵学义，潘越，等.城市污泥的特性及管道输送技术研究 [J].环境工程学报，2008，2 (2)：260-266.

[39]　朱晟远.城镇中小型水质净化厂污泥回流螺旋泵的改造 [J].上海水务，2008，24 (1)：59-60.

[40]　王星，赵学义，吴森.城市污泥管道输送与处置结合的新技术 [J].环境科学与技术，2007，30 (7)：103.

[41]　刘弦.城市污水处理厂污泥管道输送阻力特性研究 [D].重庆：重庆大学，2007.

[42]　王伟静，王东，曹茂康.炼钢转炉污泥管道输送的设计与应用 [J].节能与环保，2006，1：60.

[43]　吴森，赵学义，孙浩，等.污泥管道输送成套装备的应用 [J].中国给水排水，2005，21 (6)：73-76.

能源化利用篇

第8章

污泥焚烧产热

焚烧是在高温条件下使污泥中的可燃组分与空气中的氧进行剧烈的化学反应，将其中的有机物转化为 H_2O、CO_2 等无害物质，同时释放能量，产生固体残渣。如将热量加以回收利用，可达到废物综合利用的目的。焚烧处理具有有机物去除率高（99%以上）、适应性广等特点，所以在发达国家已得到广泛应用。

焚烧过程是集物理变化、化学变化、反应动力学、催化作用、燃烧空气动力学和传热学等多学科于一体的综合过程。有机物在高温下分解成无毒无害的 CO_2、H_2O 等小分子物质，有机氮化物、有机硫化物、有机氯化物等被氧化成 SO_x、NO_x、ClO^- 等酸性气体，可以通过尾气吸收塔对其进行净化处理，净化后的气体能够满足《大气污染物综合排放标准》（GB 16297—1996）。同时，焚烧产生的热量可以回收或发电。因此，焚烧法是一种使污泥实现减量化、无害化和资源化的处理技术。

8.1 ⊃ 污泥焚烧的原理与过程

焚烧可使污泥在 $600\sim850℃$ 的高温条件下热解燃烧，并有效地减容、解毒和资源化。在焚烧过程中，污泥显示出与煤不同的性质。污泥的干燥、挥发分的释放和燃烧、含碳组分的燃烧将明显影响污泥燃烧的整个过程。

8.1.1 污泥焚烧的原理

污泥焚烧是在一定温度、气相充分有氧的条件下，使污泥中的有机质发生燃烧反应，转化为 CO_2、H_2O、N_2、NO_x、SO_2 等，并放出热量。焚烧过程包括蒸发、挥发、分解、烧结、熔融和氧化还原反应，以及相应的传质传热等物理变化和化学反应过程。

（1）理论耗氧量

污泥焚烧是对污泥中存在的所有有机质的完全燃烧，完全燃烧的需氧量由组成成分决定。污泥中挥发性物质（糖、脂肪和蛋白质）的主要组成元素有 C、H、O 和 N，假设 C 和 H 都氧化成完全燃烧产物 CO_2 和 H_2O，则燃烧反应为：

$$C_aO_bH_cN_d+(a+0.25c-0.5b)O_2 \Longrightarrow aCO_2+0.5cH_2O+0.5dN_2 \qquad (8-1)$$

理论空气消耗量是耗氧量计算值的 4.35 倍，因为空气中氧气的质量分数约为 23%。为了确保完全燃烧，还需要 50% 的过剩空气量。

采用上式计算理论耗氧量虽然可以得到较为精确的结果，但有时却无法进行，因为无法得知各有机物的准确化学式及其在污泥中所占的比例，因此也可采用污泥的化学需氧量（COD）近似代替有机物的含量而计算理论耗氧量。污泥焚烧时的理论空气量与 COD 值的关系式为：

$$COD = K_{O_2} V^{\ominus} \rho_{O_2} \tag{8-2}$$

式中　K_{O_2}——空气中氧气的体积比，约为 0.21；

　　　$V^{\ominus}$——污泥焚烧时的理论空气量（标准状态），m^3/kg；

　　　ρ_{O_2}——氧气在标准状态下的密度，$1429.1 g/m^3$。

所需的理论空气量计算式为：

$$V^{\ominus} = \frac{COD}{K_{O_2} \times \rho_{O_2}} = \frac{COD}{0.21 \times 1429.1} = \frac{COD}{300.111} \tag{8-3}$$

（2）焚烧所需的热量

污泥焚烧所需的热量 Q 为飞灰的热焓 Q_s 加上将烟气加热至有机物完全氧化及臭味完全消除的温度所需的热焓，再减去回收的热量。

$$Q = \sum Q_s + Q_1 = \sum C_p W_s (T_2 - T_1) + W_w \lambda \tag{8-4}$$

式中　Q——焚烧所需的热量，kJ；

　　　Q_s——飞灰的热焓，kJ/kg；

　　　Q_1——污泥中所有水分蒸发所需的热量，kJ；

　　　C_p——飞灰和烟气中各种物质的比热容，$kJ/(m^3 \cdot ℃)$；

　　　W_s——各种物质的质量，kg；

T_1、T_2——初始温度和最终温度，℃；

　　　W_w——污泥所含水分的质量，kg；

　　　λ——水分蒸发潜热，kJ/kg。

（3）焚烧炉渣

焚烧处理的产物是炉渣（灰）和烟气。炉渣主要由污泥中不参与反应的无机矿物质组成，同时也会含有一些未燃尽的残余有机物（可燃物），炉渣无腐败、发臭、含致病菌等产生卫生学危害的因素；污泥中在焚烧时不挥发的重金属是炉渣影响环境的主要来源。污泥焚烧的另一部分固相产物是在燃烧过程中被气流挟带至出炉烟气中的固体颗粒，即飞灰。这些飞灰通过烟气除尘设备（如旋风分离器、静电除尘器或袋式过滤器）被分离。飞灰中的无机物，除了污泥中的矿物质外，还可能包括处理烟气的药剂（如干式、半干式除酸烟气净化工艺中使用的石灰粉、石灰乳等），其中的无机污染物以挥发性重金属 Hg、Cd、Zn 为主，这些挥发再沉积的重金属一般比炉渣中的重金属有更强的迁移性。飞灰是浸出毒性超标的有毒废物，飞灰中的有机物多为耐热降解的毒害性物质，气相再合成产生的二噁英类高毒性物质也可吸附于飞灰之上，飞灰的安全处置是污泥焚烧环境安全性的重要组成环节。

（4）焚烧烟气

污泥焚烧的烟气，以对环境无害的 N_2、O_2、CO_2、H_2O 等为主要组成，所含常规污染物为悬浮颗粒物（TSP）、NO_x、HCl、SO_2、CO 等。

烟气中的微量毒害性污染物包括重金属（Hg、Cd、Zn 及其化合物）和有机物（耐热降解有机物和二噁英等），焚烧烟气净化是污泥焚烧工艺的必要组成部分。

① 理论烟气量。理论烟气量由四部分组成：有机物燃烧产物（主要为二氧化碳、二氧化硫、产生的水蒸气和生成的氮氧化物），理论空气量中原有的氮气，理论空气量中原有的水蒸气，污泥中水分蒸发产生的水蒸气，如下式：

$$V_y^{\ominus}=V_{yj}+0.79V^{\ominus}+0.0161V^{\ominus}+1.24P/100 \tag{8-5}$$

式中　$V_y^{\ominus}$——污泥焚烧的理论烟气量（标准状态），m^3/kg；

　　　V_{yj}——污泥中有机质焚烧产物的体积，m^3/kg；

　　　P——污泥的含水量，%。

将 $V_{yj}=1.163COD/1000$ 代入式（8-3）和式（8-5），整理得：

$$V_y^{\ominus}=0.003849COD+0.0124P \tag{8-6}$$

② 理论烟气焓。理论烟气焓是污泥焚烧产生的理论烟气量所具有的焓值，是焚烧炉设计时热力学计算必需的参数。通常情况下某一温度的理论烟气焓是根据烟气的成分和各种组分的比热容计算确定，如下式：

$$I_y^{\ominus}=V_{RO_2}^{\ominus}(CT)_{RO_2}+V_{N_2}^{\ominus}(CT)_{N_2}+V_{H_2O}^{\ominus}(CT)_{H_2O} \tag{8-7}$$

式中　$I_y^{\ominus}$——理论烟气焓，kJ/kg；

　　　$V_{RO_2}^{\ominus}$——烟气中三原子气体（CO_2 和 SO_2）的量（标准状态），m^3/kg；

　　　$V_{N_2}^{\ominus}$——烟气中理论氮气的量（标准状态），m^3/kg；

　　　$V_{H_2O}^{\ominus}$——烟气中理论水蒸气的量（标准状态），m^3/kg；

　　　C——气体的比热容，$kJ/(m^3\cdot℃)$，可根据气体种类和温度计算或查表获得；

　　　T——烟气的温度，℃。

由于污泥的组成复杂，焚烧后产生的烟气成分难以确定，所以利用上述计算理论烟气焓的方法难以实现，而是采用污泥 COD 值来估算理论烟气焓。平均来说，焚烧 1g COD 产生 $0.00058664m^3$（标准状态）的三原子气体、$0.00054727m^3$（标准状态）的水蒸气、$0.000066763m^3$（标准状态）的氮气，同时每消耗 1g COD 就从空气带入焚烧产物 $0.00263237m^3$（标准状态）的氮气和 $0.000053648m^3$（标准状态）的水蒸气。考虑到污泥本身所含的水量 P 在焚烧时也产生水蒸气进入理论烟气量中，所以 COD 与理论烟气量所具有的焓值的关系如下：

$$I_y^{\ominus}=COD\times[5.8664\times10^{-4}(CT)_{RO_2}+2.69913\times10^{-3}(CT)_{N_2}]+$$
$$[6.00918\times10^{-4}COD+0.0124P](CT)_{H_2O} \tag{8-8}$$

在污泥焚烧炉设计的适用温度和 COD 浓度范围内，水分含量在大于 42% 的情况下，由上式计算的理论烟气焓所产生的相对误差小于等于 15%，这对于焚烧炉设计时的热力学计算是能够接受的。

③ 污泥的发热量。污泥焚烧还产生能量，表现为高温烟气的显热。烟气热回收系统也是污泥焚烧的组成部分。

若污泥中的有机成分单一，可通过有关资料直接查取该组分的氧化方程及发热值。如果已知污泥有机组分各元素的含量，也可根据下式来计算污泥的低位发热值：

$$Q_{dw}^{y} = 337.4w(C) + 603.3[w(H) - w(O)/8] + 95.13w(S) - 25.08P \qquad (8-9)$$

式中，$w(C)$、$w(H)$、$w(O)$、$w(S)$、P 分别是有机物中碳、氢、氧、硫的质量分数和污泥的含水率。

然而，污泥是生产过程中产生的废弃物，组分复杂、不易点燃，利用对煤进行工业分析的方法确定污泥的元素组成和发热值是难以实现的。通常采用 COD 值来计算污泥的发热值。不少学者通过对一些有代表性有机物的标准燃烧热值进行分析发现，虽然它们的标准燃烧热值相差很大，但燃烧时每消耗 1gCOD 所放出的热量却比较接近，通常认为约等于14kJ/g。利用这一平均值计算污泥的高位发热值所产生的最大相对误差为 -10% 和 $+7\%$，这样的误差在工程计算时是允许的。

污泥在焚烧前应首先测定污泥的低位发热值，或通过测定 COD 值以估算出其热值。污泥焚烧时，辅助燃料的消耗量直接关系到处理成本的高低，对于 COD 值低于 235g/L 左右的污泥，其低位热值为 3300kJ/kg，所具有的热量不足以自身蒸发所需的热量，此时焚烧过程的辅助燃料耗量很大，从经济上分析采用焚烧法处理是不利的；对于低位热值可达6300kJ/kg 的污泥，如果采用适合燃用低热值废料的流化床焚烧炉就可在点燃后不加辅助燃料进行焚烧处理。

8.1.2 污泥焚烧的过程

污泥焚烧过程比较复杂，通常由干燥、热解、蒸发和化学反应等传热和传质过程所组成。一般根据不同可燃物质的种类，分为分解燃烧（即挥发分燃烧）和固定碳燃烧两种。而从工程技术的观点来看，又可将污泥的焚烧分为三个阶段：干燥加热阶段、焚烧阶段、燃尽阶段（即生成固体残渣的阶段）。由于焚烧是一个传质、传热的复杂过程，因此这三个阶段没有严格的划分界限。从炉内实际过程来看，送入的污泥中有的物质还在预热干燥，而有的物质已开始燃烧，甚至已燃尽了。从微观角度上来讲，对同一污泥颗粒，颗粒表面已进入焚烧阶段，而内部可能还在加热干燥阶段。这就是说上述三个阶段只不过是焚烧过程的必由之路，其焚烧过程的实际工况将更为复杂。

（1）干燥加热阶段

从污泥送入焚烧炉到污泥开始析出挥发分着火这一阶段，都认为是干燥加热阶段。污泥送入炉内后，其温度逐步升高，水分开始逐步蒸发，此时，物料温度基本稳定。随着不断加热，水分开始大量析出，污泥开始干燥。当水分基本析出完后，温度开始迅速上升，直到着火进入真正的燃烧阶段。在干燥加热阶段，污泥中的水分是以蒸汽形态析出的，因此需要吸收大量的热量——水的汽化热。

污泥是有机物和无机物的综合，含水率较高。污泥的含水率越大，干燥阶段也就越长，从而使炉内温度降低。水分含量过高，炉温将大大降低，着火燃烧就困难，此时需投入辅助燃料燃烧，以提高炉温，改善干燥着火条件。有时也可采用干燥段与焚烧段分开设计的办法，一方面使干燥段的大量水蒸气不与燃烧的高温烟气混合，以维持燃烧段烟气和炉墙的高温水平，保证燃烧段有良好的燃烧条件；另一方面，干燥吸热是取自完全燃烧后产生的烟气，燃烧已经在高温下完成，再取其燃烧产物作为热源，就不致影响燃烧段本身了。

（2）焚烧阶段

物料基本完成干燥过程后，如果炉内温度足够高，且又有足够的氧化剂，物料就会顺利进入真正的焚烧阶段。焚烧阶段包括强氧化反应、热解、原子基团碰撞三个同时发生的化学反应模式。

① 强氧化反应。燃烧是包括产热和发光的快速氧化反应。如果用空气作氧化剂，则可燃元素碳（C）、氢（H）、硫（S）的燃烧反应为

$$C + O_2 \rightarrow CO_2$$

$$2H_2 + O_2 \rightarrow 2H_2O$$

$$S + O_2 \rightarrow SO_2$$

在这些反应中，还包括若干中间反应，如：

$$2C + O_2 \rightarrow 2CO$$

$$2CO + O_2 \rightarrow 2CO_2$$

$$C + H_2O \rightarrow CO + H_2$$

$$C + 2H_2O \rightarrow CO_2 + 2H_2$$

$$CO + H_2O \rightarrow CO_2 + H_2$$

② 热解。热解是在无氧或近乎无氧的条件下，利用热能破坏含碳化合物元素间的化学键，使含碳化合物破坏或者进行化学重组。尽管焚烧时有 $50\% \sim 150\%$ 的过剩空气量，可提供足够的氧气与炉中待焚烧的污泥有效接触，但仍有部分污泥没有机会与氧接触。这部分污泥在高温条件下就会发生热解。热解后的组分常是简单的物质，如气态的 CO、H_2、H_2O、CH_4，而 C 则以固态形式出现。

在焚烧阶段，对于大分子的含碳化合物而言，其受热后总是先进行热解，随即析出大量的气态可燃成分，诸如 CO、CH_4、H_2 或者分子量较小的挥发分成分。挥发分析出的温度区间在 $200 \sim 800$℃范围内。

③ 原子基团碰撞。焚烧过程出现的火焰实质上是高温下富含原子基团气流的电子能量跃迁，以及分子的旋转和振动产生的量子辐射，它包括红外线、可见光及波长更短的紫外线的热辐射。火焰的形状取决于温度和气流组成。通常温度在 1000℃左右就能形成火焰。气流包括原子态的 H、O、Cl 等元素，双原子的 CH、CN、OH、C_2 等，以及多原子的 HCO、NH_2、CH_3 等极其复杂的原子基团气流。

干化污泥的热值相当于低品位的煤，但污泥通常含有很高比例的挥发分和较少的固定碳，因此在焚烧时会产生更多的挥发分火焰。

（3）燃尽阶段

燃尽阶段的特点可归纳为：可燃物浓度减小，惰性物浓度增大，氧化剂量相对较大，反应区温度降低。

然而，由于污泥中固体分子是紧密靠在一起的，要使有机物分子和氧充分接触进行氧化反应较困难。有机物在焚烧炉中充分燃烧的必要条件有：a.碳和氢所需要的氧气（空气）能充分供给；b.反应系统有良好搅动（即空气或氧气能与废物中的碳和氢良好接触）；c.系统

温度必须足够高。这三个因素对于污泥焚烧过程很重要，也是最基本的条件。因此，为改善燃尽阶段的工况，常采用翻动、拨火等办法减少物料外表面的灰尘，或控制稍多一点的过剩空气，增加物料在炉内的停留时间等。该过程与焚烧炉的几何尺寸等因素直接相关。

需注意的是，污泥的成分变化较大，如不同处理阶段的污泥、不同来源的污泥，焚烧过程也不一样。

8.1.3 污泥焚烧的影响因素

影响污泥焚烧过程的因素有许多，主要因素有污泥的性质、污泥焚烧的工艺操作条件（包括焚烧温度、停留时间、焚烧传递条件）、过量空气系数等。

（1）污泥的性质

污泥的性质主要包含污泥的含水率和污泥中挥发分的含量。污泥的含水率或污泥本身含有水分的多少直接影响污泥焚烧设备的运行和处理费用。因此，应降低污泥的水分，以降低污泥焚烧设备的运行及处理费用。通常情况下，当污泥含水率与挥发分含量之比小于 3.5 时，污泥能够维持自燃，可节约燃料。污泥挥发分含量通常能够反映污泥潜在热量的多少，如果污泥潜在热量不够维持燃烧，则需补充热能。

（2）污泥焚烧的工艺操作条件

污泥焚烧的工艺操作条件是影响污泥焚烧效果和反映焚烧炉工况的重要技术指标，主要有污泥焚烧温度和停留时间以及焚烧传递条件。焚烧温度和停留时间形成了污泥中特定的有机物能否被分解的化学平衡条件；焚烧炉中的传递条件则决定了焚烧结果与平衡条件的接近程度。

最佳燃烧条件控制措施包括：通过优化一次风、二次风供给计量系数和分配，控制空气供给速率；通过优化燃烧区停留时间、温度、紊流度和氧浓度，增强二燃室扰动度，控制燃烧温度分布及烟气停留时间；防止出现会使部分燃料漏出燃烧室的过冷或低温区域等。

① 焚烧温度。污泥的焚烧温度越高，燃烧速率越大，污泥焚烧越完全，焚烧效果也就越好。

一般来说，提高焚烧温度不仅有利于污泥的燃烧和干燥，还有利于分解和破坏污泥中的有机毒物。但过高的焚烧温度不仅增加了燃料消耗量，而且会增加污泥中金属的挥发量及烟气中氮氧化物的数量，引起二次污染。因此，不宜随便确定较高的焚烧温度。

② 停留时间。污泥在焚烧炉内停留时间的长短直接影响焚烧的完全程度，停留时间也是决定炉体容积尺寸的重要依据。为了使污泥能在炉内完全燃烧，污泥需要在炉内停留足够长的时间。污泥的停留时间意味着燃烧烟气在炉内所停留的时间，燃烧烟气在炉内停留时间的长短决定气态可燃物的完全燃烧程度。

污泥焚烧的气相温度达到 800～850℃、高温区的气相停留时间达到 2s 时，即可分解污泥中绝大部分的有机物，但污泥中一些来自工业源的耐热分解有机物需在温度为 1100℃、停留时间为 2s 的条件下才能完全分解。污泥固相中有机物充分分解的温度和停留时间与其焚烧时的传递条件有极大的关系。污泥颗粒越小，有机物完全分解所需的停留时间越短，如当污泥粒径为毫米级时（如在流化床中），则其停留时间在 0.5～2min 即已足够。

③ 焚烧传递条件。污泥焚烧的传递条件包括污泥颗粒和气相的湍流混合程度，湍流越充分，传递条件越有利。一般采用 50%～100% 的过量空气作为焚烧的动力。

(3) 过量空气系数

过量空气系数 α 为实际供应空气量与理论所需空气量的比值，如下式：

$$\alpha = \frac{V}{V^{\ominus}} \times 100\% \tag{8-10}$$

式中　$V^{\ominus}$——理论所需空气量；

　　　V——实际供应空气量。

过量空气系数对污泥的燃烧状况有很大的影响，供给适量的过量空气是有机可燃物完全燃烧的必要条件。合适的过量空气系数有利于污泥与氧气的接触混合，强化污泥的干燥、燃烧，但过量空气系数过大又有一定的副作用：既降低了炉内燃烧温度，又增大了燃烧烟气的排放量。

8.2 ⊃ 污泥焚烧工艺

污泥焚烧是利用焚烧炉高温氧化污泥中的有机物，使污泥完全矿化为少量灰烬的处理方法。根据焚烧时的进料状态，污泥焚烧可分为污泥单独焚烧和污泥与其他物料的混合焚烧两种工艺。

8.2.1 污泥单独焚烧工艺

污泥单独焚烧是指污泥作为唯一原料进入焚烧炉进行焚烧处理，其工艺流程如图 8-1 所示，一般包括预处理、燃烧、烟气处理三个子系统。

图 8-1　污泥单独焚烧的工艺流程

(1) 预处理子系统

预处理子系统包括污泥的前置处理和预干燥。污泥焚烧系统的原料一般以脱水污泥饼为主，前置处理过程包括浓缩、调理、消化和机械脱水等。考虑到焚烧对污泥热值的要求，一般拟焚烧的污泥应不再进行消化处理。在选用污泥脱水的调理剂时，既要考虑其对污泥热值的影响，也要考虑其对燃烧设备安全性和燃烧传递条件的影响，因此，腐蚀性强的氯化铁类调理剂应慎用，石灰有改善污泥焚烧传递性的作用，适量（量过大会使可燃分浓度太低）使用是有利的。

污泥单独焚烧工艺又可分为两类：一类是将脱水污泥直接送焚烧炉焚烧；另一类是将脱水污泥干化后再焚烧。预干燥对污泥自持燃烧条件的达到有很大的帮助，大型污泥焚烧设施都应采用预干燥单元技术。

(2) 燃烧子系统

对于污泥燃烧子系统，主要是考虑污泥焚烧炉型的选择，焚烧炉型的不同直接影响污泥焚烧的热化学平衡和传递条件。污泥焚烧设备主要有回转式焚烧炉（回转窑）、立式多段焚烧炉、流化床焚烧炉等。从污泥性状来看，污泥焚烧会阻塞炉排的透气性，影响燃烧效果，因此炉排炉不适于焚烧污泥。

在污泥焚烧工业化的初期，多采用多膛炉，但多膛炉燃烧的固相传递条件较差，污泥燃尽率通常低于 95%，同时，辅助燃料成本的上升和气体排放标准的更加严格，使得多膛炉逐渐失去了竞争力。目前应用较多的污泥焚烧炉主要是流化床和卧式回转窑两类。

流化床焚烧炉包括沸腾流化床和循环流化床两种，其共同特点是气、固相的传递条件良好，气相湍流充分，固相颗粒小，受热均匀，已成为城市污水处理厂污泥焚烧的主流炉型。流化床炉的缺点是炉内的气流速度较高，为维持床内颗粒物的粒度均匀性，不宜将焚烧温度提升过高（一般为 900℃ 左右）。

污泥卧式回转窑焚烧炉，结构与水平水泥窑十分相似，污泥在窑体转动和窑壁抄板的作用下翻动、抛落，动态地完成干燥、点燃、燃尽的焚烧过程。回转窑焚烧炉的污泥固相停留时间较长（一般大于 1h），且很少会出现"短流现象"；气相停留时间易于控制，设备在高温下操作的稳定性较好（一般水泥窑烧制最高温度大于 1300℃），特别适合含特定耐热分解有机物的工业污水处理厂污泥（或工业与城市污水混合处理厂污泥）。其缺点是逆流操作的卧式回转窑尾气中含臭味物质较多，另有部分挥发性的有毒有害物质，需配置消耗辅助燃料的二次燃烧室（除臭炉）进行处理；顺流操作的回转窑则很难利用窑内烟气热量实现污泥的干燥与点燃，需配备炉头燃烧器（耗用辅助燃料）使燃烧空气迅速升温，达到污泥干燥与点燃的目的。因此，水平回转窑焚烧炉的成本一般较高。

(3) 烟气处理子系统

20 世纪 90 年代，污泥焚烧烟气处理子系统主要包含酸性气体（SO_2、HCl、HF）净化和颗粒物净化两个单元。大型污泥焚烧厂酸性气体净化多采用炉内加石灰共燃（仅适用于流化床焚烧）、烟气中喷入干石灰粉（干式除酸）、喷入石灰乳浆（半干式除酸）3 种方法。颗粒物净化采用高效电除尘器或布袋式过滤除尘器。小型焚烧装置则多用碱溶液洗涤和文丘里除尘方式分别进行酸性气体和颗粒物脱除操作。后来为了达到对重金属蒸气、二噁英类物质和 NO_2 进行有效控制的目的，逐步加入了水洗（降温冷凝洗涤重金属）、喷粉末活性炭（吸附二噁英类物质）和尿素还原脱氮等单元环节。这些烟气净化技术的联合应用可以在污泥充分燃烧的前提下，使尾气排放达到相应的排放标准。

污泥焚烧烟气的余热利用，主要方向是用于自身工艺过程（以预干燥污泥或预热助燃空气为主），很少有余热发电的实例。焚烧烟气余热用于污泥干燥时，既可采用直接换热方式，也可通过余热锅炉转化为蒸汽或热油的能量而间接利用。

8.2.1.1 污泥流化床焚烧炉单独焚烧

流化床焚烧特别适合焚烧污水处理厂污泥和造纸污泥，脱水污泥和干化污泥均可在流化床中焚烧。常用工艺为固定式（鼓泡式）流化床焚烧、旋转式流化床焚烧和循环式流化床焚烧，循环式流化床比鼓泡式流化床对燃料的适应性更好，但是需要旋风除尘器来保留床层物质。鼓泡式可能会存在被一些污水污泥堵塞设备的危险，但可从工艺中回收热量促进污泥的干燥，进而降低对辅助燃料的需求。鼓泡式适用于处理热值较低的污泥，往往需要加入一定的辅助燃料，一般可焚烧多种废物，如树皮、木材废料等，也可加入煤或天然气作为辅助燃料，处理能力为 1~10t/h。旋转式适用于污泥与生活垃圾混合焚烧，处理能力为 3~22t/h；循环式特别适合焚烧高热值的污泥，主要是全干化污泥，处理能力为 1~20t/h（大多数大于 10t/h)。炉膛下部有耐高温的布风板，板上装有载热的惰性颗粒，通过床下布风，使惰性颗粒呈沸腾状，形成流化床段，在流化床段上方设有足够高的燃尽段（即悬浮段）。污泥在焚烧炉中混合良好，热值范围广，燃烧效率高，负荷调节范围宽。

流化床焚烧炉的污染物排放浓度低，热强度高。飞灰具有良好浸出性，灰渣燃尽率高。对于鼓泡式流化床焚烧炉（BFB）、旋转流化床焚烧炉（RFB）和循环流化床焚烧炉（CFB），灰渣中的残余碳均可少于 3%，其中 RFB 通常在 0.5%～1% 之间；烟气残留物产生量少，焚烧装置内烟气具有良好的混合度和高紊流度。NO_x 含量可降至 $100mg/m^3$ 以下。废水产生量少，炉渣呈干态排出，无渣坑废水，亦无须处理重金属污水的设备。通常需对污泥进行严格的预处理，将污泥破碎成粒径较小、分布均匀的颗粒，因此飞灰产生量较多，操作要求较高，烟气处理投资和运行成本较高。

流化床既可以直接燃烧湿污泥，也可以燃烧半干污泥（干燥物质的质量分数为 40%～65%）。当污泥的水分含量高于 50% 时，水分蒸发过程往往贯穿了燃烧过程的始终，在燃烧过程中占有显著地位，并明显不同于一般化石燃料的燃烧。污泥着火时间（污泥燃烧产生火焰时的开始时间）随床温的增加而缩短，随水分的增多而延长，当床温超过一定值（≥850℃）或水分低于一定值（≤43%）时，着火时间的差别相差很小。对流化床燃烧而言，燃料在炉内的停留时间通常达几十分钟，因此，高含水污泥的着火延迟不会对污泥在流化床内的燃尽有实质影响。

由于水分蒸发具有初期速率极快的特点，在流化床焚烧含水量大的污泥时，必须有足够的措施来保证大量析出的水分不会使床层熄火。首先要保证给料的稳定性和均匀性。给料的波动会造成床温的波动，这给运行带来不利的影响。另外，还要保证燃烧初期污泥与床料较好地混合。与煤相比，污泥是较轻的一种燃料，大量的潮湿污泥堆积在床层表面会使流化床上部温度急剧下降而导致熄火。

在流化床中污泥干燥和脱挥发分两个过程是平行发生的，此过程中颗粒的中心温度相对比较低，但在炭燃烧过程中，温度快速升高，达到峰值温度 1000℃。干燥和脱挥发分过程中的低颗粒温度表明，初期强干燥将产生由颗粒内部到外表面的低温蒸汽流，这使表面温度保持很低。低脱挥发分温度使湿污泥的脱挥发分时间比干污泥颗粒脱挥发分的时间长。

湿污泥在原始直径降到较小时，颗粒物主要漂浮在流化床表面，干燥时有时会沉降至较低位置挥发和燃烧。挥发分以某种脉动的方式析出，以短的明焰燃烧，火焰不连续，时有时无。对于更小的颗粒而言（直径在 10mm 以下），则观察不到火焰。与湿污泥燃烧相比，干污泥的燃烧火焰是长而黑的，火焰的高低取决于析出挥发分的强度。

挥发分的析出在燃烧初期比较缓慢，随着燃烧过程的进行，挥发分的析出速率逐渐增大，并在一定时间内保持不变，最后随着燃烧接近尾声，挥发分的析出速率又降低为零。污泥中的可燃物在燃烧中大部分以气态挥发分的形式出现，必须组织好炉内的动力场以有效地对这些气体成分进行燃烧破坏。适当地在床内加一部分二次风，不但可以增强炉内的湍流度，而且还可以延长燃料在炉内的停留时间。

在污泥干燥和脱挥发分后，剩下的污泥焦会继续和氧反应直到被烧掉为止。由于污泥中的固定碳很少，炭焦的燃烧时间比挥发分析出和燃烧的时间要短或者差不多。对于湿污泥而言，脱挥发分的时间更长，因此可以忽略炭焦燃烧的影响。污泥燃烧以很少的碳载荷为特征，而且在床内的炭焦浓度与燃料中的固定碳含量完全关联。

污泥的含湿量和挥发分含量高，对污泥燃烧特性影响大。污泥中挥发分含量高确定了干燥和挥发分的脱析在燃烧过程中的主导地位，与其对应的炭焦燃烧处于次要地位，在设计干燥器和燃烧炉时要考虑这一点。污泥干燥的位置、挥发分析出和燃烧的位置确定了焚烧炉中的温度分布，当用流化床燃烧时，这种现象格外明显。

污泥在流化床中失重的同时伴随着污泥粒径的减小，在整个燃烧过程中，污泥密度变化范围很大，但粒度变化相对较小。采用流化床焚烧处理污泥时，选取合适的床料，保证在燃烧的大部分过程中，污泥均能很好地在床层内混合均匀，具有重要的意义。

当污泥以较大体积的聚集态送入流化床时，往往会迅速形成具有一定强度和耐磨性的较大块团，还会通过包覆或粘连床内的其他颗粒而形成较大的块团，这种现象称为凝聚结团现象，这能有效减少扬析损失，是一个能提高燃烧效率、减轻二次污染的有利因素。污泥与柴油混烧时，污泥结团强度变小，而污泥与煤混烧时，其结团强度能得到大大增强。

8.2.1.2 喷雾干燥和回转式焚烧炉联合处理工艺

图 8-2 所示为 60t/d 污泥喷雾干燥-回转窑焚烧工艺示范工程（污泥含水率为 80%）的工艺流程。

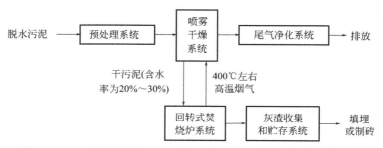

图 8-2　60t/d 污泥喷雾干燥-回转窑焚烧工艺示范工程的工艺流程

在含水率为 64.5% 和 28.9% 的情况下，污泥的低位热值分别为 2.8MJ/kg 和 7.2MJ/kg，当污泥被干燥到含水率为 30% 以下时，污泥不但能够维持燃烧，而且可以有大量的热量富余，这些热量可用来干燥污泥等。脱水污泥经预处理系统处理后，通过高压泵进入喷雾干燥塔顶部，经过充分的热交换，污泥得到干化，干化后含水率为 20%～30% 的污泥从干燥塔底直接进入回转式焚烧炉焚烧，产生的高温烟气从喷雾干燥系统顶部导入，直接对雾化污泥进行干燥，排出的尾气分别经过旋风分离器和生物填料除臭喷淋洗涤塔处理后，经烟囱排放。焚烧灰渣送往砖厂制砖或附近的水泥厂作为生产水泥的原料。

该示范工程的主要设备包括一台喷雾干燥器（$\phi \times H = 3.5m \times 7m$），一台回转式焚烧炉 [$\phi \times H$（筒身）$= 1.7m \times 9.0m$，内径为 1.0m，倾角为 2°]，一个热风炉，一个二燃室（$6m \times 1.85m \times 2.0m$），一个旋风除尘器（$\phi 1320mm \times 5727mm$）和两个生物除臭喷淋洗涤塔（$\phi 5000mm \times 5000mm$）。此工艺具有以下特点：

① 采用微米级粉碎设备将含水率为 75%～80% 的脱水污泥破碎，使污泥中的部分结合水转变为空隙水，在提高污泥流动性和均质度以利于泵输送的同时，能够最大限度地使污泥得到有效雾化，在与焚烧炉高温烟气直接接触时不仅使干燥速率最大化，而且使经气固分离后得到的干化污泥的松密度、流动性和粒径分布更为合理。

② 通过调整喷嘴雾化粒径，使污泥形成 300～500μm 的液滴，在吸附并积聚焚烧烟气中颗粒物质及重金属氧化物以及减少粉尘产生量的同时降低安全隐患，减小后续尾气处理难

度，节约处理成本，并使干燥污泥的粒度分布在 0.125～0.250mm，利于焚烧。

③ 烟气在温度大于 850℃ 条件下的停留时间在 2s 以上，可有效消减二噁英及其前驱物的产生。同时，将进入喷雾干燥塔的烟气温度控制在 400℃ 左右，可防止二噁英及其前驱物的再生。

④ 使喷雾干燥塔具有烟气预处理功能，可有效降低后续烟气净化设施的处理负荷。400℃ 的高温烟气进入喷雾干燥器与雾化污泥并流接触后，烟气中的粉尘和重金属氧化物吸附在雾化污泥中，烟气中的酸性气体也溶解在其中，并随水蒸气进入后续烟气净化系统。

⑤ 利用焚烧高温烟气直接对雾化污泥进行干燥，避免了复杂换热器的热损失，干燥器高温烟气进口温度（400℃）高，废气排放温度（70～80℃）低，因此热效率（＞75%）高。采取一些热能循环利用措施后，其热利用效率可以提高到 80% 以上。

⑥ 系统结构简单，投资成本仅为流化床干化系统的 30%～40%。

⑦ 系统安全可靠，污染风险低。污泥焚烧采用煤作为辅助燃料，利用污泥本身燃烧产生的热风供应干燥塔，在污泥焚烧中实现回转炉焚烧尾气的零排放，同时在焚烧炉设置二燃室、干燥塔和旋风除尘器、活性炭吸附设备，彻底避免尾气的烟尘污染、臭气和可能存在的二噁英问题。

系统以煤作为辅助燃料，热值为 21MJ/kg 的燃煤平均消耗量为 44.84kg/m³（含水率为 80% 的湿污泥）；处理单位湿污泥（含水率为 80%）的电耗为 62.98kW·h/t，单位水耗为 2.33m³/t，系统中消耗化学试剂的主要单元为生物填料除臭喷淋洗涤塔，其平均单位碱消耗量为 2.5kg/m³（含水率为 80% 湿污泥）。通过对系统进行能量平衡分析（图 8-3）可知，系统的热能综合利用效率高达 80% 以上，因此具有良好的热能综合利用效率和节能效果。

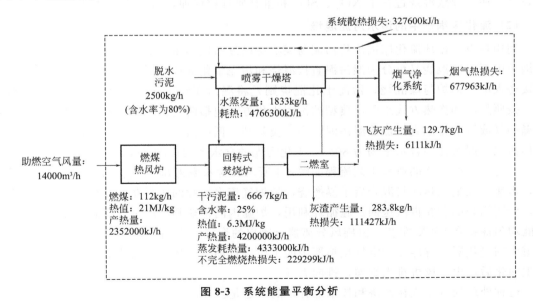

图 8-3　系统能量平衡分析

烟气监测结果表明，连续运行过程中排放的各种大气污染物质，经旋风除尘和生物填料除臭喷淋洗涤塔处理后，均远低于《生活垃圾焚烧污染控制标准》（GB 18485—2014）中大气污染物排放限值的要求。

8.2.2　污泥混烧工艺

焚烧法处理污泥可消灭病原体、大幅减小污泥体积、回收部分能量，在无害化、减量化、资源化方面优势明显。但单独建设大型污泥焚烧厂存在设备投资大、建设周期长、运输成本高等问题。如果利用污水处理厂附近的电厂、水泥厂、垃圾焚烧厂现有的设备就近焚烧处理污泥，不仅可节省大量的湿污泥运输费用，而且投资少、运行成本低、见效快，在经济效益和环境保护上均具有显著的优点。

8.2.2.1　燃煤电厂污泥混烧工艺

（1）煤粉炉中的污水污泥混烧

实践证明，当污泥占燃煤总量的 5% 以内时，对于尾气净化以及发电站的正常运行无不利影响。过高的混烧比例（如 7.6% 干污泥）会造成尾部烟气净化装置，特别是静电除尘器产生严重的结灰现象。火电厂煤粉炉混烧污泥的主要优点是：可以除臭，病原体不会传染，卫生；装车运输方便；仓储容易，污泥与未磨碎煤的混合性及其燃烧性都得以改善。对于煤粉炉中的污泥和煤的混烧，需要考虑燃料的制备、燃烧系统的改造和燃烧产生的污染物处理等。首先，污泥必须预先干燥，并在干燥后磨制成粉末；其次，电厂还须增加处理凝结物、臭气、粉尘和 CO 的设备，并考虑污泥干燥过程中的能源损耗以及干燥后的污泥还存在自燃、风粉混合物的爆燃等隐患。煤粉炉长期进行污泥和煤混烧，应严格控制污泥中氯、硫及碱金属的含量，因为碱性硫化物容易凝结在受热面管上，并与氧化层进行反应形成复杂的碱性铁硫化合物 $[(K_2Na_2)_3Fe(SO_4)_3]$，使过热器产生高温腐蚀。污泥中的氮、硫和重金属含量较高，还会导致混烧过程中 NO_x、SO_2 和重金属排放增加，影响达标排放。

（2）流化床锅炉中的污水污泥混烧

利用热电厂循环流化床锅炉将污泥与煤混烧已逐渐成为重要的污泥处置方式。燃煤流化床锅炉中污泥的混烧又可分为湿污泥直接混烧和污泥干化混烧。湿污泥直接混烧是将湿污泥直接送入电厂锅炉与煤混烧，污泥干化混烧则是将湿污泥经干化后再送入电厂锅炉与煤混烧。按照热源和换热方式来分，典型的污泥干化方法包括两类：一类是利用锅炉烟道抽取的高温烟气或锅炉排烟直接加热湿污泥；另一类是利用低压蒸汽作为热源，通过换热装置间接加热污泥。湿污泥的含水率约为 80%，干化污泥的含水率为 20%～40%。

湿污泥直接混烧的典型工艺流程如图 8-4 所示。含水率为 80% 左右的污泥经喷嘴喷入炉膛，迅速与大量炽热床料混合后干燥燃烧，随烟气流出炉膛的床料在旋风分离器中与烟气分离，分离出来的颗粒再次送回炉膛循环利用，炉膛内的传热和传质过程得到强化。炉膛内温度能均匀保持在 850℃ 左右，由旋风分离器分离出的烟气引入锅炉尾部烟道，对布置在尾部烟道中的过热器、省煤器和空气预热器中的工质进行加热，从空气预热器出口流出的烟气经除尘净化后，由引风机排入烟囱，排向大气。

这种处理处置方式在经济和技术上存在的问题是：a. 污泥的含水率和掺混率对焚烧锅炉的热效率有很大影响。污泥含水率越高，热值越低，含水率为 80% 的污泥对发电的热贡献率很低，为保证良好的混烧效果，其混烧量不能很大，否则会对电厂的运行造成不良影响。b. 污泥掺入会影响锅炉的焚烧效果。由于混烧工况下烟气流速会增大，对烟气系统造成磨损，烟气流速的上升会导致燃料颗粒的炉内停留时间缩短，可能产生停留时间小于 2s 的工

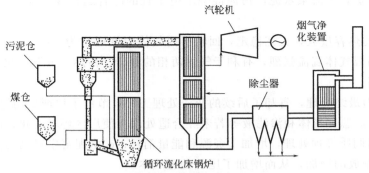

图 8-4　湿污泥直接混烧的典型工艺流程

况，不符合避免二噁英产生的基本条件。c.污泥焚烧处理所需的过量空气系数大于燃煤，因此污泥混烧会导致电厂烟气排量大，热损失大，锅炉热效率降低。d.混烧对锅炉的尾气排放也会带来较大影响。由于污泥中含有较高浓度的污染物（如汞浓度数十倍于等质量的燃煤），焚烧后烟气中有害污染物浓度明显增大，但由于烟气量大幅度增大，烟气中污染物被稀释，其浓度可能低于非混烧烟气污染物的浓度，目前无法严格合理地界定并控制排入大气的污染物浓度。

8.2.2.2　水泥厂回转窑污泥混烧工艺

水泥生产中，原料中 K_2O+Na_2O 的绝对含量宜控制在 1.0% 以下，硫碱比 $n(S)/n(R)$ 在 $0.6\sim1.0$ 之间，Cl^- 含量不大于 0.015%。对于卤素含量高的含镁、碱、硫、磷等的污泥，应该控制其焚烧喂入量。通常加入的干污泥占正常燃料（煤）的 15%。若 $1kg$ 干污泥汞含量超过 $3mg$，则不宜入窑焚烧。

污泥与水泥原料粉混合或分别送入水泥窑，通过高温焚烧至 $2000℃$，污泥中的有机有害物质被完全分解，在焚烧中产生的细小水泥悬浮颗粒会高效吸附有毒物质；回转窑的碱性气氛很容易中和污泥中的酸性有害成分，使它们变为盐类固定下来，如污泥中的硫化氢（H_2S）因氧的氧化和硫化物的分解而生成 SO_2，又被 CaO、R_2O 吸收，形成 SO_2 循环，在回转窑的烧成带形成 $CaSO_4$、R_2SO_4 而固定在水泥中。污泥中的重金属在进窑燃烧的过程中被固定在熟料矿物晶格里。污泥灰分成分与水泥熟料成分基本相同，污泥焚烧残渣可以作为水泥原料使用，混烧即为最终处理，灰渣无须处理。

水泥窑具有燃烧炉温高和处理物料量大的特点，而且水泥厂均配备大量的环保设施，是环境自净能力强的装备，利用水泥窑系统混烧污泥具有如下优点：

① 可以利用水泥熟料生产中的余热烘干污泥的水分，从而提高水泥厂的能量利用率。

② 污泥可以作为辅助燃料应用于水泥熟料煅烧，从而降低水泥厂对煤等一次能源的需求。

③ 水泥窑内的碱性物质可以和污泥中的酸性物质化合成稳定的盐类，便于其废气的净化脱酸处理，而且还可以将重金属等有毒成分固化在水泥熟料中，避免二次污染，对环境的危害降到最低。

④ 污泥可以部分替代黏土质原料，从而降低水泥生产对耕地的破坏。

⑤ 投资小，具有良好的经济效益，只需要增加污泥预处理设备，投资及运行成本均低

于单独建设焚烧炉，上海某水泥厂污泥混烧示范工程的综合运行成本仅为 60 元/t（污泥含水率为 80%）。

⑥ 回转窑的热容量大，工艺稳定，回转窑内气体温度通常为 1350~1650℃；窑内物料停留时间长，高温气体湍流强烈，有利于气固两相的混合、传热、分解、化合和扩散，有害有机物分解率高。

⑦ 燃烧即为最终处理，省却了后续的灰渣处理工序，节约了填埋场用地和资金。

其缺点是：a. 恶臭气体和渗滤液等若未经合适处理会使厂区环境恶化；b. 脱水污泥进厂后要进行脱水和调质等预处理，增加了资源和能量消耗；c. 水泥窑中过高的焚烧温度会导致 NO_x 等污染物排放的增加，从而增加了尾气处理成本。

水泥厂干法（回转窑进行污泥混烧）处理污泥有以下两种方法：

① 污泥脱水后直接运至水泥厂，在水泥厂进行湿污泥直接燃烧，即储存污泥通过提升输送设备，采用给料机进行计量后，输送到分解炉或烟室进行处置。直接燃烧处理工艺环节少、流程简单、二次污染可能性小，但所需燃料量大，水泥厂应充分利用回转窑废气余热烘干湿污泥后焚烧。该方法在污水处理厂与水泥厂距离较远时污泥运输费用高，同时水泥厂需要进行必要的设备改造。

② 污水处理厂污泥脱水后，通过适当的措施进行干化或半干化，然后运至水泥厂。该方法的优点是焚烧相对简单，容易得到水泥厂的配合，运输费用低，污泥可作为水泥生产的辅助燃料提供热量，缺点是污水处理厂需要设置干化设备，没有充分利用水泥厂的余热进行干化，导致污泥干化费用较高。

对于湿法直接焚烧处理工艺，水泥厂也可采取两条技术路线：一条是污泥从湿法搅拌机进入，经过均化、储存、粉磨后从窑尾喂入窑内焚烧；另一条是污泥与窑灰搅拌混合、均化后，从窑中喂入窑内焚烧。一般而言，污泥含水率高，更适合湿法水泥窑处理，直接作为生料配料组分加以利用。

利用水泥厂的干法水泥窑进行污泥混烧，污泥的进料位置可以为生料磨、分解炉底部、窑尾和窑头冷却机。水泥回转窑利用市政污泥煅烧生态水泥熟料的工艺流程如图 8-5 所示。

（1）从生料磨进料

对于水分含量较低的污泥，如干化后含水率达到 8% 左右，可以作为水泥生产的辅助原料直接加入生料磨中和其他物料一起粉磨；若污泥的含水率为 65%~80%，由于污泥的处理量相对于水泥生料量很小，也可以将污泥直接加在生料磨上，利用热风和粉磨时产生的热量去除污泥中残存的少量水分。

在生料磨中加入污泥对水泥窑整个生产线的影响最小，对分解炉和回转窑的运行没有什么影响，充分利用了烟气余热，增加的煤耗很少，所以是首选的进料方式。

（2）从分解炉底部进料

从分解炉底部进料，可利用窑头篦冷机所产生的热风（二次风）作为污泥预干化的热源和助燃空气，能保证污泥的水分蒸发及燃烧，流态化分解炉的温度为 850~900℃，气体停留时间为 2s 左右，污泥中的有机物和气体中的有害成分可以完全燃尽，物料焚烧后通过窑尾的旋风除尘器进入水泥生成系统，系统简单安全。生料中的石灰石能吸收污泥中的硫化物，不需要设置脱硫装置。

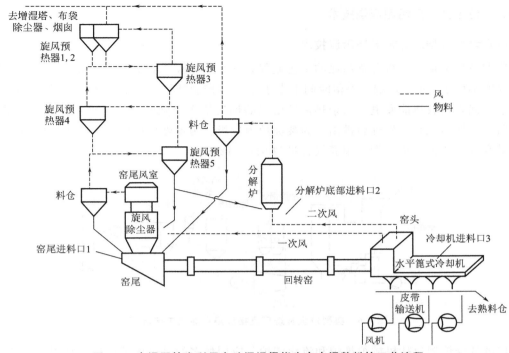

图 8-5　水泥回转窑利用市政污泥煅烧生态水泥熟料的工艺流程

从分解炉底部进料的方式不适合处理氯含量高的污泥，因为飞灰中含有的高浓度氯离子容易腐蚀分解炉的炉体和回流管的耐火材料，形成结皮和结圈，使系统无法使用。

分解炉底部进料的缺点是：污泥量不能太大，污泥量太大可能导致炉底局部温度下降过快，使得煤不能完全燃烧，耗煤量增加。

(3) 从窑尾进料

某水泥厂干法水泥窑熟料生产能力为 1050t/d，每吨熟料的煤耗为 163kg。2.3t/h 未干化的市政污泥（含水率为 80%）从窑尾投加到回转窑中，窑尾的温度很快从 900℃下降至850℃左右。自控系统立即指令进料的计量泵转速降低，从而使得熟料的产量下降 10% 左右，喂煤量保持不变。

(4) 从窑头冷却机进料

某水泥厂的窑头冷却机为水平箅式冷却机，熟料从窑头出料，温度从 1100℃降低到190℃左右，在应急的情况下，可以直接将污泥用抓斗或者布料管均匀分布在水平箅上，利用熟料的高温使污泥中的水分蒸发掉，并使有机物分解。

根据对水泥窑生产的影响和热能消耗的比较，从生料磨加入污泥是最安全、最节能的方式。主要原因是水泥生产线的生料磨本来就是利用水泥窑的余热进行生料的加热，不需对回转窑进行热能的重新平衡，而且生料磨和回转窑、分解炉关联性不大，不会因为局部温度骤降而影响运行，也避免了污泥中污染物质可能导致的水泥窑结皮和结圈。从窑尾和分解炉底部加污泥都需要限制投加量，保证局部温度不要骤降而导致熟料产量下降或增加煤耗。从窑头冷却机进料可以作为应急措施，但不能作为长期的措施，因为烟气不能达标排放，并可能造成熟料质量的不稳定。

8.2.2.3 垃圾焚烧厂污泥混烧技术

（1）垃圾焚烧厂直接混烧污泥技术

典型垃圾焚烧厂直接混烧污泥的工艺流程如图 8-6 所示。垃圾和污泥加入焚烧炉，烟气出口温度不低于 850℃，烟气停留时间不小于 2s，可控制焚烧过程中二噁英的形成，高温烟气经余热锅炉回收热能发电。从余热锅炉出来的烟气依次经除酸系统、喷活性炭吸附装置、除尘器等烟气净化装置处理后排出。为焚烧炉内垃圾、污泥处理提供所需的热氧化环境，炉内过量空气系数大，排放烟气中氧气含量为 6%～12%。

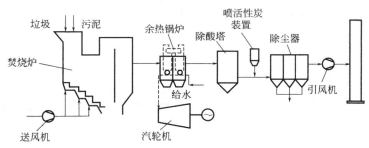

图 8-6 典型垃圾焚烧厂直接混烧污泥的工艺流程

垃圾焚烧炉型包括机械炉排炉和流化床炉，应用最多的是机械炉排炉。利用垃圾焚烧厂炉排炉混烧污泥需安装独立的污泥混合和进料装置。含水率为 80% 的污泥与生活垃圾的掺混比例为 1∶4，干污泥（含固率约 90%）以粉尘状的形式进入焚烧室或者通过进料喷嘴将脱水污泥（含固率为 20%～30%）喷入燃烧室，并使之均匀分布在炉排上。

污泥与生活垃圾直接混烧需考虑以下问题：a. 污泥和垃圾的着火点均比较滞后，在焚烧炉排前段的着火情况不好，可造成物料燃尽率低；b. 焚烧炉助燃风通透性不好，物料焚烧需氧量不充分，可造成燃烧温度偏低；c. 污泥与生活垃圾在炉排上混合不理想时，会引起焚烧波动；d. 燃烧工况不稳定，城市生活垃圾成分受区域和季节的影响较大，垃圾含水率和灰土含量的大小将直接影响污泥处理量；e. 为保证混烧效果，往往需要向炉膛添加煤或喷入油助燃，需消耗大量的常规能源，运行成本高。

（2）垃圾焚烧厂富氧混烧污泥

我国垃圾和污泥的热值普遍偏低，单纯混烧污泥将不利于垃圾焚烧发电系统的正常运行，天津某环保有限公司开发了污泥掺混垃圾的富氧焚烧发电技术，其工艺流程如图 8-7 所示。先将湿污泥脱水，使含水率降低至 50% 左右，干化后再与秸秆按 3∶1～5∶1 混合制成衍生燃料，以保证焚烧的经济性并兼顾污泥的入炉稳定燃烧。衍生燃料和垃圾一起入炉焚烧，将一定纯度的氧气通过助燃风管路送到垃圾焚烧炉内助燃，实现生活垃圾混烧污泥的富氧焚烧，产生的热量通过锅炉、汽轮机和发电机转化成电能。富氧焚烧所需氧气量根据城市生活垃圾含水率、灰土成分的不同和污泥的热值变化而不断调整，助燃风含氧量为 21%～25%。

垃圾焚烧厂富氧混烧污泥工艺具有如下特点。a. 污泥衍生燃料提高了燃烧物料的热值，解决了污泥焚烧中热值低、不易燃烧的问题。b. 混合物料着火点提前，改善垃圾着火的条件，提高燃烧效率和燃烧温度，保证垃圾焚烧处理效果。c. 提高垃圾燃烧工况稳定性。根据混合物料的热值和水分、灰土含量等实际情况及时调整富氧含量，改善垃圾着火情况，从而

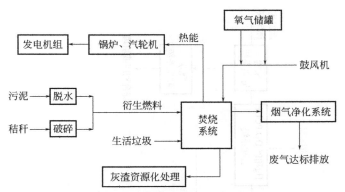

图 8-7 垃圾焚烧厂富氧混烧污泥发电工艺流程

解决燃烧工况不稳定的问题。d. 增加焚烧炉内助燃风氧气含量，有效降低锅炉整体过量空气系数，获得更好的传热效果，降低排烟量，从而减少排烟损失，有助于提高锅炉效率，减少环境污染。e. 提高烟气排放指标。富氧燃烧能使炉内垃圾剧烈燃烧，从而降低烟气中 CO 和二噁英等有害物质的浓度。f. 减少灰渣热灼减率。富氧燃烧使助燃风中氧气含量升高，充分满足垃圾焚烧所需助燃氧气，提高垃圾燃烧效率，从而减小炉渣热灼减率。

垃圾焚烧厂富氧混烧垃圾的缺点是烟气和飞灰产生量增加，烟气净化系统的投资和运行成本增加，并降低生活垃圾发电厂的发电效率和焚烧厂的垃圾处理能力。

8.2.2.4 污泥与重油在流化床锅炉中的混烧

浙江大学在 $500\text{mm} \times 500\text{mm}$ 的流化床上开展了油与污泥混烧试验，研究了油和污泥的混烧特性，以求最佳的油枪布置位置和验证燃油系统的可靠性。试验结果表明，采用高料层、低风速运行非常有助于燃烧及床温的稳定。污泥的给料粒度在较大范围内均能正常燃烧，大粒度给料不会影响运行稳定；油与污泥混烧时的料层高度逐渐下降，床层的上、中、下部温差增大，加入床料后，运行状况得到明显改善；油与污泥混烧时床温稳定，但料层阻力逐渐下降，应适时补充床料。

8.2.3 污泥焚烧的最佳技术

我国目前推荐的污泥焚烧最佳技术为干化＋焚烧，其中干化工艺以利用烟气余热的间热式转盘干燥工艺为佳，常规污水污泥焚烧的炉型以循环流化床炉为佳，重金属含量较多且超标的污水污泥焚烧的炉型以多膛炉为佳，具体的工艺流程如图 8-8 所示。

污泥焚烧的关键设备包括：干燥器、干污泥储存仓、焚烧炉、烟气处理系统、废水收集处理系统、灰渣及飞灰收集处理系统等，同时包括污泥干化预处理和污泥焚烧余热利用等设施。具体的运行要求有：a. 优化空气供给计量系数，优化一次风和二次风的供给和分配，优化燃烧区域内停留时间、温度、紊流度和氧浓度等，防止出现过冷或低温区域；b. 主焚烧室有足够的停留时间（≥2s）和湍流混合度，气相温度在 $850 \sim 950℃$ 为宜，以实现完全燃烧；c. 焚烧炉不运行期间（如维修），应避免污泥储存过量，通过选择性的气味控制系统而采取相关措施（如采用掩臭剂等）控制储存区臭气（包括其他潜在的逸出气体）；d. 安装自动辅助燃烧器使焚烧炉启动和运行期间燃烧室中保持必要的燃烧温度；e. 安装火灾自动监测及报警系统；f. 建立对关键燃烧参数的监测系统。

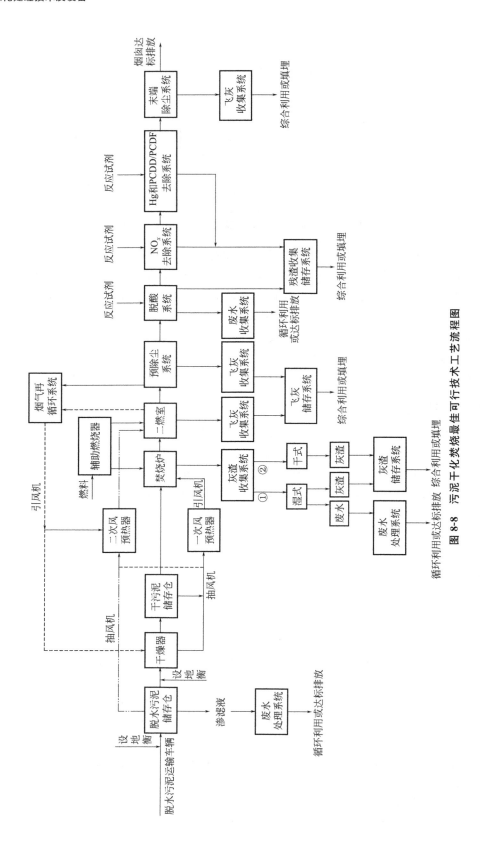

图 8-8 污泥干化焚烧最佳可行技术工艺流程图

8.3 ➡ 污泥焚烧设备

在污泥焚烧设备中，多膛焚烧炉（MIF）和流化床焚烧炉（FBC）是应用最广泛的主要炉型，尽管其他炉型，如回转窑式、旋风炉和各种不同形式的熔炼炉也在使用，但所占份额不大。

8.3.1 多膛焚烧炉

多膛焚烧炉又称为立式多段焚烧炉，是一个垂直的圆柱形耐火衬里钢制设备，内部有许多水平的由耐火材料构成的炉膛，自上而下布置有一系列水平的绝热炉膛，一层一层叠加。多膛焚烧炉可含有 4～14 个炉膛，从炉子底部到顶部有一个可旋转的中心轴，如图 8-9 所示。

多膛焚烧炉的横截面如图 8-10 所示，各层炉膛都有同轴的旋转齿耙，一般上层和下层的炉膛设有四个齿耙，中间层炉膛设有两个齿耙。经过脱水的泥饼从顶部炉膛的外侧进入炉内，依靠齿耙翻动向中心运动并通过中心的孔进入下层，而进入下层的污泥向外侧运动并通过该层外侧的孔进入再下面的一层，如此反复，使得污泥呈螺旋形路线自上而下运动。铸铁轴内设套管，空气由轴心下端鼓入外套管，一方面使轴冷却，另一方面空气被预热，经过预热的部分或全部空气从上部回流至内套管进入到最底层炉膛，再作为燃烧空气向上与污泥逆向运动焚烧污泥。

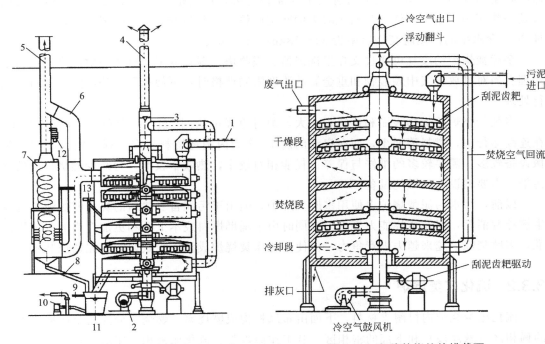

图 8-9　多膛焚烧炉　　　　　　　　　图 8-10　多膛焚烧炉的横截面

1—泥饼；2—冷却空气鼓风机；3—浮动风门；4—废冷却气；

5—清洁气体；6—无水量旁路通道；7—旋风喷射洗涤器；

8—灰浆；9—分离水；10—砂浆；11—灰斗；

12—感应鼓风机；13—轻油

从污泥的整体焚烧过程来看，多膛焚烧炉以逆流方式运行，分为三个工作区。顶部几层为干燥区，起污泥干燥作用，温度约为 $425 \sim 760℃$，可使污泥含水率降至 40% 以下。中部几层为污泥焚烧区，温度为 $760 \sim 925℃$。其中上部为挥发分气体及部分固态物燃烧区，下部为固定碳燃烧区。多膛焚烧炉最底部几层为缓慢冷却区，主要起冷却并预热空气的作用，温度为 $260 \sim 350℃$。

多膛焚烧炉的焚烧效率很高。气体出口温度约为 $400℃$，而上层的湿污泥仅为 $70℃$ 或稍高。脱水污泥在上部可干燥至含水 50% 左右，然后在旋转中心轴带动的刮泥齿耙的推动下落入到燃烧床上。燃烧床上的温度为 $760 \sim 870℃$，污泥可完全着火燃烧。燃烧过程在最下层完成，并与冷空气接触降温，再排入冲水的熄灭水箱。燃烧气含尘量很低，可用单一的湿式洗涤器把尾气含尘量降到 $200mg/m^3$ 以下。进空气量不必太高，一般为理论量的 $150\% \sim 200\%$。

根据经验，燃烧热值为 $17380kJ/kg$ 的污泥，当含水量与有机物之比小于 $3.5：1$ 时，可以自燃而无须辅助燃料，否则，多膛焚烧炉应采用辅助燃料。辅助燃料由煤气、天然气、消化池沼气、丙烷气或重油等组成。多膛焚烧炉焚烧时所需辅助燃料的多少与污泥的自身热值和水分大小有关。

正常工况下，过量空气系数为 $50\% \sim 100\%$ 才能保证燃烧充分，如氧供应不充足，则会产生不完全燃烧现象，排放出大量的 CO、煤油和烃类化合物，但过量的空气不仅会导致能量损失，而且会带出大量灰尘。

多膛焚烧炉的规模多为 $5 \sim 1250t/d$ 不等，可将污泥的含水率从 $65\% \sim 75\%$ 降至约 0，体积降至 10% 左右。处理能力与有效炉膛面积有关，特别是处理城市污水污泥时。焚烧炉有效炉膛面积为整个焚烧炉膛面积减去中间空腔体、臂及齿的面积。一般多膛焚烧炉焚烧处理 20% 含水率的污泥时焚烧速率为 $34 \sim 58kg/(m^3 \cdot h)$。

多膛焚烧炉的废气可通过文丘里洗涤器、吸收塔、湿式或干式旋风喷射洗涤器进行净化处理。当对排放废气中颗粒物和重金属的浓度限制严格时，可使用湿式静电除尘器对废气进行处理。

多膛焚烧炉的加热表面和换热表面大，炉身直径可达到 $7m$，层数可从 4 层多到 14 层；在连续运行中，燃料消耗少，而在启动的前 $1 \sim 2$ 天内消耗燃料较多。存在的问题主要是机械设备较多，需要较多的维修与保养；耗能相对较多，热效率较低，为减少燃烧排放的烟气污染，需要增设二次燃烧设备。

以前，污水污泥焚烧炉多使用多膛焚烧炉，但由于污泥自身热值的提高使炉温上升并产生搅拌臂消耗，以及焚烧能力等原因，同时由于辅助燃料成本上升和更加严格的气体排放标准，多膛焚烧炉越来越失去竞争力，促使流化床焚烧炉成为较受欢迎的污泥焚烧装置。

8.3.2　流化床焚烧炉

流化床焚烧炉内衬耐火材料，下面由布风板构成燃烧室。燃烧室分为两个区域，即上部的稀相区（悬浮段）和下部的密相区。其工作原理是：流化床密相区床层中有大量的惰性床料（如煤灰或砂子等），其热容量很大，能够满足污泥水分的蒸发、挥发分的热解与燃烧所需热量的要求。由布风装置送到密相区的空气使床层处于良好的流化状态，床层内传热工况良好，床内温度均匀稳定维持在 $800 \sim 900℃$，有利于有机物的分解和燃尽。焚烧后产生的烟气夹带着少量固体颗粒及未燃尽的有机物进入流化床稀相区，由二次风送入的高速空气流在炉膛中心形成一旋转切圆，使扰动强烈，混合充分，未燃尽成分继续进行燃烧。

按照流化风速及物料在炉膛内的运动状态，流化床焚烧炉可分为沸腾式流化床和循环式流化床两大类，如图 8-11 所示。

流化床焚烧炉的横断面如图 8-12 所示。高压空气（20～30kPa）从炉底部耐火栅格中的鼓风口喷射而上，使耐火栅格上约 0.75m 厚的硅砂层与加入的污泥呈悬浮状态。干燥破碎的污泥从炉下端加入炉中，与灼热硅砂剧烈混合而焚烧，流化床的温度控制在 725～950℃。污泥在循环流化床和沸腾流化床焚烧炉中的停留时间分别为数秒和数十秒。焚烧灰与气体一起从炉顶部排出，经旋风分离器进行气固分离后，热气体用于预热空气，热焚烧灰用于预热干燥污泥，以便回收热量。流化床中的硅砂也会随着气体流失一部分，每运行300h，应补充流化床中硅砂量的 5%，以保证流化床中的硅砂有足够的量。

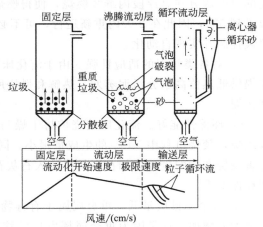

图 8-11　流化床焚烧炉炉型

污泥在流化床焚烧炉中的焚烧在两个区完成。第一个区为硅砂流化区，污泥中水分的蒸发和有机物的分解几乎同时发生在这一区中；第二区为硅砂层上部的自由空旷区，这一区相当于一个后燃室，污泥中的碳和可燃气体继续燃烧。流化床焚烧炉排放废气的净化处理可以采用文丘里洗涤器和/或吸收塔。

污泥流化床焚烧炉的焚烧温度一般为 660～830℃（辅助燃料采用煤时，该温度区域可扩大为850℃），在该区域可有效消除污泥臭味。图 8-13 所示为焚烧温度与尾气臭味排放水平的关系。焚烧温度在 730℃以上时，臭味的排放接近于零。此温度可由设在炉床处的辅助烧嘴及热风予以调节控制。

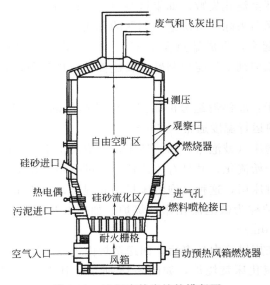

图 8-12　流化床焚烧炉的横断面

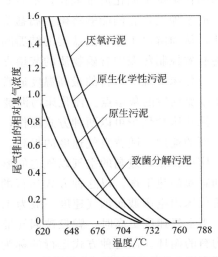

图 8-13　焚烧温度与尾气臭味排放水平的关系

与多膛焚烧炉相比，流化床焚烧炉具有以下优点：

① 焚烧效率高。流化床焚烧炉由于燃烧稳定，炉内温度场均匀，加之采用二次风增加炉内的扰动，炉内的气体与固体混合强烈，污泥的蒸发和燃烧在瞬间就可以完成。未完全燃烧的可燃成分在悬浮段内继续燃烧，使得燃烧非常充分。热容量大，停止运行后，每小时降温不到 5℃，因此在 2 天内重新运行，可不必预热载体，可连续或间歇运行；操作可用自动仪表控制并实现自动化。

② 对各类污泥的适应性强。由于流化床层中有大量的高温惰性床料，床层的热容量大，能提供低热值高水分污泥蒸发、热解和燃烧所需的大量热量，所以流化床焚烧炉适合焚烧各种污泥。

③ 环保性能好。流化床焚烧炉将干燥与焚烧集成在一起，可除臭；采用低温燃烧和分级燃烧，焚烧过程中 NO_x 的生成量很小，同时在床料中加入合适的添加剂可以消除和降低有害焚烧产物的排放，如在床料中加入石灰石可中和焚烧过程中产生的 SO_x、HCl，使之达到环保要求。

④ 重金属排放量低。重金属属于有毒物质，升高焚烧温度将导致烟气中粉尘的重金属含量大大增加，这是因为重金属挥发后转移到粒径小于 $10\mu m$ 的颗粒上，某些焚烧实例表明：铅、镉在粉尘中的含量随焚烧温度呈指数增加。由于流化床焚烧炉焚烧温度低于多膛焚烧炉，因此重金属的排放量较少。

⑤ 结构紧凑，占地面积小。由于流化床燃烧强度高，单位面积的处理能力大，炉内传热强烈，还可实现余热回收装置与焚烧炉一体化，所以整个系统结构紧凑，占地面积小。

⑥ 事故率低，维修工作量小。流化床焚烧炉没有易损的活动部件，可减少事故率和维修工作量，进而提高焚烧装置运行的可靠性。

流化床焚烧技术的优势还在于有非常大的燃烧接触面积、强烈的湍流强度和较长的停留时间。如对于平均粒径为 0.13mm 的床料，流化床全接触面积可达到 $1420m^2/m^3$。

然而，在采用流化床焚烧炉处理含盐污泥时也存在一定的问题。当焚烧含有碱金属盐或碱土金属盐的污泥时，在床层内容易形成低熔点的共晶体（熔点在 635～815℃ 之间），如果熔化盐在床内积累，则会导致结焦、结渣，甚至流化失败。如果这些熔融盐被烟气带出，就会黏附在炉壁上固化成细颗粒，不容易用洗涤器去除。解决这个问题的办法是：向床内添加合适的添加剂，它们能够将碱金属盐类包裹起来，形成熔点在 1065～1290℃ 之间的高熔点物质，从而解决了低熔点盐类的结垢问题。添加剂不仅能控制碱金属盐类的结焦问题，而且还能有效控制污泥中含磷物质的灰熔点。

流化床焚烧炉运行的最高温度通常取决于：a. 污泥组分的熔点；b. 共晶体的熔化温度；c. 加添加剂后的灰熔点。流化床污泥焚烧炉的运行温度通常为 760～900℃。

流化床焚烧炉可以两种方式操作，即沸腾床（鼓泡床）和循环床，这取决于空气在床内空截面的速度。随着空气速度的提高，床层开始流化，并具有流体特性。进一步提高空气速度，床层膨胀，过剩的空气以气泡的形式通过床层，这种气泡将床料彻底混合，迅速建立烟气和颗粒的热平衡。以这种方式运行的焚烧炉称为鼓泡流化床焚烧炉，如图 8-14 所示。鼓泡流化床内空床截面烟气速度一般为 1.0～3.0m/s。

当空气速度更高时，颗粒被烟气带走，在旋风筒内分离后，回送至炉内进一步燃烧，实现物料的循环。以这种方式运行的称为循环流化床焚烧炉，如图 8-15 所示。其空床截面烟气速度一般为 5.0～6.0m/s。

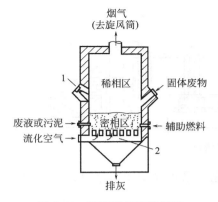

图 8-14　鼓泡流化床焚烧炉

1—预热燃烧器；2—布风装置

工艺条件：焚烧温度 760～1100℃；平均停留

时间 1.0～5.0s；过剩空气 100%～150%

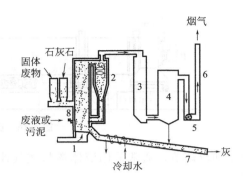

图 8-15　循环流化床焚烧炉系统

1—进风口；2—旋风分离器；3—余热利用锅炉；

4—布袋除尘器；5—引风机；6—烟囱；

7—排渣输送系统；8—燃烧室

　　循环流化床焚烧炉可燃烧固体、气体、液体和污泥，可采用向炉内添加石灰石来控制 SO_x、HCl、HF 等酸性气体的排放，而不需要昂贵的湿式洗涤器，HCl 的去除率可达 99% 以上，主要有害有机化合物的破坏率可达 99.99% 以上。在循环流化床焚烧炉内，污泥在高气速、湍流状态下焚烧，其湍流程度比常规焚烧炉高，因而不需雾化就可燃烧彻底。同时，由于焚烧产生的酸性气体被去除，避免了尾部受热面遭受酸性气体的腐蚀。

　　循环流化床焚烧炉排放烟气中 NO_x 的含量较低，其体积分数通常小于 $1×10^{-8}$。这是由于循环流化床焚烧炉可实现低温、分级燃烧，从而减少了 NO_x 的排放。

　　循环流化床焚烧炉运行时，污泥与石灰石可同时进入燃烧室，空床截面烟气速度为 5～6m/s，焚烧温度为 790～870℃，最高可达 1100℃，气体停留时间不低于 2s，灰渣经水间接冷却后从床底部引出，尾气经废热锅炉冷却后，进入布袋除尘器，经引风机排出。

　　流化床焚烧炉的缺点是运行效果不及其他焚烧炉稳定；动力消耗较大；飞灰量很大，烟气处理要求高，采用湿式收尘的水要用专门的沉淀池来处理。

8.3.3　回转窑式焚烧炉

　　回转窑式焚烧炉是采用回转窑作为燃烧室的回转运行的焚烧炉。回转窑采用卧式圆筒状，外壳一般用钢板卷制而成；内衬耐火材料（可以为砖结构，也可为高温耐火混凝土预制），窑体内壁是光滑的，也有布置内部构件结构的。窑体的一端以螺旋加料器或其他方式进行加料，另一端将燃尽的灰烬排出炉外。污泥在回转窑内可逆向与高温气流接触，也可与气流同向流动。逆向流动时高温气流可以预热进入的污泥，热量利用充分，传热效率高。排气中常携带污泥中挥发出来的有毒有害气体，因此必须进行二次焚烧处理。同向流动的回转窑，一般在窑的后部设置燃烧器，进行二次焚烧。如果采用旋流式回转窑，那么同向流动的回转窑不一定必须带二次燃烧室。

　　回转窑式焚烧炉见图 8-16。炉衬为混凝土砖结构，混凝土部分设置内部构件结构，回转窑所配置的燃烧室做成带滚轮的结构，可移动并且方便维修。

　　回转窑式焚烧炉的温度变化范围较大，为 810～1650℃，温度控制由窑端头的燃烧器的

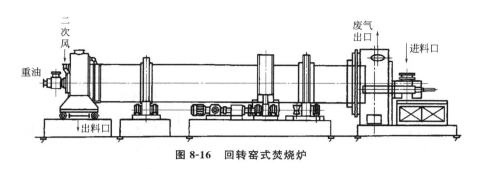

图 8-16   回转窑式焚烧炉

燃料量加以调节，通常采用液体燃料或气体燃料，也可采用煤粉作为燃料或废油本身兼作燃料。

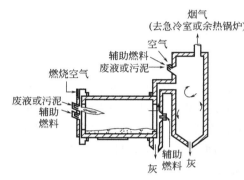

图 8-17   典型的回转窑式焚烧炉
炉膛/燃尽室系统

典型的回转窑式焚烧炉炉膛/燃尽室系统如图 8-17 所示，污泥和辅助燃料由前段进入，在焚烧过程中，圆筒形炉膛旋转，使污泥不停翻转，充分燃烧。该炉膛外层为金属圆筒，内层一般为耐火材料衬里。回转窑式焚烧炉通常稍微倾斜放置，并配以后置燃烧器。一般炉膛的长径比为（2～10）∶1，转速为 1～5r/min，安装倾角为 1°～3°。操作温度上限为 1650℃。回转窑的转动将污泥与燃气混合，经过预燃和挥发将污泥转化为气态和残渣态，转化后气体通过后置燃烧器的高温（1100～1370℃）进行完全燃烧。气体在后置燃烧器中的平均停留时间为 1.0～3.0s，过量空气系数为 1.2～2.0。

回转窑焚烧炉的平均热容量约为 63GJ/h。炉中焚烧温度（650～1260℃）的高低取决于两方面：一方面取决于污泥的性质，对于含卤代有机物的污泥，焚烧温度应在 850℃ 以上，对于含氰化物的污泥，焚烧温度应高于 900℃；另一方面取决于采用哪种除渣方式（湿式还是干式）。

回转窑式焚烧炉内的焚烧温度由辅助燃料燃烧器控制。在回转窑炉膛内不能有效去除焚烧产生的有害气体，如二噁英、呋喃等，为了保证烟气中有害物质的完全燃烧，通常设有燃尽室，当烟气在燃尽室内的停留时间大于 2s、温度高于 1100℃ 时，上述物质均能很好地消除。燃尽室出来的烟气通过余热锅炉回收热量，用以产生蒸汽或发电。

8.3.4   炉排式焚烧炉

污泥送入炉排上进行焚烧的焚烧炉简称为炉排式焚烧炉。炉排式焚烧炉因炉排结构不同，可分为阶梯往复式、链条式、栅动式、多段滚动式和扇形炉排。可使用在污泥焚烧中的通常为阶梯往复式炉排焚烧炉。

阶梯往复式炉排焚烧炉如图 8-18 所示。一般该焚烧炉炉排由 9～13 块组成，固定和活动炉排交替放置。前几块为干燥预热炉排，后为燃烧炉排，最下部为出渣炉排。活动炉排的往复运动由液压缸或由机械方式推动。往复的频率根据生产能力可在较大范围内进行调节，操作控制相当方便。

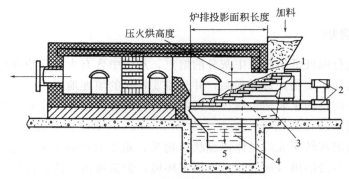

图 8-18 阶梯往复式炉排焚烧炉

1—压火烘；2—液压缸；3—盛料斗；4—出灰斗；5—水封

用炉排式炉焚烧污水污泥，固定段和可动段交互配置，油压装置使可动段前后往返运动，一边搅拌污泥层，一边运送污泥层。污泥燃烧的干燥带较长，燃烧带较短。含水率在 50% 以下的污泥可以高温自燃。上部设置余热锅炉，回收的蒸汽可以用于污泥干燥等。脱水污泥饼（含水率为 75%～80%）经过干燥成干燥污泥饼（含水率为 40%～50%）进入炉排式焚烧炉，最终形成焚烧灰。

8.3.5 电加热红外焚烧炉

电加热红外焚烧炉如图 8-19 所示，其本体为水平绝热炉膛，污泥输送带沿着炉膛长度方向布置，红外电加热元件布置在焚烧炉输送带的顶部，由焚烧炉尾端烟气预热的空气从焚烧炉排渣端送入，供燃烧用。

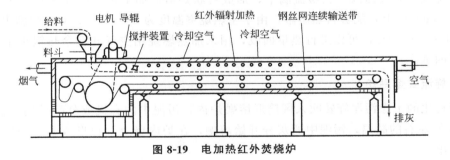

图 8-19 电加热红外焚烧炉

电加热红外焚烧炉一般由一系列预制件组合而成，可以满足不同焚烧长度的要求。脱水污泥通过输送带一端送入焚烧炉内，入口端布置有滚动机构，使污泥以近 12.5mm 的厚度布满输送带。

在焚烧炉中，污泥先被干化，然后在红外加热段焚烧。焚烧灰排入到设在另一端的灰斗中，空气从灰斗上方经过焚烧灰层的预热后从后端进入焚烧炉，与污泥逆向而行。废气从污泥的进料端排出。电加热红外焚烧炉的过量空气系数为 20%～70%。

电加热红外焚烧炉的特点是投资小，适合于小型的污泥焚烧系统。缺点是运行耗电量大，能耗高，而且金属输送带的寿命短，每隔 3～5 年就要更换一次。

电加热红外焚烧炉排放废气的净化处理可采用文丘里洗涤器和/或吸收塔等湿式净化器进行。

8.3.6 熔融焚烧炉

很多炉型的运行温度低于污泥中灰分的熔点，灰渣中含有大量高浓度的污染环境的重金属，要处理处置这种污染物，费用很高，并且需要特殊的填埋地点。

污泥熔融处理的目的主要是控制污水污泥中含有的有害重金属排放。预先干燥的污泥在超过灰熔点的温度下进行焚烧（一般在 $1300 \sim 1500℃$），形成比其他焚烧方式密度大 $2 \sim 3$ 倍的熔化灰，将污泥灰转化成玻璃体或晶状体物质，重金属以稳定的状态存在于 SiO_2 等玻璃体或晶状体中，不会溶出（被过滤）而损害环境，炉渣可用作建筑材料。向污泥中加入石灰和硅石可降低熔融温度，使运行容易，炉膛损耗减少。

一般来说，污水污泥的熔融焚烧由以下四个过程组成：

① 干燥过程。将含有 $70\% \sim 80\%$ 水分的脱水污泥饼降至含水 $10\% \sim 20\%$ 的干燥污泥饼。

② 调整过程。根据各熔炉的适用方式，进行造粒、粉碎、热分解、炭化等。

③ 燃烧、熔融过程。有机分燃烧，无机分首先变成灰，然后再熔融成为炉渣。

④ 冷却、炉渣粒化过程。使用水冷得到粒状炉渣，空冷得到慢慢冷却的炉渣，然后将结晶炉渣渣粒化后实现资源化利用。

用于污泥处理的熔融炉有许多种，如表面熔融炉（膜熔融炉）、旋流式熔融炉、焦炭床式熔融炉、电弧式电熔融炉。

(1) 表面熔融炉（膜熔融炉）

表面熔融炉的构造有方形固定式和圆形回转式两种。熔融污泥时，有机成分首先热分解燃烧，焚烧灰在炉表面以膜状熔流滴下，形成粒状炉渣。如果污泥的发热量在 $14654kJ/kg$（$3500kcal/kg$）以上，能够自然熔融。由于主燃烧室温度为 $1300 \sim 1500℃$，炉膛出口的烟气温度为 $1100 \sim 1200℃$，可以进行热量回收，用来加热燃烧用空气和在余热锅炉中产生用于干燥污泥的蒸汽。

(2) 旋流式熔融炉

将细粉化的干燥污泥旋转吹入圆筒形熔融炉内，污泥中的有机成分瞬时热分解、燃烧，形成 $1400℃$ 左右的高温，污泥中的灰分开始熔融，在炉内壁上一边形成薄层一边流下，从炉渣口排出。

旋流式熔融炉有纵型（图 8-20）、倾斜型和水平型三种炉型，原理都相同，具有旋风炉的特性，但污泥送入熔融炉的前处理过程可能不同，有蒸汽干燥、流动干燥、流动热分解等。

(3) 焦炭床式熔融炉

如图 8-21 所示，填充焦炭为固定层，由风口吹入一次风，在床内形成 $1600℃$ 左右的灼热层。这里，含水率为 $35\% \sim 40\%$ 的干燥粒状污泥和焦炭、石灰或碎石交互被投入。灰分和碱度调整剂一起在焦炭床内边熔融边移动，生成的炉渣在焦炭粒子间流下。炉膛出口烟气温度为 $900℃$ 左右，在 $500℃$ 左右加热空气，然后进一步进行热回收产生锅炉蒸汽，蒸汽被送入桨式污泥干燥机。焦炭的消耗量受投入污泥的含水率、发热量及投入量影响较大，填充的焦炭必须保证一定的量。炉内容易保持较高的温度，同样适用于发热量较低的污泥或熔点较高的污泥。对于发热量较高的污泥，不会节省焦炭，因此必须进行积极的热回收。

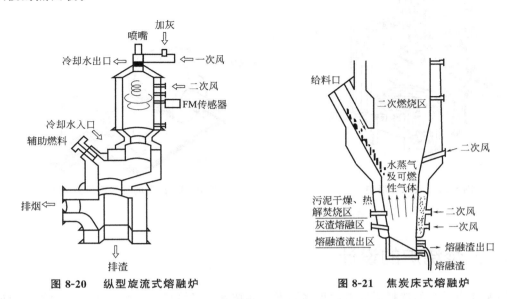

图 8-20　纵型旋流式熔融炉　　　　　图 8-21　焦炭床式熔融炉

（4）电弧式电熔融炉

这种方式需先将污泥干燥到含水率为 20％ 左右。电炉的电弧热使干燥污泥饼中的有机物分解，变成可燃气体，无机物作为熔融炉渣被排出。用高压水喷射流下来的炉渣，使其粉碎后形成人工砂状物。粒状炉渣经沉降分离后由泵送到料斗中储存。熔融炉中产生的热分解气体在脱臭炉中直接燃烧，干燥机排气在 750℃ 左右脱臭，然后经除尘装置以及排气洗涤塔处理后排放到大气中。这种方式由于使用电能，成本较高，使用剩余能量不如城市垃圾焚烧炉那样优点突出。

8.3.7　旋风焚烧炉

旋风焚烧炉是单个炉膛，炉膛可动，齿耙固定（图 8-22）。

空气被带进燃烧器的切线部位。焚烧炉是由耐火材料线性排列的圆顶圆柱形结构，以即时燃料补充的方式加热空气，形成了一个提供污泥和空气混合良好的强旋涡形式。空气和烟气在螺旋气流中顺着圆顶中心位置排出的烟气回旋垂直上升。污泥由螺旋给料机供给，在回转炉膛的外围沉积，并由耙向炉膛中心排出。焚烧炉内的温度为 815～870℃。这些焚烧炉相对较小，在操作温度下，可在 1h 内启动。

旋风焚烧炉的一个改型如图 8-23 所示，这是一种卧式旋风焚烧炉。飞灰通过烟气排出。污泥从炉壁沿切线方向由泵打进焚烧炉，空气被带进燃烧器的切线部位形成旋风效果。这种焚烧炉没有炉膛，只有炉壳和耐火材料，污泥在炉内的停留时间不超过 10s。燃烧产物在 815℃ 下从涡流中排出，确保完全燃烧。

旋风焚烧炉适用于污水日处理量小于 9000t/d 的污水处理厂污泥的焚烧。这种处理方式相对便宜，机组结构简单。卧式焚烧炉可以作为一个完全独立的设备单独安装，适用于现场焚烧污泥，运行时仅需配备进料系统和烟囱。

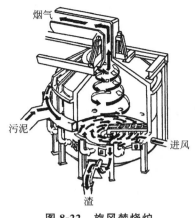

图 8-22　旋风焚烧炉

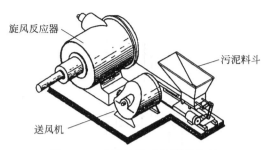

图 8-23　改型的卧式旋风焚烧炉

8.4 ⊃ 焚烧炉的设计

　　污泥焚烧系统的选择需要考虑很多因素，如技术、经济成本、政策等，其中投资与成本是非常重要的因素。一般来说，选择焚烧技术需完成如下一些分析步骤：

　　① 污泥特性分析。需分析的污泥特性包括组成、热值、容重、黏度等。需要注意的是，上述特性是随技术、法规和经济发展等因素变化而变化的。

　　② 系统的初步考虑。依据当前及将来可能的法规要求，提出污泥焚烧系统的性能指标要求，并进行焚烧系统的设计考虑。

　　③ 能量与物料平衡。一般从污泥的物质流及能量流等角度确定能量平衡、物料平衡、燃烧所需空气以及烟气排放等。测算往往基于污泥处理的日平均量，计算结果应取处理能力最大值。

　　④ 焚烧炉及配套辅助系统的分析。这一选择往往取决于业主对技术的认识以及技术本身的适应性。辅助系统中重要的有污泥给料系统、点火系统及烟气净化系统。辅助系统的选择必须要求稳定可靠，烟气净化系统的选择还应严格按照国家的法规要求。

　　⑤ 焚烧系统经济性分析。主要包括两部内容：初投资及运行成本。

　　一些因素对污泥焚烧工程初投资的影响可以采用式(8-11) 来估算：

$$C_i = C_0 \left(\frac{S_i}{S_0} \right)^n \tag{8-11}$$

式中　C_i——变化后的某设备或装置的投资额；

　　　　C_0——变化前的某设备或装置的投资额；

　　　　S_i——变化后的某设备或装置某一特征值；

　　　　S_0——变化前的某设备或装置某一特征值；

　　　　n——某设备或装置对初投资的影响指数。

8.4.1　质量平衡分析

　　根据质量守恒定律，焚烧系统输入的物料质量应等于输出的物料质量，即：

$$M_a + M_f - M_g - M_r = 0 \tag{8-12}$$

式中　M_a——进入焚烧系统助燃空气的质量；

　　　M_f——进入焚烧系统污泥的质量；

　　　M_g——排出焚烧系统烟气的质量；

　　　M_r——排出焚烧系统飞灰的质量。

污泥中的主要可氧化元素为 C、H、S，其完全氧化方程及各物质质量比分别如下：

$$C \ + \ O_2 \ \longrightarrow \ CO_2$$
$$12.010 \quad 32.000 \quad 44.010 \tag{8-13}$$

$$2H_2 \ + \ O_2 \ \longrightarrow 2H_2O$$
$$4.032 \quad 32.000 \quad 36.032 \tag{8-14}$$

$$S \ + \ O_2 \ \longrightarrow \ SO_2$$
$$32.066 \quad 32.000 \quad 64.066 \tag{8-15}$$

根据以上反应式计算可得，污泥中的 C 燃烧需 O_2 量为 2.6644kg/kg，生成 CO_2 的量为 3.6644kg/kg；污泥中的 H_2 燃烧需 O_2 量为 7.9365kg/kg，生成水蒸气的量为 8.9365kg/kg；污泥中的 S 燃烧需 O_2 量为 0.9979kg/kg，生成 SO_2 的量为 1.9979kg/kg。即单位质量干污泥燃烧所需的总需 O_2 量（kg/kg）为：

$$总需 O_2 量 = 2.6644w(C) + 7.9365w(H_2) + 0.9979w(S) \tag{8-16}$$
$$-单位质量污泥燃烧所需燃料中含 O_2 量$$

式中，w 为各物质质量分数。

换算为空气，则有：

$$需空气量 = 需 O_2 量 / 20.95\% \tag{8-17}$$

单位质量干污泥燃烧生成的水蒸气量（kg/kg）为：

$$生成的水蒸气量 = 8.9365w(H_2) \tag{8-18}$$

单位质量干污泥燃烧生成的干气体量为：

$$生成的干气体量 = 3.6644w(C) + 1.9979w(S) + 需 O_2 量 \times (1/20.95\% - 1)$$
$$+ 单位质量污泥燃烧所需燃料中含 N_2 量 \tag{8-19}$$

根据 Dulong 方程，单位质量干污泥燃烧释放的热量 Q（kJ/kg）为：

$$Q = 33829w(C) + 144277[w(H_2) - 0.125w(O_2) + 9420w(S)] \tag{8-20}$$

8.4.2　能量平衡分析

从能量转换的观点来看，焚烧系统是一个能量转换设备，它将污泥的化学能通过燃烧过程转化成烟气的热能，烟气再通过辐射、对流、导热等基本传热方式将热能分配交换给工质或排放到大气环境。在稳定工况条件下，焚烧系统输入输出的热量是平衡的，即：

$$Q_f + M_a h_a - M_g h_g - M_r h_r = 0 \tag{8-21}$$

式中　Q_f——污泥燃烧放出的热量，kJ；

　　　h_a——单位质量助燃空气的焓，kJ/kg；

　　　h_g——单位质量烟气的焓，kJ/kg；

　　　h_r——单位质量飞灰的焓，kJ/kg；

M_a——助燃空气的质量，kg；

M_g——烟气的质量，kg；

M_r——飞灰的质量，kg。

8.4.3 流化床焚烧炉的设计

8.4.3.1 污泥给料系统的考虑

一般来说，首先应确定该系统需要的给料量、污泥成分、污泥含固率、干基污泥中的可燃物含量、污泥燃烧值及污泥中一些化学物质如石灰的含量等。

输送方式依据输送装置的尺寸、运行成本、安装位置及维修难易程度等来确定。一般可用于输送污泥的方式有带式、泵送式、螺旋式以及提升式。带式输送机结构简单而可靠，通常可倾斜到 18°。

许多情况下，湿污泥可通过泵进行输送和给料，通常采用的有柱塞泵、挤压泵、隔膜泵、离心泵等。泵送可实现稳定的给料速率，减少污染排放，有利于焚烧炉的稳定运行；系统易于布置，对周围布置条件要求低；可充分降低污泥臭味对环境的影响。不足的是，泵送污泥的压力损失较大。对于泵送污泥，其所需的起始压力 Δp（Pa）为：

$$\Delta p = \frac{4L\tau_0}{d_0} \tag{8-22}$$

式中　L——输送长度，m；

　　　τ_0——起始剪切力，10^{-5}Pa；

　　　d_0——管道直径，m。

在采用泵送方式时，起始剪切力可随着污泥在输送管道内静止停留时间的延长而增加。

比较而言，刮板式输送机输送污泥更为适宜，这种方式有调节松紧装置，但需考虑污泥的触变特性，即污泥在受到一定剪切力时，其表面黏性力可急剧下降，使原来硬稠的污泥变为液体状的污泥。污泥的水平输送通常使用螺旋输送机，输送距离应不超过 6m，以防止机械磨损和方便机械的检修和维护。

给料量的范围主要取决于焚烧炉处理的最小负荷和最大负荷。

辅助燃料的添加可以有多种不同的方案，大多数装置采用将污泥和辅助燃料（煤或油）分别给入床内的办法，例如将污泥由炉顶自由落入炉内，煤由床层上方负压给料口给入，辅助油通过在床层内布置的油枪，或将其雾化后与一次风一起送入流化床。也可以将辅助燃料通过一些特殊设备事先与污泥混合，然后一起加入。这样可避免床内的燃烧不均匀，有利于污泥的燃烧稳定和锅炉的安全运行。

8.4.3.2 污泥流化床焚烧炉的主要设计原则

（1）污泥流化床内径的确定

所选流化床的内径取决于焚烧炉进料污泥中所含的水分量。

（2）污泥流化床静止床高的确定

典型的污泥流化床焚烧炉膨胀床高与静止床高之比一般介于（1.5～2.0）:1，而静止床高可为 1.2～1.5m。污泥流化床焚烧处理能力与污泥水分之间的关系可表示为：

$$Q = 4.9 \times 10^{2.7 - 0.0222P} \tag{8-23}$$

式中　Q——污泥处理量，$kg/(m^2 \cdot h)$；

P——污泥水分含量，%。

焚烧速率为：

$$I_v = 2.71 \times 10^{5.947 - 0.0096P} \tag{8-24}$$

当污泥水分介于 70%～75% 时，Q 为 53～69kg/($m^2 \cdot h$)，I_v 为 （1.81～2.04）× 10^6 kJ/($m^2 \cdot h$)。

流化床焚烧炉的热负荷为 （1.67～2.51）×10^6 kJ/($m^3 \cdot h$) （以炉床断面为基准）。若床层高度为 1m，炉子容积热强度高达 （1.67～2.51）×10^6 kg/($m^3 \cdot h$)。因此，即使污泥进料量有所变动，炉内流化温度的波动幅度也不大。焚烧炉一般采用连续运行方式，但由于焚烧炉的蓄热量很大，停炉后的温度下降很慢，再启动较容易，所以焚烧炉有时也可采用间歇操作。

（3）床料粒度的选择

污泥流化床混合试验研究表明，对于二组元流化床，两种物料的颗粒粒度和密度对物料在床内分布产生的影响最大。一般来说，污泥在床内为低密度、大粒度物料，需选用小颗粒、大密度物料作为基本床料，此时床内颗粒的分布规律将主要受密度的影响。污泥流化床采用石英砂为床料，其粒径的选择取决于其临界流化速度。为达到较低的流化风速，选取的床料平均粒径在 0.5～1.5mm 之间。

（4）防止床料凝结的措施

防止床料凝结，避免其对正常流化的影响，是流化床焚烧污泥的技术关键之一。污泥特别是城市污泥和一些工业污泥，本身带有一定量的低熔点物质，如铁、钠、钾、磷、氯和硫等成分，这些物质的存在极易导致灰高温熔结成团，如磷与铁可以进行反应：$PO_4^{3-} + Fe^{3+} \longrightarrow FePO_4$，并产生凝结现象。一种简单有效的方法是在流化床中添加 Ca 基物质，通过 $3Ca^{2+} + 2FePO_4 \longrightarrow Ca_3(PO_4)_2 + 2Fe^{3+}$ 反应来克服 $FePO_4$ 的影响。

另外，碱金属氯化物可与床料发生以下反应：

$$3SiO_2 + 2NaCl + H_2O \longrightarrow Na_2O \cdot 3SiO_2 + 2HCl \tag{8-25}$$

$$3SiO_2 + 2KCl + H_2O \longrightarrow K_2O \cdot 3SiO_2 + 2HCl \tag{8-26}$$

反应生成物的熔点可低至 635℃，从而影响灰熔点。

添加一定量的 Ca 基物质可使得上述反应生成物进一步发生以下反应：

$$Na_2O \cdot 3SiO_2 + 3CaO + 3SiO_2 \longrightarrow Na_2O \cdot 3CaO \cdot 6SiO_2 \tag{8-27}$$

$$Na_2O \cdot 3SiO_2 + 2CaO \longrightarrow Na_2O \cdot 2CaO \cdot 3SiO_2 \tag{8-28}$$

生成高灰熔点的共晶体，防止碱金属氯化物对流化的影响。

将高岭土应用于流化床中也可有效防止床料玻璃化和凝结恶化。高岭土在流化床中可以发生以下脱水反应：

$$Al_2O_3 \cdot 2SiO_2 \cdot 2H_2O \longrightarrow Al_2O_3 \cdot 2SiO_2 + 2H_2O \tag{8-29}$$

$$Al_2O_3 \cdot 2SiO_2 + 3NaCl + H_2O \longrightarrow Na_2O \cdot Al_2O_3 \cdot 2SiO_2 + 2HCl \tag{8-30}$$

而共晶体 $Na_2O \cdot Al_2O_3 \cdot 2SiO_2$ 的熔点高达 1526℃。高岭土与碱金属的比例，一般为 3.3：1（对 K 而言）和 5.6：1（对 Na 而言），以避免 Al_2O_3 和 SiO_2 过量。

考虑到污泥以挥发分为主，为防止流化恶化现象的产生，还可通过其他方式来控制，如低燃烧温度和异重流方式。

8.4.4 多膛焚烧炉的设计

8.4.4.1 焚烧炉尺寸设计

首先，焚烧炉的有效处理能力必须与污泥的产生量相匹配；其次，焚烧必须能适应污泥和补充燃料燃烧释放的热量。图 8-24 所示为一典型多膛焚烧炉。

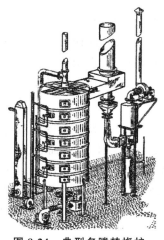

图 8-24 典型多膛焚烧炉

通常，多膛焚烧炉有如下特征：a. 干燥时，单位面积单位时间炉膛湿空气产生量为 48.87kg/(m^2 · h)；b. 燃烧时，单位面积单位时间炉膛污泥的焚烧量为 48.87kg/(m^2 · h)；c. 释放热量为 $3.73 \times 10^5 kJ/m^3$。

为了确定设备的尺寸和特性，必须通过一系列的计算测定焚烧炉的进气流量、烟气量、补充燃料量和冷却水需要量。首先进行质量平衡计算，然后进行热平衡计算，最后得到系统排放物的特性。多膛焚烧炉的尺寸可根据有关图表进行估计。

8.4.4.2 多膛焚烧炉的结构

多膛焚烧炉的处理能力与搅拌速率和炉的大小有关。可根据相关资料确定多膛焚烧炉的搅拌能力和停留时间。在很多情况下，焚烧炉的组件必须能经得起烟气的高温和腐蚀影响。

8.4.5 电加热焚烧炉的设计

图 8-25 所示是一个带同流换热器的电加热焚烧炉内物料和能量的流向图。通入系统的空气由引风机引入。电加热焚烧炉的特点是排放物很少，不需要高能耗的洗涤系统。干污泥置于传送带上，不进行机械或其他形式搅动，选择适当的传送速率使污泥的最初厚度为 2.54cm，这个厚度能确保污泥在到达传送带的另一端之前燃烧完全。

电加热焚烧炉的制造和操作相对简单，但电耗高，仅适用于电价较低的地区。

（1）尺寸确定

电加热焚烧炉的尺寸可根据湿污泥负荷按有关资料进行选用，从 1.22m 宽 6.10m 长到 2.90m 宽 31.7m 长不等。常采用多单元形式而不是单个大单元形式。采用多单元形式可以减少设备电力启动和降低电耗，可同时运行两个或三个单元但无须同时启动一个以上的单元。

（2）焚烧参数

电加热焚烧炉的过量空气量一般为 10%～20%。污泥进料与气流方向相反，温度沿污泥进料方向从 871℃ 上升至 927℃。

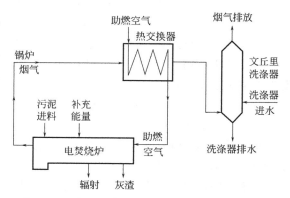

图 8-25 电加热焚烧炉内物料和能量的流向图

焚烧炉烟气出口温度大约为 649℃。当使用一个空气加热器或同流换热器时，焚烧炉入口空气温度不超过 316℃。

（3）电耗计算

假设湿污泥进料速率为 5443kg/h，湿污泥的含水率为 78％，干污泥灰分为 43％，干污泥热值为 $1.463×10^4$ kJ/kg，电炉热辐射损失率为 4％，使用一个换热器时，污泥焚烧电耗可降低 50％以上。尽管焚烧炉启动时电耗很高，但启动过程仅需 1～2h。

8.5 ▸ 污泥焚烧实例

污泥的来源不同，其组成也各不一样，因此适用的焚烧方法与设备也各不相同。

8.5.1 造纸污泥的焚烧

造纸污泥是造纸废水处理过程中产生的残余沉淀物质，主要包括不溶性纤维、填料、絮凝剂以及其他污染物。

8.5.1.1 造纸污泥单独焚烧

随着水分含量的增加，污泥的理论燃烧温度会显著下降，如图 8-26 所示。当污泥水分在 50％时，其理论燃烧温度低于 1300℃，扣除燃烧损失和散热损失后，流化床可以维持合理的床温；当污泥水分含量升至 65％时，理论燃烧温度降至 900℃以下，纯烧污泥不能维持床温，采用热空气送入，情况也改善不多。

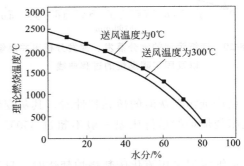

图 8-26 不同含水率的造纸污泥的理论燃烧温度

不同水分含量的造纸污泥在不同床温下燃烧时，形成一定强度的污泥结团，能减少飞灰损失。在各种含水量和床温下，造纸污泥都能很好地结团，并且存在最大的强度，经过一定时间后，各强度都趋于一较小值（图 8-27 和图 8-28）

图 8-29 所示为与图 8-28 相应的污泥颗粒在流化床焚烧炉中水分蒸发、挥发分析出并燃烧以及固定碳燃烧的过程曲线。结合图 8-29 和图 8-28 可以很明显地看出，在污泥中固定碳、挥发分燃烧时，有着较高的结团强度，从而减少了飞灰损失。同时，当污泥中可燃物燃尽时，结团强度也急剧减小，此时污泥灰壳易被破碎成细粉而以飞灰形式排出床层，从而实现无溢流稳定运行和获得较高的燃烧效率。

图 8-30 所示为含水率为 80％的造纸污泥在床温为 900℃时三种不同粒径的污泥团在流化床焚烧炉中的结团强度。由于小粒径的污泥团的水分蒸发和挥发分析出的速度均比大粒径的污泥团要快得多，其凝聚结团的内部较为疏松，结团强度因而相对较弱。因此，在实际污泥焚烧操作中可以选用较大的给料粒度而不必担心污泥的燃烧不完全，可简化给料系统。

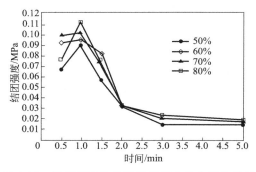

图 8-27　造纸污泥的结团强度与水分含量的关系
（温度为 900℃，进料污泥尺寸 $d=12$mm）

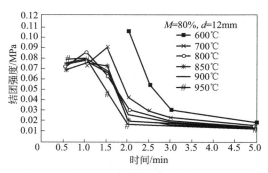

图 8-28　造纸污泥的结团强度与床温的关系

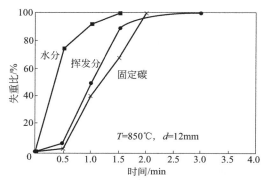

图 8-29　造纸污泥的水分蒸发、挥发分析出并燃烧
　　　　以及固定碳燃烧的过程曲线

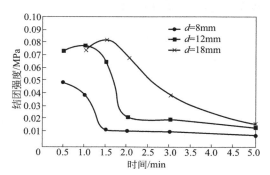

图 8-30　给料粒度对造纸污泥结团强度的影响

从造纸污泥灰渣的熔融特性看，其灰变形温度和灰流动温度的温差只有 80℃，属短渣。流化床焚烧炉的运行床温一般不超过 850℃，远低于灰变形温度 1270℃，正常运行时不会结焦。

造纸污泥采用流化床焚烧炉焚烧时，只用造纸污泥作为床料进行流化，床层会发生严重的沟流现象，必须与石英砂等惰性物料混合构成异比重床料后才能获得理想的流化。当石英砂的粒径为 0.425～0.850mm、平均粒径 $d_p=0.653$mm 时，床料能得到良好的流化，当流化数（气固流化床操作速度与最小流化速度之比）在 2.5～2.8 之间时，床层流化十分理想，污泥在床层均匀分布，无分层和沟流现象发生。

造纸污泥的焚烧行为与其含水率密切相关，在无辅助燃料的情况下，水分含量大于 50% 的造纸污泥无法在流化床焚烧炉内稳定燃烧。水分含量降至 40% 时，造纸污泥能在流化床内稳定燃烧，平均床温约 830℃，床内燃烧份额为 45%，悬浮段燃烧份额为 55%。焚烧炉出口烟气中 CO_2、CO、O_2、NO_x、N_2O 和 SO_2 的浓度分别为 14.8%、0.46%、5.92%、0.0047%、0.0029%、0.0065%，满足环保要求。

造纸污泥单独焚烧，其飞灰中 Zn、Cu、Pb、Cr、Cd 的含量分别为 295.8mg/kg、44.4mg/kg、28.9mg/kg、31.6mg/kg 和 0.36mg/kg，低于农用污泥中有害物质的最高允许浓度。

8.5.1.2 造纸污泥与煤混烧

（1）造纸污泥和造纸废渣与煤在循环流化床焚烧炉中的混烧

以回收废旧包装箱为主要原料生产瓦楞纸的造纸工艺所产生的废弃物包括造纸污泥和造纸废渣两部分。其中，造纸污泥是造纸过程废水处理的终端产物，除含有短纤维物质外，还含有许多有机质和氮、磷、氯等物质。造纸废渣中含有相当成分的木质、纸头和油墨渣等有机可燃成分。此外，两种废弃物中都含有重金属、寄生虫卵和致病菌等。采用煤与废弃物混烧来发电或供热将是一种很好的选择。与纯烧废弃物相比，混烧技术能够保持燃烧稳定，提高热利用率，有利于资源回收，同时减少了焚烧炉的建设成本和投资。

赵长遂等利用图 8-31 所示的循环流化床焚烧炉热态试验台进行了造纸污泥和造纸废渣与煤混烧的试验。整个装置由循环流化床焚烧炉本体、启动燃烧室、送风系统、引风系统、污泥/废渣加料系统、高温旋风分离器、返料装置、尾部装置、尾气净化系统、测量系统和操作系统等几部分组成。流化床焚烧炉本体分风室、密相区、过渡区和稀相区四部分，总高 7m。密相区高 1.16m，内截面积为 $0.0529m^2$（0.23m×0.23m）；过渡区高 0.2m，稀相区高 4.56m，内截面积为 $0.1817m^2$（0.46m×0.395m）。送、引风系统由空气压缩机和引风机组成，来自空气压缩机的一次风经预热后送往风室，二次风未经预热从稀相区下部送入炉膛。煤和脱硫剂经预混合由安装在密相区下部的螺旋给煤系统加入焚烧炉。造纸污泥、废渣的混合物采用图 8-32 所示的容积式叶片给料器由调速电机驱动进料，以确保试验过程中加料均匀、流畅、稳定和调节方便。

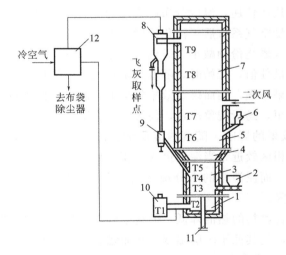

图 8-31 流化床焚烧炉热态试验台结构简图

1—风室；2—加煤系统；3—密相区；4—过渡段；5—稀相区；
6—废弃物加料器；7—稀相区；8—旋风分离器；9—返料器；
10—启燃室；11—排渣装置；12—换热器；T1～T9—各测温点

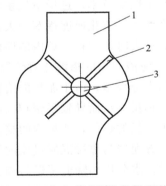

图 8-32 容积式叶片给料器示意图

1—外壳；2—叶片；3—轴

流化床焚烧炉试验台采用床下点火启动方式。轻柴油在启动燃烧室燃烧，产生的高温烟气经风室和布风板通入密相床内，流化并加热床料，在床料达到煤的着火温度后开始向床内加煤。当煤在流化床内稳定燃烧、密相床温达到 900℃ 以后，向返料器通入松动风，使高温旋风分离器分离的飞灰在炉内循环，待物料循环正常且炉膛上下温度均匀后，即可向床内加入造纸污泥和造纸废渣，并调节加煤量，使流化床在设定工况下稳定一定时间后开始进行焚烧试验。

将废渣与污泥按质量比2.2：1混合好后（以后简称为泥渣），再与烟煤混烧。试验所采用的脱硫剂为石灰石，其中CaO的质量分数为54.29%，平均粒径为0.687mm，各试验工况中，钙硫摩尔比保持为3.0：1。

试验结果表明，二次风率、过量空气系数和泥渣与煤的掺混比对炉温和焚烧效果影响较大。

① 二次风率对炉温和焚烧效果的影响。一方面，在总风量不变的条件下，随着二次风率的增大，密相区氧浓度降低，其燃烧气氛由氧化态向还原态转变，使得密相区燃烧份额减小，燃烧放热量变小，使炉内温度降低；同时，密相区流化速度变小，扬析夹带量减小，有使密相区燃烧份额变大、稀相区燃烧份额减小的趋势，不利于温度场的均匀分布。

另一方面，在总风量不变的情况下，二次风率增大，流化速度减小，从整体上延长了颗粒在炉内的停留时间，增加了悬浮空间的大尺度扰动，加速了其中各个烟气组分对氧的对流、扩散及其与固体颗粒间的传质过程，从而改善气、固可燃物的燃烧环境，促进其进一步燃尽。

② 过量空气系数对炉温和焚烧效果的影响。随着过量空气系数的增大，密相区氧浓度变大，同时由于泥渣的挥发分析出比较迅速，因而导致密相区的燃烧份额增加，密相区的温度呈上升趋势。但过量空气系数对稀相区温度的影响比较复杂，随着过量空气系数的增加，稀相区的温度先会有所上升，待到达某一值后又呈下降趋势。因为起初增大过量空气系数时，流化速度变大，增强了炉内的扰动和热质传递，温度分布趋于均匀，有利于固体、气态可燃物在稀相区的燃尽。但进一步增大过量空气系数后，流化速度增大较多，固体、气态可燃物在稀相区的停留时间明显缩短，稀相区燃烧份额减小，导致了稀相区温度下降。

对于燃烧效率，过量空气系数存在一最佳值，开始时，随着过量空气系数的增大，炉内氧浓度增大，流化速度逐渐增大，混合效果增强，因而燃烧效率先呈上升趋势。但当过量空气系数过大时，颗粒在炉内的停留时间缩短，扬析现象严重，使燃烧效率降低。

③ 泥渣与煤的掺混比对炉温和焚烧效果的影响。随着掺混质量比的增大，由泥渣带入炉内的水分变多，由于泥料的给料点离密相区较近，当泥渣进入密相区后，水分蒸发吸收了大量的热量，从而导致密相区温度下降。而泥渣中的水分最终以气态形式排放到大气中，带走了大量的热值，使炉内的整体温度下降。

随着泥渣与煤掺混质量比的增大，混合燃料的热值降低，燃料中的水分相应增多，燃料燃烧时，水分析出降低了燃料周围的温度，使其低于床层温度，从而燃烧效率降低。

当掺混质量比为1：1时，最佳过量空气系数为1.3左右。试验结果应用于某纸业公司一台蒸发量为45t/h的造纸污泥/废渣掺煤循环流化床焚烧锅炉的设计中，投产后燃烧稳定，运行可靠。

（2）造纸污泥与煤在循环流化床焚烧炉中的混烧

孙昕等采用图8-31所示的试验台对同一脱硫剂和烟煤与造纸污泥进行了混烧试验，试验中Ca/S摩尔比为3.0：1。试验得出，二次风率、过量空气系数与污泥和煤的掺混比对炉温和焚烧效果的影响与污泥与煤的混烧试验完全一致。同时试验结果还表明，采用流化床混烧污泥和煤时，Ca/S摩尔比取3：1的情况下，SO_2、NO_x等的排放都达到国家标准，随着过量空气系数和床层温度的升高，SO_2 的排放量相应增大。NO_x 的排放随着过量空气系数的增大而增加，却随着二次风率的增大而减少。过量空气系数的减小，二次风率的增大和床层温度的升高将抑制 NO_x 的排放。

8.5.1.3　造纸污泥与树皮在循环流化床焚烧炉中的混烧

1985 年，日本 Oji 纸业公司的 Tomakomai 厂投运了世界上第一台以造纸污泥为主燃料（以树皮为辅助燃料）的流化床锅炉，如图 8-33 所示。

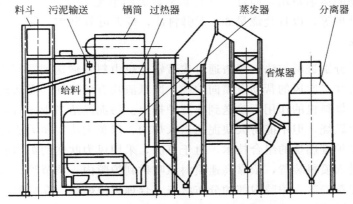

图 8-33　日本 Oji 纸业公司造纸污泥流化床锅炉

采用单锅筒，自然循环和强制循环。最大连续蒸发量为 42t/h。蒸汽压力为 3.4MPa，蒸汽温度为 420℃，给水温度为 120℃。采用炉顶给料方式，给料量为 250t/d。床料为石英砂，平均粒径为 0.8mm。

污泥以脱水泥饼形式给入炉内，树皮的给料量根据污泥性质而作调整，当二者的热值不够维持床温时，自动加入重油助燃。点火启动时的初始流化风速为 0.4m/s，运行时的流化风速控制在 1~1.5m/s，床温维持在 800~850℃。NO_x 排放浓度为 50~100mg/kg，负荷可降至 70% 左右。

8.5.1.4　造纸污泥与草渣和废纸渣在炉排炉中的混烧

造纸工业的固体废物主要由草渣（包括麦草、稻草、芦苇等各种生物质废渣）、废纸渣（废塑料皮）和造纸污泥三大类组成。

① 草渣：主要是由原料稻草、麦草和芦苇中的碎叶片和麦糠、稻壳等组成。这类生物质燃料密度小，一般平均密度为 150~200kg/m³，挥发物含量大约为 60%~80%，发热量在 8000~10000kJ/kg 之间。其燃烧特点是着火温度低，挥发物析出速率快，挥发物的燃烧和固定碳的燃烧分两个阶段进行。

② 废纸渣（废塑料皮）：主要成分是打包塑料封带及部分短纤维，一般含水率在 50%~70%，热值在 8000~10000kJ/kg 之间。塑料皮的主要成分是聚氯乙烯和氯代苯，在燃烧过程中，当烟气中产生过多的未燃尽物质或燃烧温度不高时，会产生二噁英等有害物质。炉膛设计时必须保证炉膛温度在 850℃以上，炉膛要有一定的高度，使烟气在炉内有足够的停留时间。

③ 造纸污泥：成分随原料的不同而变化，化学浆、脱墨浆和经过二次处理产生的活性

污泥成分稍有差异。造纸废水处理污泥主要是细小纤维与填料和化学药品的混合物，含水量在70%左右，热值约为2300kJ/kg，密度为1200kg/m³以上。与市政污泥相比，N和P的含量低，而Ca^{2+}和Al^{3+}的含量却高得多，且漂白化学浆废水处理污泥中含有聚氯联苯化合物（PCBs）和二噁英（PCDD）。

山东临沂某锅炉厂开发研制出日焚烧60t造纸工业固体废物的焚烧锅炉，专门用于造纸厂固体废物如草渣、废纸渣（废塑料皮）和干燥后污泥的焚烧，已在40多家企业投入运行，状况良好。该系统的投运不但可以使纸厂的固体废物得到减量化、无害化处理，减轻环境污染，减少固体废物的运输费用，而且还具有非常显著的节能效果。整个系统包含进料系统、燃烧设备和烟气处理等，以日焚烧量60t下脚料计，每天可节煤25t多。

（1）进料系统

进料系统采用分别进料方法，草渣通过皮带输送机由料场输送到螺旋给料机的料仓，然后通过螺旋给料机在二次风的帮助下喷向炉膛。废纸渣具有缠绕性，需通过皮带输送机由料场输送到煤斗，在推料机的作用下输送到往复炉排上。污泥经适当干燥后，混入废纸渣一起输送到往复炉排上燃烧，但不能将大块泥团送入炉内，以免大块泥团无法燃尽。焚烧炉采用悬浮室燃烧加往复炉排燃烧的组合技术。对于草渣，采用风力吹送的炉内悬浮燃烧加层燃的燃烧方式。草渣进入喷料装置，依靠高速喷料风喷射到炉膛内，调节喷料风量的大小和导向板的角度，以改变草渣落入炉膛内部的分布状态，合理组织燃烧。在喷料口的上部和炉膛后墙布置有三组二次风喷嘴，喷出的高速二次风具有较大的动能和刚性，使高温烟气与可燃物充分搅拌混合，保证燃料的完全充分燃烧。废纸渣通过推料机送入炉内的往复炉排上，难燃烧的固定碳下落到炉膛底部的往复炉排上，对刚刚进入炉排口的废纸渣有加热引燃作用，有利于废塑料的及时着火燃烧。而着火后的废塑料很快进入高温主燃区，形成高温燃料层，为下落在炉排上的大颗粒燃料及固定碳提供良好的高温燃烧环境，有利于这部分大颗粒物及固定碳的燃烧及燃尽。往复炉排采用倾斜15°角的布置方式，燃料从前向后推动的同时有一个下落翻动过程，起到自拨火作用。由于草渣及废纸渣的挥发物含量高，固定碳含量相对较少，往复炉干燥阶段风量仅占一次风量的15%，主燃区风量占75%以上，燃尽区风量仅占10%左右。二次风量必须占15%～20%以上，以保证废纸渣挥发分大量集中析出时的充分燃烧。

（2）炉膛结构

锅炉炉膛设计成细高形，高度为7.7m，宽度为1.65m，平均深度为3m，以保证废纸渣焚烧烟气在炉内有足够的停留时间。上部炉膛布有水冷壁，下部有绝热炉膛，以减少吸热量，提高炉膛温度。锅炉采用低而长的绝热后拱，以利于燃料的燃尽。在后拱出口上部设有一组二次风喷嘴，这组二次风的作用是将从后拱出来的高温烟气及从喷料口下落的燃料吹向前墙处，有利于物料的干燥着火燃烧，也促使从喷料口下落的燃料落到炉排前端，延长燃料在炉排上的停留时间，有利于燃料的燃烧。锅炉受热面可根据灰量大小采用合理的烟速，以防止对流受热面的磨损。在管束的前区和炉膛部位布置检修门，便于清灰和检修，必要时加装防磨和自动清灰装置。尾部采用空气预热器，物料燃烧的一次风和二次风均来自空气预热器产生的热风。为防止空气预热器的低温腐蚀，需采用较高的排烟温度和热风温度。

（3）烟气的处理和净化

该焚烧系统的烟气特点是飞灰量大、颗粒细、质量轻，且含有HCl等有害气体。对烟气分两级处理：烟气首先进入半干式脱酸塔，酸性有害气体在塔内得到综合处理；脱酸烟气再进入布袋除尘器进行除尘处理，最后由烟囱排入大气。

8.5.1.5 造纸污泥与木材废料在炉排炉中的混烧

造纸污泥可按照 15% 的比例投入到燃烧木材废料的炉排炉中焚烧，可以得到较好的处理，但往往会形成大量氯化物污染环境。焚烧造纸污泥会对设备产生不利影响，如：a. 较湿的污泥会堵塞炉排，影响炉子燃烧；b. 污泥中的灰分含量较高，容易堵塞炉排；c. 污泥的燃烧热值较低，从而造成蒸汽产生量较少；d. 污泥焚烧带来的杂质较多，容易造成锅炉管束及灰斗的堵塞。

8.5.2 电镀污泥的焚烧

电镀工业使用了大量强酸、强碱、重金属溶液，甚至包括镉、氰化物、三氧化铬等有毒有害化学品。电镀污泥成分十分复杂，含有大量的 Cu、Ni、Pb、Zn 等有毒重金属，是一种典型的危险废物。电镀废水的最常用处理方法是用氢氧化钠或氧化钙中和，使废水中的重金属生成氢氧化物沉淀转入到电镀污泥中。电镀污泥的颜色有棕黑色、红色、紫色等，主要取决于产生的工艺；含水率都很高，大多数在 75%～90% 之间；灰分含量都在 76% 以上；pH 值大多接近 8.0，属于偏碱性物质。

电镀污泥中的常规化合物主要有 Al_2O_3、Fe_2O_3、CuO、SiO_2、CaO、SO_3、Na_2O、MgO 等，其他的有 Co_2O_4、SrO、Nb_2O_5、ZrO_2 等。试样中 Al_2O_3、Fe_2O_3、CaO、CuO、SiO_2、SO_3 等含量均比较高，Pb、Cd、Cr、Ni、Cu、Zn 等主要来自电镀溶液，其余则主要来自电镀废水处理过程中投加的化学药剂。电镀污泥的组成十分复杂且分布极不均匀，属于结晶度比较低的复杂混合体系。

由于电镀污泥中通常含有一些重金属，如 Cu、Ni、Cr、Fe、Zn 等，含量较高，它们又是一种廉价的二次可再生资源，因此，回收重金属的电镀污泥处理技术已成为当前研究的重点。但电镀污泥中含有大量的水分，经传统的浓缩和脱水工艺处理后，污泥的含水率不可能达到 60% 以下，机械脱水泥饼含水率为 75% 左右。如此高的水分给电镀污泥的处理带来了很大的困难，特别是在酸浸回收重金属的过程中，需要消耗大量的硫酸，导致处理成本明显增加。

焚烧法是回收电镀污泥中重金属的有效预处理方法。通过焚烧，污泥中的大部分水分及有机物都能被去除，使污泥的质量和体积都大幅度地减小，既达到了减量的目的，又提高了酸浸原料的金属含量，从而能提高重金属的回收率，获得更好的经济效益。

焚烧处理的效果主要取决于焚烧温度，焚烧温度直接决定了电镀污泥在焚烧过程中重金属的损失率和后续的焚烧污泥渣在酸提取过程中重金属的浸出率（即吸收率）。赵永超利用回转窑对广东中山电镀污泥分别在 200℃、400℃、600℃、800℃ 条件下进行了焚烧试验，结果表明，经过 600℃ 焚烧后，污泥中 Cu^{2+}、Ni^{2+}、Fe^{3+}、Cr^{3+} 的含量分别从原来的 1.52%、1.14%、0.32% 和 0.75% 提高到 7.92%、8.77%、2.46% 和 5.77%，富集比高达 8 左右，有助于提高后续处理工艺的经济效益。

焚烧污泥渣的硫酸提取试验结果表明，随着焚烧温度的升高，焚烧渣中镍的浸出率呈上升趋势，但相差不大。而铜的浸出率在焚烧温度为 200℃、400℃、600℃ 时呈上升趋势，但上升幅度较小，当焚烧温度达到 800℃时，铜浸出率则明显下降，这说明电镀污泥合适的焚烧温度应该为 600℃。

刘刚等进行了电镀污泥焚烧试验。在试验中不断通入 800mL/min 的瓶装空气，模拟焚烧炉内的氧化环境。试验温度分别设定为 500℃、600℃、700℃、800℃、900℃，焚烧时间设定为 1h。在焚烧过程中，重金属元素除了留在焚烧的渣中外，其余的均随烟气散发到大气中。可用重金属的析出率来表示散发到大气中重金属元素，计算公式为：

$$R = \left(1 - \frac{A}{C}\right) \times 100\% \tag{8-31}$$

式中　R——析出率；

　　　A——渣中的重金属含量，mg/L；

　　　C——电镀污泥中的重金属含量，mg/L。

通过分析焚烧温度对电镀污泥中重金属析出特性的影响得知，在 Cd、Cr、Cu、Zn、Ni、Pb 6 种重金属元素中，Ni 和 Cr 是典型的非挥发性重金属，Ni 在各种试验工况下都没有析出；Cr 的析出率虽然随着焚烧温度的上升而略有提高，但总的来说 Cr 的析出率还是相当低的；Zn 的开始析出温度范围为 500~700℃；Cd 属于半挥发性元素，在 500℃焚烧时的析出率最高，为 16.25%，随着温度的升高，析出率呈减小趋势，在 900℃时已经为 0；Cu 与 Pb 的析出率受焚烧温度的影响较小，Cu 的析出率是 6 种重金属元素中最高的，达到 67%~69%，Pb 次之，为 26%~30%。综合考虑焚烧过程中重金属的析出率和焚烧污泥渣中重金属的酸浸出率，电镀污泥合适的焚烧温度为 600℃左右。

8.5.3　制革污泥的焚烧

据统计，每加工 1t 生皮约产生 150kg 的制革污泥。制革污泥主要有：水洗污泥，成分以氯化物、硫化物、酚类、细菌等为主；脱毛浸灰污泥，成分以硫化物、毛浆、蛋白质、石灰为主；含铬污泥、铬鞣废液碱沉淀法回收的铬泥以及用物理、化学和生化法处理废水所剩的污泥。制革污泥的成分为：蛋白质，油脂化合物，铬、钙、钠的氯化物、硫化物、硫酸盐以及少量的重金属盐等。制革污泥还含有大量水分（90%~98%），即使脱水后的污泥也含有 50%~80% 的水分。

与其他处理方法相比，焚烧法具有无害化、减容化、资源化的优点，而且污泥的含水率和可燃质含量都比较高，焚烧后只有少量的灰烬。对制革污泥进行焚烧处理，可彻底消除其中的大量有害有机物和病原体（如细菌、病毒、寄生虫卵等）。制革污泥焚烧后，剩余的灰分可回收铬再利用，其余的灰分可用作肥料。对不同成分的污泥应严格控制其焚烧条件；焚烧废气中含有 SO_x、NO_x、铬尘、HCl 等有害物质，必须进行净化；焚烧产生的热能应转化成制革厂的能源，以降低焚烧费用。当焚烧灰渣中六价铬含量较高时，必须回收其中的铬，含量较低时，灰渣必须作为危险废物进行二次处理。

Swarnalatha 等采用图 8-34 所示的贫氧焚烧及固化系统处理制革污泥，在分解其中的有机物和杀灭其中的病原体的同时，阻止其中的 Cr^{3+} 在焚烧过程中被氧化成 Cr^{6+}，使石灰渣中的铬全部以 Cr^{3+} 存在。以涂 Ni 陶瓷颗粒为催化剂，在 450℃温度下将经碱液吸收酸性气体后的烟气进行彻底氧化分解，然后用水泥或石膏对焚烧灰渣进行固化处理，所得固化体的强度和浸出毒性均满足建筑用砖要求。

具体焚烧方法如下：将干化的制革污泥研磨成 600μm 的粉末，置于炉中，通入体积比

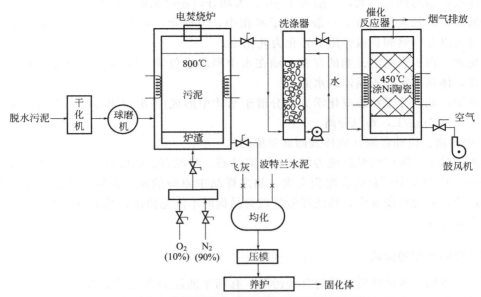

图 8-34　制革污泥贫氧焚烧及固化系统示意图

为 90：10 的 N_2 和 O_2 的混合气，然后按以下步骤焚烧 9h。a. 以 270℃/h 的速率将焚烧炉从室温升至 300℃；b. 以 50℃/h 的速率从 300℃升至 500℃；c. 以 100℃/h 的速率从 500℃升至 600℃；d. 以 200℃/h 的速率从 600℃升至 800℃；e. 在 800℃下恒温焚烧 2h。

8.5.4　含油污泥的焚烧

8.5.4.1　含油污泥的分类及物理化学特性

油气田勘探开发、石油炼制及石油化工行业的生产过程都会产生含油污泥，这些含油污泥中含有苯系物、酚类、蒽、芘等具有恶臭味和毒性的物质，是国家明文规定的危险废物。

含油污泥主要分为以下几类：

① 油田开采过程中产生的含油污泥，如落地泥、钻井泥。在石油开采过程的钻井、试喷以及作业等过程中，有大量的原油降落到地面，与泥土、沙石、水等混合后，形成油土混合物。一般含油量在 10%～30% 之间，其中所含油品质量较好，同时落地油泥中还可能带有玻璃瓶等其他固体废弃物。

② 油品集输过程产生的含油污泥，如油品储罐在储存油品时，油品中的少量机械杂质、沙粒、泥土、重金属盐类以及石蜡和沥青质等重油性组分沉积在油罐底部形成罐底油泥。此类含油污泥中脂肪烃及环烷烃的含量范围较宽，特别是碳原子数低于 5 的脂肪烃在含油污泥中含量较高，极性化合物和脂肪酸化合物其次。芳香烃化合物溶解于水中形成含油污泥中的溶解性有机物。另外，在采油及原油处理过程中投加了大量的化学药剂，如缓蚀剂、阻垢剂、清防蜡剂、杀菌剂、破乳剂等，这些化学药剂在罐底含油污泥中均有不同程度的残留。罐底含油污泥的泥质粒径大于 $10\mu m$ 的组分在 90% 以上。

③ 炼油厂以及污水处理厂产生的含油污泥，如炼油厂的"三泥"（污水处理厂浮渣、剩余活性污泥、池底泥）等。此类含油污泥中原油分 5 种形式存在：

悬浮油：油珠颗粒较大，一般为 $15\mu m$，大部分以连续相形式存在。

分散油：粒径大于 $1\mu m$，一般分散于水相中，不稳定，可聚集成较大的油珠而转化为浮油，也可以在自然和机械作用下转化为乳化油。

乳化油：由于表面活性剂的存在，油在水中形成水包油（O/W）型乳化颗粒，因双电层的存在，体系稳定，不易浮到水面。

溶解油：油以分子状态或化学方式分散于水体中形成油-水均相体系，非常稳定，浓度一般低于 $5\sim15mg/L$，难以分离。

油-固体物：由油黏附在固体表面而形成的。

浮渣中黏土矿物的机械组成为伊利石、高岭石、绿泥石、蒙脱石等。浮渣中的絮凝团小于 $0.6\mu m$，由于单个颗粒的表面积太大，加之样品中原油的黏结作用，使得多个颗粒聚集在一起，导致表观粒度变大，致使浮渣呈现为黏稠的半流态固体，其中所含的水分不能依靠重力的方式脱除。

8.5.4.2　含油污泥的焚烧

焚烧法适用于各种性质不同的含油污泥，有利于油泥的大规模处理。该技术的原理是：利用污泥中石油类物质的可燃性，在不改变目前燃煤锅炉工况的条件下进行燃烧，在回收含油污泥中热量的同时，利用燃煤锅炉的烟气处理系统，确保排放废气达标；废渣按燃煤废渣的处理方式处理，可用于建筑材料。

含油污泥与燃煤混烧的方式有两种：一种是将含油污泥干化成粉状后与煤粉混烧，另一种是直接将含油污泥与水煤浆混入流化床锅炉内焚烧。

含油污泥的含油率一般在 $2\%\sim20\%$ 之间，含水率在 $70\%\sim90\%$ 之间，含渣率在 $4\%\sim15\%$ 之间。油泥中的油和水处于油包水（W/O）状态，水分得不到蒸发，因此，焚烧前应加入破乳剂，使含油污泥迅速破乳，让游离状态的水分子变成水合状态，将油包水中的水游离出来，易于干燥。但破乳后的含油污泥还有明显的水分，且成团不松散，不易与燃煤混合燃烧，因此还有必要加入疏散剂、引燃剂和催化剂。疏散剂可提高含油污泥的孔隙率，使其易干化、不结团、易燃烧；引燃剂可提高含油污泥的挥发分，使其易燃；催化剂能加快反应速率，提高反应的热值。

当添加剂与油泥的比例为 1:4 时，添加药剂后的油泥在室外（温度 30℃ 左右）放置 3 天后，可得到粉状的含油污泥。干化后的含油污泥是黑色的颗粒，粒径为 $0.5\sim3cm$，燃煤锅炉煤粉粒径约为 $20\mu m$，干化物经粉碎后可混入燃煤进行焚烧处理，以不改变燃煤锅炉的工况条件为原则，根据干化物与燃煤的热值确定其掺混比例。

Liu 等利用一台蒸汽产量为 $15\sim20t/h$ 的流化床焚烧炉，以平均粒径为 1.62mm 的石英砂为床料，控制含油污泥和水煤浆的进料速率分别为 $120\sim50t/d$ 和 $240t/d$，进行了含油污泥与水煤浆的混烧试验。其中，含油污泥为胜利油田的罐底油泥，含水率为 16.95%，低位热值为 8530kJ/kg，水煤浆的含水率为 32.90%，煤粒的平均粒径（质量加权）为 $40\mu m$，低位热值为 18877kJ/kg。结果表明，流化床焚烧炉运行良好，烟气处理后符合环保要求，灰渣可作为农用土壤利用。

8.5.5　污染河湖底泥的焚烧

与黏土相比，污染河湖底泥的有机物和重金属（Cu、Pb、Zn、Ni、Cr）含量偏高，但其主要成分含量与黏土相当，可作为黏土质原材料，利用水泥厂现有的回转窑烧制水泥熟料。

以苏州河底泥为例，其主要化学成分及其含量范围为：SiO_2 50.00%～87.00%，Fe_2O_3 1.00%～5.00%，Al_2O_3 2.50%～11.00%，MgO 1.20%～7.00%，CaO 1.50%～13.00%，K_2O 1.00%～2.50%，Na_2O 1.00%～2.50%。其主要化学成分波动范围较大，与黏土相比烧失量较高，Al_2O_3 含量较低。底泥中的污染物主要以有机物为主，重金属 Cu、Pb、Zn、Cd、Ni、Cr 的含量较高。底泥中存在的重金属污染可能会影响水泥熟料的烧成过程及水泥使用范围，而且底泥中含有的有机污染物在煅烧过程中可能会造成空气污染。

工业化试生产采用苏州河底泥全部替代黏土质原材料的方案，苏州河底泥取自污染状况较严重的彭越浦口河段和西藏路桥河段，掺量为 12.5%～20.0%，在 $\phi 2.5m \times 78m$ 的窑上煅烧，台产熟料 9.65t/h，共生产熟料 450t。将熟料在 $\phi 2.4m \times 13m$ 的水泥磨上磨制成 525 号普通水泥 600t。

试验结果表明，用苏州河底泥生产的水泥熟料，其凝结时间正常，安定性合格。熟料 3 天抗压强度达到 30MPa 以上，28 天抗压强度大于 60MPa，可满足生产 525 号水泥的技术要求。

熟料的 X 射线衍射（XRD）分析表明，苏州河底泥配料烧制的熟料主要矿物成分与硅酸盐熟料相同，硅酸二钙（C_2S）、硅酸三钙（C_3S）和铁铝酸四钙（C_4AF）为主导矿物。熟料岩相结构分析表明，苏州河底泥配料烧制的熟料和普通熟料岩相结构基本相同，C_3S 颗粒直径在 25μm 左右，颗粒大小均匀。C_3S 晶体多为六方板状，边缘整齐无熔蚀现象；表面光滑，有少量 C_2S 包裹体，发育良好。C_2S 晶体呈圆形，表面光滑并有明显的交叉双晶纹，边缘整齐无溶蚀情况。苏州河底泥配料烧制的熟料中，游离氧化钙（fCaO）和方镁石很少，黑色中间相呈树枝状分布，具有优良熟料的特征。水化产物 XRD 分析表明，苏州河底泥配料的水泥水化产物主要有水化硅酸钙、钙矾石、氢氧化钙及未水化熟料矿物，与一般水泥水化产物基本相同。苏州河底泥配料的水泥和一般水泥 3 天、14 天水化产物的扫描电镜（SEM）形貌表明，两种水泥试样的水化产物分布、形貌基本相同。

烧制过程排放烟气中 SO_2、NO_x、HCl、Cl_2 和 H_2S 的浓度分别为 525mg/m^3、473mg/m^3、18.5mg/m^3、0.11mg/m^3 和 1.47mg/m^3，均小于允许排放浓度。熟料中有害重金属（As、Pb、Cd、Cr）的浸出毒性分析结果表明，浸出液中这几种重金属含量远小于国家标准规定。

▶▶　参考文献

[1]　廖传华，王重庆，梁荣，等.反应过程、设备与工业应用 [M].北京：化学工业出版社，2018.

[2]　廖传华，耿文华，张双伟，等.燃烧技术、设备与工业应用 [M].北京：化学工业出版社，2018.

[3]　周玲，廖传华.污泥混合焚烧处理工艺的现状 [J].中国化工装备，2018，20（1）：4-10.

[4]　周玲，廖传华.污泥焚烧设备的比较与选择 [J].中国化工装备，2018，20（2）：13-22.

[5]　周玲，廖传华.污泥单独焚烧工艺的应用现状 [J].中国化工装备，2017，19（6）：16-22.

[6]　林莉峰，王丽花.上海市竹园污泥干化焚烧工程设计及试运行总结 [J].给水排水，2017，43（1）：15-21.

[7]　侯海盟.污泥焚烧过程中 Cd 迁移转化的热力学平衡分析 [J].科学技术与工程，2017，17（6）：322-326.

[8]　梁冰，胡学涛，陈亿军，等.不同级配垃圾焚烧底渣固化市政污泥工程特性分析 [J].环境工程学报，2017，11（2）：1117-1122.

[9] 卢闪，赵斌，武志飞，等.污泥半干化焚烧系统㶲分析 [J].热力发电，2017，46（2）：55-60，74.

[10] 徐晓波，孙卫东，吕金明，等.日本的典型污泥焚烧工程案例及启示 [J].中国给水排水，2017，33（12）：135-138.

[11] 李文兴，郑秋鹃，廖建胜，等.温州市污泥干化焚烧处理工程技术改造 [J].中国给水排水，2017，33（2）：90-95.

[12] 方平，唐子君，钟佩怡，等.城市污泥焚烧渣中重金属的浸出特性 [J].化工进展，2017，36（6）：2304-2310.

[13] 许少卿，王飞，池涌，等.污泥干燥焚烧工程系统质能平衡分析 [J].环境工程学报，2017，11（1）：515-521.

[14] 海云龙，阎维平.鼓泡床锅炉富氧焚烧含油污泥技术 [J].环境工程学报，2017，11（7）：4313-4319.

[15] 海云龙，阎维平，张旭辉.流化床富氧焚烧含油污泥技术经济性分析 [J].化工环保，2016，36（2）：211-215.

[16] 孙明华，王凯军，张耀峰，等.污泥干化协同焚烧的环境影响实例研究 [J].环境工程，2016，34（3）：128-132.

[17] 闻哲，王波，冯荣，等.城镇污泥干化焚烧处置技术与工艺简介 [J].热能动力工程，2016，31（9）：1-8.

[18] 侯海盟.生物干化污泥衍生燃料流化床焚烧试验研究 [J].科学技术与工程，2016，16（28）：303-307.

[19] 肖汉敏，黄喜鹏，黄伟豪，等.造纸污泥干燥焚烧的生命周期评价 [J].中国造纸，2016，3：38-42.

[20] 廖传华，朱廷风，代国俊，等.化学法水处理过程与设备 [M].北京：化学工业出版社，2016.

[21] 唐世伟，纵建，陆勤玉，等.城市污泥流化床焚烧技术研究和影响分析 [C].2016清洁高效燃煤发电技术交流研讨会论文集，合肥，2016.

[22] 滕文super.污泥流化床焚烧过程中磷的富集机理 [D].沈阳：沈阳航空航天大学，2016.

[23] 王筵辉.污泥焚烧飞灰重金属提取的实验研究 [D].杭州：浙江大学，2016.

[24] 袁言言，黄瑛，张冬，等.污泥焚烧能量利用与污染物排放特性研究 [J].动力工程学报，2016，36（11）：934-940.

[25] 李云玉，欧阳艳艳，许泓，等.循环流化床一体化污泥焚烧工艺运行成本影响因素分析 [J].给水排水，2016，42（4）：45-48.

[26] 崔广强，孙家国.垃圾焚烧底灰和石灰固化污水污泥性质的试验研究 [J].武夷学院学报，2016，35（9）：57-60.

[27] 曾小红，陈晓平，梁财，等.温度对污泥流化床焚烧飞灰重金属迁移的影响 [J].东南大学学报（自然科学版），2015，45（1）：97-102.

[28] 桂轶.城市生活污水污泥处理处置方法研究 [D].合肥：合肥工业大学，2015.

[29] 吴智勇.城市污泥脱水焚烧新工艺研究 [D].大连：大连理工大学，2015.

[30] 李畅.城市污泥焚烧及污染物排放特性研究 [D].北京：华北电力大学，2015.

[31] 孟联宇，宋春涛.污水污泥焚烧处理工艺应用探讨 [J].建筑与预算，2015，7：40-42.

[32] 靖丹枫，耿震.石化污泥干化焚烧工程设计 [J].中国给水排水，2015，31（8）：61-63.

[33] 王锦，龚春辰，刘德民，等.铁路含油污泥的焚烧特性 [J].中国铁道科学，2015，36（2）：130-135.

[34] 魏国侠，武振华，徐仙，等.污泥衍生燃料在流化床垃圾焚烧炉混烧试验 [J].环境科学与技术，2015，38（5）：130-133.

[35] 胡学清，梁冰，陈亿军，等.不同粒径垃圾焚烧底渣对固化市政污泥工程特性的影响 [J].环境工程学报，2015，9（1）：5567-5572.

[36] 徐佳媚，黄瑛，姚一思，等.南京市污泥深度脱水-干化-焚烧处置规划研究 [J].环境工程，2015，33（A1）：515-519.

[37] 张幸福.污泥焚烧过程中铬等重金属的迁移转化特性研究 [D].杭州：浙江大学，2015.

[38] 李怡娟，徐竟成，李光明.城市污水处理厂污泥中能源物质利用的研究进展 [J].净水技术，2015，34（S1）：9-15.

[39] 杨宏斌，冼萍，杨龙辉，等.广西城镇污泥掺烧利用组分特性的分析 [J].环境工程学报，2015，9（3）：1440-1444.

[40] 李庄，李金林，赵凤伟.含油污泥焚烧技术及其在海外油田项目的应用 [J].中国给水排水，2015，31（16）：76-79.

[41] 刘磊，罗跃，刘清云，等.江汉油田含油污泥焚烧处理技术研究 [J].石油与天然气化工，2014，43（2）：200-203.

[42] 龚春辰.铁路含油污泥焚烧资源化处理研究 [D].北京：北京交通大学，2014.

[43] 刘家付.污泥干化与电站燃煤锅炉协同焚烧处置的试验研究 [D].杭州：浙江大学，2014.

[44] 方平.城镇污泥焚烧烟气污染控制技术研究 [D].北京：中国科学院大学，2014.

[45] 涂兴宇.市政污泥处理处置技术评价及应用前景分析 [D].上海：上海交通大学，2014.

[46] 胡中意.苏州工业园区污泥干化焚烧系统工艺设计 [J].中国给水排水，2014，30（12）：88-90.

[47] 邱锐.深圳市污泥干化焚烧工艺运行成本分析 [J].给水排水，2014，40（8）：30-32.

[48] 李博，王飞，朱小玲，等.污泥干化焚烧联用系统最佳运行工艺研究 [J].环境污染与防治，2014，36（8）：29-33，42.

[49] 钱炜.污泥干化特性及焚烧处理研究 [D].广州：华南理工大学，2014.

[50] 李辉，吴晓芙，蒋龙波，等.城市污泥焚烧工艺研究进展 [J].环境工程，2014，32（6）：88-92.

[51] 姬爱民，崔岩，马劲红，等.污泥热处理 [M].北京：冶金工业出版社，2014.

[52] 王美清，郁鸿凌，陈梦洁，等.城市污水污泥热解和燃烧的实验研究 [J].上海理工大学学报，2014，36（2）：185-188.

[53] 兰盛勇，廖发明.成都市第一城市污水污泥处理厂干化焚烧系统调试 [J].水工业市场，2014，7：67-69.

[54] 刘敬勇，孙水裕，陈涛，等.污泥焚烧过程中 Pb 的迁移行为及吸附脱附 [J].中国环境科学，2014，34（2）：466-477.

[55] 洪建军.污泥低温碳化焚烧处理技术与应用 [J].中国给水排水，2014，30（8）：61-63.

[56] 郭艳.污水污泥焚烧技术现状分析 [J].资源节约与环保，2013，10：67.

[57] 彭洁，袁兴中，江洪炜，等.城市污水污泥处置方式的温室气体排放比较分析 [J].环境工程学报，2013，7（6）：2285-2290.

[58] 贾新宁.城镇污水污泥的处理处置现状分析 [J].山西建筑，2012，38（5）：220-222.

[59] 宋丽华.固体垃圾与污水污泥混烧中重金属迁移特性的研究 [J].安徽化工，2012，38（3）：61-63.

[60] 李博，王飞，严建华，等.污水处理厂污泥干化焚烧可行性分析 [J].环境工程学报，2012，6（10）：3399-3404.

[61] 向文川.城市污水污泥干化焚烧工艺的碳排放研究 [D].成都：西南交通大学，2011.

[62] 张萌，张建涛，杨国录，等.污泥焚烧工艺研究 [J].工业安全与环保，2011，37（8）：46-48.

[63] 李欢，金宜英，李洋洋.污水污泥处理的碳排放及其低碳化策略 [J].土木建筑与环境工程，2011，33（2）：117-131.

[64] 李国建，胡艳军，陈冠益，等.城市污水污泥与固体垃圾混烧过程中重金属迁移特性的研究 [J].燃料化学学报，2011，39（2）：155-160.

[65] 林丰.污水污泥焚烧处理技术及其应用 [J].环境科技，2011，24（A1）：84-86.

[66] 王罗春，李雄，赵由才.污泥干化与焚烧技术 [M].北京：冶金工业出版社，2010.

[67] 陈涛.广州市污水污泥特性及其焚烧过程中重金属排放与控制研究 [D].广州：广东工业大学，2010.

[68] 陈涛，孙水裕，刘敬勇，等.城市污水污泥焚烧二次污染物控制研究进展 [J].化工进展，2010，29（1）：157-162.

[69] 廖艳芬，漆雅庆，马晓茜.城市污水污泥焚烧处理环境影响分析 [J].环境科学学报，2009，29（1）：2359-2365.

[70] 史骏.城市污水污泥处理处置系统的技术经济分析与评价（上）[J].给水排水，2009，35（8）：32-35.

[71] 史骏.城市污水污泥处理处置系统的技术经济分析与评价（下）[J].给水排水，2009，35（9）：56-59.

[72] 郑师梅，韩少勋，解立平.污水污泥处置技术综述 [J].应用化工，2008，37（7）：819-821.

[73] 朱开金，马忠亮.污泥处理技术及资源化利用 [M].北京：化学工业出版社，2007.

[74] 王国华，孙晓，张辰，等.污水污泥送火力发电厂焚烧的环境风险研究进展 [J].给水排水，2006，32（6）：20-24.

[75] 邱天，张衍国，吴占松.城市污水污泥燃烧特性试验研究 [J].热力发电，2003，32（3）：19-22.

第**9**章

污泥水热氧化回收热能

对于含水率较高、流动性较好的污泥，由于其发热值较低，采用焚烧处理需加添加过多的辅助燃料而导致运行成本太高，此时可采用水热氧化技术而实现能源化利用。

水热氧化能量转化是基于"所有废弃物都是放错位置的资源"这一理念，在实现废弃物无害化处理的同时副产清洁能源，从而实现环境治理与资源利用的统一，无疑具有重大的环境与社会意义。

9.1 ⊃ 水热氧化技术的分类

水热氧化技术是在高温高压下，以空气或其他氧化剂将污泥中的有机物（或还原性无机物）在液相条件下发生氧化分解反应或氧化还原反应，大幅去除介质中的 COD、BOD_5 和 SS，并改变有害金属的存在状态，大幅降低其毒性。根据反应所处的工艺条件，水热氧化可分为湿式氧化和超临界水氧化。

反应温度和压力在水的临界点以下的称为湿式氧化（wet oxidation，WO），典型运行条件为温度 150～350℃，压力 2～20MPa，反应时间 30～120min。如果使用空气作氧化剂，则称为湿式空气氧化（wet air oxidation，WAO）。当反应温度和压力超过水的临界点，称为超临界水氧化（supercritical water oxidation，SCWO），典型运行条件为温度 400～600℃，压力 25～40MPa，反应时间数秒至几分钟。当在反应系统中加入催化剂时，相应地称为催化湿式空气氧化（CWAO）和催化超临界水氧化（CSCWO）。

9.1.1 湿式氧化

湿式氧化工艺是美国 Zimmer Mann 于 1944 年提出的一种用于有毒有害有机废弃物的处理方法，是在高温（125～320℃）和高压（5.0～20MPa）条件下，以空气中的氧气为氧化剂（后来也使用其他氧化剂，如臭氧、过氧化氢等），在液相中将有机污染物氧化为 CO_2 和 H_2O 等无机物或小分子有机物的化学过程。

9.1.1.1 传统湿式氧化

传统湿式氧化是以空气为氧化剂，将有机废弃物中的溶解性物质（包括无机物和有机物）通过氧化反应转化为无害的新物质或容易分离排除的形态（气体或固体），从而达到处理的目的。一般来说，在 10～20MPa、200～300℃条件下，氧气在水中的溶解度会增大，几乎所有污染物都能被氧化成 CO_2 和 H_2O。

高温、高压及必须的液相条件是这一过程的主要特征。在高温高压下，水及作为氧化剂的氧的物理性质都发生了变化，如表 9-1 所示。由表 9-1 可知，从室温（25℃）到 100℃ 范围内，氧的溶解度随温度的升高而降低，但在高温状态下，氧的这一性质发生了改变，当温度高于 150℃ 时，氧的溶解度随温度升高反而增大，氧在水中的扩散系数也随温度升高而增大。因此，氧的这种性质有助于高温下进行氧化反应。

表 9-1　不同温度下水和氧的物理性质

项目		不同温度下的物理性质数据							
		25℃	100℃	150℃	200℃	250℃	300℃	320℃	350℃
水	蒸气压/MPa	0.033	1.05	4.92	16.07	41.10	88.17	116.64	141.90
	黏度/Pa·s	922	281	181	137	116	106	104	103
	密度/(g/mL)	0.944	0.991	0.955	0.934	0.908	0.870	0.848	0.828
氧 (506.5kPa, 25℃)	扩散系数/(m²/s)	22.4	91.8	162	239	311	373	393	407
	亨利常数/(MPa/mol)	4.38	7.04	5.82	3.94	2.38	1.36	1.08	0.9
	溶解度/(mg/L)	190	145	195	320	565	1040	1325	1585

湿式氧化过程大致可分为两个阶段：前 30min 内，因反应物浓度很高，氧化速率很快，去除率增加快，此阶段受氧的传质控制；此后，因反应物浓度降低或产生的中间产物更难以氧化，使氧化速率趋缓，此阶段受反应动力学控制。

温度是湿式氧化过程的关键影响因素，温度越高，化学反应速率越快；温度升高还可以加快氧的传质速率，减小液体的黏度。压力的主要作用是保证氧的分压维持在一定的范围内，确保液相中有较高的溶解氧浓度。

湿式氧化是针对高浓度有机废弃物（包括高浓度有机废水、市政污泥、工业污泥、畜禽粪便等）的一种处理技术，具有独特的技术特点和运行要求。湿式空气氧化的主要特点有：

① 可有效地氧化各类高浓度有机废水和污泥，特别是毒性较大、常规方法难降解的废水和污泥，应用范围较广；

② 在特定的温度和压力条件下，对 COD 的去除效率很高，可达到 90% 以上；

③ 处理装置较小，占地少，结构紧凑，易于管理；

④ WAO 处理有机物所需的能量几乎就是进出物料的热焓差，因此可以利用系统的反应热加热进料，能量消耗少；

⑤ 处理有机污染物时，C 被氧化成 CO_2，N 被氧化成 NO_2，卤化物和硫化物被氧化为相应的无机卤化物和硫氧化物，因此产生的二次污染较少。

正因为此，湿式空气氧化在处理浓度太低而不能焚烧、浓度太高而不能进行生化处理的有机废弃物时具有很大的吸引力。但其应用也存在一定的局限性：a. 要求在高温、高压条件下进行，设备费用较高，条件要求严格，一次性投资大；b. 设备材料要耐高温、高压，且防腐蚀性要求高；c. 仅适用于小流量的高浓度难降解有机废水和污泥，或作为某种高浓度、难降解有机废水和污泥的预处理，否则很不经济；d. 对某些有机物如多氯联苯、小分子羧酸等难以完全氧化去除。

目前，湿式氧化技术在国外已广泛用于各类高浓度废水及污泥的处理，尤其是毒性大、难以用生化方法处理的农药废水、染料废水、制药废水、煤气洗涤废水、造纸废水、合成纤维废水及其他有机合成工业废水的处理，也用于还原性无机物（如 CN^-、SCN^-、S^{2-}）和放射性废物的处理。

然而，由于传统湿式氧化技术需要较高的温度和压力，相对较长的停留时间，尤其是对于某些难氧化的有机化合物反应要求更为苛刻，致使设备投资和运行费用都较高。为降低反应温度和反应压力，同时提高处理效果，在传统湿式氧化技术的基础上进行了一些改进。

归纳起来，湿式氧化技术的发展有两个方向：第一，开发适于湿式氧化的高效催化剂，使反应能在比较温和的条件下，在更短的时间内完成，即催化湿式空气氧化；第二，将反应温度和压力进一步提高至水的临界点以上，进行超临界湿式氧化（supercritical wet oxidation，SCWO）或超临界水氧化。

9.1.1.2 催化湿式氧化

催化湿式氧化技术是根据有机物在高温高压下进行催化燃烧的原理，在传统湿式氧化工艺中加入适当的催化剂。其最显著的特点是以羟基自由基（·OH）为主要氧化剂与有机物发生反应，反应中生成的有机自由基可继续参加·OH 的链式反应，或者通过生成有机过氧化物自由基后进一步发生氧化分解反应直至降解为最终产物 CO_2 和 H_2O，从而达到氧化分解有机物的目的。

目前用于湿式氧化的催化剂主要包括过渡金属及其氧化物、复合氧化物和盐类。已有多种过渡金属氧化物被认为具有湿式氧化催化活性，其中贵金属系（如以 Pt、Pd 为活性成分）催化剂的活性高、寿命长、适应性强，但价格昂贵，应用受到限制，所以在应用研究中一般比较重视非贵金属催化剂，其中过渡金属如 Cu、Fe、Ni、Co、Mn 等在不同的反应中都具有较好的催化性能。表 9-2 列出了一些催化湿式氧化中常用的催化剂。

表 9-2 催化湿式氧化中常用的催化剂

类别	催化剂
均相催化剂	$PdCl_2$、$RuCl_3$、$RhCl_3$、$IrCl_4$、K_2PtO_4、$NaAuCl_4$、NH_4ReO_4、$AgNO_3$、$Na_2Cr_2O_7$、$Cu(NO_3)_2$、$CuSO_4$、$CoCl_2$、$NiSO_4$、$FeSO_4$、$MnSO_4$、$ZnSO_4$、$SnCl_2$、Na_2CO_3、$Cu(OH)_2$、$CuCl$、$FeCl_2$、$CuSO_4-(NH_4)_2SO_4$、$MnCl_2$、$Cu(BF_4)_2$、$Mn(AC)_2$
非均相催化剂	WO_3、V_2O_5、MoO_3、ZrO_4、TaO_2、Nb_2O_5、HfO_2、OsO_4、CuO、Cu_2O、Co_2O_3、NiO、Mn_2O_3、CeO_2、Co_3O_4、SnO_2、Fe_2O_3
非均相催化剂复合氧化物	$CuO-Al_2O_3$、$MnO_2-Al_2O_3$、$CuO-SiO_2$、$CuO-ZrO-Al_2O_3$、RuO_2-CeO_2、$RuO_2-Al_2O_3$、RuO_2-ZrO_2、RuO_2-TiO_2、$Mn_2O_3-CeO_2$、$Rh_2O_3-CeO_2$、IrO_2-CeO_2、$PdO-TiO_2$、$Co_3O_4-BiO(OH)$、$Co_3O_4-CeO_2$、$Co_3O_4-BiO(OH)-CeO_2$、$Co_3O_4-BiO(OH)-Lu_2O_3$、$CuO-ZnO$、$SnO_2-Sb_2O_4$、SnO_2-MoO_3、$Fe_2O_3-Sb_2O_4$、$SnO_2-Fe_2O_3$、$Fe_2O_3-Cr_2O_3$、$Fe_2O_3-P_2O_5$、Cu-Mn-Fe 氧化物、Cu-Mn 氧化物、Cu-Mn-Zn 氧化物、Co-Mn 氧化物、Co-Cu 氧化物、Cu-Mn-Co 氧化物

催化湿式氧化的特点可归纳为：

① 催化湿式氧化是一种有效的处理高浓度、有毒、有害、生物难降解废水和污泥的高级氧化技术。

② 由于非均相催化剂具有好的活性、稳定性且易分离等优点，已成为催化湿式氧化研究开发和实际应用的重要方向。

③ 在非均相催化剂中，贵金属系列催化剂具有较高的活性，能氧化一些很难处理的有机物，但催化剂成本高，通过加入稀土氧化物可降低成本，而且能够提高催化剂的活性和稳定性。Cu 系催化剂活性较高，但存在严重的催化剂流失问题，催化剂在使用过程中有失活

现象。催化湿式氧化催化剂向多组分、高活性、廉价、稳定性的方向发展。

④ 催化湿式氧化降低了反应温度和压力，提高了氧化分解的能力，缩短了反应时间，缓解了设备腐蚀，降低了成本，在各种高浓度难降解有毒有害废水和污泥的处理中非常有效，具有广阔的应用前景。

9.1.2　超临界水氧化

超临界水氧化工艺是美国麻省理工学院 Medoll 教授于 1982 年提出的一种能完全、彻底地将有机物结构破坏的深度氧化技术。超临界水具有很好的溶解有机化合物和各种气体的特性，当以氧气（或空气中氧气）或过氧化氢作为氧化剂与溶液中的有机物进行氧化反应时，可以实现在超临界水中的均相氧化。

采用超临界水氧化技术，超临界水同时起着反应物和溶剂（溶解污染物）的作用，使反应过程具有如下特点：

① 许多存在于水中的有机质将完全溶解在超临界水中，并且氧气或空气也与超临界水形成均相，反应过程中反应物成单一流体相，氧化反应可在均相中进行；

② 氧的提供不再受湿式空气氧化过程中的界面传递阻力控制，可根据反应所需的化学计量关系，再考虑所需氧的过量倍数按需加入；

③ 因为反应在温度足够高（400～700℃）时，氧化速率非常快，可以在几分钟内将有机物完全转化成二氧化碳和水，水在反应器内的停留时间缩短，反应器的尺寸可以减小；

④ 有机物在超临界水中的氧化较为完全，可达 99％以上；

⑤ 反应生成的无机盐在超临界流体中的溶解度极小，可在反应过程中析出排除；

⑥ 当被处理物料的有机物质量分数超过 10％时，可依靠反应热维持自运行，不需外界加热，而且热能可回收利用；

⑦ 设备密闭性好，反应过程中不排放污染物；

⑧ 从经济上来考虑，有资料显示，与坑填法和焚烧法相比，超临界水氧化法处理有机废弃物的操作维修费用较低，单位成本较低，具有一定的工业应用价值。

目前，超临界水氧化反应用的氧化剂通常为氧气或空气中的氧气。如果使用过氧化氢（H_2O_2），并不是直接利用过氧化氢作为氧化剂，而是利用其热分解产生的氧气作为氧化剂，在温度、压力超过水的临界点（$T \geqslant 374.3℃$、$p \geqslant 22.1MPa$）下发生氧化反应。因此，采用过氧化氢作氧化剂，其氧化效率会受到影响，致使运行费用较高，但可省去高压供气设备，减少工程投资。

9.2　污泥湿式氧化

对于含水量较高、流动性好的污泥，可采用湿式氧化处理而实现其能源化利用。

9.2.1　湿式氧化的工艺流程

湿式氧化处理污泥是将污泥置于密闭容器中，在高压条件下通入空气或氧气当氧化剂，按水力燃烧原理将污泥中的有机物在高温条件下氧化分解成无机物的过程。

湿式氧化自 1958 年开始，经多年发展和改进，对于处理不同的有机物，出现了不同的工艺流程。

（1）Zimpro 工艺

Zimpro 工艺是应用最广泛的湿式氧化工艺，由 Zimmermann 在 20 世纪 30 年代提出，40 年代在实验室开始研究，于 1950 年首次正式工业化。到 1996 年大约有 200 套装置投入使用，大约 100 套用于城市活性污泥处理，大约有 20 套用于活性炭再生，50 套用于工业废水的处理。

湿式氧化的 Zimpro 工艺流程如图 9-1 所示。反应器是鼓泡塔式反应器，内部处于完全混合状态，在反应器的轴向和径向完全混合，因而没有固定的停留时间，这一点限制了其在对废水水质要求很高场合的应用。虽然在废水处理方面，Zimpro 流程不是非常完善的氧化处理技术，但可作为有毒物质的预处理方法。废水和压缩空气混合后流经热交换器，物料温度达到一定要求后，废水自下而上流经反应器，废水中的有机物被氧化，同时反应释放出的热量使混合液的温度继续升高。反应器流出液体的温度、压力均较高，在热交换器内被冷却，反应过程中回收的热量用于大部分废水的预热。冷却后的液体经过压力控制阀降压后，液体在分离器分离为气、液两相。反应温度通常控制在 147～325℃，压力控制在 2.0～12MPa 的范围内，温度和压力与所要求的氧化程度和废水的情况有关。污泥脱水的温度一般控制在 147～200℃范围内，200～250℃的温度范围比较适宜生物难降解废水的处理。废水在反应器内的平均停留时间为 60min，在不同应用中停留时间可从 40min 到 4h。

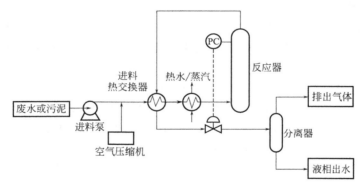

图 9-1　湿式氧化的 Zimpro 工艺流程

（2）Wetox 工艺

Wetox 工艺是由 Fassell 和 Bridges 在 20 世纪 70 年代设计成功的由 4～6 个有连续搅拌小室组成的阶梯水平式反应器，如图 9-2 所示。此工艺的主要特点是每个小室内都增加了搅拌和曝气装置，因而有效改善了氧气在废水中的传质情况，这种改进是从以下五个方面进行的：

① 通过减小气泡的体积，增大传质面积；

② 改变反应器内的流型，使液体充分湍流，延长氧气和液体的接触时间；

③ 由于强化了液体的湍流程度，气泡的滞膜厚度有所减小，从而降低了传质阻力；

④ 反应室内有气液分离设备，有效延长了液相停留时间，减小了液相体积，提高了热转化效率；

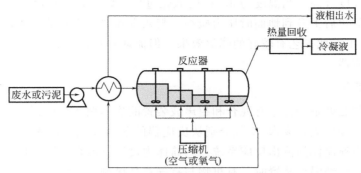

图 9-2 湿式氧化的 Wetox 工艺流程

⑤ 出水液体用于进水液体的加热,蒸汽通过热交换器回收热量,并被冷却为低压的气体或液相。

Wetox 工艺的主要工作温度在 207～247℃ 之间,压力在 4.0MPa 左右,停留时间在 30～60min 的范围内,适用于有机物的完全氧化降解或作为生物处理的预处理过程。缺点是使用机械搅拌的能量消耗、维修和转动轴的高压密封问题。此外,与竖式反应器相比,反应器水平放置将占用较大的面积。

(3) Vertech 工艺

Vertech 工艺主要由一个垂直在地面下 1200～1500m 的反应器及两个管道组成,内管称为入水管,外管称为出水管,如图 9-3 所示,可以认为这是一类深井反应器。

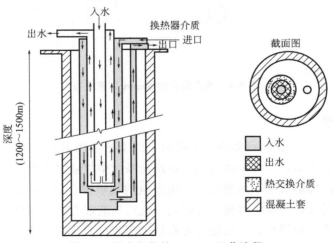

图 9-3 湿式氧化的 Vertech 工艺流程

Vertech 工艺的优点是湿式氧化所需要的高压可以部分由重力转化,因而减少物料进入高压反应器所需要的能量。在反应器内废水和氧气向下在管道内流动时,进行传质和传热过程。反应器内的压力与井的深度和流体的密度有关。当井的深度在 1200～1500m 之间时,反应器底部的压力在 8.5～11MPa,换热管内的介质使反应器内的温度可达到 277℃,停留时间约为 1h。此工艺在 1993 年首次运行,处理能力为 23000t/a,反应器入水管的内径为 216mm,出水管的内径为 343mm,井深为 1200m。但在操作过程中有一些困难,例如深井的腐蚀和热交换。废水在入水管中随着深度的增加压力逐渐增大,内管的入水与外管的出水进行热交换而使温度升高。当温度为 450K 时氧化过程开始，氧化释放的热量使入水的温度逐渐升高。废水氧化后上升到地面时压力减小，与入水和热交换管的液体进行热交换后液体温度约为 320K。虽然此工艺有较好的降解效果，但流体在反应器内需要一定的停留时间才能流出较长的反应器。

（4）Kenox 工艺

该工艺的新颖之处是一种带有混合和超声波装置的连续循环反应器，如图 9-4 所示。主反应器由内外两部分组成，废水/空气分别从反应器的顶部和底部进入反应器，先在内筒体内流动，之后从内外筒体间流出反应系统。内筒体内设置有混合装置，便于废水和空气的接触。当气液混合物流经混合装置时，有机物与氧气充分接触，有机物被氧化。超声波装置安装在反应器的上部，超声波穿过有固体悬浮物的液体，利用空化作用在一定范围内瞬间产生高温和高压，从而可加速反应进行。反应器的工作条件为：温度控制在 200～240℃ 之间，压力控制在 4.1～4.7MPa 之间，最佳停留时间为 40min。通过加入酸或碱，使进入第一个反应器的废水的 pH 值在 4 左右。此工艺的缺点是使用机械搅拌，能耗过高，高压密封易出现问题，设备维护困难。

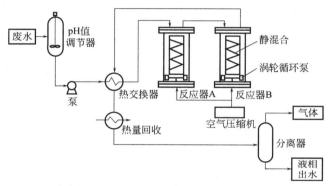

图 9-4 湿式氧化的 Kenox 工艺流程

（5）Oxyjet 工艺

湿式氧化的 Oxyjet 工艺流程如图 9-5 所示。此工艺采用射氧装置，极大提高了两相流体的接触面积，强化了氧在液体中的传质。在反应系统中气液混合物流入射流混合器内，经射流装置作用，使液体形成细小的液滴，产生大量的气液混合物。液滴直径仅有几个微米，因此传质面积大大增加，传质过程被大大强化。此后气液混合物流过反应器，有机物快速被氧化。与传统的鼓泡反应器相比，该装置可有效缩短反应所需的停留时间。在反应管之后，又有一射流反应器，使反应混合物流出反应器。

由于湿式氧化为放热反应，因此反应过程中还可以利用其产生的热能。目前应用的湿式氧化废水处理的典型工艺流程如图 9-6 所示，废水通过储罐由高压泵打入换热器，与反应后的高温氧化液体换热后，使温度升高到接近反应温度后进入反应器。反应所需的氧由压缩机打入反应器。在反应器内，废水中的有机物与氧发生放热反应，在较高温度下将废水中的有机物氧化成二氧化碳和水或低级有机酸等中间产物。反应后的气液混合物经分离器分离，液相经热交换器预热进料，回收热能。高温高压的尾气首先通过再沸器（如废热锅炉）产生蒸汽或经热交换器预热锅炉进水，其冷凝水由第二分离器分离后通过循环泵再打入反应器，分

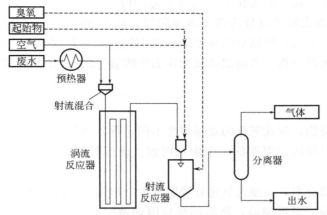

图 9-5　湿式氧化的 Oxyjet 工艺流程

离后的高压尾气送入透平机产生机械能或电能。为保证分离器中热流体充分冷却，在分离器外侧安装有水冷套筒。分离后的水由分离器底部排出，气体由顶部排出。

经济性分析表明，湿式氧化适用于 COD 浓度为 10～300g/L 的高浓度有机废水的处理，不但处理了废水，而且实现了能量的逐级利用，减少了有效能量的损失，维持并补充湿式氧化系统本身所需的能量。

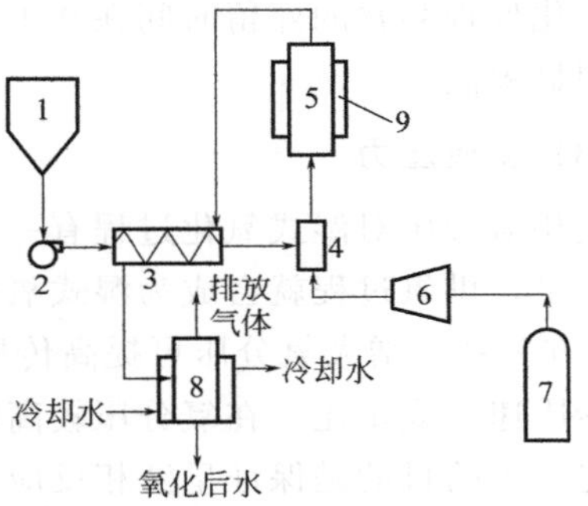

图 9-6　湿式氧化废水处理的典型工艺流程

1—污水储罐；2—加压泵；3—热交换器；4—混合器；
5—反应器；6—气体加压泵；7—氧气罐；
8—气液分离器；9—电加热套筒

9.2.2　湿式氧化效果的影响因素

湿式氧化的处理效果取决于废水性质和操作条件（温度、氧分压、时间、催化剂等），其中反应温度是最主要的影响因素。

（1）反应温度

大量研究表明，反应温度是湿式氧化系统处理效果的决定性影响因素，温度越高，反应速率越快，反应进行得越彻底。温度升高，氧在水中的传质系数也随着增大，同时，温度升高使液体的黏度减小，表面张力降低，有利于氧化反应的进行。温度对湿式氧化效果的影响如图 9-7 所示，可以看出：

① 温度越高，时间越长，有机物的去除率越高。当温度高于 200℃ 时，可以达到较高的有机物去除率。当温度低于某个限定值时，即使延长反应时间，有机物的去除率也不会显著提高。一般认为湿式氧化的温度不宜低于 180℃，通常操作温度控制在 200～340℃。

② 达到相同的有机物去除率，温度越高，所需的时间越短，相应的反应器容积越小，设备投资也就越少。但过高的温度是不经济的。对于常

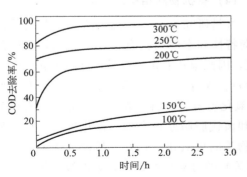

图 9-7　温度对湿式氧化效果的影响

规湿式氧化处理系统，操作温度在 $150 \sim 280\text{℃}$ 范围内。

③ 湿式氧化过程大致可以分为两个速率阶段。前 30min，因反应物浓度高，氧化速率快，去除率增加快，此后，因反应物浓度降低或中间产物更难以氧化，致使氧化速率趋缓，去除率增加不多。由此分析，若将湿式氧化作为生物氧化的预处理，则以控制湿式氧化时间为 30min 为宜。

（2）反应时间

对于不同的污染物，湿式氧化的难易程度不同，所需的反应时间也不同。对湿式氧化工艺而言，反应时间是仅次于温度的一个影响因素。反应时间的长短决定着湿式氧化装置的容积。

试验与工程实践证明，在湿式氧化处理装置中，达到一定的处理效果所需的时间随着反应温度的提高而缩短，温度越高，所需的反应时间越短；压力越高，所需的反应时间也越短。根据有机废弃物被氧化的难易程度以及处理的要求，可确定最佳反应时间。一般而言，湿式氧化处理装置的停留时间在 $0.1 \sim 2.0\text{h}$ 之间。若反应时间过长，则耗时耗力，去除率也不会明显提高。

（3）反应压力

气相氧分压对湿式氧化过程有一定影响，因为氧分压决定了液相中的溶解氧浓度。若氧分压不足，供氧过程就会成为湿式氧化的限速步骤。研究表明，氧化速率与氧分压成 $0.3 \sim 1.0$ 次方关系，增大氧分压可提高传质速率，使反应速率增大，但整个过程的反应速率并不与氧传质速率成正比。在氧分压较高时，反应速率的上升趋于平缓。但总压影响不显著，控制一定总压的目的是保证呈液相反应。温度、总压和气相中的水汽量三者是耦合因素，其关系如图 9-8 所示。

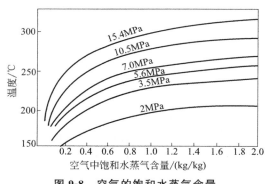

图 9-8 空气的饱和水蒸气含量 与温度、压力的关系

在一定温度下，压力愈高，气相中水汽量就愈小，总压的低限为该温度下水的饱和蒸气压。如果总压过低，大量的反应热就会消耗在水的汽化上，这样不但反应温度得不到保证，而且当进水量低于汽化量时，反应器就会被蒸干。湿式氧化系统应保证在液相中进行，总压力应不低于该温度下水的饱和蒸气压，一般不低于 $5.0 \sim 12.0\text{MPa}$。

（4）有机物的结构及浓度

大量研究表明，有机物的氧化与物质的电荷特性和空间结构有很大的关系，不同的有机物有各自的反应活化能和不同的氧化反应过程，因此湿式氧化的难易程度也不相同。

对于有机物，其可氧化性与氧元素含量 $[w(\text{O})]$ 或者碳元素含量 $[w(\text{C})]$ 具有较好的线性关系，即 $[w(\text{O})]$ 愈小、$[w(\text{C})]$ 愈大，氧化愈容易。研究表明，低分子量有机酸（如乙酸）的可氧化性较差，不易被氧化；脂肪族和卤代脂肪族化合物、氰化物、芳烃（如甲苯）、芳香族和含非卤代基团的卤代芳香族化合物等的可氧化性较好，易被氧化；不含非卤代基团的卤代芳香族化合物（如氯苯和多氯联苯等）的可氧化性较差，难以被氧化。另一方面，不同的废水有各自不同的反应活化能和氧化反应过程，因此湿式氧化的难易程度也大不相同。

有机废弃物中的有机物必须被氧化为小分子物质后才能被完全氧化。一般情况下湿式氧化过程中存在大分子氧化为小分子中间产物的快速反应期和继续氧化小分子中间产物的慢反应期两个过程。大量研究发现，中间产物苯甲酸和乙酸对湿式氧化的深度氧化有抑制作用，其原因是乙酸具有较高的氧化值，很难被氧化，因此乙酸是湿式氧化常见的累积中间产物，在计算湿式氧化处理污泥的完全氧化效率时，很大程度上依赖于乙酸的氧化程度。

（5）进料的 pH 值

在湿式氧化工艺中，由于不断有物质被氧化和新的中间体生成，使反应体系的 pH 值不断变化，其规律一般是先变小，后略有回升。因为湿式氧化工艺的中间产物是大量的小分子羧酸，随着反应的进一步进行，羧酸进一步被氧化。温度越高，物质的转化越快，pH 值的变化越剧烈。pH 值对湿式氧化过程的影响主要有 3 种情况：

① 对于有些废水和污泥，pH 值越小，其氧化效果越好。例如王怡中等在湿式氧化农药废水的实验中发现，有机磷的水解速率在酸性条件下大大加强，并且 COD 去除率随着初始 pH 值的降低而增大。

② 有些废水和污泥在湿式氧化过程中，pH 值对 COD 去除率的影响存在一个极值点。例如，Sadana 等采用湿式氧化法处理含酚废水，pH 值为 3.5～4.0 时，COD 的去除率最大。

③ 对有些废水和污泥，pH 值越高，处理效果越好。例如 Imamure 发现，在 pH＞10 时，NH_3 的湿式氧化降解显著。Mantzavions 在湿式氧化处理橄榄油和酒厂废水时发现，COD 的去除率随着初始 pH 值升高而增大。

因此，pH 值可以影响湿式氧化的降解效率，调节 pH 值到适合值，有利于加快反应的速率和有机物的降解，但是从工程的角度来看，低 pH 值对反应设备的腐蚀增强，对反应设备（如反应器、热交换器、分离器等）的材质要求高，需要选择价格昂贵的材料，使设备投资增加。同时，低 pH 值易使催化剂活性组分溶出和流失，造成二次污染，因此在设计湿式氧化流程时要两者兼顾。

（6）搅拌强度

在高压反应釜内进行反应时，氧气从气相至液相的传质速率与搅拌强度有关。搅拌强度影响传质速率，当增大搅拌强度时，液体的湍流程度也越大，氧气在液相中的停留时间越长，因此传质速率就越大。当搅拌强度增大到一定时，搅拌强度对传质速率的影响很小。

（7）燃烧热值与所需的空气量

湿式氧化通常也称湿式燃烧。在湿式氧化反应系统中，一般依靠有机物被氧化所释放的氧化热维持反应温度。单位质量被氧化物质在氧化过程中产生的热值即燃烧热值。湿式氧化过程中还需要消耗空气，所需空气量可由降解的 COD 值计算获得。实际需氧量由于受氧利用率的影响，常比理论值高出 20% 左右。虽然各种物质和组分的燃烧热值和所需空气量不尽相同，但它们消耗每千克空气所能释放的热量大致相等，一般约为 2900～3500kJ。

（8）氧化度

对有机物或还原性无机物的处理要求，一般用氧化度来表示。实际上多用 COD 去除率表示氧化度，它往往是根据处理要求选择的，但也常由经济因素和物料特性支配。

（9）反应产物

一般条件下，大分子有机物经湿式氧化处理后，大分子断裂，然后进一步被氧化成小分子的含氧有机物。乙酸是一种常见的中间产物，由于其进一步氧化较困难，往往会积累下来。如果进一步提高反应温度，可将乙酸等中间产物完全氧化为二氧化碳和水等最终产物。选择适宜的催化剂和优化工艺条件，可以使中间产物有利于湿式氧化的彻底氧化。

（10）反应尾气

湿式氧化系统排放气体的成分随着处理物质和工艺条件的变化而不同。湿式氧化气体的组成类似于重油锅炉烟道气，其主要成分是氮和二氧化碳。氧化气体一般具有刺激性臭味，因此应进行脱臭处理。排出的氧化气体中含有大量的水蒸气，其含量可根据其工作状态确定。

9.2.3　湿式氧化的主要设备

从以上各湿式氧化工艺可以看出，不同应用领域的湿式氧化工艺虽然有所不同，但基本流程极为相似，主要包括以下几点：

① 将废水或污泥用高压泵送入系统中，空气（或纯氧）与废水或污泥混合后，进入热交换器，换热后的液体经预热器预热后送入反应器内。

② 氧化反应是在氧化反应器内进行的，反应器是湿式氧化的核心设备。随着反应器内氧化反应的进行，释放出来的反应热使混合物的温度升高，达到氧化所需的温度。

③ 氧化后的反应混合物经过控制阀减压后送入换热器，与进料换热后进入冷凝器。液体在分离器内分离后，分别排放。

完成上述湿式氧化过程的主要设备包括：

（1）反应器

反应器是湿式氧化过程的核心部分，湿式氧化的工作在高温、高压下进行，而且所处理的废水或污泥通常有一定的腐蚀性，因此对反应器的材质要求较高，需要有良好的抗压强度，且内部的材质必须耐腐蚀。

（2）换热器

废水或污泥进入反应器之前，需要通过换热器与排出的处理后液体进行热交换，因此要求换热器有较高的传热系数、较大的传热面积和较好的耐腐蚀性，且必须有良好的保温能力。对于含悬浮物多的物料常采用立式逆流套管式换热器，对于含悬浮物少的物料常采用多管式换热器。

（3）气液分离器

气液分离器是一个压力容器。当氧化后的液体经过换热器后温度降低，使液相中的氧气、二氧化碳和易挥发的有机物从液相进入气相而分离。分离器内的液体再经过生物处理或直接排放。

（4）空气压缩机

在湿式氧化过程中，为了减少费用，常采用空气作为氧化剂。在空气进入高温高压的反应器之前，需要使空气通过换热器升温和通过压缩机提高空气的压力，以达到需要的温度和压力。通常使用往复式压缩机，根据压力要求来选定段数，一般选用 3～6 段。

9.3 ⊃ 污泥超临界水氧化

对于易流动和易实现泵送的高浓度有机污泥，如果其中还含有难降解的有毒组分，采用湿式氧化的处理效果不尽如人意，此时可采用超临界水氧化技术而实现其无害化处理与能源化利用。

9.3.1　超临界水氧化的工艺流程

超临界水氧化反应的氧化剂可以是纯氧气、空气（约含 21% 的氧气）或过氧化氢等。使用纯氧气可大大减小反应器的体积，降低设备投资，但氧化剂成本提高；使用空气作为氧化剂，虽然运行成本降低，但反应器等设备的体积加大，相应增加设备的投资，并且由于电力需求过大，而不适于工业化应用；使用过氧化氢作氧化剂，虽然反应器等设备体积有所减小，但氧化剂成本有所提高。另外，由于受市场双氧水浓度的限制，过氧化氢的氧化能力较差，有机物分解效率将会降低。因氧气易于工业化操作，用电少，整体运转费用低，便于工业化运行，因此大多采用氧气作为氧化剂。超临界水氧化工艺流程如图 9-9 所示。

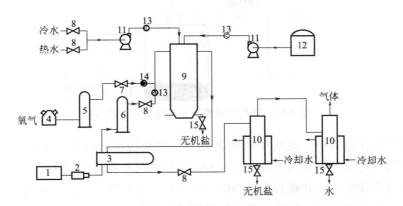

图 9-9　超临界水氧化工艺流程
1—污泥池；2—高压柱塞泵；3—内浮头式换热器；4—氧气压缩机；5—氧气缓冲罐；6—液体缓冲罐；
7—气体调节阀；8—液体调节阀；9—超临界水氧化反应器；10—分离器；11—高压柱塞泵；
12—燃油储罐；13—液体单向阀；14—气体单向阀；15—防堵阀门

由图 9-9 可见，将废水或污泥置于一污水池中，用高压柱塞泵将废液打入换热器，废水或污泥从换热器内管束中通过，之后进入缓冲罐内，同时启动氧气压缩机，将氧气压入氧气缓冲罐内。废水或污泥与氧气在管道内混合之后进入反应器，在高温高压条件下，使水达到超临界状态，废水或污泥中的有机污染物被氧化分解成无害的二氧化碳、水，含氮化合物被分解成氮气等无害气体，硫、氯等元素则生成无机盐，由于气体在超临界水中溶解度极高，因此在反应器中成为均一相，从反应器顶部排出，无机盐等固体颗粒由于在超临界水中溶解度极低而沉淀于反应器底部，超临界水与气体的混合流体通过换热器冷却后进入分离器，为使分离更加彻底，往往再串联一级气液分离器。分离器的下半部分安装有水冷套管，使超临界流体进一步降温，水蒸气冷凝。

在超临界水氧化系统中，有机成分几乎可以完全被破坏（达到99％以上），有机物主要被氧化成为 CO_2 和 H_2O。这主要是因为在超临界条件下，氢键比较弱，容易断裂，超临界水的性质与低极性的有机物相似，导致有机物具有很高的溶解性，而无机物的溶解性则很低。如在25℃水中 $CaCl_2$ 的溶解度可达到70％（质量分数），而在500℃、25MPa 时仅为 3×10^{-6}；NaCl 在25℃、25MPa 时的溶解度为37％（质量分数），550℃时仅为 1.20×10^{-8}；而有机物和一些气体如 O_2、N_2、CO_2 甚至 CH_4 的溶解度则急剧升高。氧化剂 O_2 的存在加速了有机物分解的速率。

连续式超临界水氧化的工艺流程为：废水或污泥→高压→换热→反应→分离（固液分离和气液分离），如图9-10所示。

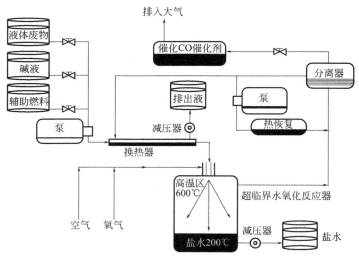

图9-10 连续式超临界水氧化的工艺流程

在超临界水氧化过程中，废水中的碳氢氧有机化合物最后将都被氧化成为水和二氧化碳，含氮化合物中的氮被氧化成为 N_2 和 N_2O，因超临界水氧化的氧化温度与焚烧法相比相对较低，并不像焚烧法，氮和硫会生成 NO_x 和 SO_x。由于超临界水氧化对废水有机物的完全氧化将放出大量的反应热，除了在开工阶段需外加热量外，在正常运转时，超临界水氧化可通过产品水与原料水之间的间接换热，无须外加热量。另一方面，由于这些反应本身是放热反应，所以，为考虑过程能量的综合利用，可将反应后的高温流体分成两部分：一部分用来加热升压后的稀浆至超临界状态；另一部分用来推动透平机做功，将氧化剂（空气或氧气等）压缩至反应器的进料条件。超临界水氧化一般适合于含有机物10％～20％（质量分数）的废水，有机物含量过低时，将不能满足自供热量操作，而需要外热补充。如果有机物含量超过20％～25％时，焚烧法也不失为一种好的替代方案。图9-11是 Modell 提出的连续式超临界水氧化处理废水的工艺流程，图中标出了有代表性的几个参数，但没有表示出换热过程。

由于这项技术具有工业化前景，所以关于这方面的报道很多，包括各种超临界水氧化技术的应用和开发。一些发达国家已经建立了超临界水氧化的中试装置，结合研究结果，超临界水氧化的工业开发也在同步进行，包括反应器设计、特殊材料实验、反应后无机盐固体的分离、热能回收和自动控制等内容。

目前，美国、德国、日本、法国等发达国家先后建立了几十套工业装置，主要用于处理市政污泥、火箭推进剂、高毒性废水废物等。

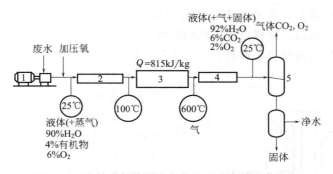

图 9-11 连续式超临界水氧化处理废水的工艺流程
1—高压泵；2—预热反应器；3—绝热反应器；4—冷却器；5—分离器

9.3.2 超临界水氧化反应器

在超临界水氧化装置的整体设计中，最重要和最关键的设备是反应器，其有多种结构形式。

(1) 三区式反应器

由 Hazelbeck 设计的三区式反应器结构如图 9-12 所示，整个反应器分为反应区、沉降区、沉淀区三个部分。反应区与沉降区由蛭石（水云母）隔开，上部为绝热反应区。反应物和水、空气从喷嘴垂直注入反应器后，迅速发生高温氧化反应。由于温度高的流体密度小，反应后的流体因此向上流动，同时把热量传给刚进入的废水。而无机盐由于在超临界条件下不溶，导致向下沉淀。在底部漏斗有冷的盐水注入，把沉淀的无机盐带走。在反应器顶部还分别有一根燃料注入管和八根冷/热水注入管。在装置启动时，分别注入空气、燃料（例如燃油、易燃有机物）和热水（400℃左右），发生放热反应，然后注入被处理的废水，利用提供的热量带动下一步反应继续进

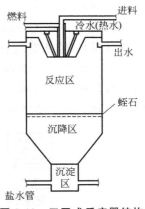

图 9-12 三区式反应器结构

行。当需要设备停车时，则由冷/热水注入管注入冷水，降低反应器内温度，从而逐步停止反应。

设计中需要注意的是反应器内部从热氧化反应区到冷溶解区，轴向温度、密度呈梯度变化。在反应器壁温与轴向距离的相对关系中，以水的临界温度处为零点，正方向表示温度超过 374℃，负方向表示温度低于 374℃。在大约 200mm 的短距离内，流体从超临界反应态转变到亚临界态。这样，反应器中高度的变化可使被处理对象的氧化以及盐的沉淀、再溶解在同一个容器中完成。

另有文献表明，反应器内中心线处的转换率在同一水平面上是最低的，而在从喷嘴到反应器底的大约 80%垂直距离上就能实现 99%的有机物去除率。

在实际设计中，除了考虑体系的反应动力学特性以外，还必须注意一些工程方面的因素，如腐蚀、盐的沉淀、热量传递等。

（2）压力平衡式反应器

压力平衡式反应器是一种将压力容器与反应筒分开，在间隙中高压空气从下部向上流动，并从上部通入反应筒。这样反应筒的内外壁所受的压力基本一样，因此可减小内胆反应筒的壁厚，节约高价的内胆合金材料，并可定期更换反应筒，见图 9-13。

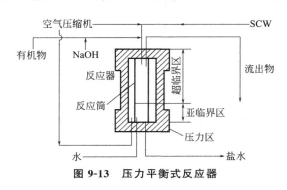

图 9-13　压力平衡式反应器

废水与空（氧）气、中和剂（NaOH）从上部进入反应筒，当反应由燃料点燃运转后，超临界水才进入反应筒。反应筒在反应中的温度升至 600℃，反应后的产物从反应器上部排出。同时，无机盐在亚临界区作为固体物析出。冷水从反应筒下部进入，形成100℃以下的亚临界温度区，超临界区中无机盐固体物不断向下落入亚临界区而溶于流体水中，然后连续排出反应器。该反应器已经在美国建立了 2t/d 处理能力的中试装置。反应器内反应筒内径 250mm，高 1300mm，运转表明，该反应器运转稳定，且能连续分离无机盐类。

（3）深井反应器

1983 年 6 月在美国的科罗拉多州建成了一套深井超临界水氧化反应装置，如图 9-14 所示。深井反应器以空气作氧化剂，每日处理 5600kg 有机物。由于废水中 COD 浓度从1000mg/L 增加到 3600mg/L，后又增加了 3 倍空气进气量。该井可进行亚临界的湿式处理，也可以进行超临界水氧化处理。该种反应装置适用于处理大流量的废水，处理量为 0.4～4.0m^3/min。由于是利用地热加热，可节省加热费用，并能处理 COD 值较低的废水。

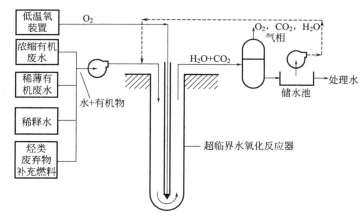

图 9-14　深井超临界水氧化反应装置

（超临界水氧化反应器深度 3045～3658m，反应器直径 15.8cm，流量 379～1859L/min，
超临界反应区压力 22.1～30.6MPa，温度 399～510℃，停留时间 0.1～2.0min）

（4）固气分离式反应器

该反应器为一种固体-气体分离同用的反应器，如图 9-15 所示。由图可见，为了连续或

半连续除盐，需加设一固体物脱除支管，可附设在固体物沉降塔或旋液分离器的下部。来自反应器的超临界水（含有固体盐类）从入口 2 进入旋液分离器 1，分离出固体物后，主要流体由出口 3 排出。同时带有固体物的流体向下经出口 4 进入脱除固体物支管 5。此支管的上部温度为超临界温度，一般为 450℃ 以上，同时夹带水的密度为 $0.1g/cm^3$，而在支管底部，将温度降至 100℃ 以上，水的密度约 $1g/cm^3$。利用水循环冷却法沿支管长度进行冷却，或将支管暴露于通风的环境中，或在支管周围缠绕冷却蛇管（注入冷却液）等。通过入口 6 可将加压空气送到夹套 7 内，并通过多孔烧结物 8 涌入支管中，这样支管内空气会有所增加。通过阀门 9 和阀门 10，可间断除掉盐类。通过固体物夹带的或液体中溶解的气体组分的膨胀过程，可加速盐类从支管内排出。然后将阀门 10 关闭并将阀门 9 打开，重复此操作。

日本 Organo 公司设计了一种与旋液分离器联用的固体接收器装置，如图 9-16 所示。在冷却器 2 和压力调节阀 3 之间的处理液管 1 上装设一台旋液分离器 4，其入液口和出液口分别与处理液管 1 的上流侧和下流侧相连，固体物出口是经第一开闭阀 6 而与固体物接收器 5 相连接。第一开闭阀 6 为球阀，固体物能顺利通过，且能防止在此阀内堆积。固体物接收器 5 是立式密闭容器，用来收集经旋液分离器分离后的产物，上部装有第二开闭阀 7，接收器下部装有排出阀 8。试验证明，该装置适用于流体中含有微量固体物的固液分离，可较好地保护压力调节阀 3 不受损伤。

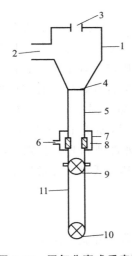

图 9-15　固气分离式反应器

1—旋液分离器；2—含有固体物的处理液入口；
3—分离出固体物的流体出口；4—出口；5—支管；
6—空气入口；7—夹套；8—多孔烧结物；
9、10—阀门；11—支管下部分

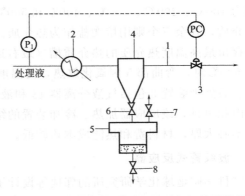

图 9-16　与旋液分离器联用的固体接收器装置

1—处理液管；2—冷却器；3—压力调节阀；
4—旋液分离器；5—固体物接收器；6—第一开闭阀；
7—第二开闭阀；8—排出阀

（5）多级温差反应器

为解决反应器和二重管内部结垢及使用大量管壁较厚的材料等问题，日本日立装置建设公司开发了一种使用不同温度、有多个热介质槽控温的反应装置，如图 9-17 所示。

该装置由反应器 1 和多个热介质槽 2，及后处理装置 3 等组成。反应器为 U 形管，由进料管 4、弯曲部 5 和回路 6 所组成，形成连续通路。浓缩污泥或污水经加压泵 7 以 25MPa 压

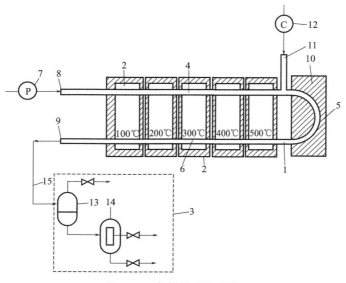

图 9-17　多级温差反应器

1—反应器；2—热介质槽；3—后处理装置；4—进料管；5—弯曲部；6—回路；7—加压泵；8—进料口；
9—出料口；10—绝热部件；11—进氧口；12—压缩机；13—气液分离器；14—液固分离器；15—管线

力送入进料口 8。浓缩污泥经超临界水氧化所得处理液由出料口 9 排出。多个热介质槽 2 在常压下存留温度不同的热介质，按其温度顺序串联配置成组合介质槽，介质温度从左至右依次分别为 100℃、200℃、300℃、400℃和 500℃。前两个热介质槽最好用难热裂化的矿物油作为热介质，其余三个则用熔融盐作为热介质。超临界水氧化装置开始运行时需用加热设备启动。存留最高温度热介质的热介质槽（最右边一个）可使浓缩污泥中的水呈超临界状态，温度为 500℃时，弯曲部 5 因氧化放热，而温度达到 600℃。经压缩机 12 并由进氧口 11 供给氧气。后处理装置 3 包括气液分离器 13 和液固分离器 14。处理液和灰分分别经两条管线排出。由此可见，该反应器加热、冷却装置的结构简单，而且热介质槽 2 在常压下运行，所需板材不必太厚，材料费和热能成本均较低。

（6）波纹管式反应器

中国科学院地球化学研究所的郭捷等设计了波纹管式反应器，并获得实用新型专利，该反应器如图 9-18 所示，内置喷嘴结构如图 9-19 所示。

由图 9-18 可见，经过反应器外部第一级加热至接近临界温度而在临界温度以下的高温高压污水和高压氧分别通过设在超临界反应器上端的污水入口 1 和氧气入口 2 同时进入设置在反应器上端的内置喷嘴 3，并通过喷嘴内部下端设置的喷孔 4 形成喷射，射流设计有一定的角度，使污水和氧气互相碰撞雾化并通过喷嘴底部形成的喷雾区，正好落入下设波纹管 5 的超临界水反应区 19 中。喷嘴内部设有一测温孔 6，用于插入热电偶 9 以测量反应器内部的温度。此时从反应器下端的加热管 7 的冷凝段将反应器外部的能量传至波纹管 5 外部的洁净水区域 8，此区域的水在加热管 7 的加热下重新成为超临界水，利用超临界水良好的传热性质，将加热管 7 传来的能量和波纹管 5 内的废水、氧气的混合物进行强化换热，使污水和氧气在临界温度以上进行反应。反应产物经亚临界区管程 14，在冷却水 17 的热交换作用下，温度降至临界温度以下，水变为液态，一同进入反应器中的固、液、气分离区 10，在这里通过剩余氧出口 11，将氧气分离出来供循环使用。反应后的高温、高压、高热熔值的水通过洁净水出口 12 流出，而反应后沉降的无机盐从无机盐排出口 13 排出。在反应器外壳和波纹管之间设有一 Al_2O_3 陶瓷管状隔热层 15，在陶瓷管内壁设有一钛制隔离罩 16，并在 Al_2O_3 陶瓷管外壁和外层承压厚壁钢管 18 间设置有适当间距以流通冷却水 17。和高压污水同样压力的冷却水在污水和高压氧进入反应器的同时也通过冷却水入口 20 进入冷却水 17，通过一管状金属隔层 22 和反应出水进行一定的热交换，同时反应区热量也有少部分传至冷却水，使其成为一种超临界态，由于超临界水具有较高的定压比热容（临界点附近趋近于无穷大），是一种极好的热载体和热缓冲介质，可保证承压钢管温度恒定，不超出等级要求，直到外壳承压钢管温度恒定，保证设备的安全，随后带走一部分热量，从冷却水出口 21 流出。

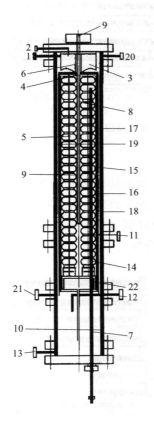

图 9-18　波纹管式反应器

1—污水入口；2—氧气入口；3—内置喷嘴；4—喷孔；5—波纹管；6—测温孔；7—加热管；8—洁净水区域；9—电热偶；10—固、液、气分离区；11—剩余氧出口；12—洁净水出口；13—无机盐排出口；14—亚临界区管程；15—Al_2O_3 陶瓷管状隔热层；16—钛制隔离罩；17—冷却水；18—承压厚壁钢管；19—超临界水反应区；20—冷却水入口；21—冷却水出口；22—管状金属隔层

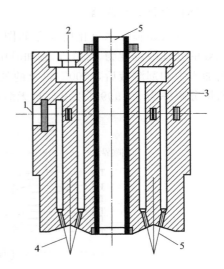

图 9-19　内置喷嘴结构

1—污水进口；2—氧气进口；3—金属框；4—喷嘴孔；5—测温口

(7) 中和容器式反应器

在超临界水氧化法处理过程中，被处理的物料往往含有氯、硫、磷、氮等，在反应过程

中副产盐酸、硫酸和硝酸，对反应设备有强烈腐蚀作用。为解决设备腐蚀，往往用 NaOH 等碱中和，但产生的 NaCl 等无机盐在超临界水中几乎不溶，而是沉积在反应设备和管线内表面，甚至发生堵塞。日本 Organo 公司通过改善碱加入点和损伤条件解决了超临界水氧化过程中反应系统的酸腐蚀和盐沉积问题。

图 9-20 所示为容器型超临界水氧化反应器。可见，反应器处理液经排出管排出，处理液经冷却、减压和气液分离后，其 1/3 经管线而循环回到反应器，在排出管适当位置（TC-6、TC-7）添加中和剂溶液，这样就能防止酸腐蚀和盐沉积。

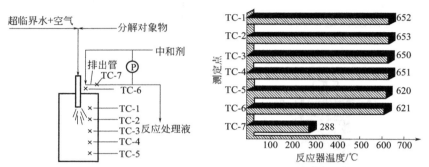

图 9-20　容器型超临界水氧化反应器

（8）盘管式反应器

盘管式超临界水氧化反应器如图 9-21 所示，中和剂溶液添加位置在 T-4 与 T-5 之间，此处的处理液温度为 525℃，添加时中和剂溶液温度为 20℃，由反应器温度分布结果可见，当加入中和剂溶液后，500℃以上的处理液温度迅速降低到 300℃ 左右。试验结果表明三氯乙烯分解率为 99.999% 以上，且无酸腐蚀和盐沉积现象。

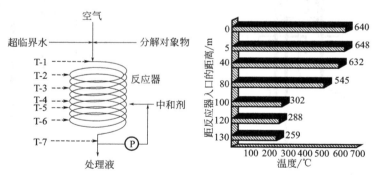

图 9-21　盘管式超临界水氧化反应器

（9）射流式氧化反应器

为了强化超临界水氧化处理过程的传热与传质特性，提高处理效果，同时避免反应器内腐蚀及盐堵的发生，南京工业大学廖传华等开发了一种新型射流式超临界水氧化反应器，并获得发明专利。该反应器如图 9-22 所示，在反应器内设置一射流盘管［图 9-22（b）］，与氧化剂进口连接。在射流盘管上均匀分布着一系列的射流列管，列管上开有小孔。在反应过程中，氧化剂从列管上的这些射流孔进入反应器。列管上射流孔的分布密集度自下而上减小，并且所有列管均匀分布在反应器的空间里，这样既可节约氧化剂，又可使氧化剂充分与超临界水相溶，反应更加完全。

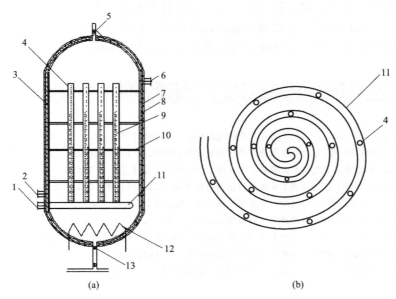

图 9-22　射流式超临界水氧化反应器

1—氧化剂进口接管；2—废水进口接管；3—反应器筒体；4—氧化剂列管；5—控压阀；6—清水出口接管；

7—绝热层；8—陶瓷衬里；9—氧化剂喷射孔；10—支撑板；11—氧化剂盘管；12—加热器；13—无机盐排放阀

　　根据反应器内射流盘管安装的位置，可将反应器分为反应区与无机盐分离区。在射流盘管的上部区域为反应区，氧化剂经高压泵（或压缩机）加压至一定压力后，从氧化剂进口经射流盘管分配进入射流列管，沿列管上的小孔以射流方式进入待处理的超临界废水中。氧化剂射流进入超临界废水中时具有一定的速度，将导致反应器内超临界废水与氧化剂之间产生扰动，从而形成了良好的搅拌效果，既强化了超临界废水与氧化剂之间的传热传质效果，提高了反应效率，又可避免反应过程产生的无机盐在反应器壁与射流列管上产生沉积。反应器的顶部设有控压阀，用于控制反应器内的压力不超过反应器的设计压力，以保证安全。反应产生的无机盐由于在超临界水中溶解度极小而大量析出，在重力作用下沉降进入反应器下部。射流盘管的下部区域为无机盐分离区，通过反应器底部设置的无机盐排放阀定时清除。

　　与进出口管道相比，反应器的直径较大，由高压泵输送而来的超临界废水在反应器中由下向上的流速很小，可近似认为其轴向流是层流，且无返混现象，因此具有较长的停留时间，可以保证超临界反应过程的充分进行。在运行过程中，由于受开孔方向的限制，氧化剂只能沿径向射流进入超临界水中，也就是说，在某一径向平面内，由于射流扰动的作用，氧化剂能高度分散在超临界水相中，因此有大的相际接触表面，使传质和传热的效率较高，对于"水力燃烧"的超临界水氧化反应过程更为适用。当反应过程的热效应较大时，可在反应器内部或外部装置热交换单元，使之变为具有热交换单元的射流式反应器。为避免反应器中的液相返混，当高径比较大时，常采用塔板将其分成多段式以保证反应效果。另外，反应器还具有结构简单、操作稳定、投资和维修费用低、液体滞留量大的特点，因此适用于大批量工业化应用。

　　超临界水氧化过程所用的氧化剂既可以是液态氧化剂（如双氧水，采用高压泵加压），也可以是气态氧化剂（如氧气或空气，用压缩机加压），氧化剂的状态不同，进入反应器的方式也不一样：液态氧化剂以射流方式从射流孔进入超临界水中，此时反应器称为射流式反应器；如果氧化剂是气态，则以鼓泡的方式从射流孔进入超临界水中，此时反应器称为射流式鼓泡床反应器。无论是液态氧化剂的射流式反应器，还是气态氧化剂的射流式鼓泡床反应器，其传热传质性能对超临界水氧化过程的效率具有较大的影响。

▶▶ 参考文献

[1] 廖传华，王小军，高豪杰，等.污泥无害化与资源化的化学处理方法 [M].北京：中国石化出版社，2019.

[2] 廖玮，朱廷风，廖传华，等.超临界水氧化技术在能量转化中的应用 [J].水处理技术，2019, 45 (3)：14-17.

[3] 毕淑英，谢益民.超临界水氧化技术处理造纸工业废水的应用研究综述 [J].中华纸业，2019, 40 (2)：6-11.

[4] 张光伟，董振海.超临界水氧化处理工业废水的技术问题及解决思路 [J].现代化工，2019, 39 (1)：18-22, 24.

[5] 廖传华，王重庆，梁荣，等.反应过程、设备与工业应用 [M].北京：化学工业出版社，2018.

[6] 廖传华，耿文华，张双伟，等.燃烧技术、设备与工业应用 [M].北京：化学工业出版社，2018.

[7] 廖传华，朱廷风，代国俊，等.化学法水处理过程与设备 [M].北京：化学工业出版社，2016.

[8] 胡林龙.湿式空气氧化法处理城市污水厂污泥的可行性分析 [J].绿色科技，2018, (8)：49-51.

[9] 殷逢俊，陈忠，王光伟，等.基于动态气封壁反应器的湿式氧化工艺 [J].环境工程学报，2016, 10 (12)：6988-6994.

[10] 陶明涛，李玉鸿，文欣.部分湿式氧化法处理市政污泥的工程实践 [J].水工业市场，2015, 4：64-67.

[11] 雷燕，雷必安，杨其义，等.催化湿式氧化处理城市污水厂污泥的研究进展 [J].现代化工，2015, 35 (3)：41-44, 46.

[12] 武跃，袁圆，张静，等.亚临界湿式氧化法脱除含油污泥中的重金属 [J].化工环保，2015, 35 (3)：236-240.

[13] 李本高，孙友，张超.生化剩余污泥湿式氧化减量机理研究 [J].石油炼制与化工，2014, 45 (9)：85-89.

[14] 武跃，徐岩，白长岭，等.一种城市污水处理厂污泥处理方法的探究 [J].辽宁师范大学学报（自然科学版），2014, 37 (3)：379-384.

[15] 徐岩.湿式氧化法在处理城市污泥中的应用 [D].大连：辽宁师范大学，2014.

[16] 姬爱民，崔岩，马劲红，等.污泥热处理 [M].北京：冶金工业出版社，2014.

[17] 麻红磊.城市污水污泥热水解特性及污泥高效脱水技术研究 [D].杭州：浙江大学，2012.

[18] 贾新宁.城镇污水污泥的处理处置现状分析 [J].山西建筑，2012, 38 (5)：220-222.

[19] 陶明涛，张华.污泥水热处理技术及其工程应用 [J].北方环境，2012, 25 (3)：211-214.

[20] 陶明涛，张华.城市污泥水热处理过程中有机物的变化 [J].广东化工，2012, 39 (3)：189-190.

[21] 栾明明.湿式氧化法处理含油污泥研究 [D].大庆：东北石油大学，2012.

[22] 崔世彬，栾明明.湿式氧化法处理炼油厂含油污泥研究 [J].广东化工，2011, 38 (10)：42-43.

[23] 陶明涛，张华，王艳艳，等.基于部分湿式氧化法的污泥资源化研究 [J].环境工程，2011, 29 (A1)：402-404, 244.

[24] 张丹丹，李咏梅.湿式氧化法在法国污泥处理处置中的初步应用 [J].四川环境，2010, 29 (1)：9-11, 31.

[25] 史骏.城市污水污泥处理处置系统的技术经济分析与评价（上）[J].给水排水，2009, 35 (8)：32-35.

[26] 史骏.城市污水污泥处理处置系统的技术经济分析与评价（下）[J].给水排水，2009, 35 (9)：56-59.

[27] 孙淑波，吴立娜，胡筱敏.催化湿式氧化处理城市污水厂污泥的研究 [J].环境科学与技术，2009, 32 (B1)：84-86.

[28] 刘俊，曾旭，赵建夫.NaOH 强化催化湿式氧化处理制药污泥 [J].化工环保，2017, 37 (1)：106-109.

[29] 郑师梅，韩少勋，解立平.污水污泥处置技术综述 [J].应用化工，2008, 37 (7)：819-821.

[30] 李亮，叶舒帆，胡筱敏.Cu-Fe-Co-Ni-Ce/γ-Al$_2$O$_3$ 催化湿式氧化城市污泥 [J].环境工程，2008, 26 (A1)：252-255.

[31] 叶舒帆.催化湿式氧化处理城市污水处理厂污泥的实验研究 [D].沈阳：东北大学，2008.

[32] 马承愚，彭英利.高浓度难降解有机废水的治理与控制 [M].北京：化学工业出版社，2007.

[33] 桂轶.城市生活污水污泥处理处置方法研究 [D].合肥：合肥工业大学，2007.

[34] 吴丽娜.催化湿式氧化处理城市污水处理厂污泥的研究 [D].沈阳：东北大学，2006.

[35]　万世强，邓建利，潘咸峰，等.炼油厂剩余污泥湿式氧化处理研究 [J].工业水处理，2006，26（1）：90-91.

[36]　刘蜀渝.城市生活垃圾有机物资源化新途径——水热氧化技术新应用 [J].云南环境科学，2006，25（增刊2）：72-74.

[37]　苏晓娟.湿式氧化工艺处理城市污水厂剩余污泥技术的 LCA 评价 [D].上海：同济大学，2005.

[38]　苏晓娟，陆雍森，Bromet L.湿式氧化技术的应用现状与发展 [J].能源环境保护，2005，19（6）：1-4.

[39]　杨爽，江洁，张雁秋.湿式氧化技术的应用研究进展 [J].环境科学与管理，2005，30（4）：88-90，98.

[40]　昝元锋，王树众，沈林华，等.污泥处理技术的新进展 [J].中国给水排水，2004，20（6）：25-29.

[41]　杨晓奕，蒋展鹏.湿式氧化处理剩余污泥反应动力学研究 [J].上海环境科学，2004，23（6）：231-235，261.

[42]　杨晓奕，将展鹏.湿式氧化处理剩余污泥的研究 [J].给水排水，2003，29（7）：20-55.

[43]　熊飞，陈玲，王华，等.湿式氧化技术及其应用比较 [J].环境污染治理技术与设备，2003，4（5）：66-70.

[44]　张立峰，吕荣湖.剩余活性污泥的热化学处理技术 [J].化工环保，2003，23（3）：146-149.

[45]　孙德智，于秀娟，冯玉杰.环境工程中的高级氧化技术 [M].北京：化学工业出版社，2002.

[46]　李世刚，王万福，孟庭宇，等.工业污泥超临界水氧化处理的研究进展 [J].工业水处理，2018，38（1）：1-5.

[47]　闫正文，廖传华，廖玮，等.高盐废水超临界水氧化处理过程的响应面优化 [J].印染助剂，2019，36（2）：16-19.

[48]　闫正文，廖传华，廖玮，等.无机盐在超临界水中的溶解度研究 [J].应用化工，2018，47（3）：514-516.

[49]　宋成才.超临界水氧化技术处理油田含油污泥 [J].科学与财富，2018（33）：122.

[50]　鞠鸿鹏，李长华，刘淑梅.超临界水氧化（SCWO）技术总有机碳的分析 [J].化工管理，2018（23）：126.

[51]　张言言.超临界水氧化处理工业废物的现状分析 [J].中国化工贸易，2018，10（15）：81.

[52]　高占朋.超临界水氧化技术处理污泥的研究与应用进展 [J].全球市场，2017（2）：105.

[53]　石德智，张金露，胡春艳，等.超临界水氧化技术处理污泥的研究与应用进展 [J].化工学报，2017，68（1）：37-49.

[54]　欧阳创，张美兰，申哲民.超临界水氧化设备的能量平衡 [J].净水技术，2017，36（2）：104-108.

[55]　钱黎黎，王树众，王来升，等.超临界水氧化处理印染污泥 [J].印染，2016，42（3）：4-7.

[56]　张洁，王树众，卢金玲，等.高浓度印染废水及污泥的超临界水氧化系统设计及经济性分析 [J].现代化工，2016，36（4）：154-158.

[57]　张拓，王树众，任萌萌，等.超临界水氧化技术深度处理印染废水及污泥 [J].印染，2016，42（16）：43-45.

[58]　于航，于广欣，盛金鹏，等.超临界水氧化处理煤气化生化污泥 [J].化工环保，2016，36（5）：557-561.

[59]　徐雪松.超临界水氧化处理油性污泥工艺参数优化的研究 [D].石河子：石河子大学，2016.

[60]　王慧斌，廖传华，陈海军，等.超临界水氧化技术处理煤化工废水的试验研究 [J].现代化工，2016，36（11）：154-158.

[61]　王慧斌.超临界水氧化反应器传热传质模拟研究 [D].南京：南京工业大学，2016.

[62]　王玉珍，高芬，王来升，等.超临界水氧化系统中氧回用工艺经济性评估 [J].工业水处理，2016，36（3）：39-42.

[63]　单玉海，孙建军.超临界水氧化设备的设计 [J].化工设计通讯，2016，42（3）：83.

[64]　刘威，廖传华，陈海军，等.超临界水氧化系统腐蚀的研究进展 [J].腐蚀与防护，2015，36（5）：487-492.

[65]　刘威.不锈钢在酸性介质超临界水氧化中的腐蚀研究 [D].南京：南京工业大学，2015.

[66]　洪渊.基于不同条件下超临界水气化污泥各态产物分布规模研究 [D].深圳：深圳大学，2015.

[67]　王玉珍，于航，盛金鹏，等.超临界水氧化法处理煤气化废水生化污泥 [J].化学工程，2015，43（10）：11-15.

[68]　王金利，李秀灵，严波.含油污泥处理技术研究进展 [J].能源化工，2015，36（5）：71-76.

[69]　湛世英，曲旋，张荣，等.超临界水氧化处理潜艇生活、生理垃圾 I：实验研究 [J].环境工程，2015，33（A1）：221-224.

[70]　湛世英，曲旋，张荣，等.超临界水氧化处理潜艇生活、生理垃圾 II：系统构建初步研究 [J].环境工程，2015，33（A1）：225-227.

[71]　马睿，闫江龙，方琳，等.超临界水氧化去除污泥中化学需氧量的动力学 [J].深圳大学学报（理工版），2015，32（6）：617-624.

[72]　王俊飒.对超临界水氧化污泥的环境评价 [J].山西建筑，2015，41（19）：189-190.

[73]　李智超，廖传华，郭丹丹，等.PTA 残渣的超临界水氧化处理与资源化利用 [J].工业用水与废水，2014，45（4）：1-4.

[74]　郭丹丹，廖传华，陈海军，等.制浆黑液资源化处理技术研究进展 [J].环境工程，2014，32（4）：36-40.

[75] 陈忠，王光伟，殷逢俊，等.典型醇类物质超临界水氧化反应途径研究 [J].燃料化学学报，2014，42 (3)：343-349.

[76] 陈忠，王光伟，陈鸿珍，等.气封壁高浓度有机污染物超临界水氧化处理系统 [J].环境工程学报，2014，8 (9)：3825-3831.

[77] 张鹤楠，韩萍芳，徐宁.超临界水氧化技术研究进展 [J].环境工程，2014，32 (A1)：9-11.

[78] 徐东海，王树众，张峰，等.超临界水氧化技术中盐沉积问题的研究进展 [J].化工进展，2014，33 (4)：1015-1021.

[79] 张阔，廖传华，李智超，等.一种循环水氧化陶瓷壁式反应器：CN103588280B [P].2013-04-08.

[80] 张阔，廖传华，李智超，等.一种超临界循环水氧化处理废水的系统：CN103553254A [P].2014-02-05.

[81] 张阔，廖传华，李智超，等.一种超临界循环水氧化处理废弃物与蒸汽联产工艺：CN103553202B [P].2016-06-08.

[82] 黄晓慧，王增长，催文全，等.超临界水氧化过程中的腐蚀控制方法 [J].工业水处理，2013，33 (2)：6-10.

[83] 于广欣，于航，王建伟，等.煤气化废水的超临界水氧化处理实验 [J].工业水处理，2013，33 (4)：65-68.

[84] 王齐.超临界水氧化处理印染废水实验研究 [D].太原：太原理工大学，2013.

[85] 廖传华，王重庆.制浆黑液超临界水氧化资源化治理 [J].中华纸业，2011，32 (3)：31-34.

[86] 田震，关杰，陈钦.超临界流体及其在环保领域中的应用 [J].上海第二工业大学学报，2011，28 (1)：265-274.

[87] 王丽君，郭翠.超临界水氧化技术应用研究进展 [J].中国石油和化工标准与质量，2011，31 (11)：64-66.

[88] 徐东海.城市污泥的超临界水无害化处理及能源化利用研究 [D].西安：西安交通大学，2011.

[89] 张钦明.城市污泥超临界水无害化处理和资源化利用的理论与实验研究 [D].西安：西安交通大学，2010.

[90] 易怀昌，王华接，陆超华.超临界水氧化技术在污泥处理中的应用 [J].广东化工，2010，37 (2)：105-107，95.

[91] 马红和，王树众，周璐，等.城市污泥在超临界水中的部分氧化研究 [J].化学工程，2010，38 (12)：44-47，52.

[92] 廖传华，朱跃钊，李永生.超临界水氧化反应器的研究进展 [J].环境工程，2010，28 (2)：7-12，23.

[93] 廖传华，李永生，朱跃钊.制浆黑液超临界水氧化过程的动力学研究 [J].中华纸业，2010，31 (5)：63-66.

[94] 廖传华，李永生，朱跃钊.造纸黑液超临界水氧化过程的能流分析与经济评价 [J].中国造纸学报，2010，25 (3)：58-63.

[95] 马雷，廖传华，朱跃钊，等.超临界水氧化技术在环境保护方面的应用 [C].中国环境科学学会2010年学术年会，上海，2010.

[96] 崔宝臣，崔福义，刘先军，等.超临界水氧化对含油污泥无害化 [J].应用化工，2009，38 (3)：332-335.

[97] 崔宝臣，崔福义，刘淑芝，等.碱对含油污泥超临界水氧化的影响研究 [J].安全与环境学报，2009，9 (4)：48-50.

[98] 崔宝臣.超临界水氧化处理含油污泥研究 [D].哈尔滨：哈尔滨工业大学，2009.

[99] 朱飞龙.超临界水氧化法处理城市污水处理厂污泥 [D].上海：东华大学，2009.

[100] 张守明，高波.超临界水氧化法处理含油污泥的工艺研究 [J].炼油与化工，2009，20 (2)：22-24，67.

[101] 徐东海，王树众，公彦猛，等.城市污泥超临界水技术示范装置及其经济性分析 [J].现代化工，2009，29 (5)：55-59，61.

[102] 褚旅云，廖传华，方向.超临界水氧化法处理高含量印染废水研究 [J].水处理技术，2009，35 (8)：84-86.

[103] 廖传华，李永生.基于超临界水氧化过程的能源环境系统设计 [J].环境工程学报，2009，3 (12)：2232-2236.

[104] 廖传华，褚旅云，方向，等.超临界水氧化法在造纸黑液治理中的应用 [J].中国造纸，2008，27 (9)：51-55.

[105] 廖传华，褚旅云，方向，等.超临界水氧化法在高浓度难降解印染废水治理中的应用 [J].印染助剂，2008，25 (12)：22-26.

[106] 方明中，孙水裕，森楚娟，等.超临界水氧化技术在城市污泥处理中的应用 [J].水资源保护，2008，24 (3)：66-68，94.

[107] 荆国林，霍维晶，崔宝臣.超临界水氧化油田含油污泥无害化处理研究 [J].西安石油大学学报 (自然科学版)，2008，23 (3)：69-71，100.

[108] 荆国林，霍维晶，崔宝臣.超临界水氧化处理油田含油污泥 [J].西南石油大学学报，2008，30 (1)：116-119.

[109] 马承愚，赵晓春，朱飞龙，等.污水处理厂污泥超临界水氧化处理及热能利用的前景 [J].现代化工，2007，37 (A2)：497-499.

第 **10** 章

污泥热化学液化制液体燃料

污泥热化学液化是在一定的温度和压力条件下，将污泥经过一系列化学加工过程，使其转化成生物油的热化学过程。污泥热化学液化对原料的适应性强，有机质利用率高，反应时间短，易于工厂化生产，产品能量密度大，易于存储和运输，直接或加以改性精制就可作为优质燃料和化工原料，不存在产品规模和消费的地域限制问题，因而成为国内外研究开发的重点和热点。

根据加工过程的不同技术路线，污泥热化学液化可分为热解液化和水热液化。

(1) 热解液化

热解液化是将污泥中的有机质在特定温度和压力条件下，使其发生裂解反应，生成小分子的油类产物。

污泥热解液化是一个非常复杂的反应过程，影响因素主要有污泥特性、温度、停留时间、加热速率、含水率、催化剂、反应设备类型等。

污泥热解过程的能量平衡主要受含水率的影响，一般认为含水率 78% 是临界点，含水率低于 78% 时，热解过程的处理成本低于焚烧工艺的成本。使用催化剂可以提高污泥热解油的产率和品质，缩短热解时间，降低所需反应温度，降低产炭率。

(2) 水热液化

水热液化是在合适的催化剂、溶剂介质存在下，在温度 200~400℃、压力 5~25MPa、反应时间从 2min 至数小时条件下液化，生产生物油、半焦和干气。由于水安全、环保、易得，因此常用水作溶剂，即为水热液化。水热液化所得生物油的含氧量在 10% 左右，热值比热解液化的生物油高 50%，物理和化学稳定性更好。

由于水的汽化相变焓为 2260kJ/kg，比热容为 4.2kJ/(kg·℃)，使水汽化的热量是把等量的水从 1℃ 加热到 100℃ 所需热量的 5 倍，而对于高含水污泥（含水率通常高于 78%），采用热解液化技术需要干燥，能耗过大，因而增加了生产成本。采用水热液化无须进行脱水等高耗能步骤，还避免了水汽化，反应条件比热解液化温和，且其中的水分还能提供加氢裂解反应所需的·H 和脱羧基的·OH，有利于热解反应的发生和短链烃的产生。与热解液化相比，水热液化能获得低氧含量、高热值、黏度相对较小、稳定性更好的生物油，因此适用于水生植物、藻类、养殖业粪便和有机污泥等高含水有机废弃物的规模化液化，极具经济性和工业化前景，成为国内外研究者和生产者关注的热点之一。

与污泥热解液化相比，污泥水热液化对含水率的要求较低，能量剩余率较高，但由于需要高温高压，对设备要求较为苛刻、成本较高等缺点使其应用受到一定的限制。

10.1 ⮞ 污泥热解液化

随着人们生活水平的不断提高，污泥中的有机物含量逐年升高，污泥的能量利用价值越来越高。采用热解液化技术，以污泥为原料制得液体燃料，通过改性后作为柴油等矿物燃料的替代品，可实现污泥的资源化利用，为人类提供一条新的能源开发途径。

10.1.1 热解的基本原理

有机物的成分不同，整体热解过程开始的温度也不同。例如，纤维素开始热解的温度在 $180 \sim 200 ℃$ 之间，而煤的热解开始温度也随着煤性质的不同在 $200 \sim 400 ℃$ 之间不等。从热解开始到结束，有机物都处在一个复杂热裂解过程中，不同温度区间所进行的反应过程不同，产物的组成也不同。总之，热解的实质是有机物大分子裂解成小分子析出的过程。

可以认为，固体废物的分解是从脱水开始的：

反应过程中生成的水会与架桥部分分解的次甲基键进行反应：

$$-CH_2-+H_2O \xrightarrow{\triangle} CO+2H_2$$

$$-CH_2-+-O- \xrightarrow{\triangle} CO+H_2$$

温度继续升高时，生成的芳环化合物将继续进行脱氢、裂解、缩合、氢化等反应：

$$C_2H_6 \xrightarrow{\triangle} C_2H_4+H_2$$

$$C_2H_4 \xrightarrow{\triangle} CH_4+C$$

这些反应阶段性不明显，多数热解反应是交叉进行的。

通常在高温分解时，固体废物会产生游离碳颗粒，其会与固体废物中的水分及在反应中新生成的水分发生二次反应：

$$C+H_2O+热量 \longrightarrow H_2+CO$$

$$C+2H_2O+热量\longrightarrow 2H_2+CO_2$$
$$C+CO_2+热量\longrightarrow 2CO$$

此后还会进行若干二次反应，例如：

$$CO+H_2O\longrightarrow H_2+CO_2+热量$$
$$C+O_2\longrightarrow CO_2+热量$$
$$C+2H_2\longrightarrow CH_4+热量$$

10.1.2　污泥热解液化过程的影响因素

污泥热解液化是在催化剂条件下，在较低的温度下使污泥中含有的有机成分（如粗蛋白、粗纤维、脂肪及糖类）经过一系列分解、缩合、脱氢、环化等反应转变为轻质组分的混合物。热解产物的组成及分布主要由污泥性质决定，但也与热解温度有关。污泥热解液化产生的衍生油黏度高、气味差，但发热量可达到 $29\sim42.1MJ/kg$，而现在使用的三大能源，即石油、天然气、原煤的发热量分别为 $41.87MJ/kg$、$38.97MJ/kg$、$20.93MJ/kg$。可见，污泥热解液化具有较高的能源价值。另外，热解液化油的大部分脂肪酸可被转化为酯类，酯化后其黏度降至原来的 1/4 左右，热值可提高 9%，气味得到很大改善，热解油酯化工艺使得其更加易于处理和商业化。

热解过程中固、气、液三种产物的比例与热解工艺和反应条件有关，热解过程的影响因素包括污泥特性、预处理方式、热解终温、停留时间、加热速率、含水率、加热设备、催化剂等。由于污泥原料的复杂性，各种因素对污泥热解的影响也存在着很大的区别。

（1）污泥特性

污泥特性是影响污泥热解液化效果的前提因素。Lutz 等利用管式炉对活性污泥、油漆污泥和消化污泥三种不同原料进行热解液化制油研究，其中，活性污泥的碳含量最高，灰分含量最低；油漆污泥的碳含量最低，灰分含量最高；消化污泥居中，热解终温为 $380℃$。通过研究发现，不同原料污泥的热解液化油产率不同，经过热解液化后，活性污泥、油漆污泥、消化污泥的产油率分别为 31.4%、14.0%、11.0%。活性污泥中有 2/3 的碳转移到热解油产品中，热解油中含 26% 脂肪酸；消化污泥和油漆污泥的热解油产品中脂肪酸含量仅为 3% 左右。由此可知，与油漆污泥和消化污泥相比，活性污泥更适于热解液化制油。可见，选择适宜的污泥进行热解液化制油，是实现污泥经济制油且提高油品品质的重要前提。

（2）预处理方式

从设备构成看，污泥热解液化比污泥焚烧要增加预干燥器、油水分离设备，因此设备投资会有所增加，但污泥热解所需温度（$\leqslant450℃$）比污泥焚烧所需温度（$800\sim1000℃$）低，因此运行费用远低于后者。且污泥热解液化后生成的油和炭还可出售或辅助二次燃烧分解获得一部分收益。两项相抵，污泥热解液化处理的成本约为直接焚烧的 80% 左右。

（3）热解终温

热解终温对污泥热解产物的影响最大。研究结果认为，热解温度的升高导致固体产率的减小，液体部分变化较小，而气体产率则明显增大。热解温度对产物产率的影响如图 10-1 所示。

由图 10-1 可知，热解液的产率随温度的变化有一最大值，在热解终温为 250℃ 时只有少

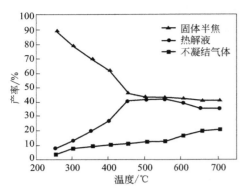

图 10-1　热解温度对产物产率的影响

量热解液产出（主要为水分）；随温度升高热解液产率增大，450℃时热解液产率为 41.65%，该温度段污泥中有机物的碳链断裂，发生裂解生成大分子油类，在终温为 550℃时达到最大值 43%；当温度继续升高，反应体系中的羧酸、酚醛、纤维素等大分子物质可能发生二次裂解，生成分子量较小的轻质油及 H_2、CH_4 等，焦油的产率则相应有所下降。

从实验现象看，污泥热解过程中不同温度段产生的热解液的组成、颜色及性状有很大差别。实验过程中当物料温度为 165℃左右时，在热解液收集器的内壁上开始形成淡黄色的晶体状物质，如果温度继续升高，会逐渐产生淡黄色的焦油，而且黏度较大，物料温度为 356℃左右时热解液的增长速率最大。当温度达到 450℃时，热解液中黑褐色油明显增多，且流动性好。污泥热解后收集的热解液呈现明显的分层现象：最下层为水及水溶性有机物；中间为浅黄色的没有合成完全的热解油，黏稠状，其分子量相对较高；最上层为黑褐色类似于原油的热解油，分子量较小。

当热解终温在 250℃左右时，热解液以水分为主，低温下生成的少量淡黄色晶体漂浮在水面上；超过 250℃以后，开始形成浅黄色的热解油；热解终温达到 300℃以上时，黑褐色原油类热解油析出；终温达到 400℃以上时，黑褐色热解油的比例超过浅黄色油。在 250～550℃温度范围内，随着热解温度的升高，热解液的体积也在增大，但在 450～550℃，热解液产率的变化只有 1.35%。热解终温超过 550℃后，热解液产率下降，原因在于一部分挥发性物质进入到气体中。虽然 550℃后总的热解液减少了，但是黑褐色热解油的产率却有增大，黄色热解油相应地减少，这说明温度升高有利于油的转化。

也有学者研究了温度与有机质转化率、炭产率、油产率之间的关系，认为在一定的温度范围内，有机质转化率与温度基本呈线性正相关，但高温阶段相反；炭产率与温度呈明显负相关，油产率与温度呈正相关，较高温度有利于有机质向气相的转化。

（4）停留时间

热解反应停留时间在污泥热解工艺中也是重要的影响因素。污泥固体颗粒因化学键断裂而分解形成油类产物，在分解的初始阶段，形成的产物应以非挥发分为主，随着化学键的进一步断裂，可形成挥发性产物，经冷凝后形成热解油。随着时间的延长，上述挥发性产物在颗粒内部以均匀气相或不均匀气相与焦炭进一步反应，这种二次反应将对热解产物的产量及分布产生一定的影响。因此，反应停留时间是污泥热解工艺中需要控制的重要因素，随着停留时间的延长，油类产量会降低。为减少有机物的二次分解和相互反应，缩短其在高温区的停留时间是有效方式。

（5）加热速率

在污泥热解过程中，低温段形成的热解液很少，升温过程也很短，因此热解液受到加热速率的影响在低温段很小。但当达到一定温度水平后，有机物的裂解反应很剧烈，而且很复杂，这时加热速率对反应进程的影响较大。加热速率对热解液产率的影响在高温段较明显，在低温段达到热解终温所需的时间较短，而热解液的形成在低温时主要在保温过程，因此受到加热速率的影响较小。在热解高温段，达到 450℃ 以上时，在升温过程中已发生了剧烈的裂解，且温度越高，受加热速率的影响越大。在 450~550℃ 时，加热速率越慢，热解过程停留时间越长，产生的挥发性气体越多，但由于温度较低，这些挥发性物质以长链有机物为主，冷凝后形成的焦油量较大。在 550~650℃ 温度范围内，由于温度升高，引起了大分子挥发物的二次裂解，加热速率慢时，有一部分有机物裂解成气态，生成的焦油量略有减少。

综上所述，停留时间、反应温度、加热速率、最终热解温度等因素对不同污泥热解效果的影响均与污泥中各种有机质化学键在不同温度下的断裂有关。温度超过 450℃ 后，裂解产生的重油发生了第二次化学键断裂，形成了轻质油，气体产量也相应增加；温度超过 525℃ 后，会进一步发生化学键断裂形成更轻质的油和气态烃，使不凝性气体的量升高，但炭焦量随气体量的增加而减少。

(6) 含水率

污泥热解过程的能量平衡主要受脱水泥饼含水率的制约。一般认为脱水污泥热解的临界含水率为 78%，当脱水污泥的含水率低于 78% 时，热解过程的处理成本低于焚烧工艺成本。

(7) 加热设备

Dominguez 等利用微波加热和电加热两种方式对污泥热解特性进行研究，两者产生的热解油组成有很大不同，微波加热产生的热解油主要由脂肪酸、酯、羧酸和氨基类有机物组成，而电加热产生的热解油主要为芳香族烃类化合物，还含有少量的脂肪族烃类化合物、酯和腈类有机物。

(8) 催化剂

在污泥热解液化过程中，催化剂可以提高液体燃料的产率和质量，缩短热解时间，降低所需反应温度，提高热解能力，减少固体剩余物，影响热解产品分布的范围，提高热解效率，降低工艺成本。因此，为了提高热解油的产量和质量，在污泥中添加催化剂是十分必要的。目前，已有许多价格较低且无害的催化剂被广泛用于污泥的催化热解。为提高污泥热解转化率、液态产品产量、热解油质量等，可选用含铝物质催化剂、含铁物质催化剂、含铜物质催化剂。

10.1.3　污泥热解液化的工艺流程

污泥热解液化的工艺流程如图 10-2 所示。污泥经脱水后，干燥至含固率 90%，在反应器内热解成油、水、气体和炭；气体和炭及部分油在燃烧器中燃烧，高温燃气的产热先用于

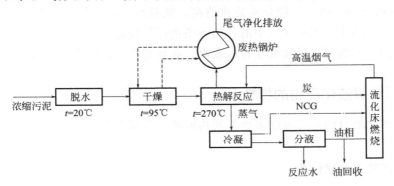

图 10-2　污泥热解液化的工艺流程

反应器加热，后在废热锅炉中产生蒸汽用于干燥；尾气净化排空，反应水（约为污泥干重的5％）送污水处理厂处理。其热解工艺各阶段的技术要求与控制条件为：

① 脱水。从污泥浓缩池排出的含水率为96％～98％的污泥经机械脱水后含水率降至65％～80％。常用脱水设备有转鼓真空抽滤机、板框压滤机、带式压滤机和离心脱水机。污泥热解工艺中最常用的为离心脱水机，因为该脱水方式不需加药，且脱水效率高。脱水操作在常温下进行。

② 干燥。低温热解要求将污泥干燥至含水率13％以下，以避免污泥中的水被带入生成的油中。

选择干燥机时要考虑到污泥的种类、性能、加热特性、处理量等因素，在国内多采用回转窑干燥，窑内温度控制为95℃。

③ 热解。热解设备的技术关键是要有很高的加热和热传导速率，严格控制中温以及热解蒸汽快速冷却。典型的热解设备有流化床、沸腾床、双塔流化床和立窑。国外主要采用带夹套的外热卧式反应器和流化床热解装置系统，如图10-3和图10-4所示；国内主要采用回转窑热解装置系统，如图10-5所示。

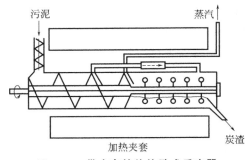

图10-3 带夹套的外热卧式反应器

④ 炭与灰的分离。因为炭在热解蒸汽的二次裂解时会起催化作用，并且在液化油中产生不稳定的因素，所以必须快速分离。但由于污泥中的含碳量一般小于5％，所以这个影响不会太大。分离装置一般采用旋风分离器。

⑤ 液体冷却收集。热解蒸汽的停留时间越长，二次裂解变成不凝气的可能性越大。为了保证油产率，蒸汽的快速冷却具有重要作用。因此，选用传热快、易于冷凝和快速分离的冷凝器是热解蒸汽冷凝工艺的第一目标。用于废气冷凝的设备有接触冷凝器和表面冷凝器，其中以接触冷凝器选用较多。冷凝液经收集后进入专设处理厂处理。液体冷凝的参数控制为：冷凝温度不小于15℃，后续冷凝液分离温度在65℃左右。由于污泥热解设施一般都是与污水处理厂合建的，因此可直接回流到污水处理厂进行处理。

⑥ 热量的回收与利用。对污泥热解液化产生的气体和炭，可将其与部分产品油燃烧，高温燃气先用于反应器加热，而后在废热锅炉中产生蒸汽用于前段污泥干燥或作供热利用。

⑦ 二次污染防治。由于燃烧介质是热值高、颗粒小、污染物含量低、易于充分燃烧的气体、炭和部分产品油，因而尾气中的各项污染指标均较低，经袋式除尘器处理后一般可满足排放要求。但产生的污水属高浓度有机废水，必须妥善处理后方可排放。

10.1.4　污泥热解液化产物的特性

污泥热解液化的目的是尽可能多地得到热解液，其特性及应用前景直接影响工艺过程的经济效益。

（1）液化产物的物理性质

热解后热解产物中的可凝结挥发性物质冷凝后形成了热解液。热解液呈明显的分层现

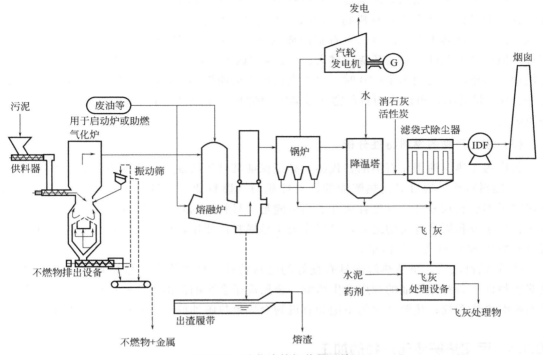

图 10-4　流化床热解装置系统

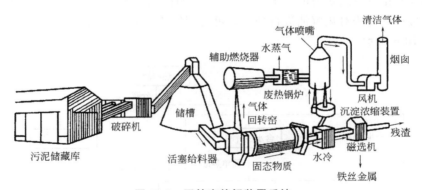

图 10-5　回转窑热解装置系统

象，最下层为少量水，中间为淡黄色的没有合成完全的热解油，最上层为黑褐色类似于原油的黏稠状热解油。热解终温越高，黑色油状物越多，焦油的密度越小。

从热解液的流动性看，在低温段产生的热解液黏度较低，呈水状，而高温段的热解液黏度较高；尤其是没有合成完全的淡黄色热解液，流动性较差，类似于泥状，而高温产生的黑色热解液，黏度相对较低。

（2）液化产物的化学组成

污泥热解油主要由 C、H、N、S、O 五种元素组成，其中 C 含量约为 75%、H 含量约为 9%、N 含量约为 5%、S 含量约为 1%、O 含量约为 10%。由于热解油中含有大量的 C、H 元素，所以热解油具有很高的热值，随着热解油中的含水率不同，发热量范围在 15～41MJ/kg 之间，单从发热量来看，热解油可以是很好的燃料。污泥热解油中有机物分子的

215

碳链长度在 $C_3 \sim C_{31}$ 之间，而柴油中有机物分子的碳链长度在 $C_{11} \sim C_{20}$ 之间，表明热解油含有较多的易挥发和高沸点有机物。Chang 等通过气相色谱（GC）分析含油污泥热解产生的热解油，发现其中含有的轻、重石脑油或汽油的含量与柴油很相近，H/C 比也与燃料油相近，但在高温条件下剩余残渣量较大。Fonts 等认为热解油的上层部分可以直接与柴油混合使用，与柴油的比例为 1：10 时，可以直接作为柴油机燃料；而中间层和下层的热解油因为 N、S 含量超标，可以作为石灰窑或玻璃窑的燃料，如果经过脱 N、S 加工，可以作为高品质燃料。

（3）液化产物的燃料特性分析

若将污泥热解油用作石油的替代品，必须保证其具备柴油等矿物油成分的基本特征。

① 燃料特性。通过对比热解油的燃料性质与《燃料油》（SH/T 0356—1996）的要求，发现除了闪点和灰分外，其他各项性能均可满足 4 号料油的要求。因此认为热解油经过去除少量轻质组分和固体有机物之后，可以作为 4 号燃料油使用，但在使用过程中应注意采用脱硫设施减少 SO_2 对大气的污染。

② 非燃料性质。虽然热解油具有良好的燃料特性，可以作为 4 号燃料油使用，但是一些非燃料性质会对热解油的利用产生影响。金属离子会影响油的品质；固体颗粒物会堵塞设备而影响燃烧系统；热解油中的不饱和有机物会导致热解油的成分和性质发生变化。

10.1.5 污泥热解液化产物的加工

污泥热解液化所得热解液的含水率为 25%，固体颗粒物含量为 7.4%，限制了热解油的应用。通过两步蒸馏法对热解油进行加工，可得到轻质组分、中质组分、沥青质和水，其工艺流程如图 10-6 所示。

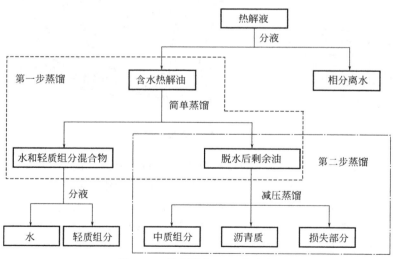

图 10-6　热解油加工工艺流程

具体操作过程为：第一步利用简单蒸馏装置，在温度 120~130℃ 范围内，保持 2min，分离出轻质组分和水；第二步是在减压操作过程中，选用回流比为 1：1（回流量/采出量），收集在常压下沸点低于 325℃ 的馏分，蒸馏分离出中质组分和沥青质。

（1）轻质组分的有机组成

轻质组分中含有大量的有机物，通过气相色谱-质谱（GC-MS）分析表明轻质组分是成分复杂的混合物，包括不同碳链长度的烷烃、烯烃、酚、芳烃、腈类等，各种有机物的含量相差很大。虽然有机物种类很多，但是大体可以分为四大类：烷烃类、烯烃类、含 N 和 O 的有机物、芳烃。其中，烷烃类的含量占 24.32%，烯烃类的含量占 36.33%，芳烃类的含量占 22.96%，含 N 和 O 的有机物含量占 16.39%。

由此可知，轻质组分中主要为烃类有机物，含 N 和 O 的有机物含量较低，只占总量的 16.39%；轻质组分中含有大量的不饱和有机物，含量占到总有机物的 1/2 以上。在烷烃中含量最大的是辛烷、壬烷和癸烷，比例分别为 4.33%、4.06% 和 3.0%。烯烃是轻质组分中含量最大的一类物质，占到总有机物的 1/3 以上，含量最大的为庚烯，各种异构体占到总量的 5.37%。烷烃和烯烃的碳链长度主要分布在 $C_6 \sim C_{13}$ 之间，虽然也有高于 C_{13} 的有机物存在，但是含量较低，轻质组分的碳链长度与汽油的典型碳链长度相似。芳香烃中最长碳链有机物为甲基萘，含量为 0.12%；含量最大的有机物为甲苯，含量为 9.98%。

多环芳烃类有机物因毒性较大一直受到关注，而在轻质组分中，除了含量为 0.12% 的甲基萘含有两个苯环以外，未发现其他含有两个以上苯环的有机物，可能的原因是多环芳烃类的沸点较高，在简单蒸馏中未被蒸出。含 N 和 O 的有机物在热解油中存在形式复杂，包括低链脂肪酸、吡啶、醛类等，这些有机物也是轻质组分恶臭气味的主要原因。在含 N 和 O 的有机物中含量最多的为腈类、吡咯和呋喃，含量分别为 3.97%、1.46% 和 0.97%。轻质组分的硫含量为 1.1%，但在 GC-MS 分析中并未检出含硫化合物，可能是由于各种含硫物质的含量太低而不易检出。

（2）轻质组分的燃料性质

含水热解油经过简单蒸馏得到的轻质组分为橙色液体，具有强烈的刺激性气味，恶臭强度超过热解油本身。轻质组分在热解油中所占比例约为 15%，其热值为 31MJ/kg，具备作为燃料的基本条件。

通过与《车用汽油》（GB 17930—2016）相对照，认为轻质组分经过适当调整其所含有机物比例和脱硫处理后，有望作为车用汽油的替代燃料。

（3）中质组分的有机组成

中质组分是热解油在常压情况下低于 325℃时得到的馏分，该部分是热解油中量最多的部分，约占热解油总体积的 1/3。通过 GC-MS 分析可知，中质组分中烷烃的含量为 35.68%、烯烃的含量为 13.48%、芳烃的含量为 2.51%、含 N 和 O 的化合物的含量为 48.35%。与轻质组分相比，中质组分中含有更多的烷烃类和含 N 和 O 的有机物，大量含 N 和 O 的化合物表明中质组分中有机物的结构更加复杂。

中质组分中烃类有机物占全部有机物的 51.67%，烷烃类有机物占所有烃类有机物的 70% 左右，在烷烃中含量最大的是十四烷、十五烷和十七烷，比例分别为 8.23%、6.27% 和 5.59%。烯烃在中质组分中的含量较低，其中含量最大的是十一烯、十四烯和十六烯，含量分别为 2.17%、5.62% 和 3.11%。烷烃和烯烃的碳链长度主要分布在 $C_{10} \sim C_{20}$ 之间，而柴油的典型碳链长度为 $C_{11} \sim C_{20}$，可见中质组分与柴油在碳链长度上很相近。芳烃类有机物在中质组分中含量最低，其中含量最大的是 2-甲基萘，含量为 1.03%，2-甲基萘也是中质组分中唯一含有两个苯环的有机物，在中质组分中未发现高于两个苯环的有机物。

中质组分中将近 1/2 的有机物是含 N 和 O 的有机物，这与原料污泥中的有机物种类有关，其中含量最大的是十六腈，含量为 16.55％。除了含有大量的腈类有机物外，中质组分中还含有有机酸、醇和酚类等，有机酸的含量为 4.6％、醇类的含量为 5.09％、酚类的含量为 8.3％。与轻质组分相比，中质组分中有机物种类有很大不同，轻质组分中未检出有机酸和醇类有机物。

（4）中质组分的燃料特性

通过与《车用柴油》（GB 19147—2016）相对照，发现除了 20℃运动黏度、硫含量、密度、氧化性和稳定性以外，其他性质可以满足标准要求，认为中质组分有望作为柴油的替代品，既可以提高中质组分的附加值，也可以减少石油的进口量。

（5）柴油添加剂应用

中质组分具有替代柴油的潜力，但仍与商业柴油具有一定距离。含有 10％中质组分的柴油性质与商业柴油相比有一些变化，但影响不大，混合物各性质都可以满足车用柴油要求。中质组分与柴油不互溶，两者混合均匀后，经过长时间静置会出现分层现象，且柴油相的颜色会变得不再清澈，表明中质组分中有一部分有机物会溶入柴油中，但短时间内两者的混合物不会出现分层现象。在商业柴油中添加 10％的中质组分，可以减少柴油的使用量，对减缓石油能源枯竭有着十分重要的意义。

（6）沥青质的特性分析

沥青质在热解油中所占比例约为 30％，没有刺激性气味，表明恶臭物质为沸点较低的易挥发组分。

通过对沥青质中的金属离子进行分析表明，除 Cu 以外，沥青质中其他金属离子的含量均高于热解油中的含量，可能的原因是在热解油加工过程中，由于蒸馏温度较低，金属离子大都残留在沥青质中。沥青质中的 Fe 含量为 978mg/kg，远高于热解油中的 Fe 离子含量，可能的原因是在蒸馏过程中热解油中的酸性组分对蒸馏塔的不锈钢填料的腐蚀。

沥青质的热值为 36MJ/kg，硫含量为 0.5％，可以作为半固体燃料；其具有与沥青相似的性质，也可以用作道路用沥青；沥青质中含有大量的 C、H 元素，可以用作裂解法生产裂化油品的原料。

综上所述，对于污泥热解的产物，其中的轻质组分具有作为车用汽油的潜力；中质组分燃料性质表明其可作为 2 号燃料油使用，且与 5 号柴油相近，具有作为车用柴油的潜力；向 5 号柴油中添加 10％的中质组分不会影响柴油使用；沥青质热值为 36MJ/kg，可作为燃料或建筑材料。

10.1.6 污泥微波热解液化

在德国、美国以及日本等发达国家，已经实现了采用微波技术对含油污泥进行处理的工业化。我国在采用微波技术对油泥进行处理方面较为滞后，近年来进行了大量的实验研究。

Zhang 等在对污水处理厂污泥进行微波热解时发现，在 100～300℃，随温度升高，生物气、生物油以及炭黑产率变化不大，且炭黑产率大于 90％。在 300～500℃，随温度升高，炭黑产率急剧减少，焦油产率急剧增加，且增加量达 40％，生物气产率增幅为 5％，这主要得益于温度升高，导致污泥中的有机物进一步裂解。在 500～800℃升温时，炭黑产率小幅度减少，小于 5％，但生物油产率从 45％减少到 18％，生物气产率持续增加，达到最大值 46％。在 800～1000℃继续升温，三相产物的产率基本不发生变化。生物气中的主要含氮物质为 HCN 和 NH_3，并且随温度升高，HCN 产率增大，而 NH_3 产率出现 300～700℃先增加和 700～800℃再减少的趋势。

Xie 等在频率为 2450Hz 和功率为 700W 的微波实验炉中以 HZSM-5（Si 与 Al 物质的量比为 30∶1，表面积 405m^2/g）为催化剂，对污水处理厂的初级与二级混合污泥进行热解处理研究。结果表明，温度对污泥热解产物分布影响很大，随温度升高，热解油产率增加，温度为 550℃时，热解油产率达最高值 20.9％；温度超过 550℃时，由于次级反应的出现导致热解油产率下降。Yu 等在微波辐射下考察了 CaO、$CaCO_3$、NiO、Ni_2O_3、γ-Al_2O_3 和 TiO_2 催化剂对含油污泥热解情况的影响，结果发现，相对于直接进行微波热解，催化剂的存在不仅能够影响污泥的温度演化，而且能够改变热解产物的分布以及气相产物的组成，除 CaO 外，其他催化剂均具有很好的热解温度提升速率，在 22min 内催化剂的提温速率依次为：$Ni_2O_3 \approx \gamma$-$Al_2O_3 > TiO_2 > NiO > CaCO_3$，其中，NiO 和 Ni_2O_3 对有机物的热解具有更高的催化活性，特别是 Ni_2O_3 能够显著提高生物油和热解气的产率，且热解气中 CO 含量较高。Huang 等将经过干燥的污泥与稻秆混合进行微波热解研究，发现稻秆与污泥混合热解可以产生协同效应促进热解过程中温度的升高，当稻秆添加量为 40％时，热解后的污泥 C/H 比和 C/O 比与无烟煤相当，可作为石油燃料的替代品。

Jiang 等对造纸厂污泥的微波热解实验发现，随着微波辐射时间的延长，污泥量迅速减少，在 14min 后质量不再发生变化，随着微波功率增大，热解反应速率更快。在污泥中分别添加 5％的活性炭、NaOH、H_3PO_4 以及 $ZnCl_2$ 后，分别在 CO_2 和 N_2 两种环境下进行热解，发现在 CO_2 环境下添加 NaOH 和在 N_2 环境下添加 $ZnCl_2$，均表现出更好的热解性能。Namazi 等在 1200W 微波炉中对造纸厂污泥进行热解，结果表明，在污泥中添加 5％的 KOH 能够在几分钟内完成热解过程，由于挥发物质的快速释放，导致微波热解的碳产物比传统热解的产率低，只有 20％，由于二级污泥中的蛋白质含量比初沉污泥高，热解后的碳产物产率也相对较高，而且活性炭的比表面积为 660m^2/g。吴迪等在对污泥进行热解时发现，微波功率越高，污泥中有机物转化率越高，而固体残留物的产率就越低，并且通过 Design-Expert 响应面法优化确定了微波热解污泥的最佳工艺条件：微波功率 1880W，吸波物质添加量 0.48g，污泥含水率 79.7％。实测污泥热解率与预测相比仅差 5％，固体产物中灰分和固定碳比例较大，通过微波氧化后适合进一步的资源化利用。

刘小娟等对油田污水处理中产生的含水量 78.3％和含油量 11.6％的污泥进行了脱水、脱油以及油水乳状液的微波处理研究，结果发现，微波技术可作为含水污泥的油、水和渣三相分离手段。侯影飞等发明了一种油田污泥的微波资源化处理方法及装置，将污泥送入密闭微波反应室 200～900℃进行热解反应，产生的热解气、热解油可回收再利用，残渣可用一定浓度的 HNO_3 或 NaOH 改性制备吸附材料，避免产生可观的危险废物排污费用，而且可达到 75％的原油回收率。表 10-1 为含油污泥的微波热解工艺对比。

表 10-1　含油污泥的微波热解工艺对比

污泥来源	工艺
污水处理厂或造纸厂污泥	采用微波技术直接进行热解，添加微波吸收物质可促进热解反应的发生
油田污泥	采用微波技术不仅能够对污泥进行热解，还能够作为三相分离手段

10.2 ⊃ 污泥水热液化

污泥水热液化是以水为反应介质，制取生物油的热化学转换过程，通常反应温度为270～400℃，压力为 10～25MPa。在此状态下水处于亚临界状态/超临界状态，既是重要的反应物又充当着催化剂，主要产物包括生物油、焦炭、水溶性物质及气体。

污泥热解液化虽然无须很高的压力，常压即可，但所采用的污泥需经干燥脱水，使其干基含水率在 5％以下，此过程需要消耗大量的能量。通过对热解制油全过程进行能量平衡可知，过程所需的能量与生成油的有效能量的比值（能耗率）接近 1，剩余能量较低，因而经济效益不显著。而水热液化制油是在水中进行的，原料不需要干燥，特别适用于含水率高达95％以上的污泥。因此，很多学者把研究的重点转移到水热液化制油技术的研究上。

10.2.1 污泥水热液化的工艺流程

污泥水热液化制油工艺是利用污泥中含有大量有机物和营养元素这一特点，使污泥中的有机质转化成油制品的过程。这一废物资源化技术的开发和利用不仅能带来经济效益和环境效益，而且能缓解能源危机。污泥水热液化制油技术的原料还可以扩展到其他有机废物，是解决当前能源问题和环境问题的新途径。

污泥水热液化制油技术能够处理高湿度生物污泥，且无须使用还原性气体保护。污泥先生成水溶性中间体，所含的有机物在 250～350℃、5.0～15MPa 条件下，大部分通过水解、缩合、脱氢、环化等一系列反应转化为低分子油类物质，得到的重油产物用萃取剂进行分离收集，降低了污泥制油的成本。该技术的最基本工艺流程如图 10-7 所示，污泥颗粒悬浮于溶剂中，反应在气相无氧的条件下进行，反应过程是气-液-固三相化学反应与能量传递过程的组合。

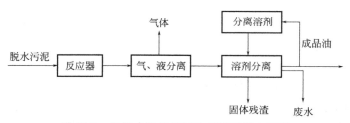

图 10-7　污泥水热液化制油工艺的基本流程

污泥水热液化制油技术源于煤和固体有机物的液化过程，后来逐渐进行适用于污泥特征的改进，形成了不同的工艺过程，如图 10-8 所示。

位于美国俄亥俄州辛辛那提市的美国环境保护局所属水利工程研究实验室（EPA's Water Engineering Research Laboratory，Cincinnati，Ohio，USA）开发了以污泥为原料的水热液化制油示范装置，称为 STORS(sludge-to-oil reactor) 工艺，该装置为间歇反应器，可处理 30L/h 的市政污泥（含水量80％），报道称原料在 300℃和 10MPa 下反应 1.5h 即可完全转化。制得生物油的热值约为 36MJ/kg，主要用作锅炉燃料，原料中约 73％的热量可保留到产物油和焦炭中。这一技术在世界范围内取得了较大的发展。

　　20 世纪 90 年代，日本奥加诺株式会社（Organo Corp.）在日本经济产业部基金的资助下，以生活污泥为对象，建立了处理量 5t/d 的污泥水热液化制油装置，在 10MPa、300℃下得到了油产品。生活污泥中大约 50％的有机物转变成油，能量产率大约为 70％（以高位发热量为基准）。图 10-9 为活性污泥油化连续装置示意图。与美国的 STROS 装置不同，该系统为连续性反应装置，同时也可以视为一个高温高压的蒸馏塔，产生的气体和其他挥发分从反应器上部去除，液相产物从塔底进行收集，并通过萃取的方式从中提取出产品油。

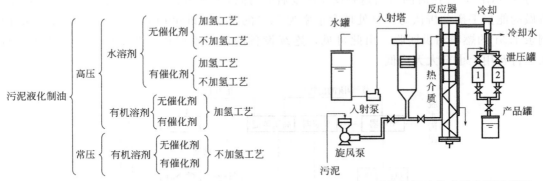

图 10-8　污泥液化制油工艺的分类　　　　图 10-9　活性污泥油化连续装置示意图

　　Molton 于 1986 年进行了污泥连续水热液化制油系统的运行试验，原料为含水率 80％～82％的初沉池污泥经脱水后的泥饼及占污泥总量 5％的 $NaCO_3$。操作参数为：温度 275～300℃、压力 11.0～15.0MPa、停留时间 60～260min。运行时间超过 100h，设备没有腐蚀和结焦现象。试验证明：300℃、1.5h 的停留时间，可使污泥有机质充分转化，输入污泥能量的 73％可以以燃料油或焦炭的形式回收。产生的气体主要是 CO_2（95％，体积分数），剩余废水中的 BOD/COD 表明其可生物降解性强。过程能量分析表明，回收的能源制品（油和焦炭）的能量不仅可满足过程操作与污泥脱水之需，还可有占输入污泥能量 3.6％的部分以燃料油形式外供。

　　Itoh 在 1992 年对该技术的连续化生产做了相关的研究，并建立了一套 500kg/d 的连续化试验装置，如图 10-10 所示。原料为脱水污泥，在温度 275～300℃、压力 6～12MPa、停

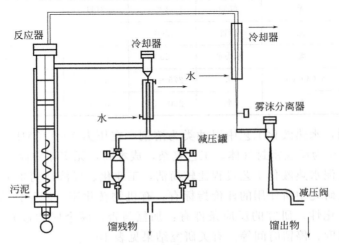

图 10-10　污泥连续液化处理试验装置

留时间 0～60min 的条件下连续操作超过 700h 没有出现任何问题，总的油品产率为 40％～43％。该装置包含一个能从反应混合物中连续分离出占污泥有机质质量 11％～16％ 的燃料油的高压蒸馏单元，油的特性明显优于以通常方式分离的油，其热值为 38MJ/kg，黏度为 0.05Pa·s。残渣可直接用于锅炉燃烧，向处理系统供能，简化流程。废水的 BOD_5 为 30.4g/L，BOD_5/COD 约为 0.82，可回流至污水厂处理。

根据试验结果，Itoh 提出了图 10-11 所示的建厂原则流程，反应条件为：温度 300℃，压力 9.8MPa，停留时间（指达到反应温度后的时间）0～60min。依据试验结果和建厂流程所做的能量平衡分析认为：日处理含水率为 75％ 的脱水泥饼 60t 时，系统无须外加能量并可剩余 1.5t 的燃料油供回收。由此可见，连续设备的运用不仅在工艺上可以得到更大改进，在运行费用上也会大大降低。

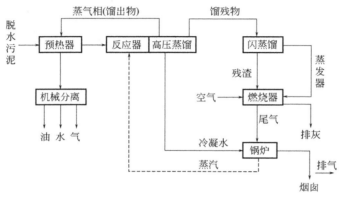

图 10-11 Itoh 提出的建厂原则流程

众多研究者对各种污泥液化工艺的适宜反应条件对液化结果的影响进行了比较研究，比较的标准是得油率、能量回收率或能量消费比（系统耗能与产能之比），其主要结果见表 10-2。

表 10-2 各种污泥液化制油工艺的适宜反应条件及主要结果

工艺种类	催化剂	载体溶剂	反应温度/℃	压力/MPa	溶剂比（干泥/溶剂）	油产率/%
有机溶剂高压加氢	无	蒽油	425	8.3（H_2）	0.33	63
有机溶剂	无	沥青	300	—	0.1～0.3	43
常压	无	芳香族	250	—	0.6	48
水溶剂催化液化	Na_2CO_3（5％）	水	275～300	8～14	—	＞20
水溶剂非催化液化	无	水	250～300	8～12	—	40～50

试验结果证明，水热液化工艺中以油类为溶剂，在压力 10～15MPa、温度 300～450℃ 的条件下，以 H_2 作为反应密封气体，工艺复杂，成本高，无实际的商业生产意义。以水为溶剂、不加氢的污泥水热液化工艺过程比较简洁，工业化、经济性前景最好，在此条件下对污泥水热液化工艺研究中所使用的评价指标有：有机物转化率、能量回收率、能量消费比、油产率和废水可生化性。研究的反应条件有：加氢与否、碱金属和过渡金属盐类的催化作用、反应压力、温度、停留时间等。有关研究结果见表 10-3。

表 10-3　污泥水热液化制油优化反应条件研究结果

反应温度/℃	催化剂	压力/MPa	停留时间/min	加氢	油产率/%	油热值/(MJ/kg)	废水性质
275～300	无	8～11	0～60	否	约50	33～35	BOD/COD>0.7

10.2.2　污泥水热液化的设备

污泥水热液化制油系统由热媒锅炉、反应器、凝缩器、冷却器以及装料系统等组成，如图 10-12 所示。

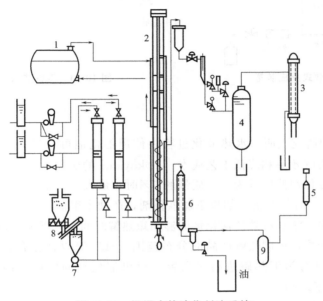

图 10-12　污泥水热液化制油系统
1—热媒锅炉；2—反应器；3—凝缩器；4—闪蒸罐；5—脱臭器；6—冷却器；7—压力泵；8—料斗；9—储气罐

污泥水热液化制油技术的设备可分为间歇式反应装置和连续式反应装置两类。间歇式反应装置如图 10-13 所示，主要用于实验研究。污泥脱水至含水率 70%～80% 即可满足相关反应要求，在向高压釜中加入液化催化剂 Na_2CO_3 后，高压釜经过排气后充入氮气至所需压力，随后升温。随温度的升高，工作压力随之增大。然后通过压力调节阀释放高压使工作压力保持恒定，反应产生的气体用气体储罐收集，用 GC 测定气体的成分。反应结束后，打开高压釜，取出反应混合物进行进一步的分离和分析。

污泥水热液化制油技术的连续运行是推进该技术实际应用的重要前提。日本资源研究会的横山等与 Orugant 水处理技术公司、资源环境技术综合研究所等单位联合开发了如图 10-14 所示的连续式反应装置，其污泥处理能力可达到 5t/d。在反应条件为温度 300℃ 左右、压力约 10MPa 时，可得到热值为 37.6MJ/kg 的液化油，油回收率为 40%～50%（以干有机物为基准）。

10.2.3　污泥水热液化过程的影响因素

采用水热液化技术实现污泥制油应充分考虑催化剂、污泥种类、操作条件（反应温度、停留时间、加热速率、反应压力）等对油产率的影响。

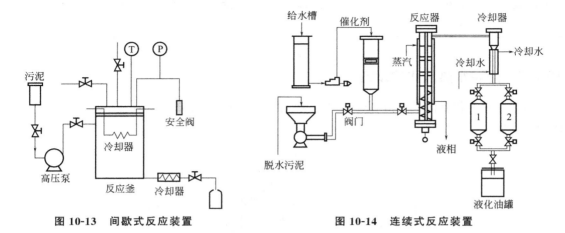

图 10-13　间歇式反应装置　　　　图 10-14　连续式反应装置

（1）催化剂

Thiphunthod 的研究表明，水热液化过程中使用催化剂可以提高液体燃料的产率和品质，同时可以提高热解效率和降低工艺成本。Yokoyama 的研究表明，催化剂的使用量对产油率影响很大。当催化剂使用量为污泥质量的 5% 时，最大产油率是 48%，大约是催化剂使用量为污泥质量的 2% 时的两倍。如果不加催化剂，产油率很低（19.5%）。Doshi 等认为在污泥水热液化过程中，添加有效的催化剂能够缩短热解时间，降低所需反应温度，提高热解能力，减少固体剩余物，控制热解产品的分布范围。Shie 等以钠化合物和钾化合物为催化剂，在 377~467℃时对污泥热解进行了研究，得出催化剂的使用提高了热解转化率，且 K_2CO_3 得到的转化率最高。

综上所述，对于污泥水热液化制油工艺，投加少量无水碳酸钠作为催化剂可以提高产油率，投加 5%（质量分数）左右可得到最高产率。若污泥本身成分中含有碳酸钠等能起催化作用的碱金属盐类和碱土金属盐类，即使不投加催化剂，对产油率也无影响。而且，大量催化剂的投加对产油率影响不大。

（2）污泥种类

污泥种类不同，其液化的产油率也不同。Chang 等对活性污泥、消化污泥和油漆污泥进行了热解处理，产油率分别为 31.4%、11.0% 和 14.0%，可见污泥的种类不同，产油率也不同。Gasco 的研究表明：产油率主要取决于污泥中粗脂肪的含量。Shen 的研究表明，未经消化的原始污泥适合液化制油，尤其是原始初污泥和原始混合污泥，其产油率比其他污泥高出 8%。

（3）操作条件

操作条件对水热液化制油过程的影响很大，比如反应温度、停留时间、加温速率、反应压力等。

① 反应温度。反应温度是污泥水热液化制油过程的重要影响因素。Fonts 报道，反应温度在很大程度上影响产油率，在不添加催化剂、停留时间 2h 的条件下，加热至 275℃时开始有重油产生，重油产率随温度升高而增加，在 300℃时产率达到最大值，约为 50%，

300℃以上后产油率基本不发生变化。若添加催化剂，300℃以上的产油率有一些提高。这说明油的产生主要发生在 300℃时。液体燃料的热值达到 29～33MJ/kg。

②　停留时间。停留时间在不同温度范围内会对产物产生影响。在 275℃以下，油类产物的回收率会随停留时间的延长而增加，但达到 300℃时，对回收率几乎没有影响。在停留时间达到 60min 时，回收率基本保持恒定，不再受反应温度的影响，但停留时间越长，分离相越明显。而且温度的升高或停留时间的延长也可提高水相中有机物的可生物降解性。

③　加热速率。Shen 报道，加热速率只在较低的热解温度下才有很重要的作用（如在 450℃）；而在较高的热解温度下，加热速率的影响可以忽略不计（如在 650℃）。在 450℃ 时，更高的加热速率使热解效率更高，会产生更多的液态成分和气态成分，而降低了固态剩余物的量。

④　反应压力。目前的研究多集中于 10MPa 左右一个很小的区间，压力对产率的影响还需进一步的研究。

10.2.4　污泥水热液化产物的特性

污泥水热液化的产物可用溶剂萃取的方法实现分离。常采用二氯甲烷做有机溶剂，把能溶于二氯甲烷的部分定义为油相，可分别获得几个不同馏分：油相、水相和固相。分离过程示意图如图 10-15 所示。

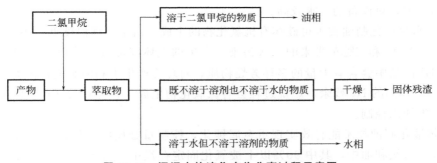

图 10-15　污泥水热液化产物分离过程示意图

研究与试验表明，污泥经水热液化工艺可以转化成 4 种主要产品：油分、焦炭、非冷凝性气体和反应水。不同类型污泥的产油率有所不同，生污泥中的挥发性固体含量比消化污泥高，所以产油率也高，可达 30%～44%；消化污泥的产油率较低，仅为 20%～25%。典型污泥液化工艺的转化情况见表 10-4。

表 10-4　典型污泥液化工艺的转化情况

产品名称	生污泥		消化污泥		工业污泥	
	污泥能量/%	产率/%	污泥能量/%	产率/%	污泥能量/%	产率/%
油分	60	30～44	50	20～25	50～60	15～40
焦炭	32	50	41	60	30～40	30～70
非冷凝性气体	5	10	6	10	3～5	7～10
反应水	3	10	3	10	2～4	10～15

污泥水热液化工艺是否可行，与回收油的性状、油的发热量以及整个工艺过程的能量是

否平衡有关，因此需对生成油的性能进行考察。1992 年，Dote 以 GC-MS 分析了油的化学组成，检出了油中存在 77 种有机化合物，定性定量分析结果表明，油的主要成分为含氧化合物，其元素组成为：碳 70%，氢 10%，氧 15%，氮 6%，发热量为 33.44MJ/kg。其化学组成情况见表 10-5。

表 10-5　污泥水热液化法制油的化学组成情况

操作温度/℃	碳/%	氢/%	氧/%	氮/%	发热量/(MJ/kg)
250	68.3	9.1	5.6	17.0	33.11
275	71.1	9.2	5.9	13.8	34.90
300	72.1	9.4	5.8	12.6	35.70

注：各元素组成均为质量分数。

10.3 ⊙ 污泥水热液化与热解液化的比较

对比污泥水热液化制油技术与污泥热解制油技术，发现这两种技术的优缺点如下：

① 污泥水热液化制油技术所采用的污泥可以是只经过机械脱水的高含水率污泥，而热解制油技术所采用污泥的含水率必须在 5% 以下，因此污泥必须经干燥脱水才能满足要求。

② 污泥热解制油技术所需设备较简单，无须耐高温高压设备；而污泥水热液化制油则需要较高的压力，对设备的要求较高。

③ 污泥水热液化制油技术可破坏有机氯化物的生成，由于处理温度低、不凝气产量小，可减少 SO_2、NO_x 和二噁英带来的二次污染，产生的气体仅需进行简单清洗就可以满足排放标准，但产品油中会含有大量的多环芳烃物质，对环境产生不利的影响；污泥热解制油的产物中有 2%～3% 的 N_2 残余，燃烧过程会有氮氧化物生成，容易对大气造成污染，因此应采取相应措施加以控制。

④ 水热液化制油技术能有效实现重金属钝化，控制重金属的排放，处理后污泥中绝大多数重金属进入炭和油中，其中 90% 以上被氧化固定在炭中；污泥热解制油技术虽然也降低了污泥的污染，但是在反应过程中会产生大量的难闻气体。

⑤ 污泥热解制油技术的能量回收率高，污泥中的碳有约 2/3 可以油的形式回收，炭和油的总产率占 80% 以上，但这种技术因需提供前端污泥干燥的能量，因此能量剩余率不高，能量输出与消耗比为 1.16，可提供 700kW·h/t 的净能量；而污泥水热液化制油技术的油产率虽然只有 50%，但由于液化过程只需提供加热到反应温度的热量，省去了原料干燥所需的加热量，因此综合起来，还是水热液化制油技术的能量剩余率较高，约为 20%～30%（一般是在污泥含水率为 80% 以下的情况）。

与国外相比，污泥水热液化制油技术的研究在国内刚刚起步。由于水热液化制油技术的特征是反应在水中进行，原料不需要干燥，因此对含水率高的生物质（水生物质、垃圾、活性污泥等）的转化反应是十分适合的，水热液化法必将成为污泥油化的发展趋势。国内外的研究表明，在污泥水热液化制油的研究过程中必须考虑以下问题：

① 水热液化的本质是热解，其中还发生各种复杂的变化，低分子化的分解反应和分解物高分子化的聚合反应等，污泥先生成水溶性中间体，在水中反复聚合、水解，因此，液化制取油，适度的聚合反应是主要的，抑制油向焦炭聚合更加重要，而催化剂在此起着重要作

用。国外生物质热解制油所选用的原料大多数是木材，采用的催化剂有碱性金属盐、Na_2CO_3、K_2CO_3、Al_2O_3 及过渡金属盐类如镍催化剂等，这些催化剂对污泥的催化性能需要进一步的研究。通过在污泥中加入不同种类和用量的催化剂，利用热失重仪建立一系列热解动力学模型，通过热解动力学方程中的活化能及频率因子，考察各种催化剂对液化过程的作用，判断催化剂是否既具有催化氧化的作用，又具有抑制聚合的作用。根据产物分布及产率，从中找出实现油品最大产率的有效催化剂。

② 国外的一些工艺使用合成气加压，如果操作压力靠污泥中水升温的自发压力自动升压，操作方便，所以加压方式应充分考虑，使操作简单易行。

③ 污泥的种类繁多，除生活污泥外，一些工业污泥中的有机质含量非常高，比如制革污泥的有机质含量高达 70% 左右，是污泥油化的很好原料，但不同种类的污泥中往往含有一些不同的碱性重金属盐，应考虑其对水热液化制油过程是否有催化作用。

▶▶ 参考文献

[1] 高豪杰，熊永莲，金丽珠，等.污泥热解气化技术的研究进展 [J].化工环保，2017，37（3）：264-269.

[2] 王云峰，秦梓雅，李苗苗，等.污泥热解焦油的研究进展 [J].市政技术，2017，35（3）：142-144，172.

[3] 高标.城市污水污泥热解特性与热解气化实验研究 [D].南昌：南昌航空大学，2017.

[4] 陈倩文，沈来宏，牛欣.污泥化学链气化特性的试验研究 [D].动力工程学报，2016，36（18）：658-663.

[5] 王山辉，刘仁平，赵良侠.制药污泥的热解特性及动力学研究 [J].热能动力工程，2016，31（10）：90-95，128.

[6] 刘璇.热解技术用于人粪污泥资源化处理的研究 [D].北京：北京科技大学，2015.

[7] 陆在宏，陈咸华，叶辉，等.给水厂排泥水处理及污泥处置利用技术 [M].北京：中国建筑工业出版社，2015.

[8] 赵健蓉.滇池底泥热解产物特性及其载体催化剂脱硫性能研究 [D].昆明：昆明理工大学，2015.

[9] 郑小艳，胡艳军，严密，等.污水污泥高温热解残渣孔隙结构特性分析 [J].浙江工业大学学报，2015，43（2）：202-206.

[10] 吴迪，张军，左薇，等.微波热解污泥影响因素及固体残留物成分分析 [J].哈尔滨工业大学学报，2015，47（8）：43-47.

[11] 闫志成.污水污泥热解特性与工艺研究 [D].哈尔滨：哈尔滨工业大学，2014.

[12] 畅洁.制革污泥热解过程及其产物特性的研究 [D].西安：陕西科学大学，2014.

[13] 左薇，田禹.微波高温热解污水污泥制备生物质燃气 [J].哈尔滨工业大学学报，2014，43（6）：25-28.

[14] 刘树刚，邓文义，苏亚欣，等.微波辐射下污泥残渣催化甲烷裂解制氢 [J].化工进展，2014，33（12）：3405-3411.

[15] 王美清，郁鸿凌，陈梦洁，等.城市污水污泥热解和燃烧的实验研究 [J].上海理工大学学报，2014，36（2）：185-188，193.

[16] 金溢，李宝霞.生物质与污水污泥共热解特性研究 [J].可再生能源，2014，32（2）：234-239.

[17] 王静静.含油污泥热解动力学及传热传质特性研究 [D].青岛：中国石油大学（华东），2013.

[18] 王晓磊，邓文义，于伟超，等.污泥微波高温热解条件下富氢气体生成特性研究 [J].燃料化学学报，2013，41（2）：243-251.

[19] 李依丽，李利平，尹晶，等.污泥基活性炭的两步热解优化制备及其性能表征 [J].北京工业大学学报，2013，39（12）：1887-1890.

[20] 于颖，于俊清，严志宇.污水污泥微波辅助快速热裂解制生物油和合成气 [J].环境化学，2013，32（3）：486-491.

[21] 胡艳军，宁方勇.污水污泥低温热解技术工艺与能量平衡分析 [J].环境科学与技术，2013，36（4）：119-124.

[22] 田禹，龚真龙，吴晓燕，等.微波热解城市污水污泥的 H_2S 释放影响因素研究 [J].环境污染与防治，2013，35（7）：7-10，16.

[23] 王俊.污水污泥热解半焦特性的研究 [D].天津：天津工业大学，2013.

[24] 胡艳军，宁方勇，钟英杰.城市污水污泥热解特性及动力学规律研究 [J].热能动力工程，2012，27（2）：253-258，270.

[25] 管志超，胡艳军，钟英杰.不同升温速率下城市污水污泥热解特性及动力学研究 [J].环境污染与防治，2012，34（3）：35-39.

[26] 刘秀如，吕清刚，矫维红.一种煤与两种城市污水污泥混合热解的热重分析 [J].燃料化学学报，2011，38（1）：8-13.

[27] 刘秀如.城市污水污泥热解实验研究 [D].北京：中国科学院研究生院，2011.

[28] 沈佰雄，张增辉，陈建宏，等.污水污泥热解试验研究 [J].安全与环境学报，2011，11（3）：100-104.

[29] 万立国，田禹，张丽君，等.污水污泥高温热解技术研究现状与进展 [J].环境科学与技术，2011，34（6）：109-114.

[30] 熊思江.污水污泥热解制取富氢燃气实验及机理研究 [D].武汉：华中科技大学，2010.

[31] 祝威.油田含油污泥热解产物分析及性能评价 [J].环境化学，2010，29（1）：127-131.

[32] 解立平，郑师梅，李涛.污水污泥热解气态产物析出特性 [J].华中科技大学学报（自然科学版），2009，37（9）：109-112.

[33] 贾相如，金保升，李睿.污水污泥在流化床中快速热解制油 [J].燃烧科学与技术，2009，15（6）：528-534.

[34] 刘亮，张翠珍.污泥燃料热解特性及其焚烧技术 [M].长沙：中南大学出版社，2006.

[35] 王云峰，秦梓雅，李苗苗，等.污泥热解焦油的研究进展 [J].市政技术，2017，35（3）：142-144，172.

[36] 桂成民，李萍，王亚炜，等.剩余污泥微波热解技术研究进展 [J].化工进展，2015，34（9）：3435-3443，3475.

[37] 桂成民.微波热解制备污泥生物炭研究 [D].广州：广东工业大学，2015.

[38] 吴迪，张军，左薇，等.微波热解污泥影响因素及固体残留物成分分析 [J].哈尔滨工业大学学报，2015，47（8）：43-47.

[39] 闫凤英，池勇志，刘晓敏，等.响应面法优化微波热解剩余污泥产酸 [J].化工进展，2015，34（7）：2049-2054，2079.

[40] 刘立群.污泥微波热解制备生物气及其脱硫研究 [D].哈尔滨：哈尔滨工业大学，2015.

[41] 潘志娟.基于微波破乳和热解的含油污泥资源化处理研究 [D].杭州：浙江大学，2015.

[42] 陈浩，左薇，田禹，等.微波热解污泥燃气释放影响因素及热解动力学分析 [J].环境科学与技术，2014，37（11）：90-93，127.

[43] 刘树刚，邓文义，苏亚欣，等.微波辐射下污泥残渣催化甲烷裂解制氢 [J].化工进展，2014，33（12）：3405-3411.

[44] 田禹，龚真龙，吴晓燕，等.微波热解城市污水污泥的 H_2S 释放影响因素研究 [J].环境污染与防治，2013，35（7）：7-10，16.

[45] 于颖，于俊清，严志宇.污水污泥微波辅助快速热裂解制生物油和合成气 [J].环境化学，2013，32（3）：486-491.

[46] 王晓磊，邓文义，于伟超，等.污泥微波高温热解条件下富氢气体生成特性研究 [J].燃料化学学报，2013，41（2）：243-251.

[47] 陈浩.微波催化热解城市污水污泥过程生物气释放影响因素研究 [D].哈尔滨：哈尔滨工业大学，2013.

[48] 龚真龙.微波热解污水污泥 H_2S 释放影响因素及其处理研究 [D].哈尔滨：哈尔滨工业大学，2013.

[49] 张军.微波热解污水污泥过程中氮转化途径及调控策略 [D].哈尔滨：哈尔滨工业大学，2013.

[50] 黄河洵，陈汉平，王贤华，等.微波诱导市政污泥热解实验的热重分析 [J].燃烧科学与技术，2012，18（4）：295-300.

[51] 崔燕妮，张军，田禹.矿物质对污水污泥微波热解过程中 NO_x 前驱物的影响研究 [J].环境工程，2012，30（A2）：481-485.

[52] 崔燕妮.污水污泥微波热解产生 NH_3 和 HCN 污染控制研究 [D].哈尔滨：哈尔滨工业大学，2012.

[53] 黄河洵，陈汉平，王贤华，等.微波破解污泥的固定床热解实验研究 [J].华中科技大学学报（自然科学版），2012，40（7）：28-132.

[54] 万立国，田禹，张丽君，等.污水污泥高温热解技术研究现状与进展 [J].环境科学与技术，2011，34（6）：109-114.

[55] 左薇.污水污泥微波热解制取燃料及微晶玻璃工艺与机制研究 [D].哈尔滨：哈尔滨工业大学，2011.

[56]　左薇，田禹.微波高温热解污水污泥制备生物质燃气 [J].哈尔滨工业大学学报，2011，43 (16)：25-28.

[57]　方琳，田禹，武伟男，等.微波高温热解污水污泥各态产物特性分析 [J].安全与环境学报，2008，8 (1)：29-34.

[58]　乔玮，王伟，黎攀，等.城市污水污泥微波热水解特性研究 [J].环境科学，2008，29 (1)：152-158.

[59]　王同华，胡俊生，夏莉，等.微波热解污泥及产物组成的分析 [J].沈阳建筑大学学报（自然科学版），2008，24 (4)：662-666.

[60]　武伟男.城市污水污泥微波高温热解油类产物特性研究 [D].哈尔滨：哈尔滨工业大学，2007.

[61]　田禹，方琳，黄君礼.微波辐射预处理对污泥结构及脱水性能的影响 [J].中国环境科学，2006，26 (4)：459-463.

第**11**章

污泥热化学炭化制固体燃料

污泥热化学炭化是通过控制一定的工艺条件，将污泥中的有机组分进行热解，使其形成一种焦炭类的固体燃料，进而实现其能源化利用。根据工艺过程的条件，污泥热化学炭化可分为热解炭化和水热炭化。

11.1 ➲ 污泥热解炭化

污泥热解炭化是在无氧或缺氧条件下加热干馏，使其中所含的有机物发生热解，得到固体半焦、燃气和燃油。污泥热解炭化是以追求固体炭（半焦）的产率为目标的热解过程。热解炭化前必须对污泥进行干燥处理，使其含水率达到干馏操作的要求。

11.1.1 污泥热解炭化的工艺流程

污泥热解炭化主要采用污泥干燥-热解工艺系统，如图 11-1 所示。脱水泥饼首先通过间

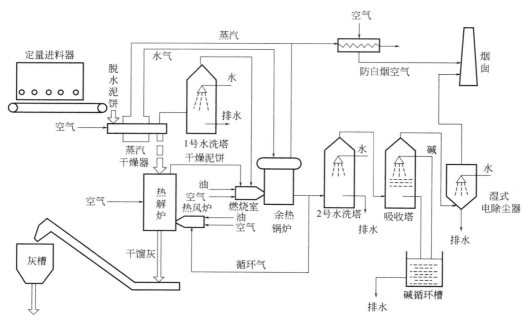

图 11-1 污泥干燥-热解工艺系统示意图

接式蒸汽干燥装置干燥至含水率 30%，直接投入竖式多段热解炉内，通过控制助燃空气量使之发生热解反应。将热解产生的可燃性气体和干燥器排气混合进入二燃室高温燃烧，通过附设在二燃室后部的余热锅炉产生蒸汽，提供泥饼干燥所需的热能。

11.1.2　污泥热解炭化过程的影响因素

污泥热解过程中固、气、液三种产物的比例与热解工艺和反应条件有关，热解过程的影响因素包括热解终温、停留时间、加热速率等。由于污泥原料的复杂性，各种因素对污泥热解炭化过程的影响也存在着很大的区别。

（1）热解终温

热解终温对污泥热解产物的影响最大。热解温度对产物的影响如图 11-2 所示。在 250～700℃ 范围内，半焦的产率逐渐减少；在 250～450℃ 范围内，半焦产率减少很快，从 250℃ 的 89% 减少到 450℃ 的 46.6%。平均热解终温每提高 100℃，半焦产率下降 21.2%；在 450～700℃ 范围内，半焦产率的减少非常缓慢，从 450℃ 的 46.6% 减少到 700℃ 的 41.5%，平均热解终温每提高 100℃，半焦产率下降 2%，即热解终温对半焦的产率影响很小。

在 250～450℃ 范围内，发生的反应以解聚、分解、脱气反应为主，产生和排出大量的挥发性物质（可凝性气体和不可凝性气体），且温度越高挥发分脱除得越多，剩余的固态物质就越少。在 450～700℃ 这一阶段，一方面有机质中的可挥发性物质大部分已经脱离出来，另一方面其中间产物存在两种变化趋势，既有从大分子变成小分子

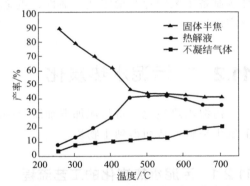

图 11-2　热解产物产率随热解终温的变化

甚至气体的二次裂解过程，又有小分子聚合成较大分子的聚合过程，这阶段的反应以解聚反应为主，同时发生部分缩聚反应，因而半焦产率的减少变缓。Inguanzo 的试验研究也表明，随着温度的升高，半焦中的挥发分含量下降，在 450℃ 以上时，其挥发分含量的变化已很小。对以脱除污泥中挥发分为目的的热解反应，其热解终温控制在 450℃ 为宜。超过 450℃ 后，污泥中的挥发分已基本脱除，而由于温度升高所需的能耗会显著提高。

炭焦的热值与反应温度基本成反比。污泥热解制成的炭为无光泽多孔状黑色块（粒），炭体积约为原有污泥体积的 1/3，污泥炭产率随温度上升而下降，为取得较高产炭率，将热解温度控制在 300℃ 以下，可得到燃烧性能较好的污泥炭，且此时全系统的能量回收率最高。此过程的生产性规模设备还处于发展之中。澳大利亚、加拿大研制的反应器是带加热夹套的卧式搅拌装置，反应器分成蒸汽挥发和气固接触两个区域，两区域间以一个蒸汽内循环系统相连接，从而满足了反应机制对反应器的要求。

（2）停留时间

热解反应停留时间在污泥热解炭化工艺中也是重要的影响因素。有学者研究了温度与有机质转化率、炭产率、油产率之间的关系，认为在一定的温度范围内，有机质转化率与温度基本呈线性正相关，但高温阶段相反；炭产率与温度呈明显负相关，油产率与温度呈正相关，较高温度有利于有机质向气相的转化。

（3）加热速率

污泥热解达到热解完全时，加热速率对固态产物产率的影响不是很大，这主要是由于实验过程中以不再产生气体作为反应终止时间，因此最终半焦的产率受到加热速率的影响不大。但在350~550℃温度范围内，不同加热速率下固体半焦的产率略有不同，而此阶段正好是热解反应最剧烈的温度段。加热速率越低，物料在此反应阶段停留的时间就越长，热解得越完全，剩余的固体半焦量也就越少。

11.1.3 污泥热解炭化产物的特性

固体炭为污泥热解炭化的固体产物。污泥热解炭化过程中，绝大部分的重金属都聚积在固体炭中，利用 pH 值为 4~4.5 之间的酸性溶液对固体炭进行淋滤实验，发现重金属离子的稳定性很好。

污泥热解炭化炭具有较大的孔隙率和巨大的比表面积，可以用作吸附剂。但由于污泥活性炭制备工艺中存在稳定性、活性、重金属以及制备工艺成熟性等问题，在工业中未得到广泛应用。

11.2 ➡ 污泥水热炭化

污泥水热炭化是将污泥加温加压至一定条件后，使污泥中的有机组分在高温高压的作用下发生裂解，从而得到生物炭。

11.2.1 污泥水热炭化的工艺流程

污泥水热炭化的基本工艺流程如图 11-3 所示。将脱水后含水率约80%的污泥首先切碎，搅拌后加压送入炭化系统。在外部热源的作用下，通过预热和加热，把污泥加热到240~300℃，并在反应器中停留15~20min后，污泥在高温高压的作用下发生裂解，然后进入冷凝系统，经过冷却器就变成了裂解液。污泥从原来的半固体状态变成了液态。液态裂解液经普通脱水装置即可将其中75%的水分脱除，含水率达到50%，体积减小为原来的40%以下，可以填埋或者堆肥，也可以进行进一步的干化造粒。如果脱水后的污泥进一步烘干，即可达到含水率30%以下。脱水机脱出的污泥水经膜生物反应器（MBR）处理后返回污水处理厂。

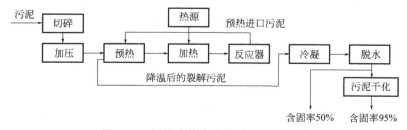

图 11-3　污泥水热炭化的基本工艺流程

污泥水热炭化的关键参数是反应温度和压力。在一定的温度下，要保证污泥中水分不蒸发，就必须使系统的压力大于该温度下水的饱和蒸气压，这样才能保证污泥中的水分依靠裂解而不是蒸发的方式释放出来。由于各国的污水处理现状、水质特点和处理工艺有所区别，所以污泥炭化物的热值也存在一定的差异。

污泥水热炭化处理具有以下几个方面的优势：a.水热炭化后的污泥更加有利于厌氧消化和堆肥，为污泥的资源化处置提供了广阔的前景；b.物料在整个工艺流程中都能用泵来泵送，省去了大量固态污泥传输、返混设备和惰性气体保护系统，降低了投资成本、操作难度和爆炸危险；c.产生的废气较少，减少了对环境的二次污染。而且滤液的 BOD 还能解决地方污水厂 BOD/COD 比过低的问题；d.炭化后污泥的高位热值达到 13MJ/kg，仅比炭化前污泥的热值减少了 6.8%，污泥热值得以最大限度保留，为后续资源化利用奠定了有利的基础；e.水热炭化的水介质气氛有助于炭化过程中材料表面含氧官能团的形成，因此炭化产物一般含有丰富的表面官能团；f.水热炭化的设备简单，操作简便且生物炭的产率较高。

(1) 剩余污泥的水热炭化

剩余污泥是污水处理的副产物，易腐烂、有恶臭，是各种污染物的集合体，若处置不当，极易对土壤和地下水造成二次污染。由于我国城市化进程持续加快，剩余污泥产量预计年均增长 10% 左右。城市剩余污泥的生物可利用性较差，含水率高达 99% 以上，其中大多为细胞束缚水，用常规的方法很难脱除，脱水后含水率也通常高于 70%，极大地限制了剩余污泥的运输及资源化利用。水热炭化处理一方面很容易破坏微生物细胞，使剩余污泥中的有机物水解，随着水热反应温度的升高和压力的增大，颗粒间碰撞增多导致胶体结构破坏，实现固形物和液体分开。随着水热炭化的进行，炭产物的含水率降低，碳含量及热值显著增加，还降低了工艺成本，且便于储存、运输和进一步处理，从而实现了剩余污泥的减量化、资源化、无害化和稳定化。而且，污泥生物炭如果不再生，可以考虑焚烧以固化其中的重金属，因此近年来剩余污泥的水热炭化处理成为了研究的热点，并被认为是剩余污泥安全处置与资源化利用的重要技术之一。

Lu 等将市政污泥在 220℃、24MPa 条件下水热反应 30min，热值提高了 6.4~9.0 倍，说明低温在一定程度上有利于固态炭的形成。另外，Zhang 等报道了延长水热反应时间同样可以提高生物炭的产量。赵丹等分别采用高温热解法（HTP）、低温热解法（LTP）和水热炭化法（HTC）对生活污水处理厂的剩余污泥进行处理。结果显示，污泥生物炭产率为LTP＞HTC＞HTP，而能耗为 HTP＞LTP＞HTC。研究还发现，热解生物炭和水热生物炭在元素含量及结构性质上有较大区别，热解生物炭含有较多芳香性官能团，且其芳香性随温度升高而升高，而水热生物炭具有较大的极性。水热生物炭基本偏酸性，热解生物炭呈碱性，酸性环境更有利于对重金属的吸附和活化作用。王定美等分别以市政污泥和印染污泥为原料，在不同水热温度下制备生物炭，结果发现，市政污泥的水热炭化主要为脱羧，而印染污泥的水热炭化则以脱水为主，两种生物炭的碳含量和炭产率随着水热温度升高均有所下降，市政污泥生物炭的碳固定性能明显优于印染污泥。

由于污泥中含有大量重金属，通过水热处理得到的水热生物炭中也会含有重金属，而且重金属含量会随着反应条件的变化而变化。Shi 等发现水热生物炭中的重金属含量会随着反应温度的升高而增加，而它们的可交换和酸溶解态、可还原态、可氧化态部分均减少，除了Cd 以外的重金属残渣含量均有所增加。同时，由于水热生物炭对重金属的吸附能力比较强，如果对城市污泥进行水热炭化处理时加入稻壳，则生物炭中的重金属含量会相对提高。

由于水热炭化的原料无须提前干燥，因此剩余污泥的含水率没有成为其限制因素，通过水热法将剩余污泥炭化,不仅可以实现剩余污泥的无害化、减量化和资源化,同时可将剩余污泥中有机质的碳源固定,可有效解决剩余污泥可利用性差的问题。此法在国内外研究中尚属起步阶段,还需更加深入的研究。

(2) 废水污泥的水热炭化

生活污水污泥和工业有机废水污泥作为一种产量巨大的高含水率废弃生物质,其水热炭化将具有污染防治和碳减排的双重效益。Kim 等研究发现,利用水热法处理污泥得到的生物炭的主要成分是稳定的二氧化硅晶体,可实现污泥的稳定与无害化。Hossain 等利用城市废水处理厂消化污泥进行热解试验研究表明,随着热解温度的升高,部分重金属的乙二胺四乙酸(EDTA)提取液浓度下降,炭化温度影响了污泥生物炭中重金属元素富集。苟锐等研究表明,水热处理后,脱水泥饼中的束缚水比例大幅降低,由未处理污泥泥饼的 70% 降低至约 30%~40%,脱水效果明显。

11.2.2 污泥水热炭化过程的影响因素

污泥水热炭化过程受污泥种类、水热温度和压力、反应时间、液固比、催化剂等诸多因素的影响,另外,由于污泥中往往含有一定浓度的重金属,因此其水热炭化过程还受重金属的影响。以下仅详细介绍污泥种类、水热温度和压力、重金属对污泥水热炭化过程的影响。

(1) 污泥种类

污泥种类不同,所得炭化产物的性质也各不相同。水热炭化反应过程中,一般伴随着 C 的富集和 H、O 的减少,$w(H)/w(C)$ 和 $w(O)/w(C)$ 相应降低,因此,常用这 2 个比值作为炭化程度指标。

王定美等分别针对市政污泥和印染污泥进行了水热炭化过程的研究,结果表明,污泥生物炭的 O/C 比随水热炭化终温的增加,从 150℃ 的 0.64 下降至 330℃ 的 0.16,说明水热炭化终温越高,污泥水热炭化过程越趋于脱水还原反应。污泥的性质决定了污泥水热炭化的过程,其中,市政污泥以脱羧为主,而印染污泥以脱水为主。随着水热温度的升高,污泥生物炭中碳含量、生物炭产率和碳回收率均下降。研究还表明,印染污泥的碳回收率受碳含量的影响明显大于受生物炭产率的影响,市政污泥的碳回收率则受炭产率的影响较大。

(2) 水热温度和压力

在水热反应体系中,水作为水热反应的介质,其蒸汽压变高、密度变小、表面张力变小、黏度变小、离子积变高、活性增强,可促进水热反应的进行。在工业成分分析指标中,水分和灰分属于无机组成成分,挥发分和固定碳属于有机组成成分。随着水热炭化终温的提高,生物炭中灰分增加,挥发分减少,这主要是由于水热炭化温度越高,挥发分中有机物的水热反应进行得越充分,并转化为无机物质或水溶性物质,使挥发分损失量增加,部分不稳定有机质转化为二氧化碳,导致灰分质量分数越高。一般地,污泥本身较高的灰分质量分数决定了污泥生物炭中灰分质量分数要远高于植物源生物炭。

王定美等针对市政污泥和印染污泥进行的水热炭化过程研究表明,市政污泥炭中稳定碳含量和产率随着水热温度的升高(150~300℃)分别从 4.19% 和 123.6% 升至 6.62% 和 161.2%,并在水热炭化温度 250~300℃ 范围内增加最明显,顽固性碳指数则从 48.02% 上升至 64.34%;印染污泥炭中稳定碳含量、产率和顽固性碳指数则从 3.80%、103.0% 和

54.26％分别降至 1.86％、46.5％和 47.04％，两种污泥表现出明显不同的变化趋势。由此可知，污泥生物炭固碳特性与泥质和水热温度有关。以市政污泥水热炭化法制备生物炭，可以实现碳固定的目标，具有广阔的应用前景；而印染污泥则相反。应进一步研究不同污泥泥质特征指标与炭化固碳特性的关系。

（3）重金属

污泥中的重金属是制约污泥资源化利用的重要因素。研究表明，污泥炭中重金属质量分数与炭化过程、金属元素的特性等因素有关。Yoshida 等将生活污水污泥进行干法炭化后，发现低沸点金属元素如 As、Cd、Hg 在炭化过程中易于挥发，而高沸点重金属如 Pb、Ni、Cu、Zn 则保存在污泥炭中。Hossain 等利用城市废水处理厂消化污泥进行热解实验，研究表明，炭化温度对污泥生物炭中重金属元素富集产生影响，部分重金属的 EDTA 提取态浓度随着热解温度的升高而下降，植物有效性降低。

生物炭中金属元素质量分数与元素本身的性质有关。相对富集因子大于 1 时，该元素表现为富集性，小于 1 时则为迁移性。污泥炭中重金属元素的相对富集因子在 0.07～0.52，表现为迁移性；在同一水热炭化终温下，以 Hg 的相对富集系数最小，Hg 的迁移性最强。这也证明了污泥中重金属元素在水热炭化过程中，除部分保留在生物炭中外，还有部分在水热反应时发生液化等作用，进入液态产物中，如 Kim 等在水热处理后剩余污泥液体产物中检测到重金属元素。

王定美等对污泥水热炭化过程的研究结果表明，污泥中重金属 Zn、Pb、Cu、Cr 的质量分数随水热炭化终温的升高而增大，Ni、Cd、As、Hg 则随水热炭化终温的增大呈现不一致的变化规律。相对原污泥，Zn、Pb、Cu、Cr、Cd 的质量分数分别增加 14.5％～49.4％、39.1％～82.6％、28.5％～73.4％、7.2％～64.5％、53.8％～88.9％，Hg 的质量分数减少 20.5％～83.1％，Ni 和 As 的质量分数分别增加 −4.4％～67.5％和 −18.1％～40.9％。不同水热炭化温度下制备的污泥生物炭中金属元素相对富集系数为 0.07～0.52，在水热炭化过程中表现为迁移性；在同一水热温度下，Hg 的相对富集系数均小于与其他重金属，迁移性最强。

基于重金属元素质量分数对污泥再生利用的重要性及其在不同炭化条件下的复杂变化，今后应进一步明确重金属等有害物质在水热炭化过程中的转化途径。

11.2.3　污泥水热炭化废水的组成

污泥水热炭化处理被认为是极具潜力的污泥安全处置与资源化利用的技术措施之一。一些研究发现，随着反应温度的提高和反应时间的延长，污泥束缚水脱去的效果提高，炭化反应加剧，固体产物产率增加，液体组分成分和性质也发生明显的变化。不少研究结果显示，固体产物可用作土壤调理剂，不仅改良培肥土壤，而且快速扩大土壤有机碳库，起到封存碳的作用，被认为是目前比较可行的碳捕获与封存的技术措施之一。但对于水热炭化处理的废水组成成分和特性，还缺乏研究和了解。

张进红等通过比较不同水热炭化处理温度及时间条件下废水中组成成分的差异，研究了废水中碳、氮、磷、钾组成及其含量随水热炭化反应温度和反应时间的变化规律，以及废水中重金属含量随水热炭化反应温度和反应时间的变化规律，并对废水进一步生化处理及资源化利用的可行性进行了分析评价。

(1) 颜色及 pH 值

污泥经低温和短时间水热炭化处理后，废水的颜色较深，呈黑褐色，随着反应温度的升高和时间的延长，废水颜色逐渐变浅，260℃处理24h时的废水转变为浅黄色。废水的酸度也发生显著的变化，190℃水热炭化处理污泥1h，废水的 pH 值从未炭化污泥的7.61降低到6.40，但延长处理时间，pH 值逐渐升高至接近初始值。与之不同，260℃水热炭化处理1h，废水的 pH 值升高至8.48，且随着处理时间延长，pH 值缓慢增大，24h达到9.14，比初始值提高了1.53个单位。

(2) TOC、COD 和 BOD$_5$

水热炭化处理大幅提高了废水的总有机碳（TOC）、COD 和 BOD$_5$ 浓度。190℃反应6h时 COD 和 BOD$_5$ 达到最大值，分别比初始值提高了2.27倍和9.75倍，继续反应则缓慢降低；而 TOC 在反应12h时才达到最大值17825mg/L。260℃反应1h三者就达到最大值，分别比初始值提高了1.91倍、1.51倍和7.09倍，反应12h后，COD 和 BOD$_5$ 基本不变。

(3) 氮、磷和钾

污泥滤液全氮含量高达2197.87mg/L，主要是氨态氮，占全氮含量的64.5%，硝态氮含量只占6.4%。水热炭化处理显著增加了废水中全氮含量，主要是有机氮及氨态氮含量大幅度提高，而硝态氮含量大幅度降低。190℃和260℃水热炭化处理1h，有机氮含量就达到最大值，分别比初始值提高了3.99倍和1.92倍，延长处理时间，有机氮含量逐渐降低，260℃处理12h降至接近初始浓度。

氨态氮含量与之相反，随着处理温度提高和反应时间延长而增加，反应18h才达到最大值，分别比初始值提高了1.77倍和2.45倍。硝态氮含量尽管大幅度降低，但随反应温度的升高及反应时间的延长而增加，260℃反应24h时，废水硝态氮含量已增加至初始浓度的1/2。

污泥滤液中也含有一定量的磷和钾，且70%左右的是有机磷，190℃低温短时间（<6h）处理后污泥废水中全磷含量增加，但260℃高温或长时间处理大幅度降低了废水中的磷含量。水热处理显著提高了废水中的钾含量，低温长时间处理或高温短时间处理时全钾含量较高。

(4) 重金属

水热炭化处理显著提高了污泥废水中 As、Cd、Cr 和 Pb 浓度，但降低了 Cu、Mn 和 Zn 浓度。比起反应时间，反应温度对废水中重金属浓度的影响更大。如260℃高温处理，As 的浓度由0.032mg/L增加到1.408mg/L，增加了43倍，Cd 浓度也由未检出增加到0.060mg/L。而190℃低温处理大幅度地提高了 Cr 含量，最高达到2.326mg/L。除了高温废水 As 浓度和低温废水 Cr 浓度超标外，其余废水中重金属含量远低于国家排放限制。

(5) 水热炭化废水的生化处理适宜性

市政污泥多为脱水污泥，含水率约80%，大多为细胞束缚水，常规方法很难脱除掉。水热炭化处理很容易破坏微生物细胞，释放出束缚水，实现固形物和液体分开，不仅实现污泥的减量化，而且可以分别资源化利用和处置固体产物和废水，但两者的特性直接决定进一步处置的技术与难易。

废水处置方法之一是好氧或厌氧生化处理，酸碱度和物质组成成分及含量是影响生化处理的重要因素。研究表明，低温水热炭化处理初期降低废水 pH 值，但高温和长时间处理则提高 pH 值。可能原因是低温反应及反应初期主要是水解反应，蛋白质、多糖等水解为乙酸、丙酸等小分子的有机酸，从而导致 pH 值降低；而高温反应及反应后期随着氨氮物质增加，中和了有机酸，导致 pH 值升高。水热处理能加速污泥固体溶解和水解，从而提高污泥的厌氧消化性能，因此水热处理现已多作为污泥厌氧消化的预处理方式。

污水 BOD_5/COD 比值是其生化处理适宜性的一个衡量指标，一般认为 BOD_5/COD 比值大于 0.3 才适宜采用生化处理，比值越大生化处理越容易。污泥水热炭化后，其废水的 TOC、COD 浓度大幅度升高，显然是由污泥中微生物细胞被破坏而释放出蛋白质、糖类、脂类和挥发性有机酸等所致，由于废水中含有丰富的 $C_1 \sim C_5$ 挥发性脂肪酸，适合作为反硝化作用的碳源。处理前废水的 BOD_5/COD 比值为 0.13，而处理后增加至 0.36~0.46，更适合进行生化处理。需要注意的是，高温长时间炭化处理，由于发生美拉德反应，形成含氮多聚物，可能比较难降解，不利于生化处理。

水热炭化处理还导致废水中全氮及全钾含量大幅度增加，Xue 等发现，剩余污泥在较低温度（40~70℃）水热处理 1~3h 后，废水中全氮及全钾含量增加，特别是全氮含量最高达 6311.87mg/L，且 1/2 以上为氨态氮，不能直接用于灌溉，而且在进一步生化处理过程中需要注意氮的转化，尤其要控制氮氧化物的产生与排放。

（6）水热炭化废水中重金属回收利用

污泥中含有一定量的重金属，是污泥资源化利用的限制因素之一。经过水热炭化处理后，As、Cd、Cr 和 Pb 等重金属被释放出来，导致废水中这些重金属浓度提高，特别是 As 和 Cr，最高分别达到 1.408mg/L 和 2.326mg/L。其原因可能是这些重金属配位体水解。Appels 等研究也发现，90℃水热处理污泥 60min，增加了废水中 Cd、Cr 和 Pb 等重金属含量。但水热炭化处理释放出的 Cu、Mn 和 Zn 等，可能被产生的金属氧化物吸附，或与未完全水解的含氨基化合物结合，或形成难溶性的磷酸盐，致使其在废水中的浓度降低。

城市是一个巨大的矿床，马学文等估计，每 1000 万吨污泥（含水率 80%）中各类重金属含量高达 2868t，污泥是一个巨大的金属资源库。水热炭化处理导致一些重金属在废水中富集，比起存在于固形物中的重金属，分布于废水中的重金属更容易富集回收利用，可以使用反渗透法、离子交换法、生物膜法等方法实现重金属的回收利用，其可行性有待深入研究。

11.2.4　污泥水热炭化产物的特性

水热炭化能将污泥等高含水废弃物转变为清洁的低阶燃料，同时具有无须干燥以及低能耗等优势，因此被视为一种潜在的污泥预处理技术。庄修政等的研究表明，水热污泥炭具有与煤类似的稠环芳构化结构，能在满足现有锅炉的条件下实现混合燃料间的均质燃烧。同时，往煤中添加适量的水热污泥炭亦能促进其混合燃烧的处理效果。Parshetti 等通过往燃煤中按照不同比例（10%~30%）添加水热污泥炭后发现，其混合燃料的燃烧反应性随水热污泥炭比例的增大而增强。He 等的研究结果也证明，水热污泥炭的引入能降低煤燃烧初步反应所需的活化能，进而提高其燃烧效率。在此过程中，水热污泥炭与煤之间的协同效应是关键。部分研究表明，混合燃烧过程中的协同效应在不同程度上受到污泥组分、煤的品质以及混合比例等因素影响，并且会进一步导致燃烧特性与燃烧行为的差异。Liu 等发现，水热污泥炭与低阶煤之间的协同效应要比与高阶煤混合燃烧时更为明显，而 Lin 等却表示在不同的混合比例下水热污泥炭与各阶煤的协同效应均不相同。

庄修政等以城市污泥为对象进行水热炭化处理，随后将其与三种不同品阶煤（褐煤、烟煤与无烟煤）分别进行混合燃烧测试，研究分析了原料的基础理化特性及其单独燃烧过程。结果表明：水热处理能脱除污泥中大量的轻质组分并提高其芳构化程度，使得其燃烧行为与煤相似；同时，水热过程中富集于固相上的碱金属/碱土金属有利于燃烧过程的催化作用。此外，煤在燃烧过程中的主要失重区间随着煤阶的上升而逐渐增大，其着火点分别为 328℃（褐煤）、455℃（烟煤）和 539℃（无烟煤）。

在水热污泥炭与煤的混合燃烧过程中，水热污泥炭中适量轻质挥发分的引入能降低煤发生燃烧反应所需的活化能，从而提高煤的反应活性并使其更为彻底地燃烧。相比于中高阶煤而言，低阶煤的主要燃烧区间与水热污泥炭相近，因而在混燃过程中的协同作用最为明显。这体现在其更高的热值（5.8%～6.3%）及更快的失重速率（4.4%～16.1%）。对于综合燃料的燃烧性能与燃烧稳定系数而言，水热污泥炭与低阶煤混合而成的燃料具有较大的优势，并且其混合比例以 3∶7 与 1∶1 为宜。

▶▶ 参考文献

[1] 张竞明.污泥燃料化方法浅析 [J].甘肃科技，2011，27（11）：74-75，85.

[2] 黄华军，袁兴中，曾光明，等.污水厂污泥在亚/超临界丙酮中的液化行为 [J].中国环境科学，2010，30（2）：197-203.

[3] 李细晓.城市污泥在超临界流体中的液化行为研究 [D].长沙：湖南大学，2009.

[4] 李桂菊，王子曦，赵茹玉.直接热化学液化法污泥制油技术研究进展 [J].天津科技大学学报，2009，24（2）：74-78.

[5] 姜勇，董铁有，丁丙新.含油污泥热化学处理技术 [J].安全与环境工程，2007，14（2）：60-62.

[6] 李桂菊，王昶，贾青竹.污泥制油技术研究进展 [J].西部皮革，2006，28（8）：32-35.

[7] 于永香，于群.城镇污泥改性无氧碳化技术和焚烧技术的比较与分析 [J].资源节约与环保，2016，9：56-57，62.

[8] 赵丹，张琳，郭亮，等.水热碳化与干法碳化对剩余污泥的处理比较 [J].环境科学与技术，2015，38（10）：78-83.

[9] 洪建军.污泥低温碳化焚烧处理技术与应用 [J].中国给水排水，2014，30（8）：61-63.

[10] 童超.焦化废水剩余污泥碳化水解研究 [D].武汉：华中科技大学，2014.

[11] 陈业钢，郭海燕，谢广明，等.污泥碳化零排放技术应用 [J].给水排水动态，2013，4：12-15.

[12] 高莹.浅析低温污泥碳化技术 [J].科技资讯，2012，9（24）：149.

[13] 毕三山.污泥碳化工艺的特点与发展展望 [J].人力资源管理，2010，5：263-264.

[14] 程晓波，仇狒，尹炳奎.污泥碳化制备活性炭 [J].化工环保，2010，30（5）：446-449.

[15] 仝坤，宋启辉，王琦，等.稠油罐底泥碳化处理技术研究与应用 [J].油气田环境保护，2010，20（1）：26-28，32.

[16] 于洪江，杨全凯.污泥低温碳化技术的中试研究 [J].中国建设信息，2009，3：55-57.

[17] 李雪松，张锋，刘愚.污泥处理处置技术新进展及发展趋势 [J].天津建设科技，2009，19（4）：41-43.

[18] 刘秀平.辽河稠油田泥砂碳化处理技术 [J].石油地质与工程，2008，22（6）：129-130.

[19] 李怡婧，徐竞成，李光明.城市污水处理厂污泥中能源物质利用的研究进展 [J].净水技术，2015，34（A1）：9-15.

[20] 常凤民.城市污泥与煤混合热解特性及中试热解设备研究 [D].北京：中国矿业大学（北京），2013.

[21] 赵剑锋.低成本、低能耗半干化法污泥燃料合成方法 [D].太原：太原理工大学，2012.

[22] 赵剑锋，王增长，张弛.低成本的污泥燃料合成方法 [J].环境保护科学，2012，38（3）：50-53.

[23] 张文波，占茹，许晓增，等.城市污泥处置资源化利用新技术：污泥合成为独立燃料技术 [J].污染防治技术，2012，25（1）：26-27，31.

[24] 许禄钟，吴怡.污泥制合成燃料技术及其工艺特点 [J].四川环境，2012，31（增刊）：76-79.

[25]　杨彩凤.剩余污泥的生物技术资源化利用途径研究进展 [J].城市道桥与防洪，2011，9：90-92.

[26]　张长飞，葛仕福，赵培涛，等.污泥燃料化技术研究 [J].环境工程，2010，28（A1）：377-380.

[27]　胡志军，刘宝鉴.生物污泥的特点及资源化的研究探讨 [J].浙江科技学院学报，2008，20（4）：279-283.

[28]　姬爱民，崔岩，马劲红，等.污泥热处理 [M].北京：冶金工业出版社，2014.

[29]　尹龙晓.城市污泥燃料化利用实验研究 [D].广州：华南理工大学，2013.

[30]　王娟，潘峰，肖朝伦，等.市政污泥的燃料资源化利用 [J].过程工程学报，2011，11（5）：800-805.

[31]　李鸿江，顾莹莹，赵由才.污泥资源化利用技术 [M].北京：冶金工业出版社，2010.

[32]　杨国录，陈永喜，袁秀丽，等.广州市污泥处理处置技术方案及对策 [J].武汉大学学报（工学版），2009，42（6）：726-730.

第**12**章

污泥热化学气化制气体燃料

污泥热化学气化是在一定的温度条件下，将污泥经过一系列化学加工过程，使其转化成小分子气体的热化学过程。根据加工过程的不同技术路线，污泥热化学气化可分为热解气化、气化剂气化和水热气化。

（1）热解气化

热解气化是在无氧或缺氧条件下将污泥加热，使其中的有机物产生热裂解，经冷凝后产生利用价值较高的燃气、燃油及固体半焦，但以气体产物产率为目标。

影响热解气化过程的因素包括污泥特性（如粒度、表面特点、含水率、形状、挥发分、含碳量等）、温度、催化剂。采用热解气化方式可以将污泥中的有机组分转化为燃气及焦油，进行能源化利用，近年来得到了较多的研究。污泥热解气化过程是弱还原条件下的热化学反应过程，和燃烧相比规避了二氧化硫、氮氧化物和氯代化合物的生成等问题，获得的燃气经净化后进行利用，避免了燃烧产生的二次污染。热解气化实现了污泥最大限度的减量化，但工艺过程较为复杂，对运行操作有较高的要求。高含水率污泥不能直接热解气化，需先进行脱水干化处理。此外，由于污泥的高灰分特征，仍需要对最终灰分的处置进行重金属浸出等评估。

（2）气化剂气化

气化剂气化简称气化，是采用某种气化剂，使污泥在气化反应器中进行干燥、热解、氧化、还原4个过程。有采用污泥单独气化的，也有和其他物质混合气化的。和热解不同的是，气化过程的液态产物较少，大约为5％，主要产物是合成气和灰渣。合成气的组成主要为 H_2、CO、CH_4、N_2、CO_2 等，其中可燃气体可占到气体组分的 18.5％～41.3％。气化过程会产生一些有害气体，主要包括 HCl、SO_2、H_2S、NH_3、NO_2 等，需要在利用之前进行净化。

气化主要设备有固定床、流化床两大类。通过工艺优化和控制，可实现高效生产可燃合成气的目的。

（3）水热气化

水热气化是以水为溶剂，在合适的催化剂和一定的工艺条件下，使污泥中的大分子物质发生裂解生成小分子的可燃气。目前研究最多的是污泥超临界水气化制氢。

污泥超临界水气化制氢是利用超临界水作为反应介质溶解污泥中的有机物并发生强烈的化学反应而产生氢气。超临界水气化制氢是一种新型、高效的可再生能源转化技术，具有极高的能源转化效率、极强的有机物无害化处理能力，但目前还处于实验室阶段，离大规模工业化还有一段距离。

12.1 ❷ 污泥热解气化

污泥热解气化是以追求气体产物产率为目标的热解，是利用污泥中有机物的热不稳定性，在无氧或缺氧条件下进行高温加热，使其中所含的有机物发生热解，经冷凝后产生利用价值较高的燃气，同时副产燃油及固体半焦。热解气化前必须对污泥进行干燥处理，使其含水率达到干馏操作的要求。

12.1.1　污泥热解气化的工艺流程

自 20 世纪 70 年代开始，由于世界性石油危机对工业化国家的冲击，德国科学家 Bayer 和 Kutubuddin 等率先在实验室开始研究污泥热解技术的反应过程，开发了图 12-1 所示的污泥热解工艺流程。热解过程在微正压、温度 250～500℃、缺氧的条件下进行，停留一定时间，污泥中的有机物通过热裂解转化为气体，经冷凝后得到热解油，不凝气体即为小分子可燃气体。

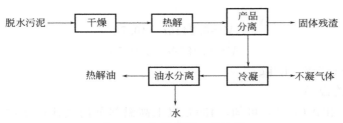

图 12-1　污泥热解工艺流程

1983 年，加拿大的 Campbell 和 Bridle 等采用带加热夹套的卧式反应器进行了污泥热解中试实验。他们通过机械方法先将污泥中的大部分水和无用泥沙去掉，再将污泥烘干；然后将干污泥放进一个 450℃ 的蒸馏器中，在与氧隔绝的条件下进行蒸馏。结果，气体部分经冷凝后变成了燃油，不凝部分即为可燃气，固体部分成为炭。

12.1.2　污泥热解气化过程的影响因素

热解过程中固、气、液三种产物的比例与热解工艺和反应条件有关，热解气化过程的影响因素主要包括热解终温、停留时间、加热速率和加热设备等。由于污泥原料的复杂性，各种因素对污泥热解的影响也存在着很大的区别。

(1) 热解终温

热解终温对污泥热解产物的影响最大。研究结果认为，热解温度的升高导致固体产率减小，液体部分变化较小，而气体产率则明显增大。热解终温对产物产率的影响如图 12-2 所示。

热解过程产生的挥发性物质中含有常温状态下仍为气态的物质。一般而言，热解终温是影响气态产物产率的决定性因素。图 12-3 表示了气态产物体积产率随热解终温的变化。

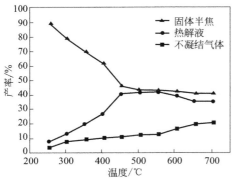

图12-2　热解终温对产物产率的影响

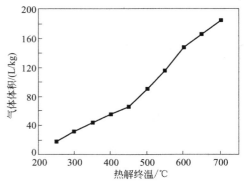

图12-3　气态产物体积产率随热解终温的变化

由图12-3可以看出，热解温度为450℃时出现转折点，即在450℃前后两个温度段内，气体产率的试验数据点均呈很好的线性关系。在250～450℃区间内产率随温度的变化缓慢，从250～450℃产率增加了49L/kg，平均温度每提高100℃，气体产率增加24.5L/kg；450～700℃区间内产率随温度的变化较快，从450～700℃产率增加了118.4L/kg，平均温度每提高100℃，气体产率增加47.36L/kg。不同阶段的气体产率变化规律可分别回归为下式：

$$V = 0.2416t - 40.72 \tag{12-1}$$
$$V = 0.4859t - 150.58 \tag{12-2}$$

式中　V——热解气产率，L/kg；

　　　t——热解终温，℃。

对比式（12-1）和式（12-2）可知，450℃以上高温部分的气体产率约为低温下的2倍，这一现象可能是在450℃左右，通常大分子有机物可能发生二次裂解，无论是一次裂解气还是一次裂解焦油都可能会发生二次裂解反应。

由图12-2可以看出，当热解终温低于450℃时，半焦产率随热解终温升高而减少，变化明显；此阶段的热解气、热解液产率随热解终温升高而增加。热解终温在450℃以上时，半焦的产率继续减少，但变化很小，直至700℃时只减少了5.1%；在这一温度段，热解气的产率在持续增加，而热解液的产率则持续下降，说明在这一阶段热解液产率的减少是热解气产率增加的主要因素。热解液产率的减少，一方面是由于原料中的大分子有机物在高温下更多地直接断裂为小分子的有机气体，使得焦油的产率减少；另一方面，作为中间产物的焦油中的高分子量烃类化合物在高温下又进一步发生裂解，生成小分子的二次裂解气。

（2）停留时间

热解反应停留时间在污泥热解工艺中也是重要的影响因素。污泥固体颗粒因化学键断裂而分解形成油类产物，在分解的初始阶段，形成的产物应以非挥发分为主，随着化学键的进一步断裂，可形成挥发性产物，经冷凝后形成热解油。随着时间的延长，上述挥发性产物在颗粒内部以均匀气相或不均匀气相与焦炭进一步反应，这种二次反应将对热解产物的产量及分布产生一定的影响。因此，反应停留时间是污泥热解工艺中需要控制的重要因素，随着停留时间的延长，气体产物产量增加。

李海英利用固定床热解炉进行污泥热解的研究发现，随着热解反应时间的增长，各种加热条件下污泥热解气体产物的产率均存在峰值，而且曲线有规律地波动，这种产气率的波动是与热解的反应进程密切相关的。例如，当热解加热速率为 5℃/min、热解终温为 500℃时，气体产率随时间变化曲线的第一个峰值对应的反应时间为 105min，对应的炉子壁温已达到 500℃，物料中心温度为 362℃，距中心 42.5mm 处温度为 367℃，距中心 85mm 处温度为 432℃，这时各处的污泥中有机质都达到了裂解温度，因此，气体产生量迅速增加。当反应进行到 150min 左右，有机质裂解释放出的挥发分开始有所降低，到 200min 时，气体产量已经很少。当热解终温低时，物料内部温度也较低，热解终温为 250℃以下时，气体产物很少，经冷凝后生成少量水；但当热解终温超过 500℃后，气体的总产量及瞬时产气率都较高，热解终温越高，瞬时产气率越大。当终温为 700℃时，气体的瞬时产率可达 0.00456m^3/min，而且温度越高，曲线中峰的宽度越小，也就是产气时间随温度的升高而缩短。

通过比较相同热解终温但不同加热速率下气体的产率发现，加热速率越高，气体的瞬时产率最大值出现得越早；热解终温越高，这种倾向越显著。

（3）加热速率

在相同的热解终温下，加热速率较低时，由于热解过程的停留时间较长，因此形成的不凝性气体量都相应较多。在高温时，可能由于小分子气体的聚合作用加强，使得低加热速率时气体的产量略有下降。

综上所述，停留时间、反应温度、加热速率、最终热解温度等因素对不同污泥热解气化效果的影响均与污泥中各种有机质化学键在不同温度下的断裂有关。温度超过 450℃后，热解产生的重油发生了第二次化学键断裂，形成了轻质油，气体产量也相应增加；温度超过 525℃后，会进一步发生化学键断裂形成更轻质的油和气态烃，使不凝性气体的产量提高，但炭焦产量随气体产量的增加而减少。

（4）加热设备

Dominguez 等利用微波加热和电加热两种设备对污泥热解特性进行研究，发现微波的加热速率高于电加热，两种加热方式的气体产物有很大差别，电加热产生的热解气中含有大量的烃类化合物，因此气体热值较高。另外，在污泥中加入石墨或热解半焦作为微波吸收介质的情况下，会提高热解气中 CO 和 H$_2$ 的产量。Menendez 等通过微波热解湿污泥得到与 Dominguez 等相似的规律，还发现当污泥中加入 CaO 也会提高 H$_2$ 产量。

12.1.3 污泥热解气化产物的特性

李海英等通过气相色谱对污泥热解气体的研究发现：不同温度条件下，热解气体的组成不同，主要是由 H$_2$、CO、CH$_4$、CO$_2$、C$_2$H$_4$、C$_2$H$_6$ 等几种成分构成的混合气，除 CO$_2$ 外均为可燃气体；此外，热解气中还含有少量的 C$_3$、C$_4$、C$_5$ 等气体，由于含量较少，未做分析。具体结果如图 12-4 所示。

由图 12-4 可知：在低温段，主要气体产物为 CO$_2$，只有少量的 CO 和 CH$_4$ 气体，热解终温在 300℃以下时，热解气不能燃烧。当热解终温达到 350℃以上时才产生 H$_2$、C$_2$H$_4$、C$_2$H$_6$。气体中 H$_2$ 的含量随着温度的升高而升高，且温度在 450～600℃时 H$_2$ 的产量增加很显著。在 450～600℃温度范围时，CH$_4$ 气体的含量也明显提高。在 450℃左右，C$_2$H$_4$、C$_2$H$_6$ 含量达到最高，此后，随着温度的升高而逐渐减少，这是因为随反应温度的升高及污

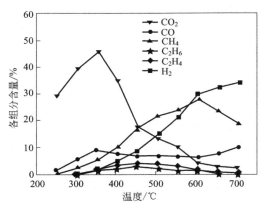

图 12-4 热解气成分平均值随热解终温的变化

泥中含有的重金属的催化作用，脱氢反应加剧，越来越多的大分子烃类分解释放出 H_2 和 CH_4。这种现象也证实了在 450℃ 左右有机物发生了二次裂解。根据气体组成估算：热解终温在 450℃ 时，气体的热值可达到 12347.25kJ/m³ 左右；热解终温在 600℃ 时气体的热值最高，达到 16712kJ/m³；当温度超过 600℃ 时，热值有所降低。

热解气体的热值在 6~25MJ/m³ 之间，变化很大，热值的大小与气态烃类在热解气体中的含量有关。热解气大约占到全部热解产物的 1/3，此部分气体在大多情况下作为燃料烧掉，所产生的能量用以补充污泥热解所需的能量，这样既可以减少热解过程中其他能量的消耗，也可以解决气体的收集和运输问题。

12.2 ➡ 污泥微波热解气化

与常规热解方式相比，微波热解具有更高的可控性、高能效、经济性，更节省热解时间和能量，且过程更加清洁，是替代当前传统热解方式用于废弃物处理处置的理想选择。微波热解虽然在加热方式上具有许多优点，但微波热解设备要求较高，且在处理规模和进出料的便捷性上稍逊色于常规热解方式。

12.2.1 污泥微波热解的工艺流程

污泥微波热解工艺一般包括热解与回收单元，主要工艺流程、主要产物和能量通量如图 12-5 所示。

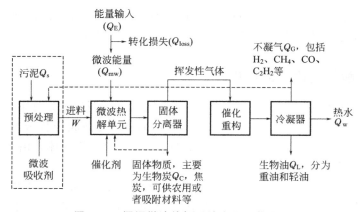

图 12-5 污泥微波热解系统主要工艺流程

污泥微波热解由微波腔和反应釜两部分组成。由于微波加热的特殊性，反应釜一般都采用石英等耐高温、耐腐蚀的透波材料制作，若热解过程添加如 KOH、NaOH 等对石英具有腐蚀性的化学添加剂，则对反应釜要求更高。微波腔体及反应釜是限制污泥热解设备处理规模的主要因素，大批量热解时，微波的穿透厚度也会影响热解效果。

微波腔置于反应釜的主体位置，是物料吸收微波辐射的场所，其容积也就决定了批次热解的规模。Lin 等构建了一套批次处理量达 3.5kg 的污泥微波热解系统，丁慧通过自主设计的微波热解系统处理含油污泥，批次热解量达到 20kg。大型化微波热解设备需要进一步的研发，扩大微波腔体的容积需要兼顾热解效果。

微波热解设备高昂的价格使得微波热解初始成本较高，提高污泥处理处置的经济可行性有助于推广污泥微波热解技术的工业化应用。

12.2.2　污泥微波热解过程的影响因素

针对污泥的微波热解，污泥特性（包括污泥类型、成分及性状等）、工艺（包括热解温度、升温速率等）、其他参数（如微波吸收剂、化学添加剂、载气等）等，对产物产率、产物特性、工艺效率等都有较大的影响。为了获得更高质量和更大转化率，需对这些参数进行优化。

(1) 污泥特性

污泥热解是污泥的热转换过程，原污泥的特性对热解过程具有一定的影响，这在一定程度上对污泥特性提出了一定的要求，如污泥含水率、含碳量及其热值等。

污泥含水率对污泥的热值影响很大，同时影响热解过程的能耗。通常都会对污泥进行干燥后再热解，但也有对湿污泥直接进行热解的。原料的碳含量直接影响热解产物的碳含量，剩余污泥的碳含量较高，甚至达到了 55.3%，这为热解污泥提供了碳含量基础。此外，原污泥的热值对热解过程中能量的平衡具有至关重要的作用，原污泥热值越高就越有利于热解系统的能量正输出。

不同地域、不同处理工艺的污水处理厂所产生的污泥都具有一定的差异，Zielińska 等选取荷兰 4 座同为厌氧消化工艺污水处理厂的脱水污泥进行热解以研究不同污泥对热解产物的影响，结果表明，污泥特性与热解所得生物炭的 pH 值、元素含量、矿物成分有一定的相关性，不同污泥产生的生物炭具有差异。

污泥含水率是影响污泥热解能耗的主要因素，提高污泥脱水能力以降低污泥热解时的含水率是污泥热解可行性及经济性的重要环节，也是污泥热解工业化应用的一个比较重要的环节之一。

(2) 热解温度

温度是热解过程的关键工艺参数之一，对热解产物的产量、组成及特性均具有较大的影响。生物炭的产量随着热解温度的升高而降低，同时产物特性也随热解温度发生变化。

Lin 等在 300~700℃对污泥进行热解，生物炭的产量随着温度升高而下降，然而液体产物和气体产物的产量却随着温度而升高，而且生物气的热值随着温度的升高从 $4012kJ/m^3$ 升至 $12077kJ/m^3$。Trunh 等在热解污泥时得到了相似的规律。热解温度对生物炭产率影响的同时，也对油气成分具有较大的影响。Wang 等采用热解-气化组合工艺，在 400~550℃ 下热解制备生物炭，然后在 800~850℃ 下将制备的炭气化制取燃料气，而制取的燃料气用于为污泥干燥和热解提供能量，炭产率在 37.28%~53.75%（质量分数）之间变化，炭气化后所得燃料气的热值为 5.31~5.65MJ/m^3。热解和气化过程的能量平衡与原污泥热值、含水率和热解温度有关，高热值、低含水率和高热解温度有利于工艺的能量平衡。对含水率为80%（质量分数）的污泥，如仅用热解过程所产生的挥发性物质提供热量时，污泥热值需高于18MJ/kg且热解温度需高于450℃才能保证能量的自给自足；当污泥热值在14.65～18MJ/kg时，需要结合炭气化所得的燃料气一起提供能量；当污泥的热值低于14.65MJ/kg时，需要提供额外的热源。该研究表明，高热解温度有利于能量平衡的关键是气化阶段，因为高温可促进产气率的提高。温度对生物油的热值也具有一定的影响。随着温度的升高（300～500℃），生物油的热值随着温度升高而增大，同时在此温度范围内，其产量也随温度的升高而增高。此外，热解温度对生物气的组分具有较大的影响，当热解温度在500～900℃变化时，生物气中CH_4、C_2H_2的含量先增加后减少，在700℃时各自达到最大值（30.4%和21.6%，体积分数）。这主要是不同温度条件下产生的气体产物的成分和含量不一，当高热值的产物含量高时，整体热值就会增大。

热解温度不仅对产物产率，还对生物炭特性和生物油、气的组成具有影响。研究表明，当温度在300℃时生物炭的产量最大，且生物炭的比表面积随着温度的升高而增大，但随着热解温度的升高，污泥生物炭的碳含量却会降低。Menéndez等考察比较了400℃和600℃下生物炭的理化性能和农用性能，研究表明生物炭能显著影响施用土壤的特性，例如，600℃下获得的生物炭可有效增加田间土壤持水量，但在400℃下获得的生物炭却没有这一效应；同时污泥生物炭的pH值、BET表面积、真密度随着热解温度的升高而增加，然而阳离子交换能力和电导率随着温度升高而下降。污泥生物炭保留了污泥中原有的重金属，其稳定性在一定程度上影响了其应用。热解温度对污泥中重金属的固化有一定的影响，高温下污泥热解可以大幅度减小污泥的体积，有效固定重金属，减少重金属析出量。研究表明，热解温度控制在300℃下制备生物炭，既能减少污泥中重金属潜在的环境风险，又能降低能源消耗。Chen等的研究发现，在热解温度为500～900℃内，热解所得生物炭对Cd、Pb、Zn、Ni等重金属都具有良好的固化作用，其浸出液中的含量最高都不超过生物炭中对应重金属含量的20%。在Menéndez等的研究中也发现，污泥经500℃热解后，不仅固化了Cu、Ni、Zn、Cd和Pb，而且降低了Cu、Ni、Zn、Cd和Pb的浸出风险。此外，污泥热解后的生物炭还可作为吸附剂使用，且热解温度对吸附效果具有一定的影响。Chen等的研究表明，当热解温度在800～900℃时，生物炭对Cd^{2+}溶液的吸附量达到15mg/g，高于活性炭的吸附量。

温度对热解具有显著的影响，而其数值来源于探测的方式，因此，温度探测方式也格外重要。不同于常规热解的物料周边环境探温，微波热解是直接在物料表面或内部探温，主流的探温方式为红外和热电偶，探温方式的不同，会有一定的温度差范围，且微波热解对探温的要求高于常规热解。

（3）升温速率

热解过程中升温速率对产物分布具有较大的影响。低升温速率有利于生物炭产量的提升，而快速升温有利于生物油的形成。较快的升温速率不仅可提高污泥热解所得生物油的产量，而且还可优化生物油的化学构成和提高其热值。快速热解污泥也可促进气体产物的产率，当升温速率为30℃/min时，升温到终温550℃并保持1min，产物中生物气、生物油和生物炭的产量（质量分数）分别为27%、28%、45%。

升温速率对活化能有一定影响，快速升温使得分子间的化学键更加脆弱而易断裂，提高了热解速率。常规热解下快速升温虽然可使污泥在短时间内达到热解温度，但会使样品颗粒内外存在较大的温度梯度，进而导致热解效果不佳。相对于常规热解，具有加热均匀、升温快速等特性的微波热解更具优势。微波加热能够实现快速升温，在短时间内达到热解温度与热解效果，缩短整体热解反应时间，因此应充分利用微波加热的特性，实现快速闪速污泥微波热解。

（4）微波吸收剂

微波热解离不开微波吸收剂，不同材料对微波的吸收效率不一，选择适当的吸波材料有助于提高微波热解系统的热解效率，提高升温速率，缩短系统反应时间。

炭粉具有高效的微波吸收特性，热解所得的生物炭也具有良好的微波吸收特性，还有其他一些如碳化硅（SiC）粉末、碳纤维、石墨等也具有很好的微波吸收特性。Zou 等研究发现微波热解原污泥在不添加任何微波吸收剂时最高温度只能达到 300℃，而通过添加 SiC 温度可达到 800~1130℃。在 Menéndez 等的研究中发现，当用微波对湿污泥进行热解时，只对污泥进行了干燥，热解效果不佳，然而通过添加微波吸收剂，甚至是添加热解后本身所产生的生物炭，都可使热解温度升高到 900℃。同时，不同的微波吸收剂还影响产物特性，如 SiC 可提高产气量，活性炭可以最大化生物气中 H_2 和 CO 的浓度，而石墨可提高产物油中单环芳香烃的浓度。因此，在原料中添加一定量的微波吸收剂可提高反应体系的温度，提升能源利用率，有助于热解反应器的高效运行。在热解过程中，随着热解的炭化过程，原料对微波的吸收特性越来越强。污泥微波热解使用污泥生物炭作为微波吸收剂，既可节省其他来源的微波吸收剂，又可避免其他化学剂的添加对原料的影响。

（5）化学添加剂

在热解原料中添加一些化学物质，可改变热解产物特性及热解效果。目前研究中常用的化学添加剂有 K_2CO_3、H_3PO_4、KOH、NaOH、$Fe_3(SO_4)_2$、$ZnCl_2$、H_2SO_4、柠檬酸等。不同化学添加剂对热解过程或者产物特性具有不同的影响，如 K_2CO_3 可增大生物炭的比表面积，当污泥添加一定量的 K_2CO_3 时，生物炭的 BET 比表面积在 500℃时达到了 $90m^2/g$，是相同温度下未添加时的 5 倍。Zhang 等研究发现，通过硫酸浸渍，在 650℃热解所得生物炭的 BET 比表面积达到了 $408m^2/g$，而采用 $ZnCl_2$ 浸渍达到了 $555m^2/g$。研究发现，当热解温度为 700℃、KOH 为添加剂时，污泥热解所得生物炭的 BET 比表面积达到了 $1882m^2/g$。Ros 等对比了不同化学添加剂下所得生物炭的特性，研究发现，添加 NaOH 的效果最好，所得生物炭的 BET 比表面积最大达到 $689m^2/g$，比相同条件下添加 H_3PO_4 的最大值要高出 40 倍左右。不同的添加剂具有不同的物理化学性质，如柠檬酸、磷酸易促进中孔及大孔隙的形成，$ZnCl_2$ 易促进生成微孔，而 KOH 最理想的使用温度在 700~900℃。因此，根据需求的目标产物特性及热解条件来选择合适的化学添加剂不仅可以优化提高产物特性，还能提高热解效率。

（6）载气

热解需要在无氧的条件下进行，因此需选用载气为热解系统提供无氧环境，可结合具体情况选择不同的载气。实验室研究主要以 N_2 为载气，CO_2 及水蒸气或 CH_4 及 H_2 等都可作为载气。不同的载气在热解过程中会起到不同的作用，例如，仅提供惰性氛围或者直接参与反应过程。当使用 CO_2 作为热解载气时，在温度高于 550℃时明显改变污泥分解行为，并可提高气态产物和液态产物的含量。在微波加热条件下，高温段（600℃以上）使用 N_2 比氢气产生的气体产物更多，产率分别在 65% 和 25% 左右，产油率却低 3/4 左右，但生物炭产量相当。在常规加热条件下，使用 N_2 比氢气的生物炭产量要多（产率分别约为 85% 和 45%），但产油量明显减少，气体产量相当；同在氢气条件下，微波热解与常规热解的炭、油、气三者的产量相差不大。常规热解的生物炭产量高于微波热解，而在相同的温度范围内，微波热解的油产量高于常规热解。不同于 N_2 环境，氢气环境更利于生物油的产生，N_2 环境的生物油产率约为 25%，而氢气环境的生物油产率在 65% 左右。

12.2.3 污泥微波热解的机理

污泥热解机理包括物质的转化与分解规律、过程产物的类型与作用、热解对重金属的固化作用以及元素的转化规律等。污泥热解机理与诸多因素有关，温度是关键的影响因素之一，不同温度段的热解过程有着显著不同的特点。Zhai 等通过热重（TG）分析将热解分为 180～220℃、220～650℃、650～780℃ 三个阶段，在第二个阶段，醇类、氨类和羧酸几乎全部变成了气体，仅有少量的化合物含有—CH、—OH、—COOH 等官能团。热解反应的初始阶段是挥发性物质的气化，难挥发性物质的热解产物为炭，同时有一定量的焦油和气体，然而在更高的温度下，炭和焦油的二次热解会产生烃类化合物和芳香族化合物。微波热解与传统热解过程存在差异，微波热解各失重阶段存在相互交错，主要因为微波的升温速率快，在较短的时间内达到了有机物分解的温度区间，由于高温段水蒸气向外的传质过程，可推断出微波热解更易形成孔隙结构丰富的生物炭。

污泥热解的主要机制在于脂肪族化合物的分解、原污泥中微生物所含蛋白质的肽键断裂以及官能团的转化，如脂肪酸的酯化和酰胺化等。根据 Menéndez 等的研究，羧基化合物及羧基官能团的分解是温度低于 450℃ 时 CO、CO_2 释放的主要原因。CO 是焦油裂解主要的次生产物，尤其是在高温下。

热解过程中污泥中的炭、H_2O 以及热解过程中生成的 CO_2、CH_4 等物质都存在着相互反应的过程，其反应过程受到产物浓度及反应环境的影响。热解过程中产生的生物炭在气化过程中起着重要的作用，生物炭的多孔性表面为反应物反应提供活性反应点位。Zhang 等用含水率为 84.2% 的湿污泥进行热解研究，认为热解分为两个阶段，当温度低于 600℃ 时，C—H 键的断裂促使 CH_4 和 C_2 烃类化合物的含量上升，而 C=O 键的断裂促使 CO 与 CO_2 含量上升，这一阶段主要为挥发性有机物的分解；当温度高于 600℃ 时，焦油开始分解并伴有 H_2 的产生。

在热解过程中，氨态氮、杂环氮、腈类氮三种中间产物影响热解过程中 NH_3 和 HCN 的形成。在 300～500℃ 时氨态氮的脱氨和脱氢作用的贡献率分别为 8.9%（NH_3）和 6.6%（HCN），而在 500～800℃ 杂环氮和腈类氮的脱氨和脱氢作用的贡献率则分别为 31.3% 和 13.4%，因此通过控制 500～800℃ 的中间产物可减少 NH_3 和 HCN 的排放。Zhang 等在不同微波热解温度条件下研究 N 在炭、油、气三相产物间的转化规律，研究发现，NH_3、HCN 是污泥微波热解过程中 N 的主要存在形式，而在生物炭与生物油中，主要为胺类/氨基化合物、含 N 的杂环化合物及腈类化合物，而随着热解温度的变化，各含 N 化合物的含量也随之改变。由于污泥热解过程复杂，目前的热解机制尚不完全明了，污泥的复杂性，如含水率、各有机物的含量等对不同的污泥各不相同；热解工艺条件不一，如常规热解和微波热解的转化机制存在一定的区别。因此，对污泥热解机制进行深入研究对实际的热解过程具有一定的指导意义。

12.2.4　污泥微波热解产气特性的影响因素

相比常规热解技术，微波热解具有时间短、能源效率高等优点，因此在污泥热解制氢方面，微波热解技术比常规热解技术表现出更高的产氢效率。在微波热解过程中，污泥粒径、含水率、温度以及微波吸收剂形态等因素都会对富氢气体的生成造成影响。

12.2.4.1　污泥在不同粒径下的产气规律

由于粒径对于物料在热解过程中的传热和传质过程有重要影响，粒径常作为研究影响热解过程的重要参数。王伟等开展了红松锯屑在管式电加热炉内热解制取富氢气体的研究，结果表明，物料粒径越小，则热解产气量越大。Li 等研究了生物质在沉降炉内的热解特性，也得到了热解产气量随物料粒径减小而增大的结论。王晓磊等对不同粒径污泥在微波热解过程中固态、液态和气态产物的分布情况进行了分析，发现粒径对污泥微波热解产物影响并不明显，并没有得出粒径越小，产气量越大和热解越彻底的规律。其原因可能是体积加热，加热过程几乎没有传热阻力，整个物料内外受热均匀一致，因此粒径对微波热解过程的影响相对较小；而电加热是由外到内的导热过程，颗粒粒径越小，传热和传质阻力越小，颗粒升温速率加快，热解更彻底，因此粒径对热解过程的影响较显著。

王晓磊等对热解终温为 $850℃$ 时污泥热解气中 H_2、CO、CH_4 和 CO_2 四种气体组分的浓度分布进行分析，发现随着粒径增大，CO 和 H_2 的浓度呈现下降的趋势，而 CH_4 和 CO_2 的浓度呈现上升的趋势，但粒径对气体总量的影响并不明显，四种气体组分的体积分数之和为 $79\%\sim82\%$。随着粒径增大，H_2 和 CO 的总体积分数从 56% 降至 48%，而 CH_4 和 CO_2 的总体积分数由 23% 上升至 33%。表明小粒径有助于提高富氢气体中 H_2 和 CO 的浓度，即随着颗粒粒径减小，促进了 CH_4 和 CO_2 向 H_2 和 CO 的转化。研究表明，CH_4 和 CO_2 可以通过以下反应向 H_2 和 CO 转化：

$$C(s)+CO_2(g)\longrightarrow 2CO(g) \qquad \Delta H_{298K}=173kJ/mol \qquad (12\text{-}3)$$

$$CH_4(g)+CO_2(g)\longrightarrow 2CO(g)+2H_2(g) \qquad \Delta H_{298K}=247.9kJ/mol \qquad (12\text{-}4)$$

$$CH_4(g)\longrightarrow C(s)+2H_2(g) \qquad \Delta H_{298K}=75.6kJ/mol \qquad (12\text{-}5)$$

当颗粒粒径减小时，污泥颗粒的比表面积会增大，从而增大了热解气和固体颗粒之间的接触面积，为式(12-3)～式(12-5) 所示反应的顺利进行创造了更加有利的条件。这可能是减小污泥颗粒能够促进 CH_4 和 CO_2 向 H_2 和 CO 转化的原因。

研究表明，C、Fe 和碱性氧化物对 CH_4 转化为 CO 和 C 具有催化促进作用。式(12-3) 所示反应中参与反应的 C 可能来自污泥热解固定碳，也可能来自作为微波吸收剂的粉末活性炭。王晓磊等考察了热解固定碳和粉末活性炭与 CO_2 之间反应的竞争关系，结果表明，污泥热解固定碳和活性炭与 CO_2 之间反应能力的差别并不大。可见，活性炭中的 C 对气体产物中的 CO 是有贡献的，但贡献并不大，约占热解气体中总 CO 含量的 $7\%\sim10\%$。而实际的贡献量应该更小，因为在实际热解过程中，有大量的热解挥发分产生，因此导致 CO_2 与 C 的接触反应机会减少。

12.2.4.2　不同含水率污泥的产气规律

（1）含水率对热解产物的影响

研究表明，在微波热解和电加热热解过程中，污泥含水率对污泥热解产物均有明显的影响：随着含水率的提高，热解气质量分数逐渐增大，而固相和液相的质量分数则随之减少。在热解过程中，水分的存在会诱导式(12-6) 和式(12-7) 所示反应的进行，从而导致固体产物减少；而液相组分（C_mH_n）则发生式(12-8) 所示的蒸汽重整反应。

$$C(s) + 2H_2O(g) \longrightarrow 2H_2(g) + CO_2(g) \qquad \Delta H_{298K} = 75kJ/mol \qquad (12\text{-}6)$$

$$C(s) + H_2O(g) \longrightarrow H_2(g) + CO(g) \qquad \Delta H_{298K} = 132kJ/mol \qquad (12\text{-}7)$$

$$C_mH_n(l) + mH_2O(g) \longrightarrow mCO(g) + \left(\frac{n}{2} + m\right)H_2(g) \qquad (12\text{-}8)$$

通过分析不同含水率污泥微波热解和电加热热解产物分布可知，微波热解条件下的气体产量比电加热条件下的气体产量提高了 7%～10%，且高水分条件下气体产量的增幅高于低含水率条件下的气体产量增幅。Dominguez 等通过对咖啡壳的热解研究也得到了相似的结构，发现咖啡壳在微波热解中的气体产量比电加热热解的气体产量高 3.0%～4.0%。同时指出焦炭能促进挥发分的二次裂解，而在微波加热条件下焦炭的促进作用更加明显，从而使气体产量升高。

和常规电加热不同，微波具有选择性加热的显著特点，如果被加热物质中含有介电损耗因子很高的物质，该物质就会大量吸收微波而急剧升温，形成热点效应。在热解固相产物中，焦炭具有很高的介电损耗因子，因此容易形成热点效应，在热点位置的温度显著高于周围的温度，对挥发分的二次裂解有更好的促进作用。

在式(12-6) 和式(12-7) 所示反应中参与反应的 C 可能来自污泥热解固定碳，也可能来自作为微波吸收剂的粉末活性炭。研究表明，污泥热解固定碳残渣和水蒸气之间的反应活性显著高于活性炭粉末和水蒸气之间的反应活性，这是由于污泥热解残渣中所含的金属元素对式(12-7) 所示反应具有催化作用。按上述结果，活性炭通过与水蒸气的反应对总气量的贡献为 5%～7%，而实际的贡献量应低于此值，这是因为：一方面，在实际的热解过程中有大量的挥发分和水蒸气竞争 C 的反应位，使得水蒸气和 C 的接触反应机会被降低；另一方面，在微波热解过程中，污泥中大量的水分在 100～200℃时释放出来，在高温段，污泥中的水分含量已经很少，因而水蒸气的重整反应也会明显削弱。

（2）含水率对气体组分分布的影响

在微波加热和电加热两种热解方式下，污泥含水率大小对气体组分分布有明显的影响：随着含水率的增加，H_2 和 CO 的浓度总体呈升高的趋势，而 CH_4 和 CO_2 的浓度总体呈降低的趋势。微波热解过程中，当含水率从 0 增至 83% 时，热解气中 H_2 和 CO 的总体积分数从 52% 上升至 73%；而 CH_4 和 CO_2 的总体积分数从 30% 下降至 17%。而在电加热过程中，随着含水率的增加，H_2 和 CO 的总体积分数从 47% 上升至 60%，而 CH_4 和 CO_2 的总体积分数从 34% 下降至 27%。由此说明，提高污泥含水率促进了 CH_4 和 CO_2 向 H_2 和 CO 的转换。在水蒸气存在的情况下，CH_4 可以通过式(12-9) 所示反应进行蒸汽重整反应转化为 H_2 和 CO，而 CO_2 浓度的降低可能由式(12-4) 所示反应引起，当污泥含水率提高时，污泥在热解过程中水分的蒸发可以产生更高的孔隙率，增大热解气和固相之间的接触面积，从而促进式(12-4) 所示反应的进行。

$$CH_4(g) + 2H_2O(g) \longrightarrow CO(g) + 4H_2(g) \qquad \Delta H_{298K} = 206.1kJ/mol \qquad (12\text{-}9)$$

另外，随着污泥含水率升高，微波热解条件下，H_2 的体积分数从 32% 上升至 42%，而电加热条件下，H_2 的体积分数从 24% 上升至 33%。因此，污泥微波热解在制取富氢气体方面比常规热解有显著优势。

通过对不同温度下干基污泥热解气组分浓度分布进行分析可知，随着热解温度提高，微波热解气中 H_2 和 CO 的浓度明显高于电加热热解气，而 CH_4 和 CO_2 的浓度则明显低于电加热热解气。这说明在高温热解条件下，微波热解固相残留物对式（12-4）和式（12-5）所示反应的催化效果比电加热条件显著增强，促进了 CH_4 和 CO_2 向 H_2 和 CO 的转化。

12.2.4.3　不同热解温度下的产气规律

大量研究表明，温度是对热解过程影响最为显著的参数。温度越高，越容易促进有机质的一次和二次裂解，提高液相和气相产物的总量。通过对不同粒径干基污泥在不同热解温度下的产物分布情况进行分析表明，无论是微波热解或者是电加热热解，热解温度变化对热解产物的分布都有明显影响。当热解终温从 500℃ 升高到 850℃ 时，微波热解和电加热热解的产气量均明显增加，而固体残留物产量均明显减少，高温条件下热解更加彻底。在 500℃ 时，电加热热解的固相产率比微波热解过程低 3.8%，即电加热热解挥发分的析出率明显高于微波热解过程。但电加热热解所析出的挥发分仅有 29.4% 转化为气相产物；而微波热解过程所析出的挥发分有 36.4% 转化为气相产物，气相转化率显著高于电加热热解。

在微波热解和电加热热解中，通过对不同温度段的热解气体组分进行检测分析可知，随着热解温度从 450℃ 升高到 950℃，两种热解方式所得的 H_2 和 CO 浓度均显著升高。温度的升高促进了挥发分大分子化合物的二次裂解，提高了小分子气体化合物的产量；而且从式（12-3）~式（12-9）可以看出，这些反应都属于吸热反应，温度升高促使反应向右进行，使 CH_4 和 CO_2 更多地转化为 H_2 和 CO。

温度升高对 CH_4 和 CO_2 浓度的影响可从两方面考虑：一方面，温度升高促进了挥发分的二次裂解，有利于提高 CH_4 和 CO_2 等小分子气体组分的浓度；另一方面，温度升高促进了式（12-3）~式（12-9）所示反应向右进行，使得 CH_4 和 CO_2 的浓度降低。因此，CH_4 和 CO_2 的最终浓度是上述两方面因素综合的结果。

同时可知，随着温度的升高，CO_2 和 CH_4 的浓度变化呈先上升后下降的趋势。在 450~600℃，CH_4 和 CO_2 的浓度最低，这是由于在低温条件下 CO_2 和 CH_4 的生成率较低；随着温度进一步升高，挥发分二次裂解加强，CH_4 和 CO_2 的浓度呈上升趋势；但进一步升高热解温度也促进了式（12-3）~式（12-9）所示反应的进行，使得 CH_4 和 CO_2 的浓度又有所降低。在 450~600℃，污泥微波热解和电加热热解的产氢浓度相当，当热解温度高于 600℃ 时，微波热解在产氢能力方面相比电加热热解开始体现出显著优势。

12.2.4.4　不同形态微波吸收剂作用下的产气规律

相比粉末态吸波剂，固定形态吸波剂作用下不同含水率污泥的热解气产量都有所提高，液相产量则有所降低，固相产量没有明显变化。这是因为，固定形态吸波剂可以促进热解挥发分向气相的转化，从而提高热解产气量。分析原因，这可能与固定形态吸波剂的特殊结构有关。采用固定形态吸波剂，污泥填充于吸波剂内，在热解过程中，这种结构一方面延长了热解气在吸波剂内的停留时间，另一方面增大了热解气和高温吸波剂之间的接触面积，两者都有利于促进挥发分的二次裂解，提高产气量。

另外，两种形态吸波剂作用下热解气的组分浓度较相近，固定形态吸波剂作用下的 H_2 和 CO 浓度略高于粉末态下的浓度。高温条件下（850~950℃），固定形态吸波剂对 H_2 浓度的促进效果较明显，H_2 的体积分数比粉末态吸波剂作用下的略有提高。

固定形态吸波剂在完成热解后很容易和污泥颗粒进行分离，实现其重复利用。因此，固定形态吸波剂在提高产气率和经济性方面相比粉末吸波剂有一定优势。

12.3 ⊙ 污泥气化剂气化

污泥气化剂气化通常简称为污泥气化，是在一定的热力学条件下，借助气化剂作用，使污泥中的有机质和纤维素等高聚物发生热解、氧化、还原、重整反应，热解的产物焦油进一步催化热裂化为小分子烃类，获得含 CO、H_2、CH_4 和 C_mH_n 等烃类的燃气。

污泥气化系统占地面积小、减容效果明显、能源利用效率高，同时有害气体排放量低，因此近年来取得了一定的进展。与焚烧相比，气化产生的可燃气可以有多种用途，如输送到现有锅炉或窑炉中燃用，同时由于气化、燃烧过程可以利用余热干燥污泥中的水分，不必外加辅助燃料，从而降低运行费用。

12.3.1 污泥气化的工艺流程

污泥气化一般是经过"干燥→气化生成可燃性气体产物→气体燃烧"过程实现洁净处理、能量回收利用，其工艺流程如图 12-6 所示。该工艺涉及污泥的干燥、输送、热解气化、燃气的输送及燃烧等很多过程，其中燃烧过程为气相燃烧，易于控制；干燥所需的热量可以来自气化可燃气体的燃烧，即源自污泥，实现能量自给。

污泥气化过程包含一系列化学变化过程，是含碳物质挥发释放的热分解过程，使原始污泥分解出几种气体，气化产物主要是气体、炭黑和油，每种气体的产生量受气化温度的影响，气化温度升高，产生的气体质量增加，而炭黑和油的质量下降。图 12-7 所示为预干燥市政污泥的热解产物随温度变化的情况。

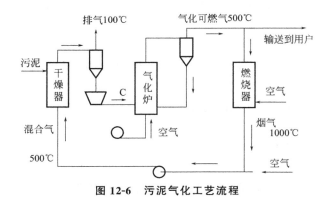

图 12-6　污泥气化工艺流程　　　　图 12-7　热解产物随温度变化的情况

污泥气化的气体产物主要由 H_2、CO、CO_2 和 C_mH_n 组成，而每一种气体的量主要取决于污泥的种类和气化温度。表 12-1 为同一种污泥在不同温度气化时各气体产物组成，随着气化温度升高，气化产生的 CO 量增加而 CO_2 和 C_mH_n 的量减少。图 12-8 所示为不同种类污泥气化时的气体产物组成。对于绝大部分污泥来说，气体产物中 CO 的量最大，其次是 C_mH_n。

表 12-1　同一种污泥在不同温度气化时的气体产物组成

组分	不同温度下各组分含量/%			
	620℃	670℃	760℃	830℃
H_2	2.5	2.59	3.2	4.62
CO_2	24.4	18.32	15.39	7.25
CO	28.63	34.62	43.32	66.17
C_mH_n	33.54	36.04	31.12	16.45

　　污泥中的碳有两种存在形式：挥发分碳和固定碳，污泥中的碳在气化时绝大部分随着挥发分挥发出去，如图 12-9 所示，在气化温度较低时，污泥中 40%～60% 的碳随挥发分释放出去，如果温度升高到 700℃，70%～80% 的碳随挥发分释放出去，如果再升高温度，则污泥中碳随挥发分释放的比例几乎不再改变。挥发分碳和固定碳的这种分配比例是所有污泥的共性，与污泥的种类、水分含量、气化起始温度无关，在燃烧温度时，绝大部分碳是挥发分碳。

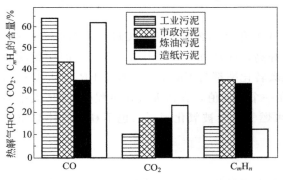

图 12-8　不同种类污泥气化时的气体产物组成

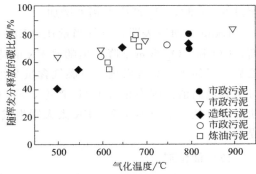

图 12-9　气化温度对随挥发分释放的碳比例的影响

　　Midilli 等和 Dogru 等认为污泥气化是一种很好的污泥资源化处置方法，可以用来生产低品质燃气。在 1000～1100℃ 条件下，污泥的气化产物中含有 H_2、CO、CH_4、C_2H_2 和 C_2H_6 等可燃成分，其中 H_2、CO 和 CH_4 的含量最大，分别占总气体量的 10.48%、8.66% 和 1.58%，可燃成分占全部气体产物的 19%～23%，其他为 N_2 和 CO_2。气体的热值（标准状态）在 2.55～3.2MJ/m^3 之间，这些可燃成分可以用来补偿气化过程中所需的能量。在污泥气化过程中，绝大部分的重金属被稳定到固体半焦中，只有 Hg 会伴随气体和颗粒物而散发出去，可通过气体过滤装置减少 Hg 对大气的污染。

　　虽然在气化过程中会控制条件朝着有利于气体生成的方向进行，但是不可避免地会生成少量的焦油，焦油的产生会造成能量损失、环境污染，并会堵塞管道和腐蚀设备等，如何减少气化过程中的焦油产生量是实现工业化应用亟须解决的问题。另外，污泥气化处理的成本较高，对于年处理 800～1000t 污泥的气化厂，每吨污泥的处理成本达到 350～450 欧元，如此高的处置成本，很难被发展中国家所接受。

　　污泥气化可依所用气化剂的不同而分为空气气化、氧气气化、水蒸气气化、二氧化碳气化、空气-水蒸气气化、氧气-水蒸气气化、氢气气化和空气-氢气气化等，其中应用较多的是空气气化、氧气气化和水蒸气气化。

12.3.2 污泥气化过程的影响因素

影响污泥气化的主要因素包括温度、催化剂、气化介质及一些其他因素，其中有些因素起主要作用，有些因素只起次要作用。

（1）温度

温度是影响气化结果的重要参数之一。随着温度的升高，一次反应在得到加强的同时，二次反应的作用也被进一步提升，即其中的大分子烃类在高温下发生二次裂解，生成更多小分子气体；同时大部分蒸汽重整反应都是吸热的，这可以解释为较高的温度有利于热裂解和蒸汽重整反应，更有利于产气量的增加和 H_2 的生成。

Kang 等研究表明，当温度达到 800℃ 时，H_2、CH_4、C_2H_6 和 CO 的含量增加，原因是温度升高促进了水煤气反应 [式(12-6)、式(12-7)] 和水汽变换反应 [式(12-11)] 的进行，使产气中 H_2 的含量显著增加，同时 CO 的含量提升。由于此过程中发生了一系列化学反应，产气中 CH_4、C_2H_6 的含量也有一定的提升。张艳丽等也得到了相同的结论，当温度超过 850℃ 时，H_2 产率大幅度增加。

Kang 等研究表明，空气当量比（ER）从 0.1 升至 0.2 时，H_2、CH_4 和 C_2H_6 含量升高，CO 和 CO_2 含量下降，但随着 ER 的持续升高，即从 0.2 升至 0.3，得到与前期相反的趋势。王伟等研究也发现，可燃气含量及污泥碳转化率都与 ER 相关，且在 ER 为 0.3～0.4 时达到最高值。因为相对于 H_2 产率，ER 存在一个最大值，在污泥气化过程中，ER 太小会使温度过低，反应不完全；ER 太大则生成的可燃气体会被氧化消耗，也不利于气体品质的提高。

（2）催化剂

污泥自身含有一定量的重金属，在气化过程中可以起到一定的催化作用，在一定程度上提高产物的产率和质量，并对气化过程的工艺条件也有一定的影响。一般而言，包括污泥在内的生物质催化气化制氢的催化剂主要有天然矿石、镍基催化剂、碱金属及复合催化剂，它们对焦油裂解都有显著的催化效果。调整产物的分配，开发使用寿命长、机械强度高、活性好的催化剂是今后的发展方向。

de Andres 等研究了流化床中空气和空气-水蒸气气氛下催化剂对污泥气化过程的影响，催化剂的使用对降低焦炭产率有很大的影响，白云石、Al_2O_3、橄榄石 3 种催化剂相比，白云石的效果最佳，橄榄石的效果欠佳；白云石和 Al_2O_3 催化剂能在增加 H_2 和 CO 产量的同时降低 CH_4、CO_2 及 C_mH_n 的产量。Hong 等研究了固定床中催化剂在污泥气化中减少结焦的作用，使用白云石、钢粉和氯化钙 3 种催化剂，反应温度升到 800℃ 时，气体产物和液体产物量增加，焦炭量下降，污泥中有机组分的 C—H 键发生断裂，生成相应的 H_2 和烯烃；随温度升高，3 种催化剂作用下的焦炭产率均有下降，氯化钙对 H_2 和 CH_4 的选择性较高，对 CO_2 的选择性较低。Chiang 等采用 2 段气化装置，分别填充了分子筛、白云石和活性炭，试验结果表明，气化净化装置的加入可以大幅度降低焦油的产率，尤其对焦油中环状的烃类有大幅度的减少效果，气体产率增加，能量转化率也有所提高。

（3）气化介质

富氧气化比空气气化有更好的效果和操作性能，但富氧气化增加了运行费用，相比而言，空气气化较为常见。又由于水蒸气的参与能大幅度增加可燃气体的质量，水蒸气-空气做气化剂是不错的选择，也广受研究者关注。

Werle 和 Dominguez 等研究证实了湿污泥热化学处理方法的可行性，由于水蒸气、有机挥发物和气体三者之间的完全反应，有利于提高富氢气体产率的条件是较快的升温速率、逐渐升高的温度和较低的气氛流率。Willams 发现，在 1000K 下，水蒸气的加入极大地影响着 H_2 的产率，这是因为在高温时水蒸气的加入有利于式(12-6)～式(12-8) 所示反应的发生；温度和水蒸气的相互作用可以得到高产率的 H_2、CH_4 和 C_2～C_4 气体，去除生成的 CO_2 也能增加富氢气体的产率。Xie 等也得到了相同的结论，温度升高时，污泥中的水分气化，形成水蒸气氛围，促进了富氢气体的生成，随污泥中水分含量提升，厌氧消化污泥和未消化污泥气化生成 H_2 和 CO_2 的趋势差别越来越明显，但 CO 的生成趋势趋于一致。Mun 等探讨了操作变量对污泥气化产气特性的影响，发现污泥含水率直接影响着产气品质，尤其是 H_2 的产率；污泥含水率为 30% 时，可获得最大的 H_2 产率（32.1%），表明污泥气化过程是一种稳定产气，并可获得高 H_2 含量、低焦炭含量污泥的处理方式。

（4）其他因素

污水处理工艺对污泥气化过程也有一定的影响。李涛等研究了 3 种不同性质污泥的气化特性，发现续批式活性污泥（SBR）工艺的未消化污泥气化气中 CO、CO_2 的含量最高，H_2、CH_4 和 C_mH_n 的含量最低；厌氧-缺氧-好氧（A^2/O）工艺的未消化污泥气化气中 CO、CO_2 的含量最低，CH_4 的含量最高；活性污泥法的未消化污泥气化气中 H_2 和 C_mH_n 的含量最高。3 种污水处理工艺污泥的气化气热值依次升高。

气化技术除了可以应用于单一污泥原料的处理，也可用于污泥与其他生物质的共气化过程。Peng 等研究表明，含水率为 80% 的湿污泥与林业废弃物共气化的失重速率随林业废弃物含量增加而增加，并且湿污泥蒸发的水蒸气与气化的残渣发生反应；污泥含量减少有利于气体的生成，在湿污泥质量分数达到 50% 时，H_2 和 CO 有最大的产量。焦李和 Seggiani 等也得到类似的结论，并发现得到的燃气中多环芳烃（PAHs）和呋喃等有害物质含量有所降低。

12.3.3　污泥气化设备

污泥气化产生可燃气体的主要设备是气化炉，设计高效廉价、操作简单的气化炉，是实现污泥气化技术规模化应用的最主要前提。根据物料的运动特性，目前采用的污泥气化炉主要分为固定床、流化床和气流床气化炉。

（1）固定床气化炉

固定床气化炉具有一个容纳原料的炉膛和承托反应料层的炉栅。根据固定床气化炉内气流运动的方向和组合，固定床气化炉又分为上吸式气化炉、下吸式气化炉、横吸式气化炉及开心式气化炉，应用最多的是下吸式固定床气化炉和上吸式固定床气化炉，如图 12-10 所示。

下吸式固定床气化炉的特点是在床的底部设有一个收缩喉口区，污泥自炉顶投入炉内，气化剂由进料口和进风口进入炉内，污泥和气体同向通过高温喉口区（直径为 180mm）向下流动，污泥在喉口区发生气化反应，热解产生气体、液体与固体产物，大多数热解气体的主要成分为 H_2、CO_2、CO、CH_4 和少量的烃类化合物（如乙烷）；热解液体一般含有乙

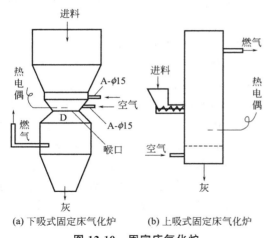

（a）下吸式固定床气化炉　　（b）上吸式固定床气化炉

图 12-10　固定床气化炉

醇、乙酸、水或焦油等；热解固体残余物含有炭（如木炭）及灰分等；产生的焦油通过喉口高温区在炭床上部分裂解。

下吸式固定床气化炉的特点是：结构简单，工作稳定性好，可随时进料，气体下移过程中所含的焦油大部分被裂解，但出炉燃气的灰分较多（需除尘），燃气温度较高。整体而言，该炉型可以对大块原料不经预处理而直接使用，焦油含量少，构造简单。

对于上吸式固定床气化炉，气体流动方向与污泥移动方向相反，污泥自炉顶投入炉内，气化剂由炉底进入炉内参与气化反应，反应产生的燃气自下而上流动，由燃气出口排出。沿炉的高度方向从上往下依次分布着干燥层、热解层、还原层和氧化层，在气化过程中，燃气在经过热解层和干燥层时，可以有效地进行热量传递，既用于污泥的热解和干燥，又降低了自身的温度，大大提高了整体热效率。同时，热解层、干燥层对燃气具有一定的过滤作用，使其出口灰分降低，但是其构造使得进料不方便，小炉型需间歇进料，大炉型需安装专用的加料装置。整体而言，该炉型结构简单，适用于不同形状尺寸的原料，但生成气中焦油含量高，容易造成输气系统堵塞，使输气管道、阀门等工作不正常，加速其老化，因此需要进行复杂的燃气净化处理，给燃气的利用（如供气、发电）设备带来问题，大规模的应用比较困难。

一般而言，固定床气化炉结构简单，运行温度约为 $1000\,℃$，但所产可燃气的热值较低（约 $4\sim6MJ/m^3$），其组分一般为：N_2（$40\%\sim50\%$）、H_2（$15\%\sim20\%$）、CO（$10\%\sim15\%$）、CO_2（$10\sim15\%$）、CH_4（$3\%\sim5\%$）。

（2）流化床气化炉

流化床污泥气化系统主要包括气体发生器及气体净化装置两大部分，其工艺流程如图 12-11。与上吸式及下吸式固定床气化炉不同，流化床气化炉没有炉箅，鼓入气化炉的适量空气经布风板均匀分布后将床料流化，粒度适宜的污泥由供料装置送入气化炉，并与高温床料迅速混合，在布风板以上的一定空间内剧烈翻滚，在常压条件下迅速完成干燥、热解、燃烧及气化反应过程，从而生产出需要的燃气。

流化床气化炉具有气固接触混合均匀和转换效率高的优点，是唯一在恒温床上进行反应的气化炉。根据污泥的特性，流化床气化炉的运行温度一般为 $800\sim1000\,℃$，污泥进入流化床气化炉后，首先干燥，然后开始反应，也就是热解。这时，污泥中的有机物转化为气体、焦炭及焦油。部分焦炭落入循环流化床的底部，被氧化生成 CO、CO_2，释放出热量。此后，以上得到的产物向流化床上部流动，发生二次反应，可分为异相反应（即焦炭参与其中的气-固反应）和均相反应（即所有反应物均为气体的气-气反应）。反应生成的可燃气携带部分细尘进入旋风分离器，大部分固体颗粒在旋风筒内被分离，然后返回流化床底部。由于床料比热容大，即使水分含量较高的污泥也可直接气化。因其气化强度高，且供入的污泥量及风量可严格控制，所以以流化床气化炉非常适合于大型污泥处理系统。

流化床气化炉包括鼓泡流化床、循环流化床及双流化床等炉型，比较常见的是前两种。

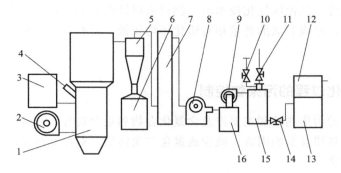

图 12-11　流化床气化工艺流程图

1—气化器；2—鼓风机；3—料仓；4—减压机；5—除尘器；6—灰仓；7—冷却塔；8—1 号风机；9—2 号风机；
10—火焰监视器阀门；11—排空阀；12—水封；13—过滤器；14—供气阀；15—2 号除焦器；16—1 号除焦器

鼓泡流化床气化炉是最简单的流化床气化炉，气化剂由布风板下部吹入炉内，污泥在布风板上部被直接输送进入床层，与高温床料混合接触，发生热解气化反应，密相区以燃烧反应为主，稀相区以还原反应为主，生成的高温燃气由上部排出。鼓泡流化床气化炉的气流速度较慢，比较适合颗粒较大的原料，生成气中的焦油含量较少，成分稳定，但飞灰和炭颗粒夹带严重，运行费用较大。

循环流化床气化炉相对于鼓泡流化床气化炉而言，流化速度较高，生成气中含有大量的固体颗粒，在燃气出口处设有旋风分离器或布袋分离器，未反应完的炭粒被旋风分离器分离下来，经返料器送入炉内进行循环反应，提高了碳的转化率和热效率。其特点是：运行的流化速度高，约为颗粒终端速度的 3~4 倍，气化空气量仅为燃烧空气量的 20%~30%；为保持流化高速，床层直径一般较小，适用于多种原料，生成气的焦油含量低，单位产气率高，单位容积的生产能力大。

（3）气流床气化炉

气流床气化工艺过程为：污泥与气化剂经喷嘴喷入气化炉的燃烧区，由于该处温度高达 1500~2000℃，因此污泥中的残余水分快速蒸发，同时由于热解反应速率大大高于污泥的燃烧速率，所以细小的颗粒开始发生快速热解，即脱挥发分，生成半焦和气体产物，挥发分中的活性可燃成分如 CO、H_2、CH_4 及焦油与 O_2 发生气相燃烧反应，生成 CO_2 和 H_2O，并放出热量供污泥继续热解及气化反应的进行。由于气相燃烧反应速率很快，因此一般认为在有 O_2 存在的情况下，上述气相燃烧反应能达到完全，亦即在 O_2 存在时，气相中不含 CO、H_2、CH_4 和焦油。污泥中的挥发分析出后，发生半焦燃烧及气化反应，与水蒸气及 CO_2 反应，此时如仍有 O_2 存在，则在气相中仍发生 CO 和 H_2 燃烧反应。气化炉中的 O_2 反应完后，半焦与水蒸气、CO_2 和 H_2 等继续发生气化反应，同时气相中还有变换反应和 CH_4 裂解反应等。对气流床气化，一般将变换反应和甲烷化反应视为平衡反应。

固定床、流化床和气流床三种气化炉各有其优缺点。固定床气化技术由于主气化层建立在灰熔融的高温区附近，燃料在炉内停留时间长，气化剂在炉内的气流速度低，吹风蓄热，加上采用上、下轮吹制气，使得炉内热利用率高、蒸汽分解率高，初净化容易，排灰和排气温度较低，炉内热损失少，因此具有省氧、省蒸汽、省投资且气化效率高的优势，提高碳转化和整体热效率及降低运行费用的关键在于优化操作工艺。流化床气化技术由于备料简单，炉温较低、均匀，使工艺简化、方便，设备制造不复杂，且投资不太大，具有规模适中、操作很容易掌握等优势。气流床气化技术由于燃料适应性强，炉子操作温度高，热效率高，合成气中有效组分高，原煤和氧的耗量相对流化床均较低，具有运行可靠、自动化程度高、环保性能良好等优势。

12.3.4 污泥气化过程的污染物控制

污泥气化过程的污染物控制主要涉及含氮化合物和重金属等，掌握这些物质在污泥气化过程中的形成分布规律及影响因素，减少或避免二次污染，对保证污泥的无害化处理具有重要的理论和现实意义。

Paterson 等研究了污泥气化时 HCN 和 NH_3 的释放特性，结果显示，HCN 浓度随气化温度的升高而增加，表明 HCN 是含氮化合物分解的初级产物，而随气化时间的延长而降低，这是由于 HCN 分解成了 NH_3；气化剂中水蒸气的存在可以促进 HCN 的生成；NH_3 浓度随气化温度的升高而不断下降，系由 NH_3 分解为 N_2 和 H_2 所致。王宗华等对污泥热解和气化过程中 NO_x 前驱物的释放特性进行分析发现，与热解条件对比，气化条件下 NO 开始快速生成的温度较高，NH_3 的温度则基本相同，而 HCN 生成完成时的温度则较低。李爱民等研究认为，污泥经气化-焚烧两段处理后烟气中 NO_x 和 SO_2 的最高排放浓度均远低于国家排放标准。Azner 等也对污泥热解气化时氮化物的形成过程进行了研究，发现大部分氮元素形成了气态产物，且主要以 N_2 形式存在，随着气化温度的升高，NH_3 和含氮焦油的产量降低而 N_2 含量增加。Ferrasse 等还对污泥水蒸气气化时氮化物的行为特征建立了模型，用于预测 NH_3 的排放。Zhang 等对污泥和煤共气化时磷的行为进行了研究，结果表明，磷的挥发程度随气化温度的升高而增大，且挥发过程主要发生在热解阶段，当热解温度低于1100℃时，主要是有机磷化物的挥发，即使温度高达 1200℃，无机磷仍未明显挥发；经过气化后，大部分的磷以玻璃化形态存在于灰渣中。

Reed 等研究了污泥气化时痕量元素的分布规律，表明固体残渣不含汞，钴、铜、锰和钒既未在床体残渣中损耗，也未富集带入气体净化设备中的细料中，床体残渣中钡、铅和锌的损耗因污泥类型的不同而异，当气化温度大于 900℃时，铅在细料中的富集似乎会增加。Marrero 等的研究结果表明，镉、锶、铯全部滞留在焦炭中，少量的砷发生了迁移，其在烟气中的检测量稍微高于 1%。

当然，由于污泥灰分含量相对较高，气化最终会产生大量灰渣，因而需进一步挖掘污泥气化残渣的利用价值，减少处理成本。

12.3.5 污泥气化产物的特性

污泥气化的主要目的之一是获得热值更高、产率更大的可燃气体，因此国内外学者对污泥气化产物的析出特性和组成进行了大量研究。

Manya 等采用鼓泡流化床研究了床层高度和空气当量比对污泥气化的影响，结果发现，H_2、CO、CH_4、C_2H_4 和 C_2H_6 的浓度均随床层高度的增加而增大，随空气当量比的增加而减小，而 N_2 的浓度随床层高度和空气当量比的变化规律正好相反；空气当量比对产气成分的影响要大于床层高度，产气量和产气中碳回收率随空气当量比和床层高度的增加而增大。Petersen 等考察了空气当量比、气化温度、给料高度和流化速度对污泥在循环流化床中气化特性的影响，研究认为，影响产气的主要因素是空气当量比，其最佳值为 0.3，尽管气化温度越高气体热值越大，但温度过高可能使灰分发生熔融、团聚和烧结；给料高度越低，颗粒混合越均匀，同时气体流速越大，对气化气产量和品质的提高越有利。

Xie 等利用外热下吸式固定床气化实验装置研究了污泥水分含量对 3 种不同性质污泥空气气化特性的影响，结果表明，气化气中 CO、CH_4 和 H_2 含量，气化气热值以及水相生成量均随着污泥水分含量的增加而增加，而 CO 含量和焦油生成量则呈下降趋势；污泥厌氧消化降低了 CO、CH_4、H_2、C_mH_n 含量以及气化气品质，而污水处理工艺中的厌氧过程可改善气化气品质；随污泥水分含量的增加，两种不同性质消化污泥气化气中 CO、CO_2 和 H_2 含量的差距逐渐变大，而消化与未消化污泥气化气中 CO 含量的差距则趋于接近。他们还指出，升高气化温度可有效提高气化气中可燃组分的含量，减小空气流量有利于气化气品质的提高；污泥厌氧消化使气化气品质降低，不同污水处理工艺亦会对污泥气化气品质和热值产生影响。

Nipattummakul 等认为污泥的水蒸气气化可以提高氢气含量，考察了不同水碳比对污泥水蒸气气化时合成气产率及组成、氢气产率、能量利用率和表观热效率的影响。结果表明，污泥气化时的表观热效率与工业冷煤气效率相当，最优水碳比为 5.62，与热解相比，气化对污泥的能量利用率可提高 25%；气化温度越高，氢气产量越大，水蒸气氛围时的氢气产率是空气氛围下的 3 倍，对比纸张、餐厨垃圾和塑料，污泥气化持续时间更长，且其产氢量高于纸张和餐厨垃圾。Juan 等发现水蒸气和催化剂的加入可显著提升 H_2 的产量，同时催化剂的存在可提高燃气的产量和热值；氧化铝和白云石可以增加 H_2 和 CO 的含量，降低 CO_2 和烃类气体的含量。

Seggiani 等的研究结果表明，当污泥与传统的木质生物质进行共气化时，由于污泥灰分含量高且灰熔温度较低，致使污泥含量过高时共气化反应变得不稳定，同时随着污泥含量的升高，气化气的产率、低位热值和冷煤气效率均有所降低。Saw 等对木材与污泥的共气化进行了研究，发现随着污泥含量的增加，H_2 与 CO 的比值由 0.6 增至 0.9，而合成气产量和冷煤气效率却各自急剧降低了 53% 和 43%，污泥单独气化时，用 H_2O 作为气化剂的 CO 和 H_2 产量比其他气化剂高 40%。

污泥的热解气化过程经历污泥热解和污泥热解产物气化两个阶段，因此亦有对污泥热解半焦气化特性进行研究的。Nilsson 等的研究表明污泥热解半焦的气化反应性约是 CO_2 氛围下的 3 倍。张艳丽等对污泥热解半焦的水蒸气气化进行了实验研究，指出随着气化温度的升高，气体产率和燃气中 H_2 含量均有所升高；最佳固相停留时间和水蒸气流量分别为 15min、1.19g/min；添加催化剂可提高 H_2 的产量。Lech 等利用天平对污泥热解半焦在 O_2、水蒸气和 CO_2 氛围下的气化特性进行对比分析表明，最有效的气化剂是含有 O_2 的气态混合物，其反应温度在 400~500℃，而 CO_2 和 H_2O 条件下完成碳转化的温度更高，为 700~900℃；采用容积模型和收缩核模型描述了半焦碳转化率对气化反应速率的影响，发现收缩核模型能够有效预测 CO_2 和 O_2 氛围下半焦的气化速率，而容积模型最适合于半焦的水蒸气气化；由实验数据估算的动力学参数与文献中木质半焦气化反应相一致。

12.3.6　污泥气化技术的应用

焚烧技术、热解技术和气化技术是基于污泥自身储存能量再利用、实现污泥减量化、资源化的 3 种热化学处理技术，具有良好的发展前景。其不同之处在于总能量消耗量，以及固、液、气 3 种产物的产率。表 12-2 为污泥焚烧、热解和气化技术的主要参数对比。

表 12-2　污泥焚烧、热解和气化技术主要参数对比

热化学技术	资源化程度	处置温度	环境指标	处置规模	经济性	产物性能指标
焚烧技术	CO_2、灰渣、热量	高温	容易产生二次污染	占地面积小，减量化显著	一次性投资大，需国家补贴	回收热用来生产蒸汽和电能
热解技术	焦油、焦炭、气体	$600\sim900℃$以上	重金属固化，减少二次污染	灵活度高，大小型均可	550℃理论上可达到能量平衡，有一定的经济效益	处理 1t 污泥可得到 $200\sim250m^3$ 燃气
气化技术	可燃气、建筑材料	1000℃以上	接近零排放	大型化	全封闭式，有良好的经济效益	处理 1t 污泥可得到 $3000\sim3500m^3$ 燃气

虽然污泥气化技术需要能量的再投入，但综合而言是比较有前景的技术之一。Chun 等采用热解、气化技术处理污泥，试验在固定床中进行，对比了污泥处理后气体、焦油、焦炭的产率。通过水蒸气气化技术处理污泥可得到最大产气量，其原因是经过水蒸气重整后，H_2 和 CO 的含量较高。然而，目前污泥气化工业化的项目和企业仍然较少，相关数据的缺乏限制了该技术的推广。

污泥气化技术在实际应用方面也有一些成果。德国巴林根斯瓦比亚城市污水处理厂从 2005 年开始研究污泥气化技术并取得成功，可将污泥气化产生的可燃气体用于发电，提供自身运行所需的能量，处理后的剩余泥渣也可用于建筑产业或筑路。日本已成功开发出一套系统，将污泥在流化床中气化，得到的合成气用于发电，从而大幅度减少了温室气体的排放。15t/d 的装置试验厂已在 2005 年建成，并成功运转，此技术的推广将减少一半以上温室气体排放，并节约 19% 的能源投入。德国于 2010 年在曼海姆建立了 3 条生产线，总计可以处理 10000t/d 污泥。污泥经预处理后进入气化炉，再将产生的可燃气经过气体净化器和燃气发电机，最后可输出电力，其基本流程见图 12-12。

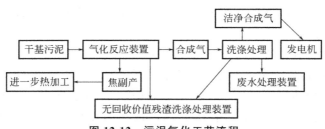

图 12-12　污泥气化工艺流程

南京工业大学开发了高湿基污泥与林业废弃物共气化技术并成功进行了中试实验。200kg/h 的污泥与林业废弃物（如锯末、木屑粉）的混合物进入气化装置，经间接换热后达到气化温度，气化气可直接用于燃烧或经净化后发电。在气化过程中，由高湿基污泥产生的水蒸气与碳基发生反应，增大了可燃气的产量，提高了可燃气的品质。

气化反应的核心设备分为固定床气化炉和流化床气化炉，二者的适用范围不同。固定床气化炉主要应用于锅炉供热，运行模式灵活，操作方便，适用于小规模生产；流化床气化炉主要用于发电供电，设备复杂，适用于大型化、工业化生产。但它们都存在一定的技术问题，如产生的燃气中焦油和灰尘含量较高，易对后面的管道和设备造成不利影响。目前对焦油的处理技术还不成熟，一般采用催化裂解的方法，是今后亟待解决的问题，同时各种新工

艺、新设备的研究也将进一步推进污泥气化技术的发展。

12.4 ⭕ 污泥水热气化

污泥水热气化是通过控制合适的工艺条件，直接将有机污泥转化生成高能量密度的气体产物（清洁燃气）、液体产物（生物油）、固体产物（焦炭），但以追求气体产物产率为目标的一种水热处理技术。

12.4.1 污泥水热气化的工艺流程

有机废弃物的水热气化技术是一种高效制气技术，通常反应温度为 $400 \sim 700 ℃$，压力为 $16 \sim 35 MPa$。与传统的热化学转化方法相比，水热气化技术显著地简化了反应流程，降低了反应成本。水热气化产物中氢气的体积分数可以超过 50%，并且不会产生焦炭、焦油等二次污染物。另外，对于含水量较高的有机废弃物，如餐厨垃圾、有机污泥等，水热气化反应也省去了能耗较高的干燥过程。一般来说，经水热转化后所得气体产物的成分主要包括 H_2、CH_4、CO_2 以及少量的 C_2H_4 和 C_2H_6。对于含有大量蛋白质类物质的有机废弃物，产生的气体中还会含有少量的氮氧化物。

根据工艺形式的不同，有机废弃物的水热气化可分为连续式、间歇式和流化床三种主要工艺。其中，间歇式最简单，易于操作，适用于几乎所有的反应物料，但内部反应机理复杂，升温速率慢，适合于产量低的小规模生产。连续式工艺进料混合均匀，反应时间短，适合产业化发展，但易堵塞和结渣。流化床工艺得到的气体转化率相对较高，焦油含量低，但是工艺成本较高，设备复杂不易操作。

根据工艺条件的不同，污泥水热气化可分为亚临界水气化和超临界水气化，目前研究较多的是超临界水气化技术。东京科技大学、东京大学、广岛大学等高校的多位教授经全面分析比较后表明，有机废弃物超临界水气化技术在经济上比传统厌氧发酵、热解等气化技术有显著优势。在超临界水气化过程中，由于 CO_2 能被高压水吸收，可实现与 H_2 的初步分离，由此得到的高压富氢气体可在高压下与膜分离及变压吸附技术进行集成，实现 CO_2 的富集分离、H_2 的提纯与资源化利用。当此气体作为燃料电池的原料时，能够大幅度提高系统能量的综合利用率。美国夏威夷大学、日本东北大学、美国太平洋国家实验室、德国卡尔斯鲁厄研究中心等对超临界水气化的操作参数、反应机理、催化剂、反应装置等方面进行了大量的实验研究与理论分析，并取得显著进展。

12.4.2 水热气化过程的影响因素

以有机废弃物为原料，采用水热气化技术制取气体燃料和高附加值化学品，具有产率高、适应性强和无污染等优点，是一项具有应用价值和开发前景的新能源转化技术。从 20世纪 80 年代开始，越来越多的学者投入到有机废弃物水热处理技术的研究中，他们考察了多种因素（如反应温度、催化剂、停留时间等）对水热处理产物的影响。

（1）反应温度

反应温度是有机废弃物能源转化过程中的一个重要影响因素。由于有机废弃物来源广泛，组分复杂，各组分在高温高压水中的热稳定性存在明显差异。随着反应温度的变化，反应路径也会随之变化。一般而言，反应温度越高，聚合物降解形成液相产物越容易，生物油的产率也会随之提高。进一步提高温度将促进有机废弃物碎片降解形成气相产物，导致气体和挥发性有机物的增加，不利于生物油的产生。在某一临界温度之下，形成液相产物的反应过程将优于形成气相产物的反应过程，而在某一临界温度之上，趋势则刚好相反。Karagöz等研究发现，高温下（250～280℃）的产油率随反应时间延长而减少，而低温（180℃）时则随反应时间延长而增加，这可能是由于在较长的反应时间下，生物油会发生二次反应，生成焦和气体。Akhtar 提出了类似的观点，在较高的反应温度条件下，二次分解和气化反应（形成气相产物）将变得活跃。总的来说，较高的反应温度更有利于中间产物/液相/固相产物发生脱羧基、分解、气化和脱水反应，从而生成更多的气相产物和水。

（2）催化剂

添加催化剂能提高产物的产率和过程的效率。按催化剂的类型可分为均相催化剂和非均相催化剂。超临界水气化过程中经常使用非均相催化剂（如金属催化剂、活性炭、氧化物等）来增加气体产物的产率。

近年来，非均相催化剂多数应用于超临界水气化过程中，目的是在较低温度下水热处理有机废弃料，加快气体的生成速率。同时，催化剂可以改变反应方向，使得反应向目标产物的生成方向发生。Azadi 和 Farnood 综述了生物质亚临界及超临界水气化过程中不同种类的非均相催化剂在气化过程中的作用，结果表明，负载 Ni 和 Ru 的金属催化剂更有利于生物质气化。

（3）停留时间

停留时间是影响水热转化过程的又一重要因素。近年来，对各类有机废弃物的水热转化过程研究集中在使用间歇式反应器。在利用此反应器进行水热转化的研究中，至少有 3 种不同的方法来计算反应时间。第 1 种方法是先将反应器放入流沙浴中或加热炉中升温，在达到设定温度时开始计算时间。在这种情况下，在达到计算反应时间开始之前，垃圾中的部分组分已经发生了反应，如水解。第 2 种方法是考虑了加热和冷却过程所需要的时间，与第 1 种方法相比，此种情况下的反应时间被过度延长。第 3 种方法是同时考虑到了时间和温度，通过定义强度系数来应用此方法，比前两者更精确。

12.4.3　污泥超临界水气化过程的机理

污泥超临界水气化是将有机污泥、超临界水和催化剂放在一个高压的反应器内，利用超临界水具有的较强溶解能力，将污泥中的各种有机物溶解，然后在均相反应条件下经过一系列复杂的热解、氧化、还原等反应过程，最终将污泥中的有机质催化裂解为富氢气体的一种新型气化技术。

理论上讲，以富含烃类的有机废弃物为原料，在超临界水条件下的气化过程是依靠外部提供的能量使废弃物中有机质原有的 C—H 键全部断裂（此即高温分解与水解过程）后，再经蒸汽重整而生成氢气。其化学方程式可表示如下：

$$CH_xO_y + (1-y)H_2O \longrightarrow CO + (1-y+x/2)H_2 \tag{12-10}$$

当然，在生物质气化产生氢气的同时，也伴随着水汽变换反应［式(12-11)］与甲烷化反应［式(12-12)］：

$$CO + H_2O \longrightarrow CO_2 + H_2 \tag{12-11}$$

$$CO + 3H_2 \longrightarrow CH_4 + H_2O \tag{12-12}$$

可以看出，在超临界水气化过程中，水既是反应介质又是反应物，在特定的条件下能够起到催化剂的作用。有机污泥在超临界水条件下气化制氢的关键问题是如何抑制可能发生的小分子化合物聚合以及甲烷化反应，促进水汽转化反应，以提高气化效率和氢气的产量。

与常压下的高温气化过程相比，超临界水气化的主要优点是：a.超临界水是均相介质，使得在异构化反应中因传递而产生的阻力冲击有所减少；b.高固体转化率，气化率可达100%，有机化合物和固体残留物均很少，这对气化过程中考虑焦炭和焦油等的作用时是至关重要的；c.气体中氢气含量高（甚至超过50%）；d.由于特殊的操作条件，使反应可在高转化率和高气化率下进行；e.由于直接在高压下获得气体，因此所需的反应器体积较小，存储时耗能少，所得气体可以直接输送。因此超临界水气化技术作为一种全新的有机物处理和资源化利用技术，是美国能源部（DOE）氢能计划的一部分，已成为当前国际上的研究热点之一，有着很好的应用前景。

12.4.4　污泥超临界水气化工艺

普通管式反应器存在的最大问题是物料在反应器中的堵塞，从而影响反应的连续进行，也给商业化应用带来了困难。2003 年，日本广岛大学（Hiroshiam University）的 Matsumura 提出了将流化床用于超临界水气化制氢的设想，并对此展开了一些基础研究。流化床中的固体颗粒可以阻止焦结层和灰层在反应器壁上的形成，而且可以使整个反应器中的温度场分布更均匀，从而使反应更彻底。固体颗粒可以是生物质，也可以是催化剂颗粒，或者由二者混合组成。这是一种新的催化剂添加方法，克服了传统管式反应器中催化剂难以固定或者随反应物流失的缺点。Matsumura 在反应温度为 350～600℃、压力为 20～35MPa 条件下，提出了 2 种流化床方式：鼓泡床和循环流化床，并分析了温度、固体颗粒大小对流化速度、最终速度的影响，为超临界水流化床式反应器的设计提供了理论依据。

2004 年，日本东京大学（University of Toyko）的 Yoshida 设计了三段式连续超临界水气化制氢反应器，该反应器由热解反应器、氧化反应器和接触反应器组成。试验详细分析了各个反应器中所进行的化学反应，并获得了最佳反应参数。在温度为 673K、压力为25.7MPa、停留时间为 60s 的条件下，碳的气化效率为 96%，产生的气体主要为氢气和二氧化碳，其中氢气的体积分数约为 57%。

辽宁省某公司与西安交通大学联合研发设计了用于处理污泥等有机废弃物的连续式超临界水气化处理试验装置，其工艺流程如图 12-13 所示。试验发现，超临界水气化处理后的污泥具有残渣无害、脱水性强、有机物挥发率和能量回收率高等其他热化学处理技术不可比拟的优点，但也存在污泥处理成本高、设备易腐蚀的缺陷，阻碍了该技术的工业化。虽然如此，但超临界水气化技术作为一种新型的可再生能源转化与再生性水循环利用相结合的技术，仍具有广阔的应用前景。

在多年实验研究工作的基础上，南京工业大学成功开发了处理规模为 1t/h 的高湿基污泥（单独或与餐厨垃圾、林业废弃物共同）气化中试装置。污泥单独或与餐厨垃圾、林业废弃物（如锯末、木屑粉）的混合物进入气化装置后，经间接加热后达到临界温度和压力，可将污泥中的有机物转化为可燃气直接用于燃烧或经净化后发电。处理后的残渣存在明显的矿

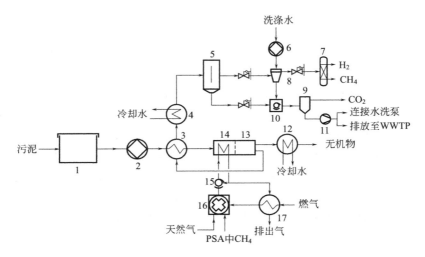

图 12-13　污泥超临界水气化装置图

1—准备室；2—高压泵；3—热交换器（预热）；4—热交换器（产物冷却）；5—气液分离装置；6—高压泵；

7—变压吸附装置；8—洗涤器；9—膨胀室；10—混合室；11—污水泵；12—无机物冷却器；

13—反应器；14—热交换器；15—气体混合装置；16—燃烧室；17—气体预热装置

化现象，因此其脱水性好，能取得较好的环境效益。而且在气化过程中，高湿基污泥所含的水蒸气与碳基发生反应，增大了可燃气的产量，提高了可燃气的品质，能取得较好的经济效益。

然而，与前述的热解、气化等污泥热化学转化过程相比，超临界水气化技术虽然具有气化产率和能量回收率高等优点，但设备投资与运行费用均相对较高，而且设备在运行过程中易腐蚀，从经济性角度考虑，仅适用于高浓度难降解工业污泥的资源化利用。

12.4.5　污泥超临界水气化过程的影响因素

影响污泥超临界水气化过程的主要因素包括温度、原料、催化剂等。

（1）温度

温度是有机污泥转化率的主要影响因素，压力和停留时间对有机污泥转化率的影响不大。王志锋等以城市污泥转化为富氢气体为目的，在反应温度为 $500 \sim 650℃$、压力为 $22.8 \sim 37MPa$、水料比为（$2.6 \sim 6$）：1 及停留时间为 $1 \sim 36min$ 的条件下，使用超临界水（SCW）间歇反应器，考察了污泥在超临界水气化过程中的气体组分及产率。当温度由 $500℃$ 升高 $650℃$ 时，氢气产率由 $16.54mL/g$ 上升到 $62.4mL/g$；当水料比由 $2.6：1$ 提高到 $6：1$ 时，氢气产率提高了 1 倍多。马红和等在研究城市污泥的超临界水处理效果时发现，反应温度每升高 $20℃$，H_2 物质的量分数约提高 2.0%，CH_4 物质的量分数提高 $0.2\% \sim 0.9\%$。这是因为温度升高，可促使 CO 和 H_2O 发生水汽变换反应，CO 和 H_2 发生甲烷化反应，而且温度越高促进效果越明显。

对于在超临界水条件下有机废弃物分解反应中的气化反应，主要考虑与 C、H、O 有关的蒸汽重整反应（吸热反应）、甲烷生成反应（放热反应）、氢生成反应及水汽变换反应。后 2 种反应的反应热几乎为零。高温、高压可促进气化反应的进行，但会抑制甲烷的产率；相反，低温、高压有利于甲烷的生成。因此，为了使有机废弃物有效生成甲烷等燃料，需开发适用于低温、高压条件的有效催化剂，或先在高温、低压下进行蒸汽重整反应，生成 CO 和 H_2 后，再由其他方法生成燃气。

（2）原料

采用超临界水气化技术处理有机污泥，可制得富氢燃气。日本三菱水泥公司向 20g 有机废弃物（如重油残渣、废塑料、污泥等）中添加 50mL 水，然后将其放入超临界水反应器中，在 650℃、25MPa 的条件下反应，生成以 H_2 和 CO_2 为主的气体。然后使用氢分离管将生成的 H_2 与其他气体分离，并加以收集。其他产物经过气、液分离后，得到以 CO_2 为主的气体（含有少量 CH_4）。使用该方法可以得到纯度为 99.6% 的 H_2，且 H_2 占总产生气体体积的 60%。

超临界水气化不仅可针对单一物料，也可采用两种或两种以上物料共同气化。王奕雪等在研究污泥和褐煤共气化过程时发现，超临界水共气化过程中碳气化率和产氢率存在明显的协同作用，并且可将底泥和褐煤中的 C、H 等元素转为燃料气，将重金属和富营养元素有效分离。以最优比例进行共气化，既可达到处置底泥的目的，又可保持相对较高的 H_2 产率（350mL/g）和 CH_4 产率（113mL/g）。左洪芳等在研究褐煤-焦化废水超临界水气化制氢过程中证实了两种物料间的协同作用，且存在最优气化比例。

（3）催化剂

催化剂的加入能提高城市污泥超临界水气化后富氢气体的产量。镍基催化剂是公认的对超临界水气化过程催化效率最高的催化剂。此外，马红和等加入活性炭催化剂，H_2 物质的量分数提高了 14.5%～16.1%。Yanamura 等在 375～500℃下探讨了 RuO_2 催化剂对污泥在超临界水条件下的降解情况，发现随催化剂加入量的增加，污泥的气化效率也呈现增加的趋势，并可在 450℃、47.1MPa 和停留时间 120min 下得到大量的气体，氢气质量分数达 57%。

（4）其他

停留时间对于污泥超临界水气化处理技术虽然不是主要的影响因素，但也有一定的积极作用。Afif 等研究表明，在温度为 380℃、催化剂的载入量为 0.75g/g 时，随停留时间延长，总的产气量也不断增加，但在 30min 时达到最大值，H_2 质量分数可达 50% 以上，同时含有一定量的 CH_4、CO 等。

超临界条件下有机废弃物发生水煤气反应［式(12-7))］和水汽变换反应［式(12-11)］，向反应体系中添加 $Ca(OH)_2$ 可吸收并回收副产物 CO_2，从而促进氢生成反应的发生。一般在 650℃、25MPa 以上的高温、高压下，几乎 100% 的碳被气化，氢回收率很高。

▶▶　**参考文献**

[1]　廖传华，王重庆，梁荣.反应过程、设备与工业应用 [M].北京：化学工业出版社，2018.
[2]　高豪杰，熊永莲，金丽珠，等.污泥热解气化技术的研究进展 [J].化工环保，2017，37 (3)：264-269.
[3]　秦梓雅，解立平，王云峰，等.污水污泥流化床空气气化焦油的燃烧特性 [J].环境工程学报，2017，11 (1)：6056-6062.
[4]　廖传华，朱廷风，代国俊，等.化学法水处理过程与设备 [M].北京：化学工业出版社，2016.
[5]　陆在宏，陈咸华，叶辉，等.给水厂排泥水处理及污泥处置利用技术 [M].北京：中国建筑工业出版社，2015.

[6] 杨明沁，解立平，岳俊楠，等.污水污泥气化焦油热解特性的研究 [J].化工进展，2015，34（5），1472-1477，1487.

[7] 杨明沁.污水污泥气化焦油热动力学特性的研究 [D].天津：天津工业大学，2015.

[8] 李复生，高慧，耿中峰，等.污泥热化学处理研究进展 [J].安全与环境学报，2015，15（2）：239-245.

[9] 胡艳军，肖春龙，王久兵，等.污水污泥水蒸气气化产物特性研究 [J].浙江工业大学学报，2015，43（1）：47-51，93.

[10] 洪渊.基于不同条件下超临界水气化污泥各态产物分布规律的研究 [D].深圳：深圳大学，2015.

[11] 肖春龙.污泥气化合成气生成特性及其 BP 神经网络预测模型研究 [D].杭州：浙江工业大学，2015.

[12] 孙海勇.市政污泥资源化利用技术研究进展 [J].洁净煤技术，2015，21（4）：91-94.

[13] 李春萍.污泥衍生燃料最佳气化温度模糊评价 [J].环境科学与技术，2014，37（1）：147-150.

[14] 刘良良.污泥与煤制洁净燃料研究 [D].湘潭：湖南科技大学，2014.

[15] 乔清芳，申春苗，杨明沁，等.污水污泥气化技术的研究进展 [J].广州化工，2014，42（6）：31-33.

[16] 乔清芳.上吸式固定床污水污泥气化焦油的基本特性 [D].天津：天津工业大学，2014.

[17] 霍小华.基于 Aspen Plus 平台的污泥富氧气化模拟 [J].山西电力，2014，1：48-50.

[18] 陈翀.干化污泥的颗粒分布及气化特性研究 [J].中国市政开程，2014，5：54-56.

[19] 马玉芹.城市固体废弃物热化学处理实验研究 [D].北京：华北电力大学，2014.

[20] 刘桓嘉，马闯，刘永丽，等.污泥的能源化利用研究进展 [J].化工新型材料，2013，41（9）：8-10.

[21] 何丕文，焦李，肖波.水蒸气流量对污水污泥气化产气特性的影响 [J].湖北农业科学，2013，52（11）：2529-2532.

[22] 何丕文，焦李，肖波.温度对干化污泥水蒸气气化产气特性的影响 [J].环境科学与技术，2013，36（5）：1-3，42.

[23] 焦李，蔡海燕，何丕文，等.脱水污泥/松木锯末水蒸气共气化研究 [J].环境科学学报，2013，33（4）：1098-1103.

[24] 解立平，王俊，马文超，等.污水污泥半焦 CO_2 气化反应特性的研究 [J].华中科技大学学报（自然科学版），2013，41（9）：81-84，101.

[25] 张辉，胡勤海，吴祖成，等.城市污泥能源化利用研究进展 [J].化工进展，2013，32（5）：1145-1151.

[26] 徐超.污泥在水煤浆气化中的应用研究 [D].上海化工，2013，38（6）：11-13.

[27] 朱邦阳.污泥水煤浆成浆性能及其气化特性的研究 [D].淮南：安徽理工大学，2013.

[28] 王伟.污泥固定床气化实验研究 [D].杭州：浙江大学，2013.

[29] 李威.城市污泥气化技术中气化炉的设计与优化 [D].大连：大连理工大学，2012.

[30] 夏海渊.造纸污泥热解气化实验研究 [D].北京：中国科学院研究生院，2012.

[31] 张艳丽.城市污泥热解及残渣气化制备富氢燃气 [D].武汉：华中科技大学，2011.

[32] 吴颜.炼油厂含油污泥与高硫石油焦混合制浆共气化的研究 [D].上海：华东理工大学，2011.

[33] 刘伟.污水污泥气化特性研究 [D].杭州：浙江大学，2011.

[34] 李涛，解立平，高建东，等.污水污泥空气气化特性的研究 [J].燃料化学学报，2011，39（10）：796-800.

[35] 解立平，李涛，高建东，等.污泥水分含量对其空气气化特性的影响 [J].燃料化学学报，2010，38（5）：615-620.

[36] 牟宁.污泥气化处理工艺浅谈 [J].环境保护与循环经济，2010，30（5）：49-50，56.

[37] 李涛.污水污泥空气气化特性的研究 [D].天津：天津工业大学，2010.

[38] 周肇秋，赵增立，杨雪莲，等.造纸废渣污泥基础特性研究——造纸废渣污泥气化处理能量利用技术之一 [J].造纸科学与技术，2001，20（6）：14-17.

[39] 周肇秋，熊祖鸿，杨雪莲，等.造纸废渣污泥气化能量利用技术研究——造纸废渣污泥气化处理能量利用技术之二 [J].造纸科学与技术，2001，20（6）：18-21.

[40] 曾佳楠.氯化铝对脱水污泥超临界水气化产氢的影响 [J].科学技术与工程，2017，17（13）：86-90.

[41] 李复生，高慧，耿中峰，等.污泥热化学处理研究进展 [J].安全与环境学报，2015，15（2）：239-245.

[42] 马倩，朱伟，龚淼，等.超临界水气化处理对脱水污泥中重金属环境风险的影响 [J].环境科学学报，2015，5：1417-1425.

[43] 王尝.城市污水处理厂污泥超临界气化反应研究 [D].长沙：湖南大学，2013.

[44] 徐志荣.污水厂脱水污泥直接超临界水气化研究 [M].南京：河海大学，2012.

[45] 熊思江.污水污泥热解制取富氢燃气实验及机理研究 [D].武汉：华中科技大学，2010.

[46] 丁兆军.生物质制氢技术综合评价研究 [D].北京：中国矿业大学（北京），2010.

[47] 徐东海，王树众，张钦明，等.超临界水中氨基乙酸的气化产氢特性 [J].化工学报，2008，59（3）：735-742.

[48] 郭鸿，万金泉，马邕文.污泥资源化技术研究新进展 [J].化工科技，2007，15（1）：46-50.

[49] 张钦明，王树众，沈林华，等.污泥制氢技术研究进展 [J].现代化工，2005，25（1）：34-37.

第13章

污泥生物气化产沼气

污泥生物气化是利用微生物将污泥中的有机质进行生物转化，生产气体燃料，如甲烷、氢气等，从而实现能源化利用。生产的甲烷或氢气都是清洁能源，因此污泥生物气化不仅可有效降解有机废弃物，减轻环保压力，而且能缓解能源短缺，具有重大的社会意义和经济意义。

根据生产的产品，有机废弃物的生物气化技术主要分为厌氧发酵制甲烷、生物发酵制氢气。目前应用最多的是污泥厌氧发酵制甲烷。

13.1 ⇨ 污泥厌氧消化过程

由于厌氧消化过程因兼有降解有机物和生产气体燃料的双重功能，因而得到了广泛的发展和应用。

13.1.1 污泥厌氧消化过程的机理

厌氧消化过程是一个较为复杂的生物过程，其中涉及的微生物种群较多，因此厌氧消化过程可分为若干阶段，国际上比较流行的厌氧消化阶段学说可分为两阶段学说、三阶段理论和四菌群学说。

（1）两阶段学说

"两阶段学说"流行于 20 世纪 30—60 年代，由 Barker 在 1936 年首次提出，简要描述了沼气的发酵过程。该理论认为沼气发酵可分为两个阶段，即产酸阶段和产甲烷阶段，各个阶段的命名主要是根据其主要产物而定的。图 13-1 所示为厌氧反应的两阶段学说。

第一阶段：发酵阶段，又称产酸阶段、酸性发酵阶段或水解酸化阶段，主要功能是大分子有机物和不溶性有机物的水解和酸化，主要产物是脂肪酸、醇类、CO_2 和 H_2 等。这一阶段主要参与反应的微生物统称为发酵细菌或产酸细菌，这些微生物的特点是：a.生长速率快；b.对环境条件（温度、pH 值等）的

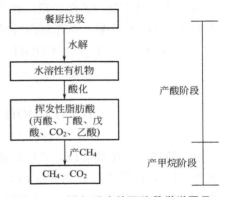

图 13-1 厌氧反应的两阶段学说图示

适应性强。

第二阶段：产甲烷阶段，又称碱性发酵阶段，因为在此发酵阶段产生的有机酸被产甲烷菌利用，生成 CH_4 和 CO_2，厌氧消化体系的 pH 值上升至 $7.0\sim7.5$。该阶段主要参与反应的微生物为产甲烷菌，其主要特点是：a. 生长速率慢，世代时间长；b. 对环境条件（绝对厌氧、温度、pH 值、抑制物等）非常敏感，要求苛刻。由于产甲烷菌没有消除氧化物的过氧化氢酶，因此在接触氧气后会在很短时间内死亡。

（2）三阶段理论

Bryant 提出了厌氧消化过程的"三阶段理论"。

第一阶段是水解发酵阶段，复杂的大分子、不溶性的有机物在水解发酵细菌的作用下，首先分解成小分子、溶解性的简单有机物，如糖类化合物经水解后转化为较简单的糖类物质：

$$\text{多糖（如纤维素）} \xrightarrow[\text{细胞外酶}]{\text{水解}} \text{单糖} \xrightarrow[\text{产酸细菌}]{\text{酸化}} \text{脂肪酸}+\text{醇类}+CO_2+H_2 \tag{13-1}$$
$$\downarrow$$
$$\text{低聚糖}$$

蛋白质被转化为氨基酸：

$$\text{蛋白质} \xrightarrow[\text{细胞外酶}]{\text{水解}} \text{氨基酸} \xrightarrow[\text{产酸菌}]{\text{酸化}} \text{脂肪酸}+NH_3+CH_4+CO_2+H_2S \tag{13-2}$$
$$\downarrow$$
$$\text{肽} \rightarrow \text{胨} \rightarrow \text{多肽} \rightarrow \text{二肽}$$

脂肪等物质被转化为脂肪酸和甘油等：

$$\text{脂肪} \xrightarrow[\text{细胞外酶}]{\text{水解}} \text{长链脂肪酸}+\text{甘油} \xrightarrow[\text{产酸菌}]{\text{酸化}} \text{短链脂肪酸}+\text{丙酮酸}+CH_4+CO_2 \tag{13-3}$$

这些简单的有机物继续在产酸细菌的作用下转化为乙酸、丙酸、丁酸等脂肪酸以及某些醇类物质。由于简单糖类的分解产酸作用要比含氮有机物的分解产氨作用迅速，因此蛋白质的分解在糖类分解后产生。

含氮有机物分解产生的 NH_3 除了提供合成细胞物质的氮源外，在水中部分电离形成 NH_4HCO_3，具有缓冲消化液 pH 值的作用，因此也把继糖类化合物分解后的蛋白质分解产氨过程称为酸性减退期，反应为：

$$NH_3 \xrightarrow{+H_2O} NH_4^+ + OH^- \xrightarrow{+CO_2} NH_4HCO_3 \tag{13-4}$$

$$NH_4HCO_3 + CH_3COH \longrightarrow CH_3COONH_4 + H_2O + CO_2 \tag{13-5}$$

第二阶段是产氢产乙酸阶段，在产氢产乙酸菌的作用下，第一阶段产生的各种有机酸被分解转化成 H_2 和乙酸，在降解丙酸时形成 CO_2：

$$\underset{\text{戊酸}}{CH_3CH_2CH_2CH_2COOH} + 2H_2O \longrightarrow \underset{\text{丙酸}}{CH_3CH_2COOH} + \underset{\text{乙酸}}{CH_3COOH} + 2H_2$$
$$\tag{13-6}$$

$$\underset{\text{丙酸}}{CH_3CH_2COOH} + 2H_2O \longrightarrow \underset{\text{乙酸}}{CH_3COOH} + 3H_2 + CO_2 \tag{13-7}$$

第三阶段是产甲烷阶段，产甲烷菌将前两阶段中所产生的乙酸、乙酸盐和 H_2、CO_2 等转化为 CH_4，同时还会有少量的 CO_2 生成。此过程由两组生理上不同的产甲烷菌完成，一组把 H_2 和 CO_2 转化成 CH_4，另一组从乙酸或乙酸盐脱羧产生 CH_4，前者约占总量的 $1/3$，后者约占 2/3，反应为：

$$4H_2 + CO_2 \xrightarrow{产甲烷菌} CH_4 + 2H_2O \quad 约占 1/3 \tag{13-8}$$

$$CH_3COOH \xrightarrow{产甲烷菌} CH_4 + 2CO_2$$

$$CH_3COONH_4 + H_2O \xrightarrow{产甲烷菌} CH_4 + NH_4HCO_3 \quad\bigg\} \quad 约占 2/3 \tag{13-9}$$

上述三个阶段的反应速率依污泥的性质而异，在含纤维素、半纤维素、果胶和脂类等污染物为主的污泥中，水解易成为限速步骤；简单的糖类、淀粉、氨基酸和一般的蛋白质均能被微生物迅速分解，对含这类有机物为主的污泥，产甲烷易成为限速步骤。

虽然厌氧消化过程可分为上述三个阶段，但在厌氧反应器中，三个阶段是同时进行的，并保持某种程度的动态平衡，这种动态平衡一旦被 pH 值、温度、有机负荷等外加因素所破坏，则首先将使产甲烷阶段受到抑制，其结果会导致低级脂肪酸的积存和厌氧进程的异常变化，甚至会导致整个厌氧消化过程停滞。

(3) 四菌群学说

在 Bryant 提出"三阶段理论"的同时，Zeikus 也提出了"四菌群学说"。该理论认为复杂有机物的厌氧消化过程由四大类群不同的厌氧微生物共同参与，分别是水解发酵细菌、产氢产乙酸细菌、同型产乙酸细菌、产甲烷菌，其中的同型产乙酸细菌是四菌群学说与三阶段理论最大的不同之处，其功能是将部分 H_2 和 CO_2 转化为乙酸，因此，同型产乙酸细菌又被称为"耗氢产乙酸细菌"。但进一步的研究表明，由 H_2 和 CO_2 通过同型产乙酸细菌合成的乙酸的量很少，一般认为仅占厌氧消化系统中总乙酸量的 5% 左右。

实际上，四菌群学说与三阶段理论对厌氧消化过程的认识在很大程度上是相同的，现在一般合称为"三阶段四菌群"理论。有机物的厌氧消化过程可以描述为"三阶段四菌群"生物化学过程，如图 13-2 所示。

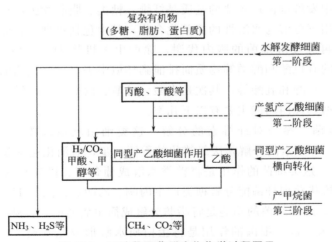

图 13-2　三阶段四菌群生物化学过程图示

由图 13-2 可以看出，有机物的厌氧消化过程包括水解、酸化和产甲烷过程三个阶段。第一阶段是在水解发酵细菌的作用下，把糖类、蛋白质与脂肪等复杂有机物通过水解与发酵转化成脂肪酸、H_2、CO_2 等产物；第二阶段是在产氢产乙酸细菌的作用下，把第一阶段的产物转化成 H_2、CO_2 和乙酸；第三阶段是通过两组生理上不同的产甲烷菌的作用，把第二

阶段的产物转化为 CH_4 和 CO_2 等产物。一组把 H_2 和 CO_2 转化成 CH_4，即：

$$4H_2 + CO_2 \longrightarrow CH_4 + 2H_2O \tag{13-10}$$

另一组是把乙酸脱羧转化为甲烷，即：

$$CH_3COOH \longrightarrow CH_4 + CO_2 \tag{13-11}$$

厌氧发酵过程中还存在一个横向转化过程，即在产氢产乙酸细菌的作用下，把 H_2/CO_2 和有机基质转化为乙酸。

实际上，利用厌氧微生物处理工艺处理含有多种复杂有机物的污泥时，在厌氧反应器中发生的反应远比上述过程复杂得多，参与反应的微生物种群也会更丰富，而且会涉及许多物化反应过程。

13.1.2 厌氧消化过程中的微生物菌群

厌氧消化过程是一个多种厌氧微生物共同参与的复杂过程。根据代谢的差异，可将厌氧消化过程中参与发酵的细菌分成 4 类菌群，即水解发酵细菌群、产氢产乙酸细菌群、同型产乙酸细菌群和产甲烷菌群。

（1）水解发酵细菌群

水解发酵微生物包括细菌、真菌和原生动物，统称为水解发酵细菌。在厌氧消化系统中，水解发酵细菌的功能主要有两个方面。a. 将大分子不溶性有机物水解成小分子的水溶性有机物，水解作用是在水解酶的催化作用下完成的。水解酶是一种胞外酶，因此水解过程是在细菌细胞的表面或周围介质中完成的。发酵细菌群中仅有一部分细菌种属具有分泌水解酶的功能，而水解产物一般可被其他的发酵细菌群所吸收利用。b. 发酵细菌将水解产物吸收进细胞内，经细胞内复杂的酶系统的催化转化，将一部分有机物转化为代谢产物，排入细胞外的水溶液里，成为参与下一阶段生化反应的细菌群吸收利用的物质。

厌氧消化系统中发酵细菌最主要的基质是纤维、糖类、脂肪和蛋白质。这些复杂有机物首先在水解酶的作用下分解为水溶性的简单化合物，其中包括单糖、甘油、脂肪酸及氨基酸等。这些水解产物再经发酵细菌的胞内代谢，除产生无机物 H_2、CO_2、NH_3 及 H_2S 外，主要转化为一系列的有机酸和醇类等物质而排泄到环境中去，这些代谢的有机物中最多的是乙酸、丙酸、丁酸、乙醇和乳酸等，其次是戊酸、己酸、丙酮、异丙酮、丁醇、琥珀酸等。

发酵细菌群根据其代谢功能主要有以下几类：

① 纤维素分解菌。参与对纤维素的分解，这类细菌利用纤维素并将其转化为 H_2、CO_2、乙醇和乙酸。纤维素的分解是厌氧消化的重要一步，对消化速率起着制约作用。

② 糖类分解菌。这类细菌的作用是将糖类水解成葡萄糖。以具有内生孢子的杆状菌占优势，丙酮、丁醇梭状芽孢杆菌能分解糖类产生丙酮、乙醇、乙酸和 H_2 等。

③ 脂肪分解菌。这类细菌的功能是将脂肪分解成简单脂肪酸，以弧菌占优势。

④ 蛋白质分解菌。这类细菌的作用是将蛋白质水解形成氨基酸，进一步分解成硫醇、NH_3 和 H_2S，以梭菌占优势。

发酵细菌大多数为异养型细菌群，对环境条件的变化有较强的适应性。此外，发酵细菌的世代期短，数分钟至数十分钟即可繁殖一代。

（2）产氢产乙酸细菌群

产氢产乙酸细菌是能把第一阶段的发酵产物（脂肪酸等）转化为乙酸、H_2、CO_2 等产物的一类细菌。产氢产乙酸细菌的代谢产物中有分子态氢，所以体系中氢分压的高低对代谢反应的进行起着重要的调控作用。通过甲烷细菌利用分子态氢以降低氢分压对产氢产乙酸菌的生化反应起着重要作用，一旦甲烷细菌因受环境条件的影响而放慢对分子态氢的利用速率，其结果必然是降低产氢产乙酸细菌对丙酸、丁酸和乙醇的利用。这也说明了厌氧发酵系统一旦出现问题时，经常出现有机酸积累的原因。

（3）同型产乙酸细菌群

在厌氧消化系统中能产生乙酸的细菌有两类：一类是异养型厌氧细菌，能利用有机基质产生乙酸；一类是混合营养型厌氧细菌，既能利用有机基质产生乙酸，也能利用 H_2 和 CO_2 产生乙酸，反应如下：

$$4H_2 + 2CO_2 \longrightarrow CH_3COOH + 2H_2O$$

前者属于发酵细菌，后者称为同型产乙酸细菌。由于同型产乙酸细菌能通过利用氢而降低氢的分压，不仅对产氢的发酵细菌有利，同时对利用乙酸的产甲烷菌也有利。

（4）产甲烷菌群

参与厌氧消化第三阶段的菌种是甲烷菌或称为产甲烷菌，是甲烷发酵阶段的主要细菌，属于绝对的厌氧菌。产甲烷菌的能源和碳源物质主要有 H_2/CO_2、甲酸、甲醇、甲胺和乙酸，主要代谢产物是甲烷。

13.1.3 厌氧菌群之间的关系及动态平衡

（1）厌氧菌群之间的关系

厌氧消化是一个多种群多层次的混合发酵过程，在这个复杂的生态系统中，细菌种群之间存在着相互依存、相互影响和相互制约的关系。

在参与有机物逐级厌氧降解的 4 种菌群中，由于发酵细菌群、产氢产乙酸细菌群和同型产乙酸细菌群都产生有机酸，因而又将其统称为产酸菌。

产酸菌通过水解和发酵，将各类复杂有机物转化为产甲烷菌赖以生存的有机物和无机基质甲酸、甲醇、甲胺、乙酸、H_2/CO_2、NH_3、H_2S 等产物，产酸菌是产甲烷菌营养物质的供应者。产甲烷菌对产酸菌代谢产物的吸收利用和转化使产酸菌正常的代谢得以进行，原因是产物在环境中的积累对相应的生化反应起到反馈抑制作用。

在厌氧发酵中有一些产氢产乙酸细菌种群存在，但在平衡良好的系统中却未发现有氢的积累，其原因是产甲烷菌能很快把氢转化为甲烷。根据研究成果，较高浓度的氢有可能抑制产氢产乙酸菌的生命活动，因此产甲烷菌和产氢产酸菌就构成一对共生体。产氢产乙酸菌和产甲烷菌的共生，从热力学上为产氢产乙酸菌的代谢创造了适宜条件，同时也为产甲烷菌提供了基质（乙酸和氢等）。

（2）厌氧细菌种群的动态平衡

有机物转化为甲烷是一个多阶段的复杂的生物化学过程，甲烷化是这个过程的最后阶段。产甲烷菌的营养和产能底物如乙酸、H_2、CO_2 和 NH_3 等均为前阶段的代谢产物，前阶段代谢的稳定和顺利进行为甲烷化阶段不断提供营养和产能底物。在正常情况下，处理设备内部各个区域中乙酸、H_2、CO_2 和 NH_3 等均保持在一定的浓度范围内，沼气的产生和污泥的处理效率也稳定在一定水平上。在这种情况下，产酸菌和产甲烷菌的总代谢能力达到了平衡。在平衡条件下，处理设备内的有机物组成和浓度既适合于产酸菌，也适合于产甲烷菌的生长，两大类细菌的生命活动呈现出协调共存。

在某些情况下，如处理设备超负荷，反应液中的有机物浓度提高，刺激产酸菌的生长，由于产酸菌繁殖速率大大高于产甲烷菌，产酸菌过快繁殖的结果使反应液中有机酸大量积累，导致 pH 值下降。这时反应液已不适宜于产甲烷菌的生长，于是沼气产量下降，沼气中甲烷含量下降，出水 COD 和挥发酸（VFA）增加，严重时产甲烷菌完全受到抑制，厌氧处理过程失败。对于大部分天然有机物，由于含有有机氮，在沼气发酵中由于产氨菌的活动，酸碱度能达到自然的平衡。为了不使产酸菌群发展到对产甲烷菌有抑制的程度，在实际操作中应特别重视介质 pH 值和有机负荷的控制。因此，在生产实践中对厌氧处理系统负荷的提高应采取缓慢的渐进方式，过高过快地提高负荷有可能破坏发酵过程的平衡，从而导致整个厌氧处理系统失败。

为了使各类细菌在其群体中保持适当的比例，特别是保持产酸菌和产甲烷菌之间的适当比例，可以通过调节发酵设备的负荷、pH 值、温度和环境因素，对发酵工艺加以控制，达到控制微生物群体组成的目的。微生物群体内部的动态平衡是厌氧处理设备稳定运行的重要因素，如当有机负荷提高时，刺激着产酸菌的生长，增大有机酸的产量，提高反应液中有机物酸浓度，有机酸浓度在某一范围内的增长刺激甲烷菌的增长，使沼气的产量增加，从而使系统在一定范围内仍保持平衡；当负荷降低时，产酸菌的数量减少，将在新的基础上与有机负荷达到平衡，正是厌氧微生物群体这种动态平衡使得厌氧处理设备能够在一定的负荷范围内波动。

13.2 ➡ 污泥厌氧消化工艺

目前应用的污泥厌氧消化工艺可分为一段式、两相式和三段式，以及协同厌氧消化工艺、热水解＋厌氧消化工艺。

13.2.1 一段式厌氧消化工艺

一段式厌氧消化只有一个沼气池或发酵系统，其沼气发酵的过程只在一个发酵池内进行。此工艺的最大优点是操作简单，造价较低，目前大部分厌氧消化处理工程都采用一段式工艺。

在一段式厌氧反应器中，厌氧消化的各个阶段是同时进行的，并保持一定程度的动态平衡，这种动态平衡很容易受到 pH 值、温度、有机负荷等外界因素的影响而遭受破坏。平衡一旦破坏，首先使产甲烷阶段受到抑制，导致低脂肪酸的积存和厌氧进程的异常变化，甚至引起整个厌氧消化过程的停滞。同时，在厌氧消化过程中，各菌群的形态特性和最适生存条件并不一致，特别是产酸菌和产甲烷菌。产酸菌种类多，生长快，对环境条件变化不太敏感；而产甲烷菌的专一性很强，对环境条件要求苛刻，繁殖缓慢。因此，在一段式厌氧反应器中，不可能满足以及协调各菌群之间的生存条件，这样不可避免地使一些菌种的生存与繁殖受到抑制或破坏，使污泥得不到很好的处理。

根据消化温度，一段式厌氧消化工艺可分为传统的中温厌氧消化工艺和高温厌氧消化工艺。同时还存在一种延时厌氧消化工艺。

(1) 中温厌氧消化工艺

中温厌氧消化工艺的运行温度为 28～38℃，此时甲烷产量稳定，转化效率高。但因中温消化的温度与人体温接近，对寄生虫卵及大肠埃希菌的杀灭率较低。

(2) 高温厌氧消化工艺

高温消化工艺与传统的中温消化工艺很类似，所不同的是运行温度为 50～57℃。高温消化的一个显著特点是能更高效地灭活病原菌并使反应速率加快。研究结果显示，病原菌的灭活时间随着温度的升高而缩短。高温消化在设计参数上与传统的中温消化有所不同，例如，悬浮固体的负荷要高很多，污泥停留时间（SRT）也会更短，约为 11～15d。

高温消化有几种不同的形式，包括几个高温消化池串联、高温消化＋中温消化、中温消化＋高温消化＋中温消化等形式，最常见的是高温消化＋中温消化，这种形式的消化往往又被称为异温分段厌氧消化（TPAD），其显著特点是在高温消化的同时又可避免挥发性有机酸释放的恶臭。图 13-3 所示是以工业有机污泥为原料的 TPAD 工艺流程。

高温厌氧消化有诸多优点，包括提高挥发性悬浮固体（VSS）分解率、池容更小、病原菌灭活效果更好、消化污泥脱水效果更好等。但也存在一些不足，比如单级高温消化会有较重的恶臭、加热所需能量较高、对混凝土池体要求较高、污泥脱水滤液中的氨含量较高、可能会导致换热器堵塞等。为了达到较高的病原菌灭活效果，需要避免消化池在搅拌时由于完全混合池型所导致的短流问题，因此高温消化池有时会采取间歇的运行方式，或将几个高温消化池串联运行。

(3) 延时厌氧消化工艺

延时厌氧消化是将有机废弃物厌氧消化的水力停留时间（HRT）与固体停留时间（SRT）分离，通常是消化池的出泥进行固液分离后再回流到消化池，其工艺如图 13-4 所示。

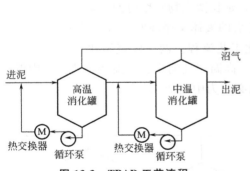

图 13-3　TPAD 工艺流程

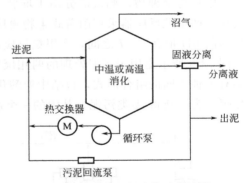

图 13-4　延时厌氧消化工艺流程

延时厌氧消化的一个关键是用浓缩设备分离污泥，分离后的污泥再与进来的原泥相混合进入消化池，避免了传统厌氧消化池完全混合式的短流、污泥停留时间更长等弊端。延时厌氧消化的优点在于将更多的细菌回流到消化池内进一步分解有机物，提高产气率。实际上，将 SRT 与 HRT 分离的做法最早在 20 世纪 60 年代的纽约就开始尝试，当时纽约卫生局的工程师 Torpey 最先提出这一想法，所以在美国有时这种做法又称为 Torpey 工艺，当时主要是通过重力沉降的方法来分离固液，后来采用离心和气浮的方法进行固液分离。

延时厌氧消化的主要优点包括池容减小、VSS 分解率更高、脱水所需的絮凝剂量降低、消化池固体含量提高等。当然，这项技术也存在一些缺点，如增加的固液分离设备可能会抵消因消化池减小所致的占地面积减小。另外，人们对延时消化的一个担忧是在固液分离阶段厌氧细菌是否会受到明显的影响，澳大利亚和美国的几个生产性厌氧消化工程的运行结果显示，固液分离的短暂好氧阶段不会对厌氧细菌造成明显的影响。但一些报告显示，在某些污水处理厂应用这种技术后存在换热器堵塞严重的问题。

13.2.2 两相式厌氧消化工艺

两相式厌氧消化工艺就是按照厌氧消化过程的不同阶段，通过设置酸化罐，将有机废弃物的酸化与甲烷化两个阶段分离在两个串联反应器中，使产酸菌和产甲烷菌各自在最佳的环境条件下生长，这样不仅有利于充分发挥其各自的活性，而且提高了处理效果，达到了提高容积负荷率、减小反应器容积、提高系统运行稳定性的目的。

（1）液-液两相厌氧发酵工艺

液-液两相厌氧发酵工艺主要用于处理容易酸化的高浓度有机废水和污泥，其工艺流程如图 13-5 所示。由于水解酸化细菌繁殖较快，所以酸化反应器体积较小，由于强烈的产酸作用将发酵液 pH 值降低到 5.5 以下，此时完全抑制了产甲烷菌的活动。产甲烷菌的繁殖速率较慢，常成为厌氧发酵过程的限速步骤，为了避免有机酸抑制，产甲烷反应器比产酸反应器大。因其进料是经酸化和分离的有机酸溶液，悬浮固体含量较低，可采用上流式厌氧污泥床（UASB），而产酸反应器由于悬浮固体含量较高，可采用连续搅拌反应器（CSTR）。

Pacques 工艺及 BTA 工艺是两种典型的液-液两相厌氧发酵工艺。Pacques 是中温工艺，主要处理水果蔬菜垃圾和源头分选有机垃圾，水解反应器中总固形物（TS）含量为 10%，采用气流搅拌，消化物经过脱水后，液体部分进入 UASB 反应器，固相中一部分加到水解反应器中作为接种物，剩余部分用于堆肥。BTA 工艺的 TS 含量要求为 10% 左右，中温厌氧消化，产甲烷反应器采用附着式生物膜反应器，延长微生物停留时间，同时为了维持水解反应器的 pH 值在 6～7 之间，产甲烷反应器消化后的液体又循环回到水解反应器。

图 13-6 所示是用于污泥处理的两相厌氧消化工艺流程。两相厌氧消化在具体实际应用时会有多种不同的组合形式，包括中温酸化消化＋高温产气消化、中温酸化消化＋中温产气消化等，为了获得 A 类污泥，其中的一个消化池必须为中温消化。

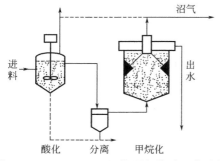

图 13-5　CSTR-UASB 两相厌氧发酵工艺流程

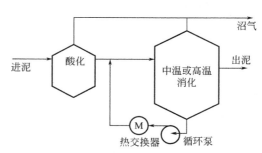

图 13-6　两相厌氧消化工艺流程

实现两相分离对整个工艺过程有很大的影响，例如可以提高产甲烷反应器中污泥的产甲烷活性。由于实现了相的分离，进入产甲烷反应器的污泥是经过产酸反应器预处理的出泥，其中的有机物主要是有机酸（以乙酸和丁酸为主），这些有机物为产甲烷反应器的产氢产乙酸细菌和产甲烷菌提供良好的基质。同时，由于相的分离，可以将产甲烷反应器的运行条件控制在更适合于产甲烷菌生长的环境条件下，因此，可使产甲烷反应器中产甲烷菌的活性得到明显提高。有研究表明，两相厌氧消化工艺产甲烷反应器中产甲烷菌的数量比单相反应器中的高 20 倍，污泥的活性得到一定程度的强化。

（2）固-液两相厌氧发酵工艺

固-液两相厌氧发酵工艺主要用来处理固体有机废弃物，先将秸秆、城市有机垃圾等固体物置于喷淋式固体渗滤床产酸反应器内进行酸化，之后渗滤液进入 UASB 或厌氧生物滤池（AF）等高效产甲烷反应器，产甲烷反应器的出水再循环回喷淋固体床，如图 13-7 所示。整个工艺过程中，系统没有液体排出，产生的固体残渣可以通过后续处理生产有机肥。通过渗滤液集中收集、沼液喷淋和搅拌等方式，提高系统的消化速率和稳定性，解决传统固体废弃物厌氧发酵中出现的易酸化、难搅拌、产气不稳定等难题。

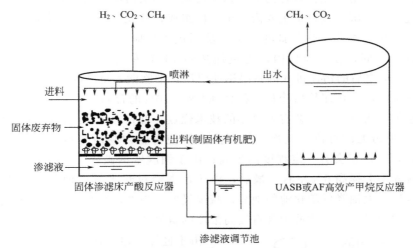

图 13-7　固-液两相厌氧发酵工艺

采用两相发酵工艺，可以在产酸反应器内通过升温或微好氧等方法对难降解的固体有机物进行强化水解。如德国维尔利公司的 Biopercolat 工艺，水解产酸是在较高 TS 含量以及微好氧条件下完成，微好氧水解反应器以及附着式生物膜产甲烷反应器可以将消化时间缩短为7 天。但有报道指出，由于两相系统较为复杂，两相工艺的商业化应用只占到城市垃圾处理总量的 10%。

13.2.3　三段式厌氧消化工艺

污泥的厌氧消化可分为三个阶段：水解发酵、酸性发酵和甲烷发酵，为了提高有机物的消化率和去除率，开发了三段式厌氧消化工艺。这种消化类型的特点是消化在三个互相连通的消化池内进行。原料先在第一个消化池滞留一定时间进行分解和产气，然后液料从第一个消化池进入第二个消化池，再进入第三个消化池继续发酵产气。该消化工艺滞留期长，有机物分解彻底，但投资较高。

13.2.4 协同厌氧消化工艺

协同厌氧消化是指污水处理厂污泥与其他有机废物共同进入消化池进行消化，这些有机废物包括油脂、餐厨废物等。协同厌氧消化在欧美发展迅速，很多污水处理厂都在应用这一技术，美国加州的 EBMUD 污水处理厂由于采用协同厌氧消化而成为美国能量自给污水处理厂的典范。

采用协同厌氧消化的主要动力来自对提高污水处理厂沼气产量的需求，满足污水处理厂能耗的要求，同时使一定地区内的碳足迹最小化。采用协同消化需要注意一些问题，比如外部有机物如果碳含量太高，可能会导致氮的缺乏，从而引起丙酸的积累；但如果碳含量太低，则可能会引起氨中毒，因此需要在营养物的平衡上格外注意。

13.2.5 热水解+厌氧消化工艺

传统污泥热水解是首先将混合污泥（初沉污泥与剩余污泥）从含固率约 3% 脱水至 16% 左右，然后进行热水解。该技术主要由三个阶段组成，首先污泥进入浆化罐，利用工艺的废热对污泥进行加热，通常污泥会加热到 90℃ 然后进入反应罐；反应罐的数量会根据处理厂规模大小而有所不同，在反应罐内污泥被加热到 165℃ 左右，压力维持在 6.5MPa，反应 30min 左右。反应之后的污泥进入闪蒸罐迅速泄压，细胞壁大量破碎，闪蒸罐的蒸汽返回浆化罐预热下一批污泥，污泥然后冷却、稀释到 9%～10% 的含固率。

污泥热水解+厌氧消化工艺有着诸多的技术优点。首先，污泥经过高温、高压的热水解后可以达到 A 级污泥的标准。其次，污泥热水解使得胞内物质释放，提高了消化效率和 VSS 分解率，沼气产量会有一定程度的提高；由于细胞壁的破碎，污泥的脱水效果会大为改善，泥饼含固率会提高 6% 左右。最后，由于污泥经过热水解后消化池的进泥含固率在 10% 左右，这样会大幅降低消化池的池容，减少投资。当然，热水解也有自身的弱点，主要是技术复杂、初期投资高、滤液中含有较高浓度的氨氮和 COD。

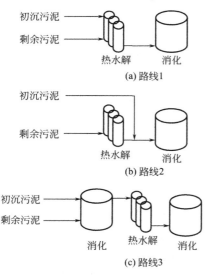

图 13-8 污泥热水解+厌氧消化
的不同组合形式

由于世界各地污泥消化在发展侧重点上的不同，污泥热水解+厌氧消化技术在近年来也出现了多种技术的组合形式，主要有：a. 初沉污泥与剩余污泥全部进行热水解，然后再厌氧消化；b. 剩余污泥先进行热水解，再与初沉污泥混合进入消化池消化；c. 初沉污泥与剩余污泥全部先进行消化，然后进行热水解，最后进入消化池消化，如图 13-8 所示。

上述三种技术组合的应用侧重点不同，路线 1 适合对处理后泥质有较高要求的场合，可以达到 A 级污泥的标准，同时所需消化池的池容较小，但是热水解单元的占地面积较大；路线 2 的出泥达不到 A 级污泥的标准，但可以达到 B 级污泥的标准，热水解单元的占地面积最小；路线 3 的消化池占地面积和热水解的占地面积都较前两者略大，但能量回收率较高，同时可以达到 A 级污泥的标准。因此，具体选择哪一种方式取决于当地的实际情况。

13.2.6　污泥厌氧消化存在的主要问题

由于污泥的主要成分是有机物质，厌氧消化工艺被认为是经济有效的污泥处理工艺之一。厌氧消化工艺在通过厌氧微生物将污泥中的有机物质转变为稳定的腐殖质和无机物质的同时，还能够产生能源物质甲烷，实现污泥的稳定化与资源化。厌氧处理过程，特别是高温消化，能有效控制污泥中的病原菌和寄生虫卵的数量，显著改善了污泥的卫生条件。

虽然厌氧消化工艺是一种高效的污泥稳定化处理方法，但在污泥处理过程中，该工艺也不断面临着各种新问题。污泥厌氧消化处理所面临的挑战主要有两个方面，即污泥中有机物质含量偏低和消化污泥脱水性能变化情况，它们都会影响该工艺的处理效能，是该工艺在实际应用中的瓶颈。

（1）污泥中有机物质含量偏低

据调查，我国生活污水污泥中的有机物含量质量分数约为 50%～70%，与西方国家的有机物含量（60%～80%）相比偏低，但糖类含量较高，属高糖类低脂肪类型。对于各种工业废水处理产生的污泥，其中有机物含量还要低于生活污水污泥，如造纸污泥的灰分含量比较高，其有机物含量一般仅为 30%～50%。

另一方面，随着近年来对出水 COD、氮和磷的排放标准要求愈加严格，越来越多的生物营养去除（BNR）工艺得到了普遍的应用，而只有当在污水中获得足够的碳源时，BNR工艺才能实现氮、磷的充分去除。因此，为了保留进水 COD 中的颗粒有机成分，这些污水处理厂往往省去了初沉池。

此外，为了保证活性污泥的消化能力，必须采用较长的污泥固体停留时间（一般大于 10 天）。这就导致在污水处理工艺中已经发生了部分污泥的稳定化，使剩余污泥中的有机物质（挥发性固体）含量偏低。

（2）消化污泥脱水性能变化

传统厌氧消化理论认为，厌氧消化能使污泥中的细小颗粒和比表面积减小，并且产生的沼气使污泥有较大的空隙，从而使污泥的脱水性能得到改善。另外，污泥停留时间、碱度和搅拌方法都能对污泥的脱水性能产生直接或间接的影响。

但试验结果表明，当污泥的停留时间达到某个特定值时，其脱水性能最佳，超过这个值时，对脱水性能不会有多少影响。但当稳定时间不足时，污泥的脱水效果甚至会比稳定前有所下降。消化污泥的碱度通常超过 2000mg/L，在进行化学调节时，如用无机盐混凝剂，则所加的混凝剂需先中和碱度，再起到混凝作用，只有加入过量的混凝剂才能达到同样的脱水效果。在这方面，过去曾用淘洗法来降低污泥的碱度，其目的是为了节省混凝剂的用量，但却需增设淘洗池及搅拌设备，加上目前高效混凝剂种类的不断开发，淘洗法已逐渐被淘汰。消化污泥的搅拌方式如采用水力提升或机械搅拌，则污泥絮体会因受机械剪切而被破坏，导致脱水性能下降。

有研究表明，无论是好氧还是厌氧消化，均使消化污泥的脱水性能变差。活性污泥以胞外聚合物（EPS）和阳离子形成的结合体为基质，由包含微生物菌落、有机物和无机物在内的物质组成。虽然大部分生物聚合物存在于活性絮体内，但仍有少量生物胶体游离于溶液中。这些生物胶体正是污泥调质需要的主要部分，污泥性质的恶化也常常伴随着污泥絮体中生物聚合物的释放。

13.3 ◎ 污泥厌氧消化过程的影响因素

厌氧消化系统中参与生化反应的细菌主要有发酵细菌群、产氢产乙酸细菌群、同型产乙酸细菌群和产甲烷菌群。从生理特性看，可将其分为产酸细菌和产甲烷菌两大类。产酸细菌总的特点是能吸收利用的营养物质种类多，生化反应速率高，世代期短而繁殖快，对环境条件的适应能力强。产甲烷菌的特点恰好相反，能吸收利用的营养物质为数不多，生化反应速率低，繁殖慢，对环境条件的适应能力差。由此可见，产甲烷阶段是整个厌氧发酵过程的限速阶段，而产甲烷菌所需要的环境条件是整个厌氧发酵过程中应重点考虑的环境条件。实际上产甲烷菌所需的最佳环境条件和厌氧发酵细菌种群所共同需要的环境条件之间还存在着一些差异，区分这些差异对控制工艺系统的正常运行是十分必要的。

一般认为影响厌氧消化过程的主要因素有两类，一类是工艺条件，包括污泥组分、负荷率（水力停留时间与有机负荷）、厌氧活性污泥浓度、混合接触状况等；另一类是环境因素，如温度、pH 值、碱度、氧化还原电位、有毒物质等。这些因素都应是工艺可控条件，它们相互之间是紧密相关的。

13.3.1 工艺条件的影响

(1) 污泥组分

污泥是厌氧生物处理的对象，它的组分对厌氧生物处理的效果有着直接的关系。污泥的可生化性是厌氧生物处理的基本条件，通常采用 BOD_5/COD 比值来判断，一般认为：$BOD_5/COD \geqslant 0.3$，即可进行生物处理；$BOD_5/COD = 0.3 \sim 0.6$，认为生化性较好，宜于生物处理；$BOD_5/COD \geqslant 0.6$，认为生化性良好，最适于生物处理。

① 营养比例。参与污泥厌氧消化处理的微生物不仅要从污泥中吸收营养物质以取得能源，而且要用这些物质合成新的细胞物质，因此污泥厌氧消化处理需要考虑消化系统所必需的氮、磷以及其他微量元素等。

为满足厌氧发酵微生物的营养要求，工程中主要是控制污泥碳、氮、磷的比例，因为其他营养元素不足的情况较少见。不同微生物在不同环境条件下所需的碳、氮、磷的比例不完全一致。大量试验表明，C∶N∶P＝(200～300)∶5∶1 为宜，其中 C 以 COD 计算，N、P 以元素含量计算。在碳、氮、磷比例中，碳氮比例对厌氧消化的影响更为重要。研究表明，合适的碳氮比应为 (10～18)∶1，如图 13-9 和图 13-10 所示。

在厌氧处理时提供氮源，除满足合成菌体所需之外，还有利于提高反应器的缓冲能力。若氮源不足，即碳氮比太高，则不仅厌氧菌增殖缓慢，而且消化液的缓冲能力降低，pH 值容易下降，因此需要添加含氮物质以调节碳氮化。相反，若氮源过剩，即碳氮比太低，氮不能被充分利用，将导致系统中氨的过分积累，pH 值上升至 8.0 以上，而抑制产甲烷菌的生长繁殖，使消化效率降低，因此需添加含碳物质以调节碳氮比。但添加 $NH_3\text{-}N$ 会提高了消化液的氧化还原电位而使甲烷产率降低，因此以加入有机氮和 $NH_4^+\text{-}N$ 营养物为宜。

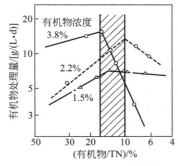

图 13-9　氮浓度与处理量的关系

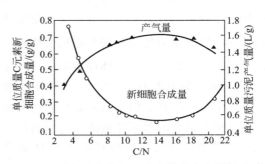

图 13-10　碳氮比与新细胞合成量及产气量的关系

② 有毒物质浓度。当某些物质浓度超过一定范围时，会对产甲烷过程产生毒性抑制，常见的有毒物质主要有重金属及阴离子 S^{2-}，由于污泥对毒性物质的富集作用，使得污泥中毒性物质的含量较污（废）水中的高，因此污泥厌氧消化中有毒物质的抑制作用更为明显。

某些物质对产甲烷消化的毒阈浓度如表 13-1 所示。多种金属离子共存时有相互拮抗作用，允许浓度可提高。如 Na^+ 单独存在时的毒阈界限浓度为 7000mg/L，而与 K^+ 共存时，若 K^+ 的浓度为 3000mg/L，则 Na^+ 的毒阈界限浓度还可提高 80%，即达到 12600mg/L。

表 13-1　某些物质对产甲烷消化的毒阈浓度

物质名称	毒阈浓度界限/(mol/L)	物质名称	毒阈浓度界限/(mol/L)
碱金属和碱土金属 Ca^{2+}、Mg^{2+}、Na^+、K^+	$10^{-1} \sim 10^6$	胺类	$10^{-5} \sim 10^0$
重金属 Cu^{2+}、Zn^{2+}、Ni^{2+}、Hg^{2+}、Fe^{2+}	$10^{-5} \sim 10^{-3}$	有机物质	$10^{-6} \sim 10^0$
H^+ 和 OH^-	$10^{-6} \sim 10^{-4}$		

S^{2-} 的来源有硫酸盐还原和蛋白质分解过程。当硫酸盐浓度超过 5000mg/L 时，即可对产甲烷过程产生抑制作用，而且硫酸盐还原与产甲烷过程竞争 H^+；在蛋白质分解过程中，NH_4^+ 浓度超过 150mg/L 时，消化过程即受到抑制。

此外，为了保证产甲烷菌的活性，促进产甲烷消化过程的顺利进行，要保持消化液的缓冲作用平衡，以维持消化池中 pH 值稳定，须保持碱度在 2000mg/L 以上。由于脂肪酸是甲烷发酵的底物，为了维持产甲烷过程的正常进行，其浓度也应维持在 2000mg/L 左右。

③ 重金属。工业污泥中常含有重金属，微量的重金属对厌氧细菌的生长可能会起到刺激作用，但当其过量时却有抑制微生物生长的可能性。一般认为重金属离子可与菌体细胞结合，引起细胞蛋白质变性并产生沉淀。研究表明，在重金属的毒性大小排列次序上，Ni＞Cu＞Pb＞Cr＞Cd＞Zn。

在厌氧生物处理中重金属离子的毒性阈限浓度报道不一，一方面，在于受到研究的基本条件与控制参数的影响；另一方面，当重金属与硫化物在反应器中并存时，它们之间可以进行络合反应生成不溶性的硫化物沉淀，于是当试验中存在这种条件时，就可使厌氧反应器忍受的重金属浓度大大提高。此外，毒物的浓度并不等于毒物负荷，在毒物浓度相同的情况下，如果反应器中微生物量多，则相应单位微生物量所忍受的毒物负荷就小。这种现象也可以从重金属离子对微生物毒性的毒理中得到解释。如厌氧生物反应器中微生物浓度高，引起细菌细胞蛋白质变性而产生沉淀的菌体数占总的活菌数比例就少，相对来说在反应器中剩余的活性微生物就越多，在引起细菌细胞蛋白质变性的同时，重金属离子也相对去除，而剩余的活性微生物可立即得到生长与繁殖，很快就可使反应器复苏。所以在生物量保持较高浓度的新型厌氧生物处理反应器中，有可能忍受更高的重金属离子浓度。

（2）负荷率（水力停留时间与有机负荷）

厌氧消化的好坏与生物固体停留时间（SRT）有直接关系，对于无回流的完全混合厌氧消化系统，SRT 等于水力停留时间（HRT）。随着水力停留时间的延长，有机物降解率和甲烷产率可以得到提高，但提高的幅度与污泥的性质、温度条件、有无毒物等因素相关。

另外，厌氧消化的效果还取决于有机负荷的大小。污泥厌氧消化的有机负荷一般以容积负荷表示，容积负荷表示单位反应器每日接受的污泥中有机物质的量（可按 VS 计或按 COD 计）。

容积负荷率 N_v：反应器单位有效容积在单位时间接纳的有机物量（以 COD 或 BOD$_5$ 计）称为容积负荷率，单位为 kg/（m^3·d）。

污泥负荷率 N_s：反应器内单位质量的污泥（以 MLVSS 计）在单位时间内接纳的有机物量（以 COD 或 BOD$_5$ 计），称为污泥负荷率，单位为 kg/（kg·d）。

有机负荷是影响厌氧消化效率的一个重要因素，直接影响产气量和处理效率。在一定范围内，随着有机负荷的提高，产气率即单位质量物料的产气量趋向下降，而消化反应器的容积产气量则增多，反之亦然。对于具体应用场合，进料的有机物浓度是一定的，有机负荷或投配率的提高意味着停留时间缩短，则有机物分解率将下降，势必使单位质量物料的产气量减少。但因反应器相对的处理量增多了，单位容积的产气量将提高。

厌氧处理系统正常运行取决于产酸与产甲烷反应速率的相对平衡。一般产酸速率大于产甲烷速率，若有机负荷过高，则产酸率将大于用酸（产甲烷）率，挥发酸将累积而使 pH 值下降，破坏产甲烷阶段的正常运行，严重时产甲烷作用停顿，系统失败，并难以调整复苏。此外，有机负荷过高，则过高的水力负荷还会使消化系统中污泥的流失速率大于增长速率而降低消化效率。这种影响在常规厌氧消化工艺中更加突出。相反，若有机负荷过低，物料产气率或有机物去除率虽可提高，但容积产气率降低，反应器容积将增大，使消化设备的利用效率降低，投资和运行费用提高。

（3）厌氧活性污泥浓度

厌氧活性污泥主要由厌氧微生物及其代谢和吸附的有机物、无机物组成。厌氧活性污泥的浓度和性状与消化的效能有密切关系。性状良好的污泥是厌氧消化效率的基础保证。厌氧活性污泥的性质主要表现为它的作用效能与沉淀性能，前者主要取决于活微生物的比例及其对底物的适应性和活微生物中生长速率低的产甲烷菌的数量是否达到与不产甲烷菌数量相适应的水平。活性污泥的沉淀性能是指污泥混合液在静止状态下的沉降速率，它与污泥的凝聚性有关。与好氧生物处理一样，厌氧活性污泥的沉淀性能也以污泥体积指数（SVI）衡量。在上流式厌氧污泥床反应器中，当活性污泥的 SVI 为 15～20mL/g 时，污泥具有良好的沉淀性能。

厌氧处理时，有机物主要靠活性污泥中的微生物分解去除，因此在一定范围内，活性污泥浓度越高，厌氧消化效率也越高。但达到一定程度后，效率的提高不再明显，这主要是因为：a.厌氧污泥的生长率低、增长速率慢，积累时间过长后，污泥中无机成分比例增高，活性降低；b.浓度过高有时易于引起堵塞而影响正常运行。图 13-11 和图 13-12 分别说明了污泥浓度与最高处理量和产气量之间的关系。

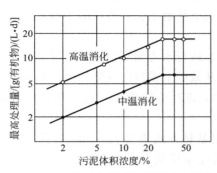

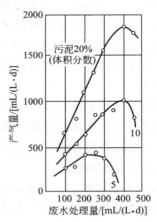

图 13-11　消化反应器内污泥浓度与最高　　　　图 13-12　消化反应器内污泥浓度与
　　处理量之间的关系（乙醇蒸馏废水）　　　　　产气量之间的关系（洗毛废水，中温消化）

（4）混合搅拌

混合搅拌是提高消化效率的工艺条件之一。在厌氧消化反应器中，生物化学反应是依靠传质进行的，而传质的发生必须通过基质与微生物之间的实际接触，只有实现基质与微生物之间的充分而有效的接触，才能发生生化反应，才能最大限度地发挥反应器的处理效能。在没有搅拌的厌氧消化反应器中，料液常有分层现象。通过搅拌可消除反应器内的物料浓度梯度，增加物料与微生物之间的接触，避免产生分层，促进沼气分离。在连续投料的消化池中，还可使进料迅速与池中原料液相混合，如图 13-13 所示。

采取搅拌措施能显著提高厌氧消化的效率，如图 13-14 所示，因此在传统厌氧消化工艺中，也将有搅拌的消化反应器称为高速消化反应器。但是对于混合搅拌的程度与强度尚有不同的观点，如对于混合搅拌与产气量的关系，有资料称，适当搅拌优于频频搅拌，也有资料称，频频搅拌效果较好。一般认为，产甲烷菌的生长需要相对较宁静的环境，消化池的每次搅拌时间不应超过 1h。也有人认为消化反应器内的物质移动速度不宜超过 0.5m/s，因为这是微生物生命活动的临界速度。搅拌的作用还与污泥的性状有关，当含不溶性物质较多时，因易于生成浮渣，搅拌的功效更加显著；对含可溶性废物或易消化悬浮固体的污泥，搅拌的功效相对小一些。

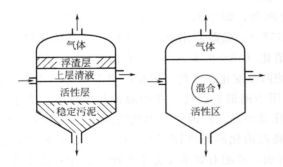

图 13-13　厌氧消化反应器的静止与混合状态

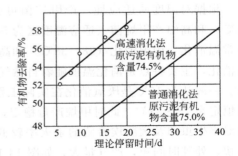

图 13-14　完全混合厌氧消化法和高速消化法
与有机物去除率的关系

反应器的构造不同，实现接触传质的方式也不一样，归纳起来大致有 3 种接触传质方式，即人工搅拌接触、水力流动接触和沼气搅动接触。

① 人工搅拌接触。人工搅拌接触就是利用外加的机械力、水力或气力对反应器中的反应液进行人工搅拌混合，完全混合厌氧消化池、厌氧接触工艺系统中的生物反应池均采用这种接触方式。

在完全混合厌氧消化池中，可采用水力提升器进行水力循环搅拌，也可采用沼气进行气力循环搅拌，或采用螺旋桨进行机械循环搅拌，从效能上看以沼气循环搅拌为最佳，机械搅拌次之，水力循环搅拌最差。在厌氧接触系统中，进行连续搅拌可以实现反应液的完全混合，加速生化反应的进行。

② 水力流动接触。水力流动接触是使进料以某种方式流过厌氧生物污泥层，实现基质与微生物的接触传质，典型代表为升流式厌氧污泥床反应器。在升流式厌氧污泥床反应器内，当进料穿过污泥床而上升时，实现微生物与基质的接触，但由于进料速度小难以均匀分配，所以这种接触方式是不充分的。为了强化接触传质，可采用脉冲方式进泥，在进泥点形成强度较大的股流，并在其周围产生小范围的涡流和环流，增强接触传质效能。

③ 沼气搅动接触。所有厌氧生物反应器内都有沼气产生，厌氧生化反应中产生的气体以分子状态排出细胞并溶于水中，当溶解达到过饱和时，便以气泡形式析出，并就近附着于疏水性的污泥固体表面。最初析出的气泡十分微小，随后许多小气泡在水的表面张力作用下合并成大气泡。沼气泡的搅动接触有两种形式：a. 在气泡的浮力作用下，污泥颗粒上下移动，与反应液接触；b. 大气泡脱离污泥固体颗粒而上升时，起到搅动反应液的效果。当反应器负荷率较大时，单位面积上的产气量就大，气泡的搅动接触作用十分明显。

对于大多数厌氧生物反应器，以上 3 种接触方式可能有其中两种接触方式同时存在，如升流式厌氧污泥床反应器内既有水力流动接触又有沼气搅动接触。

13.3.2 环境因素的影响

（1）温度

温度是影响微生物生命活动过程的重要因素之一，对厌氧微生物及厌氧消化过程的影响尤为显著。温度主要通过对酶活性的强弱来影响微生物的生长速率与基质的代谢速率，因而与有机物的处理效率和污泥的产生量有关。温度还影响有机物在生化反应中的流向，因而与沼气产量和成分有关，并影响污泥的成分与性能等。

根据对温度的适应性，产甲烷菌可分为两类，即中温产甲烷菌（适应温度区为 30～38℃）和高温产甲烷菌（适应温度区为 50～55℃）。根据消化温度的不同，可把消化过程分为常温消化、中温消化（28～38℃）和高温消化（48～60℃）。常温消化也称自然消化、变温消化，主要特点是消化温度随着自然气温的四季变化而变化，甲烷产量不稳定，转化效率低。一般认为 15℃是厌氧消化在实际工程应用中的最低温度。在中温消化条件下，温度控制恒定在 28～38℃，此时甲烷产量稳定，转化效率高。但因中温消化的温度与人体温接近，故对寄生虫卵及大肠埃希菌的杀灭率较低。高温消化的温度控制在 48～60℃，因而分解速率快，处理时间短，产气量大，如图 13-15 所示，并能有效杀死寄生虫卵。高温对寄生虫卵的杀灭率可达 99％以上，大肠埃希菌指数为 10～100，能满足卫生要求（对蛔虫卵的杀灭率应达到 95％以上，大肠埃希菌指数为 10～100），需加温和保温设备。消化时间是指达到产气总量的 90% 时所需时间，中温消化的消化时间约为 20 天，高温消化约为 10 天。

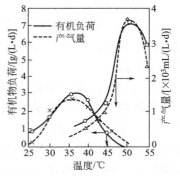

图 13-15　温度对消化的影响

产甲烷菌对温度的剧烈变化比较敏感，温度的急剧变化和上下波动不利于厌氧消化。研究表明，在厌氧消化过程中，温度在 10～35℃ 范围内，甲烷的产率随温度升高而提高；温度在 35～40℃ 范围内，甲烷的产率最大；温度高于 40℃ 时，甲烷产率呈下降趋势。温度低于最优范围时，温度每下降 1℃，消化速率下降 11%。短时间升降 5℃，沼气产量将明显下降，同时会影响沼气中的甲烷含量，尤其是高温发酵对温度变化更为敏感。因此，厌氧消化过程要求温度相对稳定，一天内的温度变化不超过 2～3℃/h。

（2）pH 值

pH 值是影响厌氧微生物生命活动过程的重要因素之一。一般认为 pH 值对微生物的影响主要表现在以下几个方面。a. 各种酶的稳定性均与 pH 值有关。b. pH 值直接影响底物的存在状态，而其对细菌细胞膜的透过性就有所不同，如当 pH<7 时，各种脂肪酸多以分子状态存在，易于透过带负电的细胞膜；而当 pH>7 时，一部分脂肪酸电离成带负电的离子，就难以透过细胞膜。c. 透过细胞膜的游离有机酸在细胞内重新电离，改变胞内 pH 值，影响许多生化反应的进行及腺苷三磷酸（ATP）的合成。

参与厌氧消化的产酸菌和产甲烷菌所适应的 pH 值范围并不一致。产酸菌能适应的 pH 值范围较宽，在最适宜 pH 值范围 6.5～7.0 时，生化反应能力最强。pH 值略低于 6.5 或略高于 7.5 时也有较强的生化反应能力。产甲烷菌能适应的 pH 值范围较窄，各种产甲烷菌要求的最适宜 pH 值各不相同，如消化反应器中几种常见中温菌的最适宜 pH 值分别为：甲酸甲烷杆菌为 6.7～7.2，布氏甲烷杆菌为 6.9～7.2，巴氏甲烷八叠球菌为 7.0。可见中温甲烷细菌的最适宜 pH 值为 6.7～7.2。

在反应器正常运行时，pH 值一般应在 6.0 以上，在处理因含有机酸而使 pH 值偏低的污泥时，正常运行时的 pH 值可以略低，如 4.0～5.0 左右；若处理因含无机酸而使 pH 值低的污泥，应将进泥的 pH 值调到 6.0 以上，具体控制要根据反应器的缓冲能力决定。

厌氧消化反应液的实际 pH 值主要由溶液中酸性物质及碱性物质的相对含量决定，而其稳定性则取决于溶液的缓冲能力。厌氧消化反应液中的酸碱物质有两方面的来源：原污泥中存在的酸碱物质和生化反应中产生的酸碱物质。一般来说用于厌氧生物处理的绝大多数有机污泥，其中所含酸碱物质主要是一些弱酸和弱碱，由其形成的 pH 值大多在 6.0～7.5 之间，有些污泥的 pH 值可能低至 4.0～5.0，但因酸性物质多是有机酸，随着厌氧消化反应的不断进行，它们会不断减少，pH 值会自然回升，最终维持在中性附近。在厌氧消化过程中会产生各种酸性和碱性物质，它们对消化反应液的 pH 值往往起支配作用。

一段式厌氧系统通常要维持一定的 pH 值，使其不限制产甲烷菌生长，并阻止产酸菌（可引起挥发性脂肪酸累积）占优势，因此，必须使反应器内的反应物能够提供足够的缓冲能力来中和任何可能的挥发性脂肪酸积累，这样就阻止了在传统厌氧消化过程中局部酸化区域的形成。而在两相厌氧系统中，各相可以调控不同的 pH 值，以便使产酸过程和产甲烷过程分别在最佳条件下进行，pH 值的控制对产甲烷阶段尤为重要。

（3）碱度

消化液中形成的碱性物质主要是氨氮，它是蛋白质、氨基酸等含氮物质在发酵细菌脱氨基作用下形成的。消化液的碱度通常由其中氨氮的含量决定，它能中和酸而使消化液保持适宜的 pH 值。

在消化系统中，NH_3 和 CO_2 反应生成 NH_4HCO_3，使消化液具有一定的缓冲能力，在一定范围内避免 pH 值的突然降低。缓冲剂是在有机物分解过程中产生的，消化液中有 H_2CO_3、氨（NH_3 和 NH_4^+）和 NH_4HCO_3 存在。HCO_3^- 和 H_2CO_3 组成缓冲溶液，当溶液中脂肪酸浓度在一定范围内变化时，不足以导致 pH 值变化。该缓冲溶液一般以碳酸盐的总碱度计。因此在消化系统中，应保持碱度在 200mg/L 以上，使其有足够的缓冲能力。在消化系统管理过程中，应经常测定碱度。

氨有一定的毒性，一般不宜超过 1000mg/L。氨的存在形式有 NH_3 和 NH_4^+，两者的平衡浓度决定于 pH 值。当有机酸积累、pH 值下降时，NH_3 解离为 NH_4^+，当 NH_4^+ 的浓度超过 150mg/L 时，消化受到抑制。

厌氧处理运行中，沼气的产量及组分直接反映厌氧消化的状态。在沼气中一般测不出氢气，含有氢气意味着反应器运行不正常。在反应器稳定运行时，沼气中的 CH_4、CO_2 含量基本是稳定的，此时 CH_4 含量最高、CO_2 含量最低，产气率也是稳定的。当反应器受到某种冲击时，其沼气组分就会变化，CH_4 含量降低、CO_2 含量增加、产气量减少。在工程中沼气计量可以直接读出，沼气中的 CH_4、CO_2 分析也较容易，因此监测反应器的沼气产量与组分是控制反应器运行的一种简便易行的方法，其敏感程度常优于 pH 值的变化。

（4）丙酸

丙酸是厌氧生物处理过程中一个重要的中间产物，有研究指出，在城市污水处理剩余污泥的厌氧消化中，系统中甲烷产量的 35% 是由丙酸转化而来的。同其他的中间产物（如丁酸、乙酸等）相比，丙酸向甲烷的转化速率是最慢的，有时丙酸向甲烷的转化过程限制了整个系统的产甲烷速率。丙酸的积累会导致系统产气量的下降，这通常是系统失衡的标志。

在厌氧消化处理污水处理厂剩余污泥、猪粪、食品垃圾以及一些工业废水时，都发现在系统失败前丙酸浓度有异常增长。在超负荷厌氧消化系统中，丙酸与乙酸比率的变化规律在提高进料浓度后迅速升高，在其他监测指标发生变化之前优先指示出系统超负荷的工况。鉴于丙酸积累和系统失衡之间的这种相关性，有学者提出把丙酸浓度或丙酸与乙酸浓度之比作为衡量厌氧反应器异常状况的指标。

丙酸浓度的增大对产甲烷菌有抑制作用，因此丙酸积累会造成系统失衡。研究表明，通过加入苯酚造成系统中丙酸浓度增大（苯酚厌氧降解产生丙酸）时，丙酸浓度最高积累至 2750mg/L，同时 pH 值低于 6.5，在此条件下未观察到对底物葡萄糖产甲烷的抑制作用，因此有人认为，丙酸的高浓度并不意味着厌氧消化系统的失衡。从以上的分析可以看出，系统失衡常常伴随着丙酸的积累，但是丙酸积累可以只是系统失衡的结果，并不是原因。

控制厌氧消化系统中的丙酸积累，应当控制合适的条件以减少丙酸的产生，并同时创造有利条件促进丙酸转化。首先，可以采用两相厌氧消化工艺。水解产酸菌和产甲烷菌的最佳生长环境条件不同，通过相分离可以有效地为两类微生物提供优化的环境条件。适当控制产酸相的 pH 值从而抑制丙酸的产生，在产甲烷相中，由于较低的氢分压以及利用氢的产甲烷菌的存在，促进丙酸被有效转化，从而提高了反应器效率和系统稳定性。在污泥高温厌氧处理中，当丙酸是主要的有机污染物而氢气的产生不可避免时，应采用两相厌氧反应器，在第二相中，丙酸可以被除去。两相系统处理能力提高的原因主要是在第二个反应器中氢分压的降低促进了丙酸的氧化。

由于有机负荷的提高往往造成丙酸的产生，从而导致丙酸的积累和系统的失衡，所以，抑制厌氧消化系统中的丙酸积累，还可以选择抗冲击负荷的反应器形式。当组分或进料量波动较大时，选用抗冲击负荷的反应器形式就能有效增强系统的稳定性。和其他形式的厌氧反应器相比，厌氧折流板反应器（ABR）具有良好的抗冲击负荷能力，它将反应器分成不同的隔室，每一个隔室中呈完全混合的状态以促进微生物和基质的接触，而整个反应器中则是推流状态以实现微生物种群的分离。当发生冲击负荷时，第一个隔室中较低的 pH 值和较高的底物浓度使产乙酸菌和丁酸菌大量生长，从而限制了产丙酸菌的生长。虽然第一个隔室会发生氢的积累，但是多隔室的构造使过量的氢气可以从系统排出，从而增强了系统的稳定性。

（5）挥发性脂肪酸

挥发性脂肪酸是厌氧消化过程中重要的中间产物。厌氧消化过程中，常常由于负荷的急剧变化、温度的波动、营养物质的缺乏等原因造成挥发性酸的积累，从而抑制产甲烷菌的生长。在正常运行的中温消化池中，挥发性脂肪酸的质量浓度一般在 $200 \sim 300 \mathrm{mg/L}$ 之间。对于挥发性脂肪酸是否是毒性物质，一直存在争议。部分研究人员认为，有机酸浓度超过 $2000 \mathrm{mg/L}$ 时就会对厌氧消化不利。而麦卡蒂等则认为，只要 pH 值正常，则产甲烷菌能够忍受高达 $6000 \mathrm{mg/L}$ 的有机酸浓度。

（6）氧化还原电位

厌氧环境是严格厌氧的产甲烷菌繁殖的最基本条件之一，厌氧环境的主要标志是发酵液具有低的氧化还原电位，其值应为负值。某一化学物质的氧化还原电位是该物质由其还原态向其氧化态转化时的电位差。一个体系的氧化还原电位是由该体系中所有形成氧化还原电对的化学物质的存在状态决定的。体系中氧化态物质所占比例越大，其氧化还原电位就越高，形成的环境就越不适于厌氧微生物的生长；反之，如果体系中还原态物质所占比例越大，其氧化还原电位就越低，形成的厌氧环境就越适于厌氧微生物的生长。

不同厌氧消化系统要求的氧化还原电位值不尽相同，同一系统中不同细菌群要求的氧化还原电位也不尽相同。高温厌氧消化系统要求适宜的氧化还原电位为 $-600 \sim -500 \mathrm{mV}$，中温厌氧消化系统要求的氧化还原电位应低于 $-380 \sim -300 \mathrm{mV}$。产酸菌对氧化还原电位的要求不甚严格，甚至可在 $-100 \sim 100 \mathrm{mV}$ 的兼性条件下生长繁殖，而产甲烷菌最适宜的氧化还原电位为 $-350 \mathrm{mV}$ 或更低。

厌氧细菌对氧化还原电位敏感的原因主要是菌体内存在易被氧化剂破坏的化学物质以及菌体缺乏抗氧化的酶系，如产甲烷菌细胞中的 F_{420} 因子就对氧极其敏感，受到氧化作用时即与酶分离而使酶失去活性；严格的厌氧菌都不具有超氧化物歧化酶和过氧化物酶，无法保护各种强氧化状态物质对菌体的破坏作用。

一般情况下氧在发酵液中的溶入是引起发酵系统氧化还原电位升高的最主要和最直接的原因。但除氧以外，其他一些氧化剂或氧化态物质的存在同样能使体系的氧化还原电位升高，当其浓度达到一定程度时，同样会危害厌氧消化过程的进行。由此可见，体系的氧化还原电位比溶解氧浓度更能全面反映发酵液所处的厌氧状态。

控制低的氧化还原电位主要依靠以下措施：a.保持严格的封闭系统，杜绝空气的渗入，这也是保证沼气纯净及预防爆炸的必要条件；b.通过生化反应消耗进料中带入的溶解氧，使氧化还原电位尽快降低到要求值。有资料表明，废水进入厌氧反应器后，通过剧烈的生化反应，可使系统的氧化还原电位降到$-100 \sim -200mV$，继而降至$-340mV$，因此在工程上没有必要对进水施加特别的耗资昂贵的除氧措施，但应防止废水在厌氧处理前的湍流曝气和充氧。

13.4 ⇨ 厌氧消化反应器

大中型沼气工程所使用的反应器种类很多，根据水力停留时间（HRT）、污泥停留时间（SRT）和生物停留时间（MRT）的不同，可将反应器分为 3 种类型，见表 13-2。

表 13-2　厌氧消化反应器（工艺）分类

反应器(工艺)类型	厌氧消化特征	反应器举例
常规型	MRT＝SRT＝HRT	完全混合式反应器(CSTR)
		推流式反应器(PFR)
污泥滞留型	（MRT 和 SRT）＞HRT	厌氧接触反应器(ACR)
		升流式厌氧污泥床(UASB)反应器
		升流式固体反应器(USR)
		膨胀颗粒污泥床(EGSB)反应器
		内循环(IC)反应器
		折流式反应器(ABR)
附着膜型	MRT＞（SRT 和 HRT）	厌氧生物滤池(AF)
		纤维填料床(PFB)反应器
		复合厌氧反应器(UBR)
		厌氧流化床反应器(AFBR)

第一类反应器为常规型反应，其特征为 MRT、SRT 和 HRT 相等，即液体、固体和微生物混合在一起，出料时同时被冲出，反应器内没有足够的生物，并且固体物质由于停留时间较短得不到充分的消化，因此效率较低；第二类反应器为污泥滞留型反应器，其特征是通过各种固液分离方法，将 HRT、SRT 和 HRT 加以分离，从而在较短 HRT 的情况下获得较长的 MRT 和 SRT，在出料时，微生物和固体物质所构成的污泥得以保留，提高反应器内微生物浓度的同时，延长固体有机物的停留时间使其充分消化；第三类反应器即附着膜型反应器，在反应器内填充有惰性支持物供微生物附着，在进料中的液体和固体穿流而过的情况下滞留微生物于反应器内，从而提高微生物浓度以有效提高反应器效率。

在选择反应器形式时，一定要根据具体的工程情况选用合适的反应器。

13.4.1　常规型反应器

常规型反应器就是一段式反应器，产酸过程和产甲烷过程都在一个反应器内进行。根据反应器内物料的流动形式，常规型反应器可分为完全混合式反应器和推流式反应器。

（1）完全混合式反应器

完全混合式反应器（complete stirred tank reactor，CSTR）由池顶、池底和池体三部分组成，常用钢筋混凝土筑造。池体可分圆柱形、椭圆形和龟甲形，常用的形状为圆柱形。消化池顶的构造有固定盖和浮动盖两种，国内常用固定盖池顶。固定盖为一弧形穹顶，或截头圆锥形，池顶中央装集气罩。浮动盖池顶为钢结构，盖体可随池内液面变化或沼气储量变化而自由升降，保持池内压力稳定，防止池内形成负压或过高的正压。图 13-16 所示为固定盖式消化池，图 13-17 所示为浮盖式消化池。消化池池底为一个倒截圆锥形，有利于排泥。

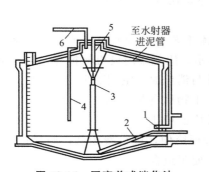

图 13-16　固定盖式消化池

1—进泥管；2—排泥管；3—水射器；
4—蒸汽管；5—集气罩；6—排气管

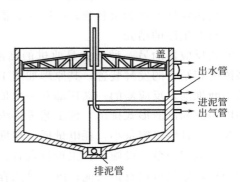

图 13-17　浮盖式消化池

消化池中消化液的均匀混合对正常运行影响很大，因此搅拌设备也是消化池的重要组成部分。搅拌设备一般置于池中心。当池子直径很大时，可设若干个均布于池中的搅拌设备。机械搅拌方法有泵搅拌、螺旋桨搅拌和喷射泵搅拌。

温度是影响微生物生命活动的重要因素之一。为了保证最佳消化速率，消化池一般均设有加热装置。常用加热方式有三种：a. 污泥在消化池外先经热交换器预热到设定温度后再进入消化池；b. 热蒸汽直接在消化器内加热；c. 在消化池内部安装热交换器。a 和 c 两种方式可利用热水、蒸汽或热烟气等废热源加热。

完全混合式反应器的负荷（以 COD 计），中温条件下一般为 $2\sim3kg/(m^3 \cdot d)$，高温条件下为 $5\sim6kg/(m^3 \cdot d)$。

完全混合式反应器的特点是：可以直接处理悬浮固体含量较高或颗粒较大的料液；在同一个池内实现厌氧发酵反应和液体与污泥的分离，在消化池的上部留出一定的体积以收集所产生的沼气，结构比较简单；进料大多是间歇进行的，也可采用连续进料，但同时也存在缺乏持留或补充厌氧活性污泥的特殊装置，消化器中难以保持大量的微生物和细菌。对无搅拌的消化器，还存在料液分层现象严重、微生物不能与料液均匀接触、温度不均匀、消化效率低等缺点。

（2）推流式反应器

推流式反应器（plug flow reactor，PFR）也称活塞流式反应器，是一种长方形非完全混合式反应器。高浓度悬浮固体发酵原料从一端进入，呈活塞式推移状态从另一端排出。该反应器内无搅拌装置，产生的沼气移动可为料液提供垂直的搅拌作用。料液在反应器内呈自然沉淀状态，一般分为四层，从上到下依次为浮渣层、上清液、活性层和沉渣层，其中厌氧微生物活动较为旺盛的场所局限在活性层内，因而效率较低，多于常温下运转。料液在沼气池内无纵向混合，发酵后的料液借助新鲜料液的推动而排走。进料端呈现较强的水解酸化作用，甲烷的产生随着出料方向的流动而增强。由于该体系进料端缺乏接种物，所以要进行固体的回流。为减少微生物的冲出，在消化器内应设置挡板以利于运行的稳定。

推流式反应器的优点是：a.不需要搅拌，池形结构简单，能耗低；b.适用于高浓度城市污泥废水和污泥的处理，尤其适用于牛粪的厌氧消化；c.运行方便，故障少，稳定性高。其缺点是：a.固体物容易沉淀于池底，影响反应器的有效体积，使 HRT 和 SRT 缩短，效率低；b.需要污泥回流作为接种物；c.因反应器面积/体积比较大，反应器内难以保持一定的温度；d.易产生厚的结壳。

推流式反应器的另一种形式是改进的高浓度推流工艺（HCF）。HCF 是一种推流、混合及高浓度相结合的发酵装置，其原理如图 13-18 所示。厌氧罐内设机械搅拌，以推流方式向池后不断推动，反应器的一端顶部有一个带格栅并与消化池气室相隔离的进料口，料液在另一端以溢流和沉渣形式排出。该工艺进料浓度高，干物质含量可达 8%；能耗低，不仅加热能耗少，而且装机容量小，耗电量低；与推流式反应器相比，原料利用率高；解决了浮渣问题；工艺流程简单；设施少，工程投资省；操作管理简便，运行费用低；原料适应性强；没有预处理，原料可以直接入池；卧式单池容积小，便于组合。

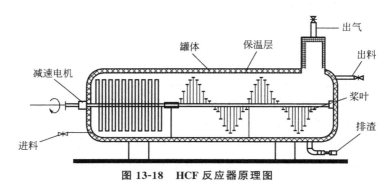

图 13-18　HCF 反应器原理图

13.4.2　污泥滞留型反应器

污泥滞留型反应器是在消化过程中将污泥分离，延长其在反应器内的停留时间，从而进一步促进厌氧消化过程。厌氧接触反应器、升流式厌氧污泥床反应器、升流式固体反应器、膨胀颗粒污泥床反应器、内循环反应器、厌氧折流板反应器、复合型厌氧折流板反应器等都属于污泥滞留型反应器。

（1）厌氧接触反应器

厌氧接触反应器（anaerobic contact reactor，ACR）是在普通厌氧消化池之后增设二沉池和污泥回流系统，将沉淀污泥回至消化池，如图 13-19 所示。

厌氧接触反应器的主要构筑物有普通厌氧消化池、沉淀分离装置等。废水或污泥进入厌氧消化池后，依靠池内大量的微生物絮体降解其中所含的有机物，池内设有搅拌设备以保证有机废水与厌氧生物的充分接触，并促使降解过程中产生的沼气从污泥中分离出来，厌氧生物接触池流出的泥水混合液进入沉淀分离装置进行泥水分离。沉淀污泥按一定的比例返回厌氧消化池，以保证池内拥有大量的厌

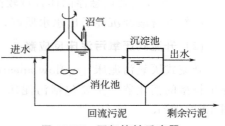

图 13-19　厌氧接触反应器

氧微生物。由于在厌氧消化池内存在大量的悬浮态厌氧活性污泥，保证了厌氧接触工艺高效稳定的运行。

然而，从厌氧消化池排出的混合液在沉淀池中进行固液分离有一定的困难，一方面，是由于混合液中污泥上附着大量的微小沼气泡，易于引起污泥上浮；另一方面，由于混合液中的污泥仍具有产甲烷活性，在沉淀过程中仍能继续产气，从而妨碍污泥颗粒的沉降和压缩。为了提高沉淀池中混合液的固液分离效果，目前常采用以下几种方法进行脱气：a. 真空脱气，由消化池排出的混合液经真空脱气器（真空度为 5kPa）将污泥絮体上的气泡除去，改善污泥的沉淀性能。b. 热交换器急冷法，将从消化池排出的混合液进行急速冷却，如将中温消化液从 35℃冷却到 15～25℃，可以控制污泥继续产气，使厌氧污泥有效沉淀。图 13-20 是设真空脱气器和热交换器的厌氧接触法工艺流程。c. 絮凝沉淀，向混合液中投加絮凝剂，使厌氧污泥凝聚成大颗粒，加速沉降。d. 用超滤器代替沉淀池，以改善固液分离效果。此外，为保证沉淀池的分离效果，在设计时，沉淀池内表面负荷应比一般废水沉淀池的表面负荷小，一般不大于 1m/h。混合液在沉淀池内的停留时间比一般废水沉淀时间要长，可采用 4h。

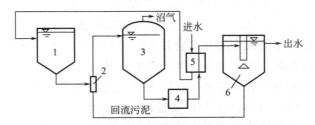

图 13-20　设真空脱气器和热交换器的厌氧接触法工艺流程
1—调节池；2—水射器；3—消化池；4—真空脱气器；5—热交换器；6—沉淀池

厌氧接触工艺的特点是：

① 增加了污泥沉淀池和污泥回流系统，通过污泥回流，保持消化池内污泥浓度较高，一般为 10～15g/L，耐冲击能力强。

② 设有真空脱气装置。由于消化池内的厌氧活性污泥具有较高活性，进入沉淀池后可能继续产生沼气，影响污泥的沉淀，因此在混合液进入沉淀池之前，一般需要使混合液首先通过一个真空脱气器，将附着在污泥表面的细小气泡脱除。

③ 由于增设了污泥沉淀与污泥回流，消化池的容积负荷比普通厌氧消化池高，中温消化时，一般为 2～10kg/(m³·d)（以 COD 计）；水力停留时间比普通消化池大大缩短，如常温条件下，普通消化池的水力停留时间一般为 15～30 天，而厌氧接触法的水力停留时间

一般小于 10 天。

④ 可以直接处理悬浮固体含量较高或颗粒较大的料液，不存在堵塞问题。

虽然混合液经沉淀后出水水质好，但厌氧接触法存在混合液难以进行固液分离的缺点。

（2）升流式厌氧污泥床反应器

升流式厌氧污泥床 [upflow anearobic sludge blanket（bed），UASB] 反应器是一种悬浮生长型的消化器，主要包括污泥床、污泥悬浮层、布水器、三相分离器。其工作原理如图 13-21 所示。

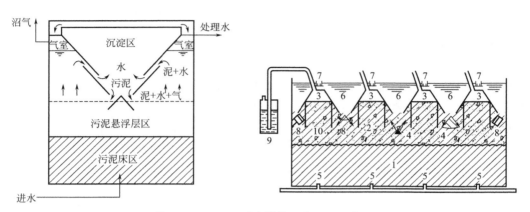

图 13-21　UASB 反应器的工作原理示意图

1—污泥床；2—污泥悬浮床；3—气室；4—气体挡板；5—配水系统；6—沉降区；
7—出水槽；8—集气罩；9—水封；10—垂直挡板

在运行过程中，废水通过进水配水系统以一定的流速自反应器的底部进入反应器，水流在反应器中的上升流速一般为 0.5～1.5m/h，多宜在 0.6～0.9m/h 之间。水流依次流经污泥床、污泥悬浮层至三相分离器。升流式厌氧污泥床反应器中的水流呈推流形式，进水与污泥床及污泥悬浮层中的微生物充分混合接触并进行厌氧分解，厌氧分解过程中产生的沼气在上升过程中将污泥颗粒托起，由于大量气泡的产生，引起污泥床的膨胀。反应中产生的微小沼气气泡在上升过程中相互结合而逐渐变成较大的气泡，将污泥颗粒向反应器的上部携带，最后由于气泡的破裂，绝大部分污泥颗粒又返回到污泥床区。随着反应器产气量的不断增加，由气泡上升所产生的搅拌作用变得逐渐剧烈，气体便从污泥床内突发性的逸出，引起污泥床表面呈沸腾和流化状态。反应器中沉淀性能较差的絮体状污泥则在气体的搅拌作用下，在反应器上部形成污泥悬浮层；沉淀性能良好的颗粒状污泥则处于反应器的下部形成高浓度的污泥床。随着水流的上升流动，气、水、泥三相混合液上升至三相分离器中，气体遇到挡板折向集气室而被有效分离排出；污泥和水进入上部的沉淀区，在重力作用下泥水发生分离。由于三相分离器的作用，使得反应器混合液中的污泥有一个良好的沉淀、分离和再絮凝的环境，有利于提高污泥的沉降性能。在一定的水力负荷条件下，绝大部分污泥能在反应器中保持很长的停留时间，使反应器中具有足够的污泥量。

UASB 反应器的优点是：a. 反应器中设有气、液、固三相分离器，具有产气和均匀布水作用，实现良好的自然搅拌，并在反应器内形成沉降性能良好的污泥，增加了工艺稳定性；b. UASB 内污泥浓度（以 VSS 计）高达 20～40g/L，COD 去除效率可达 80%～95%；c. SRT 和 MRT 长，提高了有机负荷，缩短了水力停留时间；d. 一般不设沉淀池，不需要污泥回流设备；e.消化器结构简单，无搅拌装置及填料，节约造价，并避免因填料发生堵塞的问题；f.出水的悬浮物固体含量和有机质浓度低；g.初次启动过程形成的颗粒污泥可在常温下保存很长时间而不影响其活性，缩短了二次启动时间，可间断或季节性运行，管理简单。

UASB 的缺点是：a.进料时悬浮固体含量低，若进水中悬浮固体含量较高，会造成无生物活性的固体物在污泥床的积累，大幅度降低污泥活性，并使床层受到破坏；b.需要有效的布水器，使进料能均匀分布于消化器的底部；c.对水质和负荷的突然变化比较敏感，耐冲击能力稍差；d.污泥床内有短流现象，影响处理能力；e.当冲击负荷或进料中悬浮固体含量升高时，易引起污泥流失。

（3）升流式固体反应器

升流式固体反应器（upflow solid reactor，USR）是一种结构简单、适用于高悬浮固体原料的反应器，结构如图 13-22 所示。

原料从反应器底部的配水系统进入，均匀分布在反应器底部，然后向上流通过含有高浓度厌氧微生物的固体床，使有机固体与厌氧微生物充分接触反应，有机固体被水解酸化和厌氧分解，产生沼气。沼气随水流上升起到搅拌混合作用，促进了固体与微生物接触。密度较大的微生物及未降解固体等物质依靠被动沉降作用滞留在反应器中，使反应器内保持较高的固体量和生物量，延长了微生物滞留时间，上清液从反应器上部排出，可获得比 HRT 高得多的 SRT 和 MRT。反应器内不设三相反应器和搅拌装置，也不需要污泥回流，在出水渠

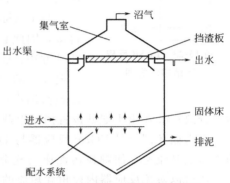

图 13-22　升流式厌氧固体反应器

前设置挡渣板，减少 SS 的流失。在反应器液面会形成一层浮渣层，浮渣层达到一定厚度后趋于动态平衡。沼气透过浮渣层进入反应器顶部，对浮渣层产生一定的"破碎"作用。对于生产性反应器，由于浮渣层面积较大，不会引起堵塞。反应器底部设排泥管，可把多余的污泥和惰性物质定期排出。

USR 的优点是：a.反应器内始终保持较高的固体量和生物质，即有较长的 SRT 和 MRT，这是 USR 在较高负荷条件下能稳定运行的根本原因；b.长 SRT，出水后污泥不需要回流，悬浮固体去除率高，可达 60%～70%；c.当超负荷运行时，污泥沉降性能变差，出水化学需氧量升高，但不易出现酸化；d.产气效率高。

USR 的缺点是：a.进料固体悬浮物含量大于 6% 时，易出现堵塞布水管等问题，单管布水易短流；b.对含纤维素较高的料液，应在发酵罐液面增加破浮渣设施，以防表面结壳；c.沼渣、沼液 COD 浓度很高，不适宜达标排放，一般用于农田施肥。

（4）膨胀颗粒污泥床反应器

膨胀颗粒污泥床［expanded granular sludge blanket，简称 EGSB］反应器是在 UASB 反应器的基础上改进发展起来的第三代厌氧生物反应器，与 UASB 反应器相比，它们最大的区别在于反应器内液体上升流速的不同，在 UASB 反应器中，水力上升流速一般小于 1m/h，污泥床更像一个静止床，而 EGSB 反应器通过采用出水循环，水力上升流速一般可超过 5～10m/h，所以整个颗粒污泥床是膨胀的，从而保证了进水与污泥颗粒的充分接触，

使得它可以用于多种有机废水或污泥的处理，并获得了较高的处理效率。EGSB 反应器这种独有的特征使它可以进一步向着空间化方向发展，反应器的高径比可高达 20：1 或更高。因此对于相同容积的反应器而言，EGSB 反应器的占地面积大为减小，同时出水循环的采用也使反应器所能承受的容积负荷大大增加，最终可减小反应器的体积。

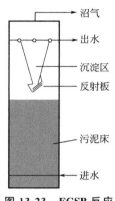

图 13-23　EGSB 反应器结构示意图

EGSB 反应器的结构如图 13-23 所示，主要组成可分为进水分配系统、气-液-固分离器以及出水循环部分。进水分配系统的主要作用是将进水均匀地分配到整个反应器的底部，并产生一个均匀的上升流速。与 UASB 反应器相比，EGSB 反应器由于高径比更大，所需要的配水面积会较小，同时采用了出水循环，其配水孔口中的流速会更大，因此系统更容易保证配水均匀。三相分离器仍然是 EGSB 反应器最关键的构造，其主要作用是将出水、沼气、污泥三相进行有效的分离，使污泥保留在反应器内。

与 UASB 反应器相比，EGSB 反应器内的液体上升流速要大得多，因此必须对三相分离器进行特殊的改进。改进可采用以下几种方法：a. 增加一个可以旋转的叶片，在三相分离器底部产生一股向下的水流，有利于污泥的回流；b. 采用筛鼓或细格栅，可以截留细小颗粒污泥；c. 在反应器内设置搅拌器，使气泡与颗粒污泥分离；d. 在出水堰处设置挡板以截留颗粒污泥。

出水循环部分是 EGSB 反应器与 UASB 反应器的不同之处，主要作用是提高反应器内的液体上升流速，使颗粒污泥床层充分膨胀，有机物与微生物之间充分接触，加强传质效果，还可以避免反应器内死角和短流的发生。

（5）内循环反应器

内循环（internal circulation，IC）反应器是目前处理效能最高的厌氧反应器。反应器被两层三相分离器分隔成第一反应室、第二反应室、沉淀区以及气液分离器，每个反应室的顶部各设一个气-液-固三相分离器，如同两个 UASB 反应器上下重叠串联组成。在第一反应室的集气罩顶部设有沼气升流管直通反应器顶部的气-液分离器，气-液分离器的底部设一回流管直通反应器的底部。其基本构造如图 13-24 所示。

内循环反应器的特点是在一个反应器内将有机物的生物降解分为两个阶段，底部一个阶段（第一反应室）处于高负荷，上部一个阶段（第二反应室）处于低负荷。进水由反应器底部进入第一反应室与厌氧颗粒污泥均匀混合，大部分有机物在这里被降解而转化为沼气，所产生的沼气被第一反应室的集气罩收集，沿着升流管上升。沼气上升的同时把第一反应室的混合液提升至顶部的气-液分离器，被分离出的沼气从气-液分离器顶部的导管排走，分离出的泥水混合液沿着回流管返回到第一反应室的底部，并与底部的颗粒污泥和进水充分混合，实现混合液的内循环。内循环的结果使第一反应室不仅有很高的生物量和很长的污泥龄，并具有很大的升流速度，一般为 10～20m/h，使该室内的颗粒污泥完全达到流化状态，从而大大提高第一反应室去除有机物的能力。

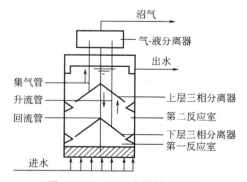

图 13-24　IC 反应器基本构造

经第一反应室处理过的废水会自动进入第二反应室，被继续进行处理。第二反应室内的液体上升流速小于第一反应室，一般为 2～10m/h。该室除了继续进行生物反应之外，还充当第一反应室和沉淀区之间的缓冲阶段，对防止污泥流失及确保沉淀后的出水水质起着重要作用。废水中的剩余有机物可被第二反应室内的厌氧颗粒污泥进一步降解，使废水得到更好的净化，提高出水水质。产生的沼气由第二反应室的集气罩收集，通过集气管进入气-液分离器。第二反应室的混合液在沉淀区进行固液分离，处理过的上清液由出水管排走，沉淀的污泥可自动返回到第二反应室。

实际上，内循环反应器是由两个上下重叠的 UASB 反应器串联组成，用下面 UASB 反应器产生的沼气作为提升的内动力，使升流管与回流管的混合液产生一个密度差，实现了下部混合液的内循环，使废水获得强化的预处理。上面的 UASB 反应器对废水继续进行后处理，使出水可达到预期的处理效果。

（6）厌氧折流板反应器

厌氧折流板反应器（anaerobic baffled reactor，ABR）的结构如图 13-25 所示，主要由反应器主体和挡板组成。反应器内垂直设置的竖向导流板将反应器分隔成串联的几个反应室，每个反应室都是一个相对独立的 UASB 系统，其中的污泥可以以颗粒形式或絮状形式存在，废水进入反应器后沿导流板上下折流前进，依次通过每个反应室的污泥床，废水中的有机物通过与微生物充分接触而得到去除。借助于废水流动和沼气上升的作用，反应室中产生的厌氧污泥在各个隔室内做上下膨胀和沉降运动，但由

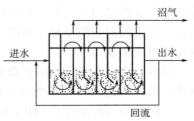

图 13-25　ABR 结构示意图

于导流板的阻挡和污泥自身的沉降性能，污泥在水平方向的流速极其缓慢，大量厌氧污泥被截留在反应室中。

从整个 ABR 来看，反应器内的折流板阻挡了各隔室间的返混作用，强化了各隔室内的混合作用，因而 ABR 是局部为 CSTR 流态、整体为 PFR 流态的一种复杂水力流态型反应器。随着反应器内分隔数的增加，整个反应器的流态则更趋于推流式。

正是由于厌氧折流板反应器良好的水力条件，使得反应器具有较高的抗冲击负荷能力和稳定的污泥截留能力。同时，由于厌氧折流板反应器各隔室内底物浓度和组成不同，逐步形成了各隔室内不同的微生物组成，使反应器内具有良好的颗粒污泥形成及微生物种群分布，因此运行效果良好且稳定。

（7）复合型厌氧折流板反应器

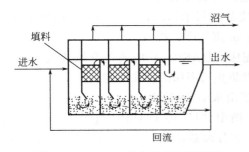

图 13-26　HABR 反应器结构示意图

复合型厌氧折流板反应器（hybrid anaerobic baffled reactor，HABR）是在反应器池体中设置至少两个用分隔板分隔、串联连接的、带两级反应区和相应气升管、集气管、回流管、气-液分离器、三相分离器、气封的内循环厌氧反应室，其结构如图 13-26 所示。该反应器兼有 IC 反应器和 ABR 的优点，既利用了 IC 反应器内循环作用加强污泥与废水之间的充分混合，又能够提高细菌的

平均停留时间，从而可以有效处理高浓度有机废水和污泥。

与厌氧折流板反应器相比，复合型厌氧折流板反应器的改进主要体现在：a. 在最后一格反应室后增加了一个沉降室，流出反应器的污泥可以沉积下来，再被循环利用；b. 在每格反应室的顶部设置填料，防止污泥的流失，而且可以形成生物膜，增加生物量，对有机物具有降解作用；c. 气体被分格单独收集，便于分别研究每格反应室的工作情况，同时也保证产酸阶段所产生的 H_2 不会影响产甲烷菌的活性。

13.4.3　附着膜型反应器

附着膜型反应器是通过在反应器内设置填料，使生物附着在填料层上形成生物膜，从而实现对废水或污泥中有机物的处理。常用附着型膜反应器的形式有厌氧生物滤池、复合厌氧反应器和厌氧流化床。

（1）厌氧生物滤池

厌氧生物滤池（AF）在内部安置有惰性介质（又称填料），包括焦炭及合成纤维填料等。沼气发酵细菌，尤其是产甲烷菌具有在固体表面附着的习性，它们呈膜状附着于介质上并在介质之间的空隙里相互黏附成颗粒状或絮状存留下来，当污水通过生物膜时，有机物被细菌利用而生成沼气。

填料的主要功能是为厌氧微生物提供附着生长的表面积，一般来说，单位体积反应器内载体的表面积越大，可承受的有机负荷越高。此外，填料还要有相当的空隙率，空隙率越高，在同样的负荷条件下 HRT 越长，有机物去除率越高。另外，高空隙率对防止滤池堵塞和产生短流均有好处。

厌氧生物滤池内的惰性介质大多采用软纤维填料，但软纤维填料运行时间稍长后往往纤维之间造成粘连并结球，因而缩小了表面积和空隙体积。近年来改用 YDT 型弹性纤维填料，实用比表面积大，不易结球和堵塞滤器，生物膜生成较快，也易脱膜，使生物膜更新迅速，有机负荷较高。

厌氧生物滤池的优点是：a. 不需要搅拌操作；b. 由于具有较高的负荷率，使反应器体积缩小；c. 微生物呈膜状固着在惰性填料上，能够承受负荷变化；d. 长期停运后可更快地重新启动。其缺点是：a. 填料费用较高，安装施工较复杂，填料寿命一般 1～5 年，要定时更换；b. 易产生堵塞和短路；c. 只能处理低 SS 含量的废水，对高 SS 含量废水的处理效果不佳并易堵塞。

（2）复合厌氧反应器

污泥厌氧处理工艺分为污泥滞留型和附着膜型，二者各有其优缺点。为了提高厌氧处理程度，或为了处理成分复杂的污水污泥，可采用上述两种类型的结合，称为复合厌氧法。

复合厌氧法的主要特点是：a. 适合于处理复杂成分的污水污泥；b. 水力停留时间缩短，污泥龄延长；c. 抑制厌氧污泥或厌氧生物膜的流失；d. 沼气产率提高。

① UASB/UAFB 复合反应器。升流式厌氧污泥床（UASB）反应器与升流式厌氧固定床（UAFB）反应器的复合。这种工艺的优点是可以防止污泥床的膨胀；保持污泥床内的污泥浓度；减轻三相分离器沉淀区的固体负荷以及降低出水中 SS 浓度。

图 13-27 是 UASB/UAFB 的复合厌氧反应器。图中"1"为 UASB，直径 250mm，总高度 1670mm，其反应区高 1180mm，容积 50L，三相分离器高 490mm，容积 11L，总容积 61L；"2"为 UAFB，高度 1000mm，直径 100mm，容积 9.4L，内充填波纹型塑料短管

ϕ15mm×30mm，孔隙率为 85.6%，回流比为（10～15）：1，消化温度 35～37℃。研究结果表明：容积负荷（以 COD 计）低于 8kg/（m³·d）时，COD 去除率稳定在 90% 以上；容积负荷提高到 10～20kg/（m³·d）时，COD 去除率仍可达到 82% 以上，此时水力停留时间为 10h。出水 pH 值为 7.2～7.5，挥发性脂肪酸（VFA）含量在 33～643.5mg/L 之间，沼气产率 0.45～0.54m³/kg，其中甲烷含量约占 60%～65%。

② UASB/UAFB（软填料）复合反应器。一般 UASB/UAFB 反应器采用块状填料，也有采用软填料的，如图 13-28 所示。软填料高 1500mm，纤维束直径 70mm，束间距 65mm。

(3) 厌氧流化床

厌氧流化床工艺流程如图 13-29 所示。床内充填细小的固体颗粒填料，如石英砂、无烟煤、活性炭、陶粒和沸石等，填料粒径一般为 0.2～3mm。污水污泥从床

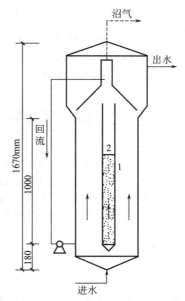

图 13-27　UASB/UAFB 的复合厌氧反应器

底流入，水流沿反应器横断面均匀分布，为使床层膨胀，要采用出水回流，在较大上升流速下，颗粒被水流提升，产生膨胀现象。一般认为，膨胀率为 20%～70% 时称为厌氧流化床。

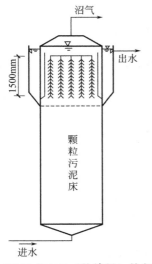

图 13-28　UASB/UAFB（软填料）的复合反应器

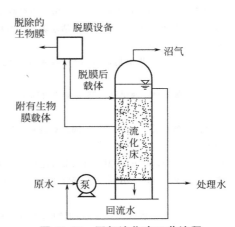

图 13-29　厌氧流化床工艺流程

厌氧流化床中的微生物浓度与载体粒径和密度、上升流速、生物膜厚度和孔隙率等有关，载体的物理性质对流化床的特性也有影响：载体的颗粒粒径过大时，颗粒自由沉降速度大，为保证一定的接触时间，必须增加流化床的高度，水流剪切力大，生物膜易于脱落，比表面积较小，容积负荷低；但载体颗粒过小时，则操作运行较困难。

厌氧流化床的主要特点是：细颗粒的载体为微生物的附着生长提供了较大的比表面积，使床内的微生物浓度很高（一般 VSS 可达 30g/L）；具有较高的有机容积负荷，COD 达到

$10\sim40kg/(m^3\cdot d)$，水力停留时间较短；具有较好的耐冲击负荷能力，运行稳定；载体处于流化状态，可防止载体堵塞；床内生物固体停留时间较长，运行稳定，剩余污泥量较少；既可应用于高浓度有机废水/污泥的处理，也应用于低浓度城市污水的处理。主要缺点是：载体的流化耗能较大，系统设计运行的要求也较高。

▶▶ 参考文献

[1] 廖传华，韦策，赵清万，等.生物法水处理过程与设备 [M].北京：化学工业出版社，2016.

[2] 张辰，王磊，谭学军，等.污水污泥高温与中温厌氧消化对比研究 [J].给水排水，2015，41 (8)：33-37.

[3] 成靓.城市污水污泥处理工艺研究——以某污水处理厂为例 [D].西安：长安大学，2015.

[4] 李雪，林聪，沙军冬，等.不同生物预处理方式对污泥厌氧消化过程性能的影响 [J].农业机械学报，2015，46 (8)：186-191.

[5] 郝晓地，刘斌，曹兴坤，等.污泥预处理强化厌氧水解与产甲烷实验研究 [J].环境工程学报，2015，9 (1)：335-340.

[6] 杨光，张光明，王洪臣.污泥厌氧消化的沼气转化性能讨论 [J].中国给水排水，2015，31 (18)：22-27.

[7] 粮时光，张健，王双飞，等.剩余污泥热水解厌氧消化中试研究 [J].环境工程学报，2015，9 (1)：431-435.

[8] 李晓帅，张栋，戴翎翎，等.污泥与餐厨垃圾联合厌氧消化产甲烷研究进展 [J].环境工程，2015，33 (9)：100-104.

[9] 袁海荣，朱超，刘茹飞，等.污泥与麦秸协同厌氧消化性能研究 [J].中国沼气，2015，33 (3)：38-44.

[10] 李军，马延庚，刘健，等.碳氮比对以产甲烷颗粒污泥为载体的厌氧消化启动的影响 [J].水处理技术，2015，41 (6)：96-99，111.

[11] 张超君.剩余污泥厌氧发酵产沼气的工艺优化及沼液的资源化利用 [D].包头：内蒙古科技大学，2015.

[12] 张晓红.污泥厌氧消化工艺运行分析及强化产沼气生产性试验研究 [D].北京：清华大学，2015.

[13] 吴羽璨.污泥与餐厨垃圾混合厌氧发酵产甲烷研究 [D].天津：天津大学，2015.

[14] 刘建伟，周晓，闫旭，等.城市生活垃圾和污水厂剩余污泥联合厌氧消化产气性能研究 [J].可再生能源，2015，33 (6)：933-937.

[15] 李伟，梁美生，裴旭倩，等.PFE 技术在污泥厌氧消化处理中的应用研究 [J].环境工程，2015，33 (3)：106-109.

[16] 陈思思，戴晓虎，薛勇刚，等.影响高含固厌氧消化性能的重要因素研究进展 [J].化工进展，2015，34 (3)：831-839，856.

[17] 袁玲莉，孙岩斌，文雪，等.不同预处理对餐厨垃圾厌氧联产氢气和甲烷的影响 [J].中国沼气，2015，33 (2)：13-18.

[18] 徐霞，韩文彪，赵玉柱.温度对剩余污泥和生活垃圾联合厌氧消化的影响 [J].中国沼气，2015，33 (5)：50-53.

[19] 张晨光，祝金星，王小韦，等.餐厨垃圾、粪便和污泥联合厌氧发酵工艺优化研究 [J].中国沼气，2015，33 (1)：13-16.

[20] 程洁红，戴雅，张春勇，等.污泥的高温微好氧消化-厌氧消化工艺研究 [J].环境工程学报，2015，9 (12)：6059-6064.

[21] 逯清清，牟小建，胡真虎.剩余污泥含水率对中温固态厌氧消化的影响 [J].中国给水排水，2015，31 (3)：79-81，85.

[22] 王玲玲，孙德栋，任晶晶，等.次氯酸钠预处理污泥对厌氧消化的影响 [J].大连工业大学学报，2015，34 (3)：183-186.

[23] 刘高杰.外源氢强化厌氧消化产甲烷过程数学模拟研究 [D].北京：北京建筑大学，2015.

[24] 郭志伟，李勇，倪海亮，等.投配率对餐厨垃圾与污泥二级高温厌氧发酵产甲烷的影响 [J].可再生能源，2015，33 (2)：314-319.

[25] 李雪.微生物法预处理污泥厌氧消化过程性能优化研究 [D].北京：中国农业大学，2015.

[26] 王平.热水解厌氧消化工艺的分析和应用探讨 [J].给水排水，2015，41 (1)：33-38.

[27] 康凯.餐厨垃圾与污泥混合厌氧消化处理 [D].大连：大连理工大学，2015.

［28］　张洪.餐厨垃圾与污泥混合两级厌氧消化工艺影响因素的研究［D］.苏州：苏州科技学院，2015.

［29］　陈德强.市政脱水污泥厌氧消化过程中产气规律研究［D］.成都：西南石油大学，2015.

［30］　郑育毅，林鸿，罗鸿信，等.污泥与餐厨垃圾联合厌氧发酵产氢余物产甲烷过程底物指标变化［J］.环境工程学报，2015，9（1）：425-430.

［31］　罗鸿信，林鸿，余育方，等.污泥与餐厨垃圾联合厌氧发酵产氢余物产甲烷条件优化研究［J］.环境工程学报，2014，8（8）：3449-3453.

［32］　乔梦阳，孙德栋，王玲玲，等.过氧乙酸预处理污泥对厌氧消化的影响［J］.大连工业大学学报，2014，33（3）：197-199.

［33］　冯应鸿.零价铁强化剩余污泥厌氧消化的研究［D］.大连：大连理工大学，2014.

［34］　李健.剩余污泥的高温固态厌氧消化［D］.合肥：合肥工业大学，2014.

［35］　刘吉宝，倪晓棠，魏源送，等.微波及其组合工艺强化污泥厌氧消化研究［J］.环境科学，2014，35（9）：3455-3460.

［36］　董慧峪，季民.剩余污泥厌氧消化甲烷生成势与产甲烷菌群多样性的比较研究［J］.环境科学，2014，35（4）：1421-1427.

［37］　董慧峪，季民.厌氧污泥产甲烷活性与产甲烷菌群多样性的研究［J］.环境科学学报，2014，34（4）：857-863.

［38］　张利军，谢继荣，马文瑾，等.污泥厌氧消化、沼气优化利用成本分析［J］.给水排水，2014，40（C1）：145-148.

［39］　戴晓虎，叶宁，董滨.脱水污泥高温两相与单相厌氧消化工艺比较研究［J］.科学技术与工程，2014，14（33）：132-138.

［40］　韩文彪，徐霞.Ts对城市有机垃圾和剩余污泥联合厌氧消化的影响［J］.可再生能源，2014，32（9）：1418-1422.

［41］　韩文彪，徐霞，赵玉柱.接种量对城市有机垃圾和剩余污泥联合厌氧消化的影响［J］.中国沼气，2014，32（5）：12-16.

［42］　徐霞，韩文彪，赵玉柱.金属离子对剩余污泥和生活垃圾联合厌氧消化的影响［J］.中国沼气，2014，32（3）：47-50.

［43］　王国华，王峰，伊学农，等.餐厨垃圾与污水污泥两相厌氧共消化试验研究［J］.给水排水，2013，39（1）：128-132.

［44］　张万钦，吴树彪，胡乾乾，等.微量元素对沼气厌氧发酵的影响［J］.农业工程学报，2013，29（10）：1-11.

［45］　施云芬，王旭晖，孙萌，等.厌氧颗粒污泥中产甲烷菌的研究进展［J］.硅酸盐通报，2013，11：2263-2267.

［46］　贾舒婷，张栋，赵建夫，等.不同预处理方法促进初沉/剩余污泥厌氧发酵产沼气研究进展［J］.化工进展，2013，32（1）：193-198.

［47］　蒋玲燕，杨彩凤，胡启源，等.白龙港污水处理厂污泥厌氧消化系统的运行分析［J］.中国给水排水，2013，29（9）：33-37.

［48］　王广君，吴静，左剑恶，等.城市污泥高固体浓度厌氧消化的研究进展［J］.中国沼气，2013，31（6）：9-12.

［49］　刘京，刘颖，韩丽，等.北方地区污泥厌氧消化工艺应用现状分析［J］.中国给水排水，2012，28（22）：46-49.

［50］　赵云飞，刘晓玲，李十中，等.餐厨垃圾与污泥高固体联合厌氧产沼气的特性［J］.农业工程学报，2011，27（10）：255-260.

［51］　谢丽，陈金荣，周琪.厌氧同时反硝化产甲烷研究现状［J］.化工进展，2011，62（3）：589-597.

［52］　钱靖华，田宁宁，余杰.城市污水污泥厌氧消化技术及能源消耗［J］.给水排水，2010，36（A1）：102-104.

［53］　王星，赵天涛，赵由才.污泥生物处理技术［M］.北京：冶金工业出版社，2010.

［54］　王郁，林逢凯.水污染控制工程［M］.北京：化学工业出版社，2008.

材料化利用篇

第14章

污泥制建筑材料

污泥制建筑材料主要是利用污泥所含的无机矿物组分制成可在各类建筑工程中使用的材料制品。污泥建材利用不仅无须消纳用地，同时还可替代一部分用于制造建材的原料，具有资源保护与变废为宝的重要意义。

14.1 ➡ 污泥制建筑材料的途径

以污泥为原料制建筑材料，主要是利用污泥中的无机组分，对于各种类型的污泥，由于组分不同，其建材利用的价值和利用方法均有较大的不同。

污泥制建筑材料的基本途径可按对污泥预处理方式的不同而分为两类：一是污泥脱水、干化后，直接用于制建筑材料；二是污泥进行以化学转化为特征的处理后再用于制建筑材料，其中典型的处理方式是焚烧和熔融。一般而言，前者适用于主要由无机物组成的污泥，后者适合于含有机组分多的污泥。

目前国内外污泥制建筑材料的主要途径有：

① 污泥制砖。充分利用污泥中的无机质制成建筑用砖。根据制备方式及产品，污泥制砖又分如下几种：

干化污泥制砖：干化污泥制砖是将污泥干化（烘干或在室外自然晾干），经过磨细处理后，与其他原料（如黏土）混合，加压成型，焙烧后制成污泥砖。干化污泥制砖可直接利用污泥，由于污泥中含有大量有机物，焙烧能够充分利用污泥燃烧产生的热能，从而节约能源。缺点是高温焙烧时，有机物转化为气体，致使污泥砖表面不平整，容易产生裂缝。随着污泥掺量增加，污泥砖性能下降明显，当污泥掺量高于30％时，抗压强度已不能达到砖的性能标准。在砖的焙烧过程中，还会有有害气体放出而造成空气污染。

污泥焚烧灰制砖：污泥焚烧灰制砖是将污泥干化处理后，经过焚烧（焚烧炉高温处理或热解炉低温处理）、筛选，与其他原料（如黏土）混合，加压成型、焙烧后制污泥砖。

由于经过高温或热解处理，污泥焚烧灰含有的有机物极少，甚至不含有机物，其所含成分几乎与黏土相同，所以很适合作为烧结砖原料，焚烧灰的掺加量一般能达到50％以上。但是污泥焚烧灰制砖所需压力极大，采用100％的污泥焚烧灰制砖，成型压力一般要在90MPa以上。焚烧灰制作的砖还存在一些缺陷，如因为表面的湿气，会产生泛霜或长苔藓等现象。为了解决这些问题，可以对砖进行表面化学处理或提高烧结温度，但这必然会增加制砖成本，而且焚烧污泥还要消耗一部分能源。

湿污泥制砖：给水厂湿污泥在不含或已经去除体积较大固体杂质的情况下，可以直接与其他原料（如黏土）混合，加压成型，焙烧后制成污泥砖。

湿污泥通过配一定体积比的其他原料，可以直接制砖。湿污泥制砖不仅利用了污泥中原有的水分，而且不需要对污泥进行复杂的预处理，节约能源。其掺入量按体积比一般在40%以上。但是湿污泥含水率较高，所以污泥掺入量不会太高。当污泥体积掺入量达到50%以上时，砖坯烘干后容易开裂。

污泥制路面砖和地砖：用污泥制作地砖或路面砖能有效禁锢污泥中的重金属，而且较易为人们所接受。

污泥制渗水砖：渗水砖的主要性能参数除抗压强度外，还表现在渗水系数。渗水系数是气孔分布、气孔率及气孔连接方式的综合反映。砖坯在焙烧过程中有机质在高温下分解成气体，气体在砖坯中由于压力作用外逸，从而形成孔洞，增强其渗水性。

污泥制免烧砖：湿污泥、干化污泥或污泥焚烧灰加入骨料和黏合剂搅拌混合、成型、养护制成免烧砖。其制作工艺简单、无污染，制成的免烧砖强度较高。但是污泥免烧砖表面容易产生白色霉菌，且随着污泥掺入量增加抗压强度下降明显。

污泥制轻质节能砖：污泥中含有的有机质在高温焙烧后形成孔洞。当污泥含量较高时，孔洞率较高，制成的污泥砖质量较轻，但是抗压强度、抗折强度较低，一般用于墙体填充材料。

② 利用城市污泥替代部分黏土烧制轻质陶粒。

③ 将污泥处理与水泥生产相结合，利用污泥灰渣作为水泥制品的原料，生产水泥。

④ 利用城市污泥中含有丰富的粗蛋白（有机物）与球蛋白酶等制成活性污泥树脂，再加工制造成生化纤维板。

⑤ 利用熔融石料化设备将城市污泥制成石料化熔渣。该熔渣不是玻璃质的，而是结晶化的，用户可将其与天然碎石等同使用，称之为污泥熔融石料。

⑥ 利用污泥焚烧灰作为人工轻质填充料或作为混凝土的细填料。

⑦ 利用污泥作为城市固体废弃物填埋场覆盖材料，替代填埋场目前使用的黏土或农田耕土，既有利于填埋场的生物植被，又有利于土地资源保护。

⑧ 污泥经干燥固化并经特制熔炉煅烧，经冷却后形成玻璃态骨料作为建材利用，余热经回收利用。

14.2 ◎ 污泥烧结制砖

因地制宜地采用各种掺杂材料来制备烧结砖是国内制砖行业发展的新方向，这些掺杂材料包括粉煤灰、煤矸石、河道淤泥、工业废渣、生活污泥等。

利用生活污泥制砖有两种工艺方式：一种是污泥焚烧灰制砖，另一种是干化污泥直接制砖。将污泥焚烧灰与黏土混合制砖，可不掺杂添加剂单独制砖，也可与黏土掺和制砖，砖的综合性能好，但没有利用污泥的热值。干化污泥制砖，由于污泥中有机质在高温下燃烧导致砖的表面不平整、抗压强度低等，但利用了污泥的热值，且价格低，在制砖过程中应对污泥的成分进行适当调整，使其与制砖黏土成分相当。

14.2.1 污泥烧结砖的生产工艺

由于污泥与黏土成分区别不大，利用城市污泥制备烧结砖的方法和生产工艺与常规烧结砖一致，只需要在原料制备和成型工艺上稍做改进即可实现，因此得到了广泛的应用。

污泥烧结制砖是将污泥干化（烘干或在室外自然晾干），经过磨细处理后，与其他原料混合（如黏土），加压成型，焙烧后制成污泥砖。其工艺过程分为原料制备、成型、干燥和烧制，基本工艺流程如图 14-1 所示。

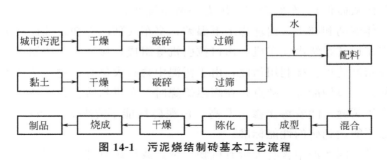

图 14-1　污泥烧结制砖基本工艺流程

(1) 原料制备

将含水 90％～97％的污泥注入板框压滤机，在 1.6～2.0MPa 的压力下保压 35～45min，以将污泥中的水分脱掉；保压完成后，卸压放料，污泥的含水率达到 70％～80％。采用干污泥制砖则应将压滤脱水的污泥干燥，干燥污泥制备成适当的粒度后，与掺和料配料后进行制砖。如果是采用污泥灰制砖，则是将污泥经过浓缩、脱水、干燥后进行焚烧制备成污泥灰，掺入原料制砖。经过带反击板的锤式破碎机加工的黏土由皮带输送机送到电磁振动筛筛分，细料被直接送到双轴搅拌机与处理后的污泥（污泥灰）加水搅拌，拌和时间为 10min 左右；粗料送到高速笼式破碎机进一步粉碎。一般对原料颗粒级配进行如下控制：粒径小于 0.05mm 的粉粒称为塑性颗粒；粒径为 0.05～1.2mm 的称为填充颗粒；粒径为 1.2～2mm 的称为粗颗粒。合理的颗粒组成为：塑性颗粒 35％～50％，填充颗粒 20％～65％，粗颗粒小于 30％。

(2) 成型

成型是烧制的重要前提。采用半干压成型，配料含水率和压制强度对其烧制成品的抗压强度有重要影响。采用压砖机生产砖坯，成型含水率 13％～14％，湿坯强度完全能满足码垛 13 层的要求。采用较细的高强度钢丝切割砖坯，湿坯由运坯机送入陈化库陈化，陈化 72h 以上，经陈化后的物料塑性指数大于 7。陈化后的砖坯直接码上窑车，推向转盘，转向进入干燥室，由摆渡推车机推动前进。干燥室顶上设有排潮孔，排除干燥过程中蒸发出来的潮气。热风机将焙烧窑和冷却带的热风鼓入热风道，作为干燥热源由热风道的进风口进入干燥室干燥砖坯，风量由阀门调节。砖坯经过干燥后进入密封室，摆渡车将窑车渡到隧道窑预热段口，由推车机推入窑内进行一次码烧。

(3) 烧制

成型的砖坯推入窑内后，即可开始烧制过程。污泥烧结制砖的主要设备是隧道窑。

隧道窑设有排烟系统、抽余热系统、燃烧系统、冷却系统、车底冷却、压力平衡系统、温度压力测控系统和窑车运转系统。隧道窑断面温差小、保温性能好、焙烧热工参数稳定，能保证烧成质量。排烟系统由排烟风机和风管组成，用于排除坯体在预热过程中产生的低温、高湿气体及焙烧过程中产生的废气。抽余热系统中的预热段高温余热抽出系统保证半成品均匀平稳地升温，使坯体中物理化学反应更充分地进行，以消除黑心、压花、裂纹、哑音等制品缺陷；冷却带余热利用系统将窑内冷却带余热用于成型后湿坯的干燥。冷却系统由窑尾出车端门上的风机和窑门等组成，可使坯体出窑时得到强制冷却，缩短窑的长度，降低窑炉建设投资。燃烧温度、压力检测、控制系统用来准确控制焙烧温度和保温时间（取决于制砖原料的烧结性能，如干污泥砖中含有大量的有机物，其内燃值大，起着助燃剂作用，因而其烧结温度比污泥灰砖低）。车底冷却、压力平衡系统使各部位窑车上下压力保持平衡，减弱了窑车上下气体流动和减小窑内坯垛上下温差；窑车底部的冷却系统保证了窑车在良好的状态下运行；窑车运转系统由顶车机、出口拉引机等组成，保证窑车按制度进出车。

干化污泥烧结制砖可直接利用污泥，由于污泥中含有大量有机物，焙烧能够充分利用污泥燃烧产生的热能，节约能源。缺点是在高温焙烧时，有机物转化为气体，致使污泥砖表面不平整，容易产生裂缝。随着污泥掺量升高，污泥砖性能下降明显。当污泥掺量高于30%时，抗压强度已不能达到砖的性能标准。

值得注意的是，因污泥中含有大量有机物，焚烧或烧砖时都会有有害气体放出和恶臭气体产生，特别是在加热条件下恶臭非常强烈，二次污染问题和恶臭治理往往成为污泥利用过程中需首要解决的难题。

14.2.2 污泥烧结砖的产品性能

根据资料报道，利用污泥和黏土烧结制砖，当污泥含量为10%时，在1000℃下烧制，制得的污泥砖与黏土砖强度一样；当污泥含量为20%时，在1000℃下烧制，可满足中国的Ⅰ类标准；当污泥含量为30%时，在1000℃下烧制，可满足中国的Ⅱ类标准；在污泥含量为10%、含水率为24%时，在880～960℃温度范围内烧制，可以得到优质的污泥黏土砖。

污泥灰砖的烧成收缩率基本上低于8%。在干污泥砖中，烧成收缩率随污泥含量的增加而相应增大，呈近似线性关系。由于干污泥的有机质含量远高于黏土，污泥的加入提高了烧成收缩率，导致砖的性能降低。烧成温度也是影响烧成收缩率的重要参数，通常提高烧成温度，烧成收缩率上升，但烧结温度不能过高，以免把砖烧成玻璃体。污泥含量与烧成温度是控制烧成收缩率的关键因素。据有关文献报道，在干污泥砖中，污泥含量低于10%、烧成温度低于1000℃时，其烧成收缩率符合优质砖标准。

抗压强度也是衡量砖性能的重要指标之一。抗压强度极大地依赖于污泥的含量与烧成温度。干污泥砖的抗压强度随干污泥含量的增加而降低，随烧成温度的升高而升高。10%含量的干污泥砖在1000℃烧成，其抗压强度为二级品。在污泥灰制砖中，P_2O_5含量越高，SiO_2含量越低，其软化性越强；污泥灰砖的抗压强度还依赖污泥灰中铁和钙的含量，铁含量的增加使得砖体抗压强度提高，钙则使其降低。

吸水率是影响砖耐久性的一个关键因素，砖的吸水率越低，其耐久性及对环境的抗蚀能力就越强，因此砖的内部结构应尽可能致密，以避免水的渗入。不同污泥含量的污泥灰砖和干污泥砖的吸水率试验表明：随着污泥含量的增加与烧成温度的降低，砖的吸水率升高。在污泥灰制砖中，污泥灰起着造孔剂的作用，其吸水率比黏土砖高。在干污泥制砖中，污泥降低了混合样的塑性和黏结性能，烧制后的污泥砖内部微孔尺寸增大，其吸水率比污泥灰砖还高。

污泥制砖的产品性能可根据中华人民共和国国家标准《烧结普通砖》（GB 5101—2017）标号和分类等。

利用污泥烧结制砖，实现了污泥的资源化，具有良好的社会效益。在煅烧过程中将有毒重金属封存在砖坯中，杀死了有害细菌。污泥砖质轻、孔隙多，具有一定的隔音、隔热效果等优点。但因污泥中含有大量的有机物，无论是污泥灰的制作过程还是污泥砖的烧制过程，恶臭非常强烈，应考虑二次污染的控制问题。另外，污泥制砖对污泥的预处理要求高，烧制砖的成本比一般的黏土制砖要高，这些问题还有待于进一步的探索研究。

14.3　污泥制免烧砖

污泥制免烧砖是以污泥为集料，水泥、石灰等为胶结料，配以外加剂压制成型，经自然养护而成的。

14.3.1　污泥免烧砖的生产原料

生产污泥免烧砖的原材料一般包括 3 大部分：污泥、固化剂和外加剂。

(1) 污泥

在免烧砖生产中，污泥主要起集料作用。不同来源污泥的化学成分、矿物成分、有害物质及在利用时的正副作用都不尽相同，因此应在分析各种污泥的特性之后，根据其强度形成机理，制定出合理的配方。有的污泥在加入适量的固化剂和外加剂之后，可以单独用来制造免烧砖。

在确定污泥免烧砖配方时，不但要尽量提高污泥的掺量，同时应尽量利用污泥本身有利于生产免烧砖的特性，从而尽量降低固化剂和外加剂的加入量，以降低砖的生产成本。

污泥颗粒的大小决定生产污泥免烧砖时是否需要另外加入骨料。在污泥免烧砖的配料中，掺加适量颗粒级配合适的骨料可防止砖分层，减小收缩，改善成型时砖坯的排气性能，增加密实度，从而提高砖的强度和耐久性，并可节约胶结料用量，降低成本。

作为骨料的砂有河砂、山砂和海砂 3 种。因山砂具有锐利的棱角，能和水泥较好地结合而使砖具有较高的强度，所以选用山砂较好。一般能用于建材的砂都可用于污泥免烧砖的生产。

(2) 固化剂

污泥免烧砖的固化剂是指将分散状的各种原材料在物理、化学的作用下，固结成具有一定强度的胶结材料，如水泥、石灰、石膏等。

水泥在生产污泥免烧砖时，既是胶结剂，又是活性激发剂，其有效成分硅酸一钙和硅酸二钙等对砖的初期强度和后期强度贡献较大。一般选用高碱性硅酸盐水泥。水泥的加入量越多，对污泥免烧砖的耐久性越有益。可是随着水泥加入量的增加，砖的成本增加。为了降低成本，可采用污泥与其他固体废弃物相互配合或是借助外加剂的作用，在保证砖强度的前提下，尽量少加甚至不加水泥。如在利用赤泥和粉煤灰制造免烧砖时，只加入一些碱性激发剂和硫酸盐激发剂，砖的强度就能达到 MU15 以上。

生石灰熟化成氢氧化钙对水泥的早期强度和后期强度均有重要的作用，它同时是污泥免烧砖成型的胶结剂和碱性激发剂，但是有些工艺，特别是后期需采用蒸汽养护的污泥免烧砖，利用熟石灰可以简化工艺，缩短砖在厂里的停留时间，缩短砖及资金的周转时间。

石膏是生产污泥免烧砖的硫酸盐激发剂，同时它和石灰能产生协同效应，起着促进剂的作用，对污泥免烧砖的强度起着直接和间接的作用。一般使用天然石膏效果较好。为降低成本，也可以使用工业化学石膏，如工业磷石膏。

在污泥免烧砖的生产中，有些固化剂可以单独使用，如水泥。大多数情况下，可视具体情况将几种固化剂结合起来使用，如将石灰和石膏结合使用，或是石膏、石灰、水泥一起使用，效果都不错。当然，应用在污泥免烧砖中的固化剂远不止上述3种，还有一些硫酸盐类等。一些固体废弃物（如碱渣等）也可以在砖的配合料中充当激发剂的作用。

（3）外加剂

污泥免烧砖可以借助外加剂来提高强度，改善性能，稳定质量。外加剂有很多种，用于污泥免烧砖生产的主要有塑化剂（即减水剂）、早强剂、抗冻剂等。

污泥免烧砖配合料的混合均匀性会直接影响砖的最终强度。一般情况下，为了提高配合料的混合均匀度，除了加强搅拌外，加入减水剂能有效增强配合料的流动性，大幅减少拌和用水量，从而提高砖的密实度、强度、抗冻、抗渗等性能；另外，由于减水剂的分散作用，使得各物料接触的表面积增加，从而有利于提高反应速率。

生产污泥免烧砖时，掺入的减水剂多是亲水性的表面活性物质。常用的有木质素类，如木质素磺酸钙等。早强剂是提高制品早期强度的外加剂，无论是无机盐类、有机盐类，还是无机-有机复合早强剂，它们都依靠加速配合料的水化速率来提高砖的早期强度。使用较多的早强剂有氯化钠、氯化钙、二乙醇胺、乙酸胺硫酸盐复合早强剂等。另外，生产污泥免烧砖时，几种外加剂复合使用会产生协同效应，比单独使用某种外加剂的效果更明显。

14.3.2 污泥免烧砖的生产工艺

通常采用的污泥免烧砖生产工艺流程如图 14-2 所示。图中的虚线部分根据实际情况为可选的工艺。

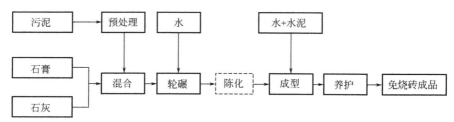

图 14-2　污泥免烧砖的生产工艺流程

在免烧砖生产中，需要注意如下事项：

① 如果用的是干料，需在轮碾时加入适量的水；如果料中本身已含有水分，视情况可不加或少加水。

② 使用生石灰作固化剂需要陈化，而使用熟石灰则可以免去陈化过程。

③ 如需要加水和水泥，应在成型之前加入。

④ 加水量、成型压力等工艺参数对砖强度的影响比较大，相应的参数均需要通过试验确定。

14.3.3　污泥免烧砖强度形成原因

污泥免烧砖的强度主要来源于以下 4 个方面：

（1）物理机械作用

生产污泥免烧砖时，搅拌机和轮碾机对配合料的充分混合有利于外加剂对物料活性的激发和物料之间的反应，对提高砖的强度起到重要作用。

污泥免烧砖的初期强度是在砖坯压力成型过程中获得的。成型不仅使砖坯具有一定的强度，同时使原材料颗粒间紧密接触，保证了物料颗粒之间的物理化学作用能够高效进行，为后期强度的形成提供了条件。一般污泥免烧砖的成型压力要求不低于 20MPa。试验结果表明，在其他条件相同时，污泥免烧砖的强度随成型压力增加而提高；如果没有高压成型作用，即使加入水泥和石灰，也无法使免烧砖成型后形成高强度。

（2）水化反应

水泥、石灰等胶凝材料的水化产物提供免烧砖的早期强度，主要的水化反应如下：

$$3CaO \cdot SiO_2 + mH_2O \longrightarrow xCaO \cdot SiO_2 \cdot yH_2O + (3-x)Ca(OH)_2 \tag{14-1}$$

$$2CaO \cdot SiO_2 + nH_2O \longrightarrow CaO \cdot SiO_2 \cdot yH_2O + (2-x)Ca(OH)_2 \tag{14-2}$$

$$4CaO \cdot Al_2O_3 \cdot Fe_2O_3 + 7H_2O \longrightarrow 3CaO \cdot Al_2O_3 \cdot 6H_2O + CaO \cdot Fe_2O_3 \cdot H_2O$$

$$\tag{14-3}$$

$$CaO + H_2O \longrightarrow Ca(OH)_2 \tag{14-4}$$

污泥免烧砖生产中，加入的外加剂（如粉煤灰、黏土、炉渣）中含有大量的活性氧化硅和活性氧化铝等，在外加剂的作用下与氢氧化钙发生水化反应，生成类似水泥水化产物的水硬性胶凝物质水化硅酸钙、水化铝酸钙等，从而不断提高砖的强度。反应式如下：

$$xCa(OH)_2 + SiO_2 + mH_2O \longrightarrow CaO \cdot SiO_2 \cdot nH_2O \tag{14-5}$$

$$xCa(OH)_2 + Al_2O_3 + mH_2O \longrightarrow CaO \cdot Al_2O_3 \cdot nH_2O \tag{14-6}$$

另外，$Ca(OH)_2$ 吸收空气中的 CO_2 生成 $CaCO_3$ 晶体结构，即：

$$Ca(OH)_2 + CO_2 \longrightarrow CaCO_3 + H_2O \tag{14-7}$$

原料中如有石膏存在时，还有如下反应：

$$xCaO \cdot Al_2O_3 \cdot nH_2O + xCaSO_4 \cdot 2H_2O \longrightarrow xCaO \cdot Al_2O_3 \cdot SO_3 \cdot (n+2)H_2O$$

$$\tag{14-8}$$

（3）颗粒表面的离子交换和团粒化作用

污泥免烧砖中的颗粒物料在水分子的作用下，表面形成一层薄薄的水化膜，2 个带有水化膜的物料存在叠加的公共水膜。在公共水膜的作用下，一部分化学键开始断裂、电离，形成胶体颗粒体系。胶体颗粒大多数表面带有负电荷，可以吸附阳离子。不同价位、不同离子半径的阳离子可以与反应生成的 $Ca(OH)_2$ 中的 Ca^{2+} 等当量吸附交换。由于这些胶体颗粒表面的离子吸附与交换作用，改变了颗粒表面的带电状态，使颗粒形成了一个个小的聚集体，从而在后期反应中产生强度。

（4）相间的界面反应

界面科学家认为一切化学反应都是从界面开始的。在污泥免烧砖的强度形成过程中，有着液相与固相及气相与固相之间的反应。比如加水后水泥等发生的水化反应就是液相和固相之间的反应；配合料中的 $Ca(OH)_2$ 被空气中的 CO_2 碳化生成 $CaCO_3$ 的反应就是气相与固相间的反应。这些反应都是从两相的界面开始，不断地深入，使砖的强度不断增强。

综上所述，配合料的充分混合和成型过程中的加压，为砖的后期强度奠定了坚实的基础；通过颗粒表面的离子交换和团粒化作用、水泥和石灰的水解和原料间的水化反应及各相间的界面作用，生成的各种晶体交叉搭接在一起，形成空间网格结构，使免烧砖的强度逐步增强。

14.3.4 污泥免烧砖的产品性能

巴如虎等采用给水厂含固率为 22% 的脱水污泥，配以黏合剂和骨料制作免烧砖，并对用人工搅拌混合和机械搅拌混合两种方式制作的免烧砖进行了对比试验。结果表明，采用含固率 22% 的湿泥时，黏合剂、骨料、污泥的最佳质量比为 6.5∶2.5∶1；采用风化干污泥进行试验时的最佳质量比为 6∶3∶1。

人工搅拌混合条件下，用风化干污泥制作的免烧砖的抗压强度、抗折强度、耐水性和吸水率达到了《非烧结垃圾尾矿砖》（JC/T 422—2007）中 7.5 级强度标准，而用含固率为 22% 的湿污泥制作的免烧砖的相关指标则未达到标准要求。在机械搅拌混合方式下，用湿污泥按最佳配比制作的免烧砖的平均抗压强度为 8.8MPa，单块最小抗压强度为 6.9MPa，平均抗折强度为 5.4MPa，单块最小抗折强度为 3.2MPa。采用机械混合方式可有效改善污泥与其他物料的混合状态，使湿污泥与其他物料容易混合均匀，制作的免烧砖（湿污泥为原料）的抗压强度和抗折强度优于《非烧结垃圾尾矿砖》（JC/T 422—2007）中 7.5 级强度标准。

14.4 污泥烧制陶粒

陶粒就是陶质的颗粒，又称人造石子，其外观特征通常为圆形或椭圆形，也有仿碎石陶粒呈不规则的碎石状，一般用于取代混凝土中的碎石和卵石浇铸轻质陶粒混凝土。陶粒及其制品具有密度小、强度高、保温、隔热、耐火、抗震性能好等特点，在世界各国得到了迅速发展，现在已成为仅次于普通混凝土用量最大的一种新型混凝土。

传统陶粒是以黏土和页岩烧结而成的，需要大量开采优质黏土和页岩矿山，加大了环境负担。城市污泥和污泥灰与黏土的成分相似，可以用作制备普通陶粒的材料。污泥陶粒是以城市污水厂污泥为主要原料，掺加适量黏结材料和助熔材料，经过加工成球、烧结而成的，具有以下显著优点：

① 不仅利用了污泥中的有机物质作为陶粒焙烧过程中的发泡物质，而且污泥中的无机成分也得到了利用。

② 二次污染小。污泥中含有的难降解有机物、病原体及重金属等有害物质，如果处置不当可能造成二次污染，而制陶粒时焙烧的高温环境可以完全将有机物和病原体分解，并把重金属固结在陶粒中，具有一定的经济效益和环境效益。

③ 污泥烧制陶粒可充分利用现有陶粒生产设备和水泥窑等，设备投资和生产成本较低。

④ 用途广泛，市场前景好，具有一定的经济效益。

⑤ 可替代传统陶粒制造工艺中的黏土和页岩，节约了土地和矿物资源，因此，污泥陶

粒具有广泛的应用前景。

14.4.1　污泥烧制陶粒的方法

　　污泥烧制陶粒的方法按原料不同分为两种：一种是用生污泥或厌氧发酵污泥的焚烧灰制粒后烧结（也称干化加压成型-烧结法），但利用焚烧灰制陶粒需要单独建焚烧炉，污泥中的有机成分没有得到有效利用；另一种是直接用脱水污泥制陶粒（也称湿法造粒-烧结法），含水率为 50％的污泥与主材料及添加剂混合，在回转窑中焙烧生成陶粒。

　　污水厂的污泥脱水干燥后烧失量仍很高，其中包括两部分：一是矿物组成中的结晶水；二是有机物含量。但根据污泥的 X 射线衍射（XRD）图谱，污泥中的矿物组成主要为晶态石英，其次为方解石和蓝晶石，未见其他矿物组成的谱峰，且这三种主要矿物组成均不含结晶水，因此污泥的烧失量主要是由其中的有机物燃烧引起的。污泥的化学组成处于良好发泡的黏土组成范围附近，其中 SiO_2、Fe_2O_3 含量适当，但 Al_2O_3 含量略低，而 MgO 和 CaO 含量偏高。Fe_2O_3 的分解与还原所产生的气体是黏土受热后产生的众多气体中起主要作用的气体，Fe_2O_3 还原生成的 FeO 是黏土的强助熔剂，而液相的生成正好处在大量气体即将产生急需有适当黏度的液相量的时候，因此，Fe_2O_3 含量的多少和能否烧制出合格的产品关系很大。一方面，高温煅烧时，有机物燃烧释放出一定热值，同时燃烧可使制品烧成更均匀，对提高陶粒的强度是有利的。另一方面，有机物燃烧产生的高温气体可在陶粒内部形成大量微细孔隙，可降低陶粒的表观密度。

　　为了使陶粒获得良好膨胀，一般要求陶粒原料中的烧失量达 4％～13％、有机质含量 2％～5％。国内多数陶粒厂的主原料达不到上述要求，一般都要掺加适量有机质材料，主要有重油、废机油、渣油、煤粉或木屑等。污泥中有机质含量很高，将污泥作辅助原料掺入主原料中后，可免去掺加有机质材料，有利于降低生产成本。但由于污泥的有机质含量过高，污泥掺入量也不能太多，否则陶粒膨胀不好，内部会出现黑芯，微孔结构大小不一，甚至出现开裂，影响陶粒性能。

　　陶粒焙烧前要完成粒球制粒。如采用窑内制粒，混合料相对含水率允许为 20％～50％；采用窑外制粒，混合料相对含水率允许为 20％～33％（由于污泥中含有絮凝剂，允许含水率一般都较高）。实践证明，主原料含水率越低，污泥的掺入量越高；混合物料含水率越低，陶粒的焙烧热耗也相应减少。因此，在资源允许的情况下，尽量选用含水率较低的主原料，如页岩、粉煤灰等。

　　除了掺加污泥外，是否还要掺加其他外加剂（石灰石、铁矿石或废铁渣、膨润土等）取决于主原料的性能和对陶粒堆积密度的要求。如要生产超轻陶粒，多数主原料还需掺加其他外加剂。为获得最佳配方、正常生产时的焙烧温度和膨胀温度范围、陶粒主要性能等，应预先进行实验室配方、焙烧试验等。

　　陶粒可直接使用或用于制作陶粒制品。污（淤）泥焙烧制陶粒的原理与水泥生产中污泥焚烧处理的原理基本一致。目前经实验室和工业性试验，确保产品产量和质量的较佳主料（干）、页岩（干）、污泥基本配比（质量比）为 56∶50∶50。

14.4.2　污泥烧制陶粒的工艺路线

　　根据污泥的来源，污泥烧制陶粒的工艺路线主要有以下几种。

（1）城市污水厂污泥制陶粒

王兴润、金宣英等通过试验考察了利用城市污水厂污泥采用"湿法造粒-烧结"和"干化加压成型-烧结"两种工艺烧制陶粒的可行性，并分析了工艺路线和原料配比对产品强度、吸水率和密度等性能指标的影响。

两种工艺技术路线分别见图 14-3 和图 14-4。试验结果表明："湿法造粒-烧结"工艺的产品达不到陶粒产品的强度和吸水率要求，而"干化加压成型-烧结"工艺能够得到合格的产品，且不会造成二次污染。

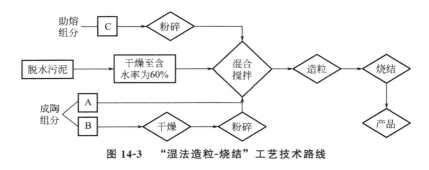

图 14-3　"湿法造粒-烧结"工艺技术路线

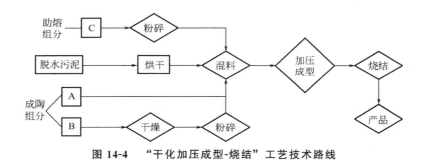

图 14-4　"干化加压成型-烧结"工艺技术路线

金宣英、杜欣等对图 14-4 所示的污水厂污泥"干化加压成型-烧结"制陶粒的烧结工艺和物料配方进行了研究，分析了不同烧结工艺条件对陶粒产品强度、吸水率和密度等性能指标的影响。结果表明，烧结温度对陶粒性能影响最大，而由于污泥本身熔点低，具有助熔作用，适宜的烧结温度与配方中污泥掺加量密切相关。综合考虑产品性能和经济性，确定"干化加压成型-烧结"工艺适宜的物料配比为：干污泥占 50%，添加剂 A（粉煤灰）占 30%～40%，添加剂 B（黏土）占 10%～20%。最佳污泥烧制陶粒的工艺条件为：污泥最大掺加量 50%，350℃条件下预热 20min，1060℃条件下烧结 15min。试验辅助料为黏土和粉煤灰。

（2）利用江、河、湖、海底泥及其他淤泥烧制陶粒

谢键、林鑫城等开展了海洋疏浚污泥烧制陶粒的小试和生产性试验。以海洋疏浚污泥与黏土按 1:2 或 1:3 的比例进行配比，再加入适量外加剂（铁粉、石灰粉和污泥），在 1160℃的温度下，可烧制成堆积密度小于 450kg/m³、筒压强度大于 1.2MPa、产品各项性能符合国家标准的超轻陶粒。

生产性试验的烧结设备为双筒回转窑，生产工艺流程如图 14-5 所示。疏浚污泥与黏土按 1:3 的比例送入泥库，储存 6～7d 后，进行生产性试验。试验生产时，还需要加入一些添加剂，然后在生产线最优条件下利用疏浚污泥为原料烧制陶粒。产品的堆积密度都低于 $450kg/m^3$，筒压强度分别为 1.65MPa 和 1.31MPa，符合《轻集料及其试验方法　第 1 部分：轻集料》（GB/T 17431.1—2010）中超轻陶粒产品的技术指标要求。

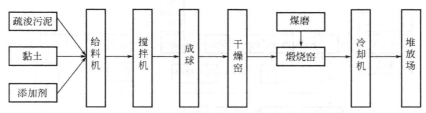

图 14-5　1 份疏浚污泥与 3 份黏土烧制陶粒工艺流程示意图

刘贵云等利用上海龙华港和彭越浦的疏浚污泥（河道底泥），采用图 14-6 所示的工艺流程进行了烧制陶粒的试验研究。采用生活污泥、广西白泥和水玻璃为添加剂，通过正交试验确定了制备底泥陶粒的工艺条件和配方，并通过试验找到了烧成温度、生活污泥添加量、黏合剂添加量对底泥陶粒的比表面积、孔隙率、吸水率、松散容重和颗粒容重的影响趋势。

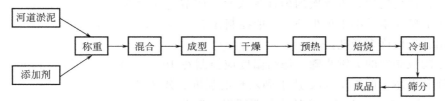

图 14-6　河道底泥烧制陶粒工艺流程示意图

刘贵云通过正交试验及其方差分析，发现烧成温度、河道底泥含量、生活污泥添加量、黏合剂添加量和保温时间均对试验结果有显著影响。其中生活污泥可以降低产品的松散容重，增加产品的比表面积和降低烧成温度；而生活污泥添加过多会造成产品强度降低，因此不能无限制添加；黏合剂则有助于黏结成型，并有降低产品容重和烧成温度的作用；广西白泥则可增加原料中的 Al 成分，有助于增加产品的强度。

研究得出制备底泥陶粒的工艺条件为：广西白泥添加量为 20%，生活污泥添加量为 15%，黏合剂添加量为 5%，烧结温度为 1140℃，保温时间为 3min。试验所制得的河道底泥陶粒性能具有很好的重现性，堆积密度为 $750\sim770kg/m^3$，表观密度为 $1570\sim1625kg/m^3$，空隙率为 56%～55%，比表面积为 $3.79\sim3.91m^2/g$，筒压强度在 3MPa 以上。烧成温度在 1100～1200℃、生活污泥添加量在 0%～30%、黏合剂添加量在 5%～25% 之间变化时，烧制的底泥陶粒的晶体结构发生了一定的变化，但 XRD 分析结果表明：总体上对原料中重金属的固化作用变化不大。

（3）利用印染废水处理污泥烧制陶粒

陈晓敏等介绍了一种利用印染废水处理污泥烧制陶粒的技术，其工艺流程如图 14-7 所示。

印染废水处理污泥、粉煤灰、黏土按 1∶1∶2 的比例配比，混合料经旋转干燥后，含水率从 55% 左右下降到 8%～10%，干燥器的热风进口温度为 800℃ 左右，气体排出温度为 100℃ 左右。在干燥后，控制一定的空气比（约 0.5 以下），使混合料的含水率降至 5% 左右后，再经粉碎机和粉磨机粉碎、细磨，根据特定需要，加入一定量的锯末、助熔剂、发泡造

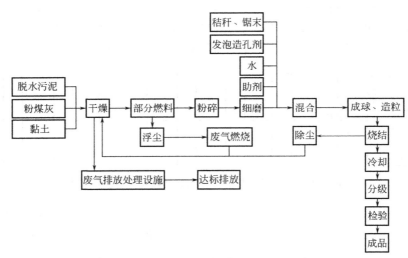

图 14-7　印染污泥烧制陶粒工艺流程示意图

孔剂，充分搅拌均匀后，再逐次均匀地加入水，调节物料含水率为 20％左右，进行成球造粒。造粒中的碳元素是必不可少的，一般控制在 7％～8％，碳在烧结过程中产生大量气体，气体的逸出就造成许多微孔。

烧结是陶粒制造的关键步骤。烧结温度应控制在 1050～1150℃，超过 1200℃容易造成陶粒的粘连和黑芯，低于 1000℃达不到陶粒的强度。残留碳的含量与陶粒的强度成比，一般控制在 0.5％～1.0％之间。陶粒冷却要缓慢，温差过大会使表面产生裂纹，影响质量。

（4）利用化工污泥烧制陶粒

刘景明、陈立颖等以化工污泥、膨润土和造孔剂为原料，制成粒径为 3～6mm 的生料球，经烘干、预热、焙烧等工艺过程，进行了烧制水处理用陶粒填料的研究。采用正交试验进行陶粒的制备，测定了所制备陶粒的堆积密度、表观密度、比表面积、筒压强度和磨损率等性能，分析了造孔剂掺量、污泥与膨润土配比、预热时间、预热温度及烧结温度等不同因素对陶粒主要性能的影响。根据作为水处理材料应遵循的原则和对陶粒各性能分析的结果，确定了烧制污泥陶粒的最佳工艺参数：造孔剂掺量 5％，污泥与膨润土比例为 4∶6，预热时间 30min，预热温度 400℃，烧结温度 1140℃。

周彩楼、尚琦等利用天津凌庄给水厂污泥开展烧制超轻陶粒的可行性研究，烧成温度 975～1025℃。陶粒性能检测结果为：堆积密度 270kg/m³，吸水率 12.3％，筒压强度 1.0MPa，软化系数 1.0％，煮沸损失 0％，含泥量 0％，平均粒型系数 1.2，烧失量 0.07％，有机物含量合格。结果表明，给水厂污泥适于超轻陶粒的生产。

14.4.3　污泥陶粒的产品性能

采用城市污泥为主要原料制备的烧结陶粒的技术性能指标可达到中华人民共和国国家标准《轻集料及其试验方法　第 1 部分：轻集料》（GB/T 17431.1—2010）。其物理性能表现为：a. 强度高，筒压强度可达 3.0～7.0MPa；b. 烧结陶粒中的普通型产品吸水率略高于烧胀陶粒；c. 抗炭化性能一般优于免烧型，与烧胀型相当，不存在炭化问题；d. 堆积密度较大，一般大于 600kg/m³。

14.5 ➲ 污泥生产水泥

硅酸盐水泥是以石灰石、黏土为主要原料，与石英砂、铁粉等少量辅料按一定数量配比并磨细混合均匀，制成生料。生料入窑经高温煅烧，冷却后制得的颗粒状物质称为熟料。熟料与石膏共同磨细并混合均匀，就制成纯熟料水泥，即硅酸盐水泥。作为水泥生产的主要原料之一，黏土的化学成分及碱含量是衡量黏土质量的主要指标，一般要求所用黏土质原料中 SiO_2 含量与 Al_2O_3 和 Fe_2O_3 的含量和之比为 （2.5~3.5）∶1，Al_2O_3 与 Fe_2O_3 的含量之比为 （1.5~3.0）∶1。

城市污水处理厂污泥或焚烧后的污泥灰与黏土有着相似的组成，因此可以将污泥或污泥灰作为黏土质原料来生产水泥。生料配比计算表明，理论上污泥可以替代 30% 的黏土质原料。应根据水泥生产对黏土质原料的一般要求，考察硅酸率的数值，从而确定是否需要掺用硅质原料来提高含硅率。有关文献的研究表明，以污泥代替部分燃料，对煤的燃烧特性不会产生影响，污泥代替部分水泥生料可满足水泥生料的配料要求，生料中污泥的掺入比例以 20% 为佳。

14.5.1　生产水泥的污泥原料

可以利用部分污泥焚烧灰、干化污泥或脱水污泥饼作为波特兰水泥的生产原料，污泥的形态决定生产厂的预处理技术。图 14-8 所示说明了污泥制波特兰水泥的可能预处理途径与要求，其中污泥中的 P_2O_5 含量是决定其是否适宜作为波特兰水泥原料的主要因素。

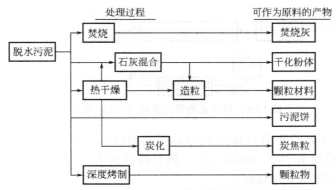

图 14-8　污泥制波特兰水泥的可能预处理途径

（1）焚烧灰

除 CaO 含量较低、Fe_2O_3 含量较高外，污泥焚烧灰的其他成分含量与波特兰水泥含量相当，因此波特兰水泥厂可直接将焚烧灰作为生产原料。污泥焚烧灰加入一定量的石灰或石灰石，经煅烧可制成灰渣波特兰水泥。

（2）脱水污泥饼

波特兰水泥厂应用污水处理厂污泥的替代方法是接受脱水污泥饼，脱水污泥在水泥厂可直接放入烧结窑制造熟料。但运输距离短时才有经济可行性。

（3）脱水污泥与石灰混合

与石灰混合是另一种无须焚烧的污泥制水泥预处理工艺。脱水污泥与等量的石灰混合，利用石灰与水的反应释热使污泥充分干化。此过程只需很少的热量，混合后的产物为干化粉体，可被水泥厂接受。

（4）干燥泥饼

干燥的污泥饼可作为水泥厂的原料，并替代一部分燃料。有各种可行的工艺使脱水污泥干燥至水分更低，但对小型污水厂进行污泥干燥，有一定的困难。有一种称为"深度烤制"或"深度油炸"（deep frying）的技术对解决污泥干化有帮助。

深度烤制污泥干化工艺由五个技术单元组成，包括：a. 调理；b. 深度烤制；c. 油回收；d. 水分冷凝；e. 脱臭。关键单元是深度烤制，该单元中，含水率约 80% 的污泥脱水泥饼在 85℃ 的废油中进行约 70min 的烤制，蒸发的水分回流至污水厂管道进行冷凝与处理；剩余的污泥和废油混合物（含污泥质量分数约为 25%）用离心机进行油固分离，并回收废油再用。

深度烤制的最终产物是干化污泥饼，其含水率约 3%。由于烤制温度低，污泥有机质氧化率甚低。产物有机物的热值达 22MJ/kg（包括残留油分），稳定性好（已变性），并且无臭，应用性很好。

（5）污泥造粒/干化

污泥造粒/干化作为脱水污泥制波特兰水泥的预处理方法，在欧洲和南非有多个应用实例，此处理方法的工艺流程如图 14-9 所示。封闭化的工艺特征较好地解决了污泥干燥过程中的臭气污染问题。

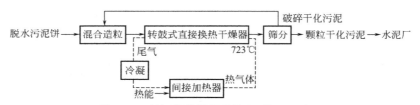

图 14-9　封闭化的污泥造粒/干化处理流程

污泥造粒/干化工艺产物的含水率为 10%，达到巴氏灭菌的卫生水平，颗粒粒径均匀（2~10mm），堆积密度为 700~800kg/m³，颗粒热值为 10.46~14.65MJ/kg。干化颗粒耐储存、运输方便，但能源费用较高。

干化颗粒污泥可用气力输送至水泥窑预热器或直接入窑，所含的有机质可为水泥烧制提供能量，污泥组分则替代部分原料；污泥灰分成为水泥熟料，其中的重金属最终能有效地固定在水泥构件中。

14.5.2　污泥生产水泥的工艺流程

以污泥为原料生产水泥的工艺流程如图 14-10 所示。石灰质、黏土质（由黏土和污泥或污泥灰调和而成）和少量铁质原料按一定的比例（约 75∶20∶5）配合，经过均化、粉磨、调配，即制成生料。经均化和粗配的碎石和黏土，再经计量秤和铁质校正原料按规定比例配合进入烘干兼粉磨的生料磨加工成生料粉。生料用气力提升泵送至连续性空气搅拌库均化，均化后再用气力提升泵送至窑尾悬浮预热器和窑外分解炉，经预热和分解的物料进入回转窑煅烧成熟料。

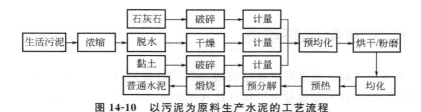

图 14-10　以污泥为原料生产水泥的工艺流程

污泥的燃烧过程主要为挥发分和固定碳的燃烧，伴随燃烧反应的同时进行有害气体的分解。水泥生产所用燃烧设备为回转窑，回转窑的主体部分是圆筒体。窑体倾斜放置，冷端高，热端低，斜度为 3%～5%。生料由圆筒的高端（一般称为窑尾）加入，由于圆筒具有一定的斜度而且不断回转，物料由高端向低端（一般称为窑头）逐渐运动。因此，回转窑首先是一个运输设备。

回转窑又是一个燃烧设备，固体（煤粉）、液体和气体燃料均可使用。我国水泥厂以使用固体粉状燃料为主，将燃煤事先经过烘干和粉磨制成粉状，用鼓风机经喷煤管由窑头喷入窑内。

污泥干化采用的废热来自现有的熟料生产线预热器出口窑尾废热烟气，通过风机升压后鼓入破碎干燥机。需要干化的湿污泥由污泥输送专用的高压管输送至污泥储料小仓，在污泥储料小仓内进行污泥的打散搅拌，防止污泥卸料形成拱桥影响下料的稳定性。经过预压螺旋输送机送入破碎干燥机的中部，气流由进口向下通过破碎干燥室底部的缩口，在破碎干燥室下部向上折返，形成喷动射流。该喷动射流在破碎干燥室内向上呈螺旋状移动，需要干化的污泥由上向下运动，在气流、干燥室中搅拌器的共同作用条件下，气固两相进行旋流喷动的热交换工作。在干燥室内，气固两相进行对流型干燥，完成热交换后的污泥和烟气一起向上旋流运动，在干燥室的上方经管道进入袋式收尘器。由袋式收尘器收集的污泥颗粒通过锁风卸料阀后由胶带输送机离开本车间，进入提升机后汇入成品污泥储仓。干燥后尾气经除尘处理后，洁净气体经烟囱排入大气。

水泥窑协同处理污泥，以污泥替代部分燃料及原料，是节能的废物利用生产，符合国家可持续发展战略。该技术的推广对我国这个水泥生产大国的资源综合利用与节能减排具有深远的意义。

14.5.3　污泥水泥的产品性能

污泥水泥的产品性能与污泥的比例、煅烧温度、煅烧时间和养护条件有关，污泥制备的普通水泥的主要特性如下：

① 适于早期强度要求较高的工程。制造水泥制品、预制构件、预应力混凝土、装配式建筑的结合砂浆需要在较短的时间内达到较高的强度，可采用这种水泥。

② 适于冬季施工，但不适于大体积混凝土。由于放热量大，本身的放热可提高温度，防止混合物受冻并维持水分适宜的温度，因此在冬季施工时可考虑选用；制造大体积混凝土时，由于放热量大而不易散发，容易造成混凝土的破坏，因此不宜采用。

③ 适用于地上工程和无侵蚀、不受水压作用的地下工程和水中工程，不适用于受化学

侵蚀和受水压、水流作用的水中工程。另外，由于污泥制备的水泥中含氯盐量较高，会使钢筋锈蚀，主要用作地基的增强固化材料即素混凝土，以及水泥花板和水泥纤维板等。

14.6 ➲ 污泥制生化纤维板

随着人民生活水平的日益提高，在建筑装修领域对装饰材料的耐火性能要求越来越高，使用污泥作为基材制备的人造板材可以很好地满足防火需要，同时又可以有效地节约木质材料，符合当前低碳经济的发展需要。

14.6.1 污泥制生化纤维板的工艺过程

污泥制作生化纤维板，主要是利用活性污泥中所含丰富的粗蛋白（质量分数为30%～40%）与球蛋白（酶）能溶解于水及稀酸、中性盐水溶液这一性质。干化脱水后的活性污泥在碱性条件下加热干燥、加压后发生物理与化学性质的改变，制成活性污泥树脂（又称蛋白胶），其反应式为：

$$H_2N—R—COOH+NaOH \longrightarrow H_2N—R—COONa+H_2O \qquad (14-9)$$

生成的水溶性蛋白质钠盐（$H_2N—R—COONa$），延长了活性污泥树脂的活性期，破坏细胞壁，使细胞腔内的核酸溶于水，去除由核酸产生的臭味并洗脱污泥中的油脂。所以反应完全后的黏液不会形成凝胶，只有在水分蒸发后才能固化。

为了提高污泥树脂的耐水性、胶着强度及脱水性能，可加 $Ca(OH)_2$，其反应如下：

$$2H_2N—R—COOH+Ca(OH)_2 \longrightarrow Ca(H_2N—R—COO)_2+2H_2O \qquad (14-10)$$

为了进一步脱臭及提高活性污泥树脂的耐水性和固化速率，可加少量甲醛，使其生成氮亚甲基化合物 $HOCO—R—N=CH_2$，其反应式为：

$$H_2N—R—COOH+HCHO \longrightarrow HOCO—R—N=CH_2+H_2O \qquad (14-11)$$

蛋白质的成胶是分子逐渐交联增大的过程。当它溶解于碱液形成稀溶液后，即开始凝胶，树枝状大分子逐渐与钙离子、钠离子结合，形成更长的长链。又由于分子之间的缔合作用，支链与支链之间互相吸引，成为网状结构；网状结构的发展，牵引溶剂，使其黏滞度增加，成为浓稠的胶液；网状结构不断发展，成为网络和网架，最终整个体系组成凝胶。在凝胶体系中溶剂被蒸发或吸收，体系变成坚固的凝胶体。活性污泥所含的多糖物质也能起胶合作用。

据测定，20%浓度的活性污泥树脂溶液的等电点为10.55（蛋白质正、负电荷相等时的pH值称等电点）。此等电点也是制作活性污泥树脂的指标。活性污泥树脂的配方见表14-1。

表14-1 活性污泥树脂的配方（质量份）

配方号	活性污泥（干重）	碳酸钠（工业级）	石灰 CaO（70%～80%）	混凝剂			水玻璃（浓度30%）	甲醛（浓度40%）
				FeCl₃（工业级）	聚合氯化铝	FeSO₄（工业级）		
Ⅰ	100	8	26	15		4	10.8	5.2
Ⅱ	100	8	26		43	4	10.8	5.2
Ⅲ	100	8	26			23	10.8	5.2

将制成的活性污泥树脂与漂白、脱脂后的废纤维（通常为麻纺厂、印染纺织厂的纤维下

脚料）按一定比例混合均匀，经预压成型和热压即可制成污泥基生化纤维板，经裁边整理即可作为成品出售。

14.6.2　污泥基生化纤维板质量的影响因素

单纯用活性污泥制造的纤维板，其各项性能很难达到国家标准。添加偶联剂能增加凝胶性能、耐久性与耐水性能。

刘贤淼等利用玻璃纤维增强造纸污泥纤维板，分析了偶联剂施加量和玻璃纤维长度对板材物理力学性能的影响，结果表明，随着偶联剂施加量增大，玻璃纤维增强造纸污泥纤维板的各项性能均有所提高，说明偶联剂能有效改善其性能，但当偶联剂施加量超过 1.0％时，性能的增加幅度不明显，这是由于偶联剂有一个最佳使用量，只有在材料表面形成一个完整的偶联剂单分子层，才能达到最佳改性效果。偶联剂用量太少，不能将材料表面完全包覆；偶联剂用量太大，则在材料表面形成多分子层，而这种偶联剂多分子层会对材料的性能产生负面影响。另外，随着玻璃纤维长度的增加，玻璃纤维增强造纸污泥纤维板的各项性能均有所提高，这是因为在相同掺量下，随着玻璃纤维长度的增加，玻璃纤维数量减少，但其长度的增加是以二次方的形式起作用，因此玻璃纤维相互搭接的程度增加，这有利于玻璃纤维增强造纸污泥纤维板各项性能的提高。当玻璃纤维长度为 4cm、偶联剂施加量≥1.0％时，玻璃纤维增强造纸污泥纤维板的性能可达到或超过国家中密度纤维板标准。在此基础上，刘贤淼等研究了玻璃纤维增强造纸污泥纤维板的复合机理，认为偶联剂可以改善玻璃纤维的表面极性，使玻璃纤维与酚醛树脂形成共价连接，而且还能增加玻璃纤维表面的粗糙度，进一步改善玻璃纤维表面的润湿性，有利于胶合。

14.7 ⊙ 污泥制轻质填充料和轻质发泡混凝土

轻质填充料和轻质发泡混凝土也是一种以污泥焚烧灰为主要原料的建材制品。日本东京都 Nambu 污泥（焚烧）处理资源化厂已于 1996 年建成了一套生产性装置，处理能力为 500kg/h。

14.7.1　污泥制轻质填充料

污泥焚烧灰先与水（质量分数为 23％）和少量的酒精蒸馏残渣（用作成型黏合剂）混合；然后，混合物在离心造粒机中造粒；混合颗粒在 270℃的条件下干燥 7～10min 后，输送到流化床烧结窑烧结，在窑内干燥颗粒被迅速加热至 1050℃，加热温度对填充料成品的质量有明显的影响；加热后的颗粒体经过空气冷却后，成为表面为硬质膜覆盖但内部为多孔体的成品。成品的形态是球形的，密度为 $1.4～1.5g/cm^3$。与市场上的其他人工轻质填料相比，污泥焚烧灰制品的球形度好、密度低，但抗压强度稍差。

利用污泥焚烧灰制轻质填充料的用途为：a. 煤油储罐与建筑墙面间清洁层的填充物；b. 园林绿化、种植花坛等的土壤替代物；c. 家庭、学校、机关单位养花的添加物；d. 建筑、厂房的隔热层材料；e. 给水厂快速滤池中沥青填料的替代物；f. 透水性地面铺设物。

近年来，轻质填充料因其有弹性，外观宜人，还能防积水，已被大量用作人行道的表面铺设层材料。

14.7.2 污泥制轻质发泡混凝土

发泡混凝土具有质量轻、隔热性能优良的特点，常作为保温填充材料。赵春荣等提出了一种利用处理后的淤泥与水泥、粉煤灰等材料混合，生产出发泡轻质混凝土，为城市污泥提供了一种切实可行的减量化、稳定化的处理途径。

（1）熟石灰污泥制备

在污泥中加入生石灰粉，充分搅拌，使生石灰粉和污泥中的水发生化学反应，形成熟石灰污泥。在污泥石灰处理的过程中，氧化钙粉末与污泥中的水发生如下反应：

$$CaO + H_2O \longrightarrow Ca(OH)_2 + 1177kJ \tag{14-12}$$

反应热使一部分水蒸发，反应导致的 pH 值增大和温度升高起到杀菌效果，保证了污泥在后期利用中的卫生安全性。氢氧化钙使污泥呈碱性，可以结合污泥中的部分金属离子而达到钝化重金属离子的效果，降低其可溶性和活跃程度。

制作熟石灰污泥的污泥原料可以采用未经处理的原污泥，也可采用经过初步脱水、干燥处理的浓缩污泥，此时需要在污泥和生石灰的打碎搅拌过程中加入水。污泥和生石灰的质量比为 1：1～6：1，该比例需根据污泥的实际情况和最终要达到的材料物理力学指标通过试验来确定。

（2）污泥混凝土制备

在熟石灰污泥中加入水泥和水，充分搅拌，形成污泥混凝土。在拌和的过程中，还可以在熟石灰污泥中加入粉煤灰。

（3）污泥发泡轻质混凝土制作

通过发泡机和发泡系统将发泡剂用机械方法充分发泡，并将泡沫与污泥混凝土均匀混合，形成污泥发泡轻质混凝土，进行现场浇筑施工或制作成构件。所用的发泡剂是生产普通发泡混凝土所使用的发泡剂，例如松香酸皂类发泡剂、金属铝粉发泡剂、植物蛋白发泡剂、动物蛋白发泡剂或石油磺酸铝发泡剂等。发泡剂用量是污泥混凝土质量的 1%～10%。其制备工艺如图 14-11 所示。

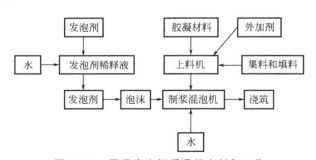

图 14-11 污泥发泡轻质混凝土制备工艺

（4）污泥发泡轻质混凝土的力学性质

赵春荣等经过反复试验，获得了密度为 600kg/m³ 和 800kg/m³ 的 2 种轻质污泥发泡混凝土。抗压强度试验结果表明，用相同配比获得污泥发泡混凝土，采用强度等级 42.5 标号水泥获得的混凝土抗压强度比采用 32.5 标号水泥的大 0.1MPa 左右。2 种污泥发泡混凝土的 28 天强度分别在 0.5～1.8MPa 和 0.7～2.4MPa 范围内，若作为填充材料，其承载能力很可观。加入少量的粉煤灰，同时减少水泥和熟石灰污泥的用量，能够获得更高强度的发泡混凝土。

（5）应用

与发泡混凝土相似，污泥发泡轻质混凝土具有质量轻、隔热、隔声等性能，且具有一定的抗压强度，可以作为一般的填充材料。赵春荣等将制作的污泥发泡轻质混凝土作为保温材料，成功地将其应用于某存储库房保温层。

14.8 ⊃ 污泥熔融制石料

污泥熔融制石料是将污泥经高温焚烧处理而生成结晶化石材，可将其视作与天然碎石等同，制成建筑陶瓷、烧结空心轻质砖、铸石甚至微晶玻璃，是一种污泥高度减容、无害化和资源化的代表性技术。

14.8.1　污泥熔融石料的制备过程

污泥熔融制石料系统由如下几个工序组成，各工序的作用分别为：

（1）脱水泥饼干燥设备

利用加温式低温干燥机以蒸汽作热源对脱水泥饼进行间接加热，使污泥脱水率达到80％。然后再用一段干燥机将其干燥至含水率为15％为止。干燥气经除湿塔除湿后循环利用。

（2）污泥熔融设施

主要设备为表面熔融炉。经干燥后的泥饼定量送往表面熔融炉内，炉内主燃烧室内温度保持在1300℃以上，将干泥饼燃烧，燃烧尾气一部分在二次燃烧室内燃烧，经此二次燃烧后，其 NO_x 含量可控制在150mg/kg以上。燃烧后的炉渣则从炉子下部排出，冷却固化后呈玻璃质，进而在结晶炉内进行热处理，使熔渣从玻璃质改性为结晶质。冷却固化如果采用徐冷式（空冷式），可以获得5～200mm的石料化熔渣；如果采用水冷式，则成为不足5mm的碎渣。

（3）热回收设施

熔融炉内排出的高温气体可作为干燥热源来加热表面熔融炉的燃烧空气，以达到热回收利用的目的。

热回收设备主要是废热锅炉及空气预热器，排气温度分别为1150℃与230℃。

（4）废气处理设施

主要是去除废气中的 SO_x、HCl、烟尘等有害成分。废气在排烟处理塔下部经冷却至40～60℃，在塔上部与 NaOH 循环液接触反应，除去 SO_x、HCl 等气体。烟尘则经湿式电除尘器最后除去，以达到废气排放标准。

（5）其他辅助设施

包括重油焚烧锅炉（作全系统蒸汽补充用）、用水系统、空气系统及燃料系统等设施。

14.8.2　污泥熔融石料的产品性能

污泥熔融制石料过程中，无论是徐冷式还是水冷式，熔渣都能满足作为骨料的所有规定。就级配而言，徐冷式在6号碎石的级配范围。用徐冷式熔渣代替6号碎石进行沥青混合料配比试验和车辙试验。结果表明，无论是用于基层的粗级配沥青混合料，还是用于面层的密级配沥青混合料，其动稳定度均达到6000次/mm以上，可用于交通量大的行车道。此外，还可以将徐冷式熔渣用作混凝土的粗骨料和细骨料，可获得与使用100%天然石料时相同的抗压强度；将熔渣通过另外的途径分级为1.5~5mm和5~10mm，并分别用于面层和基层的骨料，可以制造透水性的路面砖；将水冷式熔渣作为铺路用烧结砌块的原料，按50%的比率使用，则抗弯强度达到8.0MPa，透水系数为4.0×10^{-2}cm/s；将水冷式熔渣作为外墙装饰瓷砖的原料，按50%的比率使用，则抗弯强度达到5.05MPa，吸水率为0.02%，使用功能良好。

结晶化石料生产高档瓷砖的生产工艺过程通常包括几个工段：

(1) 原料破碎与处理工段

矿物原料运入厂内后堆放在露天堆场，堆场的储存能力为一定时间的生产需要量。

硬质料原矿进厂，应限制最大块度，使用时由铲车从堆场送至破碎工段，经二级颚式破碎机进行初、中碎，旋磨机细磨后，达到一定的粒度，送入硬质料仓储存。料仓应有一定量的储存能力。

结晶化石材直接拉入储存室内库存待用。软质料应限制小于一定块度，含水量小于15%，在露天堆场风化6个月，经拣选后用铲车送至室内料库存放。

(2) 称量配料工段

软质料（如黏土）的称量由喂料箱完成。铲车依次把需配制的各种软质料卸入称量箱中，各种软质料经累计计量，经喂料机链板卸出。硬质料（长石和结晶化石材）的称量由料仓下方的皮带秤完成。配好的料通过皮带输送机和卸料斗加入球磨机内。

(3) 泥浆制备工段

按一定配比将各种坯料、水和稀释剂送入球磨机湿磨。控制球磨周期，磨好的泥浆从球磨机中卸出后，经过筛、除铁后流入装有慢速搅拌机的泥浆池连续搅拌陈化几十小时，再用隔膜泵抽取，经过筛、除铁，流入喷雾干燥塔工作泥浆池，该工作泥浆池也装有慢速搅拌机。

(4) 粉料制备工段

高压柱塞泵从工作泥浆池中抽取泥浆，喷入喷雾干燥塔内，雾滴与热烟气进行热交换后，干燥成一定颗粒级配组成的粉料。经粉料振动筛、皮带输送机、斗式提升机和带式输送机送入粉料仓储存陈化。

(5) 压型和快速干燥工段

将粉料仓内陈化1~3天后的粉料经旋转卸料器、皮带输送机和斗式提升机、粉料振动筛、皮带输送机运送到压机粉料仓中。

压机粉料仓中的粉料经布料器送入模具压制成型。压型后，砖坯由辊台输送，通过翻转机构、刷子，然后排成方阵，经输送链道，送入干燥窑干燥。

(6) 施釉工段

干燥后的干坯经输送线送入多功能施釉线施釉。施釉线具有磨边刷灰、吹尘、甩釉、浇釉、喷釉、擦边、转向、丝网印刷等多种功能。

（7）烧成工段

釉坯送入单层或双层辊道窑烧成。按一定烧成周期，烧成后的砖通过出窑机组送检选工段检选。

14.9 ⊙ 污泥制聚合物复合材料

污泥制聚合物复合材料是将污泥掺加至熔融的热塑性聚合物中，使二者充分结合，从而制备出一种具有广泛用途的污泥聚合物复合材料。

热塑性聚合物如废塑料在熔融温度下具有流动性和黏结性，在较大范围内可以和其他颗粒材料如污泥进行共混而获得聚合物复合材料。在复合过程中，对聚合物材料进行交联改性和发泡，抑制气体逸出，则可使复合材料微孔化；由于聚合物材料的包覆，污泥得以固化；又由于污泥颗粒的强化，使所得到的微孔聚合物材料在保持轻质的前提下仍具有较高的刚度和强度，使复合材料表现出混凝土的刚度和聚合物的韧性，具有木材的性质，可锯、可钉、可切割、可装饰。经过表面处理和聚合物固化，污泥中的重金属不会渗出，污泥特有的气味可以消除，从而可将其应用于工业及民用建筑领域。

14.9.1　污泥聚合物复合材料的制备工艺

污水处理厂脱水污泥含水率高达 80% 左右，在利用前必须进行处理，干燥和焚化都必须外加能量；在处理过程中需要配置废水、废气处理设备。以经过脱水处理、表面处理、稳定化处理后的污泥为填充材料，以经过清洁处理、接枝改性后的废塑料为基体材料，通过添加少量功能性添加剂（偶联剂、发泡剂、润滑剂、防老剂、交联剂等），经计量、混合、挤出、成型、冷却成为聚合物复合材料。

根据所制备聚合物复合材料的特征及用途，可分为聚合物复合材料和聚合物微孔材料。用经过处理的污泥与废塑料复合，可以制备出具有较好物理力学性能的聚合物复合材料，其在很多方面表现出木材的性能，可以在工业与民用领域获得应用，广泛用于建筑板材、模板、下水管道、市政工程道路砖、流水石、隔离桩、水下材料、化工厂耐腐蚀地砖等。在制备复合材料过程中，在一定工艺条件下，抑制气体逸出，并采取稳泡措施，就可以得到轻质高强的聚合物微孔材料，用作隔声材料、保温材料、漂浮材料、缓冲材料、水上种植载体、建筑用房屋隔断材料、设备包装材料等。

污泥制聚合物复合材料的原料是以污泥、废塑料等固体废物为主，废物综合利用率达到 95% 以上，工艺具有很好的柔性化功能，材料用途广泛，附加值高，在资源节约和环境保护方面具有积极意义。

14.9.2　污泥聚合物复合材料性能的影响因素

研究表明，在工艺一定的条件下，直接影响污泥聚合物复合材料性能的主要因素有本体材料的种类及其用量、污泥的形态及其处理方式、聚合物与污泥的配比、发泡剂、交联剂等。

（1）本体材料种类的影响

对于用来制备复合材料的白色污染源类废塑料，其种类不同，所制备的聚合物材料性能有所差异，但都在理想范围内。对于这类白色污染源类废旧塑料，由于原料来源广泛、廉价易得，而且共混改性容易，所以，只要老化不严重，杂质含量低，均可作为理想原材料使用。

（2）本体材料用量的影响

在工艺条件相同的情况下，随着废塑料用量的提高，材料的抗弯强度呈上升趋势，其原因是复合材料的抗弯强度主要取决于废塑料本身的性能和用量。而抗压强度则不同，由于颗粒材料的体积强化，减少了空隙，提高了抵抗外力形变的能力，所以表现出随着污泥用量增加，抗压强度在一定范围内平稳提高的现象。当污泥用量超过临界值时，由于颗粒材料周围没有足够的树脂包裹，造成填充材料的过剩和堆积，会导致抗压强度急剧降低。

（3）污泥处理方式的影响

污泥的表观状况对复合材料的强度有较大影响。在相同状态下，用干燥污泥制备的复合材料，其抗弯强度和抗拉强度比用焚化污泥制备的复合材料好；经过表面处理后，复合材料性能有所改善。其原因是：干燥污泥在加工温度下，因干馏而产生的低分子树脂状物质提高了与聚合物材料的相容性，从而强化了复合效果；对污泥进行表面处理的目的是增加聚合物对颗粒材料的浸润性，降低界面张力，使明显的界面变成具有亚层结构的过渡区域。

（4）发泡剂的影响

发泡剂的种类及用量对材料的密度、强度、吸水率具有决定性影响。

泡沫材料的制备，在工艺参数和成型机理方面与本体材料具有显著不同，传统的热压化学发泡虽然能够得到具有理想气孔形态的泡沫材料，但由于污泥中的杂质异常复杂，可能会抑制各种添加剂效能的发挥。而污泥中含有大量难以脱除的水本身就是发泡剂，因此采用辊炼混料、热压成型的工艺并不合适。由于在辊炼过程中，一方面要让聚合物熔融，但又要限制发泡剂分解和逸出，而在聚合物熔融温度下，水已经汽化，但由于尚未达到交联温度，材料无法提供足够的黏强性保持气体的存在。所以发泡剂（代表了污泥的不同含水率）虽然有一定的作用，但是从测试的密度值看，没有明显差别。

吸水率与孔的结构有关，实际上，聚合物材料本身的吸水率是比较低的，但如果有连通孔，水进入后装满孔洞，短时间内不能流出，则引起吸水率增大的假象。此外，吸水率与材料的表面加工有关，光滑而未经加工的样品吸水率低，机械切割后会引起吸水率增大。

（5）交联剂的影响

制备污泥聚合物复合材料时，添加一定量的交联剂，通过适度交联，可提高本体材料的刚度和强度，消除因发泡而产生的强度下降，使复合材料在保持轻质的情况下仍具有理想的强度。

研究表明，通过提高交联度，改变成型方式，并对污泥进行稳定处理，可以得到孔径1mm 以下均匀闭孔结构、密度小于 $0.4g/cm^3$ 的微孔材料。

14.10 ◎ 污泥制木塑复合材料

木塑复合材料（WPC）是一种以木纤维为增强材料，通过预处理使之与热塑性聚合物复合而成的一种新型材料，它同时兼有木材和塑料的优点，具有代木作用，可以减缓我国木材资源贫乏的情况，同时具有塑料的耐水、防腐、易着色等优点。

造纸污泥含有一定量的纤维成分和大量的无机物，特别是含有较多的碳酸盐成分，因此可考虑利用其纤维与热塑性基体制备木塑复合材料，并利用其无机成分的填充作用制备发泡包装材料。

14.10.1　污泥木塑复合材料的制备工艺

先将造纸产生的污泥晾晒干，用电磨机磨成颗粒，经过筛分处理后得到 60 目颗粒，然后将干燥后的造纸污泥（30～60 份）放入高速混合搅拌机，喷入偶联剂溶液（3～8 份）；制得偶联剂改性后的造纸污泥；将热塑性复合物粉碎成一定粒径的粒料，加热，使其软化；将偶联剂改性后的造纸污泥粉、软化的热塑性复合物、润滑剂（石蜡，2～4 份）等混合置于高速混料机、造粒机和注塑机中定型，然后再经硫化机压制，即可得到造纸污泥/聚氯乙烯（PVC）木塑复合板材。

14.10.2　污泥木塑复合材料性能的影响因素

热塑性聚合物和木纤维材料之间的复合还存在着许多问题，主要表现为亲水性的生物质纤维与疏水性的聚合物基体间的相容性差，导致应力不能有效传递，使复合材料性能下降。通过添加偶联剂来改变纤维和塑料表面性能，是改善复合材料界面相容性的方法之一。硅烷偶联剂是研究与应用最为广泛的一类偶联剂。覃宇奔等以造纸污泥为原料，PVC 为塑料基体，采用热压成型技术制备木塑复合材料，探讨了污泥填充量、热压时间、温度、压力和偶联剂用量等因素对复合材料力学性的影响。

（1）污泥填充量对复合材料力学性能的影响

在固定热压温度为 170℃、热压压力为 51MPa、热压时间为 10min 的条件下，考察造纸污泥填充量（质量分数）对复合材料力学性能的影响。结果表明，复合材料的抗弯强度和抗拉强度随污泥填充量的增加而降低。这是因为，一方面，由于污泥中木纤维所含羟基等官能团的存在，在 PVC 中不易分散，表现为二者相容性差，容易发生团聚现象，产生应力集中；另一方面，污泥作为分散相，在 PVC 基体中使得受力截面面积小于纯树脂材料，随着污泥含量的增加，在体系中所占体积增加，破坏了塑料基体的连续性，从而导致复合材料的力学性能下降。污泥含量的增加有助于降低生产成本，但是过量的污泥很难在 PVC 中均匀分散，污泥被塑料基体包覆的程度减小，导致在热压成型过程中存在熔融温度下复合材料的流动性差，所制备复合材料有力学性能差、外观粗糙等缺点。当污泥用量占 50％时，复合材料的抗弯强度为 20.38MPa，符合《木塑装饰板》（GB/T 24137—2009）的要求（≥20MPa），但其抗拉强度仅为 5.54MPa，远远未达到标准要求（≥10MPa）。当污泥填充量进一步增加，制备的复合材料不成型，容易开裂。考虑通过添加偶联剂等以改善产品的力学性能，从尽可能利用污泥的角度出发，选择污泥填充量为 50％。

（2）热压时间对复合材料力学性能的影响

对于复合材料来说，木纤维和塑料两相界面的形成过程，实质上就是塑料在木纤维表面的浸润和铺展过程。在相同温度下，相同性能塑料的流动性和黏结性是一致的，所以浸润时间是一个重要的因素。覃宇奔等固定造纸污泥填充量为 50％，偶联剂占污泥用量的 2％，热压温度为170℃，热压压力为5MPa，考察不同热压时间对复合材料力学性能的影响。结果表明，随着成型时间的延长，塑料在熔融状态下铺展和包覆纤维的效果越好，越有利于提高复合材料的抗弯强度和抗拉强度。压板时间在10min后，材料的总体抗拉强度和抗弯强度增强不大，考察实际生产中的成本因素和能源消耗，选择压板时间为10min。

（3）热压温度对复合材料力学性能的影响

木塑复合材料制备的热压温度，应该控制在PVC的可塑化加工温度与造纸污泥中纤维炭化温度之间。温度达到120℃时，PVC开始出现软化变形现象，在150～210℃时PVC才可塑化加工。覃宇奔等固定造纸污泥填充量为50%，偶联剂占污泥用量的2%，热压时间为10min，热压压力为5MPa，考察不同热压温度对复合材料力学性能的影响。结果表明，随着热压温度的升高，复合材料的力学性能随之增加，这是由于热塑性PVC随着温度的升高而熔融，流动性提高，有利于PVC的铺展和对纤维的包覆。当温度达180℃时，复合材料的弯曲强度达35.04MPa，抗拉强度提高到12.08MPa。温度进一步升高，木塑复合材料的力学性能并没有明显增加。试验发现，当温度超过200℃时，污泥中木纤维及低分子有机胶质物质有降解、烧焦的现象，不利于木塑复合材料力学性能的提高。

（4）热压压力对复合材料力学性能的影响

覃宇奔等固定造纸污泥填充量为50%，偶联剂占污泥用量的2%，热压时间为10min，热压温度为180℃，考察不同热压压力对复合材料力学性能的影响。结果表明，随着热压压力的增大，复合材料的力学性能呈上升趋势。压力为6MPa时，复合材料的抗弯强度和抗拉强度较3MPa时分别提高了32.06%和38.8%。这是因为压力较小时，PVC受到的促使其向污泥渗透的外部作用力小，不利于PVC对污泥的浸渍，并且不利于共混体系中残余空气的排除，造成热传导受到阻碍，使得复合材料不能充分成型。随着压力的不断增大，PVC和污泥之间相互作用力增加，分子与分子之间不断地挤压，形成紧密的物理结合，内部空隙不断变小，交联密度随着逐渐增大，复合材料的抗弯强度和抗拉强度得到提高，复合材料的可压缩率逐渐增大。当压力继续增大，两相结合压缩率达到极限，甚至由于压力过大导致纤维结构被破坏，造成复合材料增强效果下降，因此选定热压压力为6MPa。

（5）偶联剂用量对复合材料力学性能的影响

天然纤维增强聚合物复合材料由于其独特的优点，在材料市场上为客户提供了更多的选择。由于纤维基体在界面附着力方面的不足，导致亲水的天然纤维和非极性聚合物之间的不相容性，可能会对复合材料的力学性能产生负面影响。硅烷偶联剂作为一种高效的偶联剂，已经在玻璃纤维增强复合材料和矿物填充高分子复合材料中被成功应用，因此针对具有纤维成分及矿物成分的造纸污泥的改性，有望获得良好效果。

覃宇奔等固定造纸污泥填充量为50%，热压压力为6MPa，热压时间为10min，热压温度为180℃，考察偶联剂用量对复合材料力学性能的影响。结果表明，随着硅烷偶联剂KH560的添加，偶联剂与污泥中纤维表面的羟基以及污泥中的无机成分形成包裹改性，使污泥具有疏水性，再和PVC结合形成桥联结构，增强了污泥与聚合物基体之间的相容性，力学性能也随之增强。当偶联剂用量占污泥用量的2%时，其抗弯强度较未添加偶联剂时提高了53.6%，拉伸性能提高了84.9%。随着偶联剂的继续增加，过多的偶联剂覆盖在污泥表面，影响了污泥中纤维与PVC的桥联，导致其力学性能下降。因此选择偶联剂用量为污泥用量的2%。

综上所述，覃宇奔等确定造纸污泥/PVC 木塑复合材料的最佳制备工艺条件为：造纸污泥填充量为 50％，硅烷偶联剂占污泥用量的 2％，热压压力为 6MPa，热压时间为 10min，热压温度为 180℃，所制备材料的抗弯强度为 35.73MPa，抗拉强度为 12.75MPa。

▶▶ 参考文献

[1] 王乐乐，杨鼎宜，艾亿谋，等.污泥陶粒的烧制与孔结构研究 [J].混凝土，2016，1：103-107.

[2] 徐雪丽，宋伟.低重金属城市污泥钢渣陶粒的制备 [J].新型建筑材料，2016，43（9）：105-110.

[3] 元敬顺，李铁华，张会芳，等.粉煤灰对粉煤灰-污泥陶粒性能的影响 [J].河北建筑工程学院学报，2016，34（1）：9-14.

[4] 马连涛."污泥＋固废"陶粒制造技术 [J].墙材革新与建筑节能，2016，7：42-43.

[5] 杨飞，陈传飞，杨晓华，等.污泥陶粒绿色自保温混凝土的研究和应用 [J].商品混凝土，2016，2：54-57.

[6] 支楠，刘蓉，宋方方.煤矸石污泥陶粒烧胀性能研究 [J].砖瓦，2016，7：14-7.

[7] 赵春荣，梁林华.污泥发泡轻质混凝土的研究制及应用 [J].北京工业职业技术学院学报，2015，14（1）：5-8.

[8] 高健.利用城市污水污泥制行道砖的工艺技术研究 [D].杨凌：西北农林科技大学，2015.

[9] 陈传，朱才岳，耿健.城市污泥外掺炼钢废渣制备陶粒 [J].城市环境与城市生态，2015，28（3）：12-14.

[10] 朱静.自保温污泥陶粒混凝土砌块的研究 [D].扬州：扬州大学，2015.

[11] 朱静，杨鼎宜，洪亚强，等.自保温污泥陶粒混凝土砌块及其性能研究 [J].混凝土，2015，9：130-134.

[12] 王德兴，卞为林，戴建军，等.物化污泥烧结空心砖的制备及其性能评价 [J].广东化工，2015，42（9）：67-68.

[13] 郭凤琛，陆德明，邹辉煌，等.污泥和石英尾矿制备建材陶粒的烧结温度研究 [J].煤炭与化工，2015，38（1）：94-96.

[14] 郭凤琛，陆德明，邹辉煌，等.污泥和石英尾矿制备建材陶粒的烧结时间研究 [J].材料研究与应用，2015，9（2）：130-133.

[15] 陆在宏，陈咸华，叶辉，等.给水厂排泥水处理及污泥处置利用技术 [M].北京：中国建筑工业出版社，2015.

[16] 魏娜，尚梦.城市污泥与垃圾焚烧飞灰烧制污泥陶粒试验研究 [J].中国农村水利水电，2015，3：158-160，163.

[17] 水落元之，久山哲雄，小柳秀明，等.日本生活污水污泥处理处置的现状及特征分析 [J].给水排水，2015，41（11）：13-16.

[18] 邵青，周靖淳，王俊陆，等.粉煤灰与污泥制备陶粒工艺研究 [J].中国农村水利水电，2015，4：138-152.

[19] 陈冀渝.粉煤灰和下水道污泥在轻质隔热砖中的利用 [J].粉煤灰，2015，27（1）：14-15.

[20] 杨宏斌，洗萍，杨龙辉，等.广西城镇污泥掺烧利用组分特性的分析 [J].环境工程学报，2015，9（3）：1440-1444.

[21] 陈超，江达宣，戴鹏，等.市政污泥在煤矸石烧结砖中的应用研究 [J].砖瓦，2015，8：17-20.

[22] 仇付国，张传挺.水厂铝污泥资源化利用及污染物控制机理 [J].环境科学与技术，2015，38（4）：21-16.

[23] 丁庆军，王永，刘凯，等.利用富含重金属污泥制备防辐射功能集料 [J].武汉理工大学学报，2015，12：17-22.

[24] 张冬，董岳，黄瑛，等.国内外污泥处理处置技术研究与应用现状 [J].环境工程，2015，33（A1）：600-604.

[25] 周何链，钟振宇，周蓁，等.印染污泥粉煤灰底质聚合物的制备与性能研究 [J].非金属矿，2015，38（4）：71-74.

[26] 张雷.矿渣-污泥残渣底质聚合物胶凝材料的制备及重金属固化效果的研究 [D].深圳：深圳大学，2015.

[27] 刘流，李军.城镇自来水厂污泥和污水处理厂污泥联合处理处置 [J].净水技术，2015，34（A1）：20-22.

[28] 刘爽，白锡庆，张鹏宇，等.我国城市污泥建材资源化利用的问题及对策 [J].砖瓦，2015，6：43-47.

[29] 黄榜彪，吴元昌，朱其珍，等.城市污泥烧结页岩砖热工参数的数值计算分析 [J].新型建筑材料，2015，42（5）：54-57，74.

[30] 张津践，钱晓倩，朱蓬莱，等.利用污泥焚烧灰烧制硅酸盐水泥熟料研究 [J].非金属矿，2015，38（6）：73-75，82.

[31] 张瑜，陶梦娜，沈涤清，等.含重金属污泥制砖毒性的浸出 [J].环境工程学报，2015，9（4）：1984-1988.

[32] 王冰.兰州地区剩余污泥资源化制砖研究 [D].兰州：兰州交通大学，2015.

[33] 夏阳，朱华，余晓军，等.江河污泥生产烧结资源化利用研究 [J].新型建筑材料，2015，42（10）：41-44.

［34］ 王建俊，王格格，李刚，等.污泥资源化利用［J］.当代化工，2015，44（1）：98-100.

［35］ 杨秀林.含铬污泥制砖的实验研究［D］.武汉：武汉科技大学，2015.

［36］ 郭金良.污泥制砖工艺设计浅析［J］.砖瓦世界，2015，6：50-51.

［37］ 罗广兵.市政污泥制免烧砖技术探究［J］.广东化工，2015，42（20）：73-74.

［38］ 樊臻，杨鼎宜，刘亚东，等.污泥陶粒坯料热动力学特性［J］.混凝土，2015，9：87-90.

［39］ 田强，张同辉，张洪成.城市污水处理厂污泥制砖项目实践［J］.中国给水排水，2014，30（24）：108-110.

［40］ 邓歆玥，冯昆荣.污水污泥页岩实心砖砌体轴心抗压性能试验研究［J］.绵阳师范学院学报，2014，33（5）：25-30.

［41］ 吴元昌，朱基珍，黄榜彪，等.城市污水污泥烧结页岩多孔砖砌体轴压试验［J］.广西大学学报（自然科学版），2014，1：32-37.

［42］ 刘继状.城市污泥固化性能试验研究［J］.新型建筑材料，2014，41（12）：53-55.

［43］ 张勇.东莞市首座城镇污泥处理处置中心工程设计［J］.中国给水排水，2014，30（16）：58-61.

［44］ 耿飞，潘龙，解建光，等.太湖淤泥和自来水厂污泥混合制砖研究［J］.环境保持科学，2014，40（4）：70-74.

［45］ 涂兴宇，王永，黄修林.污泥页岩陶粒的熔烧膨胀机理探讨［J］.新型建筑材料，2014，41（11）：1-4，8.

［46］ 孙旭红，马文彬，周金倩，等.污水处理厂干化污泥的泥质研究［J］.中国给水排水，2014，30（11）：97-99.

［47］ 陈萍，冯彬，睿良通.以垃圾焚烧底灰为骨料的脱水污泥固化试验［J］.中国环境科学，2014，34（10）：2624-2630.

［48］ 钱觉时，谢从波，谢小莉，等.城市生活污水污泥建材化利用现状与研究进展［J］.建筑材料学报，2014，17（5）：829-836，891.

［49］ 余江，熊平，刘建泉，等.以污泥、建筑垃圾为基料制备高强轻质发泡环保陶瓷板［J］.四川大学学报（工程科学版），2014，46（5）：161-167.

［50］ 楼映珠，杨飞，杨晓华，等.掺污水处理厂污泥对自密实混凝土和易性的影响［J］.新型建筑材料，2014，41（A1）：65-67.

［51］ 刘亚东，杨鼎宜，贾宇婷，等.超轻污泥陶粒的研制及其内部结构特征分析［J］.混凝土，2014，6：65-68.

［52］ 黄宏伟，罗冬梅，麦俊明，等.污水处理厂污泥建材资源化利用现状［J］.广东化工，2014，30（2）：33-34.

［53］ 黄志中.中小城市生活污水处理厂污泥在制砖工业中应用的探索［J］.污染防治技术，2014，27（1）：17-20.

［54］ 陈贺，雷团结，钱元弟，等.化学发泡的污泥陶粒轻混凝土制备与性能表征［J］.安徽工业大学学报（自然科学版），2014，31（3）：271-275.

［55］ 覃宇奔，郑云磊，胡华宇，等.造纸污泥/PVC木塑复合材料的制备工艺［J］.包装工程，2014，35（3）：10-15，27.

［56］ 徐瑞寒.污泥资源化制取保温材料的研究［D］.锦州：辽宁工业大学，2014.

［57］ 常成.城市污泥制陶粒工艺的分析与研究［D］.西安：长安大学，2014.

［58］ 程雪莉.给水厂污泥资源化利用研究［D］.西安：西安建筑科技大学，2014.

［59］ 李铖.污泥和淤泥复合烧制陶粒试验研究［D］.杭州：浙江工业大学，2014.

［60］ 张瑜.污泥制砖过程的重金属固化与废气控制研究［D］.杭州：浙江大学，2014.

［61］ 袁柯馨.城市深度脱水污泥燃料化及制砖资源化技术［D］.泉州：华侨大学，2014.

［62］ 涂兴宇.市政污泥处理处置技术评价及应用前景分析［D］.上海：上海交通大学，2014.

［63］ 彭效义.利用工业污泥制备蒸压灰砂砖技术和产品性能［D］.南京：东南大学，2014.

［64］ 王云峰.一种超轻陶粒及其制备方法的研究［J］.中国新技术新产品，2014，12：85-86.

［65］ 张向华.城市污泥烧结页岩多孔砖的研发及其砌体抗压性能分析［D］.南宁：广西科技大学，2013.

［66］ 谢从波.城市污水污泥页岩建材利用环境特性研究［D］.重庆：重庆大学，2013.

［67］ 徐月龙.页岩浆体调理污泥沉降及重金属在污泥页岩陶粒中的状态研究［D］.重庆：重庆大学，2013.

［68］ 冯昆荣.热工性能对污水污泥页岩砖制备的影响［J］.四川建材，2013，39（3）：7-8.

［69］ 熊一凡，熊江璐.城市污泥资源化利用与思考［J］.企业经济，2013，9：164-167.

［70］ 马宪军，于明，孙建华.污泥制砖存在问题浅析［J］.砖瓦，2013，8：51-52.

［71］ 韩永奇.污泥制砖遇到的问题［J］.砖瓦，2013，2：28-29.

［72］ 陈钰，邹基.延安污水处理污泥生产烧结砖的实践［J］.砖瓦，2013，5：40-42.

［73］ 顾爱军，王历兵.城市污泥制砖的试验研究［J］.江苏技术师范学院学报，2013，19（2）：6-11.

[74]　黄中，黎喜强，朱基珍，等.温度对污泥烧结页岩砖裂缝的影响 [J].新型建筑材料，2013，40（9）：43-45，55.

[75]　谢敏，高丹，刘小波，等.利用给水厂污泥制备透水砖的实验研究 [J].环境工程学报，2013，7（5）：1925-1928.

[76]　范英儒，邓成，罗晖，等.污水污泥制备页岩烧结砖的试验研究 [J].土木建筑与环境工程，2012，34（1）：130-135.

[77]　谢厚礼，彭家惠，郑云，等.成孔剂对烧结页岩砖性能的影响 [J].土木建筑与环境工程，2012，34（2）：149-153.

[78]　钱伟，樊传刚，申松林，等.污泥陶粒次轻混凝土的制备与性能研究 [J].混凝土，2012，4：122-125.

[79]　高丹.利用给水污泥制备环保透水砖的试验研究 [D].长沙：长沙理工大学，2012.

[80]　贾新宁.城镇污水污泥的建材资源化利用 [J].砖瓦，2012，1：55-57.

[81]　贾新宁.城镇污水污泥处理处置现状分析 [J].山西建筑，2012，38（5）：220-222.

[82]　祝成成.利用净水污泥制备陶粒及其对水中磷的吸附效能研究 [D].苏州：苏州科技学院，2012.

[83]　夏克非.矿井污泥一步固化法制轻质建材的技术研究 [J].煤炭技术，2012，31（1）：151-153.

[84]　宫厚杰.城市污水污泥为基料制备透水砖的工艺技术研究 [D].杨凌：西北农林科技大学，2012.

[85]　王佳福，吕剑明.利用城市污泥制备陶粒的研究 [J].硅酸盐通报，2012，31（3）：706-710.

[86]　马雯，呼世斌.以城市污泥为掺料制备烧结砖 [J].环境工程学报，2012，6（3）：1035-1038.

[87]　马雯.污水处理厂污泥在建材用砖中的应用研究 [D].西安：西北农林科技大学，2011.

[88]　李玉峰.造纸污泥用作建筑材料 [J].中华纸业，2011，32（2）：94.

[89]　刘沪滨.污水污泥处置方法研究 [J].水工业市场，2011，9：46-52.

[90]　赵友恒，于衍真，李玄.利用污泥制砖的应用研究与现状 [J].中国资源综合利用，2011，29（3）：33-35.

[91]　郑云.节能型烧结页岩空心砖的研制 [D].重庆：重庆大学，2011.

[92]　沈倩雯.利用城市给水厂污泥制砖技术研究 [D].长沙：长沙理工大学，2011.

[93]　刘珍珍.利用工业废渣与城市污泥制作生态砖的试验研究 [D].合肥：合肥工业大学，2011.

[94]　徐子芳，张明旭，李金华.用污泥建筑垃圾研制免烧砖的实验研究 [J].非金属矿，2011，34（5）：11-14.

[95]　杨政成，吕念南.三峡库区城镇污水污泥资源化利用潜力分析 [J].山西建筑，2011，37（24）：207-208.

[96]　丁庆军，杨垫，黄修林，等.污泥防辐射功能集料的制备及表征 [J].建筑材料学报，2011，14（6）：814-818.

[97]　韩莉莉.城市污泥制生态水泥的应用探讨 [J].中国给水排水，2011，27（2）：107-108.

[98]　刘贤淼，费本华，江泽慧.偶联剂对玻璃纤维增强造纸污泥纤维板的影响 [J].建筑材料学报，2011，14（3）：423-426.

[99]　岳燕飞.污水污泥外掺页岩粉煤灰改性及陶粒制备 [D].重庆：重庆大学，2010.

[100]　罗晖.污水污泥页岩建筑材料制备与性能研究 [D].重庆：重庆大学，2010.

[101]　罗晖，钱觉时，陈伟，等.污水污泥页岩陶粒烧胀特性 [J].硅酸盐学报，2010，38（7）：1247-1252.

[102]　钟明峰，张志杰，董桂洪.利用抛光砖污泥制备微晶玻璃研究 [J].中国陶瓷，2010，46（4）：62-64，68.

[103]　杨晓华，杨博，崔清泉，等.利用江河淤泥、页岩、生物污泥生产陶粒 [J].新型建筑材料，2010，37（11）：54-56.

[104]　赵德智.利用造纸污泥烧制建材砖 [J].中华纸业，2010，31（24）：87.

[105]　林子增，孙克勤.城市污泥为部分原料制备黏土烧结普通砖 [J].硅酸盐学报，2010，38（10）：1963-1968.

[106]　沈巍，林子增.城市污泥制砖技术的研究进展 [J].环境科学与技术，2009，32（B1）：216.

[107]　林子增，王军，张林生.城市污泥为掺料烧结砖的生产性试验研究 [J].环境工程学报，2009，3（10）：1875-1878.

[108]　陈伟.利用污水污泥制备轻质陶粒 [D].重庆：重庆大学，2009.

[109]　雷一楠.污水污泥烧制陶粒对重金属固化效果的试验研究 [D].重庆：重庆大学，2009.

[110]　朱斌.自来水厂脱水污泥用于多孔砖与陶粒生产的资源化研究 [D].上海：同济大学，2009.

[111]　史骏.城市污水污泥处理处置系统的技术经济分析与评价（上）[J].给水排水，2009，35（8）：32-35.

[112]　史骏.城市污水污泥处理处置系统的技术经济分析与评价（下）[J].给水排水，2009，35（9）：56-59.

[113]　钱觉时，邓成，陈平，等.三峡库区生活污水污泥的建材利用途径分析 [J].三峡环境与生态，2009，31（1）：17-27.

[114]　徐娜，章川波，强西怀，等.制革污泥固化利用建材初探 [J].中国皮革，2009，38（13）：32.

[115]　于衍真，管丽攀，赵春辉，等.污泥渗水砖的制备研究 [J].环境工程学报，2008，2（12）：1691-1694.

[116] 徐淑红，马春燕，张静文，等.正交设计与回归分析在河道底泥陶粒制备中的应用 [J].混凝土，2008，12：63-65.

[117] 史君洁.污水污泥直接用于烧砖的探讨 [J].砖瓦，2008，1：48-50.

[118] 张静文，徐淑红，姜佩华.电镀污泥制备陶粒的正交试验分析 [J].砖瓦，2008，8：12-15.

[119] 李旺，王晨，姜雪丽，等.高含量城市污泥制备轻质微孔砖的研究 [J].新型建筑材料，2008，35（3）：45-49.

[120] 朱开金，马忠亮.污泥处理技术及资源化利用 [M].北京：化学工业出版社，2007.

[121] 张云锋，盛金聪.城市污水厂污泥制备陶粒的试验研究 [J].应用能源技术，2007，4：12-17.

[122] 李振卿，单明阳.用含重金属的污泥烧制轻骨料并应用于透水混凝土路面砖 [J].建筑砌块与砌块建筑，2007，1：36-40.

[123] 张国伟.河道底泥制备陶粒的研究 [D].上海：东华大学，2007.

[124] 任伯帜，龙腾锐，陈秋南.粉煤灰-粘土砖烧制过程处理城市污水污泥的试验研究 [J].环境科学学报，2003，23（3）：414-416.

[125] 张召述，马培舜.污泥制备聚合物复合材料工艺研究 [J].新型建筑材料，2003（11）：21-24.

[126] 高平良，赵安秀.环保废料：结晶化石材是建筑陶瓷工业的可贵原料 [J].中国建材装备，2001（2）：6-9.

第15章 污泥制吸附材料

吸附操作在化工、医药、食品、轻工、环保等领域都有广泛的应用，吸附成功与否在很大程度上依赖于吸附剂及其性能，因此，选择吸附剂是确定吸附操作的首要问题。吸附剂一般分为有机物和无机物两类，最具代表性的吸附剂是活性炭。

活性炭是一种具有高度发达孔隙结构和极大比表面积的多孔炭材料，主要由碳元素组成，同时含有氢、氧、硫、氮等元素以及一些无机矿物质。活性炭的吸附性能与比表面积、孔容积以及孔径分布有关，同时与吸附质的性质如分子的大小等也密切相关。以微孔为主的活性炭，主要用来处理无机或小分子污染物。对于大直径分子的吸附质，由于瓶颈效应，吸附质分子不能进入到活性炭微孔而被吸附于表面。因此，对于大直径分子的吸附质，比表面积大、微孔发达的活性炭并不经济适用。同时，应用于不同领域的活性炭对制造原料有不同的要求。例如，应用于医学或饮用水净化等领域的活性炭，采用的原料要求灰分少，对有害杂质也有严格要求；而应用于污水处理的活性炭，采用的原料对灰分、杂质不需要有特别要求。

污水处理过程中产生的污泥中因含有大量的有机物，具有被加工成类似活性炭吸附剂的客观条件。利用污泥通过热化学处理制备低成本的活性炭用于废水、废气处理，既可实现污泥的减量化、无害化和资源化，又可节省制备商品活性炭所耗用的木材、煤炭等资源，具有良好的环境效益和社会效益。

15.1 污泥活性炭的制备途径

污泥是由各种细菌、真菌、原生动物等微生物及其死亡后的残留物和无机物组成的混合体。污泥中大部分物质是有机物，约占50%～70%，糖类含量约为25%，无机灰分约为5%，其分子式可用$C_5H_7NO_2$示意，理论含碳量为53%。污泥中的无机物组分包括各种金属盐和氧化物，如铝、硅、钙、铁的金属盐和氧化物等，另外还含有极少量的重金属盐和氧化物，如铅、锌、镍的金属盐和氧化物等。根据污泥的含碳特征，1971年，Kemmer等意识到可将污泥用作原料制备活性炭。

目前，采用污泥制备活性炭的途径主要有以下三种：a. 单一污泥为原料制备活性炭；b. 向污泥中添加生物质废弃物制备活性炭；c. 向污泥中添加矿物材料制备活性炭。

15.1.1 单一污泥制备活性炭

污泥活性炭是将污泥经炭化、活化后制成。炭化是在隔绝空气条件下对原料加热，其作用为：a.将原料分解析出 H_2O、CO、CO_2 及 H_2 等挥发性气体；b.使原料分解成微晶体组成的碎片，并重新集合成稳定的结构。活化是将碳化物变成所需要的多孔结构物。活化过程是活性炭制备的关键，重点在于：a.如何形成孔隙结构；b.在炭化过程中，生成的焦油状物质及非晶质炭可能造成孔隙堵塞、封闭，如何通过活化物质的活化反应将它们去除。炭化物经活化后制得比表面积高的污泥活性炭。

将污泥放入烘箱中，直至烘干为止。然后将烘干的污泥放入陶瓷罐中，加入陶瓷转子，放到球磨机上研磨 3～4h，取出研碎的干泥，用筛子将 1～2mm 粒径的干泥筛出。然后将一定量的干污泥与活化剂按一定比例混合，在 85℃（水浴）下加热 1h（浸渍、搅拌），室温下停留 12h，过滤，接着在氮气（550～850℃）中热解、炭化 1.5～2.0h，电阻炉的升温速率为 15～20℃/min，热解产物用蒸馏水、盐酸漂洗后进行低温干燥。注意，活化污泥在热解加热 5～7min 后温度达到 200℃左右时，会有少量青烟逸出；在 12～15min 后温度达到 220℃左右时，有大量黄色浓烟逸出，这是由于此时有机污泥开始第一次热分解，产生了生物衍生油或焦油，该过程持续 15min 左右；在 20～30min 以后温度达到 500℃以上时，开始正常热解、炭化，此时浓烟减少，并逐步转化为少量青烟逸出。热解完成后，在氮气环境下自然冷却 7h，控制整个过程无氧气或空气进入电阻炉内。热解过程中产生的气体通过蒸馏水或碱液吸收后，无恶臭气味，对周围环境不产生污染。

$ZnCl_2$、H_2SO_4、KOH、Na_2CO_3、H_3PO_4 等是污泥制备活性炭时常用的活化剂。一般来说，活化剂的浓度越大，热解时间越短，温度越高，污泥活性炭的吸附效果越好。

15.1.2　污泥中添加生物质制备活性炭

由于污泥中的含碳量偏低，可通过向污泥中添加生物质以提高材料的含碳量，其中秸秆类材料选用较多。陈友岚等将活性污泥和玉米秸秆混合制备活性炭，用于吸附垃圾渗滤液中有机物，当混合原料中秸秆质量分数占 45% 时，制备的活性炭在 pH 值为 4.0 的条件下对渗滤液中 COD 去除效果最好。金玉等将秸秆和污泥制备的活性炭用于重金属废水的吸附处理，得到了较好的去除效果。卢雪丽等以污泥与谷壳为原料制了污泥活性炭，谷壳的添加增加了污泥的含碳量，有利于吸附性能的提高。在吸附温度 25℃、吸附时间 400min 的条件下，酸性大红的吸附量为 125mg/g，碱性嫩黄的吸附量可达 170mg/g。Tay 以消化污泥与废弃椰子壳等有机材质联合制备了污泥活性炭，认为低成本的污泥活性炭具备污染治理应用的前景。此外还有学者将植物纤维内芯作增碳剂，如游洋洋等在污水处理厂生物污泥和 Fenton 氧化法产生的含铁化学污泥中添加玉米芯作为增碳剂，以 $ZnCl_2$ 为活化剂，实现炭质载体制备与金属氧化物负载过程的结合，制备出含铁氧化物的污泥活性炭。在该试验中，污泥活性炭被应用于催化臭氧氧化降解水中罗丹明 B；将臭氧的强氧化性与催化剂的吸附、催化特性结合起来，随着臭氧通量的增加以及溶液 pH 值的增大，罗丹明 B 的去除率可达 80% 以上。

15.1.3　污泥中添加矿物质制备活性炭

矿物质中含有多种无机物成分，研究显示一些金属及其化合物对碳的气化有催化作用，能调控活性炭的孔结构，从而极大改善污泥活性炭的性能。

羊依金等将软锰矿添加到污泥中，采用 $ZnCl_2$ 活化制备污泥活性炭，发现添加软锰矿后的污泥活性炭表面出现更多的孔，从而导致软锰矿-污泥活性炭的比表面积增大，孔容增加。

分析认为软锰矿中的 β-MnO_2 以及 α-Fe_2O_3 是一种良好的化学反应催化剂，能够催化分解污泥中难分解的有机质，从而使样品的活化、炭化更加彻底。

钛铁矿中含有多种金属化合物如二氧化钛、氧化铁和氧化锰等。污泥在活化过程中能通过自身挥发产生孔道，也能对碳的气化起催化作用，使污泥中难分解和转化的有机物充分转化，从而促使更多的孔生成，增加了复合吸附剂的比表面积。孙瑾等在剩余污泥中添加少量钛铁矿制取钛铁矿-污泥活性炭，在吸附时间为 100min 的条件下，对酸性大红的吸附平衡容量为 24.93mg/g，吸附率可达 99.71%。

研究发现材料中如果含有 SiO_2，在原料被炭化的同时能够给新生的炭提供骨架，随着温度的升高，材料形成孔隙发达的微晶结构。陈红燕等将城市污泥与膨润土按 6：4 的质量比混合后用适量的水混合均匀，陈化 12h，用挤出造粒机制成柱状颗粒，在空气中自然干燥，然后经马弗炉在 550℃ 焙烧 2h 的条件下制成颗粒状活性炭，对铅离子的去除率达 90% 以上。此外，杨潇瀛在活性污泥中加入粉煤灰，污泥与粉煤灰配比为 9：1，在 300℃ 时制得的污泥活性炭对亚甲基蓝印染废水的最大吸附量为 37.49mg/g。

大量的实验研究显示利用剩余污泥制备的活性炭都有较好的吸附效果，但是制备过程烦琐，历经脱水、烘干、研磨、活化剂浸泡、热解活化、酸洗、漂洗、烘干和研磨等多道工序；对制备过程中的副产品没有进行深入的分析探讨，活化剂、酸等试剂使用后没有进行妥善处理。虽然在污泥中添加生物质材料能提高污泥的含碳量，但在制备过程中仍采用大量的化学活化剂，使用后易造成环境的二次污染。草木灰为草本木本植物燃烧的灰烬，经测定草木灰中含有植物体内所含有的大部分矿物质元素，其中的氧化钾吸水后会形成 KOH，而 KOH 可以充当污泥制备活性炭的活化剂。因此利用生物质废弃物代替活化剂对避免环境污染能起到积极的作用。随着污泥活化技术的创新优化，制备方法日益精简成熟，制备成本的降低，污泥制备活性炭会大规模应用于生产实际，形成工业规模。

15.2 ◐ 污泥活性炭的活化方法

污泥活性炭的活化方法有热解活化法、物理活化法、化学活化法、化学物理活化法等。

15.2.1　热解活化法

热解活化法是在惰性气体的保护下，对原料直接加热制备活性炭。常用的保护气体为 N_2。

热解活化法制备污泥活性炭的原理如下：污泥中的大部分物质由微生物及其死亡后的残留物组成。微生物细胞壁的基本组成为肽聚糖，细胞壁外附有薄薄一层微生物所分泌的多聚糖。多聚糖的键能量比肽聚糖的肽键能量低，因此，多聚糖的气化温度较低。在热解的初始阶段，水和一些分子量较低的物质首先气化，形成部分孔隙。300℃ 以上时，蛋白质开始气化，肽键开始发生反应，伴随缩聚、基团游离等系列反应，大量氮元素以小分子胺或氨的形式向气相转移，导致大量孔隙形成。390℃ 以上时，随着多聚糖的气化，中孔和大孔加速形成。550~650℃ 时，原料（含细胞壁）部分熔化，形成大孔。伴随着熔化原料的进一步软化，气体以气泡的形式逸出，可能形成很大的孔隙。

15.2.2 物理活化法

物理活化法通常采用合适的氧化性气体，如水蒸气、二氧化碳、氧气或空气等，逐步氧化掉原料中的一部分炭，在内部形成新孔并扩大原有的孔，从而形成发达的孔隙结构。由于污泥中的无机组分为非多孔物质，采用物理活化法氧化掉部分炭后，所形成的活性炭通常具有相对较大的比表面积。

（1）水蒸气活化

水蒸气活化反应的过程可分为四步：第一步，气相中的水蒸气向原料表面扩散；第二步，活化剂由颗粒表面通过孔隙向内部扩散；第三步，水蒸气与原料发生反应，并生成气体；第四步，反应生成的气体由内部向颗粒表面扩散。水蒸气与炭的基本反应为吸热反应，反应在 750℃ 以上进行。反应式可表示如下：

$$C + H_2O \Longrightarrow H_2 + CO\uparrow - 123.09kJ \tag{15-1}$$

$$C + 2H_2O \Longrightarrow 2H_2 + CO_2\uparrow - 79.55kJ \tag{15-2}$$

炭与水蒸气反应的主要影响因素为氢气，不受一氧化碳的影响。一般认为，炭表面吸附水蒸气后，吸附的水蒸气分解放出氢气，吸附的氧以一氧化碳的形态从炭表面脱离。吸附的氢堵塞活性点，抑制反应的进行，生成的一氧化碳与炭表面上的氧发生反应而变成二氧化碳，炭的表面与水蒸气又进一步发生反应。反应式如下所示：

$$C + H_2O \Longrightarrow C + (H_2O) \tag{15-3}$$

$$C + (H_2O) \longrightarrow H_2 + C(O) \tag{15-4}$$

$$C(O) \longrightarrow CO \tag{15-5}$$

$$C + H_2 \Longrightarrow C + (H_2) \tag{15-6}$$

$$CO + C(O) \longrightarrow 2C + O_2 \tag{15-7}$$

$$CO + (H_2O) \longrightarrow CO_2 + H_2 + 40.19kJ/mol \tag{15-8}$$

各式中，括号表示吸附态。炭中的金属或金属氧化物对炭与水蒸气的反应有催化作用，可以促进气化反应的进行。当活化温度在 900℃ 以上时，受水蒸气在炭颗粒内扩散速率的影响，活化反应速率很快，水蒸气侵蚀到孔隙入口附近即被消耗完毕，难以扩散到孔隙内部，不能均匀地进行活化。相反，活化温度越低，活化反应速率越小，水蒸气越能充分地扩散到孔隙中，可以对整个炭颗粒进行均化活化。

（2）二氧化碳活化

相比水蒸气活化，工业上较少采用二氧化碳作为活化剂，原因有两点：a. 二氧化碳分子较大，在孔隙中的扩散速率较慢；b. 二氧化碳与炭的吸热反应热较高，使用二氧化碳作为活化剂需要较高的温度。上述因素导致炭与二氧化碳的活化反应速率比炭与水蒸气的活化反应速率缓慢，需要 850～1100℃ 的高温。同时，在炭与二氧化碳的反应中，反应不仅受一氧化碳的影响，还受混合物中氢气的影响。

对于二氧化碳的活化机理，关于二氧化碳如何与炭反应生成一氧化碳的部分，目前存在两种观点。

第一种观点认为，二氧化碳与炭的反应不可逆，生成的一氧化碳吸附在炭的活性点上，当活性点完全被一氧化碳占据时，便会阻碍反应的进行。

$$C + CO_2 \longrightarrow C(O) \Longrightarrow CO\uparrow \tag{15-9}$$

$$C(O) \longrightarrow CO \uparrow \tag{15-10}$$

$$CO + C \Longrightarrow C(CO) \tag{15-11}$$

第二种观点认为，二氧化碳与炭的反应可逆，一氧化碳的浓度增加，当可逆反应达到平衡状态时，反应便不能继续进行。

$$C + CO_2 \Longrightarrow C(CO) + CO \uparrow \tag{15-12}$$

$$C(O) \longrightarrow CO \uparrow \tag{15-13}$$

物理活化法生产工艺简单，不存在设备腐蚀和环境污染等问题，制得的活性炭可不用清洗直接使用，但比表面积较低，吸附能力不强。如何加快反应速率、缩短反应时间、降低反应能耗，是物理活化法需要解决的问题。

15.2.3　化学活化法

化学活化法是指选择合适的化学活化剂加入制备活性炭的原料中，在惰性气体的保护下加热，同时进行炭化、活化的方法。按照活化剂种类，化学活化法可分为 KOH 活化法、$ZnCl_2$ 活化法、H_2SO_4 活化法和 H_3PO_4 活化法等。

(1) KOH 活化法

制备高比表面积的活性炭大多以 KOH 为活化剂。通过 KOH 与原料中的碳反应，刻蚀其中部分碳，洗涤去掉生成的盐及剩余的 KOH，在刻蚀部位出现孔隙。

关于 KOH 的活化机理，目前有多种观点。

① 在惰性气体中热 KOH 与含碳材料接触时，反应分两步进行：首先在低温时生成表面物质（—OK，—OOK），然后在高温时通过这些物质进行活化反应。

低温时：

$$4KOH + —CH_2 \longrightarrow K_2CO_3 + K_2O + 3H_2 \uparrow \tag{15-14}$$

高温时：

$$K_2CO_3 + 2—C \longrightarrow 2K + 3CO \uparrow \tag{15-15}$$

$$K_2O + —C \longrightarrow 2K + CO \uparrow \tag{15-16}$$

在活化过程中，一方面，通过生成 K_2CO_3 消耗碳使孔隙发展；另一方面，当活化温度超过金属钾的沸点（762℃）时，钾蒸气扩散进入不同的碳层，形成新的多层结构。气态金属钾在微晶的层片间穿行，使其发生扭曲或变形，创造出新的微孔。

② 两段活化反应机理，即中温径向活化和高温横向活化。K_2O、—O—K^+、—CO_2—K^+ 是以径向活化为主的中温活化段的活化剂及活性组分，而处于熔融状的 K^+O^-、K^+ 则是以横向活化为主的高温活化段的催化活性组分。

在 300℃ 以下的低温区，活化属于原料表面含氧基团与碱性活化剂的相互作用，生成表面物质—COK，—COOK。与此同时，更大量的反应为活化剂本身羧基脱水形成活化中心。在此基础上，继续升高温度进入中温活化阶段，主要发生活化中间体与反应物料表面的含碳物质作用，引发纵向生孔过程，形成大量微孔。进一步升高温度，进入后段活化的高温区，发生微孔内的金属钾离子活化反应，导致大孔的生成。

③ 日本有研究者，把一定量的炭与 KOH 混合，首先在 300～500℃ 的温度条件下进行脱水，然后在 600～800℃ 范围内活化，活化的混合物经冷却、洗涤后得到活性炭。该过程的主要反应为：

$$2KOH \longrightarrow K_2O + H_2O \tag{15-17}$$

$$C + H_2O \longrightarrow H_2 + CO \tag{15-18}$$

$$CO + H_2O \longrightarrow H_2 + CO_2 \tag{15-19}$$

$$K_2O + CO_2 \longrightarrow K_2CO_3 \tag{15-20}$$

$$K_2O + H_2 \longrightarrow 2K + H_2O \tag{15-21}$$

$$K_2O + C \longrightarrow 2K + CO \tag{15-22}$$

反应过程显示，500℃以下发生脱水反应，在 K_2O 存在的条件下，发生水煤气反应[式(15-18)]和水汽转换反应[式(15-19)]，K_2O 为催化剂。产生的 CO_2 和 K_2O 反应，几乎完全转变成碳酸盐，产生的气体主要为 H_2，仅有极少量的 CO、CO_2、CH_4 及焦油状物质。在 800℃ 左右，K_2O 被 H_2 或炭还原，以金属钾的形式析出，金属钾的蒸气不断进入碳层进行活化。活化过程中消耗的碳主要生成 K_2CO_3，洗涤后 K_2CO_3 完全溶解于水中，因此，活化后的产物具有很大的比表面积。

（2） $ZnCl_2$ 活化法

$ZnCl_2$ 活化法生产活性炭历史悠久，虽然国内外研究者已使用 $ZnCl_2$ 活化法制备出优质活性炭，但其活化机理仍在不断探索之中。一般认为，$ZnCl_2$ 是一种脱氢剂，在一定温度下使原料中易挥发物气化脱氢；脱氢作用限制了焦油的生成，导致原料中有机物芳烃化；在 $450 \sim 600$℃ 时 $ZnCl_2$ 气化，$ZnCl_2$ 分子浸渍到炭的内部骨架，碳的高聚物炭化后沉积到骨架上；用酸和热水洗涤去除 $ZnCl_2$，炭成为具有巨大比表面积的多孔结构活性炭。

$ZnCl_2$ 活化过程中易挥发出 HCl 和 $ZnCl_2$ 气体，造成严重的环境污染，并影响操作人员的身体健康，同时，$ZnCl_2$ 回收困难，回收率低，造成原材料与能耗增加，导致产品成本升高。

（3） H_2SO_4 活化法

活化剂 H_2SO_4 起降低活化温度和抑制焦油产生的作用。用 H_2SO_4 活化时，处于微晶边缘的某些分子含有不饱和键，该键与 H_2SO_4 中的 H、O 结合，形成各种含氧官能团，即表面非离子酸和表面质子酸，使制备的活性炭既能吸附极性物质，又可吸附非极性物质。由于对环境的影响较小，H_2SO_4 活化法正逐渐引起人们的注意。

（4） H_3PO_4 活化法

因 H_3PO_4 活化后处理容易、活化温度较低，所以 H_3PO_4 活化法被广泛应用于活性炭制造工业。但采用污泥制备活性炭时，H_3PO_4 的活化效率较低。表 15-1 列出了各种化学活化法制备的污泥活性炭的比表面积，可以看出，采用 H_3PO_4 活化法制备的污泥活性炭的最大 BET（Brunauer-Emmett-Teller）比表面积为 $289m^2/g$。

利用核磁共振波谱（NMK）、傅里叶变换红外光谱（FTIR）对 H_3PO_4 活化过程进行分析发现，H_3PO_4 的加入降低了炭化温度，150℃ 时开始形成微孔，$200 \sim 450$℃ 时主要形成中孔；H_3PO_4 作为催化剂催化大分子键的断裂，通过缩聚和环化反应参与键的交联；可以通过改变热处理温度或酸与原料的比例来改变活性炭的孔隙分布，但高温条件下形成的主要是中孔。典型化学活化法制备污泥活性炭比较见表 15-1。

表 15-1　典型化学活化法制备污泥活性炭比较

活化剂	活化剂/污泥比例	活化温度/℃	活化时间/min	BET 比表面积/(m²/g)
ZnCl₂	1∶0.3(质量比)	600	60	397
ZnCl₂	25mL 5mol/L ZnCl₂/10g 污泥	500	2	647
ZnCl₂	500mL 0.5～7mol/L ZnCl₂/200g 污泥	550	600	585
ZnCl₂	1∶1(质量比)	500	60	1080
ZnCl₂	浸泡在 3mol/LZnCl₂ 中	650	120	247
ZnCl₂	2.5∶1(质量比)	800	120	1249
ZnCl₂	3∶1(质量比)	650	120	996
ZnCl₂	3.5∶1(质量比)	650	120	1092
ZnCl₂	浸泡在 5mol/LZnCl₂ 中	800	120	309
ZnCl₂	1∶1(质量比)	650	5	472
ZnCl₂	3.5∶1(质量比)	800	120	1059
ZnCl₂	25mL5mol/LZnCl₂/10g 污泥	650	120	542
ZnCl₂	25mL5mol/LZnCl₂/10g 污泥	500	120	868
ZnCl₂＋H₂SO₄	2∶1(质量比)	550	120	145
H₂SO₄	46∶75(质量比)	300	30	205
H₂SO₄	250mL 3mol/LH₂SO₄/100g 污泥	650	60	408
H₃PO₄	2mL 50% H₃PO₄/1g 污泥	450	240	17
H₃PO₄	250mL 3mol/LH₃PO₄/100g 污泥	650	60	289
KOH	1∶1(质量比)	700	90	900
KOH	1∶1(质量比)	700	60	1058
KOH	1∶1(质量比)	700	60	1686
KOH	3∶1(质量比)	700	60	1301
KOH	1∶1(质量比)	850	60	658
K₂S	1∶1(质量比)	700	60	1160
NaOH	3∶1(质量比)	700	60	1224

在化学活化法中，除 KOH、ZnCl₂、H₂SO₄、H₃PO₄ 作为活化剂外，NH₃·H₂O、K₂CO₃、NaOH 也被用作活化剂。NH₃·H₂O 活化法可在制备活性炭的同时在其表面引入含氮官能团，所得产品的脱硫作用明显增强。在 K₂CO₃ 活化过程中，既有 CO₂ 和水蒸气的物理活化作用，又有 K₂O 的化学催化活化功能。NaOH 的活化机理与 KOH 基本一致，而且比 KOH 价格低廉，但由于 KOH 在活化过程中生成的金属钾与碳的反应活性高，而且金属钾的蒸气容易在活化炭微粒中扩散，对活化过程起到促进作用，使得 NaOH 的活化效果不如 KOH。

15.2.4　化学物理活化法

化学物理活化法是在物理活化前对原料进行化学浸渍改性处理，可提高原料活性，并在碳材料内部形成传输管道，有利于气体活化剂进入孔隙内进行刻蚀。化学物理活化法可通过控制浸渍比和浸渍时间制得孔径分布合理的活性炭，所制得的活性炭既有较高的比表面积，又含有大量中孔，可显著提高活性炭对液相中大分子物质的吸附能力。此外，利用该方法可在活性炭表面添加特殊官能团，利用官能团的特殊化学性质，使活性炭具有化学吸附作用，提高对特定污染物的吸附能力。

综上所述，无论采用哪一种活化方法，污泥活性炭多孔性结构的产生主要通过以下原理：

① 母体的部分性去除。通过选择性的溶解或蒸发，去除具有复合结构的母体的部分成分，产生活性固体。对于污泥，被去除的是水分和部分有机物。该反应在污泥内部沿孔道发生，随着反应进行，孔道直径逐渐增大，长度也随之增大。

② 伴随着气体产生的同时发生固体热分解。该过程非常复杂，可示意为：

$$固体 A \longrightarrow 固体 B + 气体$$

在形成固体 B 时，从固体 A 形成数个微细的结晶体 B，比表面积相应增大。生成物的密度比母体密度大，发生收缩并使固体 B 的微晶体边缘变得容易形成裂缝。同时，气体析出的过程会使孔结构增多。活化剂的添加可以促进污泥中的 H 和 O 结合，形成水蒸气。

③ 活化剂的去除。添加的活化剂存在于污泥中，经炭化活化后，大部分活化剂仍残留于产品内部，通过清洗去除，活化剂所占据的空间余出变成孔隙，使得产品孔隙结构更为发达。

15.3 ➲ 污泥活性炭的性能表征

污泥活性炭的制备工艺流程如图 15-1 所示，主要包括预处理、热解、活化以及后处理单元。污泥预处理为干燥单元，目的是降低污泥的含水率；热解炭化是为了产生焦炭；活化是为了提高焦炭的吸附能力；后处理为酸洗与水洗，可去除其中的无机物成分。在制备工艺中，最主要的步骤为热解与活化。

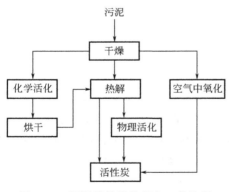

图 15-1 污泥活性炭的制备工艺流程

15.3.1 污泥活性炭的性能指标

① 污泥活性炭的吸附性能。污泥活性炭的吸附性能通常用碘吸附值来表征，碘吸附值的计算式为：

$$A = \frac{5(10c_1 V_1 - 1.2 c_2 V_2) \times 1.27}{m} \times D \tag{15-23}$$

式中　A——样品的碘吸附值，mg/g；

　　c_1——碘标准溶液浓度，mol/L；

　　c_2——硫代硫酸钠标准溶液浓度，mol/L；

　　V_1——碘标准溶液的量，mL；

　　V_2——硫代硫酸钠标准溶液消耗的量，mL；

  m——样品质量，g；

 1.27——碘摩尔（1/2I）质量，g/mol；

  D——校正系数，根据剩余浓度查表得出。

 亚甲基蓝的吸附量也常用来表征污泥活性炭的吸附性能，其计算公式如下：

$$q_e = \frac{c_0 - c}{m} \times V \tag{15-24}$$

式中 q_e——亚甲基蓝的吸附量，mg/g；

  c_0——亚甲基蓝的初始浓度，mg/L；

  c——亚甲基蓝的平衡浓度，mg/L；

  V——溶液体积，mL；

  m——活性炭质量，mg。

 ② 污泥活性炭的比表面积和孔径分布。可通过自动气体吸附仪测定 N_2 在污泥活性炭上的吸附-脱附等温线，来表征污泥活性炭的比表面积、孔隙结构及孔径分布。

 ③ 污泥活性炭的化学组成。包括碳、氢、氧、氮、硫以及其他元素含量。

 ④ 污泥活性炭的表面化学特性。主要是表面各种官能团及表面 pH 值特性。

15.3.2 ZnCl₂ 活化法制得污泥活性炭的性能

 $ZnCl_2$ 活化法是目前采用最广泛的制备污泥活性炭的方法。将污泥干燥、粉碎后，采用 $ZnCl_2$ 浸渍，然后进行活化制备活性炭。制备的污泥活性炭的微孔、中孔均较发达，其性能如下：

（1）比表面积和孔径分布

 BET 比表面积为 647.4m²/g，微孔比表面积为 207.6m²/g，占 BET 比表面积的 32%；总孔容积为 0.548cm³/g，微孔容积为 0.110cm³/g；平均孔径为 3.38nm，见表 15-2。

表 15-2 采用 ZnCl₂ 活化法制备的污泥活性炭的比表面积和孔隙数据

BET 比表面积/(m²/g)	微孔比表面积/(m²/g)	总孔容积/(cm³/g)	微孔容积/(cm³/g)	平均孔径/nm
647.4	207.6	0.548	0.110	3.38

 图 15-2 和图 15-3 所示为制备的污泥活性炭的中孔和微孔孔径分布。可以看出，采用 $ZnCl_2$ 法制备的污泥活性炭的中孔孔径分布在 3.6nm 左右较窄的范围内，而微孔分布在 0.55nm 左右。

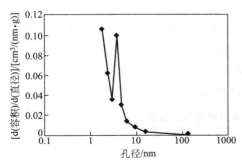

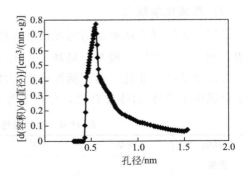

图 15-2 污泥活性炭中孔孔径分布　　　　**图 15-3 污泥活性炭微孔孔径分布**

（2）化学组成

制备的污泥活性炭中碳、氢、氮、硅和灰分含量见表15-3。与典型商业活性炭相比（88%C，0.5%H，0.5%N和3%～4%灰分），污泥活性炭的含碳量低，而氢和氮元素的含量较高。另外，商业活性炭一般不含硅元素，但污泥活性炭中含有7.91%的硅。化学组成的差异将导致吸附性能的不同。污泥活性炭所含有的硅元素可以降低表面极性，增强对非极性吸附质的亲和力。

表 15-3　采用 $ZnCl_2$ 活化法制备的污泥活性炭的碳、氢、氮、硅和灰分含量

元素	C	H	N	Si	灰分
含量/%	38.94	1.94	4.39	7.91	37.39

采用污泥制备活性炭所关注的主要问题是污泥活性炭使用时可能有重金属离子渗出，造成污染。表15-4列出了制备的污泥活性炭中特定重金属的含量，以及这些重金属在原料中的含量。表15-5列出了制备的污泥活性炭浸出液中重金属的含量。

表 15-4　污泥活性炭和原料中重金属的含量　　　　　　　　单位：$\mu g/g$

重金属元素	Cr	Cd	Cu	Zn	Pb	Ni
污泥活性炭	1138	8	4380	29450	876	954
原料	286	7	1260	2004	352	582

表 15-5　污泥活性炭浸出液中重金属的含量

重金属元素	Cr	Cd	Cu	Zn	Pb	Ni
浸出量/$(\mu g/g)$	1.06	0.36	7.50	19333	1.50	73.27
浸出百分比/%	0.09	4.50	0.17	65.65	0.17	7.68

由于污泥活性炭制备过程中挥发性物质的逸出，原料中所含重金属在活性炭产品中富集。其中，锌含量增加10%以上，如果清洗过程不够彻底，将难以有效去除活化剂 $ZnCl_2$。

由表15-4和表15-5可以看出，除锌和镍外，只有少量重金属由污泥活性炭渗出。原因可能有两种：一是金属离子与活性炭结构形成稳定化学键；二是污泥活性炭对重金属有很强的吸附。除锌外，重金属离子的渗出量均在绝大部分采用活性炭处理的工业出水的可接受范围内。事实上，除锌和镍外，污泥活性炭浸出液的重金属离子含量低于世界卫生组织（WHO）规定的饮用水标准。为了有效去除剩余的 $ZnCl_2$，可开发更有效的清洗过程，例如不使用盐酸而采用其他的化学清洗剂。

（3）表面化学结构

采用 $ZnCl_2$ 活化法制备的污泥活性炭的表面为酸性，其酸性来源于活性炭表面的酸性官能团，如羰基、内酯、羧基、羟基。表15-6列出了制备的污泥活性炭含氧表面官能团的含量。与商业活性炭相比，污泥活性炭中酸性官能团的含量高得多，其中羧基的含量尤其高，易于形成电子受体-给体配合物，有利于芳香族化合物的吸附。

表 15-6　污泥活性炭含氧表面官能团的含量　　　　　　　　单位：$mmol/g$

官能团	羧基	内酯	酚式羟基	羰基	总的酸性官能团
含量	0.1	0.01	0.1	0.2	0.5

傅里叶变换红外光谱分析显示，污泥活性炭表面存在 Si—O—C 和 Si—O—Si 键。

（4）表面物理结构

电子显微镜观察表明，$ZnCl_2$ 或其他盐类颗粒存在于污泥活性炭的孔道中，可能堵塞孔道入口。因此，有效的清洗有助于提高污泥活性炭的吸附容量。

（5）吸附能力

制备的污泥活性炭对水溶液中苯酚的吸附能力为商业活性炭吸附能力的 1/4，对 CCl_4 的吸附能力与商业活性炭差不多。这是因为：污泥活性炭相对较低的比表面积和含碳量，使其对分子较小、具有极性的苯酚吸附能力较弱。而如前所述，硅元素的存在降低了污泥活性炭的极性，使其对非极性的 CCl_4 具有较强的吸附能力。

15.3.3　H_2SO_4 活化法制得污泥活性炭的性能

相对于 $ZnCl_2$ 活化法，H_2SO_4 活化法的效率略低，但 H_2SO_4 活化法对环境的影响较小，因此，H_2SO_4 活化法也吸引了人们的注意。采用市政污水处理厂厌氧稳定处理后的干污泥为原料，以 H_2SO_4 为活化剂制备的污泥活性炭的性能如下：

（1）比表面积和孔径分布

采用 H_2SO_4 活化法制备的污泥活性炭的比表面积和孔容积见表 15-7。

表 15-7　采用 H_2SO_4 活化法制备的污泥活性炭的比表面积和孔容积

BET 比表面积/(m^2/g)	微孔容积/(cm^3/g)	中孔容积/(cm^3/g)
216	0.09	0.08

（2）化学组成

表 15-8 显示了 H_2SO_4 活化法制备的污泥活性炭的元素组成。

表 15-8　采用 H_2SO_4 活化法制备的污泥活性炭的元素组成

元素	C	O	N	S	Zn	Fe	Al	Ca
含量/%	48.4	39.0	4.9	6.4	—	1.4	—	—

由表 15-8 可以看出，采用 H_2SO_4 活化法制备的污泥活性炭，金属元素仅测出 Fe，重金属元素均未检出。原因可能在于 H_2SO_4 与原料中的金属氧化物发生反应，生成可溶性金属盐类，洗涤后除去；或者原料中重金属含量低。

（3）表面化学结构

红外分析和表面滴定试验显示，采用 H_2SO_4 活化法制备的污泥活性炭含中等数量的羧基和羟基官能团，表面为酸性，具有一定的离子交换容量。采用 H_2SO_4 活化法制备的污泥活性炭表面酸性官能团的含量为碱性官能团含量的 2 倍以上。增大浸渍时 H_2SO_4 与污泥的质量比可提高表面酸性官能团的数量。由于高温分解，酸性官能团和碱性官能团的数量随活化温度的升高与时间的延长而减少。

（4）吸附能力

表 15-9 列出了商品活性炭与采用 H_2SO_4 活化法制备的污泥活性炭的吸附能力。由

表 15-9 可见，采用 H_2SO_4 活化法制备的污泥活性炭的吸附能力低于商品活性炭。

表 15-9　商品活性炭和采用 H_2SO_4 活化法制备的污泥活性炭的吸附能力

项目	碘吸附值/(mg/g)	亚甲基蓝吸附值/(mg/g)
商品活性炭	812	130
污泥活性炭	535.7	22

15.3.4　KOH 活化法制得污泥活性炭的性能

KOH 是效率最高的活化剂。以市政污水处理厂污泥为原料，采用 KOH 为活化剂制备的污泥活性炭的比表面积高达 $1301m^2/g$，可用来吸附 H_2S 气体，其性能如下：

(1) 比表面积和孔径分布

采用 KOH 活化法制备的污泥活性炭的比表面积和孔容积见表 15-10。

表 15-10　采用 KOH 活化法制备的污泥活性炭的比表面积和孔容积

BET 比表面积/(m^2/g)	孔容积/(cm^3/g)	pH 值
1301	0.99	3.2

采用 KOH 活化法制备的污泥活性炭的比表面积和孔容积远高于其他方法制备的污泥活性炭。后处理采用 HCl 洗涤，表面 pH 值呈酸性。

(2) 化学组成

表 15-11 所示为采用 KOH 活化法制备的污泥活性炭的元素组成。在污泥活性炭中，Si 元素的含量高达 119mg/g。

表 15-11　采用 KOH 活化法制备的污泥活性炭的元素组成

元素	C/%	H/%	O/%	N/%	S/%	Si/(mg/g)	Fe/(mg/g)	Al/(mg/g)	Ca/(mg/g)
含量	30.8	1.6	16.8	4.9	6.4	119	11.4	13.8	2.7

(3) 吸附能力

采用 KOH 活化法制备的污泥活性炭对 H_2S 的吸附能力可达 456mg/g。

15.3.5　微波-H_3PO_4 活化法制得污泥活性炭的性能

将污泥烘干、研磨，采用 H_3PO_4 浸渍、微波辐照，所制备的污泥活性炭性能如下：

(1) 比表面积和孔径分布

采用微波-H_3PO_4 活化法制备的污泥活性炭的比表面积和孔容积见表 15-12。由表可见，中孔所占比例较高。

表 15-12　采用微波-H_3PO_4 活化法制备的污泥活性炭的比表面积和孔容积

项目	BET 比表面积/(m^2/g)	总孔容积/(cm^3/g)	微孔容积/(cm^3/g)	中孔容积/(cm^3/g)	平均孔径/nm
混合污泥	192	0.30	0.07	0.20	6.25
剩余污泥	168	0.37	0.02	0.31	8.8
商品活性炭	650	0.38	0.21	0.07	2.2

（2）化学组成

表 15-13 列出了采用微波-H_3PO_4 活化法制备的污泥活性炭浸出液中重金属的含量。由表可见，仅有少量重金属由污泥活性炭渗出。重金属离子的渗出量均在绝大部分采用活性炭处理的工业出水可接受的范围内。

表 15-13　采用微波-H_3PO_4 活化法制备的污泥活性炭浸出液中重金属的含量

单位：$\mu g/g$

项目	Hg	Pb	Cu	Zn	Cd	Cr	Ni
混合污泥	—	—	0.62	30	—	—	8.2
剩余污泥	2.6	51	120	510	—	120	86

（3）表面物理结构

电子显微镜观察结果表明，由混合污泥采用微波-H_3PO_4 活化法制备的污泥活性炭的孔内及周围存在细颗粒，可能阻碍孔的进一步延伸。由剩余污泥采用微波-H_3PO_4 活化法制备的污泥活性炭的表面有明显大孔，较多的中孔向内部延伸，容易吸附大分子有机物。

（4）吸附能力

由混合污泥采用微波-H_3PO_4 活化法制备的污泥活性炭的碘吸附值为 506mg/g，由剩余污泥采用微波-H_3PO_4 活化法制备的污泥活性炭的碘吸附值为 301mg/g，分别为商品活性炭碘吸附值 672mg/g 的 75% 和 45%。

15.3.6　水蒸气活化法制得污泥活性炭的性能

将污泥干燥、炭化、水蒸气活化后制备的污泥活性炭的性能如下：

（1）比表面积和孔径分布

采用水蒸气活化法制备的污泥活性炭的比表面积和孔容积见表 15-14。产品主要为中孔结构。

表 15-14　采用水蒸气活化法制备的污泥活性炭的比表面积和孔容积

BET 比表面积/(m^2/g)	中孔容积/(cm^3/g)	微孔容积/(cm^3/g)
226	0.269	0.083

（2）化学组成

表 15-15 所示为采用水蒸气活化法制备的污泥活性炭的元素组成。

表 15-15　采用水蒸气活化法制备的污泥活性炭的元素组成

元素	C	H	O	N	S	Ca
含量/%	31.6	1.3	13.5	3.7	0.5	6.6

（3）表面化学结构

采用水蒸气活化法制备的污泥活性炭，其表面 pH 值为 8.9，表面酸性基团的含量为

$0.02\sim0.04\text{mmol/g}$，表面碱性基团的含量为 $0.02\sim0.05\text{mmol/g}$。

（4）吸附能力

采用水蒸气活化法制备的污泥活性炭对 Cu^{2+}、苯酚、碱性紫 4、酸性红 18 的吸附能力分别为 79mg/g、44mg/g、76mg/g、54mg/g。污泥活性炭对 Cu^{2+} 和染料的吸附能力优于商品活性炭。

15.3.7　热解活化法制得污泥活性炭的性能

将污泥在氮气中直接热解，制备的污泥活性炭性能如下：

（1）比表面积和孔径分布

采用热解法制备的污泥活性炭的比表面积和孔容积见表 15-16。由表可见，随着热解温度的升高，制得的污泥活性炭中的微孔和中孔容积均增大，但制备产率减小。一般采用热解法制备污泥活性炭时，热解温度在 $600\sim1000℃$ 较为适宜。

表 15-16　采用热解法制备的污泥活性炭的比表面积和孔容积

热解温度/℃	BET 比表面积/（m²/g）	微孔容积/（cm³/g）	微孔百分比/%
400	41	0.016	0.19
600	99	0.044	0.33
800	104	0.048	0.36
950	122	0.051	0.32

（2）C、H、N 含量

表 15-17 所示为热解法制备的污泥活性炭的 C、H、N 元素含量。随着热解温度升高，挥发性物质逸出，氮、氢的含量均下降。同时，低温时有机氮以胺类官能团形式存在，随温度上升，逐渐转化为嘧啶类化合物，使热解物表面碱性增强。

表 15-17　采用热解法制备的污泥活性炭的 C、H、N 元素含量

热解温度/℃	C/%	H/%	N/%
400	28.19	2.04	3.83
600	27.14	1.14	3.19
800	26.37	0.42	1.61
950	24.89	0.35	0.94

（3）表面化学结构

采用热解法制备的污泥活性炭的表面 pH 值见表 15-18。由表可知，热解温度从 400℃ 升高至 600℃ 时，所制备活性炭的表面碱性大幅增强，但 600℃ 之后继续升高温度，其表面碱性开始小幅降低。但总体仍呈强碱性，有利于酸性气体的吸附。兼顾制备成本与应用效率，活化温度不宜太高，以 600℃ 为宜。

表 15-18　采用热解法制备的污泥活性炭的表面 pH 值

热解温度/℃	表面 pH 值
400	7.72
600	11.51
800	11.29
950	10.96

15.4 ⊃ 污泥活性炭性能的影响因素

影响污泥活性炭吸附性能、比表面积和孔径分布、安全性能的因素，主要包括活化温度、活化时间、活化剂浓度、升温速率、液固比等。

15.4.1　活化温度的影响

采用污泥作为原料制备活性炭，因污泥中碳元素含量相对较低，无论采用物理法或化学法，在活化温度过高时，原本就少的碳元素会有所损失，而灰分的含量增加，导致产物吸附性能降低。$ZnCl_2$ 活化法由于高温下 $ZnCl_2$ 的蒸气压高，药剂损失严重，参与反应的药剂减少，从而影响产物的吸附性能。同时，高的活化温度容易造成活性炭本身缩水，导致表面孔隙性能下降，也会影响产品的吸附性能。而活化温度过低时，有机物炭化不充分会导致产物吸附性能低。因此，在制备污泥活性炭时，存在一个最佳活化温度。采用物理活化法时最佳活化温度较高，而采用化学活化法时最佳活化温度相对较低。

采用 CO_2 活化法制备污泥活性炭时，活化温度对制备的活性炭的吸附性能的影响如图 15-4 所示。当温度超过 950℃时，随温度的升高，活化产物的亚甲基蓝吸附量下降。这是由于污泥原料的固定碳含量较低，较高的活化温度使原本就少的活性中心碳损失严重，烧失后形成的灰分的吸附能力较差，使产品的吸附能力下降。

采用 $ZnCl_2$ 活化法制备污泥活性炭，在较低温度制备的污泥活性炭吸附性能差；在 500~550℃范围内制备的活性炭，碘吸附值和亚甲基蓝吸附值都较高；但温度超过 550℃以后，活性炭的碘吸附值和亚甲基蓝吸附值都明显下降，碘吸附值下降尤其明显，如图 15-5 所示。

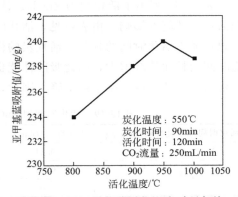

图 15-4　CO_2 活化法活化温度对制备的
活性炭吸附性能的影响

采用 H_2SO_4 活化法制备污泥活性炭，活化温度对碘吸附值和亚甲基蓝吸附值的影响与 $ZnCl_2$ 活化法中活化温度的影响一致，也存在一个最佳活化温度。超过该温度，制备的活性炭的碘吸附值和亚甲基蓝吸附值均下降。图 15-6 所示为 H_2SO_4 浓度为 20%、活化时间为 30min、固液比为 2∶1 时，活化温度对制备的活性炭的吸附性能的影响。

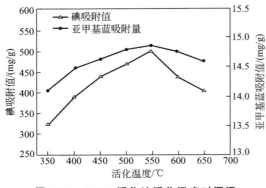

图 15-5　$ZnCl_2$ 活化法活化温度对污泥
活性炭吸附性能的影响

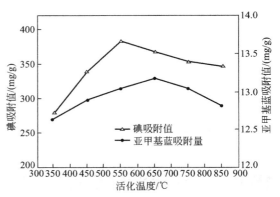

图 15-6　H_2SO_4 活化法活化温度对污泥
活性炭吸附性能的影响

15.4.2　活化时间的影响

活化时间对污泥活性炭的制备也有影响。活化时间过短或过长，制备的活性炭的碘吸附值都不佳。活化时间短，活化不充分，碘吸附值小；随活化时间延长，碘吸附值增大；而超过一定时间后，碘吸附值又呈下降趋势。研究者们认为，在活化初期，活化剂与污泥中的碳反应，产生的 CO、CO_2、H_2O、H_2 及金属蒸气等进入炭层间不断形成新孔，此过程主要以开孔为主；随着活化时间的延长，开孔过程逐渐减弱，扩孔程度逐渐加大，会使部分微孔扩展为中孔和大孔，造成比表面积下降，进而影响活性炭的碘吸附值。同时，活化时间过长，可能导致部分孔结构烧结，使制备的活性炭灰分增加，碘吸附值降低。

表 15-19 列出了活化剂为 $ZnCl_2$、浓度为 3mol/L、活化温度为 600℃时，活化时间对污泥活性炭性能的影响。由表可见，活化时间达到 1h 时，制备的活性炭的吸附性能已经比较理想；随着活化时间的延长，活性炭的微孔容积在增大到一定程度后开始减小，但比表面积随时间延长而持续增大，因此吸附性能也相应增大，但增加幅度较小。另外，随着活化时间的延长，活性炭的产率不断下降。因此，综合考虑，以活化时间 1h 为宜。

表 15-19　活化时间对 $ZnCl_2$ 活化法制备的污泥活性炭性能的影响

活化时间/h	孔容积/(cm^3/g)	微孔容积/(cm^3/g)	平均孔径/nm	比表面积/(m^2/g)	碘吸附值/(mg/g)	产率/%
1	0.25	0.11	5.62	381.62	374.10	44.15
2	0.24	0.12	4.22	411.47	378.63	41.77
3	0.31	0.09	4.39	447.79	388.95	39.12

图 15-7 所示为 CO_2 活化法制备污泥活性炭时，活化时间对亚甲基蓝吸附值的影响。活化时间越短，活化越不充分，亚甲基蓝吸附值较小。随着活化时间的延长，亚甲基蓝吸附值增大，超过 120min 后亚甲基蓝吸附值又出现下降趋势。

15.4.3　活化剂浓度的影响

活化剂浓度对污泥活性炭的吸附性能具有重要的影响，一般存在一个最佳活化剂浓度，需在实践中综合考虑确定。

以 $ZnCl_2$ 为活化剂、活化温度为 600℃、活化时间为 1h 时，活化剂浓度对 $ZnCl_2$ 活化法制备的污泥活性炭吸附性能的影响如图 15-8 所示。开始时随着浓度升高，制备活性炭的吸附性能增强，但当 $ZnCl_2$ 的浓度达到 2.5mol/L 时，制备的活性炭的吸附性能达到最大，其后，虽然活化剂浓度不断升高，但制备的活性炭的吸附性能却略有下降。综合考虑制备成本与活性炭的吸附性能，活化剂 $ZnCl_2$ 的浓度以 2.5mol/L 为宜。

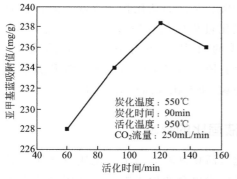

图 15-7　CO_2 活化法活化时间对污泥
活性炭吸附性能的影响

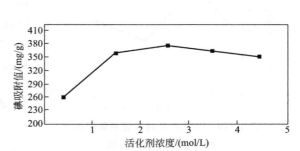

图 15-8　活化剂浓度对 $ZnCl_2$ 活化法制备的
污泥活性炭吸附性能的影响

化学活化法是通过化学药剂脱水、缩合、润涨等作用形成孔隙，使含碳化合物缩合成不挥发的缩聚碳，产生孔隙结构发达的活性炭。活化剂浓度过高，会造成过度活化，生成以大孔径孔结构为主的活性炭，导致比表面积降低，吸附性能下降。$ZnCl_2$ 作为化学活化剂，其主要作用是脱水，防止热解过程中产生焦油，活化剂中的锌离子可以进入原料孔隙中间，在炭化、活化过程中使原料发生膨润水解、催化氧化等反应，促进原料的降解，含碳化合物缩合成不挥发的缩聚碳，产生孔结构发达、含碳量较高的活性炭。当 $ZnCl_2$ 浓度过高（大于 2.5mol/L 时），由于过度活化及过量的 $ZnCl_2$ 晶体堵塞部分大孔，在洗涤过程中难以充分去除，使吸附剂的比表面积和吸附能力有所下降。

采用 H_2SO_4 制备污泥活性炭时，活化剂浓度对产品的吸附性能影响较为复杂。图 15-9 所示为温度为 650℃、活化时间为 30min、固液比为 2:1 时，H_2SO_4 浓度对产品的碘吸附值和亚甲基蓝吸附值的影响。随着 H_2SO_4 浓度的增加，产品的碘吸附值不断提高，但亚甲基蓝吸附量则随 H_2SO_4 浓度的增加，先上升继而下降，存在一个最佳 H_2SO_4 浓度。这是因为吸附亚甲基蓝色素分子的有效活性炭孔隙主要是 H_2SO_4 在活性炭中所遗留下的孔隙，而吸附碘的有效活性炭孔隙则与活性炭的微观组织结构有

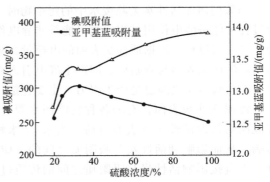

图 15-9　活化剂浓度对 H_2SO_4 活化法制备
的污泥活性炭吸附性能的影响

关。因此，在一定条件下调整 H_2SO_4 的浓度，可在一定程度上控制产品活性炭的孔结构和吸附性能。

15.4.4 升温速率的影响

升温速率对污泥制备活性炭也有重要的影响。炭化过程包含的重要阶段有：软化阶段与收缩阶段。在软化阶段，较低的升温速率可以使气体缓慢逸出，不会引起炭层变形或坍塌，有利于孔隙形成；在收缩阶段，较低的升温速率促进生成密实、坚硬的碳化物，致使孔隙容积减小。由于炭化过程中软化阶段可能占主导地位，因此，较低的升温速率有利于孔隙的发展。图 15-10 所示是采用 $ZnCl_2$ 为活化剂时升温速率对污泥活性炭 BET 比表面积的影响。

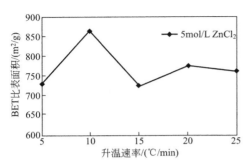

**图 15-10　升温速率对污泥制备活性炭
BET 比表面积的影响**

15.4.5 液固比的影响

液固比（活化剂溶液与干污泥质量之比）对污泥制备活性炭也会产生影响。在利用化学活化法制备污泥活性炭时，改变液固比与改变活化剂浓度的实质相同，均为改变活化剂与干污泥质量之比。因此，液固比对污泥制备活性炭的影响与活化剂浓度的影响类似。从经济角度考虑，在获得较好吸附性能的前提下，应选择较低的液固比。

15.5 ◎ 污泥活性炭的应用

受污泥活性炭中重金属吸附能力的限制，污泥活性炭的应用范围主要在环境污染控制领域，目前，研究集中在废水处理与大气污染防治两个方面。

15.5.1 废水处理

当采用污泥活性炭去除废水中的污染物时，吸附反应发生在活性炭表面与吸附质之间。反应过程可能是静电作用过程，也可能是非静电作用过程。当吸附质为电解质时，反应过程主要为静电作用过程，根据活性炭表面的电荷量、吸附质的化学特性以及溶液的离子强度等条件的不同，活性炭表面与吸附质之间产生静电引力或静电斥力。当反应过程为非静电作用时，活性炭表面与吸附质之间总是产生引力，主要包括：a. 范德华力；b. 憎水作用；c. 氢键。

污泥活性炭表面含有的各种官能团来源于原料或者污泥活性炭的制备、处理过程。这些官能团对污泥活性炭的表面电荷、憎水/亲水特性、电荷密度等表面化学特性等产生重要的影响，从而影响到活性炭与吸附质之间的反应过程。污泥活性炭的孔隙结构（各种孔隙的比例）也直接影响活性炭与吸附质之间的传质过程。

目前，污泥活性炭在废水处理领域中的应用主要包括：吸附重金属离子；吸附染料；吸附苯酚或苯酚类化合物；吸附废水中的 Pb^{2+}；在"活性污泥-活性炭粉末"处理工艺中的应用；吸附其他污染物，如苯甲酸、PO_4^{3-}、COD 和 CCl_4。

15.5.1.1 吸附重金属离子

重金属是废水中最有害的污染物之一。采用污泥活性炭去除废水中的重金属，不仅经济有效，技术上也简单易行。

金属离子较小，在水溶液中带有电荷，因此，金属离子在活性炭上的吸附由静电作用主导。影响金属离子在污泥活性炭上吸附的主要因素包括：a. 金属离子或金属离子螯合物的化学特性；b. 溶液的 pH 值和表面零电荷点；c. 活性炭的比表面积和孔隙；d. 活性炭的表面化学特性（官能团的组成）；e. 吸附质的大小。

污泥活性炭吸附金属离子的主要机理是离子交换和表面化学作用。Cu^{2+} 通过与 Ca^{2+} 发生离子交换，被吸附在污泥活性炭上。当污泥活性炭中 Ca^{2+} 含量较高时（如制备污泥活性炭的污泥中曾投加过石灰），尽管污泥活性炭的 BET 比表面积仅为 $63m^2/g$，但对 Cu^{2+} 的吸附能力可达到 $227mg/g$。废水中的金属离子还可以与污泥活性炭上的酸性官能团，特别是—COOH 上的 H^+ 发生离子交换而被污泥活性炭吸附。因此，采用污泥活性炭吸附金属离子，污泥活性炭的离子交换能力和特定的表面官能团数量是比孔隙率更为重要的两个因素。

根据污泥活性炭吸附金属离子的机理，可以通过增加污泥活性炭表面酸性官能团的数量来提高污泥活性炭对金属离子的吸附能力。通常采用的方法是加入 HNO_3 和空气氧化。加入 HNO_3 可以大幅提高污泥活性炭表面—COOH 官能团的数量。还可以在污泥活性炭表面引入其他具有离子交换作用的官能团，例如将二乙基二硫代氨基甲酸钠固定于活性炭表面，可以使 Cu^{2+}、Zn^{2+}、Cr^{6+} 的吸附能力提高 2~4 倍。

15.5.1.2 吸附染料

污泥活性炭对染料的吸附能力通常用亚甲基蓝吸附值来表征。亚甲基蓝分子较大，中孔发达的活性炭（亚甲基蓝分子可以进入的最小孔径约为 1.3nm）对亚甲基蓝的吸附最理想。大量研究表明，发达的中孔结构有利于染料的吸附。

表面化学作用也影响污泥活性炭对染料的吸附。不同化学特性的染料在相同的污泥活性炭上的吸附量差异很大。Jindarom 发现，他们制备的污泥活性炭对碱性染料（阳离子型染料）的吸附能力比对酸性染料（阴离子型染料）的吸附能力高出 5 倍多，比对活性染料的吸附能力高出 23 倍。导致对酸性染料吸附能力差的主要原因是酸性染料的阴离子与污泥活性炭的表面电荷产生静电斥力，不利于酸性染料与活性炭接近，从而阻碍吸附反应的进行；而对活性染料吸附能力差是因为活性染料的离子较大，难以吸附在活性炭上。

对于酸性染料在污泥活性炭上的吸附，起决定性作用的是酸性染料中的酸性基团。因此，提高污泥活性炭对阴离子型染料吸附能力的基本方法是增加污泥活性炭表面碱性基团的数量。对污泥活性炭进行热处理（温度为 600℃左右）可以减少表面酸性基团的数量，使酸性染料的吸附量提高 2~3 倍。事实上，提高污泥活性炭表面的碱度有利于各种染料的吸附。

迄今为止，各种试验数据表明，污泥活性炭对染料的吸附能力常常超出商品活性炭。采用污泥活性炭吸附废水中的染料是一项很有吸引力的技术。

15.5.1.3 吸附苯酚及苯酚类化合物

苯酚对微生物具有毒性，含酚废水使用常规方法难以处理。许多研究者尝试采用污泥活性炭吸附废水中的苯酚及苯酚类化合物。

由于苯酚的分子较小（约 0.62nm），苯酚吸附剂需要具备较为发达的微孔结构才能达到较好的吸附效果。污泥活性炭通常以中孔为主，就孔隙分布而言，不利于吸附苯酚，但由于污泥活性炭表面具有各种官能团，这些官能团可能与苯酚产生化学作用，从而提高污泥活性炭对苯酚及苯酚类化合物的吸附能力。也就是说，有利的表面化学特性将有助于克服污泥活性炭微孔不足的弱点，提高污泥活性炭对苯酚及苯酚类化合物的吸附能力。通过控制污泥活性炭的制备条件，可以改善污泥活性炭的表面化学特性，提高其对苯酚及苯酚类化合物的吸附能力。例如，采用 $ZnCl_2$ 为活化剂制备污泥活性炭时，污泥活性炭的表面化学特性受活化温度控制，600℃时制备的污泥活性炭对苯酚的吸附能力最强；表面为碱性的污泥活性炭吸附苯酚的能力较强。

对污泥活性炭进行表面化学改性也可以提高苯酚的吸附量。例如，使用 HCl 清洗可以除去活性炭表面的水分子吸附位点，使苯酚吸附位点的数量增加；将污泥活性炭在 NH_3 中700℃下加热 2h，虽然污泥活性炭的微孔容积有所减小，但对苯酚的吸附量可增加29%，因为含氮基团的引入使污泥活性炭表面碱性增强，有利于苯酚的吸附。

苯酚的吸附过程在水溶液中进行，当溶液的 pH 值高于苯酚的 $pK_a = 9.89$ 时，苯酚电离、溶解量增加，形成较强的苯酚-水化学键，阻碍吸附过程的进行；当溶液的 pH 值较低时，溶液中存在的大量 H^+ 与苯酚羧基上的氧原子结合，从而削弱了苯酚与污泥活性炭之间的结合力，降低了苯酚与活性炭之间的反应概率，不利于吸附过程。当溶液的 pH 值从 7.5 降到 5.6 时，活性炭对苯酚的吸附能力减小10%。采用污泥活性炭吸附去除废水中的苯酚，需要维持溶液的 pH 值在 5.5～6.5 范围内。由于污泥活性炭本身含有的各种表面官能团可能改变水溶液的 pH 值，实践中需要试验确定污泥活性炭吸附苯酚的最佳pH 值范围。

15.5.1.4　吸附废水中的 Pb^{2+}

污泥活性炭对含铅废水的吸附具很高的效率，最高去除率能接近70%。影响 Pb^{2+} 吸附的因素主要有吸附时间、废液的 pH 值和污泥活性炭的用量。

（1）Pb^{2+} 吸附的影响因素

① 吸附时间。在调节含铅废水的 pH 值为 6.0、污泥活性炭的加入量为 2.0g、原废水的含铅浓度为 100mg/L 的情况下，改变吸附时间，有不同的吸附结果，如图 15-11 所示。随着时间的延长，吸附效率增大，在接近 70% 时吸附趋缓，表明污泥活性炭已趋于饱和，达到吸附平衡状态。

② 废液 pH 值。在吸附时间保持 2h 不变、污泥活性炭的加入量为 2.0g 的情况下，改变含铅废水的 pH 值，得到不同的吸附结果如图 15-12 所示。随着 pH 值的升高，污泥活性炭对 Pb^{2+} 的吸附效率明显升高。在 pH 值为 5 左右时，曲线的斜率增大，有利于吸附，当pH 值超过 6 时，吸附趋缓。但 pH 值也不能过大，因为当 pH 值超过 7 时，Pb^{2+} 会发生沉淀。

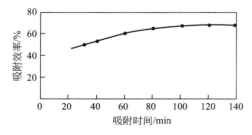

图 15-11　时间对铅离子吸附效率的影响

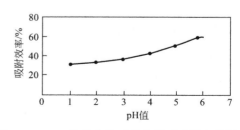

图 15-12　pH 值的变化对铅离子吸附效率的影响

③ 污泥活性炭的用量。在吸附时间保持 2h 不变，含铅废水的 pH 值调节为 6.0 不变的情况下，改变污泥活性炭的加入量，得到吸附结果如图 15-13 所示。

由图 15-13 可以看出，随着污泥活性炭加入量的增多，对 Pb^{2+} 的吸附效率随之增大。当加入量超过 2.0g 时增大趋缓，表明过多的吸附剂不起明显作用，这是因为太多的吸附剂颗粒相互挤撞，减轻了其表面效应的增大。

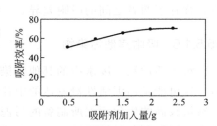

图 15-13　吸附剂用量对铅离子吸附的影响

（2）污泥活性炭对 Pb^{2+} 的吸附动力学

污泥活性炭对 Pb^{2+} 的吸附是一个复杂的非均相固液反应，起吸附作用的主要是污泥活性炭中的含碳组分。该吸附反应包括三个过程：一是颗粒外部扩散，Pb^{2+} 由溶液本体向活性炭表面的扩散；二是孔隙扩散过程，吸附质在颗粒孔隙中向吸附点扩散；三是吸附反应过程，Pb^{2+} 被吸附在活性炭颗粒内表面上。由于污泥活性炭具有较丰富的内表面，吸附反应为动态吸附，界膜阻力可以忽略，因此可认为该过程的吸附传质速率由孔隙扩散阶段和内表面吸附来控制。

设 Pb^{2+} 的浓度为 C_R，吸附时间为 t。在反应初期（$t \leqslant 20min$），C_R 较大，因而向污泥活性炭颗粒表面的扩散非常迅速，由颗粒表面向内表面扩散吸附的推动力比较大，因而 Pb^{2+} 浓度下降较快。此阶段的动力学方程为：

$$\ln C_R = 0.0017t^2 - 0.1050t - 4.1662 \tag{15-25}$$

反应过渡阶段（$20min < t \leqslant 30min$）的动力学方程为：

$$\ln C_R = -0.6535t - 3.6063 \tag{15-26}$$

吸附反应后期，溶液中活性 Pb^{2+} 减少，吸附推动力降低，吸附速率明显减慢，此阶段的动力学方程为：

$$\ln C_R = -0.0022t - 5.7764 \tag{15-27}$$

$\ln C_R$ 与吸附时间 t 的关系曲线如图 15-14 所示。

当然，温度对污泥活性炭的吸附也有影响。在温度不太高的情况下，吸附作用大于脱附作用；当温度超过 70℃时，脱附作用会占主导地位。

控制污泥活性炭的用量、Pb^{2+} 的浓度、溶液的 pH 值、吸附时间同前述条件，改变不同的温度，测得吸附后废液中的 Pb^{2+} 浓度 C_R，可得温度与吸附速率常数 k 的关系曲线，如图 15-15 所示。

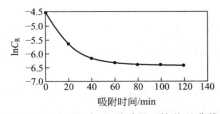

图 15-14　$\ln C_R$ 与吸附时间 t 的关系曲线

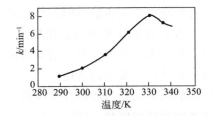

图 15-15　温度与吸附速率常数 k 的关系曲线

15.5.1.5　在"活性污泥-活性炭粉末"处理工艺中的应用

静态试验中使用污泥活性炭吸附苯酚，吸附量远低于商品活性炭，但将污泥活性炭应用于"活性污泥-活性炭粉末"处理工艺时,无论是出水中的苯酚浓度还是出水 COD 含量,与采用商品活性炭并无差别。这可能是因为微生物在活性炭上的生长及分解作用占据主导地位,弥补了两者之间的吸附差异。

15.5.1.6 吸附其他污染物

污泥活性炭对废水中的其他污染物如 COD、色度和磷酸盐等也具有出色的吸附去除能力。这可能是污泥活性炭发达的中孔结构所致。较大的中孔有利于大分子污染物的吸附。由含碳量较高的生化污泥所制备的污泥活性炭对废水中 COD、色度和磷酸盐的吸附去除能力比市政污泥制备的污泥活性炭的吸附去除能力强。

污泥活性炭中所含的硅元素可以降低其表面极性,提高对非极性吸附质的吸附能力。结合污泥活性炭中孔发达的优点,污泥活性炭对非极性大分子有机物(如 CCl_4)有较强的吸附去除能力。

污泥活性炭还可以用来去除废水中的苯甲酸。采用添加过石灰的污泥所制备的污泥活性炭对苯甲酸的吸附能力高于采用无石灰添加的污泥所制备的污泥活性炭。因此,采用污泥活性炭吸附去除废水中的污染物质时,不仅需要考虑污泥活性炭的孔隙结构,表面化学作用也具有不可忽略的影响。

15.5.2 大气污染防治

在大气污染防治中,污泥活性炭主要用于污泥恶臭气体 H_2S 与废气中 SO_2 的去除。当用于去除 H_2S 时,其吸附量为商品活性炭的 2～3 倍。当用于去除 SO_2 时,不仅可有效防止大气污染,还能回收 H_2SO_4。饱和的污泥活性炭如果不再生,可用作焚烧燃料。

15.5.2.1 去除 H_2S

污泥活性炭对 H_2S 的吸附能力是商品活性炭的 2～3 倍,平均 100g 污泥活性炭可以吸附 10g H_2S。污泥活性炭吸附 H_2S 的主要机理为催化氧化。分散于污泥活性炭表面的一些金属氧化物如 CaO、MgO 等对 $H_2S \longrightarrow S$ 的反应具有催化作用。以金属氧化物为催化中心(在表面为碱性以及周围存在水分的条件下),H_2S 被空气中的 O_2 氧化,生成固态硫。由于硫原子与碳原子之间的亲和力,固态硫迁移至更接近碳原子表面的高能量吸附中心(小孔)中。固态硫所占据的催化中心位置空出,吸附反应继续进行。当所有的小孔都充满了固态硫,或者催化中心失去活性时,反应停止。

H_2S 在污泥活性炭中的催化氧化与两个因素有关:活性炭的孔隙结构;催化剂在活性炭表面上的分布、位置及其与活性炭的结合方式。前者决定反应产物固态硫的存储和转移,后者决定催化反应发生的程度。

由于催化氧化是污泥活性炭吸附 H_2S 的主要机理,中孔结构发达的污泥活性炭有利于氧化产物固态硫的储存,同时,污泥活性炭中所含金属氧化物可起到催化剂作用,因此,污泥活性炭在 H_2S 的吸附中比商品活性炭更具优势。

15.5.2.2 去除 SO_2

常温下活性炭与活性炭纤维可以有效吸附 SO_2 气体。一般认为 SO_2 在活性炭上的吸附过程存在两个吸附能量：低吸附能量约 50kJ/mol 对应于结合力较弱的物理吸附，高吸附能量约 80kJ/mol 对应于化学吸附。物理吸附过程在小孔内发生，受活性炭微孔孔隙率和活性炭孔隙分布支配；化学吸附过程与活性炭上的含氧基团有关，这些基团是 SO_2 转化为 SO_3 的催化中心。通常，SO_2 转化为 SO_3 的反应在潮湿的空气中进行，H_2SO_4 为反应的最终产物。吸附的 SO_2 有三种存在形式：a. 物理吸附的 SO_2；b. 物理吸附的 SO_3；c. 化学吸附的 H_2SO_4。

近年来，研究者们尝试采用污泥活性炭吸附 SO_2。当一定流量、一定浓度的 SO_2 气体进入充满污泥活性炭的吸附柱时，活性炭会对 SO_2 分子进行物理吸附和化学吸附，出口 SO_2 的浓度远小于进口 SO_2 的浓度。随着 SO_2 气体的不断流入，通过吸附柱的 SO_2 量不断增加，活性炭的吸附容量趋于饱和。当吸附柱被穿透时，此时出口处 SO_2 的浓度与进口处 SO_2 的浓度相同。

污泥活性炭吸附 SO_2 气体装置如图 15-16 所示。研究表明，SO_2 吸附的最佳工艺条件是污泥活性炭含水率为 30％、SO_2 烟气流量为 300L/h、SO_2 进口体积分数为 0.15％、污泥活性炭用量为 30g，得到最佳吸附容量为 60mg/g。

（1）影响污泥活性炭吸附 SO_2 的因素

① 含水率。保持烟气流量 300L/h、进口 SO_2 体积分数为 0.15％、污泥活性炭用量 30g 不变的情况下，改变污泥活性炭的含水率，可得如图 15-17 所示的结果。

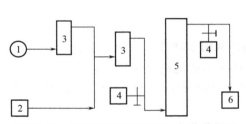

图 15-16　污泥活性炭吸附 SO_2 气体装置图

1—SO_2 储罐；2—空压机；3—转子流量计；4—浓度测试仪

（烟气分析仪）；5—吸附柱；6—SO_2 碱液吸收槽

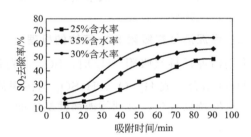

图 15-17　污泥活性炭含水率对 SO_2 吸附效率的影响

由图 15-17 可以看出，当污泥活性炭的含水率为 30％时，吸附效率最佳。当污泥活性炭的表面含有一定的水分时，有利于 SO_2 进入其内部，但水分量过大时，则阻碍了 SO_2 向其孔隙内部的扩散，因此污泥活性炭含水率过高或过低都会影响 SO_2 气体的吸附。

② SO_2 进口浓度。保持烟气流量 300L/h、污泥活性炭用量 30g、含水率 30％不变的情况下，改变二氧化硫的进口浓度，可得到如图 15-18 所示的结果。

由图 15-18 可以看出，SO_2 进口浓度越高，污泥活性炭对 SO_2 的吸附效率越高。因为 SO_2 浓度越高，活性炭越容易穿透，反应推动力越大，反应速率越快，单位时间、单位体积内去除的 SO_2 就越多。但穿透时间越短，越易达到吸附饱和，活性

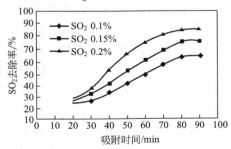

图 15-18　SO_2 进口浓度对 SO_2 吸附效率的影响

炭的用量也越大，导致脱硫成本增加，因此 SO_2 进口浓度也不宜太高。

③ 进口烟气流量。在保持 SO_2 进口体积分数为 0.15%、污泥活性炭用量 $30g$、含水率 30% 不变的情况下，改变进口烟气流量，以 $100L/h$、$200L/h$、$300L/h$、$400L/h$、$500L/h$ 分别进行吸附，可知烟气流量太大，带来的压降也太大，脱硫效果比较差。

通常在工程实践中，烟气流量的变化实际是通过影响空塔速度的变化来进一步影响脱硫效果的。空塔速度是以空塔截面积计的气体流速，它是影响吸收塔吸收效果和压降的一个重要因素。在工程设计中，一般取空塔速度为泛点速度的 $1/2 \sim 4/5$。泛点是吸收塔的压降曲线近于垂直上升的转折点，达到泛点时的空塔气速称为泛点气速。可根据下式计算出气流速度，再测出不同气速下的压降。

$$v = \frac{Q}{A} \tag{15-28}$$

式中　Q——气流体量，m^3/s；

　　　A——空塔截面积，m^2；

　　　v——气流速度，m/s。

烟气流量小，则压降小，动力损耗小，操作弹性大，但吸附效果不佳。研究表明，以 $300L/h$ 的烟气流量进吸附柱比较适宜。

④ 污泥活性炭用量。显而易见，污泥活性炭的用量越大，吸附效果就越好，脱硫效果也越好。但用量太大，易造成浪费，不经济。若在气流速度较大的情况下，则应相应增加活性炭用量，反之则无必要。

（2）污泥活性炭吸附 SO_2 气体的机理

采用污泥活性炭吸附 SO_2 时，SO_2 首先物理吸附于活性炭表面，然后氧化为 SO_3，最后与 H_2O 结合生成 H_2SO_4。H_2SO_4 与污泥活性炭中的无机氧化物反应，转化为可溶的硫酸盐。反应持续进行，直到污泥活性炭中的活性无机组分完全消耗完毕。该过程可用方程式表示如下：

$$SO_2(g) \longrightarrow SO_2^* \tag{15-29}$$

$$O_2(g) \longrightarrow 2O^* \tag{15-30}$$

$$H_2O(g) \longrightarrow H_2O^* \tag{15-31}$$

$$SO_2^* + O^* \longrightarrow SO_3^* \tag{15-32}$$

$$SO_3^* + H_2O^* \longrightarrow H_2SO_4^* \tag{15-33}$$

$$H_2SO_4^* + nH_2O \longrightarrow (H_2SO_4 \cdot nH_2O)^* \tag{15-34}$$

式中，* 表示吸附态，其中前三式表明的是吸附过程。

吸附是一个传质过程，把吸附质作用体系分成一系列的微系统，则在每一个微系统中都可看作为分子扩散和涡流扩散。在静止体系或者在垂直于浓度梯度方向做层流运动的流体中，传质靠分子扩散。在湍流流体中的传质主要是靠流体质点的湍动进行涡流扩散。在吸附过程中只是表面和孔隙起作用，即吸附质不进入活性炭的体相。在这两种扩散过程中以活性炭完全被吸附质"浸取"到极限而达到相间平衡。

烟气中的 O_2 对于氧化反应很重要。SO_2 气体变成 SO_3 气溶胶必须要有氧的参与，因而提高 SO_2 的吸附率也必须往烟气中鼓入适量的空气。

污泥活性炭上至少存在两种可以将 SO_2 催化氧化为 SO_3 的催化中心：一种是污泥活性

炭中的金属氧化物或氢氧化物，如 CaO；另一种是污泥活性炭表面的一些活性基团。因此，采用添加过石灰的污泥制备的污泥活性炭对 SO_2 有更好的吸附效果。另外，制备污泥活性炭时，较高的炭化温度有利于金属氧化物的高度分散，对 SO_2 的吸附产生正面影响。

水的存在对于 SO_2 的吸附和转化也具有重要意义。吸附态 SO_2 与气相扩散至污泥活性炭表面的 O_2 分子结合转化为吸附态的 SO_3，再与炭孔内的水结合生成 H_2SO_4，进一步进行吸附。因此，在满足温度条件的情况下，水或水蒸气的存是在 SO_2 转化成 H_2SO_4 的必要条件。

▶▶ 参考文献

[1] 廖传华，王重庆，梁荣，等.反应过程、设备与工业应用 [M].北京：化学工业出版社，2018.
[2] 廖传华，耿文华，张双伟，等.燃烧技术、设备与工业应用 [M].北京：化学工业出版社，2018.
[3] 李杰，潘兰佳，余广炜，等.污泥生物质灰制备吸附陶粒 [J].环境科学，2017，38（9）：3970-3978.
[4] 王崇均，彭怡，潭雪梅，等.低有机质剩余污泥微波法制备活性炭及其吸附性能研究 [J].西南师范大学学报（自然科学版），2016，42（1）：159-163.
[5] 刘羽，陈迁，牛志睿，等.花生壳基污泥活性炭的制备及其对含油废水的处理效果研究 [J].环境污染与防治，2016，38（9）：43-47.
[6] 汤超，关娇娇，张明栋，等.含油污泥吸附剂的研制及其吸附特性研究 [J].石油炼制与化工，2016，47（1）：22-26.
[7] 罗清，刘琳，张安龙，等.废纸造纸污泥制备泥质炭吸附材料及其特性研究 [J].中国造纸，2016，35（8）7-14.
[8] 阮超，周立婷，林怡汝，等.泥质活性炭在污水处理中的应用 [J].再生资源与循环经济，2016，1：31-33.
[9] 黄佳蓉.利用活性污泥制备活性炭吸附罗丹明 B 的研究 [J].闽南师范大学学报（自然科学版），2016，1：83-87.
[10] 王鹤，李芬，张彦平，等.污水厂剩余污泥材料化和能源利用技术研究进展 [J].材料导报，2016，30（7）：119-124.
[11] 赵子力.城市污水污泥和电镀污泥资源化利用对亚甲基蓝的吸附催化降解作用 [D].上海：上海大学，2015.
[12] 金玉，任滨侨，赵路阳，等.秸秆-污泥吸附剂的研究进展 [J].黑龙江科学，2015，6（1）：19-20.
[13] 张燕京.TiO_2/污泥活性炭光催化剂的制备及其净化丙酮气体的研究 [D].石家庄：河北科技大学，2015.
[14] 卫新来，俞志敏，吴克，等.KOH 活化制备脱水污泥活性炭 [J].应用化工，2015，44（3）：463-465.
[15] 聂培星，徐建峰.污泥含碳吸附剂的制备及其在废水处理中的应用研究 [J].化工管理，2015，32：195-196.
[16] 伍昌年.污泥活性炭制备及其吸附性能研究 [J].应用化工，2015，44（1）：1-3.
[17] 盛蒂，朱兰保，丁燕兰.微波法污泥活性炭的制备技术研究 [J].西南民族大学学报（自然科学版），2015，41（1）：40-44.
[18] 赵文霞，张燕京，韩静，等.炼油厂和城市污泥活性炭的制备及性能研究 [J].环境科学与技术，2015，38（2）：130-133，150.
[19] 王家宏，张迪，尹小华，等.污泥活性炭的制备及其对酸性红 G 的吸附行为 [J].环境工程学报，2015，9（1）：58-64.
[20] 游洋洋，卢学强，许丹宇，等.复合污泥活性炭催化臭氧氧化降解水中罗丹明 B [J].工业水处理，2015，35（1）：56-59.
[21] 何莹，舒威，廖筱锋，等.污泥-秸秆基活性炭的制备及其对渗滤液 COD 的吸附 [J].环境工程学报，2015，9（4）：1663-1669.
[22] 王俊芬.造纸厂脱墨渣污泥活性炭的制备及应用 [D].北京：北京林业大学，2015.
[23] 赵丽平.污泥活性炭的制备及其亚甲基蓝吸附性能研究 [J].化学试剂，2015，37（1）：69-72.
[24] 李寅明，张付申.污泥与建筑垃圾配合合成沸石基多孔吸附材料 [J].环境科学与技术，2015，38（2）：124-129，157.
[25] 庞道雄.氮官能化法制备污泥活性炭及其对高氯酸盐的去除研究 [D].长沙：湖南大学，2014.
[26] 梁昕，宁寻安，林朝萍，等.响应曲面法优化印染污泥木屑基活性炭制备 [J].环境工程学报，2014，8（11）：4937-4942.
[27] 项国梁，喻泽斌，陈颖，等.响应面法优化甘蔗渣-污泥活性炭的制备工艺 [J].环境工程学报，2014，8（12）：5475-5482.

[28] 邓皓，王蓉沙，赵明栋，等.含油污泥制备高比表面积活性炭 [J].山东大学学报（工学版），2014，44（2）：69-75.

[29] 张长飞，丁克强，李红艺，等.污泥粉煤灰混合制备活性炭及其性能研究 [J].化工装备技术，2014，35（2）：14-17.

[30] 徐正坦，刘心中.成型磁性污泥活性炭的制备与分析 [J].郑州大学学报（工学版），2014，36（1）：81-84，111.

[31] 张伟，杨柳，蒋海燕，等.污泥活性炭的表征及其对 Cr（Ⅵ）的吸附特性 [J].环境工程学报，2014，8（4）：1439-1446.

[32] 姬爱民，崔岩，马劲红，等.污泥热处理 [M].北京：冶金工业出版社，2014.

[33] 张慧敏.污泥包菜活性炭制备研究 [D].武汉：华中科技大学，2014.

[34] 牛志睿，刘羽，李大海，等.响应面法优化制备污泥活性炭 [J].环境科学学报，2014，34（12）：3022-3029.

[35] 牛志睿，刘羽，郭博，等.污泥活性炭制备及影响因素研究 [J].环境卫生工程，2014，22（1）：37-41.

[36] 曹群，李炳堂，舒威.污泥-秸秆活性炭制备过程热化学分析 [J].环境工程学报，2014，8（10）：4433-4438.

[37] 曹群，李炳堂.污泥活性炭深度处理垃圾渗滤液的研究 [J].工业水处理，2014，34（9）：29-32.

[38] 陈友岚，李炳堂.污泥-秸秆活性炭深度处理垃圾渗滤液的研究 [J].环境污染与防治，2014，36（2）：67-70，75.

[39] 李依丽，尹晶，杨珊珊.硫酸改性污泥活性炭对水中 Cr^{6+} 的吸附 [J].北京工业大学学报，2014，40（6）：932-937.

[40] 何莹，廖筱锋，廖利.污泥活性炭的制备及其在污水处理中的应用现状 [J].材料导报，2014，28（7）：90-94.

[41] 王亚琛，谷麟，王妙琳，等.Fenton 法制备污泥活性炭及其性能表征 [J].环境污染与防治，2014，36（8）：43-48.

[42] 黄学敏，苏欣，杨全.污泥活性炭固定床吸附甲苯 [J].环境工程学报，2013，7（3）：1085-1090.

[43] 刘宝河，孟冠华，陶冬民，等.污泥活性炭深度处理焦化废水的试验研究 [J].环境科学与技术，2013，36（5）：112-116.

[44] 谷麟，周晶，袁海平，等.不同活化剂制备秸秆-污泥复配活性炭的机理及性能 [J].净水技术，2013，32（2）：61-66.

[45] 方卢秋，李秋.脱水污泥活性炭的制备及其吸附特性研究 [J].江西师范大学学报（自然科学版），2013，37（3）：306-309，330.

[46] 李鑫，李伟光，王广智，等.基于 $ZnCl_2$ 活化法的污泥活性炭制备及其性质 [J].中南大学学报（自然科学版），2013，44（10）：4362-4370.

[47] 李依丽，王姚，李利平，等.污泥活性炭的制备及其性能的优化 [J].北京工业大学学报，2013，39（3）：452-458.

[48] 包汉津，杨维薇，张立秋，等.污泥活性炭去除水中重金属离子效能与动力学研究 [J].中国环境科学，2013，33（1）：69-74.

[49] 吕春芳，高盼盼.微波技术再生污泥活性炭的研究 [J].应用化工，2013，42（8）：1405-1407.

[50] 赵培涛，葛仕福，刘长燕.低氧烟道气循环制备污泥活性炭 [J].农业工程学报，2013，29（15）：215-222.

[51] 任爱玲，符凤英，曲一凡，等.改性污泥活性炭对苯乙烯的吸附 [J].环境化学，2013，32（5）：833-838.

[52] 李雁杰.造纸污泥颗粒活性炭的制备及其在生物流化床中的应用 [D].济南：山东大学，2012.

[53] 左薇.污水污泥微波热解制燃料及微晶玻璃工艺与机制研究 [D].哈尔滨：哈尔滨工业大学，2011.

[54] 吴文炳，陈建发，黄玲凤.微波制备污泥质活性炭吸附剂及其再生研究 [J].应用化工，2011，40（6）：975-977.

[55] 王罗春，李雄，赵由才.污泥干化与焚烧技术 [M].北京：冶金工业出版社，2010.

[56] 方平，岑超平，唐志雄，等.污泥含炭吸附剂对甲苯的吸附性能研究 [J].高校化学工程学报，2010，24（5）：887-892.

[57] 章圣祥.城市污水污泥活性炭的制备技术研究 [D].贵阳：贵州大学，2009.

[58] 江丽，姬秀娟.污泥衍生活性炭的制备影响因素与研究进展 [J].化学工程与装备，2009，3：116-118.

[59] 王红亮，司崇殿，郭庆杰.污泥衍生活性炭制备与性能表征 [J].山东化工，2008，37（2）：1-5.

[60] 张襄楷，季会明，范晓丹.微波法制备污泥活性炭及其脱色性能的研究 [J].炭素，2008，2：40-43.

[61] 朱开金，马忠亮.污泥处理技术及资源化利用 [M].北京：化学工业出版社，2007.

[62] 任爱玲，王启山，郭斌.污泥活性炭的结构特征及表面分形分析 [J].化学学报，2006，64（10）：1068-1072.

[63] 郭爱民，任爱玲，张冲.制药污水处理厂污泥制活性炭的研究 [J].河北化工，2006，29（11）：57-59.

[64] 徐兰兰，钟秦，冯兰兰.污泥吸附剂的制备及其光谱性能研究 [J].光谱学与光谱分析，2006，26（5）：891-894.

[65] 余兰兰，钟秦.由活性污泥制备的活性炭吸附剂的性质及应用 [J].大庆石油学院学报，2005，29（5）：64-66.

[66] 万洪云.利用活性污泥制备活性炭的研究 [J].干旱环境监测，2000，14（4）：202-206，225.

农业利用篇

第16章

污泥制肥料

污泥中含有大量的微生物和动物生长所需的营养成分，污泥制肥料是以污泥为原料，通过一定的方法制成能满足植物生长要求的肥料。

将污泥制成肥料而实现农业利用不仅能有效实现污泥的减容，而且还可产生一定的经济效益，但污泥中的重金属和持久性有机污染物等有毒有害物质，必须将其进行稳定化、无害化处理。

根据制备方法的不同，污泥制肥料可分为污泥堆肥和污泥制复混肥。污泥堆肥得到较多的采用。

16.1 ⊃ 污泥堆肥

污泥成分中有机质占 30～600g/kg、氮占 20～50g/kg、磷占 10～20g/kg，氮和磷的含量明显高于普通农家肥（猪牛粪），有些甚至高于优质农家肥（鸡粪）。污泥有机物中的水溶性有机物质、蛋白质、半纤维素等易降解成分占到了质量的一半以上，碳氮比较低。由此可知，污泥的供肥能力较强，是一种很好的有机肥源。

堆肥化（composting）是指在控制条件下，利用微生物的生化作用，将污泥中的有机物质分解、腐熟并转化成稳定腐殖土的微生物学过程，是污泥堆肥的关键技术，分好氧堆肥和厌氧堆肥两种。污泥好氧堆肥技术因其堆肥效率高、异味小和臭气量少等优点而受到广泛关注。欧盟将堆肥化只限定于好氧堆肥。

16.1.1 污泥堆肥的原理

污泥好氧堆肥，即在有氧的条件下，利用好氧微生物的作用，将污泥中不稳定的有机质分解，并使其稳定，减少臭气的产生，改善物理性质，使其有利于储存、运输和使用。此过程时间短，温度高，一般为 50～60℃，极限可达到 80～90℃。

好氧堆肥过程中微生物的作用主要分发热、高温、降温和腐熟三个阶段。发热阶段为主发酵的前期，通常持续 1～3 天，起作用的微生物主要是中温细菌和真菌，利用污泥中容易分解的淀粉等糖类物质迅速繁殖，使污泥的温度迅速升高。高温阶段存在于主发酵和二次发酵过程中，通常持续 3～8 天，温度上升到 50℃以上。在此阶段中，污泥内部由于易分解有机物的好氧消耗而造成厌氧的环境，同时由于温度的升高，微生物的种类发生了变化。50℃时，好热微生物主要为嗜热性真菌和放线菌；60℃时，占主要地位的为嗜热性放线菌和细菌；70℃时，大部分微生物停止活动，死亡或进入休眠状态。在高温阶段，上一阶段剩余的和新产生的有机物得到分解，同时大部分难降解的半纤维素等有机物也得到了分解。降温和腐熟阶段存在于后发酵和二次发酵阶段，通常需要 20～30 天。在此阶段，中温微生物重新占据主导地位，进一步分解剩余的木质素等较难分解的有机物及腐殖质，微生物活动减弱，温度下降。

病原微生物通常在高温阶段除去。有关资料记载，脊髓灰质炎病毒、病原细菌和蛔虫卵在 60～70℃维持 3 天可以失活。一般认为在 50～60℃的温度下，6～7 天即可较好地杀灭虫卵和病原菌。

腐殖质和氮素等植物营养料在腐熟阶段得到积累。为提高污泥堆肥的肥效，减少有机质的矿化作用，应尽可能实现厌氧的状态，可采取压紧肥堆等做法。

污泥堆肥主要分为前处理、一次发酵、二次发酵、后处理四个阶段，主要流程如图 16-1 所示。

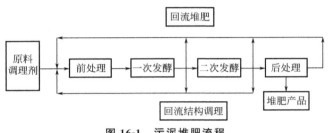

图 16-1 污泥堆肥流程

前处理阶段：一般情况下，脱水污泥的理化性质不适合微生物的生长。污泥的含水率高，通气性差，结构紧凑，pH 值高，所以在接种之前必须对其含水率、pH 值和粒度等方面进行调整，使污泥堆肥工艺迅速启动。

一次发酵阶段：也称主发酵阶段。污泥经前处理阶段后，理化性质达到微生物生长的要求后，通入空气进行一次发酵。微生物利用易分解的脂肪、蛋白质、糖类等物质作为能源，快速繁殖并释放热量，使温度迅速升高，最高温度可达 65～75℃，持续的时间与通风量成正比。在一次发酵中，污泥的 BOD 得到明显降低，污泥性能得到改善，臭味减轻，病菌、虫卵和草籽由于长时间的高温被杀灭。

二次发酵阶段：一次发酵后，采用成品回流方式的堆肥污泥中的有机物基本分解完毕，可施用于农田，而在采用添加辅料方式的堆肥污泥中，因添加了稻草木屑等纤维素和木质素含量高的辅料，有机物并未完全分解，因此需要进行二次发酵，防止污泥在储存和运输途中进一步发酵分解，同时使污泥中的碳氮比适于农作物的生长需要。二次发酵的时间由添加辅料的种类而定。若辅料为稻草，则二次发酵为一个月左右，木屑则需要三个月左右的时间。由于时间较长，通常可将一次发酵的产物堆在水泥地上，利用自然通风或是翻堆进行二次发酵，翻堆通常为每周一次。

后处理阶段：通常经过上述步骤，污泥的理化性质稳定，成品回流方式的污泥含水率（30%～35%）较低，添加辅料方式的污泥含水率（40%～50%）较高。为运输和使用方便，需将熟化的污泥过 10mm 筛，然后装袋。包装和运输过程中要保证良好的通气性，避免因缺氧而使污泥发生厌氧发酵。

根据国家标准《城市生活垃圾堆肥处理厂技术评价指标》（CJ/T 3059—1996）的规定，

堆肥产品的质量要求包括：

粒度：农用产品粒度不大于 12mm，山林果园堆肥产品粒度不大于 50mm；含水率≤35%；pH 值在 6.5～8.5 间；全氮（以 N 计）≥0.5%；全磷（以 P_2O_5 计）≥0.3%；全钾（以 K_2O 计）≥1.0%；有机质（以 C 计）≥10%；总镉（以 Cd 计）≤3mg/kg；总汞（以 Hg 计）≤5mg/kg；总铅（以 Pb 计）≤100mg/kg；总砷（以 As 计）≤30mg/kg；蛔虫卵死亡率 95%～100%；粪大肠菌值 0.1～0.01 个。

16.1.2　污泥堆肥的方式

根据污泥堆肥所用的原料，污泥堆肥可分为如下几类：

（1）单一污泥堆肥

污泥堆肥时要求其含水率低于 70%，所以污泥要预先做脱水干化处理。此外，可加入堆熟后的污泥或木屑作分散剂。堆肥的工艺参数可选为：木屑与污泥的质量比为 1∶6，孔隙率为 1.6，堆高为 1～3m，底部布气管间距为 2.5m，通风率为 19～29L/（kg·h），堆肥周期为 13～16d，堆肥温度可达 50～60℃，污泥体积可减少 27%，持续 6～8 天可有效杀灭各种病原菌与寄生虫卵，无恶臭。堆肥成品仍保持原污泥的水平。

（2）与城市垃圾混合堆肥

污泥与垃圾混合堆肥的体积比为 5∶8，有机质含量约 22% 时，含水率和孔隙率约为55%，堆肥的效果较好，周期较短。污泥与垃圾混合高温堆肥的工艺流程分预处理、一次发酵、二次发酵和后处理四个阶段。

一次发酵在发酵仓内进行，污泥与垃圾的混合比为 1∶（3.6～2.9），混合料含水率为55%～60%，碳氮比为（25～40）∶1，通气量为 3.8m^3/（m^3·h），堆肥周期为 6～10d。

二次发酵是指污泥和垃圾经过一次发酵后，从发酵仓取出，自然堆放，堆成 1～2m 高的堆垛进行二次发酵，使其中一部分易分解和大量难分解的有机物腐熟，温度稳定在 35～40℃左右即达腐熟，此过程大概一个月。腐熟后物料呈褐色、无臭味、手感松散、颗粒均匀。

后处理即去除杂质、破碎、装袋农用。

（3）与粉煤灰混合堆肥

脱水污泥按 1∶0.6 的比例掺混粉煤灰，降低含水率，可使污泥的含水量降至 20%。然后自然堆肥发酵，其中加有锯末和秸秆作为膨胀剂。肥料可做成 6mm 柱状，在大蒜、芥菜等蔬菜田上施用效果明显。

（4）多物质混合堆肥

污泥与城市垃圾、通沟污泥等多种物质混合堆肥后农用。污泥经过堆肥发酵后，可以杀死污泥和垃圾中绝大部分有害细菌，还可增加和稳定其中的腐殖质，应用风险性较小。这种方式解决了污泥施用中科技含量不高的问题，存在的问题是应用量较少，虽然国内已有一些相关报道，但目前推广程度还远远不够。

16.1.3　污泥堆肥过程的物质变化

污泥好氧堆肥系统是充分利用天然条件的同时进行人工控制下运行的生物处理系统，其中的微生物菌群要比完全人工生物处理过程中的种群丰富，包括各种微生物及原生动物、后生动物等，形成了一个完整的生物链，共同完成有机物及其他污染物的代谢和分解作用。

（1）污泥堆肥过程中微生物及酶的变化

活跃在好氧堆肥系统中并对发酵起作用的生物主要有细菌、真菌及放线菌等。堆肥开始初期，由于有机物分解产生热量，使反应堆体温度迅速上升，堆层基本呈中温，中温菌较为活跃。由于中温菌不断地分解有机物，堆体温度进一步升高，达到 50～60℃，此时酵母菌、霉菌和硝化细菌等随之减少，大量死亡，而耐高温菌大量繁殖。通常中温菌的适宜生长温度为 30～40℃，高温菌为 45～60℃。一般地，细菌孢子和无性繁殖细胞，各种病原菌、蛔虫卵、寄生虫、孢子及杂草种子等，都可在 60～70℃下，经 5～10min 灭杀。大量试验表明，在温度为 60℃时，持续 30min 后，大肠埃希菌和沙门菌的数量可减少 6 个数量级。细胞的热致死，是由酶的灭活所致，而酶在高温下灭活是不可逆的。

高温灭菌不仅加快了分解速率，还同时减轻了堆肥后产品对动植物及人体的危害。在发酵后期，温度再度降低，霉菌、亚硝酸菌、硝酸菌及可分解纤维素的细菌重新增殖，但此时数量最多的优势菌是放线菌。

堆肥过程中有机物的降解一般属于脱氢过程，因此脱氢酶是评价堆肥过程的重要指标。有研究指出，添加或不添加粉煤灰的污泥堆肥和添加石灰的污泥堆肥中，脱氢酶活性在最初堆肥的 22 天均表现明显的降低趋势。第 22～第 100 天，则变化很小，基本趋于稳定。

磷酸酶的活性是指土壤有机磷矿化的重要指标。与脱氢酶变化趋势相同，堆肥中的碱性磷酸酶活性也在最初堆肥的 22 天有明显的下降趋势，以后趋于稳定。

葡萄糖水解酶同脱氢酶和碱性磷酸酶一样，均有相同的变化趋势。脲酶是表征尿素水解转化为二氧化碳和氨的重要指标。脲酶在堆肥过程中，初期呈显著增加趋势，以后随着堆肥的进行呈明显的下降趋势，最后趋于稳定。脲酶活性较高，说明在高温期高温菌活性较强。

（2）污泥堆肥过程中的化学反应

污泥堆肥过程就是在微生物的作用下，将各种有机物在酶的作用下转化成低分子量的有机物、二氧化碳、氨、水和无机盐，使之成为可被植物吸收利用的化学形态，并对其中重金属的形态或活性有所影响。腐熟污泥中水浸态的重金属含量通常都低于 2%。

（3）污泥堆肥过程中蛋白质的降解

污泥中的蛋白质主要来源于污泥菌胶团的菌细胞及污泥所吸附的生活污水及工业废水，如食品加工、屠宰场、制革等废水中的蛋白质。蛋白质分子中的主要元素是碳、氢、氧、氮。

蛋白质是由 20 多种不同的氨基酸相互连接而组成的巨大分子，其分子量大约从 1 万到数百万，构成极其复杂。蛋白质不能被植物和细菌直接利用，其降解过程为：a.蛋白质的水解，在蛋白酶的作用下生成肽，在肽酶的作用下生成氨基酸；b.氨基酸的降解。

在污泥堆肥过程中，蛋白质在酶的作用下分解成氨基酸：一部分作为营养物质，被用于微生物的生长；另一部分分解为小分子的有机物和无机物，施用于农田后，容易被土壤中的微生物转化为植物可吸收利用的硝酸盐类，从而被植物所利用。

（4）污泥堆肥过程中脂肪的降解

污泥中的脂肪主要来源于死亡的微生物体，以及生活污水和工业废水中的油脂。脂肪是比较稳定的有机物。在堆肥中，应将脂肪充分降解，以减少施肥对土壤微生物造成的负担。脂肪是青霉、曲霉等真菌的营养和能量来源，因此，为了避免施肥后霉菌在田中继续繁殖，也应在堆肥中充分将脂肪降解。脂肪的分解过程是放热过程，是污泥堆肥中主要的热源。在污泥堆肥过程中，脂肪在微生物的作用下发生降解，主要是脂肪的水解及甘油、脂肪酸在细胞内的氧化。

（5）污泥堆肥过程中糖类物质的降解

污泥中的糖类物质主要包括淀粉、纤维素、半纤维素、壳聚糖、果胶质及木质素等，这些物质是由很多单糖组成。糖类物质是大多数微生物、动物和人类在生命活动中的主要能源和碳源。在污泥堆肥中，糖类的降解，一是给微生物提供营养，二是提供纤维状物质。堆肥施用于农田后，其中的纤维状物质可以改进土壤的耕作性质及结构。纤维状物质使土壤具有易碎性，并可防止土壤硬结，增加土壤的孔隙率。纤维状物质与土壤胶体发生化学结合，可产生一种新的更亲水的表面，增强了土壤的保水能力。

淀粉的降解产物是葡萄糖；纤维素降解的产物也是葡萄糖；木质素极难降解。

（6）污泥堆肥过程中有机污染物的降解

应用活性污泥法对污水进行处理，其净化作用一般为两个阶段。第一阶段为吸附阶段，对污水中的有机物主要进行的是吸附作用，还同时进行吸收和氧化作用，但吸附作用为主。第二阶段为氧化阶段，主要是继续分解氧化前阶段被吸附和吸收的有机物，同时也继续吸附前阶段未吸附和吸收的残余物质，其中有许多物质对人体及微生物都有很强的不良影响。污泥堆肥过程就是要把这些物质进行分解，使之无害化。而对于污染物的降解，也与前述的蛋白质、脂肪及糖类的降解相类似，都是由微生物通过酶的作用将其由大分子分解为小分子，最终分解成对植物无害及可被植物吸收的成分的过程。

16.1.4　污泥堆肥的工艺参数

（1）原料

选用什么样的原料进行堆肥对堆肥的控制及产品的质量和肥效有非常大的影响。对于污泥来说，其成分与污、废水处理的阶段有关，而工业废水的成分则与所生产的产品、工艺及有否污水处理设施有关。另外，污泥还有可能含有大量的重金属和其他不利于微生物生长的成分，应分别对待。因此，在研究污泥堆肥时，应尽量避免使用工业废水多的污水产生的污泥，而采用城市污水处理厂即生活污水比例大的污泥作为原料进行反应。对于生活污水来说，其成分变化不大，却与所使用的污水处理方式、处理过程中的添加剂、污泥脱水时的絮凝剂、污水处理厂运转情况、周围居民生活水平以及是否有不明来源的地表水和地下水混入有直接关系。通常所采用的絮凝剂有无机类及有机类两大类，原料性质也与此有很大关系。

为了保证堆肥质量和控制堆肥过程的进行，一般都会添加辅助材料，如秸秆、稻壳、玉米芯、锯木屑等作为调理剂和膨胀剂，以起到提供碳源、增加孔隙率、调整反应物水分含量的作用。

（2）水分

含水率对污泥堆肥的影响体现在：水量过多则占据气体交换的空间，阻碍气体传送，造成厌氧的环境，严重影响微生物的新陈代谢，并产生恶臭；水量过少也会影响微生物的活动，含水率低于 12％～15％时，微生物几乎停止活动。据研究，污泥含水率与微生物增长速率之间的关系与微生物生存需要的水分范围相符合。在堆肥过程中，随着时间的推移，温度逐渐升高，水分不断蒸发。水分的快速蒸发发生在前 10 天，之后随着污泥堆体温度的下降，水分蒸发速率也不断减慢。试验研究表明，污泥堆肥的水分质量分数上限为 80%，下限为 30%，最佳含水率为 60%。在实际操作过程中，含水量大的污泥可通过加入吸湿性强的调理剂如木屑和稻草等来降低含水量，还可以采取掀开覆盖于堆体上的薄膜，增大翻堆频率，增大通气量来加快水分的散失。如果含水率超过 80%，则只能通过添加有机物质调整有机质含量及含水率。含水量过低的污泥则通过添加水分来调整其含水率。

含水率是好氧发酵需氧量的一个决定性的指标。反应物水分含量会对堆肥反应的发酵速率产生影响，水分过多或过少都有可能使反应停止。水分含量过多，会堵塞原料的空隙，造成供氧不足，容易发生局部厌氧反应，产生臭气，延缓反应的进行，使反应时间加长，并影响产品的质量；水分过少，不足以满足微生物生长的基本条件，会影响微生物的生长，进而影响反应速率和产品质量，同时，如果含水率过低，还会使腐熟成品产生灰尘。可以说，含水率是与堆肥进程密切相关的指标。经验认为，含水率为原料总质量的 50% 时，反应速率最快。在污泥堆肥处理时，含水率一般调整为 45%～60%。

（3）碳氮摩尔比

最适宜微生物生长的碳氮摩尔比为 25∶1，过低则氮易以 NH_3 的形式散失，发出臭味，碳含量不足则会影响微生物正常生长，有机质的分解速率慢；过高则微生物因氮不足而使新陈代谢活动受阻，同样减慢有机物的分解速率。不同的物料配比对不同形态氮素转变的影响不是很大，但总的来说，碳氮摩尔比低，氮素损失较大。氮损失的重要途径是氮以 NH_3 的形式挥发。升温期和高温期是 NH_3 产生和挥发的高峰期，可以证明堆肥前期是控制氮素损失的关键时期。实际操作中，起始的碳氮比在（25～30）∶1 之间，若过低则需要加入高碳氮比的调理剂。理想的调理剂应该干燥、疏松，有利于提高碳的含量，同时有利于改善堆体的通气情况。据研究，木屑作为调理剂时，吸湿性强，可以较长时间吸附保留 NH_3，减少臭味，同时改善了堆体的通气状况，有利于微生物的生长，是理想的调理剂。在实际生产中，应根据实际情况选择合适的调理剂。

对有机物进行分解的微生物的活力受构成微生物体的必要养分的含量和种类影响。在所有养分中，构成细胞的物质是蛋白质，所以碳及氮是最重要的两种元素。有机物的分解速率随碳氮比的不同而不同。微生物组成的碳氮比约为 30∶1，因此，理论上该值应该为堆肥最适宜的碳氮比。在堆肥过程中，微生物是以碳作为能量，利用氮来形成细胞的。碳含量增大时，碳会随着反应的进行部分变成二氧化碳放散，而氮则仍然存在于反应体系中，因此，碳会随时间的经过而减少；反之，会因 NH_3 的放散而使碳增多。一般地，下水污泥的碳氮摩尔比为（8～12）∶1。通常，碳和氮是以原料中总碳和总氮含量计算的，但是，由于微生物可摄取的养料必须是溶解于水的，因此，对于更严密的讨论应只考虑溶解于水的碳氮比更为准确。

（4）pH 值

pH 值对好氧堆肥有很大的影响，当 pH 值低于 5.2 或高于 8.8 时，堆肥无法进行，同时随着堆肥过程中 pH 值的变化，温度、耗氧量和质量也会随之变化。堆肥初期，污泥中的含氮化合物在微生物作用下氨化，产生大量氨气，不能及时散失，使得堆体 pH 值升高；堆肥后期，氮的氨化挥发作用减弱，同时氨可以作为有机质而被利用，硝化作用增强，有机物分解产生有机酸，使 pH 值下降。在堆肥过程中，适于操作的 pH 值在 5.2～8.8，最佳 pH

值在 7.6～8.7。实际操作时，调节污泥的 pH 值可通过如下方式进行：通过调整碳氮比可以控制氨的产生量和损失量，进而抑制 pH 值处于合适的区间；进行成品回流或者添加辅料，防止局部厌氧和有机酸的过量产生而使 pH 值下降。但大多数情况下，污泥呈微弱碱性，适宜微生物的生长，堆肥过程中无须进行 pH 值调整。

反应的 pH 值不仅取决于原料的组成，在堆肥过程中也会随着反应的进行发生变化。由于堆肥反应是生物化学反应，因此 pH 值必须满足微生物的生长条件。有文献认为，可进行堆肥的 pH 值范围为 3～12，堆肥反应的最佳 pH 值范围为 7～9。很显然，在以微生物为主体的堆肥反应中，pH 值对于微生物的生长影响很大，甚至是限制因素，但文献中对于 pH 值的研究很少，原因是 pH 值不易控制，所以研究难度较大。一般在好氧堆肥反应条件下，pH 值在最初的阶段会一度下降至 5 甚至以下，之后会随着反应的进行而上升至 9 左右。为了使反应正常进行，通常在反应初始时将 pH 值调整至中性，一般采用添加辅料或中和剂来完成。

(5) 粒度

污泥堆肥化反应是在固体表面附着的水分中发生的，因此，粒度越小的材料，比表面积越大，就越有利于反应速率的提高和反应的进行。但是如果粒度太小，反应堆体堆积紧密，会影响空气的流通，而粒度太大，又会使氧气无法进入颗粒内部，而造成颗粒内部供氧不足，甚至局部厌氧。对于污水污泥来说，本身就属于粒度非常细密的材料，所以在污泥堆肥的过程中，应将污泥造粒或添加一些可增加其空隙率的材料，如锯末、稻壳、秸秆等来增加堆体空隙，保证供氧。但由于造粒会增加机械设备等，使运行费用增加，因此，一般均采用添加辅料来改善通气状况。

(6) 氧气浓度

污泥堆肥一般分为厌氧堆肥和好氧堆肥两种。而对于人工控制的污泥堆肥，均采用好氧连续或间断反应，通常通过鼓风机来供应空气。污泥堆肥所需的空气量随肥堆中的温度改变而改变。

氧浓度的高低直接关系到反应过程的特性和反应速率，氧浓度高时，反应称好氧状态，反应速率快，反之，则情况正好相反。但是，供气量过大会使堆肥反应的温度降低，反应中水分散失过快，从而影响反应速率。因此，必须将供风量控制在最佳状态，以保证反应的氧气、水分和温度的适宜。堆肥装置的强制通气流量根据发酵方式的不同而有所不同。

(7) 发酵温度

堆肥化过程始终伴随着温度的变化，一般认为在发酵开始阶段是以嗜温菌为主的反应，其最适宜的生长温度是 20～40℃；由于嗜温菌的作用，使反应的温度迅速上升，由嗜热菌取代其参与反应，嗜热菌的最适宜生长温度为 45℃，使反应温度进一步上升为 60～70℃。该温度上升的快慢与氧气的供应有关，大多数文献认为，60℃左右时反应速率最快，不仅可杀死有害微生物和杂草种子等，使病毒钝化，还可提高发酵速率、加快水分蒸发等。因此，一般的堆肥采用高温堆肥。但如果温度达到 60～70℃时，进入孢子形成阶段，这个阶段对堆肥是不利的，因为孢子呈不活动状态，使分解速率相应变慢。因此，温度过低或过高都会影响反应的进行，所以，一般认为高温堆肥的最佳温度在 55～60℃。

通常情况下，温度的控制一般是通过控制供风量实现的。在堆肥的最初 3～5 天，供风的主要目的是为了满足供氧，使微生物的反应顺利进行，以达到升温的目的；但当堆肥的温度升高到峰值后，供风量的调节主要是以控制温度为主。

16.1.5 堆肥中重金属含量的控制

来自各行业的废水及生活污水中含有大量的重金属，因此，污泥中也会相应地含有大量的重金属。污泥中重金属直接危害的是土壤中的微生物。一方面，有机质可以增强微生物的活性；另一方面，由于重金属的增加和有机毒素的增加，导致微生物量下降，改变种群中的微生物种类，并导致固氮能力下降。因此在污泥堆肥中应对重金属含量加以控制。

(1) 污泥堆肥对重金属形态的影响

一般来说，$MgCl_2$ 浸提的重金属是对植物最有效的、活性最强的水溶性和交换态重金属。一些研究表明，经 $MgCl_2$ 浸提的重金属元素，如 Cd、Cr、Pb、Mn、Cu 和 Zn 等，其含量均表现出相同的规律性，即 $MgCl_2$ 浸提的重金属数量随着堆肥的进行呈显著增加趋势，说明随着堆肥腐熟度的增加，$MgCl_2$ 浸提的重金属量增加，对植物的毒性将有增大趋势。而添加粉煤灰和改性粉煤灰后，由于稀释和钝化作用，Cd、Ni、Mn、Cu 和 Zn 的含量呈明显降低趋势，并且随着添加粉煤灰和改性粉煤灰数量的增加（由 10％增加到 25％），稀释和钝化效果更为明显。

(2) 重金属生物有效性的影响

重金属是否能给生态环境和人畜健康带来危害，关键是其生物有效性。关于重金属有效态的研究，目前最常用的方法是采用一定浓度的化学试剂进行提取，确定所提取的重金属含量与植物吸收量的相关性。提取方案有两种：一种是采用单一提取剂的单独提取，这种方法与植物吸收的相关性较好；另一种是采用几种不同试剂组成一种提取顺序，而每一种试剂对重金属的一种存在形态有效，不同提取试剂对同一个样品先后进行提取，称为顺序浸提法。

当污泥堆肥中的重金属含量超过标准时，长期施用于农田将对土壤造成污染，并会通过食物链对人体产生危害。一般来说，污泥堆肥中的重金属可分为：a.水溶态；b.交换态，如 $CaCl_2$、$MgCl_2$ 等；c.有机结合态，如 $Na_4P_2O_7$；d.碳酸盐和硫化物结合态，如二亚乙基三胺五乙酸（DPTA）、EDTA；e.残渣态，如 HNO_3、HF 等。前三种形态有很高的生物有效性，后两种则较低。污泥经过堆肥化处理后，重金属的形态变化较大。污泥的组成、堆肥化条件等对污泥中重金属的形态有显著影响。一般污泥经过堆肥化处理，水溶态重金属含量减少，交换态和有机结合态重金属的含量增加，不同金属的残渣态的量变化不同。污泥经过堆肥化处理后，植物可利用形态的养分增加，重金属的生物有效性减小。

重金属在土壤中的有效态含量除与土壤重金属浓度有关外，还与土壤的理化性质、化学成分和重金属的形态组成有关。国内外的许多研究表明，金属离子的溶解度随 pH 值升高而降低，金属有机配合物的稳定性随环境 pH 值的升高而增强。有学者认为，土壤 pH 值对重金属的影响在于碳酸盐的形成和溶解。研究发现，有毒重金属可以与土壤有机质形成不溶性的有机配合物而被保持，不受淋溶，而且相对植物来说是无效的，这样在某些环境条件下，有毒重金属离子的浓度可以通过络合而降到无毒水平。

(3) 污泥中重金属活性的控制

治理污泥重金属污染的途径主要有两种：一是改变重金属的存在形态，使其固定，降低其可移动性和可利用性；二是从污泥中去除重金属。综合国内外控制污泥重金属污染的方法，具体的处理技术主要有以下几种：

① 利用污泥堆肥改变重金属的形态。污泥堆肥是污泥稳定化、无害化处理的重要方法。堆肥化实际是将要堆沤的污泥按一定比例混合，借助于混合的微生物群落，在潮湿的环境中对多种有机物进行分解。污泥经过堆肥化处理后，其中重金属的形态也有较大变化。在污泥的堆肥化处理中，污泥的组成、堆肥化的条件等对污泥中重金属的形态有明显的影响。一般污泥经过堆肥化处理，水溶态重金属的量减少，交换态和有机结合态重金属的量总的来说有所增加，而残渣态重金属的量，不同的重金属变化不同，但比不同浸提剂所提取的其他形态重金属的总量大得多。污泥经过堆肥化处理后，植物可利用形态大部分增加，重金属的生物有效性减小。研究表明，添加不同种类的钝化剂对污泥重金属的有效态有明显的影响。

② 利用钝化剂钝化重金属。据研究，目前常用的污泥重金属钝化剂主要有以下三类：

磷酸肥料：姜华等将磷矿粉作为重金属钝化剂时发现，磷矿粉在钝化重金属的同时也可为土壤提供缓释磷肥。

石灰性物质：石灰性物质包括石灰、硅酸钙炉渣、粉煤灰等碱性物质。在污泥中加入石灰性物质，由于重金属易受 pH 值控制，因此可提高污泥堆肥的 pH 值，使重金属生成硅铝酸盐、碳酸盐、氢氧化物沉淀。火电厂排放的粉煤灰中含有丰富的 CaO、MgO，其 pH 值能达到 12，因而具有钝化污泥中的重金属并杀死病原菌的作用，利用粉煤灰更有着以废治废、变废为宝，充分利用资源的优势。刘国新等探讨了粉煤灰加入比例和施用量。

对吸附能力强的斑脱土、膨润土、合成沸石等硅铝酸盐的研究表明，具有高阳离子交换量的合成沸石能降低重金属的生物可利用性。

添加粉煤灰处理，对 Cu 元素的有效价态重金属的钝化效果最好；添加粉煤灰和磷矿粉，对 Zn 元素的钝化效果最好；对于 Mn，钝化效果最好的是磷矿粉和石灰；对于 Pb，钝化效果最好的是粉煤灰和磷矿粉；对于 Cd，以粉煤灰和草炭的钝化效果最好。所以，从对有效态重金属的钝化效果来看，粉煤灰、磷矿粉、草炭是三种有效的重金属钝化剂。在实际生产及应用中，考虑重金属的处理效果同时考虑到作物的产量、钝化剂原料的来源和价格及处理费用等问题，选择粉煤灰、磷矿粉作为钝化剂是切实可行的。

③ 化学滤取法和微生物淋滤法。除了添加钝化剂外，利用化学滤取法和微生物淋滤法降低污泥中重金属含量的方法也备受关注。经过厌氧消化后，污泥中的重金属主要是以难溶硫化物的形式存在。化学法就是先用硫酸、盐酸或硝酸将污泥的 pH 值调至 2，然后用 ED-TA 等络合剂将其中的重金属分离出来。该方法的滤取率可达 70%，但由于投资大，操作困难并且需要大量的强酸和生石灰，难以应用到实际生产中。

研究发现，重金属在其难溶硫化物中的滤取可直接或间接地在细菌的新陈代谢中得以实现。所采用的菌种主要是氧化亚铁硫杆菌（*Thiobacillus ferroxidans*）和氧化硫硫杆菌（*Thiobacillus thiooxidans*）。这些菌种属于化学自养菌，能在 Fe^{2+} 和还原态硫化物的介质中生存。通过细菌的作用，难溶金属硫化物被氧化为可溶的金属硫酸盐。虽然生物滤取的费用仅为化学法的 20%，但由于 *Thiobacillus ferrooxidans* 的存活介质的酸度必须在 pH=4.5 以下，实际运行中，仍需要大量的强酸对污泥进行调整。

16.1.6　污泥堆肥的农业利用效果

污泥堆肥产品的使用会对施用农田的土壤化学性质及生长的农作物产生影响。

（1）污泥堆肥对土壤化学性质的影响

① pH 值和电导率的变化。将污泥堆肥施入酸性土壤后，土壤的 pH 值随着施用污泥堆肥数量的增加而呈轻微增加的趋势，这表明堆肥在酸性土壤中具有一定的缓冲能力，而随着污泥施用比例的增大，电导率呈明显增加的趋势，但仍低于抑制作物的限定值 4dS/m，因此不存在盐分毒害问题，而且在田间条件下，可溶性盐分也会由于混合耕作而被稀释并淋溶到底层。

② 对土壤化学成分的影响。污泥堆肥中含有丰富的营养物质，因而可以显著增加土壤的氮、磷等养分。有研究表明，施用一定量的污泥能明显提高土壤有机质含量和腐殖化程度，效果好于一般的猪粪、牛粪等有机肥。污泥有助于土壤物理性状的改善，这表现在施用污泥后土壤结构系数提高，容重下降。污泥能增加土壤的代谢强度，增加微生物总数和放线菌在微生物类群中的比例，对硝化菌和反硝化菌的增殖有一定的促进作用。污泥施用量与土壤 N、P 残留率呈显著正相关，施用污泥后，粮田速效磷积累程度明显低于菜地。土壤水溶态提取的 K、Ca、Mg、Na 和 DTPA 提取的 Cu、Zn、Cd、Ni、Mn 和 Pb 随着污泥施用量增大，均呈增加趋势。土壤溶液中较高的 Mg、K 和 Ca 含量表明，污泥堆肥对土壤重要营养元素的增加具有促进作用。但是，随着污泥施用量的增大，土壤 Na 的增加应引起重视，因其可以加速土壤的碱化。而 Cd 由于具有较大的毒性，并且易于移动而进入食物链进而危及人类，因此也是控制合适的污泥施用量的一个重要因素。

（2）污泥堆肥利用的生物效应

① 施用污泥堆肥对作物产量的影响。很多研究表明，施用污泥堆肥对作物有明显的增产效果，施用污泥堆肥的作物均明显增产。对青菜施用污泥堆肥的试验表明，与不施肥对照处理相比，总干重产量在各个施肥处理中均呈极显著变化。这主要是由于施用污泥堆肥可以明显改善土壤物理性质，并可以提供大量的营养物质，创造良好的根系生长环境。

② 施用污泥堆肥对植物中元素含量的影响。对黑麦草施用污泥堆肥的试验结果表明，施用污泥后，黑麦草地中 N、P、Mg、K 和 Fe 的含量增加，Mn 含量减少，而 Ca 和重金属元素 Hg、Ni、Pb 和 As 的含量与对照差异不显著，Zn 和 Cu 的积累增多，但黑麦草中重金属元素的含量均低于普通植物元素的平均浓度。有研究报道，农作物施用污泥能引起青菜 Zn、Cu 和 Cd 的污染，以及小麦、玉米 Hg 和 Cd 的污染，但对谷子、玉米和白菜的研究显示，当污泥施用量达到 $240t/hm^2$ 时，植物的可食用部分中重金属元素的含量尚未超标。对牧草的研究结果表明，施用污泥后重金属元素没有对苜蓿和无芒雀麦造成毒害。

16.2 ❯ 污泥制复混肥

根据 2009 年颁布实施的《有机-无机复混肥料》（GB 18877—2009）标准规定，复混肥料即指氮、磷、钾三种养分中至少有两种养分标明由化学方法和（或）掺混方法制成的肥料，有机-无机复混肥料是指含有一定量有机肥料的复混肥料。该标准同时规定了有机-无机复混肥料的主要技术指标及其限值。

经稳定化、无害化处理后，污泥含有较丰富的有机质，其氮、磷等营养元素主要以有机形态存在，是一种优质的有机肥。但这些污泥产品也存在一些缺点，如肥效较低、部分重金属含量超标等。以市售的无机氮、磷、钾化肥作为辅料添加进污泥堆肥产品中制成复混肥，既可提高肥效，又起到稀释作用，降低重金属的含量。这种复混肥中有机与无机肥料结合，既可以以无机促进有机，又可以以有机保无机，减少了肥料中养分的流失，同时，也可以利用污泥富含的有机质改良土壤。

16.2.1　污泥复混肥的制备工艺

一般来说，城市污水处理厂污泥的总养分质量分数较《有机-无机复混肥料》（GB 18877—2009）的规定值低，为满足标准要求并上市出售，需根据稳定化、无害化处理后污泥的养分含量，投配无机原料调整氮、磷、钾等营养成分的含量，降低有害成分含量，再造粒，使其符合复混肥标准的要求，即可作为复混肥料出售、施用。污泥制复混肥料的工艺流程如图 16-2 所示。

| 污泥 | → | 稳定化、无害化处理 | → | 投配料 | → | 混合、造粒 | → | 干燥 | → | 包装 | → | 储存/出售 |

图 16-2　污泥制复混肥料的工艺流程

污泥制肥前必须稳定化、无害化处理，否则将对环境造成二次污染。处理工艺必须足以杀死病原菌和虫卵，通过脱水以满足肥料加工要求，不对有机质造成破坏，更要提高污泥品质。脱水间和脱水后污泥通过晾晒使含水率从 80％降至 15％左右，可成为制肥原料。此过程根据季节、气温、风力的不同，其完成时间也不同。一般春季和秋季由于高温少雨，加之风力较大，污泥干燥较快，每隔三天翻晾一次，一个星期可完成晾晒过程；夏季由于气候高温多雨，空气湿度大，反而晾晒时间加长，每隔三天翻晾一次，十天左右可以完成；冬季由于气温偏低，污泥在场地冻结成冰，所以直到春季气温回升后，才可以完成此过程。经过此工序后，污泥将发生以下变化：一是部分病原菌、寄生虫卵和草籽将被杀灭；二是部分大分子有机质将被分解，分解后的产物更利于植物吸收作用；三是污泥的黏性降低，解决了污泥制肥时由于黏性较大无法使用的问题；四是由于此工序是靠自然干化的过程，不需要大量燃料的投入，因此可大大降低污泥的干化成本，以利于与其他有机肥竞争。

将干燥污泥（含水率 10％以下）与无机原料按一定比例通过混料机或人工掺混进行配料。掺混比例一般以氮、磷、钾总量 25％以上为标准，可根据不同的肥料以及生产成本调节氮、磷、钾之间的比例。

武建军等采用"污泥晾晒→烘干（根据污泥晾晒情况可以取消）→粉碎→原料混合→造粒→二次烘干→冷却→筛分→计量包装"的工艺，进行了污泥生产复混肥的试验。将预处理后的污泥经高温（进口温度 500～650℃，出口温度 60～100℃）烘干（同时进行杀菌）至水分 10％以下，粉碎到 100 目以下，按一定配比将尿素、磷酸铵、氯化钾加入搅拌机内，搅拌均匀（6min 左右），输入造粒机造粒，然后再送入滚筒干燥机内烘干至水分 10％以下，烘干温度一般为进口 650～750℃，出口 50～75℃，冷却包装。

采用以上工艺生产污泥有机复混肥的过程中，应注意控制以下生产条件：

① 控制好污泥烘干温度。温度过高时，一方面有机质损失较大，另一方面冷却时间长，影响产量，短时间物料温度降不下来，干燥污泥存放时易发生污泥燃烧现象。

② 严格控制投料量。根据烘干设备的烘干能力控制投料量，使成品水分符合要求。

③ 控制混料搅拌时间和搅拌过程中的加水量。一般情况下搅拌 6min，足以使物料混合均匀，同时物料还可吸收一定的水分，有利于造粒。搅拌过程中加水是污泥有机复混肥造粒

过程不同于其他复混肥造粒过程的特点之一，首先污泥吸水速率较慢，到造粒机内再加水影响造粒速度；其次污泥粉碎后较轻，在搅拌和输送过程中易产生较多粉尘，而且在空气中悬浮不易下沉，造成工作环境恶劣的现象，因此可采取在搅拌或人工掺混过程中加一定量的水，达到既改善工作环境，又使生产工艺较为流畅的目的。

④ 控制好造粒过程中的加水量。由于在搅拌过程中已加入一部水，因此在造粒过程中必须控制好喷水量。喷水量过大，易产生大球，同时使烘干负荷增大，产量降低；喷水量小，成球率低，次品增多。还有由于污泥复混肥在烘干过程中二次造粒作用较小，因此在造粒时必须将成球率控制在 80% 以下，同时停留时间不宜过长，防止尿素在造粒机内溶解形成大球和粘壁。

⑤ 严格控制烘干温度。一般进口温度在 550~650℃，出口物料温度以不超过 70℃ 为宜。温度偏低烘干效率低，成品水分超标；温度偏高，影响成品质量，浪费原料（主要是尿素）和能源。

⑥ 控制返料比。如果返料比过大，容量导致生产系统紊乱，成品率降低。

饶亦武等以城市生活污水处理厂污泥为原料，采用日本井上政株式会社的发酵（FA）菌群护膜技术，利用高温好氧发酵生产有机-无机复混肥，变污泥为肥料。其采用的工艺流程为：污泥→除臭→接种→混合→初次发酵→翻槽→多次发酵→筛选→造粒→装袋。以一定的比例将 FA 菌群与污泥混合搅拌均匀后，堆放于发酵槽中发酵，堆积高度为 2~3m。

采用槽式好氧发酵槽，在发酵槽底部设一个 12cm×15cm 的通风槽，用风机定时往发酵槽内送风，并根据发酵状况控制送风量，使发酵槽内保持有氧状态。

根据发酵状况适时翻槽，通过多次发酵，使发酵物达到一定的指标，最终成为性质稳定的肥料。

16.2.2 污泥复混肥的技术指标及肥效

利用高温好氧发酵工艺生产有机-无机复混肥，通过好氧微生物的生物代谢作用，使污泥中的有机物转化为富含植物营养物的腐殖质，反应的最终代谢产物是 CO_2、H_2O 和热量，彻底解决了发酵过程的臭气、病毒、气溶胶散发问题，大量热量使物料维持持续高温（初次发酵可达到 75~85℃），降低物料的含水率，有效去除病原体、寄生虫卵和杂草种子，使污泥达到减量化、稳定化、无害化和资源化的目的。

饶亦武等以城镇污泥为原料，考察了发酵过程中发酵物水分含量、有机质含量与污泥物性的变化。

（1）发酵物水分含量的变化

污水处理厂出来的污泥含水量一般在 85% 左右，经过历时 1 个月的高温发酵处理后，成品肥料的含水量一般在 30% 左右。

（2）有机质含量的变化

污水处理厂出来的污泥中的有机质含量因地而异，一般来说，城市生活废水污泥的有机质含量相对较高，污泥在发酵过程中，由于微生物的作用，有机质被不断分解成小分子有机物或二氧化碳与水，因此有机质的含量下降，一般最终肥料中的有机质含量在 30%~40%。

（3）污泥物性的变化

污水处理厂出来的污泥水分含量高、黏性大。经过发酵处理后，不但水分减少，且污泥都已分解变成了小颗粒，使用很方便。最终的肥料成品为松散小颗粒状，灰白色，无味。

城市生活废水污泥经无害化处理后的泥质各项指标均优于国家安全使用农用污泥的最高标准。

重金属指标：不仅低于《城镇污水处理厂污泥处置　农用泥质》（CJ/T 309—2009）的 A 级标准，也低于农业部标准《生物有机肥》（NY 884—2012）中对各类重金属含量的规定。

卫生学指标：粪大肠菌群值≤0.01，蛔虫卵死亡率为 100％，优于《城镇污水处理厂污泥处置　农用泥质》（CJ/T 309—2009）的 A 级标准和农业部标准《生物有机肥》（NY 884—2012）的生物有机肥标准。

营养指标：无害化处理后处理物的各项营养学指标均较好，总养分优于生物有机肥标准，有机质含量优于有机-无机复混肥料标准。氮、磷、钾含量甚至超过传统的猪类、牛粪等农家肥，是十分宝贵的肥料和有机质资源，广泛适用于农、林、园艺等，不仅肥效好，也是良好的土壤改良剂，对提高农作物产量、改良土壤环境具有明显效果。

16.2.3　污泥复混肥的农业利用效果

研究污泥有机复混肥对植物生长的影响，实现污泥在园林绿化、农业生产等方面的利用，对提高污泥的资源化利用水平、降低园林绿化植物的养护成本、克服传统污泥处置方式的弊病、实现社会和经济的可持续发展具有重要的现实意义。

刘梦等以新疆克拉玛依污水处理厂剩余活性污泥为原料，通过添加一定物质（其成分主要为菌种、麦糠、秸秆、煤灰、动物粪便以及 N、P、K 等营养物质），制成有机复混颗粒肥，将其施用于高羊茅、早熟禾、三叶草、万寿菊、小麦、油菜、菠菜和甜瓜 8 种植物，通过室内盆栽试验，对这些植物的形态外观进行观察，考察复混肥对植物生理学效应的影响。

（1）有机肥对植物基本生长状况的影响

除了 2％施肥浓度的早熟禾和油菜外，所有植物施肥后的株高均高于没有施肥的处理组。其中，高羊茅、小麦的平均株高随着施肥浓度的增加而不断上升。早熟禾和油菜的株高也与施肥浓度正相关，但有机肥施用量为 2％时的株高却略低于对照组。三叶草、甜瓜、菠菜和万寿菊的平均株高随着施肥浓度的增加出现先增后减的趋势，株高最大值依次出现在 6％、6％、8％和 6％的施肥浓度上。与对照组相比，各植株的株高增长率从大到小依次为：高羊茅、万寿菊、三叶草、早熟禾、菠菜、甜瓜、油菜和小麦，最大增长率分别为 64.12％、34.69％、34.46％、28.85％、28.79％、27.42％、25.16％和 7.2％。

从地上部分生物量（干重）来看，随着施肥浓度的增加，高羊茅和早熟禾的生物量也逐步增加；另外 6 种植物的生物量则是先增加后减少，其中，小麦、油菜、菠菜和万寿菊均在 8％的浓度下达到最大值，三叶草和甜瓜则在 6％的浓度下达到最大值。与对照组相比，高羊茅、早熟禾、小麦、油菜、三叶草、甜瓜、菠菜和万寿菊的生物量最大增长率依次为 117.94％、19.00％、27.78％、114.61％、49.39％、35.94％、27.62％和 37.81％。

（2）有机肥对植物叶绿素含量的影响

从叶绿素总含量来看，施用该肥后，各种植物的叶绿素总含量都比对照组高。其中，在 6％的施肥浓度下，高羊茅、小麦、油菜和三叶草的叶绿素总含量最高；在 10％的施肥浓度下，早熟禾、甜瓜和万寿菊的叶绿素总含量最高；在4％的施肥浓度下，菠菜的叶绿素总含量最高。而且，相对高的施肥浓度基本上对应较高的叶绿素总含量。

（3）有机肥对植物叶片丙二醛、可溶性糖和细胞质膜透性的影响

丙二醛是植物在逆境条件下发生膜脂过氧化作用的产物之一，因此常将其作为脂质过氧化指标，以表示植物叶片细胞膜脂过氧化程度和植物对逆境条件反应的强弱。可溶性糖是植物受逆境时渗透调节物质之一，它对细胞膜和原生质胶体有稳定作用。植物细胞膜是植物细胞与外界环境之间的界面和屏障，对维持细胞的微环境和正常的代谢起着重要的作用，可作为植物抗性研究的一个生理指标。当植物受逆境胁迫时，细胞膜遭到破坏，膜透性增大，从而使细胞内的电解质外渗，以致植物细胞浸提液的电导率增大。因此，常用测定组织外渗液电导率变化来表示质膜透性的变化和质膜受伤害的程度。这3个指标可综合反映逆境对植物的伤害以及植物对逆境的适应能力。

施过肥的高羊茅、小麦、油菜的丙二醛含量较未施肥的均有所下降，表明施用有机肥不会对这3种植物产生胁迫；不过，在6％的施肥浓度下，高羊茅和小麦对环境的抵抗力相对较强，油菜则在4％的施肥浓度下较强。除2％的施肥浓度外，其他施过肥的早熟禾的丙二醛含量均高于对照，表明有机肥施用量达到一定程度后，会对早熟禾的生长产生一定程度的影响。在4％的施肥浓度下，三叶草的丙二醛含量明显低于对照，表明此浓度的有机肥施用量对三叶草是较为合适的。甜瓜的丙二醛含量在6％和8％的施肥浓度下明显低于对照，在其他施肥浓度下接近对照的含量，说明该有机肥不会对甜瓜产生胁迫，且在合理的施用范围内能增强它对逆境的抵抗力。菠菜的各处理组均高于对照，表明该肥可能会对菠菜的生长产生一定的负面影响。随着施肥浓度的增加，万寿菊的丙二醛含量呈不断下降的趋势，到8％的施肥浓度时，丙二醛的含量就开始低于对照，表明万寿菊对此浓度的施用量表现出一定的耐受性。

施用有机肥后，除6％的施肥量外，高羊茅和菠菜的可溶性糖含量都有所上升，而且，施肥量较大，其可溶性糖含量也相对较大，说明8％和10％的施肥量分别对高羊茅和菠菜细胞膜的渗透调节能力最强。对于早熟禾，只有10％的施肥量的可溶性糖含量超过了未施肥的，说明只有达到一定的施用量，才能充分刺激早熟禾可溶性糖的合成，进而增强其细胞膜的调节能力。同未施肥组相比，施肥量为2％、8％和10％的小麦的可溶性糖含量有所降低，施肥量为6％的小麦的可溶性糖含量则有较大升高。随着施肥浓度的递增，油菜的可溶性糖含量也在递增，表明有机肥对油菜可溶性糖的合成具有积极的正向作用。三叶草的可溶性糖含量随着施肥量的增加呈现先增后减的趋势，且只在4％和6％的浓度下高于对照组，说明有机肥浓度过高会对三叶草可溶性糖的生成产生抑制作用。在2％和6％的施肥浓度下，甜瓜和万寿菊的可溶性糖含量均低于对照组，但在4％、8％和10％的浓度下高于对照组，可溶性糖含量的最大值分别出现在4％和10％的施肥浓度下，因此，比较难以判断不同有机肥施用量对这2种植物可溶性糖合成的影响规律。

与未施肥的相比，施肥量在2％和10％的高羊茅叶片的质膜透性都增强了，而施肥量为4％、6％和8％的却相对下降了。由此推断，过高和过低的施用有机肥均会对高羊茅的细胞质膜透性产生不利影响，但适量施用却会使高羊茅叶片的细胞膜系统变得更加稳定。对于早熟禾，除6％的施肥浓度外，其他处理的细胞质膜透性都相对增强了，说明只有6％的施用量会对早熟禾的细胞质膜透性产生有利影响。对于小麦，只有2％的施肥量对其细胞质膜透性产生了有利影响。施过该肥的油菜叶片的质膜透性较对照组均有所下降，表明有机肥的施用可不同程度地增强油菜细胞膜系统的稳定性，但在 4％ 的施肥浓度下效果最佳。甜瓜与油菜相似，其最佳施肥浓度出现在 10％。除了 4％ 和 6％ 的浓度外，其他处理组的三叶草叶片的质膜透性均有所增强，表明有机肥施用量过大会破坏三叶草的细胞膜渗透功能。对于菠菜和万寿菊，所有处理组叶片的电导率均高于对照组，表明有机肥的施用会对其的质膜透性有一定的负面影响。

（4）有机肥对植物抗氧化酶活性的影响

超氧化物歧化酶（SOD）、过氧化物酶（POD）、过氧化氢酶（CAT）等是酶促防御系统的保护酶，它们协同作用，防御活性氧或其他过氧化自由基对细胞膜系统的伤害，抑制膜脂过氧化，以减轻胁迫对植物细胞的伤害。植物受到环境胁迫时，氧自由基含量增高，接着激发抗氧化酶系统，两者之间保持一定的平衡，植物不会受到伤害。但是，当环境胁迫严重时，氧自由基的含量过大，抗氧化系统不能及时清除，平衡遭到破坏，酶系统也会遭到相应的破坏，植物就会受到伤害。

除 6％ 的施肥浓度外，高羊茅其他控制组的超氧化物歧化酶（SOD）活性均低于对照，说明 6％ 的施肥量会对高羊茅产生一定的胁迫，而 8％ 的施肥浓度则能最大程度降低逆境对高羊茅的损害程度。与对照组相比，早熟禾、小麦、油菜和甜瓜以及菠菜所有控制组的 SOD 活性均有所增加，表明有机肥中的有毒有害物质容易使这几种植物遭受胁迫，但这种胁迫却在植物承受范围之内，可能是植物遭受胁迫后释放出较多的 SOD，进而有效地抵御植物受到侵害。在 2％ 和 4％ 的施肥浓度下，三叶草和万寿菊的 SOD 活性较控制组有所降低，表明低量的施用有机肥不仅不会对这 2 种植物产生不利影响，反而有利于缓解逆境对它们的胁迫。

油菜、菠菜和万寿菊的过氧化物酶（POD）活性均是施肥组大于对照组；高羊茅、小麦和甜瓜的过氧化物酶活性分别只在 2％、6％ 和 4％ 的施肥浓度下小于对照组；早熟禾的过氧化物酶活性在 2％ 和 4％ 的施肥浓度下均小于对照组；三叶草的过氧化物酶活性则在 4％ 和 6％ 的施肥浓度下小于对照组。可见，从氧化物酶活性来看，施用 2％ 的有机肥不会对高羊茅、早熟禾产生胁迫，施用 4％ 的有机肥不会对早熟禾、三叶草、甜瓜产生胁迫，施用 6％ 的有机肥不会对小麦、三叶草产生胁迫。另外，几乎所有植株基本上表现出施肥量越大，POD 指标越高的趋势，但各施肥浓度下 POD 指标的差异都不显著，表明随着逆境环境的增强，各植物的抗氧化性酶活力也相应增强，未超过植物的耐受限度。

高羊茅、三叶草和甜瓜的过氧化氢酶（CAT）含量均是施肥组大于或等于对照组；早熟禾的 CAT 活性只在 4％ 的施肥浓度下略大于对照组；小麦的 CAT 活性在 6％ 和 10％ 的施肥浓度下均大于对照组；油菜和菠菜的 CAT 活性只在 4％ 的施肥浓度下小于对照组；万寿菊的 CAT 活性在 8％ 和 10％ 的施肥浓度下均大于对照组。由此可见，从 CAT 活性来看，施用有机肥对高羊茅、三叶草和甜瓜产生胁迫，施用该肥基本不会对早熟禾产生胁迫，施用 10％ 的有机肥会对小麦产生负面影响，施用 8％ 和 10％ 的有机肥会对油菜、菠菜和万寿菊产生负面影响。

试验证明，用剩余活性污泥生产的有机复混肥可施用于城市园林绿化植物和农果作物，为剩余活性污泥的资源化利用提供了广阔的前景。但制肥用的污泥必须进行选择，城市污水处理厂污泥有机质含量较高，重金属含量一般可满足肥料的要求，而工业废水处理厂污泥因重金属含量较高，不建议选用。

▶▶ **参考文献**

[1] 饶亦武，秦渤，付向阳，等.以城镇污水处理厂污泥为原料的有机-无机复合肥研制 [J].环保科技，2016，(5)：14-18.

[2] 桂厚瑛.污泥堆肥工程技术 [M].北京：中国水利水电出版社，2015.

[3] 陈冰.污泥堆肥中颗粒化调理剂的改性 [D].郑州：河南工业大学，2015.

[4] 王建俊，王格格，李刚，等.污泥资源化利用 [J].当代化工，2015，44 (1)：98-100.

[5] 张冬，董岳，黄瑛，等.国内外污泥处理处置技术研究与应用现状 [J].环境工程，2015，33 (A1)：600-604.

[6] 王厚成，曾正中，张贺飞，等.污泥堆肥对重金属稳定化过程的影响研究 [J].环境工程，2015，33 (10)：81-84.

[7] 张晶，路娟，孙学成，等.接种白菜对城市污泥堆肥效果的影响 [J].湖北农业科学，2015，54 (1)：2601-2605.

[8] 薛红波，丁敬，张盛华，等.不同辅料及配比对生活污泥堆肥效果的影响 [J].中国给水排水，2015，31 (9)：72-75.

[9] 冯瑞，银奕，李子富，等.添加低比例石灰调质后的脱水污泥堆肥试验研究 [J].中国环境科学，2015，35 (5)：1442-1448.

[10] 马闯，霍晶，张宏忠，等.利用污泥堆肥冬季培育碱茅草无土草坪的研究 [J].河南农业科学，2015，44 (8)：60-64.

[11] 马闯，李明峰，赵继红，等.调理剂添加量对污泥堆肥过程温度和氧气变化的影响 [J].浙江农业学报，2015，27 (4)：631-635.

[12] 张宏忠，霍晶，马闯，等.城市污泥堆肥用作草坪基质的研究进展 [J].环境工程，2015，33 (2)：92-95.

[13] 先元华.屠宰场污泥堆肥效果及其影响因素实验研究 [J].环境工程，2015，33 (1)：112-116.

[14] 孙先锋，杨波波，朱欣洁，等.生物强化技术在污泥堆肥处理中的效果 [J].中国土壤与肥料，2015，5：104-107.

[15] 王社平，程晓波，姚岚，等.施用城市污泥堆肥对土壤和青椒重金属积累的影响 [J].农业环境科学学报，2015，34 (9)：1829-1836.

[16] 王怡，陈斌，严应政，等.城镇污水处理厂污泥堆肥减量工业废弃物的研究 [J].中国给水排水，2015，31 (21)：72-76.

[17] 胡伟桐，余雅琳，李喆，等.不同调理剂对生物沥浸污泥堆肥氮素损失的影响 [J].农业环境科学学报，2015，34 (12)：2379-2385.

[18] 黄克毅，李明峰，张俊杰，等.调理剂配比对污泥堆肥过程中参数变化的影响 [J].湖北农业科学，2015，54 (10)：2339-2343.

[19] 张立秋，孙德智，封莉.城市污泥堆肥林地利用及其环境生态风险评价 [M].北京：中国环境科学出版社，2014.

[20] 刘桓嘉，刘永丽，张宏忠，等.城市污泥堆肥土地利用及环境风险综述 [J].江苏农业科学，2014，42 (2)：324-326.

[21] 李明峰，马闯，赵继红，等.污泥堆肥臭气的产生特征及防控措施 [J].环境工程，2014，32 (1)：192-196.

[22] 王杰，唐凤德，依艳丽.污泥堆肥对草坪生长及光合特征的影响 [J].应用生态学报，2014，25 (9)：2576-2582.

[23] 李昂，孙丽娜，李鹏.市政污泥堆肥过程中微生物群落的动态变化 [J].环境工程学报，2014，32 (12)：5445-5450.

[24] 孙旭红，马文彬，周金倩，等.污水处理厂干化污泥的泥质研究 [J].中国给水排水，2014，30 (11)：970-977.

[25] 涂兴宇.市政污泥处理处置技术评价及应用前景分析 [D].上海：上海交通大学，2014.

[26] 褚艳春，葛骁，魏思雨，等.污泥堆肥对青菜生长及重金属积累的影响 [J].农业环境科学学报，2013，32 (10)：1965-1970.

[27] 熊一凡，熊江璐.城市污泥资源化利用与思考 [J].企业经济，2013，9：164-167.

[28] 贾新宁.城镇污水污泥的处理处置现状分析 [J].山西建筑，2012，38 (5)：220-222.

[29] 白旭佳.污泥基生物炭制备及其保肥效能的应用研究 [D].哈尔滨：哈尔滨工业大学，2012.

[30] 张晏，戴明华.污泥堆肥技术及工程设计 [J].给水排水，2012，38 (A2)：36-38.

[31] 杨政成，吕应南.三峡库区城镇污水污泥资源化利用潜力分析 [J].山西建筑，2011，37 (24)：207-208.

[32] 牛俊红，刘蕾，郑宾国.郑州市污水污泥特性及其堆肥的可行性分析 [J].安徽农业科学，2011，39 (15)：8985-8986，9021.

［33］　张增强.污水处理厂污泥堆肥化处理研究［J］.农业机械学报，2011，42（7）：148-154.

［34］　相玉琳，张卫江，徐姣，等.超声波辐射强化污泥蛋白质的提取［J］.化学工程，2011，39（3）：63-66.

［35］　康军，张增强，孙西宁，等.污泥堆肥合理施用量确定方法［J］.农业机械学报，2010，41（6）：98-102.

［36］　刘梦，樊丛照，粟有志，等.污泥有机复合肥对几种植物生理学效应的影响［J］.新疆农业科学，2010，47（8）：1567-1573.

［37］　王星，赵天涛，赵由才.污泥生物处理技术［M］.北京：冶金工业出版社，2010.

［38］　郑师梅，韩少勋，解立平.污水污泥处置技术综述［J］.应用化工，2008，37（1）：819-821.

［39］　朱开金，马忠亮.污泥处理技术及资源化利用［M］.北京：化学工业出版社，2007.

［40］　汤秋云，高琪，李思彤，等.污泥蛋白肽对土壤微生态及植物生长调控［J］.环境工程学报，2015，9（11）：5611-5616.

［41］　姚立明，宫禹，赵孟石，等.我国城市污泥处理技术现状［J］.黑龙江科学，2015，3：10-11.

［42］　邹波.利用剩余活性污泥制作复合肥［J］.农村新技术，2014，4：74-75.

［43］　王瑷.城市污泥及其复合肥对小麦、大豆种苗生长影响的研究［D］.大连：辽宁师范大学，2014.

［44］　易龙生，康路良，王海，等.市政污泥资源利用的新进展及前景［J］.环境工程，32（A1）：992-997.

［45］　卢淑宇.城镇污水处理厂污泥堆肥利用实验研究［D］.西安：西安建筑科技大学，2013.

［46］　童金胜.利用城市污水厂污泥生产有机复合肥的探讨［J］.建材发展导向，2011，9（19）：178-179.

［47］　郭普辉.造纸污泥堆肥发酵工艺研究［D］.郑州：河南农业大学，2011.

［48］　彭智平，黄继川，李文英，等.污泥复混肥在菜心上的使用效果研究［J］.广东农业科学，2010，37（11）：94-96.

［49］　李欢，金宜英，聂永丰.污水污泥中腐殖酸的提取和利用［J］.清华大学学报（自然科学版），2009，49（12）：1980-1983.

［50］　武建军.利用脱水污泥生产有机复合肥的工艺探讨［J］.辽宁城乡环境科技，2007，27（4）：30-32.

［51］　田宁宁，王凯军，曹从荣，等.污泥好氧堆肥产品（复合肥）的农田试验［J］.中国给水排水，2003，19（1）：37-40.

［52］　陈同斌，李艳霞，金燕，等.城市污泥复合肥的肥效及其对小麦重金属吸收的影响［J］.生态学报，2002，22（5）：643-648.

［53］　金燕，李艳霞，陈同斌，等.污泥及其复合肥对蔬菜产量及重金属积累的影响［J］.植物营养与肥料学报，2002，8（3）：288-291.

［54］　赵莉，李艳霞，陈同斌，等.城市污泥制复合肥在皮革生产中的应用［J］.植物营养与肥料学报，2002，8（4）：501-503，506.

［55］　周建红，刘存海，张学忠.含铬污泥的堆肥化处理及其复合肥的应用效果［J］.西北轻工业学院学报，2002，20（2）：8-10.

第17章

污泥制蛋白质饲料

蛋白质是畜牧养殖业和饮料工业的主要原料之一。蛋白质饲料是指干物质中粗蛋白质含量在 20% 以上、粗纤维含量在 8% 以下、消化能含量超过 10.45MJ/kg 的饲料。这类饲料的粗纤维含量低，可消化成分多，是混合饲料的基本成分。根据其来源和属性的不同，主要分为以下几类：

① 植物性蛋白质饲料。主要包括豆科籽实、饼粕类和某些加工副产品。

② 动物性蛋白质饲料。主要包括鱼粉、血粉、骨肉粉、水解羽毛粉、蚕蛹等。

③ 微生物蛋白质饲料。主要是酵母蛋白质饲料。

④ 工业合成产品。主要为非蛋白氮补充饲料。

我国对蛋白质的需求已远远超出了国内动植物蛋白的生产量，每年都需要从国外进口大量大豆、豆粕和鱼粉等蛋白质原料。随着畜牧业的深入发展，蛋白质资源的相对匮乏问题已经严重制约了畜牧业的快速发展。如何解决蛋白质饲料的资源短缺，以提高畜产品质量，是摆在我国畜牧业和饲料工业面前的一个重要问题。污泥蛋白提取是近年来发展起来的新型资源技术。

17.1 ⊃ 污泥制蛋白质饲料的可行性

污泥中含有大量的有机质（包括微生物，如细菌、真菌、放线菌等，原生动物、后生动物和藻类），主要成分包括 28.7%～40.9% 的粗蛋白、26.6%～44% 的纤维素、0%～3.7% 的脂肪酸和 26.4%～46.0% 的灰分。其中 70% 的粗蛋白以氨基酸形式存在，以蛋氨酸、胱氨酸、苏氨酸和缬氨酸为主，而且各种氨基酸之间成分相对均衡，是一种潜在可用的饲料蛋白。从表 17-1 污泥与酵母的元素成分比较可以看出，污泥与酵母菌的组成非常类似，只是污泥的灰分含量略高。

表 17-1 污泥与酵母菌的元素成分比较

成分	酵母菌	活性污泥 1	活性污泥 2
C 质量分数/%	47.0	50.6	43.06
H 质量分数/%	6.0	7.1	6.1
O 质量分数/%	32.0	27.9	24.1

成分	酵母菌	活性污泥 1	活性污泥 2
N 质量分数/%	8.5	11.2	9.6
碳氮比(质量比)	5.5∶1	4.5∶1	4.5∶1
灰分质量分数/%	6.0	—	14.0

据日本科学技术厅资源调查会的报告，当污水来源是有机性工业废水以及食品加工、酿造工厂和畜牧厂的废水时，剩余污泥中含有大量细菌和原生动物，很有希望作为鱼、蟹的饲料。可采用活性污泥法处理产生污泥，污泥经过灭菌等过程制成饲料。污泥与饲料成品的投入产出比为 1∶0.65，如果都用嗜气性微生物制成饲料，将成为水产养殖业的丰富的饲料来源。因污泥中含有蛋白质、维生素和痕量元素，利用净化的污泥或活性污泥加工成含蛋白质的饲料用来喂鱼，或与其他饲料混合饲养鸡等，可提高产量，但肉质稍差。

污泥中的蛋白质主要存在于污泥微生物的细胞壁及其内含物中，从污泥中提取蛋白质就是使污泥中的微生物蛋白释放出来，变成可溶性物质的过程。污泥蛋白质的提取首先需要破坏污泥的结构和细菌的细胞壁，使污泥絮体结构发生变化，细胞内含的蛋白物质溶出进入水相，从而达到分离蛋白质的目的。污泥制成蛋白质饲料被称为这一领域的"绿色革命"。

污泥细胞破壁的程度直接影响蛋白质的提取率。温度是影响污泥水解蛋白质的重要因素，反应体系中较高的温度有利于污泥细胞破壁和释放细胞内蛋白质。但 Elbing 等学者发现，温度过高，污泥细胞中氨基化合物和羧基化合物之间有可能发生缩合反应，产生难降解的"类黑色素"，反而影响水解效果。另外，水解时间、反应体系 pH 值、固液比都是影响污泥蛋白质提取的因素。

17.2 ○ 污泥蛋白的提取方法

污泥中蛋白质的提取方法主要有酸水解法、碱水解法和超声波法。污泥经过水解后，产生可溶性化学需氧量（SCOD）和可溶性蛋白质，污泥絮凝体粒度减小，悬浮物减少。另外，水解过程能增强污泥的脱水性，减小其体积，后续处理更为简便。

赵顺顺采用这三种方法分别提取青岛市污水处理厂污泥中的蛋白质，优化了三种方法的工艺条件。其中，酸水解法的最优工艺条件为：水解温度为 121℃、水解时间为 5h、体系的 pH 值为 1.25、加水体积为样品质量的 2.5～3 倍；碱水解法的最优工艺条件为：水解温度为 70℃、水解时间为 5h、体系的 pH 值为 12.5、加水体积为样品质量的 4～4.5 倍；超声波提取法的最优工艺条件为：超声功率为 650W、处理时间为 35min、体系的 pH 值为 12.0、加水体积为样品质量的 6～6.5 倍。在优化的工艺条件下，污泥的蛋白质提取效率可以达到 32.61%～69.60%，污泥质量消减率在 29.95%～34.21% 之间，污泥体积可减少将近 1/3。污泥提取液中蛋白质的等电点均为 5.5，这三种提取方法得到的蛋白质纯度分别为 83.52%、81.85%、79.66%，初步判断所提取的蛋白质产品为较好的动物饲料蛋白质添加剂。

针对武汉市某污水处理厂污泥，华佳等采用正交试验研究了碱性水解污泥蛋白的反应条件，提出的最佳水解条件为：固液比（鲜泥与加水量的质量比）为 1∶2，温度为 121℃，25% 的石灰与 2% 的 NaOH 配合催化。研究发现干污泥的水解效果优于新鲜污泥，回流污泥的水解效果优于剩余污泥。另外，碱法水解循环四次可使水解液的蛋白质浓度达到72.465g/L，满足实际生产要求。也有人发现在加热条件下，碱水解法的水解程度加大，蛋白质析出加快。

超声波技术可以有效破解污泥微生物的细胞壁，从而使内部蛋白质更易流出。研究发现，在声能密度为0.25W/mL、污泥破解时间为30min时，污泥上清液的溶解性化学需氧量值从133mg/L上升到2566mg/L；而在声能密度为0.5W/mL时，在同样的污泥破解时间内，溶解性化学需氧量值从133mg/L上升到4532mg/L。由此可见，较高的声能密度会促进污泥的破解。

啤酒污泥中含有23.9%的蛋白质和脂肪、多糖等有机物及维生素，其中70%的粗蛋白以氨基酸形式存在，且几乎囊括了所有家畜饲料所需的氨基酸，因此，可将啤酒污泥加工成蛋白质饲料或与一般饲料混合后直接饲养家禽。

通过"粗提取"技术可以从活性污泥中直接提取蛋白质，提取的产品包括所有来自微生物细胞的溶解性蛋白质和由胞外聚合物组成的生物膜，主要由糖类、糖醛酸和腐殖质物质等组成。在最终产品中，利用提纯技术分离蛋白质与胞外聚合物，在经EDTA孵化和后续过滤后，得到纯度较高的蛋白质。

有学者采用碱水解法＋超声波法提取技术，从剩余污泥中提取蛋白质作为动物饲料，提取流程为污泥分解→蛋白质沉淀→蛋白质干化，同时分析了蛋白质的组分并进行了小白鼠毒理试验。结果表明，污泥蛋白质产品的营养物组分与商业蛋白质类似；蛋白质提纯过程去除了重金属、黄曲霉毒素B1、赭曲霉素A和沙门氏菌属D。小白鼠毒性试验显示，蛋白质污泥产品不会产生临床危害、生物体质量减小等一系列毒性反应，其最小致死量超过2000mg/kg。总之，从剩余污泥中提取蛋白质并将其用于动物饲料，从技术角度看是可行的。

污泥蛋白提取技术与传统的污泥处理模式相比，具有显著的优点，具备快速占领市场份额的巨大潜力。表17-2为蛋白提取技术与传统污泥处置技术的比较。

表 17-2 蛋白提取技术与传统污泥处置技术的比较

处置技术	运行成本/(元/t)	技术特点
堆肥	100～150	占地面积大、处理周期长(至少一个月)、需要较高的额外运输费用、臭气等环境问题
干化、焚烧	300～400	高投资成本(50～100万元/t)、烟气污染
厌氧发酵	300～500	设备体积大、处理周期长、占地多、高投资成本(大约和污水处理厂投资相当)、处理后的污泥仍需要脱水、干燥及外运焚烧
污泥蛋白提取技术	100～150	低投资成本(20～30万元/t)、处理周期短(3～4h)、占地省(100t项目占地少于1000m²)、高附加值产品产出

正是由于污泥蛋白提取技术具有较多的优点，目前，污泥蛋白提取方式的污泥处理及资源化利用技术已经实现初步产业化，暂时形成了较为完整的工业生产线。该技术的工程应用研究始于北方，但存在一定的区域局限性，如热水解热源北方可利用供暖余热，南方则需另设热源，泥质特性北方有机质高、南方较低，等等，在运行方面存在较大的价格差异，在实际应用中，还需对热源、资源化产品效率等因素进行综合优化。

17.3 ⟳ 污泥蛋白的加工技术

无论采用何种方法，从污泥中水解得到的蛋白液的浓度较低，而且在储存过程中会因进一步分解而产生臭味物质，因此需对提取出来的蛋白质进行进一步的加工，才能得到可直接利用的蛋白质饲料。

一般来说，对于提取出来的污泥蛋白，其进一步加工过程至少包含浓缩和除臭两个步骤。

（1）污泥蛋白浓缩

常规水解法得到的蛋白液浓度较低，需反复浓缩才能达到应用于生产原料的标准，浓缩耗能造成的成本过高将使其推广应用受到一定限制。

陈玉辉、华佳等提出并改进了循环水解方案，即将水解液加入新的污泥中进行再次水解，如此多次循环，直至滤液中水解蛋白浓度达到要求。循环法能加快实验进程，但会损失部分蛋白质，并降低污泥消减率，因而循环次数不宜过多。从经济上分析，循环法将催化剂、水、能源等循环利用，能大幅降低生产成本，具有一定的可行性。

庞金钊等采用超滤膜法对剩余污泥蛋白提取液进行浓缩，适宜操作压力为 0.16MPa，运行时间为 170min，可将蛋白液浓缩 75%，满足工业生产需要。在浓缩过程中采用清洗剂（0.1% 的盐酸溶液），以动静态混合的方式对膜进行清洗，不仅可以提高工作效率，还有利于膜通透量的恢复。

（2）污泥蛋白除臭

在储存过程中，部分污泥蛋白质可能会进一步分解，最终生成有机氨、硫化氢、硫醇、吲哚和粪臭素等具有恶臭气味的物质，因此，在应用污泥蛋白开发下游产品前必须对其进行除臭处理。

为了解决污泥蛋白液的恶臭问题，相玉琳、张卫红等以茶多酚、环糊精对污泥蛋白提取液除臭进行了研究，结果表明，最佳工艺条件为：pH 值为 10、茶多酚投加量为 0.4g、环糊精投加量为 0.8g、蛋白液的体积分数为 20%、作用时间为 30min 时，污泥蛋白液臭味评分数达到 4.1。

经过浓缩和除臭处理后，即可作为原料，经进一步加工而得到动物饲料或其他产品。

17.4 ⟳ 污泥蛋白的利用

污泥蛋白的利用有很多方法，主要是用作蛋白质饲料和发泡剂（泡沫灭火剂、泡沫建材）。

（1）蛋白质饲料

污泥中含有大量有机质（尤其蛋白质）和动物生长所必需的微量元素，可以通过生物手段将污泥转化为无害的、动物可食用的饲料或饲料添加剂。

早期的尝试是将污泥直接饲养家畜，但在实践中发现，因污泥的毒性效应，导致动物体的体重降低。这是由于污泥处理过程中，重金属、有机毒物和病原菌累积在污泥中，使污泥带有毒性。因此，利用污泥中的蛋白质资源作为动物饲料，需要通过有效而经济的手段，将其提取为一种无毒性且不产生大量剩余物质的蛋白质产品。可将净化后的污泥加工成饲料直接喂鱼或养鸡；或者利用蚯蚓处理剩余污泥，再将蚯蚓加工成饲料喂养动物。发展这种蛋白质饲料工业可以有效解决畜牧养殖业中的饲料短缺问题。

污泥中的粗蛋白主要以氨基酸的形式存在（蛋氨酸、胱氨酸、苏氨酸和缬氨酸为主），各种氨基酸之间相对平衡，是一种非常好的饲料蛋白。Jiyeon 等认为提取的污泥蛋白具有很高的营养价值，通过大白鼠毒性实验以及尸体解剖发现污泥蛋白对大白鼠的死亡率以及临床发病率等没有影响，可以安全作为动物饲料使用。赵顺顺等对污泥蛋白的营养性和安全性进行分析，研究发现，提取的蛋白质沉淀物呈黄灰色，纯度较高，氨基酸含量丰富，除色氨酸外，七种人体和动物生长必需氨基酸的含量都很高，另外还检出八种非必需氨基酸，作为动物饲料蛋白添加剂具有较高的营养性；沉淀物中重金属含量极少，符合《饲料卫生标准》（GB 13078—2017），以该蛋白质沉淀物作为饲料添加剂对动物无短期毒害作用。

但是，污泥的成分非常复杂，其中的重金属、病原菌、寄生虫（卵）和有毒有机物在蛋白质提取的同时也有可能被提取出来。如果将这些蛋白质制成饲料或添加剂饲养动物，其中的痕量有毒有害成分会逐步在动物体内积累，进一步通过食物链危害人体健康。因此，用何种方法从污泥中高效提取蛋白质，并保证所提取的蛋白质作为饲料时的安全性，是污泥提取蛋白质技术需要关注的问题。长期利用污泥蛋白作为饲料，可能导致的有毒物质在动物体内的累积及其造成的潜在危害和长远影响还有待进一步研究。

（2）发泡剂（泡沫灭火剂、泡沫建材）

污泥蛋白发泡剂是近年来的研究热点。目前发泡剂的主要起泡源种类已经从早期的以表面活性剂类化学物质转变为蛋白质，蛋白质类发泡剂主要包括植物蛋白质类和动物蛋白质类。植物蛋白质类发泡剂由于原材料的质量不稳定，造成最终产品的发泡性能不稳定；动物蛋白质类发泡剂是以动物角质蛋白为原料，通过一系列化学反应制作，原材料资源有限，且会造成二次污染。污泥蛋白质具有优良的发泡性能，并能实现对污泥的废物利用，因而越来越受到人们的关注。污泥蛋白发泡剂主要应用于制备泡沫混凝土以及泡沫灭火剂。

泡沫混凝土是将泡沫与硅、钙质材料以及各种外加剂和水搅拌均匀浇筑成的含有大量密闭气孔的轻质混凝土，是一种新型保温隔热材料，广泛应用于建筑隔热保温和高层建筑内外墙。倪红等发现污泥蛋白发泡剂对泡沫混凝土的密度、体积都有直接的影响，泡沫混凝土块的密度随着污泥蛋白发泡剂的增加而降低，而体积则随发泡剂添加量的增加而增大。李军伟用三乙醇胺和十二烷基苯磺酸钠对污泥蛋白发泡剂进行改性，并将其应用于制备泡沫混凝土砌块，砌块的抗折和抗压强度都满足《泡沫混凝土砌块》（JC/T 1062—2007）标准的规定要求。

蛋白类泡沫灭火剂不会对环境造成二次污染，在日本等发达国家的使用比例较高，保存时间可达十年。天津市裕川微生物制品有限公司与天津消防研究院协作完成蛋白泡沫灭火剂试验，施加蛋白泡沫灭火剂 3 分 15 秒将铁盆里面的火完全灭掉，27 分 30 秒达到 25% 抗烧时间。其蛋白泡沫灭火剂产品达到国家《泡沫灭火剂》（GB 15308—2006）技术标准最高（最优）灭火级别ⅢB 的要求。

（3）其他利用途径

污泥蛋白液还可被开发成氨基酸液体肥，用于园林绿化、土壤改良等。另外，对于南方污水厂而言，普遍存在进水碳源不足、碳/氮比偏低，影响生物脱氮的问题。污泥蛋白水解液回流至污水泵房，将是一种很好的碳源补充剂。

▶▶ **参考文献**

[1] 高健磊，李超，闫怡新，等.超声波强化酶法提取污泥蛋白研究 [J].四川环境，2018，37（2）：38-44.

[2] 廖传华，王万福，王小军，等.污泥稳定化和资源化的生物处理技术 [M].北京：中国石化出版社，2018.

[3] 王伟云，黄发源，朱正仁，等.脱水污泥提取蛋白质实验研究 [J].沈阳航空航天大学学报，2017，34（2）：87-91.

[4] 廖传华，韦策，赵清万，等.生物法水处理过程与设备 [M].北京：化学工业出版社，2016.

[5] 李祥祥，孟祥美，万月亮，等.生物污泥蛋白作为增强剂在瓦楞原纸中的应用 [J].天津造纸，2016，38（4）：26-30.

[6] 赵维伟，宋建华，许建刚，等.啤酒饮料废水综合利用新进展 [J].酿酒科技，2015，8：93-95.

[7] 唐霞，肖先念，李碧清，等.污泥蛋白提取资源化技术研究进展 [J].广东化工，2013，40（12）：97-98.

[8] 苏瑞景.剩余污泥酶法水解制备蛋白质、氨基酸及其机理研究 [D].上海：东华大学，2013.

[9] 章文锋.剩余污泥酶法水解制备复合氨基酸及其铜衍生物研究 [D].上海：东华大学，2013.

[10] 章文锋，苏瑞景，李登新.酶法水解提取剩余活性污泥蛋白质条件实验 [J].环境科学与技术，2012，35（9）：7-10.

[11] 司建伟.水球藻处理生活污水及污泥提取液的试验研究 [D].衡阳：南华大学，2010.

[12] 赵顺顺，孟范平.剩余污泥蛋白质作为动物饲料添加剂的营养性和安全性分析 [J].中国饲料，2008，15：35-38.

[13] 孟范平，赵顺顺，张聪，等.青岛市城市污水处理厂污泥成分分析及利用方式初步研究 [J].中国海洋大学学报，2007，37（6）：1007-1012.

[14] 林冬，王成瑞.变废为宝的污泥资源化技术 [J].环境导报，2003，15：9-10.

[15] 李钢，李亚青.利用污水处理厂污泥生产蛋白饲料 [J].农村实用科技，2002，7：37.

土地利用篇

+ 第18章 ▶ 污泥土地利用

第18章

污泥土地利用

　　污泥的土地利用是将污泥直接施用于土地，使污泥中的有用成分（如 N、P、K、有机物等）转化为土地的一部分，进而作为植物生长的营养物质或对土地进行修复。因此，污泥土地利用不仅最终处置了污泥，而且将其转化为农业、林业、花卉、绿化、牧场修复与重建以及严重破坏土地修复等利用途径。

　　污泥的来源不同，其组成及物化特性也不同，对于不同的污泥，其土地利用途径也不同。污泥土地利用主要有以下几种途径。

（1）污泥农田利用

　　污泥农田利用是将污泥直接施用于农田，充分利用其所含的 N、P、K、有机物等作为农作物的养分。当污泥泥质满足 GB 4284—2018、CJ/T 309—2009 各项指标要求，并且拥有足够消纳用农田时，优先采用污泥农用处置方式。

（2）污泥园林绿化利用

　　当污泥泥质不能满足农用要求但满足 GB/T 23486—2009、CJ/T 362—2011 各项指标要求，并且拥有足够消纳用绿地（或林地）时，采用污泥园林绿化处置方式。

（3）污泥土壤改良

　　当污泥泥质既不能满足农用要求也不能用于园林绿化，但满足 GB/T 24600—2009 各项指标要求，并且拥有足够消纳用盐碱地、沙化地和废弃矿场等待修复土地时，可采用污泥土壤改良处置方式。

（4）污泥用作垃圾填埋场覆土

　　在城市固体废弃物填埋场的运行过程中，需要大量的适用材料完成日覆盖；在填埋场封场时又需要适用材料完成最终覆盖，并能支撑覆盖层表面的植被覆盖。通常，填埋是以农业土地上的耕作土或专用取土场采集的黏土作为填埋场覆盖层材料。

　　含固率达到或大于 50% 的城市污水厂污泥，在外观和功能作用方面与耕作土和黏土均十分相似。在污泥中的挥发性组分（有机质）已于前置生物稳定化过程中被有效降低和稳定后，污泥可作为防止有害生物进入填埋废弃物层的有效物理屏障。达到含固率水平的污泥具有很高的持水容量和吸水潜力，用作日覆盖材料时可有效降低废弃物层的含水率，这样有助于进一步控制易在潮湿环境下栖息和繁殖的苍蝇、蚊子和鼠类的滋生。

18.1 ⊙ 污泥农田利用

　　污水处理过程中产生的污泥是一种天然有机肥，其中不但含有大量的有机物，还含有大量的能够促进农作物生长的氮、磷、钾及其他微量元素，而且含量一般均高于农家厩肥。污泥施用于农田后，具有能够改良土壤结构、增加土壤肥力、促进作物生长及能够回收利用有机质等优点，同时又可以解决环境污染问题，具有广阔的应用前景。

18.1.1 污泥的肥效

表 18-1 和表 18-2 表明，污泥与其他有机肥、栽培介质、优良耕作土壤一样，含有作物生长的养分。

表 18-1　城市污水处理厂污泥中营养物质的含量　　　　　　单位：%

项目	湿污泥	经化学除磷的污泥	脱水污泥	
			带式脱水机	板框压滤机
干固体含量	4.0(1.6～16)	6.4(1.6～14)	24.0(12～36)	42.0(28～71)
灼烧减量(以干固体计)	39.5(2.5～82)	40.0(19～72)	42.0(9～75)	28.2(18～56)
总氮(TN)(以干固体计)	2.6(0.5～12.3)	3.6(1.7～10.7)	2.8(1.1～5)	1.4(1.0～1.8)
无机氮(以干固体计)	1.0(0.8～4.0)	1.4(1.0～5.3)	1.1(0.7～1.4)	0.1(0.01～0.2)
磷 P(以干固体计)	2.0(0.4～5.4)	3.9(1.2～7.4)	1.9(0.5～5.5)	1.8(0.6～5.2)
钙 Ca(以干固体计)	8.0(0.5～40)	7.5(2.2～27.5)	7.5(1.5～16.8)	22.5(8.5～65)
钾 K(以干固体计)	0.2(0.02～1.4)	0.2(0.05～1.4)	0.2(0.1～1.2)	0.2(0.1～1.0)
镁 Mg(以干固体计)	0.5(0.01～2.7)	0.8(0.02～1.3)	0.6(0.1～2.5)	0.7(0.1～3.5)
钠 Na(以干固体计)	0.5(0.04～1.2)		0.4(0.1～0.8)	

表 18-2　污泥及几种有机肥、栽培介质养分一览表　　　　　　（以干重计）

项目	有机质	pH 值	TN%	TP%	TK%	有效 N/(mg/kg)	有效 P/(mg/kg)	有效 K/(mg/kg)
污泥	38.0	6.9～8.0	2.03	3.78	0.79	1104.6	1553.6	1665.9
人粪	59.61	7.6	5.60	1.208	1.575			
沤肥	45.70	8.15	1.593	0.303	2.2			
农用垃圾	29.66	8.7	1.255	0.265	1.628			
腐殖质土	23.05		0.868	0.092	1.66	405.0	15.3	210.0
火山灰	19.45		0.780	0.180	0.85	335.9	3.4	90.0
红土	3.90	5.6	0.147	0.106	0.86	172.4	2.0	14.0

注：TN—总氮；TP—总磷；TK—总钾。

表 18-2 以几种常见的有机肥、栽培介质为参考，采用 pH 值、有机质（物）、N、P、K 等农业上常用的养分指标对污泥肥效进行评价，可以看出，污泥中有机质含量为 38%，明显高于腐殖质土、火山灰等优质栽培土，而与几种优质农肥接近；而且污泥中 P 的含量显著高于其他有机肥料，这对于开花结果的植物而言是非常重要的元素；污泥中的有效 N、P、K 含量都较高，这部分养分更容易被植物吸收利用，是植物有效吸收的元素。同时，污泥中也含有大量 Mo、Fe 等植物所需的微量元素，其含量和土壤相比 Mo 为 3 倍，Fe 为 28

倍，因此，污泥还是提供植物微量元素的来源。此外，污泥在形成及堆放过程中还繁殖了大量的微生物、藻类、原生动物等活性物质，其中的消化细菌、产甲烷单胞细菌、假单胞细菌等还是污泥中特有的将有机物分解为无机物的重要菌种，在自然界的氮循环中起着重要的作用。因此，污泥也是一种微生物肥料，对提高土壤微生物活性具有积极作用。

18.1.2 污泥的施用方法

污泥农田利用可采用两种施用方法，即污泥未经任何处理直接施用和污泥厌氧消化后施用。

（1）污泥直接施用

污泥直接施用是将未经处理的污水污泥直接施用在农业用地上，这是美国及大多数欧盟国家最普遍采用的处理方法。我国已建成的污水处理厂中，污泥未经任何处理直接农用的约占 60％以上。

污泥中富含的氮、磷、钾是农作物必需的肥料成分，有机腐殖质（初次沉淀池污泥含32％，消化污泥含34％，腐殖污泥含46％）是良好的土壤改良剂。污泥中所富含的有机质和氮、磷等营养成分可明显提高土壤肥力，具体表现在改善土壤物理性质（土壤团聚体和团粒结构提高，容重下降）；增加土壤有机质和氮、磷水平，并增强土壤生物活性。因此，施用污泥的作物产量较高，且可满足后茬作物生长的营养需求。但污泥中的重金属以及病原菌含量是不可忽视的问题，如蔬菜对重金属的富集使污泥对人体造成直接或间接危害，以及污泥中的硝酸盐污染地下水的问题。

（2）污泥厌氧消化后施用

对污泥进行厌氧消化处理，可以达到污泥减量化的目的，而且可以回收一部分能源，可为后续处理减轻负担。

国内约有40％的污水处理厂把污泥进行消化脱水后农用，一方面可以实现部分能源回用，另一方面可以减少污泥中的部分有害细菌，增强污泥的稳定性。这样，污泥在农用中的负面影响相对小一些。研究表明，用厌氧消化后的污泥作为肥料施用于土壤后，土壤的持水能力、非毛细管孔隙率和离子交换能力均可提高 4％～24％，有机质含量提高 36％～41％，总氮含量增加 72％。

考虑到污泥中重金属对植物的影响，应合理地施用污泥。一般以作物对氮的需要量为污泥施用量的限度，污泥中的重金属含量必须符合农用污泥标准，污泥施用区土壤重金属含量不得超过允许标准。我国规定施用符合污染物控制标准的农用污泥每年每公顷不得超过 30t。

18.1.3 污泥农田利用的农业效果

污泥农田种用有利于农业的可持续发展。实践证明，污泥农用是一种具有广阔前景的污泥处置方法，受到世界各国的重视。美国农用污泥的比例已经从 1982 年的 40％增至 1992的 49％，其干污泥产品 Milorganite 已有 65 年的商业史，且市场竞争力还呈增强的趋势；目前，英国、法国、瑞士、瑞典和荷兰等国城市生活污泥的农用率达 50％左右，卢森堡达80％以上。农田利用在我国已有超过 20 年的历史，20 世纪 80 年代初，第一座城市污水处理厂——天津纪庄子污水处理厂建成投产后，污泥即由附近郊区农民用于农田，其后北京高碑店污水处理厂的生活污泥也用于农田。随着城市生活污泥产生量和污水处理厂的逐渐增多，我国已开始将污水处理厂污泥用于城市绿化及林地改造。

周立祥等的试验结果表明，施用一定量的城市生活污泥对土壤有机质、土壤腐殖化程度、土壤结构性能等均有明显的提高和改善，合理施用符合控制标准的污泥有利于提高土壤肥力水平。王敦球等把经过处理的污泥辅以其他物料制成有机复合肥，对水稻进行肥效试验和重金属含量检测，结果表明：污泥复合肥有较高的增产效果，作物中重金属含量无显著差异。黎青慧等将城市污泥用于农业，其研究表明：污泥与化肥配合施用，玉米、白菜增产率分别达到 21.74％和 21.55％，污泥肥效显著。解庆林等的试验表明：污泥有机肥施用后水稻增产 13％～19％，肥效略优于或等同于市场上出售的复合肥；施用于甘蔗后，产量比施用市场上出售的复合肥高 22％，比施用尿素、钙镁磷肥和氯化钾混合肥高 29％。

国内外的污泥农田利用试验及结果表明：

① 山西省郭湄兰等的盆栽和田间试验表明，施用污泥后，土壤中 N、P、K、总有机碳（TOC）等营养成分及田间持水量、团粒结构、土壤空隙率等都相应增加，土壤结构得到明显改善。

② 周立祥等在苏州的试验表明，使用生活污泥可以明显改善土壤的结构性能，使土壤的容量下降、孔隙增多、土壤的通气透水性变好。

③ 污泥还能提高土壤的阳离子交换量，改善土壤对酸碱的缓冲能力，提供养分交换和吸附的活性位点，进而提高土壤的保肥性能。

④ 污泥还能改变土壤的生物学特性，使土壤中微生物总量及放线菌所占比例增加，土壤的代谢强度提高。据 Sopper 报道，施用污泥改良土壤，细菌数和真菌数分别比不施用污泥的高 5～10 倍和 3～4 倍。

⑤ 污泥的长效作用比较明显。据资料报道，我国化肥工业迅猛发展，氮肥和磷肥的产量分别排在世界的第 2 位和第 3 位，农作物施肥结构发生了很大的变化。20 世纪 70 年代以前，农家肥料与化学肥料的比例是 7∶3，到了 20 世纪 70 年代末期，由于化学肥料用量猛增，其比例已改变为 3∶7。后来，农家肥料施用的比例越来越小，许多农作物施肥几乎全部依靠化肥，这样必然导致我国的土壤中缺乏有机质，土壤肥力不断下降。

另外，化肥仅使当茬作物增产，而有机肥不仅使当茬作物增产，还可在施用 2～3 年内表现增产的潜力。据北京市农科院在北京双桥采用燕山石化公司污水厂的污泥进行试验，结果表明，施用污泥不仅使当茬作物玉米增产，对第二茬作物小麦和第三茬作物水稻都有明显的增产效果。每施用 1t 污泥三茬作物共增产 473.4kg，是施用 100kg 优质含氮、含磷化肥（磷酸氢二铵）增产的 1.3 倍。从第三茬作物（水稻）收获时土壤养分分析结果来看，此时土壤内有机质含量与不施污泥对照约增加 35.2％，碱解氮含量高 38.3％，说明施用污泥农田地块的农作物还有继续增产的潜力。

⑥ 作物增产显著。经盆栽和田间试验表明，施用污泥的水稻、玉米生长快，植株粗壮；水稻植株高，分蘖多。稻麦籽粒与秸秆分别平均增产 38％和 41％，蔬菜平均增产 117％。南京农业大学和湖南农学院的试验结果表明，城市污泥不仅可取代一般的粪厩肥，也可取代 70％的化肥。将其施入农田后，对改善土壤结构、增加土壤肥效、调节土壤 pH 值，对土壤的透气性、透水性、蓄水保肥性都具有重要作用。但是，农田利用污泥时，必须采取措施尽可能减少污泥中污染物所带来的危害，特别是重金属和病原体。

18.2 ⊃ 污泥林地利用

随着城市污水处理工业的不断发展，城市污水处理厂污泥在林地的应用也越来越多。

18.2.1　污泥林业利用

污泥林业利用是指将污泥施用于远离城镇居民居住点的人工林地。林业利用污泥比农业要求低得多，污泥用于造林或成林施肥，不会威胁人类食物链，林地处理场所又远离人口密集区，因此很安全，可长期施用。由于森林环境的强大影响，也由于林地、荒山往往比农田更缺乏养料，致使病原微生物的存活时间大大缩短，过量的 N、P 养料得以充分利用。污泥林业施用 1 年后，林地土壤中的总氮、总磷、有机物含量和阳离子交换量，与不施用污泥而施用化学肥料相比都有显著增加，林地的体积密度、水容量及孔隙率也都有明显改善。

澳大利亚的墨尔本东方污水处理厂承担墨尔本 40％的城市污水处理任务，每年产生 $4×10^4 m^3$ 干污泥（污泥经压缩、脱水，其体积是污水总量的 1％），其中有 $1.2×10^4 m^3$ 干污泥制成土壤改良剂零售给苗圃。

我国林地利用污泥的树木包括白杨、泡桐、中国红松、黑洋槐、槐树和金钟柏等。到目前为止，污泥主要是应用到森林的陆地表面，污泥堆肥后也可用于保存树苗。污泥应用于森林 1 年以后，白杨、泡桐和中国红松的高度和直径分别增加 1.092～1.412 倍和 1.056～1.208 倍。应用污泥 1.5 年后，随着污泥负荷率的提高，所有树木的直径和高度都相应提高。

泥炭通常也作为调节介质去培育树苗以增加树木的存活率。当把污泥和泥炭按 1∶1 的比例混合后用于林地，树木的高度和直径及密度都要比单独应用泥炭高。应用 1 年以后，林地土壤中的总氮、速效氮、总磷、有机物含量和阳离子交换量，与不施用或施用化学肥料相比都有显著的提高，林地的体积密度、水容量及多孔性能也都有所改善。美国华盛顿大学林业资源学院与市政府合作进行了 17 年的研究，在派克林业站对 200 多英亩（1 英亩＝ $4046.9 m^2$）的林木试验也表明，施用泥肥的树木比不施用泥肥的树木直径增加 50％～400％。据资料介绍，麦肯等在美国的南卡罗来纳州对生长 4 年的火炬松施用污泥的试验研究表明，施用污泥的火炬松平均直径增加 56％～76％。张天红等在 1990—1991 年间对在长安县南五台林场施用污泥的研究中也得到类似的结果。

18.2.2　污泥林业利用的林业效果

污泥在林地上的利用，主要注意的问题是 N、P 等物质是否污染地下水，木材材质是否受到影响。新西兰克赖斯特彻奇所做的林地施用污泥试验表明，施用污泥后，林地枯叶中 N 的积累增加，土壤中可提取的 N 量有较大的提高。Dichens 等对火炬松进行施用污泥试验，统计分析表明，由于使用污泥而导致木材质量较差的担心是不必要的，施用污泥量至 $800 kg/hm^2$ 对火炬松的力学性能没有影响；Labrecque 等对柳树这类快速生长树种进行施用污泥试验，试验污泥有干污泥和丸状污泥两种，有效氮施用量分别为 $20 kg/hm^2$、

40kg/hm²、80kg/hm²、120kg/hm²、160kg/hm²、200kg/hm²、800kg/hm²，结果表明，总生物量与污泥量成比例，植物吸收 Cd 和 Zn 的能力比 Ni、Hg 和 Pb 要强，证明柳树可以作为污泥的过滤器和净化器，有较高的生物吸收量，并对重金属有较好的净化作用。

由于林地土壤表层通气良好，吸附能力、生物活性等条件均优于底层，因此，土壤表层是污泥含氮化合物迁移、转化较活跃的层次。土壤中各种形态的氮主要来源于污泥及土壤本底。各种形态的氮经过生化作用后，无论形态如何，最终将矿化为硝酸盐氮。而硝态氮易溶于水，在土壤中随水迁移。从对渗滤液的分析可知，1m 以下土壤层中的氮化合物主要为硝态氮。因此，判断污泥中氮素是否随水流失而污染地下水，应以地下水中硝态氮不超过评价标准来确定林地污泥施用的氮负荷。天津市环境监测中心对污泥林地小区示范工程测定结果表明，施肥负荷为 75t/(hm²·a) 时，硝态氮最大值为 17.182mg/L（评价标准为 20mg/L），也就是说，污泥林地施肥投配负荷不超过 75t/(hm²·a) 时，不会对地下水造成污染。

18.2.3　污泥园林利用

污泥园林利用是指将污泥施用于城镇范围内的园林绿化用地。园林绿化建设是现代城市环境一项极为重要的建设内容，园林绿化建设可以对保护环境发挥多种不可替代的作用，对防止环境污染、调节和改善城区气候、净化空气、防阻粉尘扩散和迁移、净化污水、减弱噪声、减少细菌病菌、美化环境、提高城市人文与居住条件、增强经济效益和环境效益及社会效益都有重要意义。随着我国经济的飞速发展，城市的园艺业发展步伐也越来越快。通过树木、草坪和花草的栽培，现代的城市颜色已经变得越来越绿，也变得越来越美。

将城市污泥作为有机肥料用于城市园林绿地的建设，实现城市污泥的循环利用，不仅是有效的污泥处置途径，也是城市建设、城市绿化的必然趋势与要求。干污泥和污泥堆肥用于城市绿化及观赏性植物，通过树木、草坪和花草的栽培，既减少污泥的运输费用，节约化肥，脱离食物链影响，又可使花卉的开花量增加、花径增大、花期延长；草长得更高更茂，草坪绿色保持的时间更长，土壤的成分与结构都显著提高。

18.2.4　污泥园林利用的绿化效果

根据有关单位的合作试验，把污泥或污泥与城市垃圾混合堆肥用于活动花坛、盆栽花卉、切花生产和屋顶绿化上的应用试验表明：

① 在活动花坛上的试验结果。试验采用园土（对照土）、园土加污泥、园土加污泥再加泥炭三种，均采用等体积混合。花卉采用小菊、切花菊、日本橙为植物材料，经 4 个多月种植试验观察与花卉生产量测定，其结果为：a.含有污泥的花坛土壤，其体积密度比对照土壤减小 0.2～03g/cm³，总孔隙率增加 7%～10%；加入泥炭的花坛土壤，总孔隙率增加 5.0%。b.添加污泥的花坛小菊和日本橙的花朵数、株高均与对照花坛的花卉呈显著的差异，花朵多，株高粗壮挺拔。

② 在盆栽花卉上的试验结果。对盆栽月季、菊花、杜鹃、凤仙、一串红、海棠等数十种花卉的试验表明，大多数花卉生长良好，花径大、开花多、花期长。对于土壤酸碱性要求不严的花卉，尤为显著。对于喜酸性花卉，如杜鹃等不大有利。

③ 在切花生产上的试验结果。切花生产是现代花卉经济增长点，国内外都很流行。对丝石竹、康乃馨等切花生产的栽培试验表明：采用园土加污泥的方法，可提前 10 天开花，

茎秆粗壮挺拔，生长健壮、花型大。

此外，在屋顶绿化上的应用试验结果显示其花卉生长情况基本相同。

华南农业大学与广州市园林研究所合作，把污泥与木屑（绿化公司修剪下来的树枝粉碎而成）混合堆肥，作为育苗和花卉基质，效果不亚于用泥炭土开发的花卉基质，经济性与适用性均佳。试验结果表明：

① 城市污泥是一种搭配合理、养分齐全、肥效均衡、效力持久的园林花卉肥料。

② 城市污泥制肥用于城市绿化与观赏性花卉，与用外购的泥炭土相比，花径大、花期长、开花量增多，草坪绿色保持期长，具有更好的肥效与环境效果。

③ 污泥肥料来源方便，经济效益好。采用污泥肥料，不需外购泥炭土作为花卉肥料，既节省外购开支，也减少运输费用，经济效益良好。

④ 城市污泥应用于城市园林绿地建设，只要进行适当处理，控制污泥中的污染物含量，保证污泥的质量，并科学合理地施用，一般不会引起土壤、地表水和地下水的污染，不会对环境造成危害。

⑤ 污泥用于园林绿地建设，避开了食物链，不会影响人体的健康。污泥与木屑混合堆肥使用也为城市绿化部门修剪下来的大量树枝找到了更好的资源化利用途径。

污泥在园林绿化地（包括市政绿化、草坪、育苗基地、高尔夫球场等非食物链植物生长的土地）施用可促进树木、花卉、草坪的生长，提高其观赏品质，并且不易构成食物链污染的危害。

18.3 ○ 污泥土地修复利用

严重破坏的土地主要包括采煤场、各种采矿业开采场（包括金属矿、黏土矿、砂子采掘场等）、露天矿坑、尾矿堆、取土坑、因化学作用使土壤退化的土地、城市垃圾场、粉煤灰堆积场以及森林采伐地、森林火灾毁坏地、滑坡和其他天然灾害需要恢复植被的土地等。这些土地一般已失去土壤的优良特性而无法植树种草等。由于污泥中含有大量的有机质，可将其用于破坏土地的修复。严重扰动的土地施用污泥堆肥后，可改善土壤结构、促进土壤熟化。

改良土壤的近期目的是恢复植被，防止与避免进一步冲刷，长期目标是建立稳定的土壤生态系统。污泥施入可以增加土壤养分，改良土壤特性，促进地表植物的生长。这种方法的污泥利用，避开了食物链的影响，对人类基本没有危害，既处置和利用了城市污泥，又恢复了生态环境，是一种较好的污泥利用途径。

18.3.1　干旱半干旱土地的修复

内蒙古自治区西部的包头地区属典型干旱半干旱荒漠地带，该地区气候干燥，降雨少且分布不均匀，生态环境脆弱，植被易遭破坏，水土流失十分严重。污泥对这类干旱半干旱地区的贫瘠土壤有较好的改良作用。

污泥对于防止土壤沙化、整治沙丘及被二氧化硫破坏地区的植物恢复均为一种优质材料。将污泥与粉煤灰、水库淤积物以一定比例联合施用，可改善土壤的保温、保湿、透气的性质，同时污泥中的有机营养物强化了废弃物组合体的微生物作用，使整个土壤加速腐殖化，达到增加土壤中有机质含量的作用。

18.3.2　严重扰动土地的修复

对于各种严重扰动的土地，如过采煤矿、尾矿坑、取土坑，以及已退化的土地、垦荒地、滑坡与其他因自然灾害而需要恢复植被的土地，可通过施用污泥而加以修复。美国芝加哥富尔顿的煤矿废弃地上进行施用污泥的试验，研究发现，污泥施用后改善了土壤的可耕性，增加了土壤透水性，提高了土壤阳离子交换量（CEC），并提供了作物生长所需的有效养分。

我国也是产煤大国，其他金属和非金属矿藏的开采也具相当规模，有大量的矿区土地未加改良；修筑铁路、公路和修浚港湾航道以及其他基本建设，有大量的取土坑及挖出物需要恢复植被；平整土地、修筑梯田，有许多生土熟化问题；森林火灾、采伐的林地，需要恢复林木。如果将我国污水污泥应用到上述这些受严重扰动的土壤中，一方面可以利用污泥改善土壤结构，另一方面也可以缓解污泥带来的环境污染。污泥可以以表施（2.5～5cm）或耕层施肥（25～40cm）的方式施用。施用后，播种牧草，以尽快覆盖地表，过2～3年后牧草长起来，再植树造林。薛澄泽等在"污泥施用于高速公路绿化带效果的研究"中，已取得了初步成果。这对于增加绿化面积，扩大林地乃至改良农田，都很有意义和指导作用。由于我国目前需要改良的土地离污泥产地远，运输不便，污泥用于改良土地的法规标准也不健全，有关的科学研究还未系统开展，所以实际应用还很少，但是可以预见，今后随着污泥的大量产生和严重破坏土地修复工作的迫切要求，这种方法是一种用于污泥处置和土地改良的好办法。

18.3.3　污染土壤的修复

随着工业、农业、国防的发展，大量的有机污染物如石油燃料、农药、医药、化学制品、医院垃圾、塑料制品和火箭推进剂等在土壤环境中的含量和分布面积迅速增加，造成严重污染。这些污染物中许多种类性质稳定且具有毒性，在自然条件下难以分解，用处理土壤中易挥发、易分解物质的一般技术很难去除。近年来国内外一些学者开始采用低成本、效果好的污泥治理技术处理这些污染物并获得了成功。

过去30年间，美国、英国、德国等许多国家对污泥改良土地进行了大量的研究工作。Kardos等利用费城污水处理厂的污泥修复被二氧化硫破坏的土壤，污泥施用量为每周表施（2.5～5cm）2.5～5kg/m^3，结果100％的土壤被修复成可再植被状况，其中13％的土壤被恢复成农田。

目前污泥修复污染土地的方法主要三种：一是在污染土地上直接施用污泥，利用污泥中微生物对污染土壤进行修复；二是对污泥与污染土壤混合进行与堆肥工艺相似的处理；三是将污染土壤与污泥堆肥产品混合的方式处理。

通过实验室和田间试验研究结果表明，污泥堆肥法可为微生物提供一个良好生存与发育的环境条件，使土壤中污染物与污泥中微生物产生生化作用，提供微生物所需的能量和营养物，使其充分发挥降解有机污染物的能力与作用，从而取得良好的效果。

18.3.4　牧场的恢复与重建

污泥作为有机改良剂用于退化牧场的恢复与重建，已得到美国国家认可并被有关试验所证实。长期放牧可使牧场土壤中有机质减少，致使牧草产量降低，地表覆盖物减少，地表径流和地表侵蚀增加。Aguliar 等在美国新墨西哥州所做的试验研究表明，施用污泥后，土壤中植物所需多种营养元素的含量都显著提高，牧草生长状态和产量明显增多；污泥覆盖在牧场上，可有效防止地面侵蚀和地表径流；只要污泥量施用适当，可避免重金属污染的危害。

18.4 ⊙ 污泥土地利用的方法与要求

污泥土地利用的实质，就是充分利用污泥中所含的 N、P、K 和有机组分，将污泥作为肥料施用于土地，从而促进地面农作物、林木等的生长，或对被破坏土壤进行修复。

18.4.1 土地利用的污泥肥料类型

用于土地利用的污泥肥料可分为四种类型：浓缩污泥肥料、脱水污泥肥料、堆肥化污泥肥料和干燥污泥肥料。

(1) 浓缩污泥肥料

将排出的消化污泥经过浓缩，或者浓缩生污泥经过低温灭菌后直接撒布于土地，这是浓缩污泥肥料土地利用的一种方式。这是一种最简单而又较经济的污泥利用方法，此方法的好处是不仅污泥固体能被均匀撒布，而且污泥中溶解状态的养分也得到了利用。

撒布时的施用量取决于植物的种类、土壤性质、地下水深度、雨量等因素。对绿地（公园）等的污泥施用量为 $120 \sim 250 \mathrm{m}^3 / \mathrm{hm}^2$，对旱地的污泥施用量为 $200 \sim 500 \mathrm{m}^3 / \mathrm{hm}^2$。

(2) 脱水污泥肥料

脱水污泥肥料在土地利用中使用得较为广泛，如连续施肥数年，土壤中养分含量增加的速率是使用家畜粪肥时的 2 倍。如果在沙性土壤中长期使用经过好氧发酵的脱水污泥，则这种土地将能逐渐改造成农作物产量高、壤性好的高产农田。

(3) 堆肥化污泥肥料

污泥经堆肥化处理后，其物理性状改善、质地疏松、易分散、粒度均匀细致、含水率小于 40%，且其植物可利用形态养分增加，重金属的作用有效性减弱，是一种很好的土壤改良剂和肥料。

(4) 干燥污泥肥料

将脱水污泥干燥成含水率为 30%～40% 时，作为肥料，其土地利用效果最佳。干燥污泥如保持适当的粒度和含水率，可防止使用时被风吹散，但其费用比前几种污泥肥料都要高。如果在干燥污泥中掺入其他的无机肥料做成复混肥可以适合各种不同植物的需要，加之干燥污泥的存储性能稳定，便于长距离运输，可扩大销售和使用范围，具有前几种污泥肥料不可比拟的优势。

以上述各种肥料形式作为污泥土地利用时，基本的前提是需对污泥进行稳定化预处理，主要方法是堆肥化或消化。各种肥料形式的前处理成本依次升高，但运输和储存成本则依次下降；一般小型污水处理厂污泥采用浓缩肥料形式土地利用，而大型污水处理厂污泥土地利用时，运输距离远、储存（季节性）量大，宜进行脱水、堆肥化、干化等预处理。

18.4.2　污泥肥料的施用方法

污泥肥料的施用方法分为地表施用和地面下施用两种，主要应保证污泥以机械方式或自然方式与土壤混合。按污泥肥料物态不同，污泥施用也有不同的具体方法。

液态污泥施用相对简单，可选择的方法有以下三种：

(1) 地表施用

地表施用相比于其他的施用方法可明显减少地表雨水径流引起的营养物和土壤的损失，具体方法参见表 18-3。

(2) 地面下施用

地面下施用包括注入、沟施或使用圆盘犁犁地，具体施用方法见表 18-3。污泥地面下施用有效减少了氨气的挥发量，阻止了蚊蝇滋生，并且污泥中的水分能够迅速被土壤吸收，减少了污泥的生物不稳定性，但是其增加了投资费用，污泥施用的均匀性也很难保证。

表 18-3　液态污泥的地表施用和地面下施用方法比较

施用方法		适宜施用情况与方式	限制条件
地表施用	罐车	容积通常为 $2\sim8m^3$，最好配有气浮轮胎，可与灌溉设备相连，若同时配有泵可保证施用均匀	适用于可耕土地，潮湿土壤禁用
	农用罐车	容积通常为 $2\sim12m^3$，最好配有气浮轮胎，可与灌溉设备相连，若同时配有泵可保证施用均匀	适用于可耕土地，潮湿土壤禁用
地面下施用	犁地施用	犁地后使用管道或罐车加压施用	适用于可耕土地，潮湿或冰冻土壤禁用
	罐车施用	犁地后罐车施用（容积为 $2m^3$）	适用于可耕土地，潮湿或冰冻土壤禁用
	农用罐车施用	犁地后用农用罐车施用［施用量（以湿污泥计）为 $170\sim225t/acre$］或地表施用后立即犁入土壤［施用量（以湿污泥计）为 $50\sim120t/acre$］	适用于可耕土地，潮湿或冰冻土壤禁用
	地面下注入	污泥注入由罐车上备有的凿子凿开的沟渠中，施用量（以湿污泥计）为 $25\sim50t/acre$，使用后数天内不得负载	适用于可耕土地，潮湿或冰冻土壤禁用

注：acre（英亩）为非法定单位，$1acre=4046.9m^2$。

(3) 灌溉

灌溉包括喷灌和自流灌溉。喷灌较适用于开阔地带及林地施用，污泥由泵加压后经管道输送到喷洒器喷灌，可实现均匀施用，但存在投资大、喷嘴易堵塞等局限性，更关键的是有引起气溶胶污染的危险，因此一般应慎用。自流灌溉则依靠重力作用使污泥自流到土地上，由于很难保证施用量的均匀分布，以及易发臭等，因此较少使用。

施用脱水污泥可减少大量的运输费用，施用机械的选择面较大，但其操作和维修费用比浓缩（液态）污泥高。其通常的施用方法和机械如表 18-4 所示。其中，施用时的撒布机械大致与农用机械相同，如带斗推土机、撒播机、卡车、平土机等均使用得较为广泛，撒布后可由拖拉机或推土机牵引的圆盘推土机、圆盘耕土机和圆盘犁将污泥混入土壤。

表 18-4　脱水污泥的施用方法和机械

施用方法	施用机械与施用要求
撒播	卡车或拖拉机均匀地撒播在施用土地上后,再进行犁地使污泥与土壤混合
堆置	卡车将污泥卸至施用土地边缘上,推土机将污泥在土地上推平,并再犁地混合

污泥堆肥、干燥污泥的可施用性好,单位土地面积的污泥肥料体积用量小,一般无须采用专门的土地撒布机械;污泥肥料撒布后,可根据作物生长的要求选择是否进行翻耕。

18.4.3　污泥土地利用的施用要求

污泥肥料的用途很广,可作为农田、绿地、果园、菜园、苗圃、畜牧场、庭院绿化等的种植肥料。

农田对肥料的需求量很大。过去,农田主要是依靠厩肥、绿肥、植物根茎和收获物残渣来维持土壤的腐殖质供输,但是污泥肥料可以给作物供应更充足的养料,其效果已经从种植蔬菜和各种农作物的实践中得到证实。污泥农田施用适用于各种物态的污泥肥料。

污泥在果园、菜园和苗圃中施用时,应尽量以干燥污泥或堆肥化污泥形态应用;施用于放牧草场时,则主要应以液态浓缩污泥地下注入的方式施用。

绿地主要靠植物残留物来进行有机物质的自然供输,但是也需要追加有机肥料。绿地适于施用污水处理厂污泥加工的细颗粒新鲜堆肥、成品堆肥或专用堆肥。污泥绿地利用的形式是在新建城市绿地时,利用适宜形态的城市污泥替代绿地营建时的基土(通常需从城市外购买)。其中主要的适宜对象是脱水后的水体疏浚淤泥和排水沟道清捞污泥及适量泥土混合的污水厂脱水污泥。这种污泥土地利用形式的特点是单位面积用量较大,如对脱水疏浚淤泥和沟道污泥的用量(以湿污泥计)可以达到 $4500t/hm^2$,对污水厂脱水污泥(以湿度计)可达 $1000\sim2000t/hm^2$。主要的限制因素是:a. 污泥层上另需覆盖约 0.3m 厚的耕土,以保证植被生长的短期稳定性;b. 需考虑污泥中污染物质对浅层地下水水质的可能影响;c. 只能在绿地兴建时一次性应用。

18.5 ● 污泥土地利用的控制因素

污泥的土地利用,不仅可以消除污泥对环境的污染危害,又可以使其资源化并提高农作物的数量与质量、美化环境、改良土壤,发展林牧,造福人类。但是,如施用不当,很可能导致土壤重金属元素的积累,进而导致可食作物中有害物质超标,或造成食物链中有害物质的富集循环。因此,污泥的土地利用一定要严格控制以下要求与准则。

18.5.1　污泥中重金属的控制

城市污水处理厂污泥中重金属的种类和含量变化很大,无一定规律,主要取决于工业废水排入污水处理厂的情况。城市污水处理厂污泥中主要重金属含量范围见表 18-5。

表 18-5　城市污水处理厂污泥重金属含量（以干固体计）范围　　　单位：mg/kg

重金属名称		Pb	Cd	Cr	Cu	Ni	Hg	Zn	资料来源
含量		15~26000	1~1500	20~40615	52~11700	10~5300		60~49000	《污泥处理》（中）
含量	范围	2~14840	0.01~190	1~25800	5~9221	1~4342	0.01~144	11~23900	《污泥处理手册》（德）
	平均值	200.00	4.0	120.0	330.1	50.0	2.7	1350.0	

由表 18-5 中的数值可以看出，城市污水处理厂污泥中重金属的含量范围是很分散的。

由于重金属在土壤中是不可降解的，所以污泥作为肥料施用时，污泥中所含重金属大部分积存于耕作层中，其中重金属的水溶性部分将随水进入植物的器官和细胞，并危害植物。重金属毒性作用的轻重程度与重金属的种类和浓度、土壤性质、pH 值、污泥及土壤的有机物质、铁、锰的含量及植物种类有关。各种重金属的毒性作用也是相当复杂的，主要毒性作用如下：

① 镉。镉不仅会影响植物的产量，而且也会因食用被镉污染的植物而对人体和动物的健康造成危害。特别是在酸性土壤中，植物对镉的吸收特别强。根据不同的土壤性质，当土壤中的镉含量在 1.7~80mg/kg 时，植物的产量会减少 25% 以上。镉对稻谷的影响最为明显，当土壤中的镉含量略有增加，则在稻谷中的含量会迅速增加。日本规定：糙米中镉含量超过 0.4mg/kg 时为施行监察的地区，糙米中镉含量超过 1mg/kg 时，为镉污染米，不能食用。有研究表明，镉在植物中的积累与土壤中的锌和镉的比值有关，当锌与镉的比值超过 200 时，植物中镉量积累就不会有危险程度。

② 铬。有研究表明，微量的铬对植物的生长是有刺激作用的，特别是对光合作用和叶绿素的形成。此外，微量的三价铬对豆科植物的根块是有益的。三价铬对植物的毒性作用目前尚不很清楚，相反六价铬的毒性则是非常高的，而且铬也是致癌物质。当土壤中缺少铁和铅，同时土壤中铬含量又较高（酸性土壤中超过 500mg/kg，中性土壤中超过 1000mg/kg）时，就会明显发生对植物的毒性作用。

③ 汞。虽然汞的化合物由于高吸附性而易与土壤中的有机物结合，植物从土壤中的摄取量相对较小，但有研究表明，土壤中汞的含量超过 50mg/kg 时就会对植物的生长产生不良影响，超过 1000mg/kg 时就会导致植物死亡。

④ 镍。镍对于大部分植物而言，在酸性土壤中都是有毒性的。镍在植物中的含量超过 50mg/kg 时，会造成减产。由于镍在某些土壤中本身含量就很高，所以对污水处理厂污泥中的镍含量应有严格的要求。土壤中能够被植物吸收的量主要与镍在土壤中的无机化合物形式有关。

⑤ 铜。铜是植物生长的必要元素，但浓度过高，特别是在酸性土壤中及土壤的有机质含量较低时就会产生毒性作用。铜主要富集在植物的次根部，当含量超过 20~200mg/kg 时就会导致植物绝产。铜在土壤中过量存在不仅会影响微生物的活动，也能促使二价铁氧化为三价铁，使得植物因不能吸收足够的水溶性二价铁而造成植物性缺铁。另外，含铜量较高的植物用作饲料时，对反刍动物尤为有害。

⑥ 铝和铁。污水处理厂污泥中铝和铁的含量是较高的，一般情况下对植物影响不大。但是在酸性土壤（pH<5.5）中，铝和铁则会对植物产生副作用。

⑦ 铅。铅主要是影响植物的光合作用。由于土壤对铅有良好的吸附性，所以植物对铅的吸收较少。但当土壤中铅含量较高时，植物根部的铅含量也随之增加，但比植物地面以上

部分的铅含量少。铅对人体和动物有直接危害，如由于空气污染，明显要高于通过食用植物产生的危害，特别是对于儿童。

⑧ 锌。当土壤中锌的含量较高时，同样对植物是有害的，超过 200mg/kg 时就会造成减产，也导致植物中锌的含量过高。锌对植物的毒性作用同样也与其在土壤中的化合物形式有关。

同一种重金属，其化学形态和化合价不同时，毒性也不相同。难溶化合物，如硫化物、氢氧化物、碳酸盐、磷酸盐因溶解度低，其毒性低于易溶解化合物的毒性。六价铬、二价锰、亚硝酸盐等的毒性分别高于三价铬、四价锰、硝酸盐的毒性数倍到数十倍。

各种重金属对植物的毒性作用视植物种类不同而不同，如重金属对水稻的毒性顺序为：Cd＞Cu＞Ni＞Zn＞Mn＞Fe。

上述顺序各研究者的结论略有不同。不同植物对重金属的耐受能力也不同，蔬菜的耐受能力最差，谷类较高，草类最高。同一植物各个部分重金属的积累量也有差别，通常多积累于根部，其次是叶部，而种子、果实和块根中的积累量最少。但胡萝卜、甜菜等根部的积累量低于叶部而高于种子和果实。

土壤的 pH 值与氧化还原状态对重金属毒性作用的发挥影响是很大的，如锰、镉、铬、铅、锌、铜、镍等重金属阳离子的溶解度在酸性土壤中最高，在碱性土壤中最小，因此上述重金属的阳离子在中性或者碱性土壤中，对作物的毒性较小，而在酸性土壤中，特别是 pH 值低于 5.5 时，对植物的毒害作用很大。在氧化状态下，土壤中的铁、锰等化合物可固定多种金属。在还原状态下，存在着两种可能：一是某些已固定的重金属将重新析出而毒害植物，二是多数重金属将生成难溶的硫化物而减少毒害。土壤中的腐殖质等有机物可因螯合或吸附作用固定重金属。有机物质与铜、镍、铅、锌、锰、汞等重金属阳离子有较高的结合力，对砷、钼、硒等阴离子也有固定作用。所以污泥用于含腐殖质多的土壤时，重金属的毒性发挥要小一些，也说明污泥中的腐殖质不仅可以改善土壤结构，同时对重金属也有固定作用。

研究结果表明，重金属在土壤中可以长期残留。如英格兰 Wobum 田间试验对污泥中重金属迁移转化特性等进行了长期研究，1942—1960 年间，施用城市污泥后土壤中总锌、总镉的浓度明显增加，是对照田组的 8.5～13 倍。1961 年后，当停施污泥时，在原施污泥的试验区（田）内由于耕作活动使重金属浓度有较大降低，但 1985 年检测时仍有 80% 滞留在表土层中。另外，植物与土壤中的重金属浓度是线性关系，其线性斜率取决于植物类型和所检测的部位。污泥中重金属会严重影响生物的固氮能力，并使土壤中的其他微生物量大幅下降，因此，对污泥中的重金属必须进行限量使用。针对于此，国内外都制定了相应的使用规定和标准，在施用时，一定要根据规定进行。

然而，要控制和降低污泥中重金属物质的浓度是很困难的。一般情况下，污泥的处理处置过程不会降低重金属浓度，有时甚至还会提高，如污泥的堆肥处理，因堆肥处理腐熟后其体积有较大的减小，因而重金属浓度相应提高。污泥中重金属物质的控制应从源头抓起。污泥中重金属主要来自工业废水，生活污水中的含量很少，因此，控制重金属及其他毒性物质的最好措施是工业废水和城市生活污水分开处理，或对工业废水要求重金属处理达标后方可排入城市污水管网，以利于后续处理水的回用和污泥的土地利用。

18.5.2　污泥中有害物的控制

随着检测分析技术和仪器的发展，能够进行检测的项目越来越多。进入 20 世纪 80 年代末期，国外许多研究者更加注重污水处理厂污泥中有机有害物质的检测、分析和毒害作用的研究。环境中这些物质主要来源于有机农药、有机化工产品的使用及含氯物质、垃圾燃烧产生的烟气。污水处理厂污泥中这些有机有害物质主要来源于化学工业，特别是与碳和氯相关的化学工业。虽然目前它们对植物的危害及植物的吸收情况尚不是十分清楚，但这些有机有害物质进入动物和人体后，由于其会在皮下脂肪中积累的持久性，除了对某些器官或者免疫系统等造成损害，并有可能致癌和致畸外，对环境也具有高危害性，所以世界卫生组织早在1984年就已将它们列入污水处理厂污泥须监测的物质。

目前可确定的主要有机有害物质有：多环芳香族烃类化合物、多氯联苯、多氯代二苯并二噁英、多氯代二苯并呋喃、有机氯农药和氯化苯、有机卤化物等。根据国外有关检测资料，污水处理厂污泥中有机有害物含量见表18-6。

表18-6 污水处理厂污泥中有机有害物含量

有害物质名称	含量(以干固体计)/(mg/kg)	资料来源
多环芳香族烃类化合物	0.090～10.000	
多氯联苯	0.04～39.300	
DDT	0.001～0.490	《污泥处理手册》(德)
六氯化苯	0.005～0.045	
五氯苯酚	0.001～0.038	

① 多环芳香族烃类化合物（polycylic aromatic hydrocarbons，PAHs）。该类物质是苯环结构的芳香族化合物，其有上百种形式。通过动物试验证明其是致癌物质，最主要的是苯并芘。在污水处理过程中，这类物质不能被有效去除，所以会在污泥中富集。德国分析检测其污水处理厂污泥中该类物质的含量（以干固体计）平均为 0.1～1.5mg/kg。研究表明，植物对这类物质的吸收更主要的来源还是大气，只有个别植物在土壤中含量较高时会有较多的吸收。

② 多氯联苯（polychlorinated biphenyls，PCBs）。该类物质由于具有高稳定性、耐酸、耐碱、耐氧化剂、导电性好、难燃烧的特点，在工业中得到广泛应用，如在塑料等人工合成材料制造时作为软化剂；作为纸张表面处理剂；作为防腐剂、阻燃剂；在胶合剂、密封材料生产中作为添加剂等。这类物质有 100 多种异构体，由于具有强持久性，在污水处理时是难降解的物质，而且也是难溶于水的物质，所以会在污泥中富集并与污泥中的固体物质结合在一起。植物从土壤中对这类物质的吸收情况目前尚不十分清楚，但是动物试验表明，这些物质主要对肝脏、免疫系统、生殖系统和胚胎产生危害，所以需要对其进行监测。

③ 有机氯农药和氯化苯。在 20 世纪 70 年代以前，这类物质作为农药曾广泛使用。虽然目前这类农药，特别是 DDT 和六氯化苯（六六六）等在我国和国外许多国家都已禁止使用，但是这类物质中的许多在化工生产中作为副产品或者废弃品仍然存在。研究表明，这类物质具有生物积累性，特别是易在人体和动物的脂肪中积累。长期摄取，在微量情况下就有可能对肝脏、肾脏、胚胎生长产生危害。国外目前常用可吸附性有机卤化物（AOX）指标来总体衡量这类物质。德国规定污水处理厂污泥用于农业时，可吸附性有机卤化物含量（以干固体计）不得超过 500mg/kg。

④ 多氯代二苯并二噁英（PCDD，polychlorinated dibenzodioxins，PCDDs）和多氯代二苯并呋喃（polychlorinated dibenzofurans，PCDFs）。这两类物质是当今世界最危险的物

质。从理论上讲，由于氯原子的取代数目和取代位置的不同，这两类物质有多种异构体，其中 PCDDs 有 75 个，PCDFs 有 135 个，而且不同异构体的毒性也不相同。PCDDs 和 PCDFs 是农药或化工产品五氯酚、二氯苯氧乙酸（2,4-D）、2,4,5-涕（2,4,5-T）、多氯联苯的杂质和副产品，所以农药工业和化学工业废水有可能是污水处理厂污泥中 PCDDs 和 PCDFs 的主要来源。动物试验资料表明其易被肠胃吸收，分布于体内各个部位，并在肝脏、脂肪、皮肤或者肌肉中蓄积。其除了有强烈的致癌、致畸作用外，还会对人体和动物的生殖、内分泌等系统产生危害。

⑤ 其他有机有害物质。包括氯代联三苯、多溴代联苯、酚、氯酚、有机磷化合物、脂类等。这些物质在城市污水处理厂污泥中都能够检测出来，而且大多数都是毒性很大的物质。

至于有毒物质的限量与控制，目前国内尚无统一的办法，也缺乏相应的控制标准。尽管研究与试验显示生物固体在处置中（如堆肥），通过微生物的作用会降解清除一部分毒性有机物，如硝基芳香烃、农药、多环芳烃等，但总的来说，最经济有效的办法是源头控制，与重金属物质一样，要严格注意工业废水中有毒物质的含量。城市污水与工业废水分开处理是行之有效的办法。

18.5.3　污泥中病原物的控制

污泥中常见病原物有病原细菌、病毒及蠕虫寄生虫三大类，如表 18-7 所示。

表 18-7　污泥中常见的病原物

分类	病原物
病原细菌	沙门菌,志贺菌,致病性大肠埃希菌,埃希杆菌,耶尔森菌,梭状芽孢杆菌
病毒	脊髓灰质炎病毒（1、2 型）,艾柯病毒（7、17 型）,柯萨奇病毒（B_1、B_2、B_3、B_4、B_5 型）,呼肠孤病毒,腺病毒（1、2 型）,轮状病毒,甲肝病毒
蠕虫寄生虫	圆线虫属,蛔虫,鞭毛虫,毛细线虫属,弓蛔虫属,弓蛔线虫属,膜壳绦虫属,绦虫属

表 18-7 所列病原物在生污泥、消化污泥、剩余活性污泥、混合污泥以及洗涤污泥中均可存在。这些病原物在污泥处置、土地施用以及管理过程中都可能通过土壤、农作物、牧草、地面水、气溶胶和地下水等多种途径广泛传播，造成人、畜、动物病害流行，具有潜在的和长期的危害性，因此，必须对病原物污染进行控制。控制方法主要可从两个方面入手，一方面为源头控制，即对污泥进行严格控制与处置，另一方面要加强施用场的管理。

关于源头控制方法，主要是对污泥进行消毒处理。消毒的方法有厌氧消化、干燥、石灰稳定化、热处理、堆肥与辐射等。

污泥在中温条件下存留 25～30 天能杀灭绝大多数病原菌。如天津纪庄子污水处理厂污泥中温消化后，大肠埃希菌去除率达 99.2%，肠道致病菌检出率为 0；肠道病毒在厌氧消化过程中能以 75%～97% 的速率很快灭活。然而，厌氧消化不能达到完全灭活病原物的目的，在消化后的污泥中仍可检出病原物，尤其对蛔虫卵杀灭效果较差，还不到 40%。厌氧消化能促进病原物灭活的重要原因可能是由消化过程中产生大量的 NH_3 引起的。

干燥是一种很好的病原物灭活手段，在污泥干燥床上（含水率<20%），对环境因素抵抗力强的蛔虫卵也能灭活，肠道细菌更容易迅速死亡。

污泥用石灰稳定不仅可以调理污泥以利于脱水、降低恶臭、钝化有毒金属，而且能有效地杀灭病原物：在 pH＞12 时，埃希菌、沙门菌能被迅速杀灭，绝大部分大肠埃希菌能被杀灭；脊髓灰质炎病毒和呼肠孤病毒在 pH＞9 时明显脱稳定化；对蛔虫卵和绦虫卵也有良好的杀灭效果。

辐射处理与热处理是较理想的污泥消毒处理方法。1972 年联邦德国建造了世界上第一座 ^{60}Co 辐射污泥处理厂，随后，美国、加拿大也相继采用该法；辐射处理采用 β 射线和 γ 射线进行，通过射线破坏微生物或病毒细胞中的核酸或核蛋白达到灭活目的，但该法处理成本太高。热处理灭活微生物常可采用巴氏消毒法，对细菌、肠病毒及寄生虫卵均有很好的杀灭效果，可达到卫生无害化要求。

污泥的堆肥处理因有高温期（55～70℃）且持续时间长，因此有较好的灭菌效果。另外，污泥经堆肥化处理后，按一定配方制造有机-无机复混肥，通过挤压和圆盘造粒机时利用机器造粒的高温或后期的干燥处理，也可进一步杀灭残余的病原体，甚至可以完全杀灭肠道致病菌和虫卵，这样的污泥肥料在农、林、牧地上施用时，一般不会再存在卫生学的问题。

污泥消毒不善或未经消毒便直接施用于土地的情况常有发生，这些污泥施用于农、林、牧地时，应特别注意施工条件和施用区的管理。国外的经验和主要管理措施有：

① 慎重选择施用场地，主要考虑：施用地坡度≤3％；地下水位低，离水源远；不施用于沙性土壤或渗透性强的土壤。

② 施用时控制污泥施用区的公共通道 2 个月，即在施泥日起 2 个月内实行通道控制。

③ 控制家畜放牧时间不少于 1 个月。

④ 控制果蔬种植，施用过污泥的土壤不宜种植生吃果蔬，或者三年后再种植。

⑤ 控制喷施过程，施用时不要与污泥直接接触，若采用喷施方式，则喷灌设施应远离居民住宅或道路至少 100m 以上，以保证居民和道路行人的卫生与安全。

18.5.4 污泥施用率的控制

污泥施用不当有可能使土壤、地下水受到污染，因此，污泥土地利用的关键是确定一个合适的污泥施用率。根据多年研究并结合国内外经验，北京环境科学研究院郝得文等提出计算污泥施用率的计算程序和计算模式，用以确定污泥施用率。其计算程序如图 18-1 所示。

该方法的实质在于限定溶解性养分和重金属的输入量，以达到充分利用污泥中的养分，又能防止养分和重金属污染环境的目的；结合土壤中金属背景含量和环境质量标准，考虑污泥中重金属含量；充分利用污泥中的养分和防止施用污泥造成污染，又考虑满足污水处理厂对污泥施用场地使用年限的要求。

在保证不污染环境的条件下，充分利用污泥中的植物营养成分，是设计、选用污泥施用率的基本原则。从利用污泥营养成分的角度考虑，可将污泥施用率划分为三种类型：

(1) 一次性最大污泥施用率 (S_1)

把污泥作为土壤改良剂，改良有机质和养分含量低的土壤，或复垦被破坏了的土地时，通常选用一次性最大污泥施用率 S_1，以便尽快达到改良的目的。按农作物需磷量确定的只施一次的污泥施用率为 S_{p1}［以干污泥计，t/(亩·a)，1 亩＝666.67m²］；按土壤重金属环境质量标准确定的一次性最大污泥施用率为 S_g［t/(亩·a)］。从不污染环境的角度出发，S_1 值选用 S_{p1} 和 S_g 中的低值。

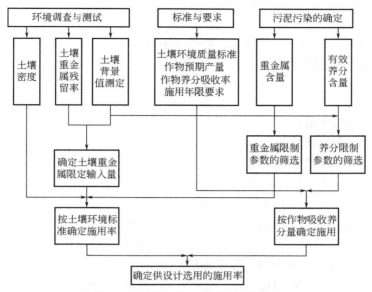

图 18-1 污泥施用率计算程序和计算模式

（2）安全污泥施用率（S_2）

把污泥作为固定肥源或复合肥料添加剂，长期施于农田，通常选用安全污泥施用率 S_2。按农作物需要氮量确定的污泥长期施用率为 S_{NL}、安全污泥施用率为 S_a。一般选用 S_a 作为 S_2 值。

（3）控制性安全污泥施用率（S_3）

根据土地要求，场地使用年限为 20 年，在给定年限内每年施用污泥。在这种情况下，控制性安全污泥施用率 S_3 采用污泥长期施用率 S_{NL} 和控制性安全污泥施用率 S_k 中的低值作为 S_3。

表 18-8 列出上述三种污泥施用率的选择与计算。

表 18-8 污泥施用率的选择与计算

污泥施用率类型	符号	施用率计算式
一次性最大污泥施用率	S_1	$S_g = (W_h - B)T_s/C$
安全污泥施用率	S_2	$S_a = W_h(1-K)T_s/C$
控制性安全污泥施用率	S_3	$S_k = J(W_h - B)(1-K)T_s/C$

注：W_h 为给定的土壤环境质量标准，mg/kg；B 为该土壤重金属的背景含量，mg/kg；K 为该土壤重金属的年残留率，%；T_s 为耕作层土壤干重；t/(亩·a)；C 为污泥限制性重金属含量，mg/kg；J 为给定的年限，a。

以北京市高碑店污水处理厂污泥为例，虽然污泥中铜和锌的含量接近或超过了污泥农用标准，但在北京大兴区庞各庄乡农田中施用时，污泥安全施用率为 0.62t/(亩·a)。在这种情况下，只要施用的污泥量不超过安全施用率，施用场地土壤重金属的累积量就不会超过土壤环境质量标准，即可长期安全地使用。

18.5.5 污泥施用年限的控制

污泥施用年限可采用如下方法确定：

① 在已知污泥中重金属含量和土壤安全控制浓度时，污泥施用年限可通过如下计算方法确定。

若不考虑土壤中重金属元素的流失，把土壤中重金属的积累量控制在允许浓度范围内，那么污泥施用年限可根据下式计算：

$$n = \frac{CW}{QP}$$

式中　　n——污泥施用年限；

C——土壤安全控制浓度，mg/kg；

W——每公顷耕作层土重，kg/hm²；

Q——每公顷污泥用量，kg/hm²；

P——污泥中重金属元素含量，mg/kg。

② 污泥作为肥料施用于农田土地时，应满足下列规定：

a.满足卫生学要求，即不得含有病菌、寄生虫和病毒，因此在施用前应对污泥作稳定化处理或堆肥处理，在传染病流行时应停止施用。

b.因重金属离子，如 Cd、Hg、Pb、Zn 与 Mn 等最易被植物摄取并在根、茎、叶与果实内积累，因此污泥所含重金属离子浓度，必须符合相关标准。

c.总氮含量不能太高。氮是作物生长的主要肥分，但浓度太高会使作物的枝叶疯长而倒伏减产。污泥作为肥料的控制指标是，农田施用污泥（以干固体计）一般为 2~70t/(hm²·a)，常用 15t/(hm²·a)；灌溉水果与蔬菜所用污泥中：Cd＜15mg/kg，多氯联苯（PCBs）＜10mg/kg，Pb＜1000mg/kg。

d.污泥施用于农场可促进树木生长。由于林地的土壤含有的高浓度腐殖质（树叶腐烂所致）可抑制重金属离子，因此林场能常年施用，施用的主要控制因素是防止地面径流所含硝酸盐对地面的污染。所以施泥量（以干固体计）以树木的需氮量控制，一般 3~5 年施用 10~220t/hm²，常用 40t/hm²。施用时，可把林场划分为若干区，每 3~5 年一个区，轮流施用。

e.施用于草地时，控制因素为（以干固体计）：Cd＜5kg/(hm²·a)，As＜10kg/(hm²·a)，Cr＜1000kg/(hm²·a)，Cu＜560kg/(hm²·a)。

当土壤的 pH＞7 时：Cu＜280kg/(hm²·a)。

当土壤的 pH＜7 时：Hg＜2kg/(hm²·a)，Pb＜1000kg/(hm²·a)。

18.6 ⊙ 污泥用作填埋场覆土

除了前述各种利用污泥中有机质和养分的土地利用方式外，污泥还可替代耕作土或黏土而作为填埋场覆土。

18.6.1 填埋场覆土的作用

在城市固体废弃物填埋场的运行过程中，需要大量的适用材料完成日覆盖；在填埋场封场时又需要适用材料完成最终覆盖，并能支撑覆盖层表面的植被覆盖。通常，填埋是以农业土地上的耕作土或专用取土场采集的黏土作为填埋场覆盖层材料，采用城市污泥替代是对农业和土地资源的保护。

填埋场的日覆盖是标准的城市固体废弃物卫生填埋操作的一个组成部分。美国的联邦法规（40CFR，Part 241，Solid Waste Regulations，USEPA）和大部分州的法规（如伊利诺伊州填埋场规范，Title 35，Subtitle G，Patr 807，Illionis Pullution Control Board Regulations）均要求对填埋固体废弃物实施日覆盖。日覆盖层的主要作用为：a.减少填埋场内有害生物如蝇类、鼠类的滋生；b.减少臭气散发；c.减少垃圾被风吹散的可能性；d.改善填埋场的观瞻；e.减少填埋场内失火后的传播面积；f.减少对地下水和地表水的污染危险。

18.6.2　污泥用作日覆土的要求

将城市污泥作为填埋场覆土材料，不仅有利于解决现在的污泥处理处置问题，大量节省优质土壤，同时可实现污泥的资源化利用。但由于污泥中含有的重金属可能会随着雨水下渗使地下水有被重金属污染的风险。此外，污泥中含有的重金属及一些微生物还可能随地表径流进入被填埋的垃圾，对垃圾的腐化产生一定的影响。因此，在将污泥用作填埋场覆土之前，必须对其进行固化处理。

污泥固化的机理是向污泥中加入固化剂，通过一系列复杂的物理化学反应（如水化反应），将有毒有害的物质固定在固化形成的网链（晶格）中，使其转化成类似土壤或胶结强度很大的固体。

通过固化技术将污泥作为填埋场覆盖材料是现阶段污泥处置比较经济适用的一种方式，这就需要污泥在经过固化处理后满足一般填埋物的要求：一是污泥本身的性质，主要是力学性质，即承载力要求；二是填埋后对环境可能造成的不良影响，需要对污泥填埋的环境安全性进行控制，以免污泥填埋后对地下水产生污染和散逸出刺激性气体而影响周围的环境。污泥经过固化处理后，固化效果以无侧限抗压强度为参考指标；稳定化效果则采用毒性浸出试验测定浸出体的重金属浓度来衡量。

（1）无侧限抗压强度

目前，大多数国家都没有具体的脱水污泥填埋强度指标，只有德国对污泥填埋做出了强度上的要求，即无侧限抗压强度不小于50kPa。然而污泥经预脱水后含水率居高不下（80%以上），抗压强度只有10kPa左右，对于填埋的强度要求还远远不够。为此一些学者用水泥、石灰等固化剂来进行固化，但研究表明，某些情况下即使大幅增加某一种固化剂的掺量，也不能取得预期的固化效果，根本原因是污泥中有机质含量高，无机固体颗粒成分少，一般得到的产物疏松多孔，无法构建有效的骨架。因此，大多数研究人员都不以单一材料作为固化剂，而是通过将几种材料混合进行固化，以满足强度标准。如林城等以膨润土为添加剂辅助硅酸盐水泥对污泥进行了固化试验研究，结果表明：在适宜的配比下，28d养护期后，抗压强度可以达到50kPa的填埋要求，且强度随着膨润土与水泥含量的增加呈增长趋势。李磊等用淤泥代替部分水泥，发现其固化效果比单独添加水泥的固化效果要好，其无侧限抗压强度明显增大。这可能是由于添加淤泥使固化体形成了较为坚固的骨架，从而增强了固化污泥的强度。国外的学者也用了一些辅助材料来进行固化，如 Chu 等利用铜渣辅助水泥对污泥进行了固化，Asavapisit 等用燃煤灰辅助硅酸盐水泥作为固化材料来固化氰化锌电镀污泥，Cheilas 用水泥和黄钾铁矾/明矾石的沉淀物混合来固化污泥，发现其经过适宜的养护期后强度都达到了填埋的要求。但是对于上述这些辅助材料，费用一般较高，同时来源也不够丰富，不适用于大规模污泥的固化处理。

除以水泥为主要固化剂外，一些学者还尝试了其他的固化材料，也取得了不错的效果。如曹永华等以石灰为主要固化剂，通过对石灰＋土＋污泥、石灰＋粉煤灰＋污泥这两组试验方案来进行研究，发现在石灰含量达到 20%、粉煤灰超过 30%、土超过 20% 时，25d 养护期后，固化试样刚刚能够达到填埋要求。石灰固化的主要原理是石灰加入污泥中后，干化过程中伴有大量复杂的化学反应，能够显著降低污泥的含水率和有机物含量，促进其强度发展。此外，Zheng 等用 5% 的铝盐和 10% 的硫酸钙与污泥混合养护 7d 后测得其固化物的含水率为 50%～60%，抗压强度为 (51.32±2.9)kPa，也能达到卫生填埋的强度要求。

大量研究表明，固化污泥的强度受污泥的初始含水率、养护时间、固化剂种类及掺量等许多因素的影响。

① 初始含水率对固化强度的影响。污泥中含有大量的微生物菌体和有机胶体物质，粒径大多小于 10^{-4} m，因而污泥黏度大，孔隙小，水力渗透系数低，机械脱水困难。污泥的高含水率是制约污泥处理效果的一个重要因素，众多学者围绕污泥的含水率对固化强度的影响进行了研究。张华等研究了污泥摊开自然风干时含水率变化对无侧限抗压强度的影响，发现随着含水率的降低，污泥抗压强度呈线性增加。可见，在污泥未经固化之前对其进行脱水，可以有效增大其抗压强度，这对后期固化有很好的铺垫作用。此外，初始含水率对污泥固化后的强度也有非常显著的影响，林城等分别对初始含水率为 314% 和 357% 的两种污泥进行了固化试验，发现前者的强度明显高于后者，最大差距达 50～60kPa。常方强等也开展了类似试验，用石灰-黏土或水泥-黏土固化两种含水率的污水处理厂污泥，发现当含水率从 92.1% 降低到 53.1% 时，固化强度增大了 2～10 倍。污泥初始含水率的高低对污泥固化强度影响很显著的原因主要有以下两点：a. 含水率高加大了污泥颗粒间结合水化膜的厚度，减小了静电引力；b. 增大了污泥颗粒间的润滑作用，减小了摩擦力，从而导致强度降低。因此，鉴于强度对污泥固化后利用的重要性，通过降低污泥的初始含水率是可取的方法之一。

② 养护时间对固化强度的影响。大多数污泥在固化后都需要一定的养护时间以达到强度要求。掌握固化污泥强度随养护时间的变化规律对研究固化机理及指导工程实践有重要意义。曹永华等通过以石灰为主要固化剂再添加土和粉煤灰辅助固化，发现固化试样的强度随养护时间的延长而增大，养护 25d 后的强度是养护 5d 强度的 10 倍左右。常方强等也得到了类似的结论，不管以石灰还是水泥为主要固化剂，养护强度都是随养护时间的延长而增大，这主要是因为固化剂与水和污泥发生化学反应后，需要一定时间来生成骨架产物。

此外，一些研究人员发现固化污泥强度与养护时间的关系和使用的固化材料有关。Ma 等和 Sun 等分别用氯氧化镁水泥和硫代铝酸盐水泥代替硅酸盐水泥进行污泥固化的研究，发现它们几乎在一天时间内就能达到填埋的标准强度 (50kPa)，但后期强度增加相对较缓慢。需要指出的是，养护时间并不是越长越好，很多学者发现基于水泥固化的污泥强度在 28d 后随养护时间的进一步延长无显著增大。试验研究的固化时间大多以 28d 为临界参考值。对于市政污泥的处理需要与实际相结合，应根据选用的固化剂种类确定合适的养护时间，以便达到最佳的固化效果。

③ 固化剂种类及掺入量对固化强度的影响。众多学者的研究成果表明，在强度方面水泥比石灰的固化效果要好，而且水泥相对容易获得，所以目前污泥固化基本以水泥为主要固化剂，同时辅以其他骨架材料。其中固化材料的配比对固化体的强度具有决定性作用。王宇峰等研究了不同水泥及本地土掺量对污泥固化强度的影响，试验所用污泥的初始含水率为

79.01%，养护龄期为 7d，以本地土为辅助添加剂，将水泥与本地土按不同配比进行混合，掺入量都是 0.05～0.25kg/kg，试验结果表明，当本地土掺量一致时，污泥固化强度随水泥掺量的增加而增大。但当水泥掺量一定时，本地土存在一个最优掺量，对应固化强度达到最大值。根据试验结果进行综合分析，得出污泥、水泥及本地土的最佳掺入量比为 110:12:30。朱伟等在研究水泥和膨润土固化污泥时，发现污泥、水泥和膨润土的比例在 7:2:1 时，其固化产物的无侧限抗压强度能够达到最大值。曹永华等对石灰、土以及污泥的固化组合进行研究后，得出三者的比例为 1:4:5 时固化体的无侧限抗压强度最高。尽管许多学者发现水泥掺入量的增加有利于提高污泥的固化强度，但同时也会导致固化成本升高，且过多的水泥掺量会使浸出液的 pH 值显著增高，不利于某些污染物的稳定。因此，在确保固化污泥力学性能满足要求的前提下，应尽可能选择最优的固化剂配比，使固化效果达到最佳。

影响污泥固化强度的因素还有很多，如污泥中有机质及重金属含量等。通常情况下，污泥中的有机质和重金属能够抑制固化剂的水化反应，影响污泥与固化剂的黏合，阻止水化产物形成一个完整的固结矩阵，3% 污泥质量的有机质和重金属含量能够使固化体的强度降低 90% 以上，且含量越高，对水化反应的抑制越显著，固化污泥的力学强度则越低。通过对这些影响因素开展研究，有利于在实际工程中采取针对性措施对固化效果进行优化。

(2) 浸出毒性

浸出毒性是指采用规定的浸出液及浸出流程，对固体废弃物进行浸取后测定浸出液中污染物的浓度。由于污泥经过固化后，并不是一个十分密实的整体，而是一种疏松多孔的材料，在渗滤液（主要是雨水和地下水）的物理冲刷和化学溶蚀作用下，固化体的渗透性不断增强，导致重金属的氢氧化物不断流失，重金属离子可能会再次溶出，危害土壤及地下水。此外，污泥固化后堆置环境的渗滤液中一般含有大量的微生物，当渗滤液渗透过固化体时，污泥固化体的稳定性不断降低，因而增加了重金属再溶出的可能性。所以，为了保证环境的安全，对污泥固化体浸出毒性的研究不可或缺。浸出毒性同时也是选择废弃物处理处置方法的重要依据。

一般情况下，污泥中不同的重金属元素，存在的主要形式也可能存在较大的差异，即使是同一种重金属元素，在不同来源的污泥中存在的形态也有可能不同。污泥中重金属主要以化合物的形式存在，有氧化物、氢氧化物、硫化物、硅酸盐、不可溶盐及有机配合物等，以自由离子形式存在的极少。同时，不同形态的重金属离子对环境构成的威胁也不同，可溶态的重金属活动性强，对环境造成的威胁更大。对于污泥中不同的重金属元素经过固化后的浸出问题，国内外的学者进行了大量的试验研究。

Phenra 等用水泥固化污泥中的含砷污染物，试验结果表明，以水泥作为主要的固化剂时，与水或者石灰水反应所形成的固化体在浸出环境下可以有效阻止砷离子的溶出。Chang 等利用废弃的火山灰作为添加剂结合水泥固化工业制革污泥，试验中污泥与固化剂的质量混合比例控制在 5:3，经 28d 养护后，溶出的重金属浓度控制在浸出的标准以下，远远小于起始浓度。吴芳等研究了水泥固化电镀污泥中的铜和镍离子，发现铜离子的浸出浓度只有未经固化时浓度的 1.5%，由 7810mg/L 降低到 115mg/L；而镍离子由初始的 22415mg/L 下降到 2212mg/L，降低了 90% 左右，固化效果相当显著。除了最常用的水泥固化剂之外，涂洁等采用以工业废渣为主要原料制成高强耐水土壤固化剂，对电镀污泥进行稳定化处理，经过一定的养护期后进行浸出试验，浸出液中不同的重金属离子的浓度均在浸出标准以内。由以上的试验结果可以看出，污泥中的重金属经过固化处理后，大多被固定要固化体中，对环境的危害大大降低。这主要是化学反应的结果，固化剂与污泥混合后，固化剂中的盐类与污泥中的重金属离子反应生成了难溶于水的重金属盐（主要为氢氧化物），从而使固化体中的重金属离子难以溶出。此外，固化剂与污泥水化反应的产物（水化硅酸钙）能够填充固化体中的孔隙，使固化体结构更致密，也能有效阻碍重金属离子的溶出。

对于重金属离子的浸出浓度，其值也并非一定，pH 值、氧化还原电位（Eh）和固化剂的掺入量等是影响重金属溶出的主要因素。

① pH 值及 Eh 值对重金属溶出的影响。一般认为 pH 值是控制重金属活动性的首要因素。在生产实践中，重金属污泥经固化剂固化后，常置于露天的环境中，可能会遇到不同 pH 值水溶液的浸泡，因此很有必要对此开展针对性研究。王继元等通过试验对固化块的重金属浸出浓度与 pH 值的关系进行了研究（合适配比下，12d 浸泡时间），试验结果表明，在不同 pH 值浸泡液的浸泡下，大部分重金属离子的浸出浓度极低，只有六价铬与总铬的浸出浓度略偏高（所有重金属的浸出浓度都在浸出标准以下），说明采用水泥作为主要固化剂处置含重金属污泥的固化效果比较理想。结果还表明，当水溶液的 pH 值为 7.0 时，重金属浸出浓度相对最低，水溶液 pH 值偏高或偏低均会使重金属浸出浓度升高。钟玉风等在试验中也得到了类似的结论，他们发现当 pH 值为酸性条件时，随着 pH 值的升高，总 Cr 和 Ni 的浸出浓度逐渐减小，当 pH 值为碱性条件时，随着 pH 值的升高，总 Cr 和 Ni 的浸出浓度增大，在中性条件时，则相对最小。与此同时，pH 值对不同重金属浸出的影响也是不一样的，如 pH 值对 Cr 的浸出影响较大，但对 Ni 的影响较小，Ni 的浸出浓度和对应浸出率基本都小于 0.01mg/L 和 0.01%。此外，国外的学者 Carmalin 等及 Malviya 等的研究也证实了上面的结论。因此，在实际工程中，将处理污泥的 pH 值控制在中性条件下，比较有利于限制重金属的溶出。

与 pH 值类似，Eh 值是影响重金属活动性的另一个重要因素。针对 pH 值、Eh 值，李磊等采用试验研究了这两种因素对固化污泥中重金属稳定性的影响，结果表明在低 pH 值和高 Eh 值时，铜离子的浸出率最大；而在高 pH 值和低 Eh 值时，铜离子的浸出率明显减小，说明高 pH 值和低 Eh 值时对抑制固化体的浸出性有较好的效果。此外，微生物的活动也能引起 pH 值与 Eh 值的变化，并直接影响重金属离子的溶出，但目前对于这方面的研究还十分薄弱，有待加强。

② 固化剂掺量对重金属溶出的影响。如同固化剂掺量对固化污泥强度的影响一样，固化剂掺量对重金属的浸出性影响也是十分显著的。通常情况下，固化剂掺量越高，重金属浸出浓度越低。钱春军等将污泥与固化剂以不同的比例混合养护一段时间后，对固化块进行了浸出毒性试验，结果表明随着添加固化剂的比例逐渐增大，浸出的重金属离子浓度明显降低，且在规定的环境浸出标准以下。王继元等研究了水泥掺量对铬离子浸出的影响，发现随水泥掺量的增加，铬离子的浸出率降低，当水泥与电镀重金属污泥的比值为 1:0.8 时，可取得最佳的固化效果，但当水泥减少 10% 时，铬离子的浸出率增加了 1.6 倍。赵萌等研究了水泥掺量对含砷污泥固化后砷离子的浸出性，发现在试验初期，随着水泥掺量的增加，砷离子的浸出浓度降低非常明显，但当水泥掺量增加到 30% 的时候，砷离子的浸出浓度降幅变缓，到后期基本上随水泥掺量的增加无明显变化。这些结果表明，合适的固化剂掺量对重金属的浸出性有重要影响。尽管增加固化剂掺量对固化体的强度及重金属的溶出控制有一定的正面作用，但同时也会导致处理成本和固化体增容比的增加，所以一味地提高固化剂的掺量并不是万全之策。

除了 pH 值、Eh 值和固化剂掺量外，其他因素如固化体的养护时间、浸出液浸泡时间等都对固化污泥中的重金属离子浸出有一定的影响。一般地，为了便于比较，固化体的浸出毒性一般采用浸出速率衡量。浸出速率是指固化体浸于水或其他溶液中时，其中危险物质浸出的速率。

国际原子能机构（IAEA）将其表示为标准比表面积的样品每日浸出放射性物质的质量（即污染物质量），即：

$$R_n = \frac{\dfrac{m_n}{m_0}}{\left(\dfrac{F}{V}\right)t_n}$$

式中　R_n——浸出速率，cm/d；

m_n——第 n 个浸提剂更换期内浸出的污染物质量，g；

m_0——样品中原有的污染物质量，g；

F——样品暴露出来的表面积，cm^2；

V——样品的体积，cm^3；

t_n——第 n 个浸提剂更换期的时间历时，d。

R_n 实际上是"递减浸出速率"，它反映出固化体中污染物质的浸出速率通常不是恒定的，而是固化体开始与水接触时浸出速率最大，然后逐渐降低，最后几乎趋于恒定。

在实际工程中，应综合考虑污泥中重金属的种类和污泥处理环境条件，选择最佳的固化方案。但从本质上讲，污泥经过固化后，固化体的强度及重金属的浸出问题都可以通过选择不同的固化材料和优化污泥与固化剂的配比得到有效控制。

(3) 增容比

增容比也称体积变化因数，是指污泥在固化处理前后的体积比，即：

$$C_n = \frac{V_1}{V_2}$$

式中　C_n——体积变化因数；

V_1——固化前危险废物的体积；

V_2——固化体的体积。

污泥经过固化/稳定化处理后可以作为垃圾填埋场日覆盖材料，由于其最后将作为填埋场的一部分，所以其应满足一般填埋物的要求。另外，由于其是废物和污染物，所以还应满足环境标准。目前国内尚无统一标准，根据《上海市污水污泥处置技术指南与管理政策》规定，污泥作为垃圾填埋场日覆盖材料时需满足：含固率大于 60%，有机质含量小于 50%，渗透系数不大于 10^{-4} cm/s。同时考虑到垃圾填埋场渗滤液难以处理，要求污泥日覆盖层所产渗滤液的污染物浓度低于普通填埋场，其值应满足 COD 值不超过 4500mg/L，氨氮浓度不超过 80mg/L，pH 值不得超过 5.3~8.5 的范围。杨石飞等在将石灰添加到污泥中对污泥进行改性的试验研究表明，添加石灰后污泥的物理力学性能得到提高。在泥灰比为 20∶1 的条件下，试样的渗透系数出现下降，抗渗性得到提高。改性后试样的最优含水量提高到46%，但容重有一定程度的下降，压实性能有一定改善。根据混合试样的直剪试验，改性后试样的黏聚力增长比较明显。Moon 也曾用生石灰稀释污泥来研究污泥作为填埋场上覆土材料的可能性。

18.6.3　污泥用作日覆土的优点

根据美国的应用实践与理论分析表明，以污泥替代黏土作日覆盖材料，其有利性为：

（1）减少有害生物滋生

含固率达到或大于50%的城市污水厂污泥，在外观和功能作用方面与耕作土和黏土均十分相似。在污泥中的挥发性组分（有机质）已于前置生物稳定化过程中被有效降低和稳定后，污泥可作为防止有害生物进入填埋废弃物层的有效物理屏障。达到含固率水平的污泥具有很高的持水容量和吸水潜力，用作日覆盖材料时可有效降低废弃物层的含水率，这样有助于进一步控制易在潮湿环境下栖息、繁殖的苍蝇、蚊子和鼠类的滋生。

（2）减少臭味散发

类似于土壤，含固率达到或高于50%的污水厂污泥具有很大的臭气吸附容量，这已被有关的试验研究所证实，而达到此含固率水平的污泥也具有作为物理屏障封闭填埋层内臭气散发途径的作用，污泥日覆盖层因减小了废弃物的暴露面积而对限制其中的臭气散发有利。

（3）控制垃圾的吹散，改善填埋场观瞻

含固率达到或高于50%的污泥，在作为物理屏障控制废弃物填埋层内垃圾被风吹散方面具有与黏土相同的功用。达到这样含水率的污泥在外观上与泥土相近，因此作为覆盖层时，在改善填埋场观瞻方面，也有与泥土覆盖层类似的功用。

（4）减小失火传播面积

火灾（失火）是城市固体废弃物填埋场常见事故之一，当以有机质含量较低（经前置消化稳定处理）、可燃性低的污泥作为覆盖层时，可起到控制火灾对填埋场危害的作用。

实验室测试表明，含挥发性固体（VS）50%～55%、含水率约50%的污泥闪点为250℃，其所构成的日覆盖层具有令人满意的阻火作用。

（5）减少对地下水和地表水体的污染危险

污水厂污泥是含多种污染物的废弃物，利用其作为日覆盖材料，很自然地会引起人们关于这种覆盖方式是否会对填埋场渗滤液的水质有不利影响的疑问，但有关的试验研究却得出了乐观的结论：以污水厂污泥作为填埋场的日覆盖层有减少填埋场运行对地表水、地下水体污染危险的潜力，并且可以确实改善渗滤液的水质。

▶▶　**参考文献**

[1]　廖传华，韦策，赵清万，等.生物法水处理过程与设备［M］.北京：化学工业出版社，2016.
[2]　王建俊，王格格，李刚，等.污泥资源化利用［J］.当代化工，2015，44（1）：98-100.
[3]　张冬，董岳，黄瑛，等.国内外污泥处理处置技术研究与应用现状［J］.环境工程，2015，33（A1）：600-604.
[4]　张立秋，孙德智，封莉.城市污泥堆肥林地利用及其环境生态风险评价［M］.北京：中国环境科学出版社，2014.
[5]　刘桓嘉，刘永丽，张宏忠，等.城市污泥堆肥土地利用及环境风险综述［J］.江苏农业科学，2014，42（2）：324-326.
[6]　涂兴宇.市政污泥处理处置技术评价及应用前景分析［D］.上海：上海交通大学，2014.
[7]　熊一凡，熊江璐.城市污泥资源化利用与思考［J］.企业经济，2013，9：164-167.
[8]　贾新宁.城镇污水污泥的处理处置现状分析［J］.山西建筑，2012，38（5）：220-222.

[9]　郑师梅，韩少勋，解立平.污水污泥处置技术综述 [J].应用化工，2008，37（1）：819-821.

[10]　朱开金，马忠亮.污泥处理技术及资源化利用 [M].北京：化学工业出版社，2007.

[11]　姚立明，宫禹，赵孟石，等.我国城市污泥处理技术现状 [J].黑龙江科学，2015，3：10-11.

[12]　邹波.利用剩余活性污泥制作复合肥 [J].农村新技术，2014，4：74-75.

[13]　易龙生，康路良，王海，等.市政污泥资源利用的新进展及前景 [J].环境工程，32（A1）：992-997.

[14]　周建红，刘存海，张学忠.含铬污泥的堆肥化处理及其复合肥的应用效果 [J].西北轻工业学院学报，2002，20（2）：8-10.

[15]　孟范平，赵顺顺，张聪，等.青岛市城市污水处理厂污泥成分分析及利用方式初步研究 [J].中国海洋大学学报，2007，37（6）：1007-1012.

[16]　林冬，王成瑞.变废为宝的污泥资源化技术 [J].环境导报，2003，15：9-10.

[17]　刘洪涛，王燕文，孔祥娟，等.城市污泥土地利用近期发展趋势及其原因研究 [J].环境科学与管理，2015，40（11）：37-40.

[18]　李雅嫔，杨军，雷梅，等.北京市城市污泥土地利用的重金属污染评估 [J].中国给水排水，2015，31（9）：117-120.

[19]　薛万来，叶芝菡，何春利，等.污泥在土地利用中的潜在生态风险评价 [J].中国农学通报，2015，31（9）：207-211.

[20]　刘洪涛.城市污泥发酵物土地利用重金属迁移变化研究 [J].环境科学与管理，2015，40（1）：92-96.

[21]　张欣.预酸化微波化学淋滤对城市污泥土地利用指标影响的研究 [D].西安：西安工程大学，2015.

[22]　钟承辰.城市污泥资源化利用对土壤及植物的影响研究 [D].西安：西北农林科技大学，2015.

[23]　程雪莉.给水厂污泥资源化利用研究 [D].西安：西安建筑科技大学，2014.

[24]　马瑜静.污泥农用的环境风险评价 [D].北京：中国科学院大学，2014.

[25]　张欣，齐珊珊，胡晓晨，等.城市污泥土地利用研究进展 [J].广东化工，2014，41（20）：95-96.

[26]　刘文杰.昆明市污泥堆肥产品土地利用中重金属环境安全性研究 [J].北京：清华大学，2014.

[27]　马闯，赵继红，张宏忠，等.城市污泥土地利用安全施用年限估算 [J].环境工程，2014，32（6）：102-104.

[28]　徐颖，陈玉，路景玲，等.化学法浸提污泥土地利用的适用性 [J].北京工业大学学报，2014，40（2）：302-308.

[29]　张军，张征世，王敦球，等.广西城市污水厂污泥分析及其土地利用潜在生态风险评价 [J].环境工程，2014，32（1）：108-112.

[30]　黄一，陈文姬，余锦龙，等.污泥土地利用需注意的问题 [J].江西化工，2014，1：69-71.

[31]　董景，翟宇超，刘淑慧，等.污水处理厂污泥土地利用的现状与发展趋势 [J].工业安与环保，2013，39（4）：43-45.

[32]　郑海霞，孔祥娟，刘洪涛，等.城市污泥土地利用碳排放的研究进展 [J].中国给水排水，2013，29（22）：22-24.

[33]　刘洪涛，张悦.国情背景下我国城镇污水厂污泥土地利用的瓶颈 [J].中国给水排水，2013，29（20）：1-4.

[34]　钟佳，魏源送，赵振凤，等.污泥堆肥及其土地利用全过程的温室气体与氨气排放特征 [J].环境科学，2013，34（11）：4186-4194.

[35]　罗景阳，冯雷雨，陈银广，等.污泥中典型新兴有机污染物的污染现状及对污泥土地利用的影响 [J].化工进展，2012，31（8）：1820-1827.

[36]　余杰，郑国砥，高定，等.城市污泥土地利用的国际发展趋势与展望 [J].中国给水排水，2012，28（20）：28-30.

[37]　郑国砥，陈同斌，高定，等.城市污泥土地利用对作物的重金属污染风险 [J].中国给水排水，2012，28（15）：17-20.

[38]　张平，郭小平，王玮璐，等.粉煤灰、垃圾、污泥土地利用的研究现状与进展 [J].广东农业科学，2012，39（12）：63-65.

[39]　侯晓峰，薛惠锋.城镇污水污泥土地利用风险及收益-成本分析 [J].西安工业大学学报，2011，31（2）：199-204.

[40]　余杰，陈同斌，高定，等.中国城市污泥土地利用关注的典型有机污染物 [J].生态学杂志，2011，30（10）：2365-2369.

[41]　武淑文，胡慧蓉，杨迎冬.昆明城市污泥性质及土地利用方式探讨 [J].安徽农业科学，2011，39（15）：9379-9381.

[42]　韦小颖，肖细元，张珑，等.城市污泥中重金属和有机污染物的净化与污泥土地利用 [J].环境工程，2010，28

（A1）：235-240.

[43] 刘鑫，江家骅，叶舜涛.城市污水处理厂污泥土地利用的可行性研究［J］.安徽农业科学，2010，38（7）：3679-3681.

[44] 占达东.污泥土地利用的风险与控制［J］.安徽农业科学，2009，37（10）：4619-4621.

[45] 林智海，袁淑文，丘锦荣.变废为宝：城市污泥土地利用［J］.环境保护，2008，38（7）：36-37.

[46] 毕君.城市污泥稳定无害化处理及其在林地上的应用研究［J］.河北林业科技，2007，3：37-39.

[47] 王绍文，秦华.城市污泥资源利用与污水土地处理技术［M］.北京：中国建筑工业出版社，2007.

[48] 王新，周启星.污泥堆肥土地利用对树木生长和土壤环境的影响［J］.农业环境科学学报，2005，24（1）：174-177.

[49] 马利民，陈玲，吕彦，等.污泥土地利用对土壤中重金属形态的影响［J］.生态环境，2004，13（2）：151-153.

[50] 张增强，殷宪强.污泥土地利用对环境的影响［J］.农业环境科学学报，2004，23（6）：1182-1187.

[51] 王新，周启星，陈涛，等.污泥土地利用对草坪及土壤的影响［J］.环境科学，2003，24（2）：50-53.

[52] 李艳霞，陈同斌，罗维，等.中国城市污泥有机质及养分含量与土地利用［J］.生态学报，2003，23（11）：2464-2474.

[53] 李贵宝，杜霞.城市污水污泥在森林与园林绿地利用及展望［J］.环境保护，2001，29（12）：37-38.

[54] 徐睛睛，黄春桃，杨文静，等.城市污泥资源化利用研究进展［J］.黑龙江生态工程职业学院学报，2020，33（2）：1-3.

[55] 邹庐泉，吴长淋，伍静静.改性污泥替代垃圾填埋场覆土的研究［J］.环境工程学报，2011，5（12）：2864-2868.

[56] 徐文龙，龙吉生，石田泰之，等.固化污泥作为垃圾填埋场覆土材料的适用性研究［J］.环境卫生工程，2009，17（6）：26-30.